# 中国国家标准汇编

## 436

GB 24355～24387

（2009年制定）

中国标准出版社　编

中国标准出版社

北京

**图书在版编目(CIP)数据**

中国国家标准汇编：2009 年制定．436：GB 24355～24387/中国标准出版社编．—北京：中国标准出版社，2010

ISBN 978-7-5066-6012-9

Ⅰ.①中… Ⅱ.①中… Ⅲ.①国家标准-汇编-中国-2009 Ⅳ.①T-652.1

中国版本图书馆 CIP 数据核字（2010）第 166748 号

中国标准出版社出版发行
北京复兴门外三里河北街 16 号
邮政编码：100045
网址 www.spc.net.cn
电话：68523946 68517548
中国标准出版社秦皇岛印刷厂印刷
各地新华书店经销

*

开本 880×1230 1/16 印张 37.5 字数 1 117 千字
2010 年 10 月第一版 2010 年 10 月第一次印刷

*

定价 220.00 元



ISBN 978-7-5066-6012-9

# 出 版 说 明

1.《中国国家标准汇编》是一部大型综合性国家标准全集。自1983年起，按国家标准顺序号以精装本、平装本两种装帧形式陆续分册汇编出版。它在一定程度上反映了我国建国以来标准化事业发展的基本情况和主要成就，是各级标准化管理机构，工矿企事业单位，农林牧副渔系统，科研、设计、教学等部门必不可少的工具书。

2.《中国国家标准汇编》收入我国每年正式发布的全部国家标准，分为"制定"卷和"修订"卷两种编辑版本。

"制定"卷收入上一年度我国发布的、新制定的国家标准，顺延前年度标准编号分成若干分册，封面和书脊上注明"20××年制定"字样及分册号，分册号一直连续。各分册中的标准是按照标准编号顺序连续排列的，如有标准顺序号缺号的，除特殊情况注明外，暂为空号。

"修订"卷收入上一年度我国发布的、修订的国家标准，视篇幅分设若干分册，但与"制定"卷分册号无关联，仅在封面和书脊上注明"20××年修订-1，-2，-3，……"字样。"修订"卷各分册中的标准，仍按标准编号顺序排列(但不连续)；如有遗漏的，均在当年最后一分册中补齐。需提请读者注意的是，个别非顺延前年度标准编号的新制定的国家标准没有收入在"制定"卷中，而是收入在"修订"卷中。

读者配套购买《中国国家标准汇编》"制定"卷和"修订"卷则可收齐上一年度我国制定和修订的全部国家标准。

3. 由于读者需求的变化，自1996年起，《中国国家标准汇编》仅出版精装本。

4. 2009年我国制修订国家标准共3158项。本分册为"2009年制定"卷第436分册，收入国家标准GB 24355～24387的最新版本。

中国标准出版社

2010年8月

# 目　　录

ICS 07.040;35.240.70
A 75

GB

# 中华人民共和国国家标准

GB/T 24355—2009/ISO 19117:2005

# 地理信息　图示表达

## Geographic information—Portrayal

(ISO 19117:2005,IDT)



2009-09-30 发布　　2009-12-01 实施

中华人民共和国国家质量监督检验检疫总局
中国国家标准化管理委员会　发布

# 前　言

本标准等同采用 ISO 19117:2005(E)《地理信息　图示表达》(英文版)。

本标准的附录 A 是规范性附录,附录 B 是资料性附录。

本标准由国家测绘局提出。

本标准由全国地理信息标准化技术委员会(SAC/TC 230)归口。

本标准起草单位:武汉大学。

本标准主要起草人:李霖、赵虎、尹章才、朱海红、应申、王红、张志军。

# 引　言

本标准是一个抽象标准，并不直接用于实现。本标准详细介绍了地理数据集图示表达的机制，并为应用开发者提供了一个通用的利用该机制进行要素实例图示表达的指南。该图示表达机制提供了对整个数据集和特定要素属性值均有效的一般规则。由于不同的计算机图形学标准使用不同的属性可视化表达几何原素。比如，一条线可以通过间隔疏密、宽度、颜色、点画、反走样等加以区分。所以在本标准中，图示表达细则包含了图示表达的属性。

在某些情况下，整个要素类以特定的方式（如航海图中的符号）被引用和表达，如果没有一个图示表达标准，几个符号标准同时存在，某个应用将不得不为每个标准都准备一个接口。依照本标准，可以使用统一的方式处理本标准所支持的符号标准。

# 地理信息　图示表达

## 1　范围

本标准以易于人们理解的形式定义了描述地理信息的图示表达模式。本标准包括描述符号的方法以及将这种模式映射到应用模式的方法，不包括地图制图符号的标准化，以及制图符号的几何图形和功能描述。

## 2　一致性

任何描述地理信息的图示表达目录和模式，如果声称与本标准一致，都应达到附录A中抽象测试所规定的要求。

## 3　规范性引用文件

下列文件中的条款通过本标准的引用而成为本标准的条款。凡是注日期的引用文件，其随后所有的修改单(不包括勘误的内容)或修订版均不适用于本标准，然而，鼓励根据本标准达成协议的各方研究是否可使用这些文件的最新版本。凡是不注日期的引用文件，其最新版本适用于本标准。

GB/T 19710—2005　地理信息　元数据(ISO 19115:2003,MOD)

GB/T 17694—1999　地理信息技术基本术语

GB/T 23707—2009　地理信息　空间模式(ISO 19107:2003,IDT)

ISO 19101:2002　地理信息　参考模型

ISO/TS 19103　地理信息　概念模式语言

ISO 19109　地理信息　应用模式规则

ISO/IEC 19501-1　信息技术　统一建模语言　第1部分:规范

## 4　术语和定义

下列术语和定义适用于本标准。

4.1

**注记　annotation**

为清晰表达说明性资料而采用的标记。

注：数字、文本、符号、标志等。

4.2

**类　class**

对具有相同属性、操作、方法、关系和语义的一组对象的描述。

注：一个类可以使用一系列的接口将它拥有的操作集指定到具体环境中。

[ISO/TS 19103]

4.3

**曲线　curve**

被界定的、连接在一起的一维几何原素。

注：曲线的边界是曲线的两个端点，第一个端点叫起点，最后一个端点叫终点。

[GB/T 17694—1999]

4.4

**数据集　dataset**

可以识别的数据集合。

注：通过诸如空间范围或要素类型的限制，数据集在物理上可以是更大数据集较小的部分。从理论上讲，数据集可以小到更大数据集内的单个要素或要素属性。一张硬拷贝地图或图表均可以被认为是一个数据集。

[GB/T 19710—2005]

4.5

**外部函数　external function**

不是应用模式本身的函数。

注：在汽车导航系统中使用的电子地图，通常地图显示的上方要与汽车前进的方向一致。为了实现电子地图的旋转，必须通过使用一个外部函数从外部定位设备中连续获得汽车的当前位置。

4.6

**要素　feature**

现实世界现象的抽象。

注：一个要素可能是以一个类型或以一个实例的形式存在。要素类型或要素实例只是在具有实际意义时才应当被使用。

[GB/T 17694—1999]

4.7

**要素属性　feature attribute**

要素的特征。

示例1：一个名为"颜色"的要素属性可以有属于"文本型"数据类型的一个属性值"绿色"。

示例2：一个名为"长度"的要素属性可以有属于"实型"数据类型的一个属性值"82.4"。

注1：一个要素属性有一个名称，归于一种数据类型，并且有一个与之相应的值域。

注2：一个用于要素实例的要素属性也有一个取自于值域属性值。

[GB/T 17694—1999]

4.8

**要素图示表达规则集　feature portrayal rule set**

应用于要素实例图示表达规则的集合。

4.9

**地理信息　geographical information**

关于那些直接或间接涉及相对于地球的某个地点的现象的信息。

[GB/T 17694—1999]

4.10

**几何原素　geometric primitive**

用坐标和数学函数来描述的要素的空间成分。它被看作一个不可分解的原素。

[GB/T 17694—1999]

4.11

**实例　instance**

地理要素及描述该地理要素特征的信息。

[GB/T 17694—1999]

4.12

**元数据　metadata**

关于数据的数据，即数据的标识、覆盖范围、质量、空间和时间模式、空间参照系和分发等信息。

[GB/T 19710—2005]

4.13

**点 point**

零维几何原素。

[GB/T 17694—1999]

4.14

**图示表达 portrayal**

向人们呈现信息的方式。

4.15

**图示表达目录 portrayal catalogue**

所有被定义的图示表达集合。

4.16

**图示表达规则 portrayal rule**

决定对要素使用何种图示表达细则的规则。

4.17

**图示表达服务 portrayal service**

用于图示表达要素的通用接口。

4.18

**图示表达细则 portrayal specification**

用于图示表达要素实例的操作集合。

4.19

**空间属性 spatial attribute**

代表地理要素空间特征的要素属性。

[GB/T 17694—1999]

4.20

**面 surface**

二维拓扑原素。

[GB/T 17694—1999]

## 5 缩略语

OCL　对象约束语言(Object Constraint Language)

UML　统一建模语言(Unified Modeling Language)

URL　统一资源定位器(Uniform Resource Locator),也称 URI(Uniform Resource Identifier):统一资源标识符

## 6 统一建模语言

### 6.1 符号

出现在本标准中的图都使用 UML 静态结构图来表示,其基本类型见 ISO/TS 19103 中的相关定义。本标准中用到的 UML 表示法见图 1。

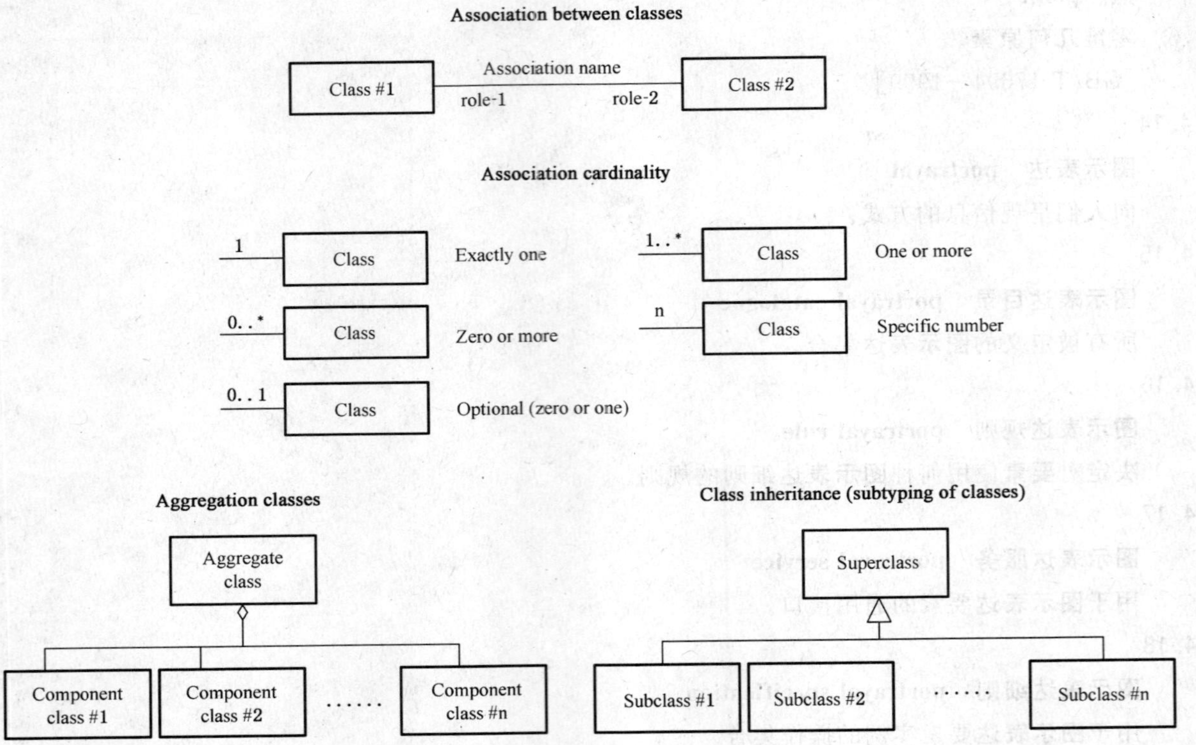


**图 1　本标准中的 UML 符号**

## 6.2　UML 模型的构造型

UML 模型的构造型是对现有的 UML 概念的一种扩展机制，用来对其他 UML 元素进行分类（或标记）的模型元素，便于这些 UML 元素在某些方面起作用，类似于新的、虚拟的或伪元模型类的实例，这些元模型的形式是基于现有的基本元模型类。构造型在封装 UML 元模型类层次的基础上扩大了分类机制。下面是对在本标准中使用的构造型的简短说明，详情请参照 ISO/TS 19103。

在本标准中使用了以下几种构造型：

——接口(Interface)：被拥有接口的对象支持的一组操作的定义。

——类型(Type)：用于规范实例（目标）域的构造型的类，包括应用于目标的操作。类型可以具有属性和关联。

——元类(MetaClass)：实例仍为类的类，元类典型地用于元模型的构建。

——叶(Leaf)：包含定义的包，没有任何子包。

# 7　图示表达机制

## 7.1　概述

本标准定义了基于规则的图示表达机制，即以要素为中心，基于规则对要素实例进行图示表达。这些规则使用几何和属性信息。根据 ISO 19109，在应用模式中说明要素实例、属性和基本空间几何图形之间的关系。GB/T 23707—2009 则定义了空间几何对象及其关联的拓扑关系。

在表达地理数据集时需要图示表达信息。表达信息根据特定的图示表达规则（见第 8 章）所使用的图示表达细则处理。该机制在不改变数据集情况下，使用不同方式表达相同的数据集成为可能。图示表达机制如图 2 所示。

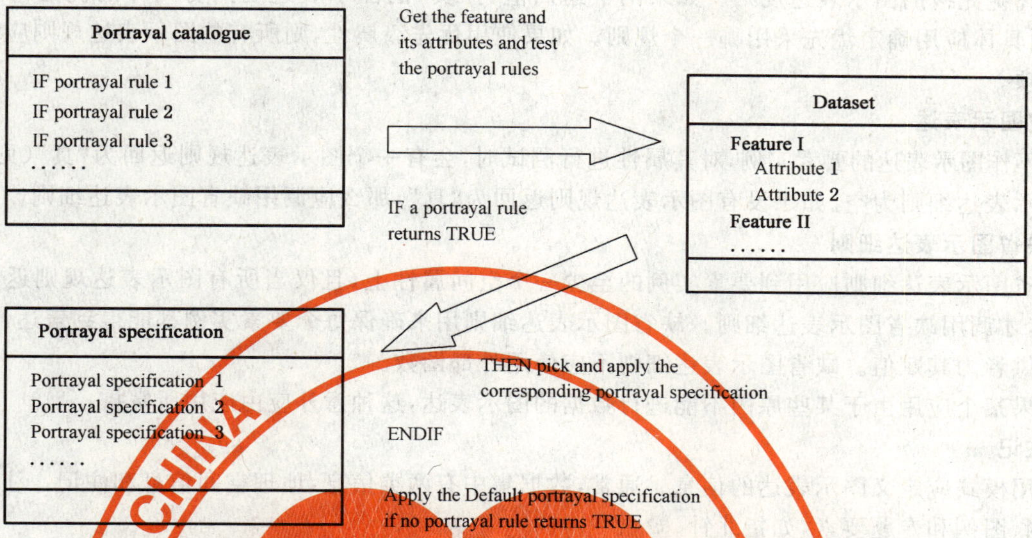


**图 2 无优先级属性的图示表达机制**

图示表达细则和图示表达规则不是数据集的一部分。图示表达规则应存储在图示表达目录之中。图示表达细则应被图示表达规则所引用，并与图示表达规则分开进行存储。应对要素类或要素实例详细说明所需使用的图示表达规则。图示表达细则可以存储在外面，并通过统一资源引用标准（如基于网络的 URL）引用。

图示表达信息可以由两种方法进行指定：一种是向数据集提供图示表达目录和图示表达细则；另一种是引用已有的从元数据中得到的图示表达目录和图示表达细则。另外，用户可以调用自定义的图示表达目录和图示表达细则，图 3 中的模型表明了数据集的元数据是如何引用图示表达目录的。图中仅仅表示了元数据的引用，并未表示图示表达目录的内容（详见 GB/T 19710—2005）。

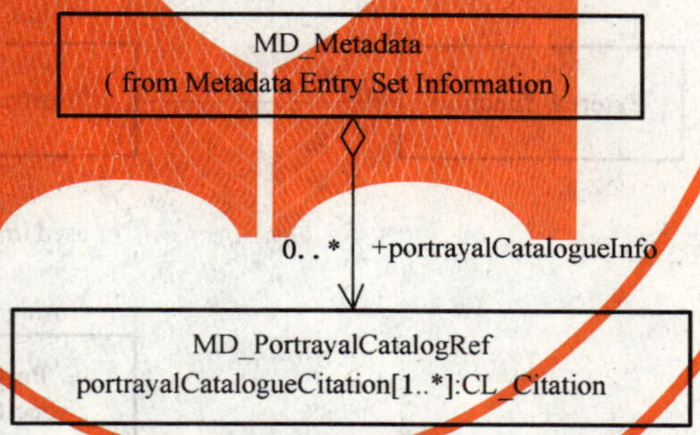


**图 3 GB/T 19710—2005 中图示表达部分的 UML 模型**

图示表达规则采用 UML 来表示（见 ISO/IEC 19501-1）。图示表达规则机制可以用来处理图示表达的相关问题，如在地图上自动配置文字，以及根据比例尺或不同的时间对要素实例进行特殊的表达。外部函数的值（如一天中不同的时间或比例尺，见 8.3.5）已经包含在图示表达规则中。

数据集中的要素实例属性应对图示表达目录中的图示表达规则进行测试，即利用图示表达规则中的查询语句进行判断，根据其返回值（真或假）调用与其相关联的图示表达细则。如果所有图示表达规则返回都为“假”，则调用缺省图示表达细则。

图示表达服务用于表达要素的一个或多个实例。图示表达服务通过使用在图示表达细则中定义的参数进行操作（见 8.4.2）。

## 7.2 优先级属性

图示表达规则中可以加入一个可选的优先级属性。对一个要素的实例，如果不止一个图示表达规则返回为“真”时，由优先级属性提供的整数值来确定使用哪个图示表达规则。优先级属性中，要优先采用具有高优先级的图示表达规则。如果两个返回值为“真”的图示表达规则有同样的优先级属性整数值,则由具体应用确定优先采用哪一个规则。如果使用优先级属性,则所有的图示表达规则应都有优先级属性项。

### 7.3 空图示表达

对不作图示表达的要素实例,对其属性进行测试时,会有一个图示表达规则返回为“真”(见 8.3.4),且其图示表达细则为空。如果没有图示表达规则返回为“真”,那么应调用缺省图示表达细则。

### 7.4 缺省图示表达细则

缺省图示表达细则应用到要素实例的至少一个空间属性上,且仅当所有图示表达规则返回都不为“真”时,才调用缺省图示表达细则。缺省图示表达细则用来确保每个要素实例都能得到表达,并由数据集的提供者为其赋值。缺省图示表达细则不应使用外部函数。

如果某个应用由于某些原因不能进行数据的图示表达,这种意外应由应用所掌控。

### 7.5 注记

应用模式应定义图示表达的信息。通常,数据集中有两类信息:地理空间信息和注记。注记包括文本、格网、图例和专题要素,如指北针。

### 7.6 图示表达概述

图示表达如图 4 所示,该图不是图示表达模式的一部分,也不是为了实施的目的,只是辅助解释。

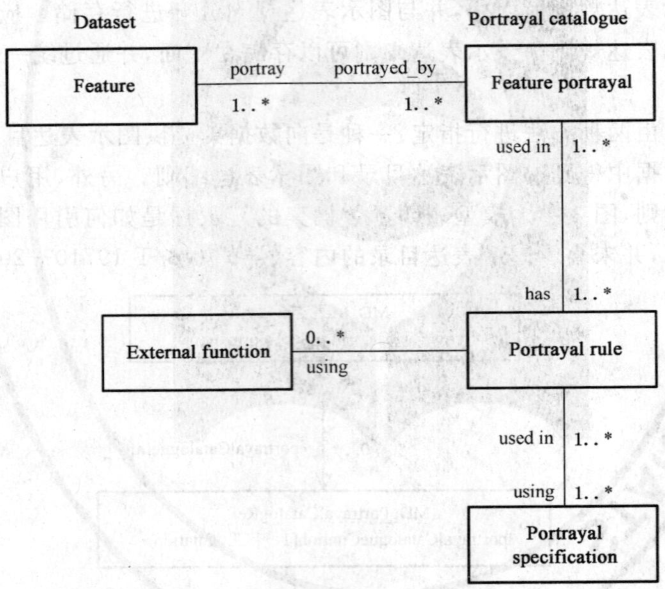


**图 4 图示表达一览图**

图示表达目录由要素图示表达、图示表达规则和外部函数三部分构成,如图 4。在图示表达一个或多个数据集时,使用不同图示表达目录,可以得到不同的结果。图示表达目录与图示表达细则相关联,一个图示表达细则能够被一个或多个图示表达目录调用。一个图示表达规则由两部分组成:一是能够使用一个或多个外部函数的查询语句;二是一个或多个行为语句。

示例 1:一个数据集包含要素类“Road”的实例,“Road”包含两个属性:classification 和 segment。属性 classification 的数据类型是 string,可能的属性值为:“country road”或“town road”。属性 segment 是 GM_Curve 类,包含公路的空间信息。使用的图示表达细则是 N50_specification。在这个例子中的两个图示表达规则如下(本例中的引号内是字符串的内容):

```
IF(Road.classification = "country road")
                    THEN drawCurve ("N50_specification.Solid_red_line", Road.segment)
IF (Road.classification = "town road")
```

THEN drawCurve ("N50_specification. Solid_yellow_line", Road. segment)

在上面的例子中,"THEN"前后分别是查询语句和行为语句。"drawCurve"是一个行为语句,从 Road. segment 中获得几何数据和 N50_specification. Solid_red_line 和 N50_specification. Solid_yellow_line 中获取的颜色、线宽等信息,画一条具体的曲线。

示例 2:如果图示表达随着比例尺不同而发生变化,就需要一个外部函数作为查询语句的一部分。可能会有类似如下的图示表达规则(本例中的引号内是字符串值):

IF(Road. classification = "country road" AND Scale (<= 20000))

THEN drawCurve(" N50_specification. Solid_thin_red_line", Road. segment)

这里,Scale 是一个从显示设备得到显示比例尺的函数。

图示表达规则适用于在应用模式中定义的属性、函数和关系,图示表达目录应列出包括参数和返回值的外部函数。

示例 3:下列情况,外部函数是必要的:

——在汽车导航系统中使用的电子地图,通常地图显示的上方要与汽车前进的方向一致。为了实现电子地图的旋转,必须通过一个外部函数从外部定位设备中连续获得汽车的当前位置。

——在船上显示的海图,一些符号仅仅是对一定的比例尺区间有效。为了能使符号显示或隐藏,系统要从海图系统的显示部分获得地图的显示比例尺。危险区域在空间上通常被定义为一个面。而在一定的比例尺下,用点符号显示这个危险区域可能会更好。一个外部函数可用于计算这个面的中心点和该中心点的坐标,以便给点符号进行定位。

——在可视化时为避免地图上文字和定位符号发生冲突,或处理文字沿曲线配置可用外部函数。

## 8 图示表达模式

### 8.1 概述

图示表达模式由三个主要部分组成:

1) 图示表达服务定义为图示表达操作;

2) 图示表达目录包定义为在应用模式中所定义的与要素类相关联的图示表达规则;

3) 图示表达细则包定义为在图示表达服务中要用到的基本参数。

图示表达目录和图示表达细则分别在不同的包里说明,见图 5。

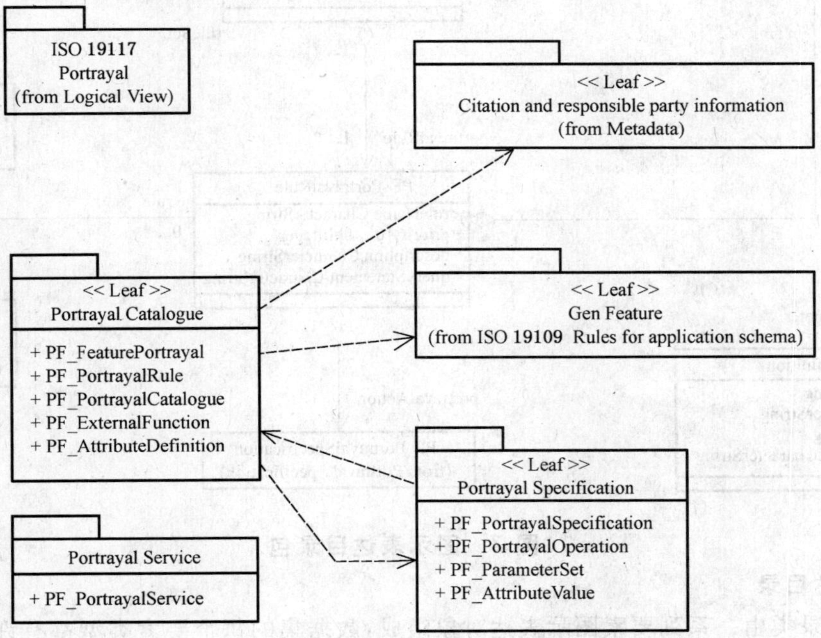


**图 5 图示表达信息和图示表达服务**

## 8.2 图示表达服务

图示表达服务是一种对一个或多个要素实例进行图示表达的服务，图示表达不应只限于可视化描绘，也可以包括声音、触觉和其他媒介。如图 6，PF_PortrayalService 有一个 PortrayFeature 操作。这个操作对应于一个或多个要素实例和一个 PortrayalCatalogue。

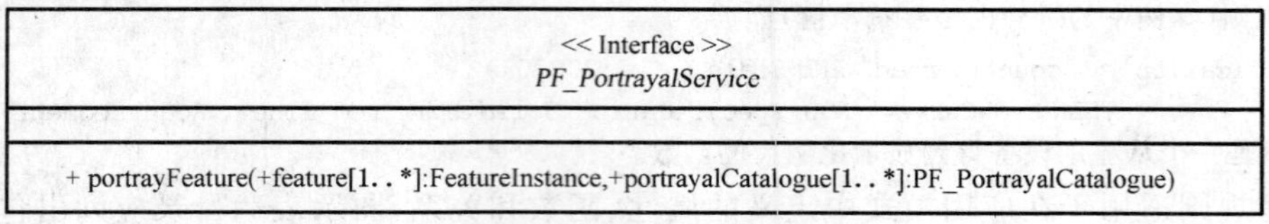


图 6　图示表达服务细节

## 8.3 图示表达目录包

### 8.3.1 概述

图示表达目录包定义了以下的类：PF_PortrayalCatalogue，PF_FeaturePortrayal，PF_PortrayalRule，PF_ExternalFunction 和 PF_AttributeDefinition。

图示表达目录组织了一系列的图示表达规则，要素图示表达通过一个特定的要素类来保存这些图示表达规则，图示表达规则由查询语句和行为语句组成。由行为语句指定在图示表达服务中调用相应操作，见图 7。

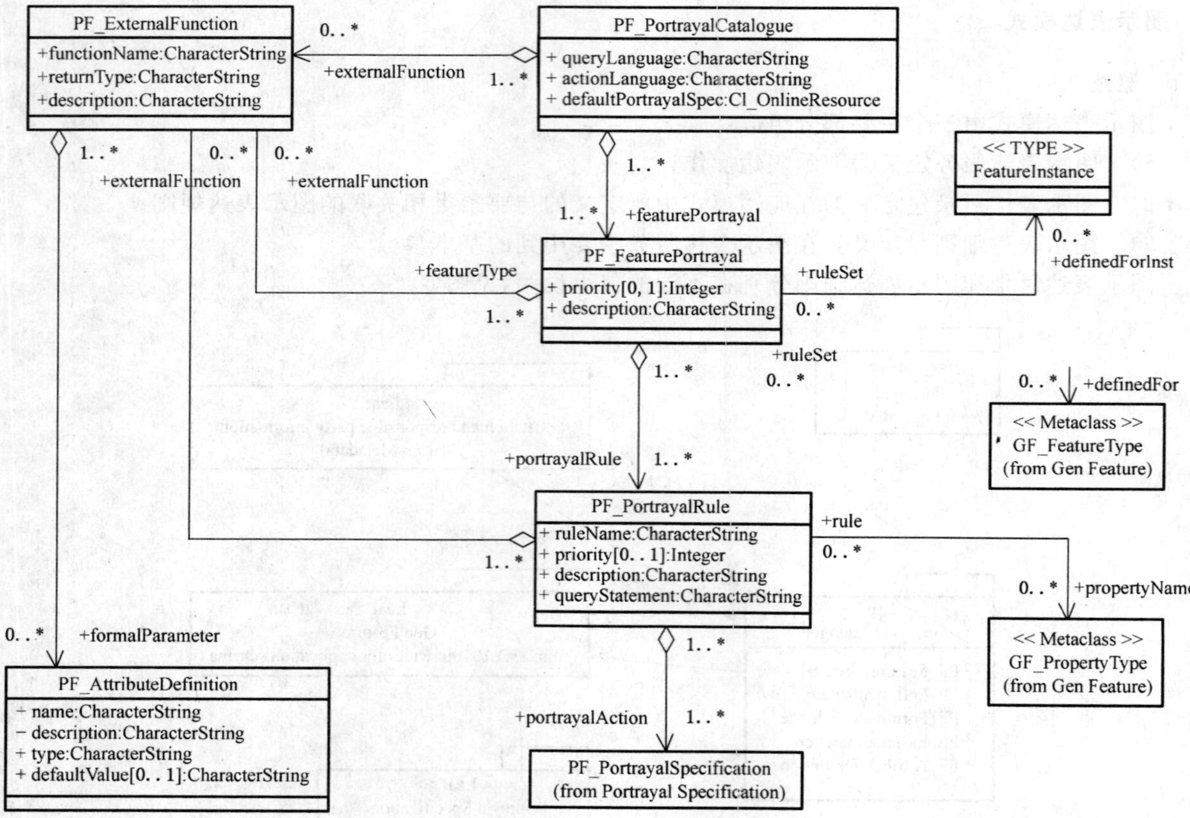


图 7　图示表达目录包

### 8.3.2 图示表达目录

图示表达目录类由一系列要素图示表达对象组成，数据集的每个要素类型都有许多要素图示表达对象，每个要素图示表达对象对应于一系列图示表达规则，图示表达目录也与图示表达规则中可能用到的外部函数相关联。

```
Class name:PF_PortrayalCatalogue          //图示表达目录类名
Attributes:                               //属性
    +queryLanguage:                       //指定被执行查询的语句
    +actionLanguage:                      //指定被执行行为的语句
    +defaultPortrayalSpec:                //确定缺省图示表达细则
Associations:                             //关联
    +featurePortrayal:                    //一系列的要素图示表达对象,对每个在数据集中出现的要素类型都存在许
                                          多的要素图示表达对象
    +externalFunction:                    //一系列的外部函数
Constraints:None                          //约束:无
```

8.3.3 要素图示表达

PF_FeaturePortrayal 对象通过要素名称属性与要素类型相关联,要素类型在要素目录中定义,并在应用模式中具体说明,一个要素类型可以对应多个图示表达规则。

```
Class name:PF_FeaturePortrayal       //类名
Attributes:                          //属性名
    +priority:                       //表达的优先级
    +description:                    //要素类及其表达规则的文本描述
Associations:                        //关联
    +portrayalRule:                  //一系列表达规则对象
    +definedFor:                     //对在应用模式中具体说明的要素类的类名引用
    +externalFunction:               //一系列的外部函数
    +definedForInst                  //一系列的要素实例
Constraints:None                     //约束:无
```

8.3.4 图示表达规则

PF_PortrayalRule 描述一个特定的图示表达规则。它有一个名字、一个文字说明、一个规则语句的形式化定义与一个图示表达行为关联。如果规则的形式化定义判断为"真",则调用相应的图示表达行为。

如果不要求图示表达,则无需指定图示表达行为。

通过判断+queryStatement 属性中的表达式,调用相应的图示表达规则。如果这个表达式为"真",则执行+portrayalAction,反之不执行。

```
Class name:PF_PortrayalRule          //类名
Attributes:                          //属性
    +ruleName:                       //规则名,对要素图示表达而言,该名字一定是唯一的
    +priority:                       //规则之间的优先级
    +description:                    //表达规则所做的事情的一般性描述
    +queryStatement:                 //查询语言所表述的形式化规范,用来判断真假
Associations:                        //关联
    +portrayalAction:                //UML 所表述的形式化规范,用来调用预处理声明并调用表达操作
    +externalFunction:               //一系列的外部函数
    +propertyName:                   //一系列的特性的类型
Constraints:None                     //约束:无
```

8.3.5 外部函数

PF_ExternalFunctions 用于执行计算,该计算有时用于判断查询语句,有时用于执行图示表达规则的表达行为,详见 8.6 的示例。

只要一个外部函数根据类 PF_ExternalFunction 进行声明,其操作和返回类型将没有任何限制。外部函数应该按照 ISO 19109 中描述的方式那样建模(如操作)。外部函数不应在缺省图示表达细则中使用。

```
Class name:PF_ExternalFunction       //类名
Attributes:                          //属性
    +functionName:                   //函数名,不含空格,并且总是以字母或下划线字符开始
    +returnType:                     //函数的返回类型
    +description:                    //函数行为和作用的文本描述
Associations:                        //关联
```

```
    + formalParameters:            //外部函数使用的一系列形式参数
Constraints:None                   //约束:无
```

示例：如何使用一个外部函数

在下面的图示表达目录中，定义了一个通过规则定义来使用外部函数的要素类。

```
pr6:PortrayalRule                  //表达规则
{
    rule_name  =  "Moving Vehicle",//规则名:行驶中的汽车
    priority  =  "1",              //优先级为"1"
    description  =  "Moving automobile used for displaying current location on map",
                                   //描述:在地图上显示行驶中的汽车的当前位置
    query_statement  = ("TYPE = mvehicle and geometry = POINT"),
                                   //查询语句,类型为:"行驶中的汽车",几何特征为:点
    portrayal_action  = ("Dynamics.Automobile(calcBearing(plat,plong,clat,clong))")
                                   //图示表达行为
},
```

然后描述这个外部函数以及在调用函数时需要用的参数。

```
External_Function_Sets =                  //外部函数集
ef2:PF_ExternalFunction                   //外部函数
{
    + functionName = "calcBearing",       //函数名
    + returnType = "real",                //返回值

    + description = "Determine the bearing based on previous position and new position and return a real number re-
    presenting the bearing in degrees",   //描述:利用前一位置和当前位置确定方向,返回一个单位为度数的实数
    formal_parameters =                   //形式参数
     {
       ad21:AttributeDefinition           //属性定义
         {
             name = "prev_lat_position",  //属性名
             description = "Previous Latitude in decimal degrees",//描述:用十进制度数表示前一位置的纬度
             type = "real"                //类型
         }
       ad22:AttributeDefinition           //属性定义
         {
             name = "prev_long_position", //属性名
             description = "Previous Longitude in decimal degrees", //描述:用十进制度数表示前一位置经度
             type = "real"                //类型
         }
       ad23:AttributeDefinition           //属性定义
         {
             name = "curr_lat_position",  //属性名
             description = "Current Latitude in decimal degrees",   //描述:用十进制度数表示当前纬度
             type = "real"                //类型
         }
       ad24: AttributeDefinition          //属性定义
         {
             name = "curr_long_position", //属性名
             description = "Current Longitude in decimal degrees",  //描述:用十进制度数表示当前经度
             type = "real"                //类型
         }
     }
}
```

当这个规则返回为“真”时，执行上面这个表达行为，并且调用 calcBearing 外部函数。

### 8.3.6 参数定义

PF_AttributeDefintion 用于定义外部函数的形式参数和基本图示表达服务的描绘操作。它们通过专门定义的属性名称、描述、基本类型和缺省属性值来调用。

```
Class name:PF_AttributeDefinition         //类名
```

```
Attributes:                               //属性
    + name:Defines the name of the attribute definition. Shall be a legal name.
                                          //属性名:定义属性定义的名称,应是合法的名称
    + description:Describes the usage of this attribute definition. //描述:描述属性定义的用途
    + type:Identifies the data type of this attribute definition. Shall be of legal basic data type.
                                          //类型:指明属性定义的数据类型,应是合法的数据类型
    + defaultValue:An optional value of the attribute definition. //缺省值:属性定义的可选值
Associations:None                         //关联
Constraints:None                          //约束
```

## 8.4 图示表达细则包

### 8.4.1 概述

PF_PortrayalSpecification 定义了以下的类:PF_PortrayalSpecification、PF_PortrayalOperation、PF_ParameterSet 和 PF_AttributeValue。它使用了在 PF_PortrayalCatalogue 中定义的 PF_AttributeDefinition 类和 PF_ExternalFunction 类,如图 8 所示。

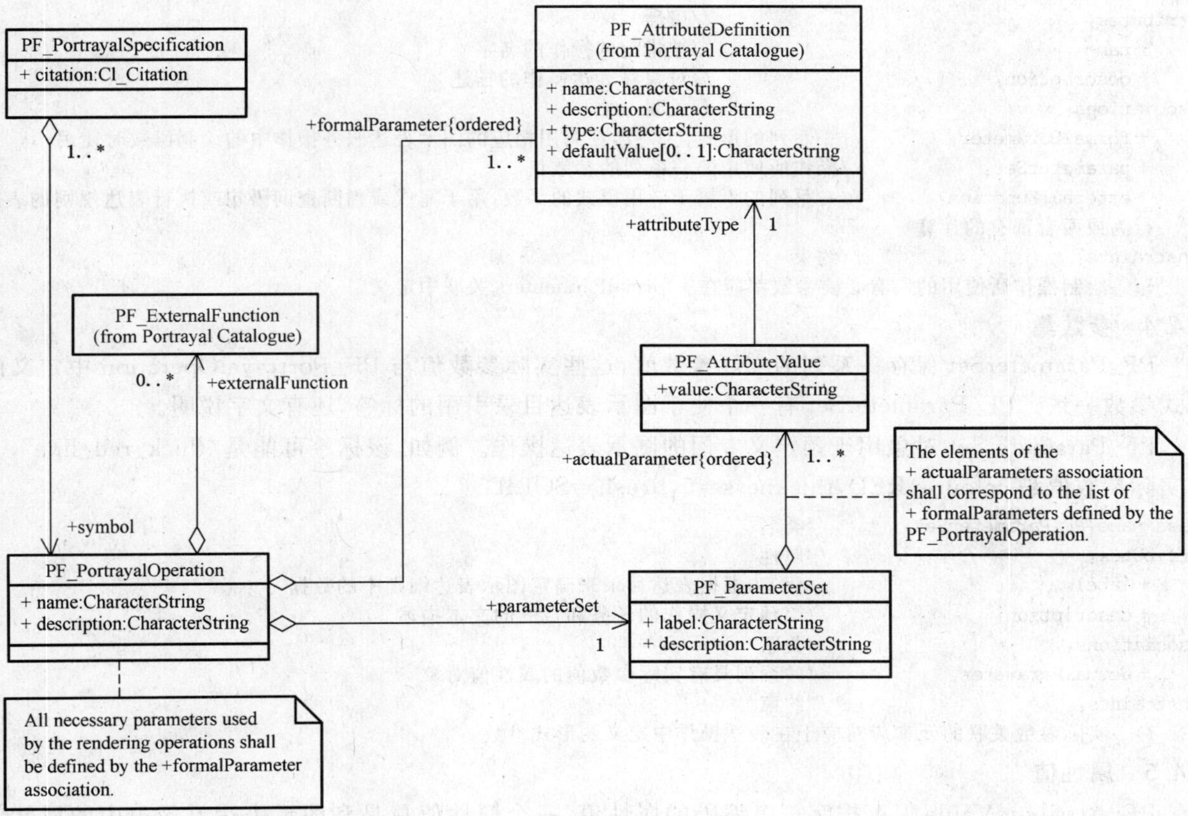


**图 8 图示表达细则包**

PF_PortrayalSpecification 是图示表达细则对象的根对象,它提供了图示表达细则的头信息,也包括了图示表达细则所支持的各种操作。

PF_PortrayalOperation 保存图示表达操作的名称和描述,还包含两个重要的聚类。第一个聚类包含与该操作相关的形式参数,即一系列的属性定义;第二个聚类包含一系列预定义参数集。

PF_ParameterSet 保存一系列实际参数值,由一个标记和一个描述来识别。PF_ParameterSet 的一个实例应仅包括实际参数,这些实际参数由形式参数列表来定义,并与 PF_PortrayalOperation 的参数相对应。

PF_AttributeValue 用于储存一个实际参数值,与属性类型相关联。

#### 8.4.2 图示表达细则

PF_PortrayalSpecification 保存图示表达细则的实例，每个 PF_PortrayalOperation 都对应于一个实例。

```
Class name:PF_PortrayalSpecification            //类名
Attributes:                                     //属性
    + citation:Citation information.            //引用信息，见 GB/T 19710—2005
Associations:                                   //关联
    + symbol:Association to a portrayal operation specification. //符号:与图示表达操作细则的关系
Constraints:None                                //约束
```

#### 8.4.3 图示表达操作

PF_PortrayalOperation 为特定的图示表达操作保存细节。它声明一系列的形式参数，当调用绘制函数时需要这些参数，并与相应操作的形式参数值相关联。

图示表达服务中定义的每个操作，都应有一个图示表达细则类的实例与之相对应。

```
Class name:PF_PortrayalOperation                //类名
Attributes:                                     //属性
    + name:                                     //被指定的操作的名字
    + description:                              //对象对表达操作的描述
Associations:                                   //关联
    + formalParameter:          //一系列的形式化参数，在调用相应的图示表达服务操作中的绘制函数时使用
    + parameterSet:             //操作所使用的一系列的参数集
    + externalFunction:         //一系列的不属于应用模式的函数，用于完成或判断查询语句或执行表达规则的表达
    行为或两者都有的计算
Constraints:                    //约束
    1) 绘制操作所使用的所有必要参数都应在＋formalParameters 关联中定义
```

#### 8.4.4 参数集

PF_ParameterSet 保存一系列的实际参数值，这些实际参数值与 PF_PortrayalOperation 中定义的形式参数一致。PF_ParameterSet 有一个便于图示表达目录引用的标签，还有文字说明。

PF_ParameterSet 对象用于预定义专门的图示表达操作。例如，该标签可能是“thick_red_line”，其中实际参数值是 colour＝RED，thickness＝5，brush＝SOLID。

```
Class name:PF_ParameterSet          //类名
Attributes:                         //属性
    + label:                        //标签，根据表达目录来确定图示表达细则中的数据
    + description:                  //该预定义操作的任务和目的的文本描述
Associations:                       //关联
    + actualParameter:              //一系列具有实际参数值的属性值对象
Constraints:                        //约束
    1) 实际参数关联的元素应对应于在表达操作中定义的形式参数
```

#### 8.4.5 属性值

PF_AttributeValue 保存按字符串编码的属性值，一个属性值总是和图示表达目录包中的属性定义相关联。

```
Class name:PF_AttributeValue        //类名
Attributes:                         //属性
    + value:                        //由属性类型确定的数据类型的值
Associations:                       //关联
    + attributeType:                //属性值的属性类型
Constraints:None                    //约束
```

#### 8.4.6 参数定义

PF_ParameterDefinition 在图示表达目录包中定义(见 8.3)。

### 8.5 复杂符号

外部函数(见 8.3.5)可以用于表达从其他几何图形中计算得出的图形，如沿线的点符号或面内的点符号，或者沿着曲线计算出来的平行线，绘制复杂的线型。

示例：在下列图示表达目录中，将详细说明一个通过规则定义使用外部函数的要素类

```
pr6:PortrayalRule              //表达规则
{
 rule_name = "Small city",              //规则名
 priority = "1",                        //优先级
 description = "A city that is too small to display as an area",        //描述:一个小到不能用面表达的城市
 query_statement = ("FACC_Code = AL020 and geometry = AREA and calcSize(geometry) < 50"),   //查询语句
 portrayal_action = (" VMAP Level 1.small_city(calcCentroid(geometry))")          //表达行为
},
```

然后，描述外部函数和它当前操作所需要的参数。

```
External_Function_Sets =                       //外部函数集
ef1:PF_ExternalFunction                         //外部函数
{
     + functionName = "calcSize",               //函数名
     + returnType = "real",                     //返回值为实数
     + description = "Determine the size of a given surface and return a real number representing the square
kilometers",                                    //描述:计算面的大小,返回一个单位为平方千米的实数
    formal_parameters =                         //形式参数
    {
    ad21:AttributeDefinition                    //属性定义
        (
        name = "geometry",                      //属性名
        description = "Area geometry of surface",  //属性描述
        type = "geometry"                       //属性类型
        )
    }
},

ef2:PF_ExternalFunction                         //外部函数
{
     + functionName = "calcCentroid",           //函数名
     + returnType = "real",                     //返回值类型
     + description = "Determine the centroid of a surface return a coordinate value for portrayal and
    change the geometry type to point",         //描述:计算面的中心点,返回一个坐标值,将几何类型改为点
    formal_parameters =                         //形式参数
    {
    ad21:AttributeDefinition                    //属性定义
        (
        name = "geometry",                      //属性名
        description = "geometry of surface",    //描述
        type = "geometry"                       //类型
        )
    }
}
```

在上面这个图示表达细则中，图示表达规则调用标签"small_city"，并由外部函数把新的几何信息传给这个图示表达规则。

```
ps2:ParameterSet                                //参数集
{
    label = " small_city "                      //标签
    description = " a small city or built up area"  //描述:小的城市或居民地
    actual_parameters =                         //实际参数
      {
      AttributeValue(value = "http://www.iso.org/vmap1v1/jog/symbols",attribute_type = "ad1"),   //属性值
      AttributeValue(value = "builtup_area.cgm",attribute_type = "ad2"),  //属性值
      AttributeValue(value = "color",attribute_type = "ad3"),             //属性值
      AttributeValue(value = "beige",attribute_type = "ad4")              //属性值
      }
```

## 8.6 文本数据的图示表达

文本数据可以作为要素的属性来处理,也可以作为注记应用模式来处理。要素参照的几何原素决定文本的显示方式。

注:如果这个几何原素的类型是点,则注记仅仅与这个点相关联;如果这个几何原素的类型是线,则注记或者与线相关联(如沿曲线),或者与这条曲线的一个或多个点相关联。如果这个几何原素的类型是面,则注记或者与面(如填充面、中心点)相关联,或者与面的边界相关联,或者与边界曲线上的一个或多个点相关联。

例图 9 显示了一个沿着曲线配置的文字字符串。这条线的起始点定义了字符串的开始,线的形状定义了字符串显示的路径。

图 9 沿曲线配置文字的示例

定义文字内容的字符串能够作为该要素类的属性进行存储,或者通过引用相关联,也可由规则产生。例如,一个要素类"City"可能有作为属性存储的城市名。文本字符串也可由规则产生,例如,可用实数属性表示声纳的测量深度,而作为文字型的图示表达。

## 8.7 缺省图示表达细则

下面是一个缺省图示表达细则的例子。

示例:要素类由应用模式定义,并在图示表达目录里被引用。

```
Feature_Portrayal_Sets =                 //要素图示表达集
{
    fp1:FeaturePortrayal                 //要素图示表达
    {
        feature_name = "AP030",          //要素名
        priority = "",                   //优先级
        description = "Transportation - An open way maintained for vehicular use"//描述:交通路线—机动车道
    },
    fp2:FeaturePortrayal                 //要素图示表达
        {
        feature_name = "AL015",          //要素名
        priority = "",                   //优先级
        description = "A relatively permanent structure,roofed and usually walled and designed for some par-
ticular use"                             //描述:建筑物
        },
    }
```

定义一些验证要素实例,选择图示表达细则所必需的规则。

```
    Portrayal_Rule_Sets =                                          //图示表达规则集
    {
        pr1:PortrayalRule                                          //图示表达规则 1
        {
        rule_name = "Prov_Hwy",                                    //规则名
        priority = "",                                             //优先级
        description = "Provincial Highway",                        //描述:省道
        query_statement = ("FACC_CODE = ´AP030´ and exs = 28 and rst = 1 and rtt = 14 and geometry = CURVE"),
  //查询语句
                // ´exs = 28 确定被操作的公路的状态
                // ´rst = 1 确定公路面的成分是硬的还是铺的
                // ´rtt = 14 确定打算使用的路线为主要路线
         portrayal_action = ("VMAP Level 1.Prov Highway")          //图示表达行为
```

```
        // ´格式为图示表达细则 name.Parameter Set(外部函数)
    },
}
    ……
```

图示表达细则的缺省部分

```
pr9:PortrayalRule                                         //图示表达规则
    {
    rule_name = "DefaultCurve",                           //规则名
    priority = "",                                        //优先级
    description = "Any curve that does not have an associated rule will be captured",
                                                          //描述:获取任何没有关联规则的曲线
    query_statement = ("geometry = CURVE"),               //查询语句
    portrayal_action = ("VMAP Level 1.Default Curve")     //表达行为
    },
```

## 8.8 符号表示

应用一个参数集(见 8.4.4)来表示符号,并通过符号库的名称引用符号,符号及其标识符是符号库的一部分,符号库用标识符来标识库里的符号。如果符号的一个或多个属性作为图示表达过程的一部分(如尺度、旋转、颜色)被修改了,则应说明属性和属性值。

示例:下面的例子说明符号库的细则和参数集。在这个例子中,只包含了符号库和符号的引用。

```
ps1:PortrayalSpecification                      //表达细则
(
    name = "VMAP Level 1",                                  //名称
    version = "1.0 March 1996",                             //版本
    producer = "ISOCorp",                                   //生产者
    point = o1:PF_PortrayalOperation                        //表达操作
    (
      name = "portrayPoint",                                //名称
      description = "Portrays a point on any display",      //描述:显示一个点
      formal_parameters =                                   //形式化参数
      {
      ad1:AttributeDefinition(name = "plib_id",description = "Name of point library to use or URL",type
= "String"),                                                //属性定义(名称、描述和类型)
      ad2:AttributeDefinition(name = "psym_id",description = "Name or ID of Point symbol to use",type =
"String")                                                   //属性定义(名称、描述和类型)
      parameter_sets =                                      //参数集
      {
        ps1:ParameterSet                                    //参数集
        (
          label = ´Military_Symbol"                         //标签
          description = ""                                  //描述
          actual_parameters =                               //实际参数
          {
           AttributeValue(value = "http://www.iso.org/vmap1v1/jog/symbols",attribute_type = "ad1"),  //属
性值
           AttributeValue(value = "milsymb",attribute_type = "ad2")       //属性值
          }
    ……
```

# 附 录 A
# （规范性附录）
# 抽象测试套件

## A.1 图示表达模式

a) 测试目的：验证图示表达模式的一致性。
b) 测试方法：验证图示表达细则和图示表达规则不是数据集的一部分；验证图示表达细则和图示表达规则分开存储，图示表达细则被图示表达规则引用；验证图示表达细则可以在外部存储，并使用像 URL 这样的统一引用标准所引用；验证图示表达规则在图示表达目录中存储，图示表达规则应详细说明其应用的要素类；验证图示表达规则使用 UML 查询语言表述。
c) 引用：GB/T 24355—2009，第 7 章。
d) 测试类型：基本测试。

## A.2 测试用例标示：完整性测试

a) 测试目的：通过包含所有的图示表达元素来确定一致性，这些图示表达元素被指定为"必选"责任或者被指定为条件必选。

注：很多必选的元素包含于可选的实体中，这些元素仅当包含他们的实体被使用的时候才具有必选性。

b) 测试方法：将本标准与被测试的一个主题图示表达集进行比较，以确定所有被定义为必选的图示表达元素是否出现。在满足本标准规定的条件时，比较测试还用于确定所有被定义为条件必选的图示表达元素是否出现。
c) 引用：GB/T 24355—2009，第 8 章。
d) 测试类型：基本测试。

## A.3 图示表达信息的可用性

a) 测试目的：验证图示表达信息的存在。
b) 测试方法：验证图示表达目录和图示表达细则的存在，或被相关元数据所引用。
c) 引用：GB/T 24355—2009，第 7 章。
d) 测试类型：基本测试。

## A.4 优先级属性

a) 测试目的：验证正确使用优先级属性。
b) 测试方法：验证如果优先级属性被使用，那么所有的图示表达规则都有一个优先级属性值；验证如果两个返回为"真"的图示表达规则，且具有同样的优先级属性值，则由应用确定哪个优先。
c) 引用：GB/T 24355—2009，7.2。
d) 测试类型：基本测试。

## A.5 缺省图示表达细则

a) 测试目的：验证缺省图示表达细则的存在。
b) 测试方法：验证有一个缺省图示表达细则与数据集相关联。
c) 引用：GB/T 24355—2009，7.4。

d) 测试类型:基本测试。

### A.6 外部函数

a) 测试目的:验证外部函数的描述。

b) 测试方法:验证图示表达目录列出使用的外部函数,包括参数和返回值。

c) 引用:GB/T 24355—2009,8.3.5。

d) 测试类型:基本测试。

# 附 录 B
# （资料性附录）
# 示 例

## B.1 示例 1

```
ps1:PortrayalSpecification
    {
    name = "N50",                              //名称
    version = "1.2 1999-03-22",                //版本
    producer = "IsoCorp",                      //生产者
    point = o1:Operation                       //操作 1:点操作
    {
       name = "portrayPoint",                           //名称
       description = "Portrays a point on any display", //描述:显示一个点
       formal_parameters =                              //形式参数
       {
          ad1:AttributeDefinition(name = "colour",description = "",type = "RGB",default_value = "#BLACK"),   //属性定义
          ad2:AttributeDefinition(name = "width",description = "",type = "mm",default_value = "1"),           //属性定义
          ad3:AttributeDefinition(name = "token",description = "",type = "Symbol",default_value = "#POINT"),  //属性定义
          ad4:AttributeDefinition(name = "url",description = "",type = "HREF",default_value = "")             //属性定义
       },
       parameter_sets =                                     //参数集
       {
          ps0:ParameterSet                                  //参数集 0
          {
             label = "DEFAULT"                              //标签
             description = "Default point parameter set"    //描述:缺省点参数集
             actual_parameters =                            //实际参数
             {
                 AttributeValue(value = "0 0 0",attribute_type = "ad1")          //属性值
             }
          },
          ps1:ParameterSet                                  //参数集 1
          {
             label = "White_Dot"                            //标签
             description = ""                               //描述
             actual_parameters =                            //实际参数
             {
                 AttributeValue(value = "1.0 1.0 1.0",attribute_type = "ad1")    //属性值
             }
          },
          ps2:ParameterSet                                  //参数集 2
          {
             label = "Large_Church_Symbol"                  //标签
             description = ""                               //描述
             actual_parameters =                            //实际参数
             {
                 AttributeValue(value = "0 0.2 0.7",attribute_type = "ad1"),        //属性值
                 AttributeValue(value = "50",attribute_type = "ad2"),               //属性值
                 AttributeValue(value = "church.gif",attribute_type = "ad3")        //属性值
             }
```

```
          },
          ps3:ParameterSet                                //参数集 3
          {
             label = "Small_Church_Symbol"                //标签
             description = ""                             //描述
             actual_parameters =                          //实际参数
             {
                  AttributeValue(value = "0.2 0.2 0.2",attribute_type = "ad1"),       //属性值
                  AttributeValue(value = "25",attribute_type = "ad2"),                //属性值
                  AttributeValue(value = "church.gif",attribute_type = "ad3")         //属性值
             }
          },
          ps4:ParameterSet                                //参数集 4
          {
             label = "Red_Dot"                            //标签
             description = ""                             //描述
             actual_parameters =                          //实际参数
             {
                  AttributeValue(value = "0.9 0 0",attribute_type = "ad1"),       //属性值
                  AttributeValue(value = "5",attribute_type = "ad2"),             //属性值
                  AttributeValue(value = "dot.cgm",attribute_type = "ad3")        //属性值
             }
          }
     }
}…
curve =  02:Operation                                        //操作 2:线操作
{
     name = "portrayCurve",                                  //名称
     description = "Portrays a curve on any display",  //描述:显示一条线
     formal_parameters =                                     //形式参数
     {
          ad5:AttributeDefinition(name = "Colour",description = "",type = "RGB",default_value = "＃BLACK"),  //属性
定义
          ad6:AttributeDefinition(name = "Width",description = "",type = "mm",default_value = "1")   //属性定义
     }
     parameter_sets =                                        //参数集合
     {
        ps21:ParameterSet                                    //参数集 21
        {
          label = "Red_01mm_line"                            //标签
          description = ""                                   //描述
          actual_parameters =                                //实际参数
          {
                  AttributeValue(value = "0.0 0.9 0.9",attribute_type = "ad5")    //属性值
          },
        ps22:ParameterSet                                    //参数集 22
        {
          label = "Large_Church_Symbol"                      //标签
          description = ""                                   //描述
          actual_parameters =                                //实际参数
          {
                  AttributeValue(value = "＃BLUE",attribute_type = "ad1"),      //属性值
                  AttributeValue(value = "50",attribute_type = "ad2"),         //属性值
                  AttributeValue(value = "＃CHURCH",attribute_type = "ad3")    //属性值
          }
        }
     }
  }
}
```

## B.2 示例2

下图为示例2局部子集的一个对象结构图,仅包含上层对象,根节点为ps1(图示表达细则)。它有三个操作对象,每个操作有一系列的形式参数和一系列参数集,形式参数定义了与操作相关的属性,参数集包含了预定义的标签和实际参数的值。

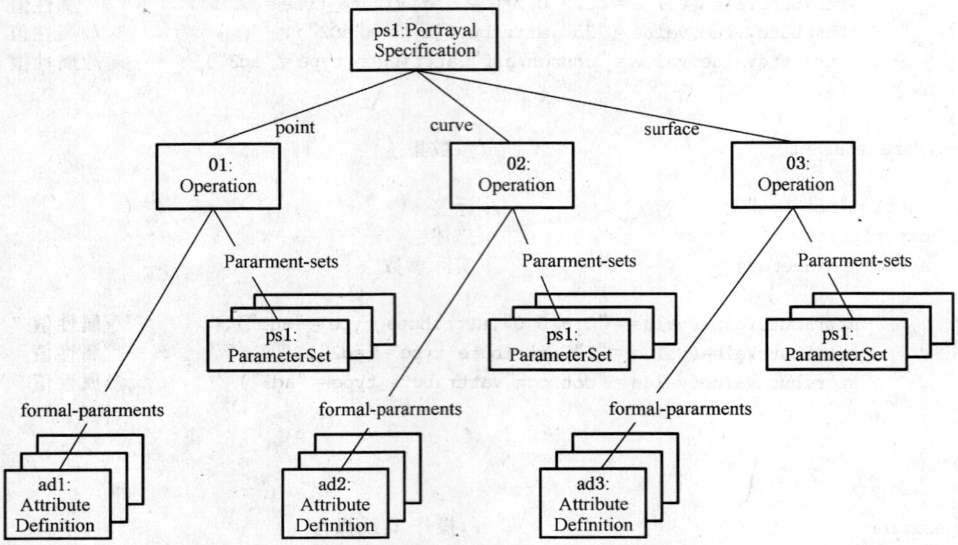


图 B.1 例2中部分对象图

```
ps1:PortrayalSpecification
//在本图示表达细则中,分别用参数表达一个测距站、一个普通建筑物和一个军用符号
{
Section 1
    name = "VMAP Level 2",                        //名称
    version = "1.0 March 1996",                   //版本
    producer = "ISOCorp",                         //生产者
Section 2
    point =  01:Operation                         //操作1:点操作
    {
       name = "portrayPoint",                                //名称
       description = "Portrays a point on any display",  //描述:显示一个点
       formal_parameters =                                   //形式参数
       {
         ad1:AttributeDefinition(name = "plib_id",description = "Name of point library to use or URL",type
= "String"),                                                 //属性定义
         ad2:AttributeDefinition(name = "psym_id",description = "Name or ID of Point symbol to use",type =
"String")
                                                             //属性定义
         parameter_sets =                                    //参数集合
         {
              ps1:ParameterSet                               //参数集1
              {
                 label = 'Military_Symbol"                   //标签
                 description = ""                            //描述
                 actual_parameters =                         //实际参数
                 {
                   AttributeValue( value = " http://www. iso. org/vmaplv2/job/symbols", attribute_ type =
"ad1"),      //属性值
                   AttributeValue(value = "milsymb",attribute_type = "ad2")              //属性值
                 }
              },
```

```
            ps2:ParameterSet                                   //参数集 2
            {
                label = "Ranger Station"                       //标签
                description = ""                               //描述
                actual_parameters =                            //实际参数
                {
                  AttributeValue(value = "http://www.iso.org/vmaplv2/job/symbols",attribute_type =
"ad1"),     //属性值
                  AttributeValue(value = "ranger.cgm",attribute_type = "ad2")          //属性值
                }
            },
            ps3:ParameterSet                                   //参数集 3
            {
                label = "Black Building"                       //标签
                description = ""                               //描述
                actual_parameters =                            //实际参数
                {
                  AttributeValue(value = "http://www.iso.org/vmaplv2/job/symbols",attribute_type =
"ad1"),  //属性值
                  AttributeValue(value = "building.cgm",attribute_type = "ad2")        //属性值
                }
            }
        }
    }
  },
  curve =  02:Operation                                        //操作 2:线操作
  {
    name = "portrayCurve",                                     //名称
    description = "Portrays a curve on any display",           //描述:显示一条线
    formal_parameters =                                        //形式参数
    {
        ad21:AttributeDefinition(name = "ccolor",description = "Curve Color in RGB",type = "Sequence(Inte-
gers)"),                                                       //属性定义
        ad22:AttributeDefinition(name = "cwidth",description = "Curve Width in point size",type = "Integer")
                                                               //属性定义
    },
    parameter_sets =                                           //参数集合
    {
    }
  },
  surface =  03:Operation                                      //操作 3:面操作
  {
    name = "portraySurface",                                   //名称
    description = "Portrays a surface on any display",         //描述:显示一个面
    formal_parameters =                                        //形式参数
    {
        ad31:AttributeDefinition(name = "scolor",description = "Surface Color in RGB",type = "Sequence(Inte-
gers)"),                                                       //属性定义
        ad32:AttributeDefinition(name = "slib_id",description = "Name of stipple pattern library to use or
RL",type = "String"),                                          //属性定义
        ad33:AttributeDefinition(name = "spattern_id",description = "Name of stipple.pattern to use",type =
"String"),                                                     //属性定义
    }
    parameter_sets =                                           //参数集合
    {
        ps31:ParameterSet                                      //参数集 31
        {
          label = "Solid Red Area"                             //标签
          description = ""                                     //描述
          actual_parameters =                                  //实际参数
```

```
                {
                        AttributeValue(value = "0.9 0 0",attribute_type = "ad31")     //属性值
                }
            },
            ps32:ParameterSet                                            //参数集 32
            {
                label = "Hatch Red Area"                                 //标签
                description = ""                                         //描述
                actual_parameters =                                      //实际参数
                {
                        AttributeValue(value = "0.9 0 0",attribute_type = "ad31")                 //属性值
                        AttributeValue(value = "http://www.iso.org/hatch",attribute_type = "ad32") //属性值
                        AttributeValue(value = "crosshatch.cgm",attribute_type = "ad33")          //属性值
                }
            }
        }
    },
    text = 04:Operation                                              //操作 4:文本操作
    {
        name = "portrayText",                                        //名称
        description = "Portrays a text on any display",              //描述:显示文本
        formal_parameters =                                          //形式参数
        {
            ad41:AttributeDefinition(name = "tfont",description = "Text Font",type = "String"),           //属性定义
            ad42:AttributeDefinition(name = "tstyle",description = "Text Style",type = "String"),         //属性定义
            ad43:AttributeDefinition(name = "tsize",description = "Text Size(pt)",type = "String"),       //属性定义
            ad44:AttributeDefinition(name = "tjust",description = "Text Justification",type = "String"),  //属性定义
            ad45:AttributeDefinition(name = "tcolor",description = "Text Color in RGB",type = "Sequence(Integer)"),
                                                                                                            //属性定义
            ad46:AttributeDefinition(name = "tdist",description = "Distance from base(mm)",type = "Integer"),
                                                                                                            //属性定义
            ad47:AttributeDefinition(name = "tdir",description = "Text Direction from base(degrees)",type = "Integer")
                                                                                                            //属性定义
        },
        parameter_sets =                                  //参数集
        {
        }
    }
}
```

## B.3 示例 3

### B.3.1 图示表达目录

本图示表达目录有点、线和面的示例，并引用两个图示表达细则，第一个是“VMAP Level 1”细则，另一个是动态细则，还包括外部函数的定义样例，不是所有的函数都被引用。

假如有一系列的要素：

要素 1 为具有如下一些属性的曲线：

- FACC Code AP030
- Exs=28
- Rst=1
- Rtt=14

要素 2 为具有如下一些属性的点：

- FACC Code AL015
- BFC=14

要素 3 为具有如下一些属性的面：

- FACC Code BH140
- Txt = "Red River"

要素 4 为具有如下一些属性的点：

- TYPE=mvehicle

对以下 3 个要素使用图示表达目录和图示表达细则：

要素 1：规则名 = "Prov_Hwy"，使用的图示表达细则为"VMAP Level 1 Prov Highway"。绘制一条省道，红色双线，中间为白色

要素 2：规则名 = "Ranger_Station"，使用的图示表达细则为"VMAP Level 1. Ranger Station"。绘制一个可变图像文件符号，该符号源于 URL http://www.iso.org/vmap1lv1/jog/symbols/ranger.cgm

要素 3：规则名 = "Default river/stream"，使用的图示表达细则为"VMAP Level 1. Default river/stream"。

对带轮廓线的面域进行蓝色填充，且添加"Red River"注记。

```
pc1:PortrayalCatalogue                                    //图示表达目录
{
Section 1——portrayal catalogue                            //基本信息
    name  = "VMAP Level 1 Library 041",                   //名称
    version = "1.0 March 1996",                           //版本
    producer = "ISOCorp",                                 //生产者
    query_language = "SQL2",                              //查询语言
    action_language = "Language X" ,                      //行为语言

Section 2——Feature Portrayal Sets                         //要素图示表达集合
    Feature_Portrayal_Sets =                              //要素图示表达集
    {
        fp1:FeaturePortrayal                              //要素图示表达 1
        {
            feature_name = "AP030",                       //要素名
            priority = "",                                //优先级
            description = "Transportation - An open way maintained for vehicular use"
                                                          //交通——一条机动车道。
        },
        fp2:FeaturePortrayal                              //要素图示表达 2
        {
            feature_name = "AL015",                       //要素名
            priority = "",                                //优先级
            description = "A relatively permanent structure,roofed and usually walled and designed for some
particular use"                                           //描述:一栋建筑物
        },
        fp3:FeaturePortrayal                              //要素图示表达 3
        {
            feature_name = "GB005",                       //要素名
            priority = "",                                //优先级
            description = "A defined area of land or water used for landing,take - off,and movement of air-
            craft including associated buildings,runways and other facilities"
                          //描述:水陆两用机场,用于起落和移动飞机,包括相关建筑物、跑道和其他设施
        },
        fp4:FeaturePortrayal                              //要素图示表达 4
        {
            feature_name = "BH140"                        //要素名
            priority = "",                                //优先级
            description = "A natural flowing watercourse.",  //描述:一条天然河道
        },
        fp5:FeaturePortrayal                              //要素图示表达 5
        {
```

```
            feature_name = "MVehicle"                         //要素名
            priority = "1",                                   //优先级
            description = "A motor vehicle being tracked by GPS"    //描述:一辆由 GPS 跟踪的机动车
        },
        fp6:FeaturePortrayal                                  //要素图示表达 6
        {
            feature_name = "ZD040",                           //要素名
            priority = "1",                                   //优先级
            description = "A geographic place on the Earth,not normally appearing as a feature instance on a
            map,but having a name that is required to be placed on a map"
                        //描述:地球上的某个地方,在地图上并不以一个要素实例存在,却要标注其名称
        },
    }
Section 3——Portrayal Rule Sets                                //图示表达规则集合
    Portrayal_Rule_Sets                                       //图示表达规则集
    {
        pr1:PortrayalRule                                     //图示表达规则 1
        {
            rule_name = "Prov_Hwy",                           //规则名
            priority = "",                                    //优先级
            description = "Provincial Highway",               //描述:省道
            query_statement = ("FACC_CODE = 'AP030' and exs = 28 and rst = 1 and rtt = 14 and geometry = CURVE"),
                                                              //查询语句
            portrayal_action = ("VMAP Level 1.Prov Highway")  //图示表达行为
        },
        pr2:PortrayalRule                                     //图示表达规则 2
        {
            rule_name = "Ranger_Station",                               //规则名
            priority = "",                                              //优先级
            description = "Building - Ranger Station",                  //描述:建筑物 - 测距站
            query_statement = ("FACC_CODE = 'AL015' and BFC = 14 and eometry = POINT"),    //查询语句
            portrayal_action = ("VMAP Level 1.Ranger Station")          //图示表达行为
        },
        pr3:PortrayalRule                                               //图示表达规则 3
        {
            rule_name = "Perennial river/stream",                       //规则名
            priority = "",                                              //优先级
            description = "",                                           //描述
            query_statement = ("FACC_CODE = 'BH140' and hyc = 8 and geometry = SURFACE"),
                                                    //查询语句:hyc = 8 意味着湖常年有水
            portrayal_action = ("VMAP Level 1.Perennial Water")         //图示表达行为
        },
        pr4:PortrayalRule                                               //图示表达规则 4
        {
            rule_name = "Non - Perennial river/stream",                 //规则名
            priority = "",                                              //优先级
            description = "Non - Perennial / Intermittent / Fluctuating river or stream",  //描述:常年河
            query_statement = ("FACC_CODE = 'BH140' and hyc = 6 and geometry = SURFACE"),
                                                              //查询语句:hyc = 6 意味着湖泊为时令湖。
            portrayal_action = ("VMAP Level 1.NonPerennial Water")//图示表达行为
        },
        pr5:PortrayalRule                                     //图示表达规则 5
        {
            rule_name = "Default river/stream",               //规则名
            priority = "",                                    //优先级
            description = "River or stream that does not match any other criteria.",  //描述:河流
            query_statement = ("FACC_CODE = 'BH140' and geometry = SURFACE"),  //查询语句
            portrayal_action = ("VMAP Level 1.Default river/stream(placeText(txt,font,color,size,ste-
prate))")                                                     //图示表达行为
        },
```

```
    pr6:PortrayalRule                                       //图示表达规则 6
    {
        rule_name = "Moving Vehicle",                       //规则名
        priority = "1",                                     //优先级
        description = "Moving automobile used for displaying current location on map.",
                                                            //描述:可以在地图上显示当前位置的行驶中的车辆
        query_statement = ("TYPE = mvehicle and geometry = POINT"),  //查询语句
        portrayal_action = ("Dynamics.Automobile(colour,symbol,calcBearing(plat,plong,clat,clong))")
                                                            //图示表达行为
    },
    pr7:PortrayalRule                                       //图示表达规则 7
    {
        rule_name = "Named Location",                       //规则名
        priority = "1",                                     //优先级
        description = "A geographic place on the Earth,not normally appearing as a feature instance on a
        map,but having a name that is required to be placed on a map."
                            //描述:地球上的某个地方,在地图上并不以一个要素实例存在,却要标注其名称
        query_statement = ("FACC_CODE = ZD040 and txt<>" and geometry = POINT"),
                                                            //查询语句:txt 是指包含在要素中的描述或相关内容
        portrayal_action("VMAP Level 1.Text(placeText(txt,font,color,size))")  //图示表达行为
    },
    pr8:PortrayalRule                                       //图示表达规则 8
    {
        rule_name = "DefaultPoint",                         //规则名
        priority = "",                                      //优先级
        description = "Any feature instance of type point that does not have an associated rule will be
captured.",                                                 //描述:获取没有任何相关规则的点类型要素实例
        query_statement = ("geometry = POINT"),             //查询语句
        portrayal_action = ("VMAP Level 1.Default Point")             //图示表达行为
    },
    pr9:PortrayalRule                                       //图示表达规则 9
    {
        rule_name = "DefaultCurve",                         //规则名
        priority = "",                                      //优先级
        description = "Any feature instance of type curve that does not have an associated rule will be
captured.",                                                 //描述:获取没有任何相关规则的线类型要素实例
        query_statement = ("geometry = CURVE"),             //查询语句
        portrayal_action = ("VMAP Level 1.Default Curve")          //图示表达行为
    },
    pr10:PortrayalRule                                      //图示表达规则 10
    {
        rule_name = "DefaultSurface",                       //规则名
        priority = "",                                      //优先级
        description = "Any feature instance of type surface that does not have an associated rule will
be captured ",                                              //描述:获取没有任何相关规则的面类型要素实例
        query_statement = ("geometry = SURFACE"),           //查询语句
        portrayal_action = ("VMAP Level 1.Default Surface")        //图示表达行为
    },
}

Section 4——External Function Sets                           //外部函数集合
  External Function Sets =                                  //外部函数集
  {
    ef1:PF_ExternalFunction                                 //外部函数
    {
        + functionName = "calc_daynight",                   //函数名
        + returnType = "Integer",                           //返回值
        + description = "Calculate whether it is daytime or nighttime to determine what type of display to
```

```
        use return 1 for day -1 for night ",      //描述:计算是白天还是晚上,返回值决定了显示类型:1为
        白天,-1为晚上。
        formal_parameters =                        //形式参数
        {
            ad11:AttributeDefinition(name = "time_of_day",description = ""Time of day taken from system-
            clock",type = "real"))                 //属性定义
        }
    },
    ef2:PF_ExternalFunction                        //外部函数
    {
        +functionName = "calcBearing",             //函数名
        +returnType = "real",                      //返回值
        +description = " Determine the bearing based on previous position and new position and return a
        real number representing the bearing in degrees",
                        //描述:用前一位置和当前位置计算出来的方位,返回一个实数,单位为度。
        formal_parameters =                        //形式参数
        {
            ad21:AttributeDefinition(name = "prev_lat_position",description = "Previous Latitude in
            decimal degrees",type = "real"),       //属性定义
            ad22:AttributeDefinition(name = "prev_long_position",description = "Previous Longitude in
            decimal degrees",type = "real"),       //属性定义
            ad23:AttributeDefinition(name = "curr_lat_position",description = "Current Latitude in deci-
            mal degrees",type = "real"),           //属性定义
            ad24:AttributeDefinition(name = "curr_long_position",description = "Current Longitude in
            decimal degrees",type = "real")        //属性定义
        }
    },
    ef3:PF_ExternalFunction                        //外部函数
    {
        +functionName = "placeText",               //函数名
        +returnType = "sequence(real)",            //返回值
        +description = "extracts the text from a feature instance and returns a location for placement"
                                   //描述:从要素实例中提取其文本信息,返回一个用于定位的
位置。
        formal_parameters =                        //形式化参数
        {
            ad31:AttributeDefinition(name = "attributes",description = "Attributes that need to be pas-
            sed for the rendering of the text",type = "Sequence(String)")    //属性定义
        }
    }
  }
}
```

### B.3.2 图示表达细则——VMAP 第一层

```
  Ps1:PortrayalSpecification                       //图示表达细则
  {
  Section 1——基本信息
   name = "VMAP Level 1",                          //名称
   version = "1.0 March 1996",                     //版本
   producer = "ISOCorp",                           //生产者

Section 2——Portrayal Operation                     //图示表达操作
   Point = 01:Operation                            //操作1:点操作
   {
      name = "portrayPoint",                       //名称
      description = " Portrays a point on any display ",//描述:显示一个点
      formal_parameters =                          //形式化参数
      {
          ad1:AttributeDefinition(name = "plib_id",description = "Name of point library to use or URL",type =
"String"),                                         //属性定义
```

```
            ad2:AttributeDefinition(name = "psym_id",description = "Name or ID of Point symbol to use",type
= "String"),                                                //属性定义
            ad3:AttributeDefinition(name = "pattr_id",description = "The attribute of the symbol to modify",
type = "String"),                                           //属性定义
            ad4:AttrbiuteDefinition(name = "pattr_value",description = "Value to modify",type = "String"),
                                                            //属性定义
        }
    },
    curve =  02:Operation                                   //操作 2:线操作
    {
        name = "portrayCurve",                              //名称
        description = "Portrays a curve on any display",    //描述:显示一条线
        formal_parameters =                                 //形式化参数
        {
            ad21:AttributeDefinition(name = "ccolor",description = "Curve Color in RGB",type = "Sequence(In-
tegers)"),                                                  //属性定义
            ad22:AttributeDefinition(name = "cwidth",description = "Curve Width in point size",type = "Inte-
ger"),                                                      //属性定义
            ad23:AttributeDefinition(name = "cxoffset",description = "X offset in point size",type = "re-
al"),                                                       //属性定义
            ad24:AttributeDefinition(name = "cyoffset",description = "Y offset in point size",type = "re-
al"),                                                       //属性定义
            ad25:AttributeDefinition(name = "linetype",description = "line type",type =  "string")
                                                            //属性定义
        },
    }
    surface =  03:Operation                                 //操作 3:面操作
    {
        name = "portraySurface",                            //名称
        description = "Portrays a surface on any display",  //描述:显示一个面
        formal_parameters =                                 //形式参数
        {
            ad31:AttributeDefinition(name = "scolor",description = "Surface Color in RGB",type = "Sequence
(Integers)"),                                               //属性定义
            ad32:AttributeDefinition(name = "slib_id",description = "Name of stipple pattern library to use
            or URL",type = "String"),                       //属性定义
            ad33:AttributeDefinition(name = "spattern_id",description = "Name of stipple pattern to use",
type = "String")                                            //属性定义
        }
    },

Section 3——ParameterSet                                     //参数集
    parameter_sets =                                        //参数集合
    {
        ps1:ParameterSet                                    //参数集 1
        {
            label = "Ranger Station"                        //标签
            description = ""                                //描述
            actual_parameters =                             //实际参数
            {
                AttributeValue(value = "http://www.iso.org/vmap1v1/jog/symbols",attribute_type = "ad1"),
                                                                                //属性值
                AttributeValue(value = "ranger.cgm",attribute_type = "ad2")     //属性值
            }
        }
        ps2:ParameterSet                                    //参数集 2
        {
            label = "Black Building"                        //标签
            description = ""                                //描述
            actual_parameters =                             //实际参数
```

```
            {
                AttributeValue(value = "http://www.iso.org/vmap1v1/jog/symbols",attribute_type = "ad1")  //属性值
                AttributeValue(value = "building.cgm",attribute_type = "ad2")                            //属性值
                AttributeValue(value = "color",attribute_type = "ad3")                                   //属性值
                AttributeValue(value = "black",attribute_type = "ad4")                                   //属性值
            }
        },
        ps21:ParameterSet                          //参数集 21
        {
            label = "Prov_Highway"                 //标签
            description = "Provincial Highway - white line with red on either side."  //描述:省道——红色双线,中间填白。
            actual_parameters =                    //实际参数
            {
                AttributeValue(value = "255 255 255",attribute_type = "ad21"),  //属性值
                AttributeValue(value = "2",attribute_type = "ad22"),            //属性值
                AttributeValue(value = "255 0 0",attribute_type = "ad21"),      //属性值
                AttributeValue(value = "1",attribute_type = "ad22"),            //属性值
                AttributeValue(value = "1",attribute_type = "ad23"),            //属性值
                AttributeValue(value = "255 0 0",attribute_type = "ad21"),      //属性值
                AttributeValue(value = "2",attribute_type = "ad22"),            //属性值
                AttributeValue(value = "-1",attribute_type = "ad23")            //属性值
            }
        },
        ps31:ParameterSet                          //参数集 31
        {
            label = "Solid Red Area"               //标签
            description = ""                       //描述
            actual_parameters =                    //实际参数
            {
                AttributeValue(value = "255 0 0",attribute_type = "ad31")  //属性值
            }
        },
        ps32:ParameterSet                          //参数集 32
        {
            label = "Hatch Red Area"               //标签
            description = ""                       //描述
            actual_parameters =                    //实际参数
            {
                AttributeValue(value = "0.9 0 0",attribute_type = "ad31")                          //属性值
                AttributeValue(value = "http://www.iso.org/hatch",attribute_type = "ad32")         //属性值
                AttributeValue(value = "crosshatch.cgm",attribute_type = "ad33")                   //属性值
            }
        },
        ps33:ParameterSet                          //参数集 33
        {
            label = "Lakes"                        //标签
            description = "Solid blue area with outline in black"  //描述:边线为黑色实线,蓝色填充。
            actual_parameters =                    //实际参数
            {
                AttributeValue(value = "0 0 255",attribute_type = ad31")  //属性值
                AttributeValue(value = "0 0 0",attribute_type = "ad21")   //属性值
                AttributeValue(value = "1",attribute_type = "ad22")       //属性值
            }
        },
        ps34:ParameterSet                          //参数集 34
        {
            label = "Perennial Water"              //标签
            description = "blue solid fill with black dash outline "  //描述:边线为黑色虚线,蓝色填充。
            actual_parameters =                    //实际参数
```

```
            {
                AttributeValue(value = "0 0 255",attribute_type = "ad31")   //属性值
                AttributeValue(value = "0 0 0",attribute_type = "ad21")     //属性值
                AttributeValue(value = "dash",attribute_type = "ad25")      //属性值
            }
        },
        ps35:ParameterSet                               //参数集 35
        {
            label = "NonPerennial Water"                //标签
            description = " blue stipple dot pattern fill with outline"  //描述:带边线,蓝色晕线填充,线型
为点线。
            actual_parameters =                         //实际参数
            {
                AttributeValue(value = "0 0 255",attribute_type = "ad31")           //属性值
                AttributeValue(value = "c:\vmappatterns",attribute_type = "ad32")   //属性值
                AttributeValue(value = "stippledot.cgm",attribute_type = "ad33")    //属性值
                AttributeValue(value = "0 0 255",attribute_type = "ad21")           //属性值
            }
        },
        ps36:ParameterSet                               //参数集 36
        {
            label = "Default river/stream"              //标签
            description = "blue fill with outline "     //描述:带边线,蓝色填充。
            actual_parameters =                         //实际参数
            {
                AttributeValue(value = "0 0 255",attribute_type = "ad31")    //属性值
                AttributeValue(value = "0 0 255",attribute_type = "ad21")    //属性值
            }
        },
    }
}
```

## B.3.3 图示表达细则——动态细则

```
    ps1:PortrayalSpecification                          //图示表达细则
    {
    Section 1——基本信息
     name = "Dynamics",                                 //名称
     version = "1.1 1999-03-22",                        //版本
     producer = "ISOCorp",                              //生产者
Section 2——Portrayal Operation                          //图示表达操作
     point =  01:Operation                              //操作 1:点操作
     {
        name = "portrayPoint",                          //名称
        description = " Portrays a point on any display",   //描述:显示一个点
        formal_parameters =                             //形式化参数
        {
            ad1:AttributeDefinition(name = "colour",description = "",type = "RGB",default_value =  #BLACK"),
//属性值
            ad2:AttributeDefinition(name = "symbol",description = "",type = "Symbol",default_value = "#POINT"),
//属性值
            ad3:AttributeDefinition(name = "rotation",description = "",type = "Real",default_value = "0")
//属性值
        }
        parameter_sets =                                //参数集
        {
            ps0:ParameterSet                            //参数集 0
            {
                label = "DEFAULT"                       //标签
                description = "Default point parameter set"   //描述:缺省点参数集
                actual_parameters =                     //实际参数
```

```
            {
                AttributeValue(value = "0 0 0",attribute_type = "ad1")    //属性值
            }
        },
        ps1:ParameterSet                                                  //参数集 1
        {
            label = "Automobile"                                          //标签
            description = "Moving Automobile showing direction of movement"
                                                                          //描述:可以显示前进方面的行驶中的车辆
            actual_parameters =                                           //实际参数
            {
                AttributeValue(value = "0 0 0",attribute_type = "ad1")    //属性值
                AttributeValue(value = "auto.gif",attribute_type = "ad2") //属性值
                AttributeValue(value = "bearing",attribute_type = "ad3")  //属性值
            }
        }
    }
  }
}
```

## B.4 示例 4

### B.4.1 UML 应用框架模型

下图为示例 4 的应用框架图

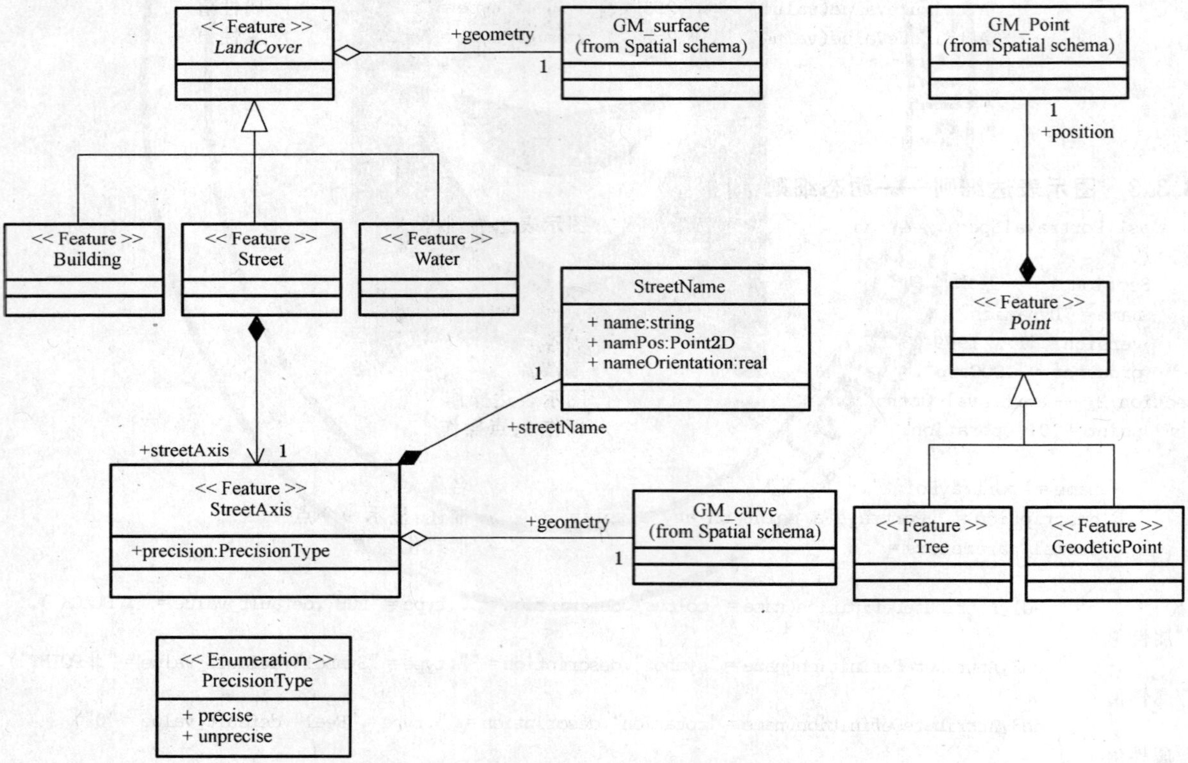


图 B.2 应用模式示例

### B.4.2 图示表达目录

```
pc1:PortrayalCatalogue                        //一个图示表达目录的示例
{
    FeaturePortrayal_Sets =                   //要素图示表达集
    {
        fp1:FeaturePortrayal                  //要素图示表达 1
```

```
{
featureName = "StreetAxis"                    //要素名
priority = "100"                              //优先级
description = ""                              //描述

PortrayalRule_Sets =                          //图示表达规则集
{
  //计程车的图示表达规则
  pr1:PortrayalRule                           //图示表达规则 1
  {
    ruleName = "StreetPrecise"                //规则名
    priority = "100"                          //优先级
    description"Use a solid line for precise street"   //描述:用实线表达高等级街道
    queryStatement = ("FACC_CODE = ´StreetAxis´ and StreetAxis.precision = ´precise´")  //查询语句
    portrayalAction = ("ISO_STYLE.LINE_STYLE.Solid")   //图示表达行为
  }
  pr2:PortrayalRule                           //图示表达规则 2
  {
    ruleName = "StreetUnprecise"              //规则名
    priority = "100"                          //优先级
    description"Use a dotted line for unprecise street"   //描述:点线表达低等级街道
    queryStatement = ("FACC_CODE = ´StreetAxis´and StreetAxis.precision = ´unprecise´and Scale <
    = 500 ")   //查询语句
    portrayalAction = ("ISO_STYLE.LINE_STYLE.Dotted")   //图示表达行为
  }
 }   //要素图示表达集结束
}   //要素图示表达结束
PortrayalRule_Sets =                          //图示表达规则集
{
fp1:FeaturePortrayal                          //要素图示表达 1
 {
    featureName = "Point"                     //要素名
    priority = "110"                          //优先级
    description = ""                          //描述

 //点要素的图示表达规则
 pr3:PortrayalRule                            //图示表达规则 3
 {
    ruleName = "Tree"                         //规则名
    priority = "110"                          //优先级
    description"Use Tree symbol"   //描述:使用树木符号
    queryStatement = ("FACC_CODE = ´Tree´")             //查询语句
    portrayalAction = ("ISO_STYLE.SYMBOL_STYLE.Tree")   //图示表达行为
 }
 pr4:PortrayalRule                            //图示表达规则 4
 {
    ruleName = "GeodeticPoint"                //规则名
    priority = "110"                          //优先级
    description"Use GeodeticPoint symbol"             //描述:使用大地测量点符号
    queryStatement = ("FACC_CODE = ´GeodeticPoint´")  //查询语句
    portrayalAction = ("ISO_STYLE.SYMBOL_STYLE.GP")   //图示表达行为
 }
   } //图示表达规则集结束
 } //要素图示表达集结束
}//图示表达目录结束
```

**B.4.3 图示表达细则**

```
ps1:PortrayalSpecification                    //一个图示表达细则的示例
{
text = 01:PortrayalOperation                  // 图示表达操作 1:文本操作
```

```
{
  name = "",                          //名称
  description = "",                   //描述
  formalParameters =                  //形式化参数
  {
    ad1:AttributeDefinition(name = "TXT",description = "",type = "String",defaultValue = ""),   //属性定义
    ad2:AttributeDefinition(name = "GEOMETRY",description = "",type = "C2",defaultValue = ""),   //属性定义
    ad3:AttributeDefinition(name = "ROT",description = "",type = "P_ANGLE",defaultValue = "0.0"),  //属性定义
    ad4:AttributeDefinition(name = "HALI",description = "",type = "HALIGNMENT",defaultValue = "Center"),
                                                                                                 //属性定义
    ad5:AttributeDefinition(name = "VALI",description = "",type = "VALIGNMENT",defaultValue = "Half"),
                                                                                                 //属性定义
    ad6:AttributeDefinition(name = "Style",description = "additional parameters",type = "P_TEXTID",defaultValue
    = "")                                                                                        //属性定义
  },

  parameterSets =                         //参数集
  {
  } //参数集结束
} //图示表达操作结束

symbol =  02:PortrayalOperation             //图示表达操作 2:符号操作
{
  name = "",                                 //名称
  description = "",                          //描述
  formalParameters =                         //形式化参数
  {
    ad7:AttributeDefinition(name = "GEOMETRY",description = "",type = "C2",defaultValue = ""),    //属性定义
    ad8:AttributeDefinition(name = "ROT",description = "",type = "P_ANGLE",defaultValue = "0.0"), //属性定义
    ad9:AttributeDefinition(name = "Style",description = "additional parameters",type = "P_SYMBID",defaultVal-
    ue = "")
                                                                                                  //属性定义
  },
} //图示表达操作结束

curve =  03:PortrayalOperation                                 //图示表达操作 3:线操作
{
  name = "",                                                    //名称
  description = "",                                             //描述
  formalParameters =                                            //形式化参数
  {
    ad10:AttributeDefinition(name = "GEOMETRY",description = "",type = "P_LIN",defaultValue = ""),
//属性定义
    ad11:AttributeDefinition(name = "Style",description = "additional parameters",type = "P_LINEID",de-
    faultValue = "")                         //属性定义
  },
} //图示表达操作结束

surface =  04:PortrayalOperation          //图示表达操作 4:面操作
{
  name = "",                   //名称
  description = "",            //描述
  formalParameters =           //形式化参数
  {
    ad12:AttributeDefinition(name = "GEOMETRY",description = "",type = "P_SURF",defaultValue = ""), //属性定义
    ad13:AttributeDefinition(name = "HatchAng",description = "additional parameters",type = "P_ANGLE",
      defaultValue = ""),
                                                                                                  //属性定义
      ad14:AttributeDefinition(name = "HatchOrg",description = "",type = "C2",defaultValue = ""),   //属性定义
      ad15:AttributeDefinition(name = "Style",description = "",type = "P_SURFID",defaultValue = "") //属性定义
  },
} //图示表达操作结束
```

```
textStyle =  05:PortrayalOperation                      //图示表达操作 5:文本操作
{
  name = "",                                             //名称
  description = "",                                      //描述
  formalParameters =                                     //形式化参数
  {
    ad16:AttributeDefinition(name = "Name",description = "",type = "P_TEXTID",defaultValue = ""),   //属
性定义
    ad17:AttributeDefinition(name = "FontName",description = "",type = "String",defaultValue = ""),  //属
性定义
    ad18:AttributeDefinition(name = "Color",description = "",type = "String",defaultValue = "")     //属
性定义
  },
  parameterSets =                                        //参数集合
  {
    ps0:ParameterSet                                     //参数集 0
    {
      label = "Arial"                                    //标签
      description = ""                                   //描述
      actualParameters =                                 //实际参数
      {
        AttributeValue( value = "text1",attributeType = "ad16")          //属性值
        AttributeValue( value = "Arial",attributeType = "ad17")          //属性值
        AttributeValue( value = "black",attributeType = "ad18")          //属性值
      }
    }
  }//参数集合结束
} //图示表达操作结束

symbolStyle =  06:PortrayalOperation                     //图示表达操作 6:符号操作
{
  name = "",                                             //名称
  description = "",                                      //描述
  formalParameters =                                     //形式化参数
  {
    ad19:AttributeDefinition(name = "Name",description = "",type = "P_SYMBID",defaultValue = ""),   //属
性定义
    ad20:AttributeDefinition(name = "Geometry",description = "",type = "Bag(SYMBOL_GEOMETRY)",
    defaultValue = ""),                                                                              //属
性定义
    ad21:AttributeDefinition(name = "Color",description = "",type = "String",defaultValue = "")     //属
性定义
  },
  parameterSets =                                        //参数集合
  {
    ps1:ParameterSet                                     //参数集 1
    {
      label = "Tree"                                     //标签
      description = ""                                   //描述
      actualParameters =                                 //实际参数
      {
        AttributeValue( value = "Tree",attributeType = "ad19")      //属性值
        AttributeValue( value = "<Polyline>...</Polyline>",attributeType = "ad20")  //属性值
        AttributeValue( value = "green",attributeType = "ad21")                     //属性值
      }
    }
    ps2:ParameterSet                                     //参数集 2
    {
      label = "GP",                                      //标签
```

```
      description = "",                              //描述
      actualParameters =                             //实际参数
      {
        AttributeValue( value = "GP",attributeType = "ad19")                              //属性值
        AttributeValue( value = "<Polyline>...</Polyline>",attributeType = "ad20") //属性值
        AttributeValue( value = "red",attributeType = "ad21")                             //属性值
      }
    }
  } //参数集合结束
} //图示表达操作结束

lineStyle = 07:PortrayalOperation                    //图示表达操作 7:线型操作
{
  name = ""                                          //名称
  description = ""                                   //描述
  formalParameters =                                 //形式化参数
  {
    ad22:AttributeDefinition(name = "Name",description = "",type = "P_LINEID",defaultValue = ""), //属性定义
    ad23:AttributeDefinition(name = "LineStyle",description = "",type = "Integer",defaultValue = ""),//属性定义
    ad24:AttributeDefinition(name = "Color",description = "",type = "String",defaultValue = "")   //属性定义
  },
  parameterSets =                                    //参数集合
  {
    ps3:ParameterSet                                 //参数集 3
    {
      label = "Solid"                                //标签
      description = ""                               //描述
      actualParameters =                             //实际参数
      {
        AttributeValue( value = "Solid",attributeType = "ad22")      //属性值
        AttributeValue( value = "0",attributeType = "ad23")          //属性值
        AttributeValue( value = "black",attributeType = "ad24")      //属性值
      }
    }
    ps4:ParameterSet                                 //参数集 4
    {
      label = "Dotted"                               //标签
      description = ""                               //描述
      actualParameters =                             //实际参数
      {
        AttributeValue( value = "Dotted",attributeType = "ad22")     //属性值
        AttributeValue( value = "1",attributeType = "ad23")          //属性值
        AttributeValue( value = "black",attributeType = "ad24")      //属性值
      }
    }
  } //参数集合结束
}//图示表达操作结束

surfaceStyle = 08:PortrayalOperation                 //图示表达操作 8:面型操作
{
  name = ""                                          //名称
  description = ""                                   //描述
  formalParameters =                                 //形式化参数
  {
    ad25:AttributeDefinition(name = "Name",description = "",type = "P_SURFID",defaultValue = ""),  //属性定义
    ad26:AttributeDefinition(name = "BorderStyle",description = "",type = "Integer",defaultValue = ""),//属性定义
    ad27:AttributeDefinition(name = "FillColor",description = "",type = "String",defaultValue = "") //属性定义
  },
  parameterSets =                                    //参数集合
  {
```

```
      ps5:ParameterSet                              //参数集 5
      {
        label = "surf1"                             //标签
        description = ""                            //描述
        actualParameters =                          //实际参数
        {
          AttributeValue( value = "surf1",attributeType = "ad25")       //属性值
          AttributeValue( value = "0",attributeType = "ad26")           //属性值
          AttributeValue( value = "gray",attributeType = "ad27")        //属性值
        }
      }
    } //参数集合结束
  } //图示表达操作结束
} 图示表达细则结束
```

ICS 07.040
A 75

# 中华人民共和国国家标准

GB/T 24356—2009

# 测绘成果质量检查与验收

**Specifications for quality inspection and acceptance of surveying and mapping products**

2009-09-30 发布　　　　2009-12-01 实施

中华人民共和国国家质量监督检验检疫总局
中国国家标准化管理委员会　发布

# 前　　言

本标准由国家测绘局提出。

本标准由全国地理信息标准化技术委员会(SAC/TC 230)归口。

本标准主要起草单位:国家测绘产品质量监督检验测试中心,四川省第一测绘工程院,成都市勘察测绘研究院,国家测绘局测绘标准化研究所,四川省国土勘测规划研究院,国家测绘局重庆测绘院,成都地图出版社,天津海事局,四川省第三测绘工程院。

本标准主要起草人:曾衍伟,谭明建,唐翼德,何文林,谭理,李何超,兰启贵,刘政,张铁军,曹銮,谢晓辉,陈勇,邓国庆,余银普,李东辉,雷凌,陈华。

# 引　言

本标准主要根据测绘成果质量检查与验收的相关规定并结合我国目前的测绘成果的生产技术水平、质量控制水平、检查与验收的现实状况制定。本标准着重考虑测绘成果的检查验收需求。

本标准技术内容的变化主要包括：

——依据《测绘资质分级标准》(国家测绘局，2009 年)将测绘成果分为 10 大类，增加房产测绘、海洋测绘、航空摄影、地理信息系统、地籍测绘、行政区域界线测绘 6 类成果；

——将“质量特性”修改为“质量元素”；

——将“缺陷”修改为“错漏”，并分为 A、B、C、D 四类；

——将成果质量错漏分类与质量元素一一对应；

——依据概查和详查的结果判定批成果质量判定；

——新增如何进行批成果质量等级评定、批成果质量等级核定内容。

# 测绘成果质量检查与验收

## 1 范围

本标准确定了测绘成果质量检查验收与质量评定的方法和要求，规定了测绘成果所具有的质量元素和错漏的分类以及抽样和检验的方法。

本标准适用于按现行国家标准、行业标准生产的测绘成果的检查验收和质量评定，监督检验、质量认定和质量鉴定以及其他测绘成果的检验可参照执行。数字线划图、数字高程模型、数字正射影像图、数字栅格地图的检查验收和质量评定执行 GB/T 18316—2008。

## 2 规范性引用文件

下列文件中的条款通过本标准的引用而成为本标准的条款。凡是注日期的引用文件，其随后所有的修改单(不包括勘误的内容)或修订版本均不适用于本标准，然而，鼓励根据本标准达成协议的各方研究是否可使用这些文件的最新版本。凡是不注日期的引用文件，其最新版本适用于本标准。

GB/T 18316—2008 数字测绘成果质量检查与验收

测绘生产困难类别细则 财政部、国家测绘局 1999 年

## 3 术语和定义

下列术语和定义适用于本标准。

3.1

**单位成果 item**

为实施检查与验收而划分的基本单位。

注：大地测量成果中的各级三角点、导线点、GPS 点、重力点和水准测段等以“点”或“测段”为单位；像片控制测量成果以“区域网”、“景”为单位；地形测量、地图编制、地籍测绘等测绘成果的各种比例尺地形图或影像平面图中以“幅”为单位；房产面积测算成果以“幢”为单位等。

3.2

**批成果 lot**

同一技术设计要求下生产的同一测区的、同一比例尺(或等级)单位成果集合。

3.3

**批量 lot size**

批成果中单位成果的数量。

3.4

**样本 sample**

从批成果中抽取的用于评定批成果质量的单位成果集合。

3.5

**样本量 sample size**

样本中单位成果的数量。

3.6

**全数检查 full inspection**

对批成果中全部单位成果逐一进行的检查。

3.7

**抽样检查　sampling inspection**

从批成果中抽取一定数量样本进行的检查。

3.8

**质量元素　quality element**

说明质量的定量、定性组成部分。即成果满足规定要求和使用目的的基本特性。

注：质量元素的适用性取决于成果的内容及其成果规范，并非所有的质量元素适用于所有的成果。

3.9

**质量子元素　quality subelement**

质量元素的组成部分，描述质量元素的一个特定方面。

3.10

**检查项　test entry**

质量子元素的检查内容。说明质量的最小单位，质量检查和评定的最小实施对象。

3.11

**详查　all entry inspection**

对单位成果质量要求的全部检查项进行的检查。

3.12

**概查　some entry inspection**

对单位成果质量要求中的部分检查项进行的检查。

注：部分检查项一般指重要的、特别关注的质量要求或指标，或系统性的偏差、错误。

3.13

**错漏　fault**

检查项的检查结果与要求存在的差异。

注：根据差异的程度，将其分为A、B、C、D四类。A类：极重要检查项的错漏，或检查项的极严重错漏；B类：重要检查项的错漏，或检查项的严重错漏；C类：较重要检查项的错漏，或检查项的较重错漏；D类：一般检查项的轻微错漏。

3.14

**高精度检测　high accuracy test**

检测的技术要求高于生产的技术要求。

3.15

**同精度检测　same accuracy test**

检测的技术要求与生产的技术要求相同。

3.16

**简单随机抽样　simple random sample**

从批成果中抽取样本时，使每一个单位成果都以相同概率构成样本，可采用抽签、掷骰子、查随机数表等方法。

3.17

**分层随机抽样　delaminating random sample**

将批成果按作业工序或生产时间段、地形类别、作业方法等分层后，根据样本量分别从各层中随机抽取1个或若干个单位成果组成样本。

## 4　基本规定

### 4.1　二级检查一级验收

测绘成果质量通过二级检查一级验收方式进行控制，测绘成果应依次通过测绘单位作业部门的过程检查、测绘单位质量管理部门的最终检查和项目管理单位组织的验收或委托具有资质的质量检验机构进行质量验收。其要求如下：

a) 测绘单位实施成果质量的过程检查和最终检查。过程检查采用全数检查。最终检查一般采用全数检查，涉及野外检查项的可采用抽样检查(样本量按表4执行)，样本以外的应实施内业全数检查。

b) 验收一般采用抽样检查，样本量按表4执行。质量检验机构应对样本进行详查，必要时可对样本以外的单位成果的重要检查项进行概查。

c) 各级检查验收工作应独立、按顺序进行，不得省略、代替或颠倒顺序。

d) 最终检查应审核过程检查记录，验收应审核最终检查记录。审核中发现的问题作为资料质量错漏处理。

**4.2 检查验收依据**

有关的法律法规，有关国家标准、行业标准、设计书、测绘任务书、合同书和委托验收文件等。

**4.3 数学精度检测**

4.3.1 图类单位成果高程精度检测、平面位置精度检测及相对位置精度检测，检测点(边)应分布均匀、位置明显。检测点(边)数量视地物复杂程度、比例尺等具体情况确定，每幅图一般各选取20～50个。

4.3.2 按单位成果统计数学精度，困难时可以适当扩大统计范围。

4.3.3 在允许中误差2倍以内(含2倍)的误差值均应参与数学精度统计，超过允许中误差2倍的误差视为粗差。同精度检测时，在允许中误差$2\sqrt{2}$倍以内(含$2\sqrt{2}$倍)的误差值均应参与数学精度统计，超过允许中误差$2\sqrt{2}$倍的误差视为粗差。

4.3.4 检测点(边)数量少于20时，以误差的算术平均值代替中误差；大于20时，按中误差统计。

4.3.5 高精度检测时，中误差计算按式(1)执行。

$$M=\pm\sqrt{\frac{\sum_{i=1}^{n}\Delta_i^2}{n}} \qquad \cdots\cdots(1)$$

式中：

$M$——成果中误差；

$n$——检测点(边)总数；

$\Delta_i$——较差。

4.3.6 同精度检测时，中误差计算按式(2)执行。

$$M=\pm\sqrt{\frac{\sum_{i=1}^{n}\Delta_i^2}{2n}} \qquad \cdots\cdots(2)$$

式中：

$M$——成果中误差；

$n$——检测点(边)总数；

$\Delta_i$——较差。

**4.4 质量等级**

样本及单位成果质量采用优、良、合格和不合格四级评定。

测绘单位评定单位成果质量和批成果质量等级。验收单位根据样本质量等级核定批成果质量等级。

**4.5 记录及报告**

4.5.1 检查验收记录包括质量问题及其处理记录、质量统计记录等。记录填写应及时、完整、规范、清晰，检验人员和校核人员的签名后的记录禁止更改、增删记录。

4.5.2 最终检查完成后，应编写检查报告；验收工作完成后，应编写检验报告。检查报告和检验报告随测绘成果一并归档。

### 4.6 质量问题处理

4.6.1 验收中发现有不符合技术标准、技术设计书或其他有关技术规定的成果时，应及时提出处理意见，交测绘单位进行改正。当问题较多或性质较重时，可将部分或全部成果退回测绘单位或部门重新处理，然后再进行验收。

4.6.2 经验收判为合格的批，测绘单位或部门要对验收中发现的问题进行处理，然后进行复查。经验收判为不合格的批，要将检验批全部退回测绘单位或部门进行处理，然后再次申请验收。再次验收时应重新抽样。

4.6.3 过程检查、最终检查中发现的质量问题应改正。过程检查、最终检查工作中，当对质量问题的判定存在分岐时，由测绘单位总工程师裁定；验收工作中，当对质量问题的判定存在分岐时，由委托方或项目管理单位裁定。

## 5 单位成果质量评定

### 5.1 质量表征

单位成果质量水平以百分制表征。

### 5.2 质量元素与错漏分类

单位成果质量元素及权、错漏分类按第8章执行。

### 5.3 权的调整原则

质量元素、质量子元素的权一般不作调整，当检验对象不是最终成果(一个或几个工序成果、某几项质量元素等)时，按本标准所列相应权的比例调整质量元素的权，调整后的成果各质量元素权之和应为1.0。

### 5.4 质量评分方法

#### 5.4.1 数学精度评分方法

数学精度按表1的规定采用分段直线内插的方法计算质量分数；多项数学精度评分时，单项数学精度得分均大于60分时，取其算术平均值或加权平均。

表1 数学精度评分标准

| 数学精度值 | 质量分数 |
|---|---|
| $0 \leqslant M \leqslant 1/3 \times M_0$ | $S=100$ 分 |
| $1/3 \times M_0 < M \leqslant 1/2 \times M_0$ | 90分$\leqslant S <$100分 |
| $1/2 \times M_0 < M \leqslant 3/4 \times M_0$ | 75分$\leqslant S <$90分 |
| $3/4 \times M_0 < M \leqslant M_0$ | 60分$\leqslant S <$75分 |

$$M_0 = \pm \sqrt{m_1{}^2 + m_2{}^2}$$

式中：

$M_0$——允许中误差的绝对值；

$m_1$——规范或相应技术文件要求的成果中误差；

$m_2$——检测中误差(高精度检测时取 $m_2=0$)。

注1：$M$——成果中误差的绝对值。

注2：$S$——质量分数(分数值根据数学精度的绝对值所在区间进行内插)。

#### 5.4.2 成果质量错漏扣分标准

成果质量错漏扣分标准按表2执行。

表 2 成果质量错漏扣分标准

| 差错类型 | 扣分值 |
|---|---|
| A类 | 42 分 |
| B类 | $12/t$ 分 |
| C类 | $4/t$ 分 |
| D类 | $1/t$ 分 |
| 注：一般情况下取 $t=1$。需要进行调整时，以困难类别为原则，按《测绘生产困难类别细则》进行调整（平均困难类别 $t=1$）。 | |

5.4.3 质量子元素评分方法

a) 数学精度：根据成果数学精度值的大小，按 5.4.1 的要求评定数学精度的质量分数，即得到 $S_2$。

b) 其他质量子元素：首先将质量子元素得分预置为 100 分，根据 5.4.2 的要求对相应质量子元素中出现的错漏逐个扣分。$S_2$ 的值按式(3)计算。

$$S_2 = 100 - [a_1 \times (12/t) + a_2 \times (4/t) + a_3 \times (1/t)] \quad \cdots\cdots (3)$$

式中：

$S_2$——质量子元素得分；

$a_1$、$a_2$、$a_3$——质量子元素中相应的 B 类错漏、C 类错漏、D 类错漏个数；

$t$——扣分值调整系数。

5.4.4 质量元素评分方法

采用加权平均法计算质量元素得分。$S_1$ 的值按式(4)计算。

$$S_1 = \sum_{i=1}^{n} (S_{2i} \times p_i) \quad \cdots\cdots (4)$$

式中：

$S_1$、$S_{2i}$——质量元素、相应质量子元素得分；

$p_i$——相应质量子元素的权；

$n$——质量元素中包含的质量子元素个数。

5.4.5 单位成果质量评分

采用加权平均法计算单位成果质量得分。$S$ 的值按式(5)计算：

$$S = \sum_{i=1}^{n} (S_{1i} \times p_i) \quad \cdots\cdots (5)$$

式中：

$S$、$S_{1i}$——单位成果质量、质量元素得分；

$p_i$——相应质量元素的权；

$n$——单位成果中包含的质量元素个数。

5.5 单位成果质量评定

5.5.1 当单位成果出现以下情况之一时，即判定为不合格：

a) 单位成果中出现 A 类错漏；

b) 单位成果高程精度检测、平面位置精度检测及相对位置精度检测，任一项粗差比例超过 5%；

c) 质量子元素质量得分小于 60 分。

5.5.2 根据单位成果的质量得分，按表 3 划分质量等级。

表 3 单位成果质量等级评定标准

| 质量等级 | 质量得分 |
| --- | --- |
| 优 | $S$≥90 分 |
| 良 | 75 分≤$S$<90 分 |
| 合格 | 60 分≤$S$<75 分 |
| 不合格 | $S$<60 分 |

## 6 抽样检查程序

### 6.1 确定样本量

根据检验批的批量按表 4 确定样本量。

表 4 批量与样本量对照表

| 批 量 | 样 本 量 |
| --- | --- |
| 1～20 | 3 |
| 21～40 | 5 |
| 41～60 | 7 |
| 61～80 | 9 |
| 81～100 | 10 |
| 101～120 | 11 |
| 121～140 | 12 |
| 141～160 | 13 |
| 161～180 | 14 |
| 181～200 | 15 |
| ≥201 | 分批次提交，批次数应最小，各批次的批量应均匀。 |
| 注：当样本量等于或大于批量时，则全数检查。 | |

### 6.2 抽取样本

6.2.1 样本应分布均匀。

6.2.2 以"点"、"景"、"幅"、"测段"、"幢"或"区域网"等为单位在检验批中随机抽取样本。一般采用简单随机抽样，也可根据生产方式或时间、等级等采用分层随机抽样。

6.2.3 按样本量，从批成果中提取样本，并提取单位成果的全部有关资料。下列资料按 100%提取样品原件或复印件：

a) 项目设计书、专业设计书，生产过程中的补充规定；

b) 技术总结，检查报告及检查记录；

c) 仪器检定证书和检验资料复印件；

d) 其他需要的文档资料。

### 6.3 检验

根据测绘成果的内容与特性，分别采用详查和概查的方式进行检验。

#### 6.3.1 详查

根据各单位成果的质量元素及检查项，按有关的规范、技术标准和技术设计的要求逐个检验单位成果并统计存在的各类差错数量，按照本标准中第 5 章的要求评定单位成果质量。

6.3.2 概查

概查是指对影响成果质量的主要项目和带倾向性的问题进行的一般性检查,一般只记录A类、B类错漏和普遍性问题。若概查中未发现A类错漏或B类错漏小于3个时,判成果概查为合格;否则,判概查为不合格。

6.4 样本质量评定

6.4.1 当样本中出现不合格单位成果时,评定样本质量为不合格。

6.4.2 全部单位成果合格后,根据单位成果的质量得分,按算术平均方式计算样本质量得分 $S$,按表5评定样本质量等级。

表5 样本质量等级评定标准

| 质量等级 | 质量得分 |
|---|---|
| 优 | $S \geqslant 90$ 分 |
| 良 | 75 分 $\leqslant S < 90$ 分 |
| 合格 | 60 分 $\leqslant S < 75$ 分 |

6.5 批质量判定

6.5.1 最终检查批成果质量评定

最终检查批成果合格后,按以下原则评定批成果质量等级:

a) 优级:优良品率达到90%以上,其中优级品率达到50%以上;

b) 良级:优良品率达到80%以上,其中优级品率达到30%以上;

c) 合格:未达到上述标准的。

6.5.2 批成果质量核定

验收单位根据评定的样本质量等级,核定批成果质量等级。当测绘单位未评定批成果质量等级,或验收单位评定的样本质量等级与测绘单位评定的批成果质量等级不一致时,以验收单位评定的样本质量等级作为批成果质量等级。

6.5.3 批成果质量判定

6.5.3.1 生产过程中,使用未经计量检定或检定不合格的测量仪器,均判为批不合格。

6.5.3.2 当详查和概查均为合格时,判为批合格;否则,判为批不合格。若验收中只实施了详查,则只依据详查结果判定批质量。

6.5.3.3 当详查或概查中发现伪造成果现象或技术路线存在重大偏差,均判为批不合格。

6.6 编制报告

检查报告、检验报告的内容、格式按GB/T 18316—2008的规定执行。

7 测绘成果种类

测绘成果基本类型分10大类,共42种测绘成果,见表6。

表6 测绘成果种类统计表

| 序号 | 基本类型 | 成果种类 | 总数 |
|---|---|---|---|
| 1 | 大地测量 | GPS测量,三角测量,导线测量,水准测量,光电测距,天文测量,重力测量,大地测量计算 | 8 |
| 2 | 航空摄影 | 航空摄影,航空摄影扫描数据,卫星遥感影像 | 3 |
| 3 | 摄影测量与遥感 | 像片控制测量,像片调绘,空中三角测量,中小比例尺地形图,大比例尺地形图 | 5 |

表 6（续）

| 序号 | 基本类型 | 成 果 种 类 | 总 数 |
| --- | --- | --- | --- |
| 4 | 工程测量 | 平面控制测量，高程控制测量（三角高程、GPS 拟合高程），大比例尺地形图，线路测量，管线测量，变形测量，施工测量，竣工测量，水下地形测量 | 9 |
| 5 | 地籍测绘 | 地籍控制测量，地籍细部测量，地籍图，宗地图 | 4 |
| 6 | 房产测绘 | 房产平面控制测量，房产要素测量，房产图（分幅图、分丘图），房产面积测算，房产簿册 | 5 |
| 7 | 行政区域界线测绘 | 行政区域界线测绘 | 1 |
| 8 | 地理信息系统 | 地理信息系统 | 1 |
| 9 | 地图编制 | 普通地图的编绘原图、印刷原图，专题地图的编绘原图、印刷原图，地图集，印刷成品，导航电子地图 | 5 |
| 10 | 海洋测绘 | 海洋测绘 | 1 |

## 8 单位成果质量元素及错漏分类

### 8.1 错漏数量确定

本标准所列测绘成果质量错漏分类表中，未注明错漏数量的均为 1 处（个）。

### 8.2 大地测量

大地测量成果的质量元素及权划分、错漏分类，见表 7～表 22。

表 7 GPS 测量成果质量元素及权表

单位：点

| 质量元素 | 权 | 质量子元素 | 权 | 检 查 项 |
| --- | --- | --- | --- | --- |
| 数据质量 | 0.50 | 数学精度 | 0.30 | 1. 点位中误差与规范及设计书的符合情况<br>2. 边长相对中误差与规范及设计书的符合情况 |
| | | 观测质量 | 0.50 | 1. 仪器检验项目的齐全性，检验方法的正确性<br>2. 观测方法的正确性，观测条件的合理性<br>3. GPS 点水准联测的合理性和正确性<br>4. 归心元素、天线高测定方法的正确性<br>5. 卫星高度角、有效观测卫星总数、时段中任一卫星有效观测时间、观测时段数、时段长度、数据采样间隔、PDOP 值、钟漂、多路径效应等参数的规范性和正确性<br>6. 观测手簿记录和注记的完整性和数字记录、划改的规范性<br>7. 数据质量检验的符合性<br>8. 规范和设计方案的执行情况<br>9. 成果取舍和重测的正确性、合理性 |
| | | 计算质量 | 0.20 | 1. 起算点选取的合理性和起始数据的正确性<br>2. 起算点的兼容性及分布的合理性<br>3. 坐标改算方法的正确性<br>4. 数据使用的正确性和合理性<br>5. 各项外业验算项目的完整性、方法正确性，各项指标符合性 |

表 7（续） 单位：点

| 质量元素 | 权 | 质量子元素 | 权 | 检查项 |
|---|---|---|---|---|
| 点位质量 | 0.30 | 选点质量 | 0.50 | 1. 点位布设及点位密度的合理性<br>2. 点位观测条件的符合情况<br>3. 点位选择的合理性<br>4. 点之记内容的齐全、正确性 |
| | | 埋石质量 | 0.50 | 1. 埋石坑位的规范性和尺寸的符合性<br>2. 标石类型和标石埋设规格的规范性<br>3. 标志类型、规格的正确性<br>4. 标石质量，如坚固性、规格等<br>5. 托管手续内容的齐全、正确性 |
| 资料质量 | 0.20 | 整饰质量 | 0.30 | 1. 点之记和托管手续、观测手簿、计算成果等资料的规整性<br>2. 技术总结、检查报告格式的规范性<br>3. 技术总结、检查报告整饰的规整性 |
| | | 资料完整性 | 0.70 | 1. 技术总结编写的齐全和完整情况<br>2. 检查报告编写的齐全和完整情况<br>3. 按上交资料的齐全性和完整性情况 |

**表 8 GPS 测量成果质量错漏分类表**

| 质量元素 | A类 | B类 | C类 | D类 |
|---|---|---|---|---|
| 数学精度 | 精度超限 | | | |
| 观测质量 | 1. 原始记录中连环涂改、划改不准划改的观测数据<br>2. 其他严重的错漏 | 1. 成果取舍、重测不合理<br>2. 仪器次要技术指标有轻微超限<br>3. 电子记录程序的输出格式不规范<br>4. 时段划分比例轻微超限<br>5. 记录修改不符合规定<br>6. 归心元素测定方法不正确<br>7. 仪器参数设置错误，影响计算<br>8. 其他较重的错漏 | 1. 观测条件掌握不严，不符合规定<br>2. 天线高量取方法不正确<br>3. 观测记录中的注记错漏<br>4. 其他一般的错漏 | 其他轻微的错漏 |
| 计算质量 | 1. 严重的计算错误<br>2. 坐标系统错误、起算数据错误<br>3. 计算方法错误，采用指标及各类参数错误，计算结果、分析结论不正确<br>4. 其他严重的错漏 | 1. 数据检验后，有关条件不满足要求<br>2. 数据剔除不符合规定<br>3. 数字修约严重不符合规定<br>4. 对结果影响较小的计算错误<br>5. 其他较重的错漏 | 1. 不影响成果质量的计算错误<br>2. 其他一般的错漏 | 其他轻微的错漏 |

表 8（续）

| 质量元素 | A类 | B类 | C类 | D类 |
| --- | --- | --- | --- | --- |
| 选点质量 | 1. 点位条件完全不符合要求<br>2. GPS网布设严重不符合设计要求<br>3. 其他严重的错漏 | 1. 漏绘点之记或点之记重要内容错漏<br>2. 点位选择不合理，有高度角大于15°的障碍物，且水平投影大于60°<br>3. 其他较重的错漏 | 1. 点之记一般内容漏项、缺项<br>2. 漏注或错注重要注记或小数点<br>3. 选点展点图缺项<br>4. 其他一般的错漏 | 其他轻微的错漏 |
| 埋石质量 | 1. 标石浇注质量、规格严重不符合规定<br>2. 标石埋设完全不符合要求<br>3. 其他严重的错漏 | 1. 上、下标志中心超限<br>2. 标志类型、规格存在明显缺陷<br>3. 标志不符合规定<br>4. 没有点位托管手续或托管手续不完备<br>5. 其他较重的错漏 | 1. 标石规格或浇注不规范<br>2. 标石面埋设倾斜大于10°<br>3. 标石外部未整饰<br>4. 标石埋设或浇注深度不符合要求<br>5. 其他一般的错漏 | 其他轻微的错漏 |
| 整饰质量 | 1. 成果资料文字、数字错漏较多，给成果使用造成严重影响<br>2. 其他严重的错漏 | 1. 成果资料重要文字、数字错漏<br>2. 成果文档资料归类、装订不规整<br>3. 其他较重的错漏 | 1. 成果资料装订及编号错、漏<br>2. 成果资料次要文字、数字错漏<br>3. 其他一般的错漏 | 其他轻微的错漏 |
| 资料完整性 | 1. 缺主要成果资料<br>2. 其他严重的错漏 | 1. 缺成果附件资料<br>2. 缺技术总结或检查报告<br>3. 上交资料缺项<br>4. 其他较重的错漏 | 1. 无成果资料清单，或成果资料清单不完整<br>2. 技术总结、检查报告内容不全<br>3. 其他一般的错漏 | 其他轻微的错漏 |

**表 9　三角测量成果质量元素及权重表**

单位：点

| 质量元素 | 权 | 质量子元素 | 权 | 检查项 |
| --- | --- | --- | --- | --- |
| 数据质量 | 0.50 | 数学精度 | 0.30 | 1. 最弱边相对中误差符合性<br>2. 最弱点中误差符合性<br>3. 测角中误差符合性 |
| | | 观测质量 | 0.40 | 1. 仪器检验项目的齐全性、检验方法的正确性<br>2. 各项观测误差的符合性<br>3. 归心元素的测定方法、次数、时间及投影偏差情况，觇标高的测定方法及量取部位的正确性<br>4. 水平角的观测方法、时间选择、光段分布，成果取舍和重测的合理性和正确性<br>5. 天顶距(或垂直角)的观测方法、时间选择，成果取舍和重测的合理性和正确性<br>6. 记簿计算正确性、注记的完整性和数字记录、划改的规范性 |
| | | 计算质量 | 0.30 | 1. 外业验算项目的齐全性，验算方法的正确性<br>2. 验算数据的正确性及验算结果的符合性<br>3. 已知三角点选取的合理性和起始数据的正确性 |

表 9（续）

单位：点

| 质量元素 | 权 | 质量子元素 | 权 | 检查项 |
|---|---|---|---|---|
| 点位质量 | 0.30 | 选点质量 | 0.50 | 1. 点位密度的合理性<br>2. 点位选择的合理性<br>3. 锁段图形权倒数值的符合性<br>4. 展点图内容的完整性和正确性<br>5. 点之记内容的完整性和正确性 |
| | | 埋石质量 | 0.50 | 1. 觇标的结构及橹柱与视线关系的合理性<br>2. 标石的类型、规格和预制的质量情况<br>3. 标石的埋设和外部整饰情况<br>4. 托管手续内容的齐全性和正确性 |
| 资料质量 | 0.20 | 整饰质量 | 0.30 | 1. 选点、埋石及验算资料整饰的齐全性和规整性<br>2. 成果资料整饰的规整性<br>3. 技术总结整饰的规整性<br>4. 检查报告整饰的规整性 |
| | | 资料全面性 | 0.70 | 1. 技术总结内容的齐全性和完整性<br>2. 检查报告内容的齐全性和完整性<br>3. 上交资料的齐全性和完整性 |



表 10　三角测量成果质量错漏分类表

| 质量元素 | A类 | B类 | C类 | D类 |
|---|---|---|---|---|
| 数学精度 | 1. 点位中误差超限<br>2. 测角中误差超限<br>3. 最弱边相对中误差超限 | | | |
| 观测质量 | 1. 测站观测中误差超限<br>2. 三角形闭合差超限<br>3. 投影方法及归心元素量取错误<br>4. 其他严重的错漏 | 1. 成果取舍、重测不合理<br>2. 仪器次要技术指标有轻微超限<br>3. 光段比例轻微超限<br>4. 记录划改不符合规定<br>5. 其他较重的错漏 | 1. 观测条件掌握不严，不符合规定<br>2. 不影响成果质量的计算错误<br>3. 观测记录中影响成果质量的注记错漏<br>4. 其他一般的错漏 | 其他轻微的错漏 |
| 计算质量 | 1. 验算项目缺项<br>2. 严重影响成果质量的计算错误<br>3. 极条件自由项超限大于5%<br>4. 基线条件自由项超限<br>5. 方位角闭合差超限<br>6. 其他严重的错漏 | 1. 验算过程资料不全<br>2. 数据取位不合要求<br>3. 极条件自由项超限小于或等于5%<br>4. 对结果影响较小的计算错误<br>5. 其他较重的错漏 | 1. 不影响成果质量的计算错误<br>2. 其他一般的错漏 | 其他轻微的错漏 |

表 10（续）

| 质量元素 | A类 | B类 | C类 | D类 |
| --- | --- | --- | --- | --- |
| 选点质量 | 1. 点位条件完全不符合要求<br>2. 其他严重的错漏 | 1. 漏绘点之记<br>2. 点位选择不合理，极不利于扩展和观测<br>3. 其他较重的错漏 | 1. 点之记内容漏项、缺项<br>2. 漏注或错注重要注记或小数点<br>3. 选点展点图缺项<br>4. 其他一般的错漏 | 其他轻微的错漏 |
| 埋石质量 | 1. 标石规格严重不符合规定<br>2. 标石埋设完全不符合要求<br>3. 其他严重的错漏 | 1. 上、下标志中心超限<br>2. 标志类型、规格存在明显缺陷<br>3. 没有点位托管手续或托管手续不完备<br>4. 标志不符合规定<br>5. 其他较重的错漏 | 1. 标石规格或浇注不符合<br>2. 标石埋设倾斜大于10°<br>3. 标石外部未整饰<br>4. 其他一般的错漏 | 其他轻微的错漏 |
| 整饰质量 | 1. 成果资料文字、数字错漏较多，给成果使用造成严重影响<br>2. 其他严重的错漏 | 1. 成果资料重要文字、数字错漏<br>2. 成果文档资料归类、装订不规整<br>3. 其他较重的错漏 | 1. 成果资料装订及编号错、漏<br>2. 成果资料次要文字、数字错漏<br>3. 其他一般的错漏 | 其他轻微的错漏 |
| 资料完整性 | 1. 缺主要成果资料<br>2. 其他严重的错漏 | 1. 缺成果附件资料<br>2. 缺技术总结或检查报告<br>3. 上交资料缺项<br>4. 其他较重的错漏 | 1. 无成果资料清单，或成果资料清单不完整<br>2. 技术总结、检查报告内容不全<br>3. 其他一般的错漏 | 其他轻微的错漏 |

表 11　导线测量成果质量元素及权重表

单位：点

| 质量元素 | 权 | 质量子元素 | 权 | 检查项 |
| --- | --- | --- | --- | --- |
| 数据质量 | 0.50 | 数学精度 | 0.30 | 1. 点位中误差符合性<br>2. 边长相对精度符合性<br>3. 方位角闭合差符合性<br>4. 测角中误差符合性 |
| | | 观测质量 | 0.40 | 1. 仪器检验项目的齐全性、检验方法的正确性<br>2. 各项观测误差的符合性<br>3. 归心元素的测定方法、次数、时间及投影偏差情况，觇标高的测定方法及量取部位的正确性<br>4. 水平角和导线测距的观测方法、时间选择、光段分布，成果取舍和重测的合理性和正确性<br>5. 天顶距(或垂直角)的观测方法、时间选择，成果取舍和重测的合理性和正确性<br>6. 记簿计算正确性、注记的完整性和数字记录、划改的规范性 |
| | | 计算质量 | 0.30 | 1. 外业验算项目的齐全性，验算方法的正确性<br>2. 验算数据的正确性及验算结果的符合性<br>3. 已知三角点选取的合理性和起始数据的正确性<br>4. 上交资料的齐全性 |

表 11（续）

单位：点

| 质量元素 | 权 | 质量子元素 | 权 | 检查项 |
|---|---|---|---|---|
| 点位质量 | 0.30 | 选点质量 | 0.50 | 1. 导线网网形结构的合理性<br>2. 点位密度的合理性<br>3. 点位选择的合理性<br>4. 展点图内容的完整性和正确性<br>5. 点之记内容的完整性和正确性<br>6. 导线曲折度 |
| | | 埋石质量 | 0.50 | 1. 觇标的结构及橹柱与视线关系的合理性<br>2. 标石的类型、规格和预制的规整性<br>3. 标石的埋设和外部整饰<br>4. 托管手续内容的齐全性和正确性 |
| 资料质量 | 0.20 | 整饰质量 | 0.30 | 1. 选点、埋石及验算资料整饰的齐全性和规整性<br>2. 成果资料整饰的规整性<br>3. 技术总结整饰的规整性<br>4. 检查报告整饰的规整性 |
| | | 资料完整性 | 0.70 | 1. 技术总结内容的齐全性和完整性<br>2. 检查报告内容的齐全性和完整性<br>3. 上交资料的齐全性和完整性 |

表 12　导线测量成果质量错漏分类表

| 质量元素 | A类 | B类 | C类 | D类 |
|---|---|---|---|---|
| 数学精度 | 1. 点位中误差超限<br>2. 边长相对中误差超限<br>3. 测角中误差超限<br>4. 方位角闭合差超限 | | | |
| 观测质量 | 1. 测站观测中误差超限<br>2. 导线曲折度超限<br>3. 投影方法及归心元素量取错误<br>4. 其他严重的错漏 | 1. 成果取舍、重测不合理<br>2. 仪器次要技术指标有轻微超限<br>3. 光段比例轻微超限<br>4. 记录划改不符合规定<br>5. 其他较重的错漏 | 1. 观测条件掌握不严，不符合规定<br>2. 不影响成果质量的计算错误<br>3. 观测记录中影响成果质量的注记错漏<br>4. 其他一般的错漏 | 其他轻微的错漏 |
| 计算质量 | 1. 验算项目缺项<br>2. 导线各条件自由项超限<br>3. 方位角条件闭合差超限<br>4. 严重影响成果质量的计算错误<br>5. 其他严重的错漏 | 1. 验算过程资料不全<br>2. 数据取位不合要求<br>3. 影响成果质量的计算错误<br>4. 对结果影响较小的计算错误<br>5. 其他较重的错漏 | 1. 不影响成果质量的计算错误<br>2. 其他一般的错漏 | 其他轻微的错漏 |

表 12（续）

| 质量元素 | A类 | B类 | C类 | D类 |
|---|---|---|---|---|
| 选点质量 | 1. 点位地质、地理条件极差，极不利于保护、稳定和观测<br>2. 其他严重的错漏 | 1. 漏绘点之记<br>2. 点位选择不合理，不利于扩展和观测<br>3. 点位密度不合理<br>4. 其他较重的错漏 | 1. 点之记内容漏项、缺项<br>2. 漏注或错注重要注记或小数点<br>3. 选点展点图缺项<br>4. 其他一般的错漏 | 其他轻微的错漏 |
| 埋石质量 | 1. 标石规格严重不符合规定<br>2. 标石埋设完全不符合要求<br>3. 其他严重的错漏 | 1. 上、下标志中心超限<br>2. 标志类型、规格存在明显缺陷<br>3. 标志不符合规定<br>4. 没有点位托管手续或托管手续不完备<br>5. 其他较重的错漏 | 1. 标石规格或浇注不规范<br>2. 标石倾斜大于 10°<br>3. 标石外部未整饰<br>4. 标石埋设或浇注深度不符合要求<br>5. 其他一般的错漏 | 其他轻微的错漏 |
| 整饰质量 | 1. 成果资料文字、数字错漏较多，给成果使用造成严重影响<br>2. 其他严重的错漏 | 1. 成果资料重要文字、数字错漏<br>2. 成果文档资料归类、装订不规整<br>3. 其他较重的错漏 | 1. 成果资料装订及编号错、漏<br>2. 成果资料次要文字、数字错漏<br>3. 其他一般的错漏 | 其他轻微的错漏 |
| 资料完整性 | 1. 缺主要成果资料<br>2. 其他严重的错漏 | 1. 成果附件资料缺失<br>2. 缺技术总结或检查报告<br>3. 其他较重的错漏 | 1. 无成果资料清单，或成果资料清单不完整<br>2. 技术总结、检查报告内容不全<br>3. 其他一般的错漏 | 其他轻微的错漏 |

表 13　水准测量成果质量元素及权重表

单位：测段

| 质量元素 | 权 | 质量子元素 | 权 | 检查项 |
|---|---|---|---|---|
| 数据质量 | 0.50 | 数学精度 | 0.30 | 1. 每公里偶然中误差的符合性<br>2. 每公里全中误差的符合性 |
| | | 观测质量 | 0.40 | 1. 测段、区段、路线闭合差的符合性<br>2. 仪器检验项目的齐全性、检验方法的正确性<br>3. 测站观测误差的符合性<br>4. 对已有水准点和水准路线联测和接测方法的正确性<br>5. 观测和检测方法的正确性<br>6. 观测条件选择的正确、合理性<br>7. 成果取舍和重测的正确、合理性<br>8. 记簿计算正确性、注记的完整性和数字记录、划改的规范性 |
| | | 计算质量 | 0.30 | 1. 环闭合差的符合性<br>2. 外业验算项目的齐全性，验算方法的正确性<br>3. 已知水准点选取的合理性和起始数据的正确性 |

表 13（续）

单位：测段

| 质量元素 | 权 | 质量子元素 | 权 | 检查项 |
|---|---|---|---|---|
| 点位质量 | 0.30 | 选点质量 | 0.50 | 1. 水准路线布设及点位密度的合理性<br>2. 路线图绘制的正确性<br>3. 点位选择的合理性<br>4. 点之记内容的齐全、正确性 |
| | | 埋石质量 | 0.50 | 1. 标石类型的正确性<br>2. 标石埋设规格的规范性<br>3. 托管手续内容的齐全、正确性 |
| 资料质量 | 0.20 | 整饰质量 | 0.30 | 1. 观测、计算资料整饰的规整性<br>2. 成果资料的整饰规整性<br>3. 技术总结整饰的规整性<br>4. 检查报告整饰的规整性 |
| | | 资料全面性 | 0.70 | 1. 技术总结内容的齐全性和完整性<br>2. 检查报告内容的齐全性和完整性<br>3. 上交资料的齐全性和完整性 |

**表 14　水准测量成果质量错漏分类表**

| 质量元素 | A类 | B类 | C类 | D类 |
|---|---|---|---|---|
| 数学精度 | 1. 每公里全中误差超限<br>2. 每公里偶然中误差超限<br>3. 其他重要精度指标超限 | | | |
| 观测质量 | 1. 测段、区段、路线高差不符值超限<br>2. 原始记录中连环涂改或划改"毫米"<br>3. 上、下午重站数比例严重超限<br>4. 接测点未按要求进行检测<br>5. 未按要求观测<br>6. 闭合差超限<br>7. 其他严重的错漏 | 1. 成果取舍、重测不合理<br>2. 仪器、标尺测前、测后和过程检验，次要技术指标超限<br>3. 仪器检验项目缺项<br>4. 上、下午重站数比例轻微超限<br>5. 仪器、标尺测前、测后和过程未按要求进行检验<br>6. 其他较重的错漏 | 1. 原始数据划改不规范<br>2. 对结果影响较小的计算错误<br>3. 原始观测记录中的注记错漏<br>4. 观测条件掌握不严，不符合规定<br>5. 其他一般的错漏 | 其他轻微的错漏 |
| 计算质量 | 1. 改正项目不全<br>2. 验算方法不正确<br>3. 对结果影响达 cm 级的计算错误<br>4. 观测成果采用不正确<br>5. 环线闭合差超限<br>6. 其他严重的错漏 | 1. 外业验算项目缺项<br>2. 对结果影响达 mm 级的计算错误<br>3. 其他较重的错漏 | 1. 数字修约不规范<br>2. 其他一般的错漏 | 其他轻微的错漏 |

表 14（续）

| 质量元素 | A类 | B类 | C类 | D类 |
| --- | --- | --- | --- | --- |
| 选点质量 | 1. 点位地质、地理条件极差，极不利于保护、稳定和观测<br>2. 其他严重的错漏 | 1. 点位地理、地质条件不利于保护、稳定和观测<br>2. 漏绘点之记或点之记重要内容错漏造成无法使用<br>3. 点位密度不合理<br>4. 其他较重的错漏 | 1. 水准路线图、水准路线结点接测图错漏<br>2. 点之记中一般项目内容错误或缺项<br>3. 其他一般的错漏 | 其他轻微的错漏 |
| 埋石质量 | 1. 标石规格极不符合规定<br>2. 标石严重倾斜<br>3. 标志严重不符合规定<br>4. 现场浇注标石未使用模具（非岩石类）<br>5. 其他严重的错漏 | 1. 标石规格不符合规定<br>2. 标石倾斜较大<br>3. 标志不符合规定<br>4. 标石埋设或浇注深度不符合要求<br>5. 没有点位托管手续或托管手续不完备<br>6. 其他较重的错漏 | 1. 标石外部整饰不规范<br>2. 指示盘或指示碑不规整<br>3. 标石规格或浇注不规范标石略有倾斜<br>4. 其他一般的错漏 | 其他轻微的错漏 |
| 整饰质量 | 1. 成果资料文字、数字错漏较多，给成果使用造成严重影响<br>2. 其他严重的错漏 | 1. 成果资料重要文字、数字错漏<br>2. 成果文档资料归类、装订不规整<br>3. 其他较重的错漏 | 1. 成果资料装订及编号错、漏<br>2. 成果资料次要文字、数字错漏<br>3. 其他一般的错漏 | 其他轻微的错漏 |
| 资料完整性 | 1. 缺主要成果资料<br>2. 其他严重的错漏 | 1. 缺成果附件资料<br>2. 缺技术总结或检查报告<br>3. 上交资料缺项<br>4. 其他较重的错漏 | 1. 无成果资料清单，或成果资料清单不完整<br>2. 技术总结、检查报告内容不全<br>3. 其他一般的错漏 | 其他轻微的错漏 |

表 15　光电测距成果质量元素及权重表

单位：条

| 质量元素 | 权 | 质量子元素 | 权 | 检查项 |
| --- | --- | --- | --- | --- |
| 数据质量 | 0.70 | 数学精度 | 0.30 | 边长精度超限 |
| | | 观测质量 | 0.40 | 1. 仪器检验项目的齐全性、检验方法的正确性<br>2. 记簿计算正确性、注记的完整性和数字记录、划改的规范性<br>3. 归心元素测定方法的正确性以及测定时间和投影偏差情况<br>4. 测距边两端点高差测定方法正确性及精度情况<br>5. 观测条件选择的正确、光段分配的合理性，气象元素测定情况<br>6. 成果取舍和重测的正确、合理性<br>7. 观测误差与限差的符合情况<br>8. 外业验算的精度指标与限差的符合情况 |
| | | 计算质量 | 0.30 | 1. 外业验算项目的齐全性<br>2. 外业验算方法的正确性<br>3. 验算结果的正确性<br>4. 观测成果采用正确性 |

表 15（续）

单位：条

| 质量元素 | 权 | 质量子元素 | 权 | 检查项 |
|---|---|---|---|---|
| 资料质量 | 0.30 | 整饰质量 | 0.30 | 1. 观测、计算资料整饰的规整性<br>2. 成果资料整饰的规整性<br>3. 技术总结整饰的规整性<br>4. 检查报告整饰的规整性 |
| | | 资料全面性 | 0.70 | 1. 技术总结内容的齐全性和完整性<br>2. 检查报告内容的齐全性和完整性<br>3. 上交资料的齐全性和完整性 |

## 表 16 光电测距成果质量错漏分类表

| 质量元素 | A类 | B类 | C类 | D类 |
|---|---|---|---|---|
| 数学精度 | 边长精度超限 | 1. 测回差、往返差、不同时段差超限<br>2. 其他较重的错漏 | | |
| 观测质量 | 1. 测量仪器测前、测后和过程检验主要技术指标超限<br>2. 测距边两端点高差测定错误<br>3. 归心元素测定错误<br>4. 原始记录中连环涂改、划改观测数据或修改“毫米”级数据<br>5. 其他严重的错漏 | 1. 成果取舍、重测不合理<br>2. 仪器次要技术指标有轻微超限<br>3. 光段分配不合理<br>4. 观测条件掌握不严<br>5. 气象数据不合理划改<br>6. 其他较重的错漏 | 1. 数字修约不规范<br>2. 观测记录中的原始注记错漏<br>3. 其他一般的错漏 | 其他轻微的错漏 |
| 计算质量 | 1. 验算方法错误<br>2. 原始观测成果采用错误<br>3. 验算结果错误<br>4. 严重影响结果的计算错误<br>5. 其他严重的错漏 | 1. 对结果影响较小的计算错误<br>2. 验算项目缺项<br>3. 仪器检验项目缺项<br>4. 其他较重的错漏 | 1. 数字修约不规范<br>2. 不影响结果的计算错误<br>3. 其他一般的错漏 | 其他轻微的错漏 |
| 整饰质量 | 1. 成果资料文字、数字错漏较多，给成果使用造成严重影响<br>2. 其他严重的错漏 | 1. 成果资料重要文字、数字错漏<br>2. 成果文档资料归类、装订不规整<br>3. 其他较重的错漏 | 1. 成果资料装订及编号错漏<br>2. 成果资料次要文字、数字错漏<br>3. 其他一般的错漏 | 其他轻微的错漏 |
| 资料完整性 | 1. 缺主要成果资料<br>2. 其他严重的错漏 | 1. 缺成果附件资料<br>2. 缺技术总结或检查报告<br>3. 上交资料缺项<br>4. 其他较重的错漏 | 1. 无成果资料清单，或成果资料清单不完整<br>2. 技术总结、检查报告内容不全<br>3. 其他一般的错漏 | 其他轻微的错漏 |

表 17　天文测量成果质量元素及权重表

单位：点

| 质量元素 | 权 | 质量子元素 | 权 | 检查项 |
| --- | --- | --- | --- | --- |
| 数据质量 | 0.50 | 数学精度 | 0.30 | 1. 经纬度中误差的符合性<br>2. 方位角中误差的符合性<br>3. 正、反方位角之差的符合性 |
| | | 观测质量 | 0.40 | 1. 仪器检验项目的齐全性，检验方法的正确性<br>2. 记簿计算正确性、注记的完整性和数字记录、划改的规范性<br>3. 归心元素测定方法的正确性<br>4. 经纬度、方位角观测方法的正确性<br>5. 观测条件选择的正确、合理性<br>6. 成果取舍和重测的正确、合理性<br>7. 各项外业观测误差与限差的符合性<br>8. 各项外业验算的精度指标与限差的符合性 |
| | | 计算质量 | 0.30 | 1. 外业验算项目的齐全性<br>2. 外业验算方法的正确性<br>3. 验算结果的正确性<br>4. 观测成果采用正确性 |
| 点位质量 | 0.30 | 选点质量 | 0.30 | 点位选择的合理性 |
| | | 埋石质量 | 0.70 | 1. 天文墩结构的规整性、稳定性<br>2. 天文墩类型及质量符合性<br>3. 天文墩埋设规格的正确性 |
| 资料质量 | 0.20 | 整饰质量 | 0.30 | 1. 观测、计算资料整饰的规整性<br>2. 成果资料整饰的规整性<br>3. 技术总结整饰的规整性<br>4. 检查报告整饰的规整性 |
| | | 资料全面性 | 0.70 | 1. 技术总结内容的齐全性和完整性<br>2. 检查报告内容的齐全性和完整性<br>3. 上交资料的齐全性和完整性 |

表 18　天文测量成果质量错漏分类表

单位：点

| 质量元素 | A类 | B类 | C类 | D类 |
| --- | --- | --- | --- | --- |
| 数学精度 | 1. 经纬度中误差超限<br>2. 方位角中误差超限<br>3. 正反方位角之差超限 | | | |

**表 18（续）**

单位：点

| 质量元素 | A类 | B类 | C类 | D类 |
|---|---|---|---|---|
| 观测质量 | 1. 测量仪器测前、测后和过程检验主要技术指标超限<br>2. 测前、测后人仪差超限<br>3. 天文经纬度观测中有效星对数、权数不够<br>4. 方位角观测中成果取舍、重测数超限、补测、日夜测比例极不合理<br>5. 原始记录中连环涂改、划改观测数据或修改"秒"及以下数据<br>6. 采用仪器各项常数错误<br>7. 归心元素测定错误<br>8. 其他严重的错漏 | 1. 成果取舍、重测轻微不合理<br>2. 仪器次要技术指标有轻微超限<br>3. 日夜测比例轻微超限<br>4. 观测条件掌握不严<br>5. 归心元素测定时间不合理<br>6. 其他较重的错漏 | 1. 数字修约不规范<br>2. 观测记录中的原始注记错漏<br>3. 其他一般的错漏 | 其他轻微的错漏 |
| 计算质量 | 1. 验算方法错误<br>2. 原始观测成果采用错误<br>3. 验算结果错误<br>4. 严重影响结果的计算错误<br>5. 其他严重的错漏 | 1. 对结果影响较小的计算错误<br>2. 验算项目缺项<br>3. 仪器检验项目缺项<br>4. 其他较重的错漏 | 1. 数字修约不规范<br>2. 不影响结果的计算错误<br>3. 其他一般的错漏 | 其他轻微的错漏 |
| 选点质量 | 1. 点位条件严重不满足要求<br>2. 其他严重的错漏 | | 1. 点位环境对观测有轻微影响<br>2. 其他一般的错漏 | 其他轻微的错漏 |
| 埋石质量 | 1. 天文墩规格不符合规定<br>2. 标志埋设不稳定<br>3. 其他严重的错漏 | 1. 天文墩建造不规范<br>2. 标志类型、规格明显缺陷<br>3. 其他较重的错漏 | 1. 天文墩外部整饰不规范<br>2. 其他一般的错漏 | 其他轻微的错漏 |
| 整饰质量 | 1. 成果资料文字、数字错漏较多，给成果使用造成严重影响<br>2. 其他严重的错漏 | 1. 成果资料重要文字、数字错漏<br>2. 成果文档资料归类、装订不规整<br>3. 其他较重的错漏 | 1. 成果资料装订及编号错漏<br>2. 成果资料次要文字、数字错漏<br>3. 其他一般的错漏 | 其他轻微的错漏 |
| 资料完整性 | 1. 缺主要成果资料<br>2. 其他严重的错漏 | 1. 缺成果附件资料<br>2. 缺技术总结或检查报告<br>3. 上交资料缺项<br>4. 其他较重的错漏 | 1. 无成果资料清单，或成果资料清单不完整<br>2. 技术总结、检查报告内容不全<br>3. 其他一般的错漏 | 其他轻微的错漏 |

**表 19 重力测量成果质量元素及权重表**

单位:点

| 质量元素 | 权 | 质量子元素 | 权 | 检查项 |
|---|---|---|---|---|
| 数据质量 | 0.50 | 数学精度 | 0.30 | 1. 重力联测中误差符合性<br>2. 重力点平面位置中误差符合性<br>3. 重力点高程中误差符合性 |
| | | 观测质量 | 0.40 | 1. 仪器检验项目的齐全性、检验方法的正确性<br>2. 重力测线安排的合理性，联测方法的正确性<br>3. 重力点平面坐标和高程测定方法的正确性<br>4. 成果取舍和重测的正确、合理性<br>5. 记簿计算正确性、注记的完整性和数字记录、划改的规范性<br>6. 外业观测误差与限差的符合性<br>7. 外业验算的精度指标与限差的符合性 |
| | | 计算质量 | 0.30 | 1. 外业验算项目的齐全性<br>2. 外业验算方法的正确性<br>3. 重力基线选取的合理性<br>4. 起始数据的正确性 |
| 点位质量 | 0.30 | 选点质量 | 0.50 | 1. 重力点布设位密度的合理性<br>2. 重力点位选择的合理性<br>3. 点之记内容的齐全、正确性 |
| | | 造埋质量 | 0.50 | 1. 标石类型的规范性和标石质量情况<br>2. 标石埋设规格的规范性<br>3. 照片资料的齐全性<br>4. 托管手续的完整性 |
| 资料质量 | 0.20 | 整饰质量 | 0.30 | 1. 观测、计算资料整饰的规整性<br>2. 成果资料整饰的规整性<br>3. 技术总结整饰的规整性<br>4. 检查报告整饰的规整性 |
| | | 资料完整性 | 0.70 | 1. 技术总结内容的全面性和完整性<br>2. 检查报告内容的全面性和完整性<br>3. 上交成果资料的齐全性 |

**表 20 重力测量成果质量错漏分类表**

| 质量元素 | A类 | B类 | C类 | D类 |
|---|---|---|---|---|
| 数学精度 | 1. 重力联测中误差超限<br>2. 重力点平面位置中误差超限<br>3. 重力点高程中误差超限 | | | |

表 20（续）

| 质量元素 | A类 | B类 | C类 | D类 |
|---|---|---|---|---|
| 观测质量 | 1. 测前、测后和过程检验主要技术指标超限<br>2. 原始记录中连环涂改、划改一次性观测数据<br>3. 原始记录中修改“秒”、“毫米”或“毫伽”<br>4. 其他严重的错漏 | 1. 测线安排不合理<br>2. 成果取舍、重测不合理<br>3. 仪器次要技术指标有轻微超限<br>4. 观测条件掌握不严<br>5. 其他较重的错漏 | 1. 数字修约不规范<br>2. 对结果影响较小的计算错误<br>3. 观测记录中的注记错漏<br>4. 其他一般的错漏 | 其他轻微的错漏 |
| 计算质量 | 1. 改正项目不全<br>2. 验算方法不正确<br>3. 验算结果不正确<br>4. 观测成果采用不正确<br>5. 严重的计算错误<br>6. 其他严重的错漏 | 1. 对结果影响较小的计算错误<br>2. 外业验算项目缺项或仪器检验项目缺项<br>3. 其他较重的错漏 | 1. 数字修约不规范<br>2. 对结果影响较小的计算错误<br>3. 其他一般的错漏 | 其他轻微的错漏 |
| 选点质量 | 1. 点位地质、地理条件极差，极不利于保护、稳定和观测<br>2. 其他严重的错漏 | 1. 点位地理、地质条件不利于保护、稳定和观测<br>2. 漏绘点之记<br>3. 点位密度不合理<br>4. 其他较重的错漏 | 1. 水准路线图、水准路线结点接测图错漏<br>2. 点之记中一般项目内容错误或缺项<br>3. 其他一般的错漏 | 其他轻微的错漏 |
| 造埋质量 | 1. 标石规格极不符合规定<br>2. 标石严重倾斜<br>3. 标志严重不符合规定<br>4. 现场浇注标石未使用模具（非岩石类）<br>5. 其他严重的错漏 | 1. 标石规格不符合规定<br>2. 标石倾斜较大<br>3. 标志不符合规定<br>4. 标石埋设或浇注深度不符合要求<br>5. 没有点位托管手续或托管手续不完备<br>6. 其他较重的错漏 | 1. 标石外部整饰不规范<br>2. 标石规格或浇注不规范标石略有倾斜<br>3. 其他一般的错漏 | 其他轻微的错漏 |
| 整饰质量 | 1. 成果资料文字、数字错漏较多，给成果使用造成严重影响<br>2. 其他严重的错漏 | 1. 成果资料重要文字、数字错漏<br>2. 成果文档资料归类、装订不规整<br>3. 其他较重的错漏 | 1. 成果资料装订及编号错、漏<br>2. 成果资料次要文字、数字错漏<br>3. 其他一般的错漏 | 其他轻微的错漏 |
| 资料完整性 | 1. 缺主要成果资料<br>2. 其他严重的错漏 | 1. 缺成果附件资料<br>2. 缺技术总结或检查报告<br>3. 上交资料缺项<br>4. 其他较重的错漏 | 1. 无成果资料清单，或成果资料清单不完整<br>2. 技术总结、检查报告内容不全<br>3. 其他一般的错漏 | 其他轻微的错漏 |

**表 21　大地测量计算成果质量元素及权重表**　单位：按所计算成果的单位

| 质量元素 | 权 | 质量子元素 | 权 | 检查项 |
|---|---|---|---|---|
| 成果正确性 | 0.70 | 数学模型 | 0.30 | 1. 采用基准的正确性<br>2. 平差方案及计算方法的正确、完备性<br>3. 平差图形选择的合理性<br>4. 计算、改算、平差、统计软件功能的完备性 |
| | | 计算正确性 | 0.70 | 1. 外业观测数据取舍的合理、正确性<br>2. 仪器常数及检定系数选用的正确性<br>3. 相邻测区成果处理的合理性<br>4. 计量单位、小数取舍的正确性<br>5. 起算数据、仪器检验参数、气象参数选用的正确性<br>6. 计算图、表编制的合理性<br>7. 各项计算的正确性 |
| 成果完整性 | 0.30 | 整饰质量 | 0.30 | 1. 各种计算资料的规整性<br>2. 成果资料的规整性<br>3. 技术总结的规整性<br>4. 检查报告的规整性 |
| | | 资料完整性 | 0.70 | 1. 成果表编辑或抄录的正确、全面性<br>2. 技术总结或计算说明内容的全面性<br>3. 精度统计资料的完整性<br>4. 上交成果资料的齐全性 |

**表 22　大地测量计算成果质量错漏分类表**

| 质量元素 | A类 | B类 | C类 | D类 |
|---|---|---|---|---|
| 数学模型 | 1. 计算方法、公式错误<br>2. 采用基准或起算数据错误 | | | |
| 计算正确性 | 1. 计算精度低，变形较大<br>2. 原始资料采用不正确<br>3. 严重的计算错误<br>4. 其他严重的错漏 | 1. 平差图形或资料的选用不合理<br>2. 接边处理不合理<br>3. 对结果影响较小的计算错误<br>4. 其他较重的错漏 | 1. 数字修约不规范<br>2. 其他一般的错漏 | 其他轻微的错漏 |
| 整饰质量 | 1. 成果资料文字、数字错漏较多，给成果使用造成严重影响<br>2. 其他严重的错漏 | 1. 成果资料重要文字、数字错漏<br>2. 成果文档资料归类、装订不规整<br>3. 成果表中点名错漏<br>4. 其他较重的错漏 | 1. 资料装订及编号错漏<br>2. 成果资料次要文字、数字错漏<br>3. 成果表中控制点精度等级或图幅注记错漏<br>4. 其他一般的错漏 | 其他轻微的错漏 |

表 22(续)

| 质量元素 | A类 | B类 | C类 | D类 |
|---|---|---|---|---|
| 资料完整性 | 1. 缺主要成果资料<br>2. 其他严重的错漏 | 1. 成果附件资料缺失<br>2. 计算说明原则性错误<br>3. 缺技术总结或检查报告<br>4. 其他较重的错漏 | 1. 无成果资料清单,或成果资料清单不完整<br>2. 技术总结、检查报告内容不全<br>3. 其他一般的错漏 | 其他轻微的错漏 |

## 8.3 航空摄影

航空摄影各种成果的质量元素、权、错漏分类,见表23~表28。

表 23 航空摄影成果质量元素及权重表

单位:片

| 质量元素 | 权 | | 检查项 | |
|---|---|---|---|---|
| | A | B | | |
| 飞行质量 | 0.40 | 0.30 | 1. 航摄设计<br>2. 像片重叠度(航向和旁向)<br>3. 最大和最小航高之差<br>4. 旋偏角<br>5. 像片倾斜角 | 6. 航迹<br>7. 航线弯曲度<br>8. 边界覆盖保证<br>9. 像点最大位移值 |
| 影像质量 | 0.40 | 0.30 | 1. 最大密度 $D_{max}$<br>2. 最小密度 $D_{min}$<br>3. 灰雾密度 $D_0$<br>4. 反差($\Delta D$) | 5. 冲洗质量<br>6. 影像色调<br>7. 影像清晰度<br>8. 框标影像 |
| 数据质量 | — | 0.20 | 1. 数据完整性　　2. 正确性 | |
| 附件质量 | 0.20 | | 1. 摄区完成情况图、摄区分区图、分区航线结合图、摄区分区航线及像片结合图、航摄鉴定表的完整、正确性<br>2. 航摄仪技术参数检定报告的正确性<br>3. 航摄仪压平检测报告的正确性<br>4. 各类注记、图表填写的完整、正确性<br>5. 航摄胶片感光特性测定及航摄底片冲洗记录的正确性和完整性<br>6. 成果包装 | |

注:A——常规航空摄影;B——GPS(或IMU/DGPS)辅助空中三角测量、数字航空摄影。

表 24 航空摄影成果质量错漏分类表

| 质量元素 | A类 | B类 | C类 | D类 |
|---|---|---|---|---|
| 飞行质量 | 1. 航摄设计不符合《航摄合同》或规范的相关规定<br>2. 像片重叠度、像点最大位移值、边界覆盖保证等任一项超限,致使下工序无法作业<br>3. 其他严重的错漏 | 1. 飞行质量中检查项任一项超限致使下工序作业困难<br>2. 其他较重的错漏 | 1. 飞行质量中检查项任意项超限但对下工序质量影响较小<br>2. 其他一般的错漏 | 其他轻微的错漏 |

表 24（续）

| 质量元素 | A类 | B类 | C类 | D类 |
| --- | --- | --- | --- | --- |
| 影像质量 | 1. 框标影像不清，致使下工序无法作业<br>2. 影像质量中灰雾密度 $D_0$、最大密度 $D_{max}$、最小密度 $D_{min}$、反差（$\Delta D$）等任一项严重超限，致使重要影像元素大面积损失，严重影响成图质量<br>3. 非终年积雪地区底片存在较大面积的积雪，致使地物、地貌无法判读和测绘<br>4. 底片存在大面积阴影、云影、划痕、折伤、脱胶等，严重影响影像质量<br>5. 其他严重的错漏 | 1. 外观质量差（即云、云影、黄迹、划痕、折伤、脱胶等），影响影像质量<br>2. 目视底片其影像不清晰、层次感差、色调差、反差太小或太大使难以辨认与摄影比例尺相适应的细小地物影像或难建立清晰的立体模型<br>3. 其他较重的错漏 | 1. 外观质量（即云、云影、黄迹、划痕、折伤、脱胶等）较差，轻微影响影像质量<br>2. 目视底片其影像欠清晰、层次感较差、色调较差、反差较小使不易辨认与摄影比例尺相适应的细小地物影像<br>3. 其他一般的错漏 | 其他轻微的错漏 |
| 数据质量 | 1. 数据无法读出或数据丢失或数据解算不正确等，造成无法使用<br>2. 其他严重的错漏 | 1. 航摄飞行记录单不完整<br>2. 航摄分析观测数据预处理结果分析表不完整<br>3. 上交的观测数据不完整<br>4. 上交数据格式不符合要求<br>5. 数据不能进行 DGPS 解算<br>6. 数据不能解算出 GPS 摄站坐标<br>7. 检校场布设及测量精度不满足要求<br>8. 基站布设及测量精度不满足要求<br>9. 其他较重的错漏 | 1. GPS 摄站坐标计算不完整<br>2. IMU/DGPS 像片外方位元素成果不完整<br>3. IMU/DGPS 数据处理精度不合要求<br>4. 其他一般的错漏 | 其他轻微的错漏 |
| 附件质量 | 1. 航摄仪、GPS（或 DGPS）设备、IMU 设备中任意项未按规定检定<br>2. 仪器检定技术参数不符合规定要求<br>3. 无航摄鉴定表、底片压平报告、密度测定报告<br>4. 其他严重的错漏 | 1. 上交资料（像片索引图、航摄鉴定表等）与规定不符<br>2. 注记、包装、整饰不符合要求<br>3. 图、表填制错误<br>4. 其他较重的错漏 | 1. 注记、包装、整饰及各类注记错误<br>2. 其他一般的错漏 | 其他轻微的错漏 |

**表 25 航空摄影扫描数据质量元素及权重表**

单位:片

| 质量元素 | 权 | 检查项 |
|---|---|---|
| 影像质量 | 0.40 | 1. 影像分辨率的正确性<br>2. 影像色调是否均匀、反差是否适中<br>3. 影像清晰度<br>4. 影像外观质量(噪声、云块、划痕、斑点、污迹等)<br>5. 框标影像质量 |
| 数据正确性和完整性 | 0.50 | 1. 原始数据正确性<br>2. 文件命名、数据组织和数据格式的正确性、规范性<br>3. 存储数据的介质和规格的正确性<br>4. 数据内容的完整性 |
| 附件质量 | 0.10 | 1. 元数据文件正确性、完整性 2. 上交资料齐全性 |

**表 26 航空摄影扫描数据质量错漏分类表**

单位:片

| 质量元素 | A类 | B类 | C类 | D类 |
|---|---|---|---|---|
| 影像质量 | 1. 影像分辨率低于规定值<br>2. 影像质量差,致使框标无法判读或要素密集地区影像损失超过10%<br>3. 其他严重的错漏 | 1. 影像质量差,致使要素密集地区影像损失超过5%<br>2. 外观质量差(噪声、污迹、划痕、药膜脱落等),严重影响影像质量<br>3. 其他较重的错漏 | 1. 影像质量差,致使要素密集地区影像损失超过1%<br>2. 外观质量较差(噪声、污迹、划痕、药膜脱落等),对影像质量有所影响<br>3. 其他一般的错漏 | 其他轻微的错漏 |
| 数据正确性和完整性 | 1. 成果数据不全,缺漏重要项,致使下工序无法作业<br>2. 文件命名、数据格式错<br>3. 数据无法读出或数据丢失等,造成无法使用<br>4. 原始参数使用错误<br>5. 其他严重的错漏 | 1. 数据组织不符合相应要求<br>2. 成果数据不全,缺漏次要项<br>3. 其他较重的错漏 | 其他一般的错漏 | 其他轻微的错漏 |
| 附件质量 | 1. 元数据项数量错误<br>2. 其他严重的错漏 | 1. 元数据项中主要项填写错误<br>2. 其他较重的错漏 | 1. 元数据项中一般项目与规定不符<br>2. 其他一般的错漏 | 其他轻微的错漏 |

**表 27 卫星遥感影像质量元素及权重表**

单位:景

| 质量元素 | 权 | 检查项 |
|---|---|---|
| 数据质量 | 0.20 | 数据格式的正确性,影像获取时的"侧倾角"等主要技术指标 |
| 影像质量 | 0.70 | 1. 影像反差 2. 影像清晰度 3. 影像色调 |
| 附件质量 | 0.10 | 影像参数文件内容的完整性 |

表 28　卫星遥感影像质量错漏分类表

单位:片

| 质量元素 | A类 | B类 | C类 | D类 |
|---|---|---|---|---|
| 数据质量 | 1. 数据格式不符合《摄影合同》的相关规定<br>2. 影像获取时的"侧倾角"等主要技术指标不符合《摄影合同》的相关规定<br>3. 其他严重的错漏 | 其他较重的错漏 | 其他一般的错漏 | 其他轻微的错漏 |
| 影像质量 | 1. 影像反差、清晰度、色调等质量元素参数任一项严重超限,致使重要地形要素大面积损失,严重影响成图质量<br>2. 其他严重的错漏 | 1. 影像反差、清晰度、色调等质量元素参数任一项超限,致使重要地形要素大面积损失,对成图存在较明显影响<br>2. 外观质量差(如噪音、云影等),严重影响影像质量<br>3. 其他较重的错漏 | 1. 影像反差、清晰度、色调等质量元素参数任一项超限,致使次要地形要素损失,对成图存在影响<br>2. 外观质量(如噪音、云影等)较差,影响影像质量<br>3. 其他一般的错漏 | 其他轻微的错漏 |
| 附件质量 | 1. 摄影文件内容重要项缺漏<br>2. 其他严重的错漏 | 1. 摄影文件内容次要项与规定不符<br>2. 其他较重的错漏 | 其他一般的错漏 | 其他轻微的错漏 |

## 8.4　摄影测量与遥感

摄影测量与遥感各种成果的质量元素、权、错漏分类,见表 29～表 36。采用航测法生产的大比例尺地形图成果参照 8.5.3 执行。

表 29　像片控制测量成果质量元素及权重表

单位:区域网

| 质量元素 | 权 | 质量子元素 | 权 | 检查项 |
|---|---|---|---|---|
| 数据质量 | 0.30 | 数学精度 | 0.60 | 各项闭合差、中误差等精度指标的符合情况 |
| | | 观测质量 | 0.40 | 1. 观测手簿的规整性和计算的正确性<br>2. 计算手簿的规整性和计算的正确性 |
| 布点质量 | 0.30 | 1. 控制点点位布设的正确、合理性<br>2. 控制点点位选择的正确、合理性 | | |
| 整饰质量 | 0.30 | 1. 控制点判、刺的正确性<br>2. 控制点整饰规范性<br>3. 点位说明的准确性 | | |
| 附件质量 | 0.10 | 布点略图、成果表 | | |

表 30 像片控制测量成果质量错漏分类表

| 质量元素 | A类 | B类 | C类 | D类 |
|---|---|---|---|---|
| 数学精度 | 1. 观测限差、中误差、闭合差超限<br>2. 起算数据错误，致使相应的成果不符合规定要求<br>3. 数据处理不正确，致使结果错误<br>4. 其他严重的错漏 | | 1. 数据处理不正确，但对结果影响较小<br>2. 起算成果或原始数据用错(cm、秒级)，对成果影响轻微<br>3. 其他一般的错漏 | 其他轻微的错漏 |
| 观测质量 | 1. 观测数据不符合要求或不完整<br>2. 手工记簿划改严重不符合规定<br>3. 补测或重测不符合规定<br>4. 其他严重的错漏 | 1. 控制点的发展次数超限<br>2. 观测数据质量不符合要求，但对精度影响轻微<br>3. 手工记簿划改不符合规定<br>4. 其他较重的错漏 | 1. 测站点点号、等级注记错误<br>2. 其他一般的错漏 | 其他轻微的错漏 |
| 布点质量 | 1. 控制点点位或密度严重不符合设计或规范要求<br>2. 像片控制点的布设不符合设计要求，错或漏布设两处<br>3. 其他严重的错漏 | 1. 像片控制点的布设点位不符合要求，影响点位质量<br>2. 其他较重的错漏 | 1. 像片控制点的布设点位不符合要求，但不影响点位质量<br>2. 其他一般的错漏 | 其他轻微的错漏 |
| 整饰质量 | 1. 控制点刺错，不符合规范要求<br>2. 其他严重的错漏 | 1. 控制点刺偏，大于规范要求的0.2 mm<br>2. 控制点的说明、略图错<br>3. 像片整饰不符合设计要求<br>4. 其他较重的错漏 | 1. 数字修约、修改不规范<br>2. 控制点刺偏，大于规范要求0.1 mm小于0.2 mm<br>3. 其他一般的错漏 | 其他轻微的错漏 |
| 附件质量 | 1. 漏填图历簿<br>2. 其他严重的错漏 | 1. 图历簿中重要项填写漏<br>2. 其他较重的错漏 | 1. 图历簿中次要项填写漏<br>2. 上交资料不齐全<br>3. 其他一般的错漏 | 其他轻微的错漏 |

表 31 像片调绘成果质量元素及权重表

单位：幅

| 质量元素 | 权 | 检查项 |
|---|---|---|
| 地理精度 | 0.40 | 1. 地物、地貌调绘的全面性、正确性<br>2. 地物、地貌综合取舍的合理性<br>3. 植被、土质符号配置的准确、合理性<br>4. 地名注记内容的正确性、完整性 |
| 属性精度 | 0.40 | 各类地物、地貌性质说明以及说明文字、数字注记等内容的完整性、正确性 |

表 31（续）

单位：幅

| 质量元素 | 权 | 检查项 |
|---|---|---|
| 整饰质量 | 0.10 | 1. 各类注记的规整性<br>2. 各类线划的规整性<br>3. 要素符号间关系表达的正确性、完整性<br>4. 像片的整洁度 |
| 附件质量 | 0.10 | 1. 上交资料的齐全性<br>2. 资料整饰的规整性 |

**表 32 像片调绘成果质量错漏分类表**

| 质量元素 | A类 | B类 | C类 | D类 |
|---|---|---|---|---|
| 地理精度 | 1. 国界、界桩、界碑及注记错漏<br>2. 能明显判定的县或县以上境界错漏达图上 5 cm<br>3. 县及县以上地名错漏<br>4. 地物、地貌的表示普遍失真，难以反映该地区的地理特征<br>5. 一、二级河流、山脉等漏绘或名称注错<br>6. 清绘不清楚，造成图幅内大部分要素与影像不吻合或难以辨认<br>7. 面状水体错漏，面积超过图上 20 $cm^2$<br>8. 错漏国、省级和县、乡级道路长度超过图上 10 cm，附属建筑物超过 6 处<br>9. 其他严重的错漏 | 1. 错漏乡、镇级以上境界、自然保护区界图上长度大于或等于 4 cm<br>2. 乡(镇)名称错漏或较多自然地名错漏，或行政村名称错漏 3 处以上<br>3. 二级以下河流、山脉等名称错漏 4 处<br>4. 漏绘、错绘国、省级和县、乡级双线道路或双线水系图上长度大于等于 5 cm、附属建筑物超过 3 处<br>5. 漏绘、错绘非国、省级和县、乡级双线道路、主次通道或双线水系图上长度大于或等于 4 cm 2 处<br>6. 漏大型新增的公路桥、立交桥、铁路桥、铁路公路两用桥<br>7. 图名错漏<br>8. 道路、双线河流沿线新增居民地错漏面积超过图上 100 $mm^2$<br>9. 植被、地貌特征表示失真较大<br>10. 地表覆盖类型表示错漏大于 200 $mm^2$ 2 处<br>11. 有方位意义的重要独立地物漏绘 2 处<br>12. 错漏需表示的管线超过图上 10 cm<br>13. 居民地特征类型、轮廓变形、失真明显<br>14. 图幅间未接边或像片间不接边<br>15. 其他较重的错漏 | 1. 二级以下河流、山脉等名称错漏 2 处<br>2. 自然地名错漏<br>3. 错漏国、省级和县、乡级双线道路或双线水系图上长度大于或等于 2 cm<br>4. 错漏非国、省级和县、乡级双线道路或双线水系图上长度大于或等于 4 cm 、附属建筑物超过 2 处<br>5. 错漏居民地超过图上 25 $mm^2$<br>6. 居民地轮廓变形、失真<br>7. 道路、双线河流沿线新增居民地错漏面积超过图上 50 $mm^2$，其他较隐蔽地区错漏面积超过图上 100 $mm^2$ 居民地<br>8. 像片间 1 条边不接边<br>9. 有方位意义的重要独立地物漏绘<br>10. 地表覆盖类型表示错漏大于 200 $mm^2$<br>11. 错漏需表示的管线超过图上 5 cm<br>12. 一般独立地物漏绘 2 处<br>13. 错漏境界超过图上 2 cm<br>14. 能明显判定的管线转折点错漏<br>15. 独立地物漏绘<br>16. 其他一般的错漏 | 其他轻微的错漏 |

表 32（续）

| 质量元素 | A类 | B类 | C类 | D类 |
|---|---|---|---|---|
| 属性精度 | 1. 重要地物要素属性普遍错漏<br>2. 其他严重的错漏 | 1. 较多重要地物要素属性错漏。<br>2. 其他较重的错漏 | 1. 部分地物要素属性项错漏<br>2. 其他一般的错漏 | 其他轻微的错漏 |
| 整饰质量 | 1. 图面严重花糊、脏污造成无法读图<br>2. 其他严重的错漏 | 1. 较大面积线划虚断、粗细不匀、或图面花糊、墨色不均造成读图困难<br>2. 重要要素符号、线划、用色及注记规格等与规定严重不符<br>3. 要素间关系错误或明显不协调，造成读图错误<br>4. 其他较重的错漏 | 1. 使用不标准的汉字注记各种名称、说明<br>2. 次要要素符号、线划、用色及注记规格等与规定明显不符<br>3. 要素间关系不协调，造成读图困难<br>4. 其他一般的错漏 | 其他轻微的错漏 |
| 附件质量 | | 1. 数据采集记录丢失<br>2. 缺文档资料，致使后序作业困难<br>3. 其他较重的错漏 | 1. 数据采集记录保存不完整<br>2. 文档资料内容不全<br>3. 其他一般的错漏 | 其他轻微的错漏 |

表 33　空中三角测量成果质量元素及权重表

单位：区域网

| 质量元素 | 权 | 质量子元素 | 权 | 检查项 |
|---|---|---|---|---|
| 数据质量 | 0.60 | 数学基础 | 0.10 | 大地坐标系、大地高程基准、投影系等 |
| | | 平面位置精度 | 0.20 | 内业加密点的平面位置精度 |
| | | 高程精度 | 0.20 | 内业加密点的高程精度 |
| | | 接边精度 | 0.20 | 区域网间接边精度 |
| | | 计算质量 | 0.30 | 基本定向点权，内定向、相对定向精度，多余控制点不符值，公共点较差 |
| 布点质量 | 0.35 | 1. 平面控制点和高程控制点是否超基线布控<br>2. 定向点、检查点设置的合理、正确性<br>3. 加密点点位选择的正确、合理性 | | |
| 附件质量 | 0.05 | 1. 上交资料的齐全性　2. 资料整饰的规整性　3. 点位略图 | | |

表 34　空中三角测量成果质量错漏分类表

| 质量元素 | A类 | B类 | C类 | D类 |
|---|---|---|---|---|
| 数学基础 | 1. 数学基础错<br>2. 相机文件、相机焦距和外业控制点坐标等各种原始数据用错、抄错<br>3. 其他严重的错漏 | | | 其他轻微的错漏 |

表 34（续）

| 质量元素 | A类 | B类 | C类 | D类 |
|---|---|---|---|---|
| 平面位置精度 | 1. 基本定向点残差超限<br>2. 平面控制点、加密点平面位置精度超限<br>3. 平面控制点定向不合理<br>4. 其他严重的错漏 | 1. 像点量测误差超限<br>2. 平面多余控制点误差超限<br>3. 其他较重的错漏 | | 其他轻微的错漏 |
| 高程精度 | 1. 基本定向点残差超限<br>2. 高程控制点、加密点高程精度超限<br>3. 高程控制点定向不合理<br>4. 其他严重的错漏 | 1. 像点量测误差超限<br>2. 高程多余控制点误差超限<br>3. 其他较重的错漏 | | 其他轻微的错漏 |
| 接边精度 | 1. 区域网间加密点接边大多数超限或未接边<br>2. 其他严重的错漏 | 1. 区域网间加密点接边差个别超过规定限差<br>2. 其他较重的错漏 | | 其他轻微的错漏 |
| 计算质量 | 1. 内定向超限<br>2. 基本定向点"权"明显不合理的<br>3. 其他严重的错漏 | 1. 内定向或相对定向的残余上下视差限差超过规定限差 0.5 倍<br>2. 其他较重的错漏 | 1. 相对定向中标准点、检查点残余上下视差超限<br>2. 控制点、加密点对测残差超限<br>3. 相对定向的残余上下视差超限<br>4. 其他一般的错漏 | 其他轻微的错漏 |
| 布点质量 | 1. 平面控制点超基线布控或高程控制点超基线布控<br>2. 其他严重的错漏 | 1. 控制点的布设不符合要求<br>2. 控制点的刺点误差超限<br>3. 其他较重的错漏 | 1. 加密点位略图有严重错误<br>2. 加密点编号不符合相应要求或重号<br>3. 其他一般的错漏 | 其他轻微的错漏 |
| 附件质量 | | 1. 成果整理、上交资料严重不符合规定<br>2. 其他较重的错漏 | 1. 成果整理不符合规定<br>2. 作业手簿、检查记录存在严重错漏<br>3. 其他一般的错漏 | 其他轻微的错漏 |

**表 35　中小比例尺地形图质量元素及权重表**

单位：幅

| 质量元素 | 权 | 质量子元素 | 权 | 检查项 |
|---|---|---|---|---|
| 数学精度 | 0.25 | 数学基础 | 0.20 | 格网、图廓点、三北方向线 |
| | | 平面精度 | 0.40 | 1. 平面绝对位置中误差<br>2. 接边精度 |

表 35（续）

单位：幅

| 质量元素 | 权 | 质量子元素 | 权 | 检查项 |
|---|---|---|---|---|
| 数学精度 | 0.25 | 高程精度 | 0.40 | 1. 高程注记点高程中误差<br>2. 等高线高程中误差<br>3. 接边精度 |
| 数据及结构正确性 | 0.20 | | | 1. 文件命名、数据组织正确性<br>2. 数据格式的正确性<br>3. 要素分层的正确性、完备性<br>4. 属性代码的正确性<br>5. 属性接边正确性 |
| 地理精度 | 0.25 | | | 1. 地理要素的完整性与正确性<br>2. 地理要素的协调性<br>3. 注记和符号的正确性<br>4. 综合取舍的合理性<br>5. 地理要素接边质量 |
| 整饰质量 | 0.20 | | | 1. 符号、线划、色彩质量<br>2. 注记质量<br>3. 图面要素协调性<br>4. 图面、图廓外整饰质量 |
| 附件质量 | 0.10 | | | 1. 元数据文件的正确性、完整性<br>2. 检查报告、技术总结内容的全面性及正确性<br>3. 成果资料的齐全性<br>4. 各类报告、附图(接合图、网图)、附表、簿册整饰的规整性 |

表 36　中小比例尺地形图质量错漏分类表

| 质量元素 | A类 | B类 | C类 | D类 |
|---|---|---|---|---|
| 数学基础 | 1. 定向点精度超限<br>2. 各种原始数据抄错、用错(Fk 错 0.03 mm 以上，框标错 0.01 mm 以上，大地控制点错 0.05 m 以上，像控点错 0.1 m 以上等)<br>3. 内定向、相对定向、绝对定向精度超过相应限差 1/3 的 | 其他较重的错漏 | 其他一般的错漏 | 其他轻微的错漏 |
| 平面精度 | 1. 地物点平面绝对位置中误差超限<br>2. 整条边不接 | | | 其他轻微的错漏 |

表 36（续）

| 质量元素 | A类 | B类 | C类 | D类 |
|---|---|---|---|---|
| 高程精度 | 1. 高程注记点高程中误差超限<br>2. 等高线高程插求点高程中误差超限<br>3. 整条边接边误差超限 | | | |
| 数据及结构正确性 | 1. 数据无法读取或数据不齐全<br>2. 文件命名、数据格式错<br>3. 属性代码普遍不接边<br>4. 其他严重的错漏 | 1. 数据组织不正确<br>2. 部分属性代码不接边<br>3. 漏有内容的层或数据层名称错<br>4. 其他较重的错漏 | 1. 个别属性代码不接边<br>2. 其他一般的错漏 | 其他轻微的错漏 |
| 地理精度 | 1. 国界、未定国界、特别行政区界错漏<br>2. 县级以上行政名称、居民地名称，或一二级河流名称，或著名的山脉山峰名称错漏<br>3. 要素整条边不接边<br>4. 漏绘一组等高线<br>5. 注记普遍错漏<br>6. 综合取舍普遍不合理<br>7. 面状居民地错漏面积超过图上 75 $mm^2$<br>8. 县及以上境界错漏达图上 15 cm<br>9. 地物、地貌的表示普遍失真，难以反映该地区的地理特征<br>10. 线状水系错、漏，长度超过图上 20 cm<br>11. 面状水体错、漏，面积超过图上 20 $cm^2$<br>12. 国、省级道路错漏，长度超过图上 10 cm<br>13. 铁路错漏长度超过图上 10 cm 以上<br>14. 其他严重的错漏 | 1. 标石完整的三角点、军控点、水准点及城市 I 级以上高等级控制点错漏<br>2. 铁路错漏长度超过图上 5 cm 以上<br>3. 有方位意义的重要独立地物错漏或平面位置位移图上 0.5 mm 以上<br>4. 图名、图号或经纬度注记错漏<br>5. 县及以上境界错漏图上10 cm 以上<br>6. 重要要素接边误差超限<br>7. 错漏县、乡级道路超过图上 10 cm 以上<br>8. 国、省级道路错漏，长度超过图上 10 cm 以下<br>9. 错漏面状居民地面积超过图上 35 $mm^2$<br>10. 线状水系错漏，长度超过图上 10 cm<br>11. 面状水体错漏，面积达图上 10 $cm^2$<br>12. 电力线、垣栅错漏图上长度 10 cm 以上<br>13. 高程注记密度与规定不符<br>14. 乡（镇）名称错漏<br>15. 三级河流、山脉等名称错漏<br>16. 地物、地貌的表示局部失真<br>17. 等高线高程值错 2 个等高距及以上<br>18. 要素间的相互关系普遍不合理<br>19. 地物要素 1/2 及以上不接边<br>20. 其他较重的错漏 | 1. 居民地（指有名称或虽无名称但在 3 个以上依比例或 5 个以上不依比例的房屋）错漏<br>2. 行政村以上名称、主要山峰名称、图内主要河流（三四五级河流）名称、水库名称错漏<br>3. 大车路、乡村路错漏图上长度 5 cm 以上<br>4. 县级以上境界、管线、垣栅错漏图上 5 cm 以上<br>5. 一般独立地物错漏或移位图上 0.8 mm 以上<br>6. 一般要素不接边<br>7. 水库及其附属设施、双线桥梁、重要的防洪堤坝错漏<br>8. 漏绘山头或凹地<br>9. 乡、镇境界错漏，图上 5 cm 以上<br>10. 错漏县、乡级道路图上 5 cm 以上<br>11. 要素间的相互关系部分不合理<br>12. 其他一般的错漏 | 其他轻微的错漏 |

表 36（续）

| 质量元素 | A类 | B类 | C类 | D类 |
| --- | --- | --- | --- | --- |
| 整饰质量 | 1. 图名、图号同时错漏<br>2. 符号、线划、注记规格与图式严重不符<br>3. 图廓整饰明显不符合图式规定<br>4. 其他严重的错漏 | 1. 图名或图号错漏<br>2. 符号、线划、注记规格不符合图式规定<br>3. 其他较重的错漏 | 1. 图廓整饰不符合图式规定<br>2. 部分符号、线划、注记规格不符合图式规定<br>3. 漏绘注记、符号<br>4. 其他一般的错漏 | 其他轻微的错漏 |
| 附件质量 | 1. 缺主要的成果资料<br>2. 其他严重的错漏 | 1. 元数据项或元数据、图历簿中主要项目错漏<br>2. 上交资料缺项<br>3. 元数据格式错<br>4. 技术总结等附件资料的主要内容错误<br>5. 图幅接合表图名、图号错漏<br>6. 其他较重的错漏 | 1. 图历簿、测图手簿、检查记录中主要精度、作业依据错或有连环涂改,各种原始数据记录有擦痕<br>2. 其他一般的错漏 | 其他轻微的错漏 |

## 8.5 工程测量

工程测量各种成果的质量元素、权、错漏分类,见表 37～表 52。

### 8.5.1 平面控制测量成果

表 37 平面控制测量成果质量元素及权重表

单位:点

| 质量元素 | 权 | 质量子元素 | 权 | 检查项 |
| --- | --- | --- | --- | --- |
| 数据质量 | 0.50 | 数学精度 | 0.30 | 1. 点位中误差与规范及设计书的符合情况<br>2. 边长相对中误差与规范及设计书的符合情况 |
| | | 观测质量 | 0.40 | 1. 仪器检验项目的齐全性、检验方法的正确性<br>2. 观测方法的正确性,观测条件的合理性<br>3. GPS 点水准联测的合理性和正确性<br>4. 归心元素、天线高测定方法的正确性<br>5. 卫星高度角、有效观测卫星总数、时段中任一卫星有效观测时间、观测时段数、时段长度、数据采样间隔、PDOP 值、钟漂、多路径影响等参数的规范性和正确性<br>6. 观测手簿记录和注记的完整性和数字记录、划改的规范性,数据质量检验的符合性<br>7. 水平角和导线测距的观测方法,成果取舍和重测的合理性和正确性<br>8. 天顶距(或垂直角)的观测方法、时间选择,成果取舍和重测的合理性和正确性<br>9. 规范和设计方案的执行情况<br>10. 成果取舍和重测的正确性、合理性 |
| | | 计算质量 | 0.30 | 1. 起算点选取的合理性和起始数据的正确性<br>2. 起算点的兼容性及分布的合理性<br>3. 坐标改算方法的正确性<br>4. 数据使用的正确性和合理性<br>5. 各项外业验算项目的完整性、方法正确性,各项指标符合性 |

表 37（续）　　单位：点

| 质量元素 | 权 | 质量子元素 | 权 | 检查项 |
|---|---|---|---|---|
| 点位质量 | 0.30 | 选点质量 | 0.50 | 1. 点位布设及点位密度的合理性<br>2. 点位满足观测条件的符合情况<br>3. 点位选择的合理性<br>4. 点之记内容的齐全、正确性 |
| | | 埋石质量 | 0.50 | 1. 埋石坑位的规范性和尺寸的符合性<br>2. 标石类型和标石埋设规格的规范性<br>3. 标志类型、规格的正确性<br>4. 托管手续内容的齐全、正确性 |
| 资料质量 | 0.20 | 整饰质量 | 0.30 | 1. 点之记和托管手续、观测手簿、计算成果等资料的规整性<br>2. 技术总结整饰的规整性<br>3. 检查报告整饰的规整性 |
| | | 资料完整性 | 0.70 | 1. 技术总结编写的齐全和完整情况<br>2. 检查报告编写的齐全和完整情况<br>3. 按上交资料的齐全性和完整性情况 |

表 38　平面控制测量成果质量错漏分类表

| 质量元素 | A类 | B类 | C类 | D类 |
|---|---|---|---|---|
| 数学精度 | 1. 点位中误差超限<br>2. 边长相对中误差超限<br>3. 测角中误差超限<br>4. 方位角闭合差超限 | | | |
| 观测质量 | 1. GPS网布设严重不符合设计要求<br>2. 原始记录中连环涂改、划改“秒”、“毫米”等观测数据<br>3. 天线高量取方法不正确<br>4. 仪器参数设置错误，影响计算<br>5. 导线曲折度超限，又未得到批准<br>6. 违反GPS测量作业基本技术规定<br>7. 违反水平角方向观测法技术要求<br>8. 违反导线测量主要技术要求<br>9. 违反测距的主要技术要求<br>10. 其他严重的错漏 | 1. 成果取舍、重测不合理<br>2. 仪器次要技术指标有轻微超限<br>3. 电子记录程序的输出格式不规范<br>4. 时段划分比例轻微超限<br>5. 测量使用仪器设备自检自校项目中非主要项未检或经检验非主要项目技术指标不符合要求<br>6. 观测条件不符合规定<br>7. 导线测量的导线长度、平均边长、测距相对中误差超限<br>8. 记录修改不符合规定<br>9. 归心元素测定方法不正确<br>10. 其他较重的错漏 | 1. 观测条件掌握不严，不符合规定<br>2. 观测记录中的注记错漏<br>3. 其他一般的错漏 | 其他轻微的错漏 |

表 38（续）

| 质量元素 | A类 | B类 | C类 | D类 |
|---|---|---|---|---|
| 计算质量 | 1. 影响成果质量的计算错误<br>2. 坐标系统错误、起算数据错误<br>3. 外业验算缺项<br>4. 导线各条件自由项超限<br>5. 方位角条件闭合差超限<br>6. 计算方法错误，采用指标及各类参数错误，计算结果、分析结论不正确<br>7. 其他严重的错漏 | 1. 数据检验后，有关条件不满足要求<br>2. 数据剔除不符合规定<br>3. 计算中数字修约严重不符合规定<br>4. 起算数据或原始观测数据录用错误(mm 级)<br>5. 其他较重的错漏 | 1. 不影响成果质量的计算错误或对结果影响较小的计算错误<br>2. 方位角条件自由项大于限差的 4/5<br>3. 基线条件自由项大于限差的 4/5<br>4. 其他一般的错漏 | 其他轻微的错漏 |
| 选点质量 | 1. 点位条件完全不符合要求<br>2. 其他严重的错漏 | 1. 漏绘点之记<br>2. 点位选择不合理，有高度角大于 15°的障碍物，且水平投影大于 60°<br>3. 其他较重的错漏 | 1. 点之记内容漏项、缺项<br>2. 漏注或错注重要注记或小数点<br>3. 选点展点图缺项<br>4. 其他一般的错漏 | 其他轻微的错漏 |
| 埋石质量 | 1. 标石规格严重不符合规定<br>2. 标石埋设完全不符合要求<br>3. 其他严重的错漏 | 1. 上、下标志中心超限<br>2. 标志类型、规格存在明显缺陷<br>3. 标志不符合规定<br>4. 其他较重的错漏 | 1. 标石规格或浇注不规范<br>2. 标石面埋设倾斜大于 10°<br>3. 标石外部未整饰<br>4. 标石埋设或浇注深度不符合要求<br>5. 没有点位托管手续<br>6. 其他一般的错漏 | 其他轻微的错漏 |
| 整饰质量 | 1. 成果资料文字、数字错漏较多，给成果使用造成严重影响<br>2. 其他严重的错漏 | 1. 成果资料重要文字、数字错漏<br>2. 成果文档资料归类、装订不规整<br>3. 其他较重的错漏 | 1. 成果资料装订及编号错漏<br>2. 成果资料次要文字、数字错漏<br>3. 其他一般的错漏 | 其他轻微的错漏 |
| 资料完整性 | 1. 缺主要成果资料<br>2. 其他严重的错漏 | 1. 缺成果附件资料<br>2. 缺技术总结或检查报告<br>3. 上交资料缺项<br>4. 其他较重的错漏 | 1. 无成果资料清单，或成果资料清单不完整<br>2. 技术总结、检查报告内容不全<br>3. 其他一般的错漏 | 其他轻微的错漏 |

### 8.5.2 高程控制测量成果

表 39 高程控制测量成果质量元素及权重表

单位：测段

| 质量元素 | 权 | 质量子元素 | 权 | 检查项 |
|---|---|---|---|---|
| 数据质量 | 0.50 | 数学精度 | 0.30 | 1. 每公里高差中数偶然中误差的符合性<br>2. 每公里高差中数全中误差的符合性<br>3. 相对于起算点的最弱点高程中误差的符合性 |

表 39（续）

单位：测段

| 质量元素 | 权 | 质量子元素 | 权 | 检查项 |
| --- | --- | --- | --- | --- |
| 数据质量 | 0.50 | 观测质量 | 0.40 | 1. 仪器检验项目的齐全性、检验方法的正确性<br>2. 测站观测误差的符合性<br>3. 测段、区段、路线闭合差的符合性<br>4. 对已有水准点和水准路线联测和接测方法的正确性<br>5. 观测和检测方法的正确性<br>6. 观测条件选择的正确、合理性<br>7. 成果取舍和重测的正确、合理性<br>8. 记簿计算正确性、注记的完整性和数字记录、划改的规范性 |
| | | 计算质量 | 0.30 | 1. 外业验算项目的齐全性，验算方法的正确性<br>2. 已知水准点选取的合理性和起始数据的正确性<br>3. 环闭合差的符合性 |
| 点位质量 | 0.30 | 选点质量 | 0.50 | 1. 水准路线布设、点位选择及点位密度的合理性<br>2. 水准路线图绘制的正确性<br>3. 点位选择的合理性<br>4. 点之记内容的齐全、正确性 |
| | | 埋石质量 | 0.50 | 1. 标石类型的规范性和标石质量情况<br>2. 标石埋设规格的规范性<br>3. 托管手续内容齐全性 |
| 资料质量 | 0.20 | 整饰质量 | 0.30 | 1. 观测、计算资料整饰的规整性、各类报告、总结、附图、附表、簿册整饰的完整性<br>2. 成果资料的整饰规整性<br>3. 技术总结整饰的规整性<br>4. 检查报告整饰的规整性 |
| | | 资料完整性 | 0.70 | 1. 技术总结、检查报告编写内容的全面性及正确性<br>2. 提供成果资料项目的齐全性 |

## 表 40 高程控制测量成果质量错漏分类表

| 质量元素 | A类 | B类 | C类 | D类 |
| --- | --- | --- | --- | --- |
| 数学精度 | 1. 每公里全中误差超限<br>2. 每公里偶然中误差超限<br>3. 相对于起算点的最弱点高程中误差超限<br>4. GPS 拟合高程精度超限<br>5. 三角高程附合或环形闭合差超限 | | | |

表 40（续）

| 质量元素 | A类 | B类 | C类 | D类 |
|---|---|---|---|---|
| 观测质量 | 1. 检测已测测段高差的误差超限<br>2. 测段、区段、路线高差不符值超限<br>3. 仪器、标尺测前、测后和过程未按要求进行检验<br>4. 原始记录中连环涂改或修改 mm<br>5. 上、下午重站数比例严重超限<br>6. 接测点未按要求进行检测<br>7. 三角高程测量的测回数、观测方法不正确<br>8. 三角高程测量指标差较差、垂直角较差、对向观测高差较差超限<br>9. 其他严重的错漏 | 1. 成果取舍、重测不合理<br>2. 仪器、标尺测前、测后和过程检验，次要技术指标超限<br>3. 仪器检验项目缺项<br>4. 上、下午重站数比例轻微超限<br>5. 水准观测视线离地面高度不符合要求<br>6. 水准测量路线长度或观测次数不符合要求<br>7. 水准观测前后视累积差、前后视较差超限<br>8. 其他较重的错漏 | 1. 原始数据划改不规范<br>2. 对结果影响较小的计算错误<br>3. 原始观测记录中的注记错漏<br>4. 观测条件掌握不严<br>5. 其他一般的错漏 | 其他轻微的错漏 |
| 计算质量 | 1. 改正项目不全，水准测量外业计算没进行水准标尺长度误差改正、正常水准面不平行改正、路（环）线闭合差改正或高山地区没进行重力异常的归算改正<br>2. 验算方法不正确．对结果影响较大的计算错误<br>3. 观测成果采用不正确<br>4. 环线闭合差超限<br>5. 平差软件中数学模型或主要技术指标不符合要求<br>6. 起闭点精度不符合要求或起闭点数据或原始观测数据录用错误（cm 级）<br>7. 其他严重的错漏 | 1. 外业验算项目缺项<br>2. 水准标尺长度误差改正、正常水准面不平行改正、路（环）线闭合差改正或高山地区的重力异常的归算改正错、漏<br>3. 起闭点数据或原始观测数据录用错误（mm 级）<br>4. 计算中数字修约严重不符合规定<br>5. 对结果影响较小的计算错误<br>6. 其他较重的错漏 | 1. 数字修约不规范<br>2. 其他一般的错漏 | 其他轻微的错漏 |
| 选点质量 | 1. 点位地质、地理条件极差，极不利于保护、稳定和观测<br>2. GPS 拟合高程起算点或水准联测点数量严重不符合规范、设计要求<br>3. 其他严重的错漏 | 1. 点位地理、地质条件不利于保护、稳定和观测<br>2. 漏绘点之记<br>3. 点位密度不合理<br>4. 其他较重的错漏 | 1. 水准路线图、水准路线结点接测图错漏<br>2. 点之记中一般项目内容错误或缺项<br>3. 其他一般的错漏 | 其他轻微的错漏 |

表 40(续)

| 质量元素 | A类 | B类 | C类 | D类 |
| --- | --- | --- | --- | --- |
| 埋石质量 | 1. 标石规格极不符合规定<br>2. 标石严重倾斜<br>3. 标志严重不符合规定<br>4. 现场浇注标石未使用模具(非岩石类)<br>5. 其他严重的错漏 | 1. 标石规格不符合规定<br>2. 标石倾斜较大<br>3. 标志不符合规定<br>4. 标石埋设或浇注深度不符合要求<br>5. 其他较重的错漏 | 1. 标石外部整饰不规范<br>2. 指示盘或指示碑不规整<br>3. 标石规格或浇注不规范标石略有倾斜<br>4. 没有点位托管手续<br>5. 其他一般的错漏 | 其他轻微的错漏 |
| 整饰质量 | 1. 成果资料文字、数字错漏较多,给成果使用造成严重影响<br>2. 其他严重的错漏 | 1. 成果资料重要文字、数字错漏<br>2. 成果文档资料归类、装订不规整<br>3. 其他较重的错漏 | 1. 成果资料装订及编号错漏<br>2. 成果资料次要文字、数字错漏<br>3. 其他一般的错漏 | 其他轻微的错漏 |
| 资料完整性 | 1. 缺主要成果资料<br>2. 其他严重的错漏 | 1. 缺成果附件资料<br>2. 缺技术总结或检查报告<br>3. 上交资料缺项<br>4. 其他较重的错漏 | 1. 无成果资料清单,或成果资料清单不完整<br>2. 技术总结、检查报告内容不全<br>3. 其他一般的错漏 | 其他轻微的错漏 |

## 8.5.3 大比例尺地形图

表 41 大比例尺地形图成果质量元素及权重表

单位:幅

| 质量元素 | 权 | 质量子元素 | 权 | 检查项 |
| --- | --- | --- | --- | --- |
| 数学精度 | 0.20 | 数学基础 | 0.20 | 1. 坐标系统、高程系统的正确性<br>2. 各类投影计算、使用参数的正确性<br>3. 图根控制测量精度<br>4. 图廓尺寸、对角线长度、格网尺寸的正确性<br>5. 控制点间图上距离与坐标反算长度较差 |
| | | 平面精度 | 0.40 | 1. 平面绝对位置中误差<br>2. 平面相对位置中误差<br>3. 接边精度 |
| | | 高程精度 | 0.40 | 1. 高程注记点高程中误差<br>2. 等高线高程中误差<br>3. 接边精度 |
| 数据及结构正确性 | 0.20 | | | 1. 文件命名、数据组织正确性<br>2. 数据格式的正确性<br>3. 要素分层的正确性、完备性<br>4. 属性代码的正确性<br>5. 属性接边质量 |

表 41（续）

单位：幅

| 质量元素 | 权 | 质量子元素 | 权 | 检查项 |
|---|---|---|---|---|
| 地理精度 | 0.30 | | | 1. 地理要素的完整性与正确性<br>2. 地理要素的协调性<br>3. 注记和符号的正确性<br>4. 综合取舍的合理性<br>5. 地理要素接边质量 |
| 整饰质量 | 0.20 | | | 1. 符号、线划、色彩质量<br>2. 注记质量<br>3. 图面要素协调性<br>4. 图面、图廓外整饰质量 |
| 附件质量 | 0.10 | | | 1. 元数据文件的正确性、完整性<br>2. 检查报告、技术总结内容的全面性及正确性<br>3. 成果资料的齐全性<br>4. 各类报告、附图（接合图、网图）、附表、簿册整饰的规整性<br>5. 资料装帧 |

**表 42　大比例尺地形图质量错漏分类表**

| 质量元素 | A类 | B类 | C类 | D类 |
|---|---|---|---|---|
| 数学基础 | 1. 坐标或高程系统采用错误、独立坐标系统投影计算或改算错误<br>2. 平面或高程起算点使用错误<br>3. 图根控制测量精度超限 | | | |
| 平面精度 | 1. 地物点平面绝对位置中误差超限<br>2. 相对位置中误差超限 | | | |
| 高程精度 | 1. 高程注记点高程中误差超限<br>2. 等高线高程插求点高程中误差超限 | | | |
| 数据及结构正确性 | 1. 数据无法读取或数据不齐全<br>2. 文件命名、数据格式错<br>3. 属性代码普遍不接边<br>4. 漏有内容的层或数据层名称错<br>5. 其他严重的错漏 | 1. 数据组织不正确<br>2. 部分属性代码不接边<br>3. 其他较重的错漏 | 1. 个别属性代码不接边<br>2. 其他一般的错漏 | 其他轻微的错漏 |

表 42（续）

| 质量元素 | A类 | B类 | C类 | D类 |
|---|---|---|---|---|
| 地理精度 | 1. 一般注记普遍错漏达到20%以上<br>2. 县及以上境界错漏达图上15 cm<br>3. 错漏比高在2倍等高距以上，图上长度超过15 cm的陡坎<br>4. 漏绘面积超过图上4 $cm^2$的二层及以上房屋，6 $cm^2$的一层房屋<br>5. 图幅普遍不接边，或等级河流、道路和县级及县级以上境界等要素不接边<br>6. 存在普遍的综合取舍不合理<br>7. 地貌表示严重失真<br>8. 漏绘一组等高线<br>9. 其他严重的错漏 | 1. 双线河、双线道路、乡镇级居民地名称错漏<br>2. 行政村及以上行政名称错漏<br>3. 图根点密度、埋石点数量不符合设计或规范要求<br>4. 一般注记错漏达10%～20%<br>5. 有方位意义的重要独立地物错漏<br>6. 管线（$\Phi$30 cm以上）类别、转折点错漏<br>7. 高程注记点密度与规定不符<br>8. 地物、地貌各要素主次不分明，线条不清晰，位置不准确，交待不清楚，造成判读困难<br>9. 重要地物、地貌符号用错<br>10. 多数特征位置漏注高程注记<br>11. 比高在2倍等高距以上，图上长度超过10 cm的陡坎错漏<br>12. 自然及人工水体及其主要附属物错漏<br>13. 较高经济价值的植被图上15 $cm^2$错漏<br>14. 漏绘面积图上2 $cm^2$二层及以上房屋，4 $cm^2$的一层房屋<br>15. 乡及以上境界错漏达图上10 cm<br>16. 主要地物、地貌不接边<br>17. 漏绘高压线、通讯线超过图上5 cm<br>18. 漏绘垣栅超过图上5 cm<br>19. 标石完好的国家等级控制点，在图上标注错漏<br>20. 漏绘双线道路或水系超过图上10 cm<br>21. 主要地物、地貌明显的综合取舍不合理<br>22. 其他较重的错漏 | 1. 错漏比高在2倍等高距以上，图上长度超过5 cm的陡坎<br>2. 双线道路路面材料错漏<br>3. 水系流向错漏<br>4. 错漏小片明显特征地貌<br>5. 漏绘双线道路或水系超过图上5 cm、双线桥梁及其附属建筑物<br>6. 错漏较高经济价值的植被图上10 $cm^2$<br>7. 漏绘面积达图上1 $cm^2$二层及以上房屋，2 $cm^2$的一层房屋<br>8. 漏绘垣栅超过图上2 cm<br>9. 自然村及以下地名错漏<br>10. 楼房层次错<br>11. 其他一般的错漏 | 其他轻微的错漏 |
| 整饰质量 | 1. 图名、图号同时错漏<br>2. 符号、线划、注记规格与图式严重不符<br>3. 其他严重的错漏 | 1. 图廓整饰明显不符合图式规定<br>2. 图名或图号错漏<br>3. 部分符号、线划、注记规格不符合图式规定，或压盖普遍<br>4. 其他较重的错漏 | 1. 图廓整饰不符合图式规定<br>2. 符号、线划、注记规格不符合图式规定，或压盖较多<br>3. 漏绘注记、符号<br>4. 其他一般的错漏 | 其他轻微的错漏 |

表 42（续）

| 质量元素 | A类 | B类 | C类 | D类 |
|---|---|---|---|---|
| 附件质量 | 1. 缺主要成果资料<br>2. 其他严重的错漏 | 1. 缺成果附件资料<br>2. 缺技术总结或检查报告<br>3. 上交资料缺项<br>4. 其他较重的错漏 | 1. 无成果资料清单，或成果资料清单不完整<br>2. 技术总结、检查报告内容不全<br>3. 其他一般的错漏 | 其他轻微的错漏 |

### 8.5.4 线路测量成果

表 43 线路测量成果质量元素及权重表

单位：幅

| 质量元素 | 权 | 质量子元素 | 权 | 检查项 |
|---|---|---|---|---|
| 数据质量 | 0.50 | 数学精度 | 0.30 | 1. 平面控制测量、高程控制测量、地形图与8.5.1、8.5.2、8.5.3相同<br>2. 点位或桩位测设成果数学精度<br>3. 断面成果精度与限差的符合情况 |
| | | 观测质量 | 0.40 | 控制测量与8.5.1、8.5.2相同 |
| | | 计算质量 | 0.30 | 1. 验算项目的齐全性和验算方法的正确性<br>2. 平差计算及其他内业计算的正确性 |
| 点位质量 | 0.30 | 选点质量 | 0.50 | 1. 控制点布设及点位密度的合理性<br>2. 点位选择的合理性 |
| | | 造埋质量 | 0.50 | 1. 标石类型的规范性和标石质量情况<br>2. 标石埋设规格的规范性<br>3. 点之记、托管手续内容的齐全、正确性 |
| 资料质量 | 0.20 | 整饰质量 | 0.30 | 1. 观测、计算资料整饰的规整性<br>2. 技术总结、检查报告整饰的规整性 |
| | | 资料完整性 | 0.70 | 1. 技术总结、检查报告内容的全面性<br>2. 提供项目成果资料的齐全性、各类报告、总结、图、表、簿册整饰的规整性 |

表 44 线路测量成果质量错漏分类表

| 质量元素 | A类 | B类 | C类 | D类 |
|---|---|---|---|---|
| 数学精度 | 1. 平面控制测量、高程控制测量、地形图与8.5.1、8.5.2、8.5.3相同<br>2. 测设成果数学精度超限，如线路纵、横断面图数学精度、中桩桩位误差、曲线测设误差等超限 | | | |
| 观测质量 | 平面控制测量、高程控制测量、地形图与8.5.1、8.5.2、8.5.3相同 | | | |

表 44（续）

| 质量元素 | A类 | B类 | C类 | D类 |
|---|---|---|---|---|
| 计算质量 | 1. 改正项目不全<br>2. 验算方法不正确，对结果影响较大的计算错误<br>3. 观测成果采用不正确<br>4. 其他严重的错漏 | 1. 外业验算项目缺项<br>2. 对结果影响较小的计算错误<br>3. 其他较重的错漏 | 1. 数字修约不规范<br>2. 其他一般的错漏 | 其他轻微的错漏 |
| 选点质量 | 1. 点位地质、地理条件极差，极不利于保护、稳定和观测<br>2. 其他严重的错漏 | 1. 点位地理、地质条件不利于保护、稳定和观测<br>2. 漏绘点之记或没有托管手续<br>3. 点位密度不合理<br>4. 其他较重的错漏 | 1. 点之记中一般项目内容错误或缺项<br>2. 其他一般的错漏 | 其他轻微的错漏 |
| 造埋质量 | 1. 标石造埋不符合要求，不能使用<br>2. 标志类型、规格与设计书或规范严重不符<br>3. 漏绘点之记或没有托管手续<br>4. 其他严重的错漏 | 1. 标桩埋设不符合要求<br>2. 上交成果资料缺项<br>3. 其他严重的错漏 | 1. 标桩破坏，未及时恢复<br>2. 其他一般的错漏 | 其他轻微的错漏 |
| 整饰质量 | 1. 成果资料文字、数字错漏较多，给成果使用造成严重影响<br>2. 其他严重的错漏 | 1. 成果资料重要文字、数字错漏<br>2. 成果文档资料归类、装订不规整<br>3. 其他较重的错漏 | 1. 成果资料装订及编号错漏<br>2. 成果资料次要文字、数字错漏<br>3. 其他一般的错漏 | 其他轻微的错漏 |
| 资料完整性 | 1. 缺主要成果资料<br>2. 其他严重的错漏 | 1. 缺成果附件资料<br>2. 缺技术总结或检查报告<br>3. 上交资料缺项<br>4. 其他较重的错漏 | 1. 无成果资料清单，或成果资料清单不完整<br>2. 技术总结、检查报告内容不全<br>3. 其他一般的错漏 | 其他轻微的错漏 |

### 8.5.5 管线测量成果

表 45 管线测量成果质量元素及权重

单位：幅

| 质量元素 | 权 | 质量子元素 | 权 | 检查项 |
|---|---|---|---|---|
| 控制测量精度 | 0.40 | 数学精度 | | 平面控制测量、高程控制测量与8.5.1、8.5.2相同 |
| 管线图质量 | 0.40 | 数学精度 | 0.30 | 1. 明显管线点量测精度<br>2. 管线点探测精度<br>3. 管线开挖点精度<br>4. 管线点平面、高程精度<br>5. 管线点与地物相对位置精度 |
| | | 地理精度 | 0.40 | 1. 管线数据各管线属性的齐全性、正确性、协调性<br>2. 管线图注记和符号的正确性<br>3. 管线调查和探测综合取舍的合理性 |

表 45（续）

单位：幅

| 质量元素 | 权 | 质量子元素 | 权 | 检查项 |
| --- | --- | --- | --- | --- |
| 管线图质量 | 0.40 | 整饰质量 | 0.30 | 1. 符号、线划质量<br>2. 图廓外整饰质量<br>3. 注记质量<br>4. 接边质量 |
| 资料质量 | 0.20 | 资料完整性 | 0.60 | 1. 工程依据文件<br>2. 工程凭证资料<br>3. 探测原始资料<br>4. 探测图表、成果表<br>5. 技术报告书(总结) |
| | | 整饰规整性 | 0.40 | 1. 依据资料、记录图表归档的规整性<br>2. 各类报告、总结、图、表、簿册整饰的规整性 |

**表 46　管线测量成果质量错漏分类表**

| 质量元素 | A类 | B类 | C类 | D类 |
| --- | --- | --- | --- | --- |
| 控制测量数学精度 | 平面控制测量、高程控制测量与 8.5.1、8.5.2 相同 | 平面控制测量、高程控制测量与 8.5.1、8.5.2 相同 | 平面控制测量、高程控制测量与 8.5.1、8.5.2 相同 | 其他轻微的错漏 |
| 数学精度 | 1. 明显管线点调查平面位置中误差、埋深量测中误差超限或超限 5%以上<br>2. 隐蔽管线点探测平面位置中误差、埋深探测中误差超限或超限 5%以上<br>3. 隐蔽管线点开挖平面位置、埋深超限达 10%(按全测区计算)<br>4. 管线点测量平面中误差、高程中误差超限或超限严重<br>5. 管线点与地物点相对位置中误差超限<br>6. 管线相对位置中误差超限或超限 5%以上<br>7. 其他严重的错漏 | 1. 明显管线点调查平面位置误差、埋深量测误差超过 2 倍中误差 2 处<br>2. 隐蔽管线点探测平面位置误差、埋深探测误差超过 2 倍中误差 2 处<br>3. 管线点测量管线平面位置误差、高程误差超过 2 倍中误差 2 处<br>4. 隐蔽管线点开挖平面位置误差、埋深探测误差超过限差 2 处(最多扣 40 分)<br>5. 管线点相对位置超过 2 倍中误差 2 处<br>6. 其他较重的错漏 | 1. 管线点间距超限<br>2. 其他一般的错漏 | 其他轻微的错漏 |

表 46（续）

| 质量元素 | A类 | B类 | C类 | D类 |
| --- | --- | --- | --- | --- |
| 地理精度 | 1. 主干管线漏探、漏测 1 条，次要管线漏探、漏测 2 条，附属设施漏查率达 5%<br>2. 管线数据库数据错漏严重，错漏率达 5%，管线点线库严重不一致或管线图和管线数据库严重不一致<br>3. 管线图管线连错、漏连，或注记错漏严重<br>4. 管线图管线走向严重失真或管线去向严重不清楚<br>5. 管线点设置严重不合理或管线点间距超限严重<br>6. 管线和管线属性严重不接边<br>7. 其他严重的错漏 | 1. 管线数据库错漏 2 处以上，管线点线库不一致或管线图和管线数据库不一致<br>2. 管线图上主次管线走向失真或支管线漏探测或管线附属设施漏查 2 处<br>3. 管线图上主干管线走向失真、次要管线走向失真 2 处或管线去向不清楚 2 处<br>4. 其他较重的错漏 | 1. 小组、测区间管线接边超限或管线属性不接<br>2. 管线图上次要管线或支管线走向失真标桩破坏，未及时恢复 | 其他轻微的错漏 |
| 整饰质量 | 1. 管线图点线属性注记差错较多，给成果使用造成严重影响<br>2. 其他严重的错漏 | 1. 电子记录程序或平差软件、数据处理软件输出成果格式不规范<br>2. 管线图点线属性注记错漏 2 处或管线与地形背景协调性较差、存在相互压盖等 2 处<br>3. 管线或管线属性不接边<br>4. 其他较重的错漏 | 1. 管线图上符号属性错误<br>2. 管线去向交待不清楚<br>3. 管线数据库错漏<br>4. 管线点编号与实地不符<br>5. 管线图点线属性注记错漏<br>6. 其他一般的错漏 | 1. 各种资料的整饰存在缺点、装订不规范<br>2. 记录字体潦草、不规范或数字变形<br>3. 成果装订及编号错漏<br>4. 其他轻微的错漏 |
| 资料完整性 | 1. 资料不完整，不符合设计书要求<br>2. 技术设计不符合规范或合同书要求 | 1. 上交成果资料缺项<br>2. 其他较重的错漏 | 其他一般的错漏 | 其他轻微的错漏 |
| 整饰规整性 |  | 1. 成果资料重要文字、数字错漏<br>2. 成果文档资料归类、装订不规整<br>3. 其他较重的错漏 | 1. 成果资料装订及编号错漏<br>2. 成果资料次要文字、数字错漏<br>3. 其他一般的错漏 | 其他轻微的错漏 |

8.5.6　变形测量成果

表 47　变形测量成果质量元素及权重

单位:点

| 质量元素 | 权 | 质量子元素 | 权 | 检查项 |
| --- | --- | --- | --- | --- |
| 数据质量 | 0.50 | 数学精度 | 0.30 | 1. 基准网精度<br>2. 水平位移、垂直位移测量精度 |
| | | 观测质量 | 0.40 | 1. 仪器设备的符合性<br>2. 规范和设计方案的执行情况<br>3. 各项限差与规范或设计书的符合情况<br>4. 观测方法的规范性,观测条件的合理性<br>5. 成果取舍和重测的正确性、合理性<br>6. 观测周期及中止观测时间确定的合理性<br>7. 数据采集的完整性、连续性 |
| | | 计算分析 | 0.30 | 1. 计算项目的齐全性和方法的正确性<br>2. 平差结果及其他内业计算的正确性<br>3. 成果资料的整理和整编<br>4. 成果资料的分析 |
| 点位质量 | 0.30 | 选点质量 | 0.50 | 1. 基准点、观测点布设及点位密度、位置选择的合理性 |
| | | 造埋质量 | 0.50 | 1. 标石类型、标志构造的规范性和质量情况<br>2. 标石、标志埋设的规范性 |
| 资料质量 | 0.20 | 整饰质量 | 0.30 | 1. 观测、计算资料整饰的规整性<br>2. 技术报告、检查报告整饰的规整性 |
| | | 资料完整性 | 0.70 | 1. 技术报告、检查报告内容的全面性<br>2. 提供成果资料项目的齐全性<br>3. 技术问题处理的合理性 |

表 48　变形测量成果质量错漏分类表

| 质量元素 | A类 | B类 | C类 | D类 |
| --- | --- | --- | --- | --- |
| 数学精度 | 1. 基准网精度超限<br>2. 测量精度超限 | | | |
| 观测质量 | 1. 观测周期与设计观测方案或变形情况严重不符<br>2. 观测数据采集不完整或不连续<br>3. 测站限差超限<br>4. 原始记录中连环涂改,改动观测数据的“秒”或“毫米”<br>5. 原始记录中普遍缺少仪器型号、观测记录人员及时间等信息<br>6. 记录中对结果有重大影响的计算错误<br>7. 记录软件存在严重缺陷<br>8. 仪器设备未经测前、测后和过程检验,或经检验主要技术指标超限<br>9. 观测前工作基点未与基准点进行联测<br>10. 其他严重的错漏 | 1. 基准点复测缺 1 次<br>2. 外业观测少 1 次,数据不连续、不完整<br>3. 电子记录程序的输出格式不规范<br>4. 仪器设备检验项目缺项<br>5. 仪器设备次要技术指标有轻微超限<br>6. 观测周期与观测方案或变形情况不一致<br>7. 成果取舍和重测不合理<br>8. 技术问题处理错漏<br>9. 其他较重的错漏 | 1. 漏注或错注文字注记或小数点<br>2. 对结果影响较小的计算错误<br>3. 数字修约、改动不规范<br>4. 技术问题处理不完善<br>5. 其他一般的错漏 | 1. 数字变形<br>2. 其他轻微的错漏 |

表 48（续）

| 质量元素 | A类 | B类 | C类 | D类 |
|---|---|---|---|---|
| 计算分析 | 1. 未按要求对基准点的稳定性进行定期检验与分析<br>2. 观测点变形值未进行工作基点变形值的改正<br>3. 变形量或变形速率出现异常变化，或者变形量达到或超出预警值时未及时通知委托方<br>4. 对变形预报和安全判断产生重大影响的变形值计算错误<br>5. 计算软件存在严重缺陷<br>6. 基准点（工作基点）数据及原始观测数据使用错误<br>7. 其他严重的差错漏 | 1. 对结果影响较大的计算错误<br>2. 其他较重的错漏 | 其他一般的错漏 | 其他轻微的错漏 |
| 选点质量 | 1. 基准点、工作基点位置选择严重不符合规范要求<br>2. 其他严重的差错漏 | 1. 点位地理、地质条件不利于保护、稳定和观测<br>2. 点位密度不合理<br>3. 其他较重的错漏 | 其他一般的错漏 | 其他轻微的错漏 |
| 造埋质量 | 1. 基准点的埋设数量不符合要求<br>2. 基准点、工作基点、观测点标石、标志类型、规格与设计书或规范严重不符<br>3. 基准点、工作基点、观测点标石埋设严重不符合规范要求<br>4. 其他严重的差错漏 | 1. 基准点破坏<br>2. 观测点埋设不符合要求<br>3. 其他较重的错漏 | 1. 观测点标石、标志不规范<br>2. 其他一般的错漏 | 其他轻微的错漏 |
| 整饰质量 | 1. 成果资料文字、数字错漏较多，给成果使用造成严重影响<br>2. 其他严重的错漏 | 1. 成果资料重要文字、数字错漏<br>2. 成果文档资料归类、装订不规整<br>3. 其他较重的错漏 | 1. 成果资料装订及编号错漏<br>2. 成果资料次要文字、数字错漏<br>3. 其他一般的错漏 | 其他轻微的错漏 |
| 资料完整性 | 1. 其他严重的错漏<br>2. 技术设计中精度等级与合同或规范要求不符<br>3. 技术设计中未明确变形预警值<br>4. 计算说明、成果图表（位移量成果表、观测点位置图等）、变形分析报告中有原则性错、漏<br>5. 原始观测数据提交不完整<br>6. 主要资料如设计书（技术要求）、仪器检定资料等提交不全<br>7. 其他严重的差错漏 | 1. 资料缺次要项<br>2. 其他较重的错漏 | 1. 资料编排混乱、用语不规范<br>2. 其他一般的错漏 | 其他轻微的错漏 |

### 8.5.7 施工测量成果

**表 49 施工测量成果质量元素及权重表**

单位：点

| 质量元素 | 权 | 质量子元素 | 权 | 检查项 |
| --- | --- | --- | --- | --- |
| 数据质量 | 0.50 | 数学精度 | 0.30 | 1. 控制测量精度<br>2. 点位或桩位测设成果数学精度 |
| | | 观测质量 | 0.40 | 1. 仪器检验项目的齐全性、检验方法的正确性<br>2. 技术设计和观测方案的执行情况<br>3. 水平角、天顶距、距离观测方法的正确性，观测条件的合理性<br>4. 成果取舍和重测的正确、合理性<br>5. 手工记簿计算的正确性、注记的完整性和数字记录、划改的规范性<br>6. 电子记簿记录程序正确性和输出格式的标准化程度<br>7. 各项观测误差与限差的符合情况 |
| | | 计算质量 | 0.30 | 1. 验算项目的齐全性和验算方法的正确性<br>2. 平差计算及其他内业计算的正确性 |
| 点位质量 | 0.30 | 选点质量 | 0.50 | 1. 控制点布设及点位密度的合理性<br>2. 点位选择的合理性 |
| | | 造埋质量 | 0.50 | 1. 标石类型的规范性和标石质量情况<br>2. 标石埋设规格的规范性<br>3. 点之记内容的齐全、正确性<br>4. 托管手续内容的齐全性 |
| 资料质量 | 0.20 | 整饰质量 | 0.30 | 1. 观测、计算资料整饰的规整性<br>2. 技术总结、检查报告整饰的规整性 |
| | | 资料完整性 | 0.70 | 1. 技术总结、检查报告内容的全面性<br>2. 提供成果资料项目的齐全性 |

注：竣工测量成果参照执行。

**表 50 施工测量成果质量错漏分类表**

| 质量元素 | A类 | B类 | C类 | D类 |
| --- | --- | --- | --- | --- |
| 数学精度 | 1. 平面控制测量、高程控制测量与 8.5.1、8.5.2 相同<br>2. 测设精度超限 | | | |
| 观测质量 | 1. 技术设计严重不符合规范或合同协议要求<br>2. 仪器设备未经测前、测后和过程检验，或经检验主要技术指标超限<br>3. 测量原始数据错（控制成果、图纸资料等）<br>4. 原始记录中连环涂改、改动一次性数据或改动“秒”或“毫米”<br>5. 电子记录程序未鉴定或验证及主要指标错误<br>6. 测设成果数学精度超限<br>7. 观测方法错误<br>8. 其他严重的错漏 | 1. 观测条件掌握不严<br>2. 成果取舍、重测不合理<br>3. 记录中对结果影响较大的计算错误<br>4. 仪器设备检验项目缺项、仪器检验缺项或次要技术指标有轻微超限<br>5. 记录程序的输出格式不规范<br>6. 技术问题处理错漏<br>7. 其他较重的错漏 | 1. 漏注或错注文字注记或小数点<br>2. 对结果影响较小的计算错误<br>3. 数字修约、改动不规范<br>4. 技术问题处理不完善<br>5. 其他一般的错漏 | 1. 数字变形<br>2. 其他轻微的错漏 |

表 50（续）

| 质量元素 | A类 | B类 | C类 | D类 |
|---|---|---|---|---|
| 计算质量 | 1. 计算方法错误，采用指标及各类参数错误，计算结果、分析结论不正确<br>2. 计算软件未鉴定或验证及主要指标错误<br>3. 其他严重的错漏 | 1. 对结果影响较大的计算错误<br>2. 其他较重的错漏 | 其他一般的错漏 | 其他轻微的错漏 |
| 选点质量 | 1. 选择点位不利于保护或极不稳定<br>2. 其他严重的错漏 | 1. 点位地理、地质条件不利于保护、稳定和观测<br>2. 点位密度不合理<br>3. 其他较重的错漏 | 其他一般的错漏 | 其他轻微的错漏 |
| 造埋质量 | 1. 标志类型、规格与设计书或规范严重不符<br>2. 其他严重的错漏 | 1. 标桩埋设不符合要求<br>2. 其他较重的错漏 | 1. 标桩破坏未及时恢复<br>2. 其他一般的错漏 | 其他轻微的错漏 |
| 整饰质量 | 1. 成果资料文字、数字错漏较多，给成果使用造成严重影响<br>2. 其他严重的错漏 | 1. 成果资料重要文字、数字错漏<br>2. 成果文档资料归类、装订不规整<br>3. 其他较重的错漏 | 1. 成果资料装订及编号错漏<br>2. 成果资料次要文字、数字错漏<br>3. 其他一般的错漏 | 其他轻微的错漏 |
| 资料完整性 | 1. 资料不完整，不符合设计书要求<br>2. 其他严重的错漏 | 1. 资料缺次要项<br>2. 其他较重的错漏 | 1. 资料编排混乱、用语不规范<br>2. 其他一般的错漏 | 其他轻微的错漏 |

8.5.8 水下地形测量

表 51 水下地形测量成果质量元素及权重表

| 质量元素 | 权 | 质量子元素 | 权 | 检查项 |
|---|---|---|---|---|
| 数据质量 | 0.50 | 观测仪器 | 0.30 | 1. 仪器选择的合理性<br>2. 仪器检验项目的齐全性、检验方法的正确性 |
| | | 观测质量 | 0.40 | 1. 技术设计和观测方案的执行情况<br>2. 数据采集软件的可靠性<br>3. 观测要素的齐全性<br>4. 观测时间、观测条件的合理性<br>5. 观测方法的正确性<br>6. 观测成果的正确性、合理性<br>7. 岸线修测、陆上和海上具有引航作用的重要地物测量、地理要素表示的齐全性与正确性<br>8. 成果取舍和重测的正确性、合理性<br>9. 重复观测成果的符合性 |

表 51（续）

| 质量元素 | 权 | 质量子元素 | 权 | 检查项 |
|---|---|---|---|---|
| 数据质量 | 0.50 | 计算质量 | 0.30 | 1. 计算软件的可靠性<br>2. 内业计算验算情况<br>3. 计算结果的正确性 |
| 点位质量 | 0.30 | 观测点位 | 0.50 | 1. 工作水准点埋设、验潮站设立、观测点布设的合理性、代表性<br>2. 周边自然环境 |
| | | 观测密度 | 0.50 | 1. 相关断面线布设及密度的合理性<br>2. 观测频率、采样率的正确性 |
| 资料质量 | 0.20 | 观测记录 | 0.30 | 各种观测记录和数据处理记录的完整性 |
| | | 附件及资料 | 0.70 | 1. 技术总结内容的全面性和规格的正确性<br>2. 提供成果资料项目的齐全性<br>3. 成果图绘制的正确性 |
| 注：水下地形图参照 8.5.3 执行。 | | | | |

表 52　水下地形测量成果质量错漏分类表

| 质量元素 | A类 | B类 | C类 | D类 |
|---|---|---|---|---|
| 观测仪器 | 1. 仪器选择不符合要求<br>2. 检验方法不正确<br>3. 其他严重的错漏 | 1. 仪器选择不合理<br>2. 缺主要检验项目<br>3. 其他较重的错漏 | 1. 缺次要检验项目<br>2. 其他一般的错漏 | 其他轻微的错漏 |
| 观测质量 | 1. 测量采用的基准错误<br>2. 观测方法不正确<br>3. 观测数据严重错误<br>4. 需同步观测项目严重不同步<br>5. 观测内容缺测、缺项严重<br>6. 其他严重的错漏 | 1. 最终成果数据错<br>2. 同步观测项目不同步达 20 min，水位观测不同步达 10 min<br>3. 测流分层与规范要求相比每少 1 层<br>4. 定点流潮周每漏测 1 次<br>5. 浮标投放时间与要求每差 1 h<br>6. 流向未归算到真北或坐标北方向<br>7. 流量观测封闭区间流入、流出量误差大于 10%<br>8. 流速、流向过程线和矢量图每错绘并影响质量较大<br>9. 玫瑰图每绘错 1 个方位<br>10. 表面流观测区间距离每差 10%<br>11. 泥沙观测 20% 水样容量不够<br>12. 底质样品 20% 重量不够<br>13. 处理砂样过程中有较重错误<br>14. 断面测量定位或测深精度超标 10%<br>15. 风、浪资料每缺测 10%<br>16. 盐度观测每出较大错误<br>17. 海冰观测每缺或错 1 项<br>18. 航迹观测定位精度每超 10%<br>19. ADCP 测流未进行盲区和旁辩处理和修正<br>20. 漏绘潮位过程线 1 次<br>21. 其他较重的错漏 | 1. 同步观测项目不同步达 4 min<br>2. 浮标投放时间差每差 10 min<br>3. 分层观测测绳或仪器下放深度每差 0.1 m<br>4. 流量观测封闭区间流入、流出量每差 2%<br>5. 表面流观测区间距离每差 20%<br>6. 表面流测量浮标不符合要求<br>7. 泥沙观测水瓶容量不够每差 4%<br>8. 底质样品重量不够每差 4%<br>9. 盐度观测每出 1 小错<br>10. 冰周期不够每差 1 天<br>11. 风、浪观测资料每缺测 2%<br>12. 其他一般的错漏 | 1. 观测成果计算错漏但不影响成果质量<br>2. 其他轻微的错漏 |

表 52（续）

| 质量元素 | A类 | B类 | C类 | D类 |
| --- | --- | --- | --- | --- |
| 计算质量 | 1. 资料统计、整理、计算有严重错误<br>2. 玫瑰图严重错误<br>3. 图幅数学基础错误<br>4. 泥沙样品处理方法不对，盐度分析方法不当，造成成果严重不可靠<br>5. 岸线修测、陆上和海上具有引航作用的重要地物测量、地理要素的表示极不符合规范要求<br>6. 其他严重的错漏 | 1. 流速、流向过程线、矢量图绘错<br>2. 岸线修测、陆上和海上具有引航作用的重要地物测量、部分地理要素的表示不符合规范要求<br>3. 其他较重的错漏 | 1. 风、浪玫瑰图错绘<br>2. 冰情图上每少1个内容<br>3. 岸线修测、陆上和海上具有引航作用的重要地物测量、少量地理要素的表示不符合规范要求<br>4. 其他一般的错漏 | 其他轻微的错漏 |
| 观测点位 | 1. 观测点位和分层严重不符合规范<br>2. 观测的区间、时间、采样率与任务书要求严重不符合<br>3. 观测环境恶劣，严重影响观测质量<br>4. 点位误差过大<br>5. 验潮工作水准点制作埋设，验潮站设立极不规范<br>6. 其他严重的错漏 | 1. 断面起、终点距离与规范要求相差10%<br>2. 风、浪、流、潮的观测站位代表性有较大缺陷<br>3. 定点测流点位误差港口区超限2倍，一般海区超限3倍<br>4. 初冰日与终冰日每漏测1个，或冰情观测期每短10天，冰情图每漏测或漏绘1次<br>5. 验潮工作水准点制作埋设，验潮站设立不规范<br>6. 其他较重错漏情况 | 1. 观测点位误差港口区超限1倍，一般海区超限2倍<br>2. 其他一般的错漏 | 1. 个别点位、密度不规范<br>2. 其他轻微的错漏 |
| 观测密度 | 1. 观测频率、采样率严重不符合规范要求<br>2. 其他严重的错漏 | 1. 观测频率、采样率不满足规范要求<br>2. 其他较重的错漏 | 1. 断面起、终点距离与要求每差2%<br>2. 其他一般的错漏 | 其他轻微的错漏 |
| 观测记录 | 1. 原始记录中连环涂改或改动一次性数据或改动"秒"或"毫米"<br>2. 记录中对结果有重大影响的计算错误<br>3. 其他严重的错漏 | 1. 外业观测少1次，数据不连续、不完整<br>2. 电子记录程序的输出格式不规范<br>3. 观测条件掌握不严<br>4. 成果取舍和重测不合理<br>5. 其他较重的错漏 | 1. 各种图表与过程线一般性错误<br>2. 漏注或错注文字注记或小数点<br>3. 数字修约、改动不规范<br>4. 其他一般的错漏 | 1. 各种观测记录、图、线不规整<br>2. 其他轻微的错漏 |

表 52（续）

| 质量元素 | A类 | B类 | C类 | D类 |
| --- | --- | --- | --- | --- |
| 附件及资料 | 1. 没有技术设计(总结)，或技术设计(总结)存在严重缺陷、内容不完整，不符合规范要求<br>2. 其他严重的错漏 | 1. 没有技术总结、检查报告或技术总结、检查报告存在严重缺陷、内容不完整，不符合规范要求<br>2. 上交资料缺项<br>3. 资料混乱、记录潦草、错误普遍，注记、签名不全<br>4. 其他较重的错漏 | 1. 技术总结、检查报告的格式不规范<br>2. 各种图表与过程线一般性错误<br>3. 质量校核、检查没有记录或多处检查者没有签名<br>4. 其他一般的错漏 | 其他轻微的错漏 |

## 8.6 地籍测绘

### 8.6.1 地籍测绘成果类型及权重

表 53 地籍测绘成果类型及权重表

| 成果类型 | 权 | 备注 |
| --- | --- | --- |
| 地籍控制测量 | 0.30 | 地籍测绘成果由地籍控制测量、地籍细部测量、地籍图和宗地图四个部分组成。检查验收过程中，分别按上述四个部分的质量元素进行检查、统计，最后按本表统计成果最终质量。 |
| 地籍细部测量 | 0.25 | |
| 地籍图 | 0.25 | |
| 宗地图 | 0.20 | |
| 合计 | 1.00 | |

### 8.6.2 地籍控制测量

表 54 地籍控制测量成果质量元素及权重表

| 质量元素 | 权 | 质量子元素 | 权 | 检查项 |
| --- | --- | --- | --- | --- |
| 数据质量 | 0.50 | 起算数据 | 0.10 | 1. 起算点坐标的正确性<br>2. 相关控制资料可靠性 |
| | | 数学精度 | 0.30 | 基本控制点精度符合性 |
| | | 观测质量 | 0.40 | 1. 仪器检验项目的齐全性，检验方法的正确性<br>2. 观测方法的正确性<br>3. 各种记录的规整性<br>4. 成果取舍和重测的正确、合理性<br>5. 各项观测误差符合性 |
| | | 计算质量 | 0.20 | 平差计算的正确性 |
| 点位质量 | 0.30 | 选点质量 | 0.50 | 1. 控制网布设合理性<br>2. 点位选择的合理性<br>3. 点之记内容的齐全、清晰性 |
| | | 埋设质量 | 0.50 | 1. 标石类型的正确性<br>2. 标志设置的规范性<br>3. 标石埋设的规整性 |

表 54（续）

| 质量元素 | 权 | 质量子元素 | 权 | 检查项 |
| --- | --- | --- | --- | --- |
| 资料质量 | 0.20 | 整饰质量 | 0.30 | 1. 观测和计算资料整饰的规整性<br>2. 成果资料整饰的规整性<br>3. 技术总结的规整性<br>4. 检查报告的规整性 |
| | | 资料完整性 | 0.70 | 1. 成果资料的完整性<br>2. 技术总结内容的完整性<br>3. 检查报告内容的完整性 |

表 55　地籍控制测量成果质量错漏分类表

| 质量元素 | A类 | B类 | C类 | D类 |
| --- | --- | --- | --- | --- |
| 起算数据 | 起算点错误 | 1. 未检核起算点精度<br>2. 起算点精度偏低 | | |
| 数学精度 | 基本控制点精度超限 | | | |
| 观测质量 | 1. 观测误差严重超限<br>2. 仪器测前、测后和过程检验主要技术指标超限<br>3. 其他严重的错漏 | 1. 仪器次要技术指标有轻微超限<br>2. 成果取舍、重测轻微不合理<br>3. 个别观测误差轻微超限，对控制网、点精度影响较小<br>4. 仪器检验项目缺项<br>5. 个别超短边相对边长误差轻微超限<br>6. 其他较重的错漏 | 1. 数字修改不规范<br>2. 对结果影响较小的计算错误<br>3. 观测记录不规范<br>4. 观测记录中的原始注记错漏<br>5. 其他一般的错漏 | 其他轻微的错漏 |
| 计算质量 | 1. 计算方法错误<br>2. 原始观测成果采用错误<br>3. 对结果影响较大的计算错误<br>4. 其他严重的错漏 | 1. 对结果影响较小的计算错误<br>2. 其他较重的错漏 | | 其他轻微的错漏 |
| 选点质量 | 1. 控制网布设严重不合理<br>2. 其他严重的错漏 | 1. 控制网布设合理性较差<br>2. 点位选择的合理性较差<br>3. 点之记重要项目错误造成找不到点<br>4. 其他较重的错漏 | 1. 点位四周环境对观测有轻微影响<br>2. 其他一般的错漏 | 其他轻微的错漏 |
| 埋设质量 | 1. 基本控制点埋设严重违背相应规范要求<br>2. 标志设置不稳定<br>3. 其他严重的错漏 | 1. 标石埋设不规范<br>2. 标志类型、规格明显缺陷<br>3. 其他较重的错漏 | 1. 标志规格和埋设质量情况较差<br>2. 其他一般的错漏 | 其他轻微的错漏 |
| 整饰质量 | 1. 成果资料文字、数字错漏较多，给成果使用造成严重影响<br>2. 其他严重的错漏 | 1. 成果资料重要文字、数字错漏<br>2. 成果文档资料归类、装订不规整<br>3. 其他较重的错漏 | 1. 成果资料装订及编号错、漏<br>2. 成果资料次要文字、数字错漏<br>3. 其他一般的错漏 | 其他轻微的错漏 |

表 55（续）

| 质量元素 | A类 | B类 | C类 | D类 |
|---|---|---|---|---|
| 资料完整性 | 1. 主要成果资料缺失<br>2. 其他严重的错漏 | 1. 成果附件资料缺失<br>2. 缺技术总结或检查报告<br>3. 其他较重的错漏 | 1. 无成果资料清单，或成果资料清单不完整<br>2. 技术总结、检查报告内容不全<br>3. 其他一般的错漏 | 其他轻微的错漏 |

8.6.3 地籍细部测量

表 56 地籍细部测量成果质量元素及权重表

| 质量元素 | 权 | 质量子元素 | 权 | 检查项 |
|---|---|---|---|---|
| 界址点测量 | 0.50 | 观测质量 | 0.40 | 1. 测量方法的正确性<br>2. 观测手簿记录、属性记录和草图绘制的正确、完整性<br>3. 界址点测量方法的正确性<br>4. 各项观测误差与限差的符合正确性 |
| | | 数学精度 | 0.60 | 1. 界址点相对位置精度<br>2. 界址点绝对位置精度<br>3. 宗地面积量算精度 |
| 地物点测量 | 0.30 | 观测质量 | 0.40 | 1. 测量方法的正确性<br>2. 观测手簿记录、属性记录和草图绘制的正确、完整性<br>3. 地物、地类测量精度<br>4. 各项观测误差与限差的符合情况 |
| | | 数学精度 | 0.60 | 1.地物点相对位置精度<br>2. 地物点绝对位置精度 |
| 资料质量 | 0.20 | 整饰质量 | 0.30 | 1. 观测和计算资料整饰的规整性<br>2. 成果资料整饰的规整性<br>3. 技术总结、检查报告的规整性 |
| | | 资料完整性 | 0.70 | 1. 成果资料的完整性<br>2. 技术总结、检查报告内容的完整性 |

表 57 地籍细部测量成果质量错漏分类表

| 质量元素 | A类 | B类 | C类 | D类 |
|---|---|---|---|---|
| 界址点观测质量 | 起算点错误 | 1. 未检核起算点精度<br>2. 起算点精度偏低<br>3. 界址点和重要界标地物错漏<br>4. 较大面积无控制点，采用支导线方法测量<br>5. 对结果影响较大的计算错误<br>6. 其他较重的错漏 | 1. 数字修改不规范<br>2. 对结果影响较小的计算错误<br>3. 观测记录不规范、原始注记错漏<br>4. 其他一般的错漏 | 其他轻微的错漏 |
| 界址点数学精度 | 1. 界址点精度超限<br>2. 宗地面积量算错误<br>3. 超过 2％的界址点漏测 | 1. 界址点解析法测量不足 80％<br>2. 其他较重的错漏 | 1. 界址点解析法测量不足 90％<br>2. 其他一般的错漏 | 其他轻微的错漏 |

表 57（续）

| 质量元素 | A类 | B类 | C类 | D类 |
|---|---|---|---|---|
| 地物点观测质量 | 起算点错误 | 1. 个别观测误差轻微超限，对结果影响较小<br>2. 重要界标地物错漏<br>3. 较大面积无控制点，采用支导线方法测量<br>4. 对结果影响较大的计算错误<br>5. 其他较重的错漏 | 1. 数字修改不规范<br>2. 观测记录不规范、原始注记错漏<br>3. 对结果影响较小的计算错误<br>4. 重要建筑物错漏<br>5. 其他一般的错漏 | 其他轻微的错漏 |
| 地物点数学精度 | 1. 地物点坐标与邻近控制点点位、地物点与相邻界址点间距中误差超限<br>2. 超过10%的地物漏测 | 1. 超过10%的地物点与邻近控制点、地物点与相邻界址点间距误差超限<br>2. 超过5%的地物漏测<br>3. 其他较重的错漏 | 1. 超过5%的地物点与邻近控制点、地物点与相邻界址点间距误差超限<br>2. 超过2%的地物漏测<br>3. 其他一般的错漏 | 其他轻微的错漏 |
| 整饰质量 | 1. 成果资料文字、数字错漏较多，给成果使用造成严重影响<br>2. 其他严重的错漏 | 1. 成果资料重要文字、数字错漏<br>2. 成果文档资料归类、装订不规整<br>3. 其他较重的错漏 | 1. 成果资料装订及编号错漏<br>2. 成果资料次要文字、数字错漏<br>3. 其他一般的错漏 | 其他轻微的错漏 |
| 资料完整性 | 1. 主要成果资料缺失<br>2. 其他严重的错漏 | 1. 成果附件资料缺失<br>2. 缺技术总结或检查报告<br>3. 其他较重的错漏 | 1. 无成果资料清单，或成果资料清单不完整<br>2. 技术总结、检查报告内容不全<br>3. 其他一般的错漏 | 其他轻微的错漏 |

## 8.6.4 地籍图

表 58 地籍图质量元素及权重表

| 质量元素 | 权 | 质量子元素 | 权 | 检查项 |
|---|---|---|---|---|
| 数学精度 | 0.30 | 数学基础 | 0.20 | 1. 图廓边长与理论值之差<br>2. 公里网点与理论值之差<br>3. 展点精度<br>4. 两对角线较差<br>5. 图廓对角线与理论之差 |
| | | 平面位置 | 0.80 | 1. 界址点、线平面位置精度<br>2. 地物点平面位置精度<br>3. 地类界的平面位置精度 |
| 要素质量 | 0.40 | 地籍要素 | 0.60 | 地籍要素表示的正确性 |
| | | 其他要素 | 0.40 | 1. 地物要素的正确性<br>2. 综合取舍的合理性<br>3. 各要素协调性<br>4. 图幅接边的正确性 |

表 58（续）

| 质量元素 | 权 | 质量子元素 | 权 | 检查项 |
| --- | --- | --- | --- | --- |
| 资料质量 | 0.30 | 整饰质量 | 0.70 | 1. 注记和符号的正确性<br>2. 整饰的规整、正确性 |
| | | 资料完整性 | 0.30 | 结合图、编图设计和总结正确性、全面性 |

表 59　地籍图质量错漏分类表

| 质量元素 | A 类 | B 类 | C 类 | D 类 |
| --- | --- | --- | --- | --- |
| 数学基础 | 数学基础任何一个指标超限 | | 1. 图廓点、坐标网、控制点展绘错漏<br>2. 其他一般的错漏 | |
| 平面位置 | 1. 界址点、地物点平面绝对位置中误差超限<br>2. 界址点、地物点相对位置中误差超限 | 1. 界址点、地物点平面绝对位置误差超限 10%<br>2. 界址点、地物点平面相对位置误差超限 10%<br>3. 其他较重的错漏 | 1. 界址点、地物点平面绝对位置超限 5%<br>2. 界址点、地物点平面相对位置误差 5%超限<br>3. 其他一般的错漏 | 其他轻微的错漏 |
| 地籍要素 | 1. 界址点号权属要素注记错误<br>2. 其他严重的错漏 | 1. 图上界址点、线表示错漏<br>2. 行政区界、地籍区界局部错漏<br>3. 图幅间未接边或接边误差超限<br>4. 其他较重的错漏 | 1. 各要素主次不分明、位置不准确、交代不清楚，造成判读困难<br>2. 其他一般的错漏 | 其他轻微的错漏 |
| 其他要素 | 1. 重要地理名称错漏超过图上 10%<br>2. 其他严重的错漏 | 1. 重要地物要素错漏<br>2. 图上局部错漏<br>3. 重要地理名称错漏超过图上 5%<br>4. 其他较重的错漏 | 1. 次要地理名称错漏<br>2. 其他一般的错漏 | 其他轻微的错漏 |
| 整饰质量 | 1. 图名、图号同时注错或漏注<br>2. 其他严重的错漏 | 1. 各种符号、注记严重不符合现行图式规定<br>2. 图廓坐标注记错漏或图廓整饰严重不符合现行图式规定<br>3. 其他较重的错漏 | 1. 各种符号、注记等不符合现行图式规定<br>2. 图廓坐标注记错漏或图廓整饰不符合现行图式规定<br>3. 其他一般的错漏 | 其他轻微的错漏 |
| 资料完整性 | 1. 主要成果资料缺失<br>2. 其他严重的错漏 | 1. 地籍图设计、结合图、总结不齐全<br>2. 缺技术总结或检查报告<br>3. 其他较重的错漏 | 1. 无成果资料清单，或成果资料清单不完整<br>2. 技术总结、检查报告内容不全<br>3. 其他一般的错漏 | 其他轻微的错漏 |

8.6.5 宗地图

表 60 宗地图质量元素及权重表

| 质量元素 | 权 | 质量子元素 | 权 | 检查项 |
|---|---|---|---|---|
| 数学精度 | 0.30 | 界址点精度 | 0.60 | 1. 界址点平面位置精度<br>2. 界址边长精度 |
| | | 面积精度 | 0.40 | 宗地面积正确性 |
| 要素质量 | 0.50 | 地籍要素 | 0.60 | 宗地号、宗地名称、界址点符号及编号、界址线、相邻宗地表示正确性 |
| | | 其他要素 | 0.40 | 地物、地类号等表示正确性 |
| 资料质量 | 0.20 | 整饰质量 | 0.70 | 1. 注记、符号的正确性<br>2. 注记、符号的规范性 |
| | | 资料完整性 | 0.30 | 设计和总结全面性 |

表 61 宗地图质量错漏分类表

| 质量元素 | A类 | B类 | C类 | D类 |
|---|---|---|---|---|
| 界址点精度 | 1. 平面绝对位置中误差超限<br>2. 相对位置中误差超限<br>3. 其他严重的错漏 | 1. 界址点、地物点平面绝对位置或相对位置误差超过10%超限<br>2. 其他较重的错漏 | 1. 界址点、地物点平面绝对位置或相对位置误差超过5%超限<br>2. 其他一般的错漏 | 其他轻微的错漏 |
| 面积精度 | 1. 宗地面积注记错误<br>2. 其他严重的错漏 | | | |
| 要素质量 | 1. 权属和界址点注记错误<br>2. 其他严重的错漏 | 1. 次要地理名称错漏<br>2. 图上宗地号、地类号表示错误<br>3. 邻宗地号及邻宗地界址示意线表示错误<br>4. 重要地理名称错漏<br>5. 图上宗地号、地类号表示错误<br>6. 图上界址点编号错误<br>7. 其他较重的错漏 | 1. 次要地理名称注记错漏<br>2. 其他一般的错漏 | 其他轻微的错漏 |
| 整饰质量 | 1. 图名、图号同时注错或漏注<br>2. 其他严重的错漏 | 1. 各种符号、注记严重不符合现行图式规定<br>2. 图廓坐标注记错漏或图廓整饰严重不符合现行图式规定<br>3. 其他较重的错漏 | 1. 各种符号、注记等不符合现行图式规定<br>2. 图廓坐标注记错漏或图廓整饰不符合现行图式规定<br>3. 其他一般的错漏 | 其他轻微的错漏 |
| 资料完整性 | 1. 主要成果资料缺失<br>2. 其他严重的错漏 | 1. 宗地图编图设计、总结不全面<br>2. 其他较重的错漏 | 1. 无成果资料清单，或清单不完整<br>2. 其他一般的错漏 | 其他轻微的错漏 |

## 8.7 房产测绘

### 8.7.1 房产平面控制测量

表 62 房产平面控制测量成果质量元素及权重表

| 质量元素 | 权 | 质量子元素 | 权 | 检查项 |
|---|---|---|---|---|
| 选埋质量 | 0.30 | 选点质量 | 0.50 | 1. 控制网布设合理性<br>2. 点位选择的合理性<br>3. 点之记内容的完整性、正确性 |
| | | 埋石质量 | 0.50 | 1. 埋石点标石类型的正确性<br>2. 埋石点标志设置的规范性<br>3. 埋石点标石埋设的规整性 |
| 观测质量 | 0.50 | 起算数据 | 0.10 | 1. 起算点坐标的正确性<br>2. 相关控制资料可靠性 |
| | | 数学精度 | 0.35 | 各项精度指标与限差的符合情况 |
| | | 观测质量 | 0.30 | 1. 观测方法的正确性<br>2. 各种记录的规整性<br>3. 成果取舍和重测的正确、合理性<br>4. 各项观测误差与限差的符合情况 |
| | | 计算质量 | 0.25 | 1. 数据解算的正确性<br>2. 计算项目的齐全性、正确性 |
| 附件质量 | 0.20 | 整饰质量 | 0.50 | 1. 选点、埋石及验算资料整饰的齐全性和规整性<br>2. 成果资料整饰的规整性<br>3. 技术总结整饰的规整性<br>4. 检查报告整饰的规整性 |
| | | 资料完整性 | 0.50 | 1. 技术总结编写的齐全性和完整情况<br>2. 检查报告编写的齐全性和完整情况<br>3. 上交资料的齐全性和完整情况 |

表 63 房产平面控制测量成果质量错漏分类表

| 质量元素 | A类 | B类 | C类 | D类 |
|---|---|---|---|---|
| 选点质量 | 1. 点位条件完全不符合要求<br>2. 其他严重的错漏 | 1. 控制点布设合理性较差<br>2. 点位选择的合理性较差<br>3. 点之记重要项目错误造成找不到点<br>4. 其他的较重错漏 | 1. 点位四周环境对观测有轻微影响<br>2. 其他一般的错漏 | 其他轻微的错漏 |
| 埋石质量 | 1. 标石规格严重不符合规定<br>2. 标石埋设完全不符合要求<br>3. 其他严重的错漏 | 1. 标石埋设不规范<br>2. 标志类型、规格明显缺陷<br>3. 其他较重的错漏 | 1. 标志规格和埋设质量情况较差<br>2. 其他一般的错漏 | 其他轻微的错漏 |

表 63（续）

| 质量元素 | A类 | B类 | C类 | D类 |
| --- | --- | --- | --- | --- |
| 起算数据 | 起算点错误 | 1. 未检核起算点精度<br>2. 起算点精度偏低<br>3. 其他较重的错漏 | | |
| 数学精度 | 1. 基本控制点精度超限<br>2. 其他严重的错漏 | | | |
| 观测质量 | 1. 重要观测限差超限<br>2. 观测条件普遍不符合技术要求<br>3. 其他严重的错漏 | 1. 仪器次要技术指标有轻微超限<br>2. 成果取舍、重测轻微不合理<br>3. 个别观测误差轻微超限，对控制网、点精度影响较小<br>4. 个别超短边相对边长误差轻微超限<br>5. 其他较重的错漏 | 1. 数字修改不规范<br>2. 对结果影响较小的计算错误<br>3. 观测记录不规范<br>4. 观测记录中的原始注记错漏<br>5. 其他一般的错漏 | 1. 记录字体潦草、不规范<br>2. 数字变形，不易识<br>3. 一般计算错误<br>4. 一般注记错漏<br>5. 其他轻微错漏 |
| 计算质量 | 1. 计算方法错误<br>2. 原始观测成果采用错误<br>3. 计算结果错误<br>4. 其他严重的错漏 | 1. 对结果影响较大的计算错误<br>2. 仪器检验项目缺项<br>3. 其他较重的错漏 | 1. 计算结果的分类整理不恰当<br>2. 其他一般的错漏 | 1. 一般计算错误<br>2. 一般注记错漏<br>3. 其他轻微的错漏 |
| 整饰质量 | 1. 成果资料文字、数字错漏较多，给成果使用造成严重影响<br>2. 其他严重的错漏 | 1. 成果资料重要文字、数字错漏<br>2. 成果文档资料归类、装订不规整<br>3. 其他较重的错漏 | 1. 成果资料装订及编号错漏<br>2. 成果资料次要文字、数字错漏<br>3. 其他一般的错漏 | 1. 成果资料轻微整饰缺点、文字、数字错漏<br>2. 其他轻微的错漏 |
| 资料完整性 | 1. 主要成果资料缺失<br>2. 其他严重的错漏 | 1. 成果附件资料缺失<br>2. 缺技术总结或检查报告，或总结、报告无实质内容<br>3. 其他较重的错漏 | 1. 无成果资料清单，或成果资料清单不完整<br>2. 技术总结、检查报告内容不全<br>3. 其他一般的错漏 | 其他轻微的错漏 |

### 8.7.2 房产要素测量

表 64 房产要素测量成果质量元素及权重表

| 质量元素 | 权 | 质量子元素 | 权 | 检查项 |
| --- | --- | --- | --- | --- |
| 界址测量 | 0.40 | 观测质量 | 0.30 | 1. 测量方法的正确性<br>2. 界址点、境界的正确性<br>3. 观测手簿记录、属性记录和草图绘制的正确、完整性 |

表 64（续）

| 质量元素 | 权 | 质量子元素 | 权 | 检查项 |
|---|---|---|---|---|
| 界址测量 | 0.40 | 数学精度 | 0.70 | 1. 各项观测误差与限差的符合正确性<br>2. 界址点相对位置精度<br>3. 界址点绝对位置精度 |
| 房屋及其附属设施测量 | 0.30 | 观测质量 | 0.40 | 1. 测量方法的正确性<br>2. 观测手簿记录、属性记录和草图绘制的正确、完整性 |
| | | 数学精度 | 0.60 | 1. 各项观测误差与限差的符合情况<br>2. 房角点相对位置精度<br>3. 房角点绝对位置精度 |
| 相关地物测量 | 0.15 | 观测质量 | 0.40 | 1. 测量方法的正确性<br>2. 观测手簿记录、属性记录和草图绘制的正确、完整性 |
| | | 数学精度 | 0.60 | 1. 地物点相对位置精度<br>2. 地物点绝对位置精度 |
| 资料质量 | 0.15 | 整饰质量 | 0.50 | 1. 成果资料规范性和整饰、装订的美观性<br>2. 技术总结、检查报告的规整性 |
| | | 资料完整性 | 0.50 | 1. 成果资料齐全、完整性<br>2. 技术总结、检查报告内容的完整性 |

表 65　房产要素测量成果质量错漏分类表

| 质量元素 | A 类 | B 类 | C 类 | D 类 |
|---|---|---|---|---|
| 界址点观测质量 | 1. 起算点错误<br>2. 重要观测限差超限<br>3. 其他严重的错漏 | 1. 仪器次要指标轻微超限<br>2. 未检核起算点精度<br>3. 起算点精度偏低<br>4. 界址点和重要界标地物错漏<br>5. 大面积采用支导线测量<br>6. 其他较重的错漏 | 1. 数字修改不规范<br>2. 对结果影响较小的计算错误<br>3. 观测记录不规范、原始注记错漏<br>4. 其他一般的错漏 | 1. 记录字体潦草、变形、不易识别<br>2. 一般计算、注记错漏<br>3. 其他轻微的错漏 |
| 界址点数学精度 | 1. 界址点与邻近控制点点位、相邻界址点间距中误差超限<br>2. 超过 2% 的界址点漏测<br>3. 其他严重的错漏 | | | |
| 房角点、地物点观测质量 | 1. 重要观测限差超限<br>2. 其他严重的错漏 | 1. 仪器次要指标有轻微超限<br>2. 重要建筑物错漏<br>3. 重要界标地物错漏<br>4. 大面积采用支导线测量<br>5. 房角点、地物点坐标与邻近控制点点位、与相邻界址点间距精度超限<br>6. 原始注记错漏<br>7. 其他较重的错漏 | 1. 数字修改不规范<br>2. 对结果影响较小的计算错误<br>3. 观测记录不规范<br>4. 房角点、地物点坐标与邻近控制点点位、与相邻界址点间距精度轻微超限<br>5. 其他一般的错漏 | 1. 记录字体潦草、变形、不易识别<br>2. 一般计算、注记错漏<br>3. 其他轻微的错漏 |

表 65（续）

| 质量元素 | A类 | B类 | C类 | D类 |
|---|---|---|---|---|
| 房角点、地物点数学精度 | 1. 房角点、地物点坐标与邻近控制点点位、与相邻界址点间距中误差超限<br>2. 超过10%的地物漏测<br>3. 其他严重的错漏 | | | |
| 整饰质量 | 1. 成果资料文字、数字错漏较多，给成果使用造成严重影响<br>2. 其他严重的错漏 | 1. 成果资料重要文字、数字错漏<br>2. 成果文档资料归类、装订不规整<br>3. 其他较重的错漏 | 1. 成果资料装订及编号错漏<br>2. 成果资料次要文字、数字错漏<br>3. 其他一般的错漏 | 1. 成果资料轻微整饰缺点、文字、数字错漏<br>2. 其他轻微的错漏 |
| 资料完整性 | 1. 主要成果资料缺失<br>2. 其他严重的错漏 | 1. 成果附件资料缺失<br>2. 缺技术总结或检查报告，或总结、报告无实质内容<br>3. 其他较重的错漏 | 1. 无成果资料清单，或成果资料清单不完整<br>2. 技术总结、检查报告内容不全<br>3. 其他一般的错漏 | 其他轻微的错漏 |

**8.7.3 房产图(分幅图、分丘图)**

**8.7.3.1 分幅图**

表 66 房产分幅图质量元素及权重表

| 质量元素 | 权 | 质量子元素 | 权 | 检查项 |
|---|---|---|---|---|
| 数学精度 | 0.50 | 数学基础 | 0.3 | 1. 坐标系统的正确性<br>2. 各类投影计算、使用参数的正确性<br>3. 图根控制测量精度<br>4. 图廓尺寸、对角线长度、格网尺寸的正确性<br>5. 控制点间图上距离与坐标反算长度较差 |
| | | 平面位置 | 0.7 | 1. 界址点、线平面位置精度<br>2. 境界点、线的平面位置精度<br>3. 房角点、地物点平面位置精度 |
| 要素质量 | 0.30 | 1. 房产要素表示的正确性<br>2. 综合取舍的合理性<br>3. 各要素协调性<br>4. 图幅接边的正确性 | | |
| 资料质量 | 0.20 | 整饰质量 | 0.7 | 1. 注记和符号的正确性<br>2. 整饰的规整、正确性 |
| | | 资料完整性 | 0.3 | 结合图、编图设计和总结正确性、全面性 |

**表 67　房产分幅图质量错漏分类表**

| 质量元素 | A类 | B类 | C类 | D类 |
|---|---|---|---|---|
| 数学基础 | 1. 图根控制测量精度超限<br>2. 其他严重的错漏 | | | |
| 平面位置 | 1. 界址点、地物点平面绝对位置或相对位置中误差超限<br>2. 其他严重的错漏 | | | |
| 要素质量 | 1. 界址点号权属要素注记错误<br>2. 重要地理名称错漏超过图上10%<br>3. 其他严重的错漏 | 1. 图上界址点、线表示错漏<br>2. 重要地物要素错漏<br>3. 行政区界、房产区界局部错漏<br>4. 图幅间未接边或接边误差超限<br>5. 图上局部错漏<br>6. 重要地理名称错漏超过图上5%<br>7. 其他较重的错漏 | 1. 各要素主次不分明、位置不准确、交代不清楚，造成判读困难<br>2. 次要地理名称错漏<br>3. 其他一般的错漏 | 1. 次要地理名称注记错漏<br>2. 其他轻微的错漏 |
| 整饰质量 | 1. 图名、图号同时注错或漏注<br>2. 其他严重的错漏 | 1. 各种符号、注记等严重不符合现行图式规定<br>2. 其他较重的错漏 | 1. 图廓坐标注记错漏，或图廓整饰不符合现行图式规定<br>2. 其他一般的错漏 | 其他轻微的错漏 |
| 资料完整性 | 1. 主要成果资料缺失<br>2. 其他严重的错漏 | 1. 缺技术总结或检查报告，或内容极不全面<br>2. 技术总结、检查报告内容简单，或无实质内容<br>3. 成果附件资料缺失<br>4. 其他较重的错漏 | 1. 无成果资料清单<br>2. 成果资料清单不完整<br>3. 技术总结、检查报告内容不全<br>4. 其他一般的错漏 | 其他轻微的错漏 |

8.7.3.2　**分丘图**

**表 68　房产分丘图质量元素及权重表**

| 质量元素 | 权 | 质量子元素 | 权 | 检验内容 |
|---|---|---|---|---|
| 数学精度 | 0.50 | 界址点精度 | 0.60 | 1. 界址点平面位置精度<br>2. 界址边长精度 |
| | | 丘面积精度 | 0.40 | 丘面积正确性 |
| 要素质量 | 0.30 | 1. 丘号、界址点编号、地类号表示正确性<br>2. 邻丘表示正确性 | | |
| 资料质量 | 0.20 | 整饰质量 | 0.70 | 1. 注记、符号的正确性<br>2. 注记、符号的规整性 |
| | | 资料完整性 | 0.30 | 设计和总结齐全性、规范性 |

表 69　房产分丘图质量错漏分类表

| 质量元素 | A类 | B类 | C类 | D类 |
|---|---|---|---|---|
| 界址点精度 | 1. 界址点平面绝对位置或相对位置中误差超限<br>2. 其他严重的错漏 | | | |
| 平面位置 | 1. 丘面积注记错误<br>2. 其他严重的错漏 | | | |
| 要素质量 | 1. 权属和界址点注记错误<br>2. 其他严重的错漏 | 1. 重要地理名称错漏<br>2. 图上丘号、地类号表示错误<br>3. 邻丘号及邻丘界址示意线表示错误<br>4. 图上丘号、地类号表示错误<br>5. 图上界址点编号错误<br>6. 其他较重的错漏 | 1. 次要地理名称错漏<br>2. 其他一般的错漏 | 其他轻微的错漏 |
| 整饰质量 | 1. 图名、图号同时注错或漏注<br>2. 其他严重的错漏 | 1. 各种符号、注记等严重不符合现行图式规定<br>2. 其他较重的错漏 | 1. 图廓整饰不符合规定<br>2. 其他一般的错漏 | 其他轻微的错漏 |
| 资料完整性 | 1. 主要成果资料缺失<br>2. 其他严重的错漏 | 1. 缺技术总结或检查报告，或内容极不全面<br>2. 技术总结、检查报告内容简单，或无实质内容<br>3. 成果资料缺失<br>4. 其他较重的错漏 | 1. 无成果资料清单<br>2. 成果资料清单不完整<br>3. 技术总结、检查报告内容不全<br>4. 其他一般的错漏 | 其他轻微的错漏 |

### 8.7.4　房产面积测算

表 70　房产面积测算成果质量元素及权重表

| 质量元素 | 权 | 检查项 |
|---|---|---|
| 数学精度 | 0.20 | 房产面积测算精度 |
| 观测质量 | 0.30 | 1. 测量人员持证上岗符合性<br>2. 房产测量方法的规范性、正确性(含:房屋外围、内部、附属设施、墙体厚度测量)<br>3. 测量记录的规范性、正确性(含:测量草图、房屋基本情况调查表) |
| 计算质量 | 0.30 | 1. 房产面积技术依据的正确性<br>2. 房屋边长测量数据处理、非实测数据采用的正确性、合理性<br>3. 计算全部面积、计算一半面积和不计算面积的规定执行的正确性<br>4. 共有共用面积分摊、计算的正确性<br>5. 分类面积数据计算的齐全性<br>6. 非商用面积计算软件验证的符合性 |
| 资料质量 | 0.20 | 1. 房产面积测量基本要件收集的完整性、有效性<br>2. 成果报告(含:图表数据)的规范性、正确性、完整性 |

**表 71　房产面积测算成果质量错漏分类表**

| 质量元素 | A类 | B类 | C类 | D类 |
|---|---|---|---|---|
| 数学精度 | 1. 未执行现行有效的政策法规、技术标准,造成定性错误<br>2. 整幢房屋总面积测算精度超限<br>3. 层面积、功能区面积测算精度超限<br>4. 户室(套型)面积测算精度超限 | 幢、功能区、层、户室(套型)的共有共用面积超限 | | |
| 观测质量 | 1. 未绘制测量草图或测量草图绘制与现状严重不符<br>2. 未进行实地测量或无原始记录<br>3. 采集数据不完整(边长和墙体厚度),根据所测数据不能计算所需面积<br>4. 伪造成果数据<br>5. 其他严重的差错漏 | 1. 房屋基本情况重要信息错、漏<br>2. 异形房屋的外围测量方法不正确<br>3. 测量草图或测量草图绘制与现状个别细节不符<br>4. 测量原始数据记录内容不完整<br>5. 层高(高度)测量位置不正确<br>6. 附属设施的测量位置不正确<br>7. 其他较重的差错漏 | 1. 次要房产基本信息错漏<br>2. 测量原始数据记录规范性较差<br>3. 其他一般的差错漏 | 其他轻微的错漏 |
| 计算质量 | 1. 房产面积计算技术依据采用不正确<br>2. 图形面积计算不正确,导致面积精度超限<br>3. 共有建筑面积定性不正确,导致房产面积精度超限<br>4. 计算未采用实测数据或仅部分采用<br>5. 非商用面积计算软件验证不符合要求<br>6. 其他严重的错漏 | 1. 面积计算方法不正确,未导致面积精度超限<br>2. 共有共用面积的分摊不准确,未造成面积超限<br>3. 共有建筑面积分摊系数取位不正确,未导致面积精度超限<br>4. 缺少房产面积计算说明<br>5. 其他较重的错漏 | 1. 数据未按修约规则进行取舍<br>2. 重要数据计算取位不规范<br>3. 其他一般的错漏 | 其他轻微的错漏 |
| 资料质量 | 1. 房产面积测量重要要件收集错、漏<br>2. 主要图表数据缺、漏<br>3. 重要面积数据错漏<br>4. 其他严重的差错漏 | 1. 房产面积测量次要要件收集不完整或缺乏有效性<br>2. 房屋座落图中房屋的座落信息错漏<br>3. 分层图中层面信息错漏,绘制内容不完整<br>4. 分户图中权属四至信息错漏,绘制内容不完整<br>5. 面积数据表内容不完整<br>6. 其他较重的错漏 | 1. 房屋座落图绘制不规范<br>2. 分层图图形绘制不规范<br>3. 分户图图形绘制不规范<br>4. 面积数据表内容不规范<br>5. 其他一般的错漏 | 其他轻微的错漏 |

#### 8.7.5 房产簿册

表 72 房产簿册成果质量元素及权重表

| 质量元素 | 权 | 检查项 |
| --- | --- | --- |
| 房产要素调查 | 0.50 | 1. 调查内容的正确性、完整性<br>2. 调查内容的可靠性<br>3. 地块编号的正确性<br>4. 调查内容填写的清晰、规整程度 |
| 房产簿册、表 | 0.50 | 1. 内容的正确性、完整性<br>2. 内容的可靠性<br>3. 内容填写的清晰程度和装订的规整程度 |

表 73 房产簿册质量错漏分类表

| 质量元素 | A类 | B类 | C类 | D类 |
| --- | --- | --- | --- | --- |
| 房产要素调查 | 1. 房产要素调查未履行法律程序<br>2. 房产要素调查权属关系错漏<br>3. 房产要素调查表中重要内容错漏<br>4. 其他严重的错漏 | 1. 房产要素调查中一般内容错漏<br>2. 地块编号错漏<br>3. 其他较重的错漏 | 1. 调查表整饰质量错漏<br>2. 其他一般的错漏 | 其他轻微的错漏 |
| 房产簿册、表 | 1. 房产簿册、表中重要内容错漏<br>2. 界址点(线)情况不清<br>3. 其他严重的错漏 | 1. 房产簿册中一般内容错漏<br>2. 其他较重的错漏 | 1. 房产簿册整饰质量错漏<br>2. 其他一般的错漏 | 其他轻微的错漏 |

### 8.8 行政区域界线测绘

表 74 行政区域界线测绘成果质量元素及权重表

| 质量元素 | 权 | 质量子元素 | 权 | 检查项 |
| --- | --- | --- | --- | --- |
| 控制测量质量 | 0.50 | 数学精度 | 0.30 | 与 8.5.1、8.5.2 相同 |
| | | 观测质量 | 0.40 | 与 8.5.1、8.5.2 相同 |
| | | 计算质量 | 0.30 | 与 8.5.1、8.5.2 相同 |
| 境界图质量 | 0.35 | 数学精度 | 0.40 | 界桩点点位精度 |
| | | 境界要素质量 | 0.30 | 1. 相关要素的完整性<br>2. 相关要素的准确性 |
| | | 境界描述质量 | 0.20 | 1. 相关要素说明的准确性<br>2. 境界走向描述的准确性 |
| | | 整饰质量 | 0.10 | 与 8.5.3 相同 |
| 资料质量 | 0.15 | 资料整饰质量 | 0.30 | 1. 观测、计算资料整饰的规整性<br>2. 技术总结、检查报告整饰的规整性 |
| | | 资料完整性 | 0.70 | 1. 技术总结、检查报告内容的全面性<br>2. 提供成果资料项目的齐全性 |

**表75　行政区域界线测绘成果质量错漏分类表**

| 质量元素 | A类 | B类 | C类 | D类 |
|---|---|---|---|---|
| 控制测量数学精度 | 控制测量与8.5.1、8.5.2相同 | 控制测量与8.5.1、8.5.2相同 | 控制测量与8.5.1、8.5.2相同 | 其他轻微的错漏 |
| 控制测量观测质量 | 与8.5.1、8.5.2相同 | 与8.5.1、8.5.2相同 | 与8.5.1、8.5.2相同 | 其他轻微的错漏 |
| 控制测量计算质量 | 控制测量与8.5.1、8.5.2相同 | 控制测量与8.5.1、8.5.2相同 | 1. 与8.5.1、8.5.2相同<br>2. 控制测量面积量算表中数据的记录、计算不规范<br>3. 其他一般的错漏 | |
| 境界图质量数学精度 | 界桩点点位精度超限 | | | |
| 境界要素质量 | 1. 界桩点和重要界标地物错漏普遍<br>2. 其他严重的错漏 | 1. 界桩点和重要界标地物错漏<br>2. 界桩点经纬度错或境界描述项中错漏重要项<br>3. 其他严重的错漏 | 1. 手簿的记录和注记不规范<br>2. 重要建筑物错漏 | 其他轻微的错漏 |
| 境界描述质量 | 1. 境界描述项中错漏重要项，致使境界走向错或无法找、判界桩位置<br>2. 其他严重的错漏 | 1. 境界描述项中错漏次要项<br>2. 其他较重的错漏 | 其他一般的错漏 | 其他轻微的错漏 |
| 资料整饰质量 | 1. 成果资料文字、数字错漏较多，给成果使用造成严重影响<br>2. 其他严重的错漏 | 1. 成果资料重要文字、数字错漏<br>2. 其他较重的错漏 | 其他一般的错漏 | 其他轻微的错漏 |
| 资料完整性 | 1. 资料不完整，不符合设计书要求<br>2. 其他严重的错漏 | 1. 成果资料缺项<br>2. 其他较重的错漏 | 1. 资料编排混乱、用语不规范<br>2. 其他一般的错漏 | 1. 各种资料的整饰缺点或记录字体潦草、不规范<br>2. 成果装订及编号错漏<br>3. 其他轻微的错漏 |

## 8.9 地理信息系统

**表 76 地理信息系统质量元素及权重表**

| 质量元素 | 权重 | 检查项 |
| --- | --- | --- |
| 资料质量 | 0.10 | 1. 技术方案完整性<br>2. 数据处理与质量检查资料齐全性<br>3. 数据字典规范性和齐全性<br>4. 评审报告、检查验收报告、技术总结等资料的齐全性 |
| 运行环境 | 0.20 | 1. 硬件平台符合性<br>2. 软件平台(操作系统,数据库软件平台,GIS软件平台,中间件,应用软件等)的符合性<br>3. 网络环境的符合性 |
| 数据(库)质量 | 0.30 | 1. 数据组织正确性<br>2. 数据库结构正确性<br>3. 空间参考系正确性<br>4. 数据质量<br>5. 各类基础地理数据一致性 |
| 系统结构与功能 | 0.20 | 1. 系统结构的正确性<br>2. 数据库管理方式的符合性<br>3. 系统功能符合性<br>4. 服务器、客户端功能划分正确性<br>5. 系统效率符合性<br>6. 系统稳定性 |
| 系统管理与维护 | 0.20 | 1. 安全保密管理情况<br>2. 权限管理情况<br>3. 数据备份情况<br>4. 系统维护情况 |

**表 77 地理信息系统质量错漏分类表**

| 质量元素 | A类 | B类 | C类 | D类 |
| --- | --- | --- | --- | --- |
| 资料质量 | | 1. 无技术设计、数据字典、评审报告、技术总结等资料<br>2. 其他较重的错漏 | 1. 技术设计、技术总结等资料的内容不完善<br>2. 数据字典不规范<br>3. 无数据检查与处理资料<br>4. 其他一般的错漏 | 其他轻微的错漏 |
| 运行环境 | 1. 软硬件平台、网络环境不符合要求,造成系统不能正常运行<br>2. 其他严重的错漏 | 1. 软硬件平台、网络环境存在缺陷,严重影响系统运行<br>2. 软件平台无二次开发接口<br>3. 其他较重的错漏 | 1. 软件平台、或硬件平台、或网络环境存在缺陷,影响系统运行效率<br>2. 其他一般的错漏 | 其他轻微的错漏 |

表 77（续）

| 质量元素 | A类 | B类 | C类 | D类 |
| --- | --- | --- | --- | --- |
| 数据(库)质量 | 1. 数据库结构不符合要求<br>2. 数据组织错误，造成系统不能正常使用<br>3. 空间参考系不正确<br>4. 数据质量不合格<br>5. 缺重要的基础地理数据(库)<br>6. 无元数据库<br>7. 其他严重的错漏 | 1. 数据组织不合理，严重影响系统正常使用<br>2. 缺较重要的基础地理数据(库)<br>3. 存储单元划分不正确<br>4. 数据库表空间定义错误<br>5. 其他较重的错漏 | 1. 数据组织不当，影响系统调用效率<br>2. 历史数据管理与组织不符合要求<br>3. 其他一般的错漏 | 其他轻微的错漏 |
| 系统结构与功能 | 1. 系统结构不符合要求<br>2. 缺重要的系统功能<br>3. 无重要的数据交换功能<br>4. 系统运行极不稳定<br>5. 其他严重的错漏 | 1. 系统的较重要数据交换功能不完整<br>2. 数据(库)管理方式不正确<br>3. 服务器、客户端功能划分不正确<br>4. 系统运行不稳定<br>5. 系统运行效率很低<br>6. 其他较重的错漏 | 1. 系统运行效率低<br>2. 系统的一般数据交换功能不完整<br>3. 其他一般的错漏 | 其他轻微的错漏 |
| 系统管理与维护 |  | 1. 无安全保密管理制度，或无保密措施，造成系统管理混乱<br>2. 无数据备份制度<br>3. 系统维护、升级困难<br>4. 其他较重的错漏 | 1. 系统安全保密管理、数据备份等未按规定执行<br>2. 系统未按规定进行正常维护<br>3. 其他一般的错漏 | 其他轻微的错漏 |

## 8.10 地图编制

### 8.10.1 普通地图的编绘原图、印刷原图

表 78 普通地图的编绘原图、印刷原图质量元素及权重表

单位：幅

| 质量元素 | 权 | 检查项 |
| --- | --- | --- |
| 数学精度 | 0.15<br>(0.20) | 1. 展点精度(包括图廓尺寸精度、方里网精度、经纬网精度等)<br>2. 平面控制点、高程控制点位置精度<br>3. 地图投影选择的合理性 |
| 数据完整性与正确性 | 0.10<br>(0.00) | 1. 文件命名、数据组织和数据格式的正确性、规范性<br>2. 数据分层的正确性、完备性 |
| 地理精度 | 0.20<br>(0.40) | 1. 制图资料的现势性、完备性<br>2. 制图综合的合理性<br>3. 各要素的正确性<br>4. 图内各种注记的正确性<br>5. 地理要素的协调性 |

表 78（续）

单位：幅

| 质量元素 | 权 | 检查项 |
| --- | --- | --- |
| 整饰质量 | 0.45<br>(0.30) | 1. 地图符号、色彩的正确性<br>2. 注记的正规、完整性<br>3. 图廓外整饰要素的正确性 |
| 附件质量 | 0.10<br>(0.10) | 1. 图历簿填写的正确、完整性<br>2. 图幅的抄接边正确性<br>3. 分色参考图(或彩色打印稿)的正确性、完整性 |
| 注：当成果为模拟形式时，权值为括号内的数值；当为数字成果时，权值为括号外的数值。 | | |

**表 79　普通地图的编绘原图、印刷原图质量错漏分类表(1:2.5 万、1:5 万、1:10 万地形图)**

| 质量元素 | A类 | B类 | C类 | D类 |
| --- | --- | --- | --- | --- |
| 数学精度 | 1. 数学基础数据用错<br>2. 漏绘天文点或一、二等三角点或图幅内唯一的三、四等三角点<br>3. 漏绘磁北线，方里线或经纬线错漏两处以上<br>4. 存在点、线系统性超限<br>5. 图廓点经纬度错漏<br>6. 数字比例尺和直线比例尺同时错漏<br>7. 漏绘邻带方里网<br>8. 其他严重的错漏 | 1. 数学基础的点线严重超限，或漏绘三、四等水准点，或首末方里网线、图廓点经纬度注记等错漏<br>2. 其他较重的错漏 | 1. 数学基础的点线位移超限或错漏<br>2. 其他一般的错漏 | |
| 数据完整性与正确性 | 1. 数据无法读出或数据不齐全<br>2. 文件命名、数据格式错<br>3. 漏有内容的层或数据层名称错<br>4. 成果范围小于相应规定<br>5. 其他严重的错漏 | 1. 数据组织不正确<br>2. 多图层<br>3. 其他较重的错漏 | 1. 成果范围大于相应规定<br>2. 其他一般的错漏 | 其他轻微的错漏 |
| 地理精度 | 1. 有违反国家宪法、法律、政策法规、管理条例的内容<br>2. 重大失密性质的错误<br>3. 基本资料错用、漏用，造成县级以上境界、地域领属错漏或其他有关重要要素漏转或错转<br>4. 主要要素制图综合大面积变形或错漏，主要要素选取低于指标下限的 20% 以上，设计中明确提出的重要要素错漏<br>5. 国界、未定国界、特殊地区界错绘漏绘、描绘严重变形，或其附近地物错绘错注，造成主权归属错误<br>6. 图内主要要素整项漏<br>7. 任何系统性的错漏<br>8. 县级以上境界错绘<br>9. 全国的一级河流、山脉等名称或县级以上(含县级)居民地名称错漏<br>10. 图幅间整条边未接<br>11. 其他严重的错漏 | 1. 要素的主要部段错漏，或较大面积内制图综合质量低劣，或次要要素的选取低于指标下限的 20% 以上<br>2. 次要要素整项漏绘，或次要要素分色参考图(或彩色打印稿)整项错漏<br>3. 主要要素关系明显不协调<br>4. 全国的二级、三级河流、山脉等名称或乡、镇名称等错漏<br>5. 作为图名的图内名称注记错漏<br>6. 图幅间重要要素严重不接边<br>7. 国界上高程注记错误，或非国界上高程注记错误超过一根等高距<br>8. 其他较重的错漏 | 1. 非国界线上的高程注记错误，以及有高程无注记点或有注记点无高程注记<br>2. 要素关系明显不清楚、不合理；境界描绘误差较大或明显综合不当<br>3. 乡以下居民地名称或其他名称注记错漏<br>4. 使用不标准的汉字注记各种名称、说明<br>5. 图幅间次要要素的位置、等级明显不接边<br>6. 其他一般的错漏 | 其他轻微的错漏 |

表 79（续）

| 质量元素 | A类 | B类 | C类 | D类 |
|---|---|---|---|---|
| 整饰质量 | 1. 图名和图号同时错漏<br>2. 图面严重花糊、脏污造成无法读图<br>3. 其他严重的错漏 | 1. 界端注记、政区注记、坡度尺、等高距、三北方向图、坐标系、高程系、保密等级等错漏<br>2. 图例、政区略图及图外说明注记有重大错漏<br>3. 主要要素 符号、线划、注记规格与规定严重不符或错漏<br>4. 图名或图号错漏<br>5. 数字比例尺或直线比例尺错漏<br>6. 主要要素分色参考图（或彩色打印稿）错漏<br>7. 较大面积线划虚断、粗细不匀、或图面花糊、墨色不均造成读图困难<br>8. 其他较重的错漏 | 1. 次要要素符号、线划等与规定明显不符，错漏<br>2. 个别线划虚断、粗细不匀、或墨色不均、浓淡不适影响读图<br>3. 其他一般的错漏 | 其他轻微的错漏 |
| 附件质量 | 1. 主要要素整项的分色参考图（或彩色打印稿）错漏<br>2. 其他严重的错漏 | 1. 图历簿的图名、图号等主要项填写错漏<br>2. 其他较重的错漏 | 1. 图历簿的次要项填写错漏<br>2. 其他一般的错漏 | 其他轻微的错漏 |

表 80　普通地图的编绘原图、印刷原图质量错漏分类表（1：25 万、1：50 万地形图）

| 质量元素 | A类 | B类 | C类 | D类 |
|---|---|---|---|---|
| 数学精度 | 1. 数学基础数据用错<br>2. 漏绘天文点或一、二等三角点或图幅内唯一的三、四等三角点<br>3. 漏绘磁北线、方里线或经纬线错漏两处以上<br>4. 存在点、线系统性超限<br>5. 图廓点经纬度错漏<br>6. 数字比例尺和直线比例尺同时错漏 | 数学基础的点线严重超限，或漏绘三、四等水准点，或首末方里网线、图廓点经纬度注记等错漏 | 数学基础的点线位移超限或错漏 | |
| 数据完整性与正确性 | 1. 数据无法读出或数据不齐全<br>2. 文件命名、数据格式错<br>3. 漏有内容的层或数据层名称错<br>4. 成果范围小于相应规定 | 1. 数据组织不正确<br>2. 多图层 | 成果范围大于相应规定 | 其他轻微的错漏 |

表 80（续）

| 质量元素 | A类 | B类 | C类 | D类 |
|---|---|---|---|---|
| 地理精度 | 1. 有违反国家宪法、法律、政策法规、管理条例的内容<br>2. 重大失密性质的错误<br>3. 基本资料错用、漏用，造成县级以上境界、地域领属错漏或其他有关重要要素漏转或错转<br>4. 主要要素制图综合大面积变形或错漏，主要要素选取低于指标下限的20%以上，设计中明确提出的重要要素错漏<br>5. 国界、未定国界、特殊地区界错绘漏绘、描绘严重变形，或其附近地物错绘错注，造成主权归属错误；<br>6. 图内主要要素整项漏<br>7. 任何系统性的错漏<br>8. 省级以上境界错漏，或较大面积的县级以上境界严重绘错<br>9. 全国的一级河流、山脉等名称或县级以上居民地名称错漏<br>10. 图幅间整条边未接<br>11. 其他严重的错漏 | 1. 要素的主要部段错漏，或较大面积内制图综合质量低劣，或次要要素的选取低于指标下限的20%以上<br>2. 次要要素整项漏绘，或次要要素分色参考图(或彩色打印稿)整项错<br>3. 主要要素关系明显不协调<br>4. 全国二级、三级河流、山脉，或乡镇名称等错漏3处<br>5. 作为图名的图内名称注记错漏<br>6. 县级居民地名称错漏<br>7. 图幅间重要要素严重不接边<br>8. 国界上高程注记错误，或非国界上高程注记错误超过一根等高距；县级境界有一般性错漏<br>9. 其他较重的错漏 | 1. 非国界线上的高程注记错误，以及有高程无注记点或有注记点无高程注记<br>2. 要素关系明显不清楚、不合理；境界描绘误差较大或明显综合不当<br>3. 乡以下居民地名称或其他名称注记错漏<br>4. 使用不标准的汉字注记各种名称、说明<br>5. 图幅间次要要素的位置、等级明显不接边 | 其他轻微的错漏 |
| 整饰质量 | 1. 图名或图号错漏<br>2. 图面严重花糊、脏污造成无法读图<br>3. 其他严重的错漏 | 1. 界端注记、政区注记、坡度尺、等高距、三北方向图、坐标系、高程系、保密等级等错漏<br>2. 图例、政区略图及图外说明注记有重大错漏<br>3. 主要要素 符号、线划、注记规格与规定严重不符或错漏<br>4. 图名或图号错漏<br>5. 数字比例尺或直线比例尺错漏<br>6. 主要要素分色参考图(或彩色打印稿)错漏<br>7. 较大面积线划虚断、粗细不匀、或图面花糊、墨色不均造成读图困难<br>8. 其他较重的错漏 | 1. 次要要素符号、线划等与规定明显不符，错漏<br>2. 个别线划虚断、粗细不匀、或墨色不均、浓淡不适影响读图<br>3. 其他一般的错漏 | 其他轻微的错漏 |
| 附件质量 | 1. 主要要素整项的分色参考图(或彩色打印稿)错漏<br>2. 其他严重的错漏 | 1. 图历簿的图名、图号等主要项填写错漏<br>2. 其他较重的错漏 | 1. 图历簿的次要项填写错漏<br>2. 其他一般的错漏 | 其他轻微的错漏 |

**表 81　普通地图的编绘原图、印刷原图质量错漏分类表(1∶100 万地形图)**

| 质量元素 | A类 | B类 | C类 | D类 |
|---|---|---|---|---|
| 数学精度 | 1. 数学基础数据用错<br>2. 漏绘天文点或一、二等三角点或图幅内唯一的三、四等三角点<br>3. 漏绘磁北线、方里线或经纬线错漏两处以上<br>4. 存在点、线系统性超限<br>5. 图廓点经纬度错漏<br>6. 数字比例尺和直线比例尺同时错漏 | 数学基础的点线严重超限，地图投影选择不当，严重影响地图内容的表达和使用 | 数学基础的点线位移超限或错漏 | |
| 数据完整性与正确性 | 1. 数据无法读出或数据不齐全<br>2. 文件命名错，或数据格式错，或数据层名称错，或漏有内容的层<br>3. 成果范围小于相应规定<br>4. 其他严重的错漏 | 1. 数据组织不正确<br>2. 多图层或漏空层<br>3. 成果范围大于相应规定<br>4. 其他较重的错漏 | | 其他轻微的错漏 |
| 地理精度 | 1. 有违反国家宪法、法律、政策法规、管理条例的内容<br>2. 重大失密性质的错误<br>3. 基本资料错用、漏用，造成县级以上境界、地域领属错漏或其他有关重要要素漏转或错转<br>4. 主要要素制图综合大面积变形或错漏，主要要素选取低于指标下限的 20% 以上，设计中明确提出的重要要素错漏<br>5. 国界、未定国界、特殊地区界错绘漏绘、描绘严重变形，或其附近地物错绘错注，造成主权归属错误<br>6. 图内主要要素整项漏<br>7. 任何系统性的错漏<br>8. 省级以上境界错漏<br>9. 全国的一级河流、山脉等名称或县级以上居民地名称错漏<br>10. 图幅间整条边未接<br>11. 其他严重的错漏 | 1. 要素的主要部段错漏，或较大面积内制图综合质量低劣，或次要要素的选取低于指标下限的 20% 以上<br>2. 次要要素整项漏绘，或次要要素分色参考图(或彩色打印稿)整项错漏<br>3. 主要要素关系明显不协调<br>4. 全国二级、三级河流、山脉或乡、镇名称等错漏 3 处<br>5. 作为图名的图内名称注记错漏<br>6. 县级居民地名称错漏<br>7. 图幅间重要要素严重不接边<br>8. 国界上高程注记错误，或非国界上高程注记错误超过一根等高距；县级境界位置错漏<br>9. 其他较重的错漏 | 1. 非国界线上的高程注记错误，以及有高程无注记点或有注记点无高程注记<br>2. 要素关系明显不清楚、不合理；境界描绘误差较大或明显综合不当<br>3. 乡、镇级居民地名称注记错漏<br>4. 使用不标准的汉字注记各种名称、说明<br>5. 图幅间次要要素的位置、等级明显不接边<br>6. 其他一般的错漏 | 其他轻微的错漏 |

表 81(续)

| 质量元素 | A类 | B类 | C类 | D类 |
|---|---|---|---|---|
| 整饰质量 | 1. 图名和图号同时错漏<br>2. 图面严重花糊、脏污造成无法读图<br>3. 其他严重的错漏 | 1. 界端注记、政区注记、坡度尺、等高距、三北方向图、坐标系、高程系、保密等级等错漏<br>2. 图例、政区略图及图外说明注记有重大错漏<br>3. 主要要素符号、线划、注记规格与规定严重不符或错漏<br>4. 图名或图号错漏<br>5. 数字比例尺或直线比例尺错漏<br>6. 主要要素分色参考图(或彩色打印稿)错漏<br>7. 较大面积线划虚断、粗细不匀、或图面花糊、墨色不均造成读图困难<br>8. 其他较重的错漏 | 1. 次要要素符号、线划等与规定明显不符,错漏<br>2. 个别线划虚断、粗细不匀、或墨色不均、浓淡不适影响读图<br>3. 其他一般的错漏 | 其他轻微的错漏 |
| 附件质量 | 1. 主要要素整项的分色参考图(或彩色打印稿)错漏<br>2. 其他严重的错漏 | 1. 图历簿的图名、图号等主要项填写错漏<br>2. 其他较重的错漏 | 1. 图历簿的次要项填写错漏<br>2. 其他一般的错漏 | 其他轻微的错漏 |

### 8.10.2 专题地图

表 82 专题地图的编绘原图、印刷原图质量元素及权重表 单位:幅

| 质量元素 | 权 | 检查项 |
|---|---|---|
| 数据完整性与正确性 | 0.10<br>(0.00) | 1. 文件命名、数据组织和数据格式的正确性、规范性<br>2. 数据分层的正确性、完备性 |
| 地图内容适用性 | 0.20<br>(0.25) | 1. 地理底图内容的合理性<br>2. 专题内容的完备性、现势性、可靠性 |
| 地图表示的科学性 | 0.25<br>(0.30) | 1. 各种注记表达的合理性、易读性<br>2. 分类、分级的科学性<br>3. 色彩、符号与设计的符合性<br>4. 表示方法选择的正确性 |
| 地图精度 | 0.20<br>(0.20) | 1. 图幅选择投影、比例尺的适宜性<br>2. 制图网精度<br>3. 地图内容的位置精度<br>4. 专题内容的量测精度 |
| 图面配置质量 | 0.15<br>(0.15) | 1. 图面配置的合理性<br>2. 图例的全面性、正确性<br>3. 图廓外整饰正确、规范、艺术性 |
| 附件质量 | 0.10<br>(0.10) | 1. 设计书质量<br>2. 分色样图的质量 |
| 注:当成果为模拟形式时,权值为括号内的数值。当为数字成果时,权值为括号外的数值。 | | |

**表 83　专题地图的编绘原图、印刷原图质量错漏分类表**

| 质量元素 | A类 | B类 | C类 | D类 |
| --- | --- | --- | --- | --- |
| 数据完整性与正确性 | 1. 数据无法读出或数据不齐全<br>2. 文件命名、数据格式错<br>3. 漏有内容的层或数据层名称错<br>4. 其他严重的错漏 | 1. 数据组织不正确<br>2. 多图层或漏空层<br>3. 其他较重的错漏 | 1. 成果范围大于相应规定<br>2. 其他一般的错漏 | 其他轻微的错漏 |
| 地图内容适用性 | 1. 有违反国家宪法、法律、政策法规、管理条例的内容<br>2. 洲名、国名、特殊地区名、宗主国括注、首都首府名及各种有关国土主权的名称的错漏<br>3. 重大失密性质的错误<br>4. 国界、未定国界、特殊地区界(含色带)等有关国土主权的境界错绘漏绘、描绘严重变形,或其附近地物错绘错注,造成主权归属错误<br>5. 主图名相应政区界线、政区设色、行政中心符号及其名称错漏<br>6. 重要专题要素整项漏<br>7. 地图资料、专题内容主要要素所依据的文件资料、统计资料错用、漏用或有原则性错误,严重影响地图的政治思想性、可靠性、现势性、完备性等<br>8. 主要专题要素的质量特征、数量特征或数据说明出现严重错漏<br>9. 图名错漏<br>10. 地图内容与图名不一致<br>11. 其他严重的错漏 | 1. 主图名下一级相应政区界线、政区设色、行政中心符号及其名称错漏<br>2. 次要专题要素整项漏<br>3. 地图资料错用、漏用,影响地图内容的可靠性、现势性、完备性等<br>4. 专题要素的质量特征、数量特征或注记说明系统性的错漏<br>5. 专题内容不够完备,对地图主题内容的表现有较大影响<br>6. 主要专题要素之间关系明显不协调,影响地图判读<br>7. 其他较重的错漏 | 1. 图内一般的注记、说明或个别次要专题要素的质量特征或数量特征错漏<br>2. 次要专题要素间关系明显不协调<br>3. 其他一般的错漏 | 其他轻微的错漏 |
| 地图表示的科学性 | 1. 主要专题要素的分区、分类、分级违背相应的国家、行业分类、分级标准<br>2. 专题内容的表示方法错误,严重影响专题内容的表达<br>3. 其他严重的错漏 | 1. 次要专题要素分类、分级违背相应的国家、行业分类、分级标准<br>2. 色彩、符号的设计缺乏科学性,从而使地图内容主次颠倒或层次混乱,影响读图<br>3. 其他较重的错漏 | 1. 专题内容的表示方法欠佳,影响地图内容的表达<br>2. 其他一般的错漏 | 其他轻微的错漏 |
| 地图精度 | 1. 数学基础数据用错;存在点、线系统性超限;图廓点经纬度错漏;地理底图中的制图网错漏;数字比例尺和直线比例尺同时错漏<br>2. 地图内容的位置精度严重超限<br>3. 拼接图幅间不接边<br>4. 其他严重的错漏 | 1. 地图比例尺或投影选择不当,对地图主题内容表达有较大影响<br>2. 数学基础的点线位移超限或错漏<br>3. 拼接图幅间主要要素不接边2处<br>4. 其他较重的错漏 | 1. 数学基础的点线位移超限或错漏<br>2. 拼接图幅间次要要素不接边2处<br>3. 其他一般的错漏 | 其他轻微的错漏 |

表 83（续）

| 质量元素 | A类 | B类 | C类 | D类 |
| --- | --- | --- | --- | --- |
| 图面配置质量 | 1. 图面严重花糊、脏污造成无法读图<br>2. 其他严重的错漏 | 1. 图例的主要内容错漏或图外其他重要内容错漏<br>2. 较大面积线划虚断、粗细不匀、或图面花糊、墨色不均造成读图困难<br>3. 其他较重的错漏 | 1. 图面配置不当或图外次要要素错漏<br>2. 个别线划虚断、粗细不匀、或墨色不均、浓淡不适影响读图<br>3. 其他一般的错漏 | 其他轻微的错漏 |
| 附件质量 | 1. 制印工艺方案不正确，造成漏印专题内容<br>2. 分色参考图错误，造成专题内容混淆、不能区分<br>3. 其他严重的错漏 | 1. 分色参考图部分错误，但没有造成专题内容混淆、不能区分<br>2. 其他较重的错漏 | 1. 制印工艺方案不科学、合理<br>2. 其他一般的错漏 | 其他轻微的错漏 |

### 8.10.3 地图集

表 84 地图集质量元素及权的划分

单位：本

| 质量元素 | 权 | 质量子元素 | 权 | 检查项 |
| --- | --- | --- | --- | --- |
| 整体质量 | 0.50 | 图集内容思想性 | 0.40 | 1. 思想正确性<br>2. 图集宗旨、主题思想明确程度<br>3. 要素表示正确性 |
| | | 图集内容全面、完整性 | 0.30 | 1. 图集内容的全面、系统性<br>2. 图集结构的完整性 |
| | | 图集内容统一、协调性 | 0.30 | 1. 图集内容的统一、互补性<br>2. 要素表达协调、可比性 |
| 图集内图幅质量 | 0.50 | 同专题地图质量元素表中各项（略） | | |

表 85 地图集质量错漏分类表

| 质量元素 | A类 | B类 | C类 | D类 |
| --- | --- | --- | --- | --- |
| 图集内容思想性 | 1. 地图集有政治思想性错误；有关国家主权的境界、重要地物名称错漏<br>2. 地图集的主题违背编制宗旨<br>3. 其他严重的错漏 | 1. 地图集主题不明确，影响地图集宗旨表达<br>2. 其他较重的错漏 | | 其他轻微的错漏 |

表 85（续）

| 质量元素 | A类 | B类 | C类 | D类 |
|---|---|---|---|---|
| 图集内容全面、完整性 | 1. 地图集名称错漏<br>2. 重大失密性质的错误<br>3. 其他严重的错漏 | 1. 地图集内容缺乏全面系统性或结构不完整，对主题表达有较大影响<br>2. 地图集的目录错<br>3. 地图集 1/5 的页码错<br>4. 书脊、封底、扉页、版权页上的图名差错<br>5. 地图图例与地图内容明显不符<br>6. 地图集的分幅图名及附图图名的错漏<br>7. 其他较重的错漏 | | 其他轻微的错漏 |
| 图集内容统一、协调性 | | 1. 地图集内容缺乏统一互补性或各图幅间内容明显不协调<br>2. 其他较重的错漏 | 1. 地图集内部各图幅间表示方法或色彩、符号的设计明显不协调，影响地图集的统一协调性<br>2. 其他一般的错漏 | 其他轻微的错漏 |
| 图集内图幅质量 | 同专题地图错漏分类表中各项（略） | | | |

8.10.4 印刷成品

表 86 印刷成品质量元素及权重表

单位：张

| 质量元素 | 权：单张图 | 权：拼接图 | 权：图集 | 检查项 |
|---|---|---|---|---|
| 印刷质量 | 1.00 | 0.85 | 0.70 | 1. 套印精度<br>2. 网线、线划粗细变形率<br>3. 印刷质量<br>4. 图形质量 |
| 拼挂质量 | | 0.15 | 0.10 | 1. 拼贴质量<br>2. 折叠质量 |
| 装订质量 | | | 平装 0.20 | 1. 折页、配页质量<br>2. 订本质量<br>3. 封面质量<br>4. 裁切质量 |
| | | | 精装 0.20 | 1. 折页、配页、锁线或无线胶粘质量<br>2. 图芯脊背、环衬粘贴质量<br>3. 封面质量<br>4. 图壳粘贴质量<br>5. 订本、裁切质量<br>6. 版芯规格 |

表 87 印刷成品质量错漏分类表

| 质量元素 | A类 | B类 | C类 | D类 |
|---|---|---|---|---|
| 印刷质量 | 1. 图上出现严重花糊、脏污等造成无法读图<br>2. 套印差超过限差 2 倍<br>3. 其他严重的错漏 | 1. 图内较大面积线划虚断、粗细不匀，图斑花糊、脏污，网线不光洁或地图要素印色过浓、过淡等造成读图困难<br>2. 套印差超过限差 1 倍<br>3. 其他较重的错漏 | 1. 套印差超限或线划、网线粗细变形，或图斑花糊、脏污、印色不匀而影响读图<br>2. 精装地图集封面印刷、制作效果欠佳，对使用地图集无影响，但不美观<br>3. 其他一般的错漏 | 其他轻微的错漏 |

表 87（续）

| 质量元素 | A类 | B类 | C类 | D类 |
|---|---|---|---|---|
| 拼挂质量 | 1. 图形或要素完全或部分不拼接<br>2. 其他严重的错漏 | 1. 图形或要素个别地方不拼接<br>2. 其他较重的错漏 | 1. 折叠方法不正确，造成使用不方便或产生明显褶皱<br>2. 其他一般的错漏 | 其他轻微的错漏 |
| 装订质量 | 1. 地图集装订出现少页、封面倒头、折缝普遍严重偏离折页线<br>2. 页码顺序颠倒、出现倒头，使地图集内容缺失、不完整<br>3. 其他严重的错漏 | 1. 地图集装订出现折页误差较大、多页、倒头、页码顺序颠倒、插页位置错误或出现脱页、封面歪斜<br>2. 其他较重的错漏 | 1. 地图集订本质量欠佳，但不影响用图，如飞胶、脏污等<br>2. 地图集装订折缝与折页线不对或页码位置不整齐<br>3. 其他一般的错漏 | 其他轻微的错漏 |

## 8.10.5 导航电子地图

表 88 导航电子地图质量元素及权重表

单位：幅

| 质量元素 | 权 | 检查项 |
|---|---|---|
| 位置精度 | 0.20 | 平面位置精度 |
| 属性精度 | 0.20 | 属性结构、属性值的正确性 |
| 逻辑一致性 | 0.25 | 1. 道路网络连通性<br>2. 拓扑关系的正确性<br>3. 节点匹配的正确性<br>4. 要素间关系的正确性<br>5. 要素接边的一致性 |
| 完整性与正确性 | 0.20 | 1. 安全处理符合性<br>2. 地图内容的现势性<br>3. 兴趣点完整性<br>4. 数学基础、数据格式文件命名、数据组织和数据分层的正确性<br>5. 要素的完备性 |
| 图面质量 | 0.10 | 1. 各种注记表达的合理性、易读性<br>2. 色彩、符号与设计的符合性<br>3. 图形质量 |
| 附件质量 | 0.05 | 1. 附件的正确、全面性<br>2. 成果资料齐全性 |

**表 89 导航电子地图质量错漏分类表**

| 质量元素 | A类 | B类 | C类 | D类 |
|---|---|---|---|---|
| 位置精度 | 平面位置精度超限 | | | |
| 属性精度 | 1. 数据层属性项遗漏或多余<br>2. 属性项定义不正确<br>3. 其他极严重的错漏 | 1. 属性项多余或属性项顺序错<br>2. 道路重要属性值错<br>3. 重要地名属性值错<br>4. 道路的技术等级、管理等级与道路宽度、铺设材料、车道数等不一致<br>5. 其他严重的错漏 | 1. 多图层或漏空层属性表<br>2. 道路附属设施名称错<br>3. 非道路要素属性值错<br>4. 有非本层的要素<br>5. 其他较重的错漏 | 其他轻微的错漏 |
| 逻辑一致性 | 1. 交通流方向错误<br>2. 道路平交或匝道未以连接点相交<br>3. 拓扑关系未建立或建立错误<br>4. 其他极严重的错漏 | 1. 存在孤立道路，立交桥、环岛等复杂交通要素内部未连通<br>2. 辅道未表示或表示不正确<br>3. 交叉路口未按规定表示<br>4. 隔离带未表示或表示不正确<br>5. 交通岛表示不正确<br>6. 道路要素整条边不接边<br>7. 道路要素属性整条边不接边<br>8. 拓扑关系有严重错误<br>9. 其他严重的错漏 | 1. 多边形未闭合<br>2. 道路与居民地、道路与铁路、道路与水系等关系不合理<br>3. 非道路要素整条边不接边<br>4. 非道路要素属性整条边不接边<br>5. 其他较重的错漏 | 其他轻微的错漏 |
| 完整性与正确性 | 1. 表示了不符合安全规定的内容<br>2. 空间定位参考系统或投影错误<br>3. 数据文件不齐全<br>4. 文件命名、数据格式错<br>5. 数据无法读出或数据不齐<br>6. 高速公路、国、省级和县、乡级道路，错漏长度超过 10 km<br>7. 城市主要道路错漏，长度超过 2 km<br>8. 其他极严重的错漏 | 1. 数据组织不正确<br>2. 漏极重要地名 1 个<br>3. 元数据文件不齐全<br>4. 高速公路、国、省级和县、乡级道路，错漏长度超过 5 km<br>5. 城市主要道路错漏，长度超过 1 km<br>6. 城市一般道路错漏，错漏长度超过 2 km<br>7. 其他严重的错漏 | 1. 漏重要地名 1 个<br>2. 一般要素遗漏<br>3. 要素多余采集<br>4. 重点要素综合取舍不适当<br>5. 高速公路、国、省级和县、乡级道路，错漏长度超过 2 km<br>6. 城市主要道路错漏，长度超过 500 m<br>7. 城市一般道路错漏，长度超过 1 km<br>8. 其他较重的错漏 | 其他轻微的错漏 |
| 图面质量 | | 1. 色彩、符号的设计缺乏科学性，导致地图内容主次颠倒或层次混乱，影响读图；<br>2. 其他严重的错漏 | 1. 注记字体、大小等不符合要求<br>2. 个别线划虚断、粗细不匀影响读图<br>3. 其他较重的错漏 | 其他轻微的错漏 |

表 89（续）

| 质量元素 | A类 | B类 | C类 | D类 |
| --- | --- | --- | --- | --- |
| 附件质量 | | 1. 元数据项数或元数据、图历簿中主要项目(图名、图号、图廓经纬度、坐标系、图廓坐标等)错漏<br>2. 其他严重的错漏 | 1. 上交资料不齐全<br>2. 元数据项数或元数据、图历簿中一般项目错漏<br>3. 其他较重的错漏 | 其他轻微的错漏 |

## 8.11 海洋测绘

表 90 海洋测绘成果质量元素及权重表

| 质量元素 | 权 | 质量子元素 | 权 | 检查项 |
| --- | --- | --- | --- | --- |
| 数据质量 | 0.50 | 观测仪器 | 0.30 | 仪器选择的合理性，仪器检验目的齐全性、检验方法的正确性 |
| | | 观测质量 | 0.40 | 1. 技术设计和观测方案的执行情况<br>2. 数据采集软件的可靠性<br>3. 观测要素的齐全性<br>4. 观测时间、观测条件的合理性<br>5. 观测方法的正确性<br>6. 观测成果的正确性、合理性<br>7. 岸线修测、陆上和海上具有引航作用的重要地物测量、地理要素表示的齐全性与正确性<br>8. 成果取舍和重测的正确性、合理性<br>9. 重复观测成果的符合性 |
| | | 计算质量 | 0.30 | 1. 计算软件的可靠性<br>2. 内业计算验算情况<br>3. 计算结果的正确性 |
| 点位质量 | 0.30 | 观测点位 | 0.50 | 1. 工作水准点埋设、验潮站设立、观测点布设的合理性、代表性<br>2. 周边自然环境 |
| | | 观测密度 | 0.50 | 1. 相关断面线布设及密度的合理性<br>2. 观测频率、采样率的正确性 |
| 资料质量 | 0.20 | 观测记录 | 0.30 | 各种观测记录和数据处理记录的完整性 |
| | | 附件及资料 | 0.70 | 1. 技术总结内容的全面性和规格的正确性<br>2. 提供成果资料项目的齐全性<br>3. 成果图绘制的正确性 |

注：海洋测绘包括水下地形测量、水文测量、磁力测量、航海图编绘等。其中，水下地形测量部分参照8.5.8，水文测量又包括：比降观测、沿海流速向观测、内河流速流向和流量观测、泥沙测验和底质探测、断面测量、波浪观测、风观测、海水含盐度观测、冰情观测及航迹观测等。

表 91 海洋测绘成果质量错漏分类表

| 质量元素 | A类 | B类 | C类 | D类 |
|---|---|---|---|---|
| 观测仪器 | 1. 仪器选择不符合要求<br>2. 检验方法不正确<br>3. 其他严重的错漏 | 1. 仪器选择不合理<br>2. 缺主要检验项目<br>3. 其他较重的错漏 | 1. 缺次要检验项目<br>2. 其他一般的错漏 | 其他轻微的错漏 |
| 观测质量 | 1. 测量采用的基准错误<br>2. 观测方法不正确<br>3. 观测数据严重错误<br>4. 需同步观测项目严重不同步<br>5. 观测内容缺测、缺项严重<br>6. 其他严重的错漏 | 1. 最终成果数据错<br>2. 同步观测项目不同步达 20 min,水位观测不同步达 10 min<br>3. 测流分层与规范要求相比每少 1 层<br>4. 定点流潮周每漏测 1 次<br>5. 浮标投放时间与要求每差 1 h<br>6. 流向未归算到真北或坐标北方向<br>7. 流量观测封闭区间流入、流出量误差大于 10%<br>8. 流速、流向过程线和矢量图每错绘并影响质量较大<br>9. 玫瑰图每绘错 1 个方位<br>10. 表面流观测区间距离每差 10%<br>11. 泥沙观测 20%水样容量不够<br>12. 底质样品 20%重量不够<br>13. 处理砂样过程中有较重错误<br>14. 断面测量定位或测深精度超标 10%<br>15. 风、浪资料每缺测 10%<br>16. 盐度观测每出较大错误<br>17. 海冰观测每缺或错 1 项<br>18. 航迹观测定位精度每超 10%<br>19. ADCP 测流未进行盲区和旁辩处理和修正<br>20. 漏绘潮位过程线 1 次<br>21. 其他较重的错漏 | 1. 同步观测项目不同步达 4 min<br>2. 浮标投放时间差每差 10 min<br>3. 分层观测测绳或仪器下放深度每差 0.1 m<br>4. 流量观测封闭区间流入、流出量每差 2%<br>5. 表面流观测区间距离每差 20%<br>6. 表面流测量浮标不符合要求<br>7. 泥沙观测水瓶容量不够每差 4%<br>8. 底质样品重量不够每差 4%<br>9. 盐度观测每出 1 小错<br>10. 冰周期不够每差 1 天<br>11. 风、浪观测资料每缺测 2%<br>12. 其他一般的错漏 | 1. 观测成果计算错漏但不影响成果质量<br>2. 其他轻微的错漏 |
| 计算质量 | 1. 资料统计、整理、计算有严重错误<br>2. 玫瑰图严重错误<br>3. 图幅数学基础错误<br>4. 泥沙样品处理方法不对,盐度分析方法不当,造成成果严重不可靠<br>5. 岸线修测、陆上和海上具有引航作用的重要地物测量、地理要素的表示极不符合规范要求<br>6. 其他严重的错漏 | 1. 流速、流向过程线、矢量图绘错<br>2. 岸线修测、陆上和海上具有引航作用的重要地物测量、部分地理要素的表示不符合规范要求<br>3. 其他较重的错漏 | 1. 风、浪玫瑰图错绘<br>2. 冰情图上每少 1 个内容<br>3. 岸线修测、陆上和海上具有引航作用的重要地物测量、少量地理要素的表示不符合规范要求<br>4. 其他一般的错漏 | 其他轻微的错漏 |

表 91（续）

| 质量元素 | A类 | B类 | C类 | D类 |
|---|---|---|---|---|
| 观测点位 | 1. 观测点位和分层严重不符合规范<br>2. 观测的区间、时间、采样率与任务书要求严重不符合<br>3. 观测环境恶劣，严重影响观测质量<br>4. 点位误差过大<br>5. 验潮工作水准点制作埋设，验潮站设立极不规范<br>6. 其他严重的错漏 | 1. 断面起、终点距离与规范要求相差10％<br>2. 风、浪、流、潮的观测站位代表性有较大缺陷<br>3. 定点测流点位误差港口区超限2倍，一般海区超限3倍<br>4. 初冰日与终冰日每漏测1个，或冰情观测期每短10天，冰情图每漏测或漏绘1次<br>5. 验潮工作水准点制作埋设，验潮站设立不规范<br>6. 其他较重错漏情况 | 1. 观测点位误差港口区超限1倍，一般海区超限2倍<br>2. 其他一般的错漏 | 1. 个别点位、密度不规范<br>2. 其他轻微的错漏 |
| 观测密度 | 1. 观测频率、采样率严重不符合规范要求<br>2. 其他严重的错漏 | 1. 观测频率、采样率不满足规范要求<br>2. 其他较重的错漏 | 1. 断面起、终点距离与要求每差2％<br>2. 其他一般的错漏 | 其他轻微的错漏 |
| 观测记录 | 1. 连环涂改或改动一次性数据或改动“秒”或“毫米”<br>2. 记录中对结果有重大影响的计算错误<br>3. 其他严重的错漏 | 1. 外业观测少1次，数据不连续、不完整<br>2. 电子记录程序的输出格式不规范<br>3. 观测条件掌握不严<br>4. 成果取舍和重测不合理<br>5. 其他较重的错漏 | 1. 各种图表与过程线一般性错误<br>2. 漏注或错注文字注记或小数点<br>3. 数字修约、改动不规范<br>4. 其他一般的错漏 | 1. 各种观测记录、图、线不规整<br>2. 其他轻微的错漏 |
| 附件及资料 | 1. 没有技术设计（总结），或技术设计（总结）存在严重缺陷、内容不完整，不符合规范要求<br>2. 其他严重的错漏 | 1. 上交资料缺项<br>2. 资料混乱、记录潦草、错误普遍，注记、签名不全<br>3. 其他较重的错漏 | 1. 技术总结的格式不规范<br>2. 各种图表与过程线一般性错误<br>3. 质量校核、检查没有记录或多处检查者没有签名<br>4. 其他一般的错漏 | 其他轻微的错漏 |

## 参 考 文 献

[1] GB/T 21336—2008 地理信息 质量评价过程(ISO 19114:2003,MOD)
[2] GB/T 21337—2008 地理信息 质量原则(ISO 19113:2002,IDT)
[3] 测绘资质分级标准.国家测绘局.2009.
[4] 测绘生产质量管理规定.国家测绘局.1997.

ICS 07.040;35.240.70
A 75

# 中华人民共和国国家标准化指导性技术文件

GB/Z 24357—2009

# 地理信息　元数据　XML 模式实现

## Geographic information—Metadata—XML schema implementation

(ISO/TS 19139:2007,MOD)

2009-09-30 发布　　2009-12-01 实施

中华人民共和国国家质量监督检验检疫总局
中国国家标准化管理委员会　发布

# 前　言

本指导性技术文件修改采用ISO/TS 19139:2007《地理信息　元数据　XML模式实现》(英文版),并作了如下改动:

(1) 编写方法执行了GB/T 1.1—2000《标准化工作导则　第1部分:标准的结构和编写规则》、GB/T 20000.2—2001《标准化工作指南　第2部分:采用国际标准的规则》的要求。

(2) 引用国际标准名称或编号的改变:

a) 将"本国际标准"改为"本指导性技术文件";

b) 将"ISO 19100系列标准"改为"地理信息国家标准";

c) 将下列国际标准名称和编号用相应的国家标准名称或编号替代:

| 原国际标准编号 | 替代的国家标准编号 |
|---|---|
| ISO 19115:2003 | GB/T 19710—2005 |
| ISO 8601:2001(E) | GB/T 7408 |
| ISO 19108 | GB/T 22022—2008 |
| ISO 19105 | GB/T 19333.5—2003 |
| ISO 19107 | GB/T 23707—2009 |

(3) 删除了原国际标准的前言。

(4) 本指导性技术文件的引言采用了原标准的引言,并作了修改。

(5) 增加了术语"元数据"及其定义。

(6) 删除了原文的6.6、7.3、9.3.18、9.8.6、B.2.2,以及原文9.8.8、9.8.9和D.5中关于多语种支持的内容,并相应调整了章节号和图号。

(7) 表1中的代码取值遵照GB/T 19710—2005进行了调整。

(8) 修改了资料性附录D中的实例。

本指导性技术文件的附录A和附录B为规范性附录,附录C和附录D为资料性附录。

本指导性技术文件由国家测绘局提出。

本指导性技术文件由全国地理信息标准化技术委员会(SAC/TC 230)归口。

本指导性技术文件主要起草单位:国家信息中心、中国标准化研究院、国家基础地理信息中心。

本指导性技术文件主要起草人:徐枫、宦茂盛、石雯雯、李媛、常娜、王子亮、李小林、周旭、邓跃进。

# 引　言

GB/T 19710—2005《地理信息　元数据》详细说明了描述地理信息元数据的重要性。GB/T 19710—2005通过定义一系列元数据元素并建立一组共同的术语、定义和扩展规则，为各种地理信息的描述提供了一个结构体系。GB/T 19710—2005是一个基础标准，为地理信息相关的元数据提供了一个全局视图，但没有定义相应的编码规则。

GB/T 19710—2005没有提供编码规则，因此在地理信息元数据的具体实现时，会因为对各种元数据规则的理解不一致而产生差异。为了便于GB/T 19710—2005实现的标准化，本元数据实现规范提供了一套明确的基于规则的编码方法，用于执行GB/T 19710—2005。本指导性技术文件提供了一组XML模式以保证互操作性，这些模式为描述、检验和交换关于地理信息数据集、数据集系列、地理要素、要素属性、要素类型等的元数据提供了统一的规范。

GB/T 19710—2005定义了地理信息领域通用的元数据。关于地理信息数据类型和地理信息服务的更详细的元数据，在其他地理信息国家标准和用户扩展(GB/T 19710—2005)中定义。本指导性技术文件旨在提供通用元数据的实现规则，在需要引用其他地理信息国家标准的地方也一并考虑。

ISO 19118《地理信息　编码》说明了基于UML模式生成编码规则的需求和基于XML的编码规则，并对XML进行了介绍。本指导性技术文件利用ISO 19118中定义的编码规则，规定如何从GB/T 19710—2005中的UML模型得出XML模式的技术细节。

# 地理信息　元数据　XML 模式实现

## 1　范围

本指导性技术文件规定了地理信息元数据 XML(gmd)的编码方法以及 GB/T 19710—2005 的 XML 模式实现。

本指导性技术文件适用于通过网络或离线进行地理信息元数据的共享和交换。

## 2　一致性要求

本指导性技术文件的一致性应使用附录 A 规定的所有相关测试进行检查。测试的框架、概念和方法以及声称与本指导性技术文件一致需达到的标准都在 GB/T 19333.5—2003 中说明。

## 3　规范性引用文件

下列文件中的条款通过本指导性技术文件的引用而成为本指导性技术文件的条款。凡是注日期的引用文件,其随后所有的修改单(不包括勘误的内容)或修订版均不适用于本指导性技术文件,然而,鼓励根据本指导性技术文件达成协议的各方研究是否可使用这些文件的最新版本。凡是不注日期的引用文件,其最新版本适用于本指导性技术文件。

GB/T 7408　数据元和交换格式　信息交换　日期和时间表示法(GB/T 7408—2005,ISO 8601:2000,IDT)

GB/T 19333.5—2003　地理信息　一致性与测试(ISO 19105:2000,IDT)

GB/T 19710—2005　地理信息　元数据(ISO 19115:2003,MOD)

GB/T 22022—2008　地理信息　时间模式(ISO 19108:2002,IDT)

GB/T 23707—2009　地理信息　空间模式(ISO 19107:2003,IDT)

GB/T 23708—2009　地理信息　地理标记语言(GML)

ISO/IEC 10646　信息技术　通用多字节编码字符集

ISO/TS 19103　地理信息　概念模式语言

ISO 19109　地理信息　应用模式规则

ISO 19110　地理信息　要素编目方法

ISO 19111:2007　地理信息　基于坐标的空间参照

ISO 19117　地理信息　描述

ISO 19118:2005　地理信息　编码

ISO 19138　地理信息　数据质量度量

W3C XMLName　XML 命名空间(1999)

W3C XMLSchema-1　XML 模式　第 1 部分:结构,W3C 推荐(2001)

W3C XMLSchema-2　XML 模式　第 2 部分:数据类型,W3C 推荐(2001)

W3C XML　可扩展标记语言 1.0(第 2 版),W3C 推荐(2000)

W3C XLink　XML 链接语言(XLink) 1.0,W3C 推荐(2001)

## 4　术语和定义

下列术语和定义适用于本指导性技术文件。

4.1

**命名空间 namespace**

通过一个 URI 进行引用的若干名称的集合,这些名称用作 XML 文档中的元素和属性的名称。

[W3C XML]

4.2

**包 package**

把多个元素组织为组的通用方法。

如:标识信息、元数据实体集信息、限制信息。

[ISO/TS 19103]

4.3

**实现 realization**

分类器之间的语义关系,其中一个分类器表明约定,另一个保证实施。

4.4

**多态 polymorphism**

在不同上下文环境中可以对同一事物赋予不同含义或用途的特性,确切地说,某一实体如变量、函数或对象可以具有 1 个以上的形态的特性。

注:多态具有几种不同类型。

4.5

**元数据 metadata**

关于数据的数据。即数据的标识、覆盖范围、质量、空间和时间模式、空间参照系和分发等信息。

[GB/T 19710—2005]

## 5 符号和缩略语

### 5.1 首字母缩略语

UML 统一建模语言(Unified Modelling Language)

URI 统一资源标识符(Universal Resource Identifier)

XCT XML 类类型(XML Class Type)

XCPT XML 类特性类型(XML Class Property Type)

XCGE XML 类全局元素(XML Class Global Element)

XML 可扩展标记语言(Extensible Markup Language)

XPath XML 路径语言(XML Path Language)

XSD XML 模式定义(XML Schema Definition)

XSL 可扩展样式语言(Extensible Style Language)

XSLT XSL 转换(XSL Transformation)

### 5.2 命名空间缩略语

下面的列表中第 1 列说明通用的命名空间前缀,用于描述该命名空间中的元素,第 2 列为命名空间前缀说明。

下面的列表为本指导性技术文件定义的命名空间:

| | | |
|---|---|---|
| gco | 地理信息通用可扩展标记语言 | (Geographic Common Extensible markup language)<br>(http://www.isotc211.org/2005/gco) |
| gmd | 地理信息元数据可扩展标记语言 | (Geographic MetaData extensible markup language)<br>(http://www.isotc211.org/2005/gmd) |

| | | |
|---|---|---|
| gmx | 地理信息元数据 XML 模式 | (Geographic Metadata XML Schema) (http://www.isotc211.org/2005/gmx) |
| gss | 地理信息空间模式可扩展标记语言 | (Geographic Spatial Schema extensible markup language) (http://www.isotc211.org/2005/gss) |
| gsr | 地理信息空间参照可扩展标记语言 | (Geographic Spatial Referencing extensible markup language) (http://www.isotc211.org/2005/gsr) |
| gts | 地理信息时间模式可扩展标记语言 | (Geographic Temporal Schema extensible markup language) (http://www.isotc211.org/2005/gts) |

下面的列表为本指导性技术文件用到的外部命名空间：

| | |
|---|---|
| gml | 地理信息标记语言(Geography Markup Language) |
| xlink | xml 链接语言(xml linking language) |
| xs | W3C XML 基本模式 (W3C XML base schemas) |

## 5.3 UML 模型的关系

本指导性技术文件中的图示都采用 ISO/TS 19103 中规定的 UML 作为概念模式语言表示。GB/T 19710—2005中的图 2 也表示了用于说明元数据的 UML 标记法。除此之外，本指导性技术文件还使用如图 1 所示的符号：

**图 1 实现关系的 UML 标记法**

连接起点的类(图 1 左侧)，应确保执行(或实现)连接终点的类(图 1 右侧)的规格。

## 5.4 UML 模型的构造型

UML 构造型是对已有的 UML 概念的一种扩展机制(GB/T 19710—2005)。除了 GB/T 19710 中规定的用于描述元数据的构造型外，为了基于规则的 XML 模式编码的需要，本指导性技术文件还定义了一些必要的构造型。

本指导性技术文件第 9 章中给出的 UML 图中的元素可以包括说明 XML 实现的构造型，这些构造型包含在表示 XML 元素或 XML 类型、UML 属性、UML 连接(实现或依赖)以及 UML 包的类中。

本指导性技术文件中使用的类的构造型包括：

a) 〈〈选择〉〉(〈〈xs:choice〉〉)：表示可编码为 XML choice 块的类，该类的每一个属性实现为该 choice 的一个元素。

b) 〈〈复合类型〉〉(〈〈xs:complexType〉〉)：表示可编码为 XML 复杂类型的类。

c) 〈〈元素〉〉(〈〈xs:element〉〉)：表示为 XML 全局元素的类。

d) 〈〈简单类型〉〉(〈〈xs:simpleType〉〉)：表示为 XML 简单类型的类。

e) 〈〈简单内容〉〉(〈〈xs:simpleContent〉〉)：表示可编码为具有简单内容的 XML 复杂类型的类。

本指导性技术文件中使用的属性的构造型包括：

f) 〈〈属性〉〉(〈〈xs:attribute〉〉)：编码为 XML 属性的特性。

g) 〈〈元素〉〉(〈〈xs:element〉〉)：编码为带有名称和类型的 XML 元素的属性(〈xs:element name="propertyName"type="propertyType"/〉)。

h) 〈〈模式〉〉(〈〈pattern〉〉)：该构造型仅适用于内建 XML 类型衍生的 XML 简单类型。具有〈〈pattern〉〉构造型的属性对内建简单类型的值域进行进一步限定。

i) 《XML 类全局元素》(《XCGE》)：编码为对某一 XML 全局元素的引用的特性(<xs:element ref="XCGE"/>)。

本指导性技术文件中使用的链接的构造型包括：

j) 《XML 类类型》(《XCT》)：(包含在实现关系中) 通过特定外部实现来替代的抽象概念的 XCT(XML 类类型)。

k) 《XML 类全局元素》《XCGE》：(包含在实现关系中) 通过特定外部实现来替代的抽象概念的 XCGE(XML 类全局元素)。

l) 《XML 类特性类型》(《XCPT》)：(包含在实现关系中) 通过特定外部实现来替代的抽象概念的 XCPT(XML 类特性类型)。

m) 《实现》(《implement》)：(包含在依赖关系中)表示 XML 模式的连接起点，该 XML 模式实现了连接终点中定义的抽象概念。

n) 《包含》(《include》)：(包含在依赖关系中)连接的起点和终点代表的 XML 模式。连接起点包含(<xs:include ... />)连接终点。

o) 《引用》(《import》)：(包含在依赖关系中) )连接的起点和终点代表同一命名空间中的 XML 对象集。连接起点引入(<xs:import ... />)连接终点。

本指导性技术文件中使用的包的构造型包括：

p) 《XML 模式》(《xmlSchema》)：代表一个 XML 模式的包。

q) 《XML 命名空间》(《xmlNamespace》)：代表同属一个命名空间的 XML 对象集的包。

## 6 要求

### 6.1 gmd 概述

在 GB/T 19710—2005 中，地理信息元数据表示为一组包括一个或多个 UML 类的 UML 包。GB/T 19710—2005提供了与编码无关的一个地理信息元数据的统一视图。本指导性技术文件则根据 ISO 19118:2005 的规则提供一个基于 XML 模式的 GB/T 19710—2005 的通用实现方法。

本指导性技术文件虽然定义了几个命名空间的内容，但不包括 XML 命名空间的详细信息。命名空间实际上是一个可用作 XML 文档中元素和属性名的一个名称集合。命名空间用于区别不同模式的名称。命名空间是一个 URI，本指导性技术文件用到的 URI 均在 5.2 中列出。URI 往往不易于读写和交流，因此本指导性技术文件在需要指定某一命名空间内容时通常引用通用命名空间前缀。本指导性技术文件定义的主要命名空间是 http://www.isotc211.org/2005/gmd，其前缀为 gmd，代表地理信息元数据可扩展标记语言 (Geographic MetaData extensible markup language)。

XML 模式提供了许多以交换为目的的信息组织方法。ISO 19118:2005 定义了把地理信息国家标准中定义的 UML 概念模式转换为 XML 模式的一组规则。即使在 ISO 19118:2005 的较为严格的限制规则下，创建特定 XML 模式的时候仍然有多种选择。第 7 章、第 8 章、第 9 章中描述了对第 3 章列出的 GB/T 19710—2005 中的 UML 概念模式和其他相关地理信息国家标准中的 UML 模型进行 XML 编码的详细过程。附录 C 和附录 D 中给出了本指导性技术文件的 XML 资源描述和元数据实例示例文档。

在深入编码细节之前，理解建立 gmd 时为什么需要使用某些编码规则非常重要。理解这些规则可以对 gmd 的功能、限制以及最佳用法更清楚。gmd 的主要目标包括保证与其他地理信息国家标准的互操作性，保证可预见性、可扩展性以及可用性。6.2 和 6.7 将进一步讨论这些目标。

### 6.2 基于规则的编码

本 XML 模式实现是按照 ISO 19118:2005 的要求，根据地理信息国家标准中的 UML 模型建立的基于规则的编码。通过该方法，达到 6.1 中描述的两个目标。首先，得到的 gmd 模式直接基于地理信息国家标准，从而增加了互操作性的机会；其次，生成的模式是可预期的，因为任何类、属性、关联等的编码与其他同类型的 UML 元素的编码方法一样。

本指导性技术文件虽未做详细讨论,但基于规则的编码使自动或半自动方式生成 XML 模式成为可能。

## 6.3 质量

XML 模式实现的质量高低体现在产生的 XML 模式的简单性和据此生成的 XML 文件的易读性。地理信息国家标准,尤其是 GB/T 19710—2005 的结构复杂性,意味着不大可能提供地理信息元数据的简单 XML 模式。但只要定义了编码规则,用户就可以建立或理解以 GB/T 19710—2005 的 UML 模型为基础的 XML 实例文档的内容。另外,开发人员了解编码规则后即可对 GB/T 19710—2005 的 UML 模型进行 XML 模式实现。

gmd 质量的另一方面体现在完整性。本指导性技术文件对 GB/T 19710—2005 的整个 UML 模型进行编码,不考虑 gmd 的特定用途或使用 gmd 的特定应用模式。

## 6.4 Web 实现

6.1 提到的其中一个目标是可用性。gmd 的可用性主要关注地理信息元数据的交换,这种需求在 web 环境中尤为常见。由于基于 gmd 创建地理信息元数据实例文档可以在网络上传输,gmd 很多方面的设计都旨在支持通过因特网或万维网的数据传输。

## 6.5 外部 XML 实现的利用

另外一个有助于互操作性和可用性的设计原则是利用现有 XML 模式。如果一个对地理信息元数据相关地理信息系列的某一部分进行编码的 XML 模式标准已经存在,则优先将该 XML 模式标准并入到 gmd 中。如果 gmd 直接是用外部 XML 模式,将增强互操作性。也可能已经存在能够处理与外部 XML 模式标准一致的 XML 实例文件的软件。此外,如果外部模式进行了充分设计,可能会比根据一系列编码规则生成的 XML 模式更高效,从而有助于提高可用性。

尽管使用已有实现有明显的好处,但外部 XML 模式不应与 gmd 的设计原则冲突。例如,如果某一外部 XML 模式以一种繁琐、难用的方式实现了地理信息国家标准的某一部分,则不能并入到 gmd 中。

## 6.6 多态

术语“多态”在第 4 章进行了定义。概括地说,多态意味着表现出多种形态的能力。就本指导性技术文件而言,多态使用户可以细化元数据以满足自身的需求。例如,GB/T 19710—2005 在 CI_负责单位(CI_ResponsibleParty)类中有一个字符串类型的属性 individualName,但在某一机构中,个人信息可以通过一种更细化的方法进行描述(如名、中间名、姓)。多态可以让开发人员在其自己的命名空间中扩展 individualName 这一较为通用的格式,但仍然充分利用 gmd 并为该机构之外的用户提供可用和可读的实例文档。gmd 支持多态的特性主要来自于 8.4 描述的特性类型编码。

## 6.7 应用模式规则

ISO 19109 定义了应用模式规则,由两类与元数据相关的模型组成。

——通用要素模型,确定元数据和质量元素与地理要素相关的具体途径;

——两种交换模型,传统的数据传输模型和互操作模型,每一种模型都包含元数据与其描述对象的相互关系。

关于 ISO 19109 通用要素模型,可以为要素类型定义以下两类属性:

——元数据属性(如 GF_MetadataAttributeType 的实例),其数据类型为 MD_Metadata 或其子类。

——质量属性(如 GF_QualitiyAttributeType 的实例),其数据类型为 DQ_Element 或其子类。

在针对应用模式的规则中使用地理信息元数据的 XML 模式,主要是使用定义的元数据和质量属性数据类型的 XML 模式。根据 GB/T 23708—2009 的要素类型编码方法在 9.9.2 中描述。

关于 ISO 19109 交换模型,互操作模型是基于事务方式的数据交换,是为大量包含简单交换的事务操作设计的。相反,传输模型是针对包含大量格式化数据的较少量事务操作设计的。在为用户群体内部或相互间提供更一致的地理数据传输方面(如传输模型),GB/T 19710—2005 元数据概念模式和本指导性技术文件无疑是一个起点。

此外，应理解互操作模型适用于用户系统和服务提供者之间的交互，而且交互完全由服务接口决定。虽然服务接口可以不需要使用特定的模式，但强烈建议在信息共享的圈子内尽可能采用地理信息元数据的 XML 模式。通过传输的互操作交换在标准化方面需要更加深入。这正是 7.3 描述的"针对基于元数据的地理空间信息传输的扩展"的目的。

## 7 对地理信息国家标准中 UML 模型的扩展

### 7.1 概述

GB/T 19710—2005 提供了一个公认的与编码无关的地理信息元数据视图，本指导性技术文件则提供了一个通用的 GB/T 19710—2005 的 XML 模式编码实现。由于与实现技术相关，可能需要对地理信息国家标准中的 UML 模型进行某些扩展。这些扩展的目的可能不尽相同，但都主要是满足第 6 章的要求。如针对互操作性、易用性、万维网环境等。第 7 章给出的 UML 图就是为了满足 GB/T 19710—2005及其相关的地理信息国家标准实现 XML 模式编码所需要的扩展。

### 7.2 针对万维网环境的扩展

为了便于使用 XML 文档，需要对 ISO/TS 19103 中的 CharacterString 类进行一些扩展。这些扩展均针对 XML 文档的典型处理环境——万维网。图 2 定义了万维网环境中描述元素需要的元数据。相应的数据字典在 B.2.1 中给出。

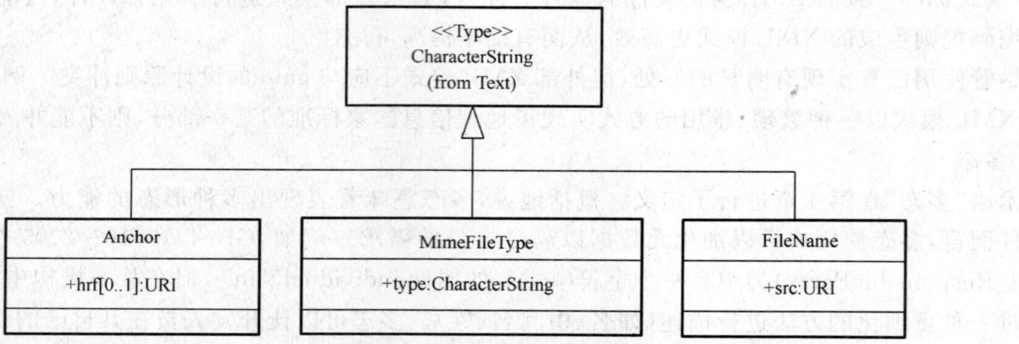


图 2 针对万维网环境的扩展

Anchor 类用于支持超链接功能，并用来以类似于网络连接方式实现 GB/T 19710—2005 中的 RS_Identifier 和 MD_Identifier 类。因为 Anchor 是 CharacterString 的子类，RS_Identifier 和 MD_Identifier 的属性 code 可以用一个 Anchor 实例来实现，因而提供了一个到代码信息位置的引用。

FileName 类用于明确引用某一外部文件，这对于 GB/T 19710—2005 中包含 fileName 属性的 MD_BrowseGraphic 类很有用。该属性的值应该采用人可以理解的文件名，而 FileName 类另外的 src 属性可以给出一个计算机可理解的该文件所在位置的绝对路径。

MimeFileType 类用于通过 MIME 媒体类型名称和子类型名称识别文件类型。这对于 GB/T 19710—2005的 MD_BrowseGraphic 类的 fileType 属性有用，其值若是"JPEG"，则 MimeFileType 类可以表示为计算机可以理解的"image/jpeg"。

### 7.3 针对基于元数据的地理空间信息传输的扩展

#### 7.3.1 数据集与聚集数据集的传输

图 3 引用了 GB/T 19710—2005 的图 3，但把重点放在元数据驱动的地理空间信息传输中需要的类和关联上。数据集 (DS_Dataset)可以是聚集 (DS_Aggregate)的一部分，该聚集可以是另一聚合体的子集或超集。聚集和数据集都被链接到一或多组元数据元素 (MD_Metadata)。

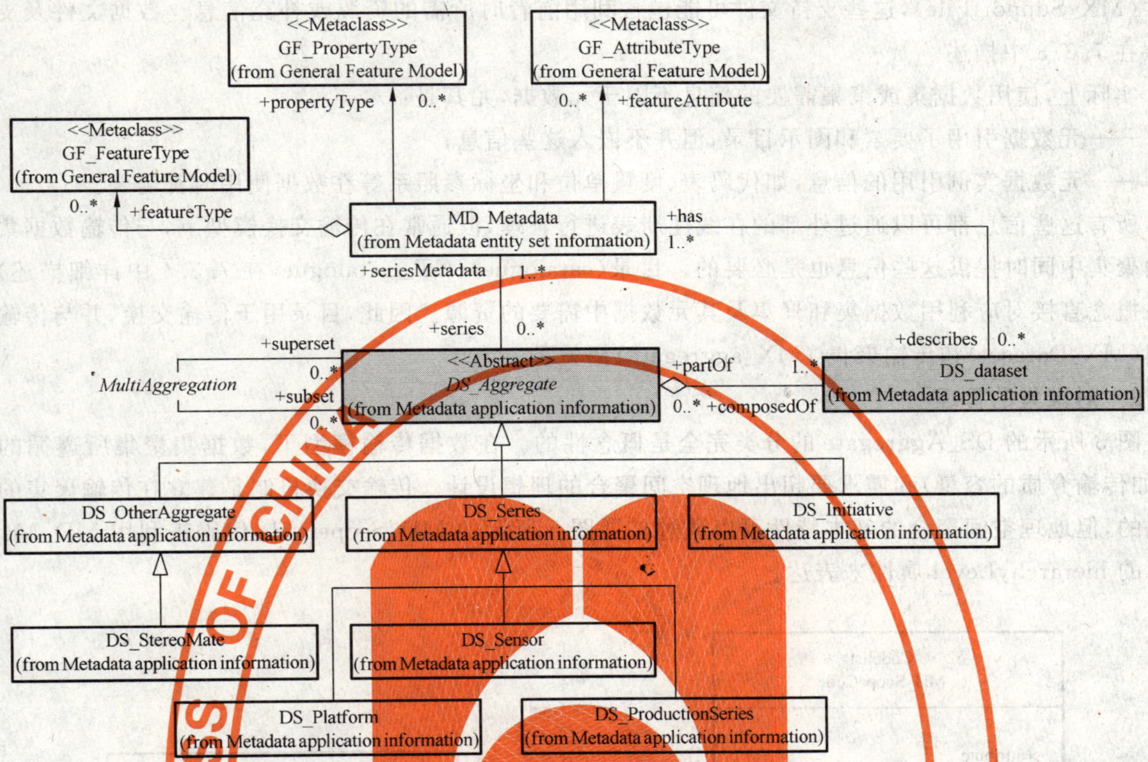


**图 3 数据集、聚集及其元数据**

基于元数据的地理信息传输需要对 GB/T 19710—2005 的扩展如图 4 所示。

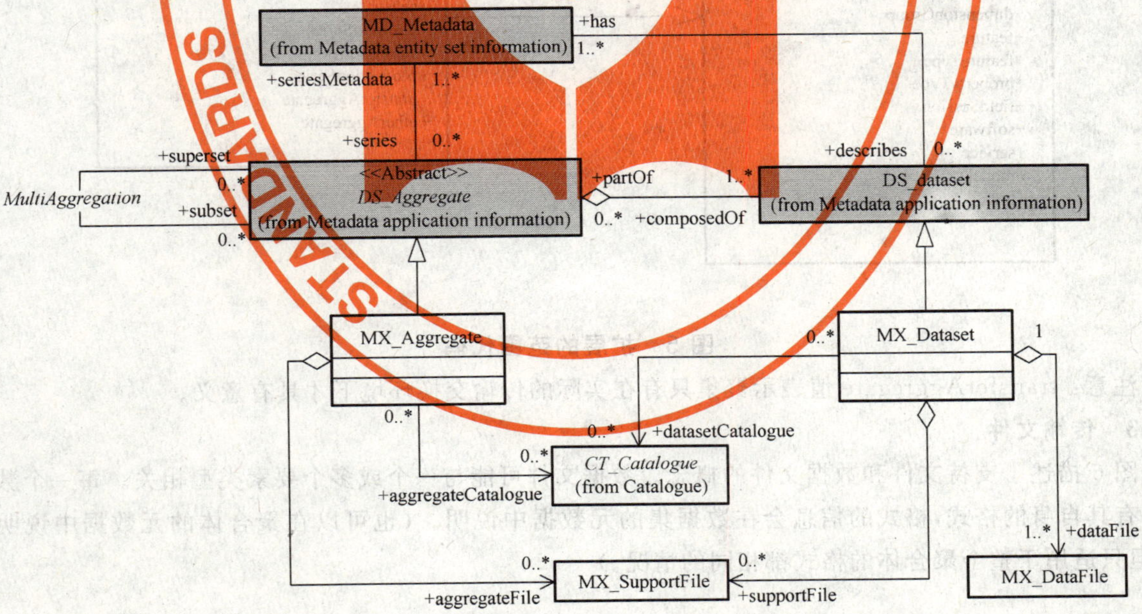


**图 4 通用交换结构**

为了提供一个通用的传输交换机制，引入两个新的概念：传输数据集（MX_Dataset）和传输聚集（MX_Aggregate）。

传输交换环境中，数据集数据按数据文件（MX_DataFile）组织。传输数据集和聚集可能伴随支持文件(MX_SupportFile),这些支持文件可能包含利用前者时所需的资源或补充信息。数据文件及支持文件在 7.3.3 中描述。

实际上,使用数据集或聚集需要的信息不限于元数据,尤其是:

——元数据引用了要素和图示目录,但并不嵌入这些信息;

——元数据实例引用的信息,如代码表、度量单位和坐标参照系等在数据使用时都需要。

所有这些信息都可以通过外部的在线注册表进行管理,但通常在传输交换模型下,与传输数据集和传输聚集中同时提供这些信息也是必要的。目录(catalogue)(CT_Catalogue,在 7.3.4 中详细描述)的抽象概念直接对应利用数据集和聚集及其元数据中需要的资源。因此,目录用于传输交换,并与传输数据集(MX_Dataset)和传输聚集 (MX_aggregate)相关联。

### 7.3.2 对聚集的管理

图 3 所示的 DS_Aggregate 的分类完全是概念性的。在数据传输模型下,数据集聚集所遵循的限制(如传输介质的容量)和需求要超出地理空间聚合的理想设计。传输交换机制是建立在传输聚集的基础上的,但地理空间聚合的基本特性可以通过扩展图 5 所示的 MD_ScopeCode 代码表利用 MD_Metadata 的 hierarchyLevel 属性来表达。

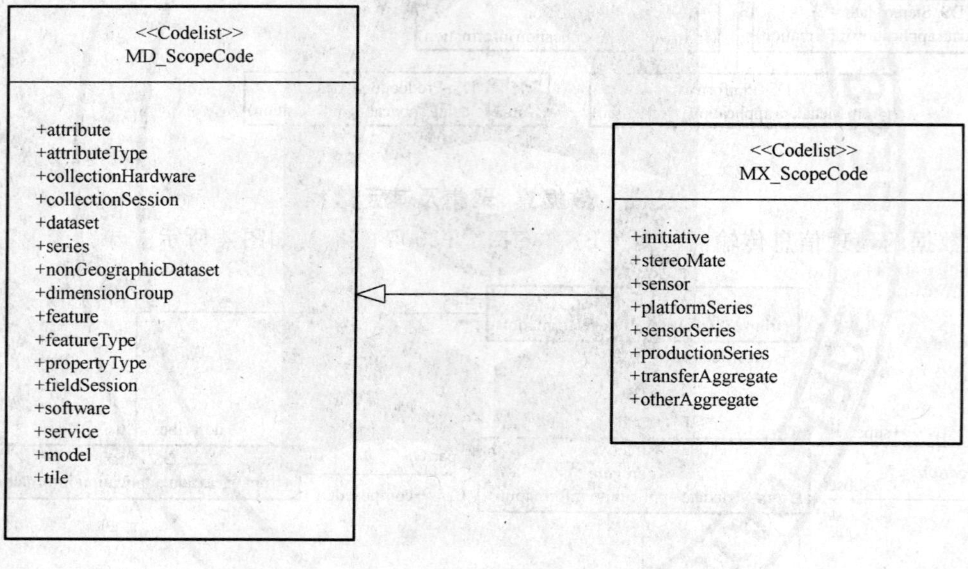


**图 5 扩展的范围代码**

注意:transferAggregate 值表示聚集只有在实际的传输交换环境下才具有意义。

### 7.3.3 传输文件

图 6 描述了支持文件和数据文件的概念。数据文件可能与一个或多个要素类型相关。每一个数据文件有其自身的格式,格式的信息会在数据集的元数据中说明。(也可以在聚合体的元数据中说明格式,但只适用于整个聚合体的格式都相同的情况。)

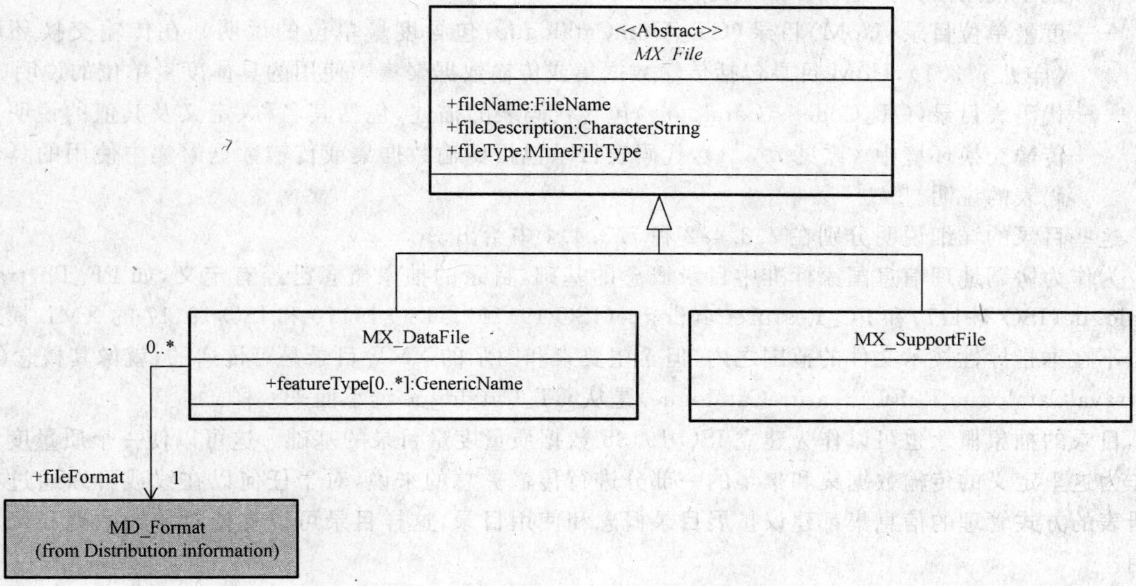


图 6 传输文件

### 7.3.4 目录

#### 7.3.4.1 一般概念

图 7 描述了目录 (CT_Catalogue)的概念,就本指导性技术文件而言,目录是地理空间信息标准传输交换的一个关键组成部分。其设计思想来自于 ISO19110 定义的要素目录。

——增加了几个可选属性 (包括语种、字符集和语区)以满足文化和语种适应性方面的需求;

——考虑了针对要素目录的 FC_FeatureCatalog 类的几个属性。

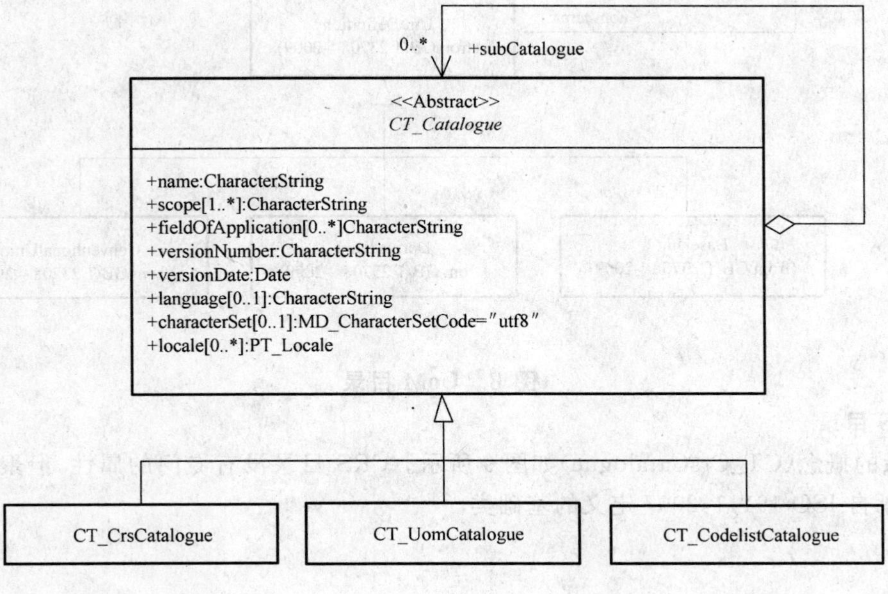


图 7 各种目录

本指导性技术文件提供 3 个具体目录的概念模式,包括:

——坐标参照系(CRS)目录(CT_CrsCatalogue)包含坐标参照系及其组成部分 (如基准、坐标系统等)的说明。在传输交换环境中(详见 7.3.1),一个 CRS 目录包含传输数据集或传输数据聚集中使用的具体坐标参照系的说明。

——度量单位目录(UoM)目录(CT_UomCatalogue)包含度量单位的说明。在传输交换环境中(详见 7.3.1),UoM 目录包括传输数据集或传输数据聚集中使用的具体度量单位的说明。

——代码表目录(CT_CodelistCatalogue)包含代码表的描述,包括其名称、定义及其值的说明。在传输交换环境中(详见 7.3.1),代码表目录包括传输数据集或传输数据聚集中使用的具体代码表的说明。

这些目录的详细说明分别在 7.3.4.2 和 7.3.4.4 中给出。

为作为协调地理信息国家标准中目录概念的基础,目录的抽象概念已经有定义,如 PF_PortrayalCatalogue(ISO 19117)和 FC_FeatureCatalogue(ISO 19110)。ISO 19110 和 ISO 19117 的 XML 模式实现虽不在本指导性技术文件的范围之内,但希望要素和图示的 XML 目录是可传递的,就像其概念(PF_PortrayalCatalogue 和 FC_FeatureCatalogue)是从 CT_Catalogue 继承而来一样。

目录的抽象概念也可以作为建立 ISO 19138 数据质量度量目录的基础。这可以使一个质量度量目录作为这里定义的传输数据集和聚集的一部分进行传输。总的来说,对于任何以在线或可以通过在线注册表的方式管理的信息集都建议扩展目录概念和使用目录,这样目录可以支持对传输数据和聚集的利用。

### 7.3.4.2 UoM 目录

图 8 所示的度量单位目录(CT_UomCatalogue)聚集一组度量单位,这些单位在 GB/T 23708—2009 中定义。

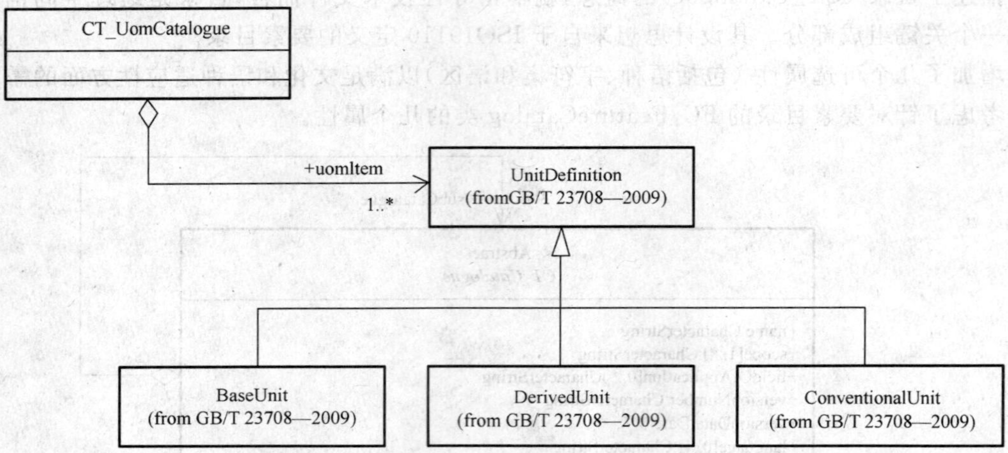


**图 8 UoM 目录**

### 7.3.4.3 CRS 目录

CRS 目录的概念(CT_CrsCatalogue)如图 9 所示。CRS 目录没有专门的属性,但聚集不同类型的基准,都是继承自 ISO 19111:2007 定义的基础类。

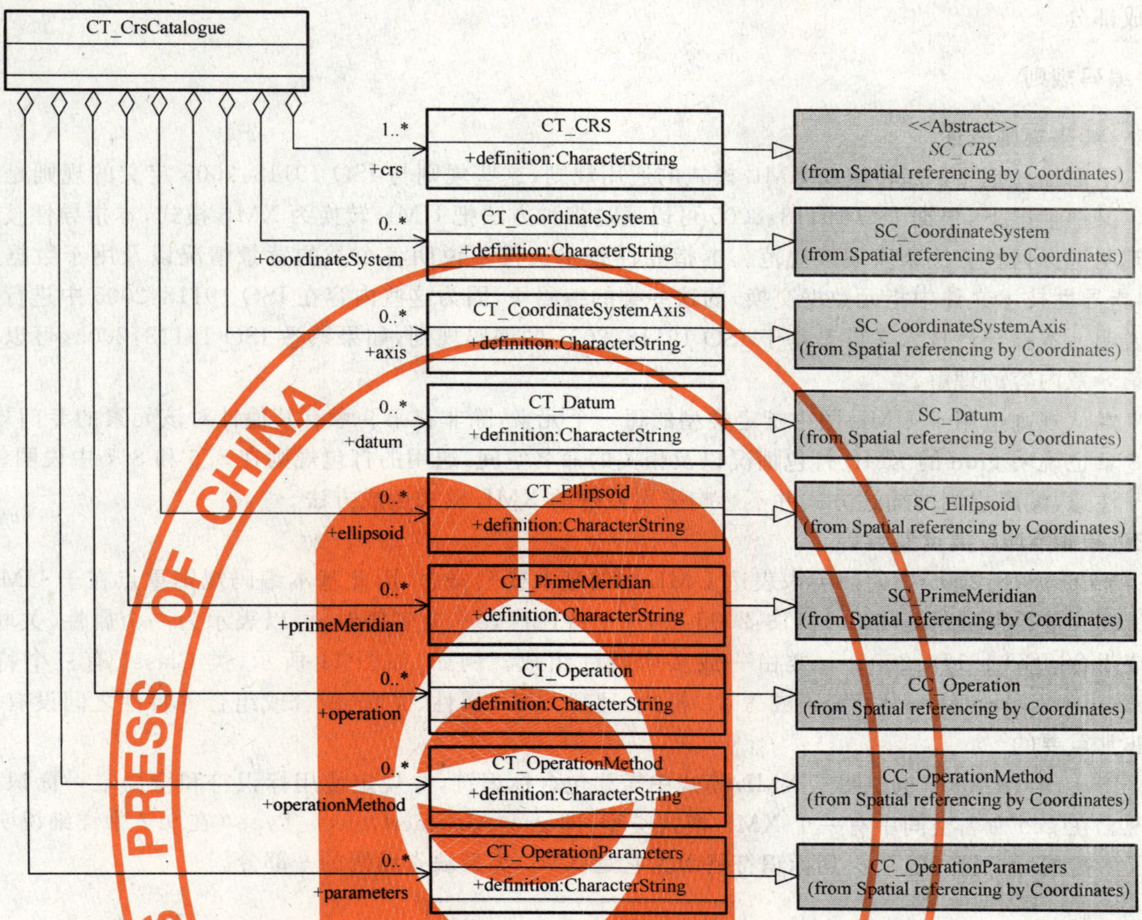


**图 9　CRS 目录**

#### 7.3.4.4　代码表目录

代码表目录(CT_CodelistCatalogue)的概念如图 10 所示。代码表目录没有专门的属性,但聚集一种类型的基于通用的目录项概念的代码表（CT_Codelist）。代码表也聚集一个与代码表值一致的简单类型的项(CT_CodelistValue)。

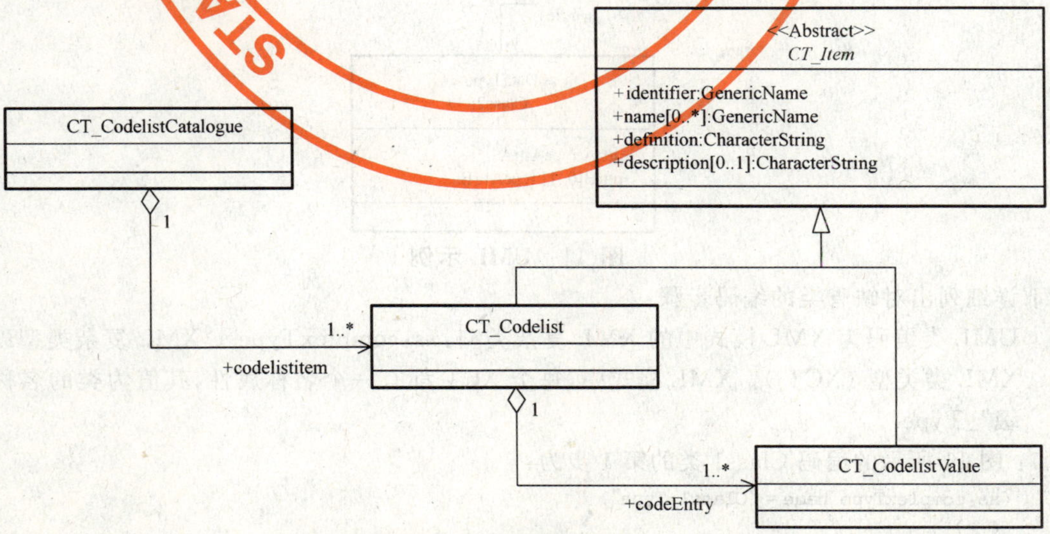


**图 10　代码表目录**

引入目录项概念(CT_Item)可简化代码表目录中的组成部分,但强烈建议用来定义新类型的目录组成部分。

# 8 编码规则

## 8.1 编码规则概述

下面描述把 UML 转换成 XML 模式的通用规则,这些规则与 ISO 19118:2005 定义的规则是一致的。某些情况下,根据 ISO 19118:2005 可以通过多种方法把 UML 转换为 XML 模式,本指导性技术文件阐明选择何种方法来实现该规范。本指导性技术文件不说明各个类的背景情况以及用于数据交换(本指导性技术文件中指元数据交换)的这些类的编码块,因为这些内容在 ISO 19118:2005 中进行了详细说明。本指导性技术文件是基于 ISO 19118:2005 的编码规则,如果熟悉 ISO 19118:2005,可以增强对第 8 章内容的理解。

默认规则适用于 UML 图中指定类型的每一个元素,除非在第 9 章有其他针对该元素的专门规则。第 8 章也说明 gmd 的 XML 打包情况以及相关的命名空间,通用的打包规则在 8.6 和 8.7 中说明。

注意:编码规则的描述方式并不影响采用最好的 XML 模式生成方法。

## 8.2 缺省 XML 类类型编码

ISO 19118:2005 中使用类来表达 UML 中的基本模型概念,因此基本编码规则重点在于 UML 类的编码。值得一提的是 ISO 19118:2005 中,一个特性代表一个名值对,可以表示为一个属性、关联、聚合或组合[ISO 19118:2005]。类由一或多个特性组成。例如,如图 11 所示,类 Class1 有三个特性:attr1,attr2 和 role1。为了编码成 XML 模式,理解 UML 属性、关联、聚合或组合等特性之间没有区别是非常重要的。

ISO 19118:2005 也说明了 XML 模式中需要包含标识符,并规定使用标识符和全局唯一标识符来实现。在 gco 命名空间中有一个 XML 模式类型,即 gco:AbstractObject_Type (在 9.7 中详细说明)提供了所需的标识符。这里提到标识符是因为它是 XML 类型缺省编码的一部分。

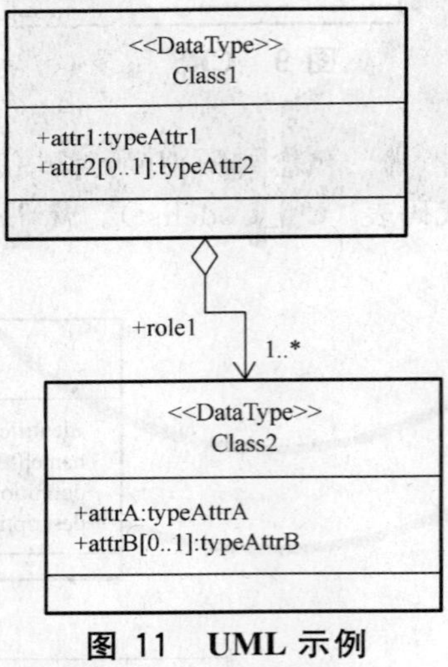


图 11 UML 示例

以下详细列出对缺省类的编码步骤:

1) UML 类编码为 XML 模式中的 XML 复杂类型:xs:complexType 。XML 复杂类型以下称为 XML 类类型 (XCT )。XML 模式中,每个 XCT 都有一个名称属性,其值为类的名称加上后缀"_Type"。

例 1:图 11 所示的编码 Class1 类的第 1 步为:

```
〈xs:complexType name="Class1_Type"〉
  (…)
〈/xs:complexType〉
```

2) 所有遵循缺省编码规则的 UML 类都包含复杂内容,可通过使用 xs:complexType 元素包含的

xs:complexContent 元素来提供这种功能。

例 2：图 11 所示的编码 Class1 类的第 2 步为：

```
〈xs:complexType name = "Class1_Type"〉
  〈xs:complexContent〉
   (…)
  〈/xs:complexContent〉
〈/xs:complexType〉
```

3） 所有遵循缺省编码规则的 UML 类通过添加包含和 gco:AbstractObject_Type 等效的 base 属性的 xs:extension 元素来扩展 gco:AbstractObject_Type。

例 3：图 11 所示的编码 Class1 类的第 3 步为：

```
〈xs:complexType name = "Class1_Type"〉
  〈xs:complexContent〉
    〈xs:extension base = "gco:AbstractObject_Type"〉
     (…)
    〈/xs:extension〉
  〈/xs:complexcontent〉
〈/xs:complexType〉
```

4） 所有遵循缺省编码规则的 UML 类具有一个包含该类所有特性的序列。这通过添加一个 xs:sequence 元素来实现，该 xs:sequence 元素包含对应于该类所有特性的 xs:element 元素。xs:element 元素包括以下属性：

i. 属性的 name 等同于特性的名称。

ii. 属性 type 等同于 XCPT 的名称，对应于特定特性指定类型对应的 UML 类。8.4 中说明了默认情况下该属性的取值为其指定 UML 类名加上"_PropertyType"，8.5.7 和 8.5.8.2 定义了例外情况。作为 type 属性值的 XCPT 名称也要加上 8.6 说明的合适的命名空间前缀。

iii. minOccurs 和 maxOccurs 属性，其取值包含在 ISO 19118:2005 的表 A.5 中。另外，类的特性如果碰巧使用的是"set"和"sequence"结构的属性，则如果为可选属性，minOccurs 取值为 0，若为必选，其值取 1，且 maxOccurs 取值为"unbounded"。

例 4：图 11 所示的编码 Class1 类的第 4 步为：

```
〈xs:complexType name = "Class1_Type"〉
  〈xs:complexContent〉
    〈xs:extension base = "gco:AbstractObject_Type"〉
      〈xs:sequence〉
        〈xs:element name = "attr1"
        type = "ns1:typeAttr1_PropertyType"/〉
        〈xs:element name = "attr2"
        type = "ns1:typeAttr2_PropertyType"
        minOccurs = "0" /〉
        〈xs:element name = "role1"
        type = "ns1:Class2_PropertyType"
        minOccurs = "1" maxOccurs = "unbounded"/〉
      〈/xs:sequence〉
    〈/xs:extension〉
  〈/xs:complexContent〉
〈/xs:complexType〉
```

注：本指导性技术文件的所有例子都有一个命名空间前缀"ns1"，在 UML 中不一定都会表示。这是一个用来说明何时需要提供一个命名空间前缀的假想命名空间，但不对应本指导性技术文件中定义的任何命名空间或前缀。

xs:sequence 中的多个 xs:element 的次序是基于 GB/T 19710—2005 的数据字典（附录 B）中相应特性的顺序。序列中特性从其最小行号（GB/T 19710—2005 附录 B 的所有表格的第 1 列）到最高行号的顺序列出。如果类的某个特性在 GB/T 19710—2005 附录 B 中没有，则跟在 GB/T 19710—2005 附录 B 中已有特性的后面，并符合本指导性技术文件（附录 B）中说明的该特性出现的次序。这一排序规则适用于缺省编码方法，也适用于所有 XCT 的特殊情况编码。

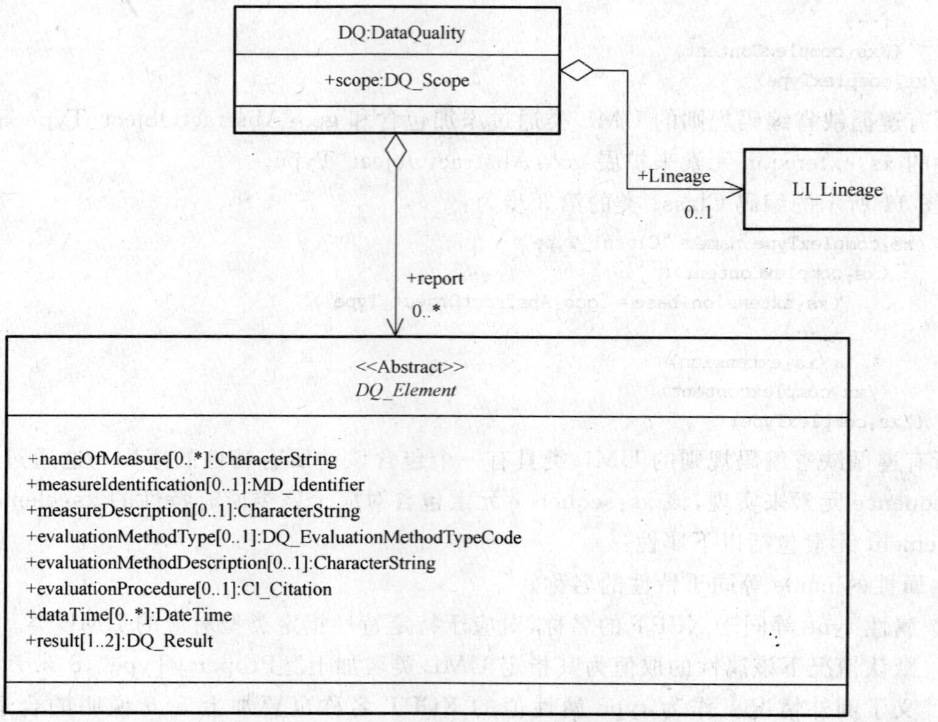


**图 12 引自 GB/T 19710—2005 中的 A.2.4.1 的数据质量信息 UML 图局部**

对应图 12 的 XCT：

```
<xs:complexType name="DQ_DataQuality_Type">
  <xs:complexContent>
    <xs:extension base="gco:AbstractObject_Type">
      <xs:sequence>
        <xs:element name="scope" type="gmd:DQ_Scope_PropertyType"/>
        <xs:element name="lineage"
        type="gmd:LI_Lineage_PropertyType" minOccurs="0"/>
        <xs:element name="report"
        type="gmd:_DQ_Element_PropertyType" minOccurs="0"
        maxOccurs="unbounded"/>
      </xs:sequence>
    </xs:extension>
  </xs:complexContent>
</xs:complexType>
```

### 8.3 XML 类全局元素的编码

UML 类也编码为全局元素，包含一个名称属性，等于 UML 类的名称，其 type 属性值为 8.2 说明的 XCT 的名称(包含相应的命名空间前缀)。下面全局元素称为 XML 类全局元素（XCGE)。

例 1：类 Class1 的 XCGE 如图 12 所示：

```
<!-- ............................................................... -->
<xs:element name="Class1" type="ns1:Class1_Type"/>
<!-- ............................................................... -->
```

例 2：图 12 所示的 DQ_DataQuality 的 XCGE 为：

```
<!-- ............................................................... -->
<xs:element name="DQ_DataQuality" type="gmd:DQ_DataQuality_Type"/>
<!-- ............................................................... -->
```

## 8.4 XML 类特性类型的编码

### 8.4.1 复杂类型 XCT 的特性类型编码

为了支持 8.2 描述的特性概念，以及给定类可以作为一组容器类的特性类型，每个 UML 类也定义为另外一个 XSD xs:complexType(以下称 XML 类特性类型，XCPT)。特性的包含是通过其数据类型的 XCPT 来进行管理的。默认情况下，XCPT 允许通过值和通过引用进行包含。以下列出一个默认类的 XCPT 编码的详细步骤：

1) 为了把 XCPT 和 XCT 区分开，xs:complexType 元素有一个等于类名加_PropertyType 后缀的名称属性。

例 1：编码图 11 所示的类 Class1 的 XCPT 的第 1 步为：

```
<xs:complexType name="Class1_PropertyType">
  (…)
</xs:complextype>
```

2) 为了以某种支持 6.6 说明的多态的方式来实现“通过值”的包含，XCPT 包含一个可选的 xs:sequence 元素，该元素包含一个带有 ref 属性的 xs:element 元素，该 ref 属性等于 UML 的 XCT 。xs:sequence 元素规定为可选，是为了允许该特性以“通过引用”的方式实现。

例 2：编码图 11 所示的类 Class1 的 XCPT 的第 2 步为：

```
<xs:complexType name="Class1_PropertyType">
  <xs:sequence minOccurs="0">
    <xs:element ref="ns1:Class1"/>
  </xs:sequence>
</xs:complexType>
```

3) 为了提供“通过引用”方式的包含，XCPT 有一个 xs:attributeGroup 元素，该元素带一个等于"gco:ObjectReference"的 ref 属性。在 ISO 19118:2005 中引入了 IM_ObjectReference 属性组，进一步说明在 9.7 中进行。

例 3：图 11 所示的编码类 Class1 的 XCPT 的第 3 步为：

```
<xs:complexType name="Class1_PropertyType">
  <xs:sequence minOccurs="0">
    <xs:element ref="ns1:Class1"/>
  </xs:sequence>
  <xs:attributeGroup ref="gco:ObjectReference"/>
</xs:complexType>
```

4) 为了必要时说明值为 Null 的原因，XCPT 有一个带有 ref 属性的 xs:attribute 元素，该 ref 属性等于"gco:nilReason"，nilReason 属性在 9.7.3.4 详细说明。

例 4：图 11 所示的编码类 Class1 的 XCPT 的第 4 步为：

```
<xs:complexType name="Class1_PropertyType">
  <xs:sequence minOccurs="0">
    <xs:element ref="ns1:Class1"/>
  </xs:sequence>
  <xs:attributeGroup ref="gco:ObjectReference"/>
  <xs:attribute ref="gco:nilReason">
</xs:complexType>
```

例 5：图 12 所示的 DQ_DataQuality 类的 XCPT 实例：

```
<xs:complexType name="DQ_DataQuality_PropertyType">
  <xs:sequence minOccurs="0">
    <xs:element ref="gmd:DQ_DataQuality"/>
  </xs:sequence>
  <xs:attributeGroup ref="gco:ObjectReference"/>
  <xs:attribute ref="gco:nilReason"/>
</xs:complexType>
```

注意：XCPT 中没有特定的限制来约束 UML 中定义的特性的包含信息。UML 包含说明应通过适用于 XML 元数据的外部测试进行管理。这将在附录 A 中详细讨论。

#### 8.4.2 简单类型 XCT 的特性类型编码

8.5.4 中给出了几个特定 XCT 编码的案例，第 9 章中说明 xs:simpleType 的 XCT，而不是 8.2 说明的 xs:complexType。如果 XCT 为简单类型，则相应的 XCPT 不包含 8.4.1 中描述的“通过引用”的功能。对简单类型不使用引用方法避免了可能的复杂性，在属性类型通过引用实现时会存在这种复杂性。

为了对构造型为枚举（Enumeration）的类进行编码，8.5.4 中引入了第一个简单 XCT。对应 simpleType 的 XCT 的 XCPT，如枚举，不包含 gco:ObjectReference 属性组。

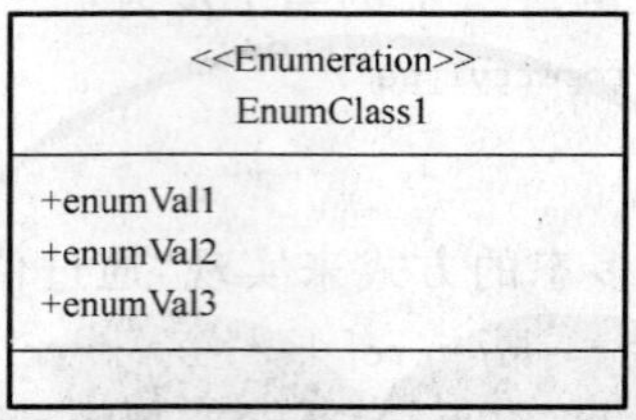


**图 13 构造型为枚举类型（一种简单类型）的类的 UML 样例**

例：图 13 所示的 EnumClass1 类的 XCPT 为：

```
〈xs:complexType name="EnumClass1_PropertyType"〉
  〈xs:sequence minOccurs="0"〉
    〈xs:element ref="ns1:EnumClass1"/〉
  〈/xs:sequence〉
  〈xs:attribute ref="gco:nilReason"/〉
〈/xs:complexType〉
```

注意：即使是简单类型，XCPT 中也没有专门的限制来强制某一特性使用 ByVal 或 nilReason。该包含应通过适用于 XML 元数据的外部测试来管理，这将在附录 A 中详细讨论。

### 8.5 特殊情况的编码

#### 8.5.1 特殊情况编码的概述

尽管 8.2 和 8.4 描述的编码规则覆盖了地理信息国家标准中的 UML 中的多数类，但还有一些特例需要使用不同的编码规则。这些特例一般是基于各种类的构造型。所有没有构造型的类或者构造型为 Type 或 DataType 的类都遵循缺省编码规则。其他类则需遵循 8.5.2 和 8.5.6 中说明的编码规则。

#### 8.5.2 抽象类

为了便于实现，值得更好地标识出抽象类类型，这样实现者会意识到不能出现这些类型的元素。地理信息国家标准的 UML 中的抽象类通过以下方式编码：

a) 在相应 XCT 抽象类名称前加上“Abstract”；

b) 在 XCT 的 xs:complexType 中添加 abstract 属性，其值设为“true”；

c) 在 XCGE 的抽象类名称前加上“Abstract”；

d) 在 XCGE 的 xs:element 中添加 abstract 属性，其值设为“true”；

e) 在相应 XCPT 中的 xs:element 的 ref 属性中使用加了适当前缀的类名（注意在 XCPT 的名称属性前不加单词'Abstract'，因为 XML 模式中特性类型不会是抽象的）。

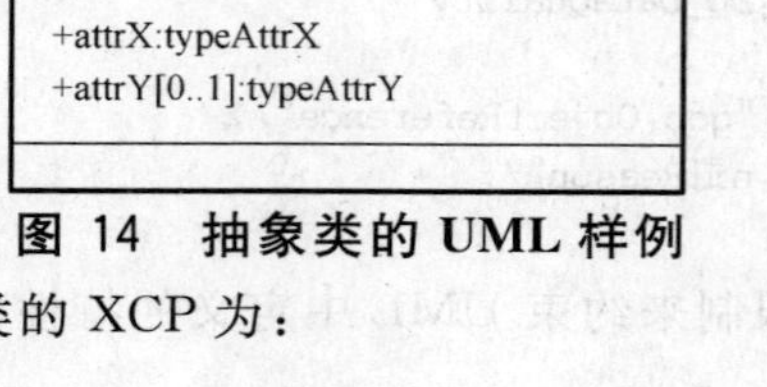


**图 14 抽象类的 UML 样例**

例 1：图 14 所示的 AbsClass1 类的 XCP 为：

```
<xs:complexType name="AbstractAbsClass1_Type" abstract="true">
  <xs:complexContent>
    <xs:extension base="gco:AbstractObject_Type">
      <xs:sequence>
        <xs:element name="attrX" type="ns1:typeAttrX_PropertyType"/>
        <xs:element name="attrY" type="ns1:typeAttrY_PropertyType" minOccurs="0"/>
      </xs:sequence>
    </xs:extension>
  </xs:complexContent>
</xs:complexType>
```

例 2：图 14 所示的 AbsClass1 类的 XCGE 为：

```
<xs:element name="AbstractAbsClass1" type="ns1:AbstractAbsClass1_Type" abstract="true"/>
```

例 3：图 14 所示的 AbsClass1 类的 XCPT 为：

```
<xs:complexType name="Class1_PropertyType">
  <xs:sequence minOccurs="0">
    <xs:element ref="ns1:AbstractAbsClass1"/>
  </xs:sequence>
  <xs:attributeGroup ref="gco:ObjectReference"/>
  <xs:attribute ref="gco:nilReason"/>
</xs:complexType>
```

例 4：使用 GB/T 19710—2005 实际例子的 XCPT 样例如图 15 所示。

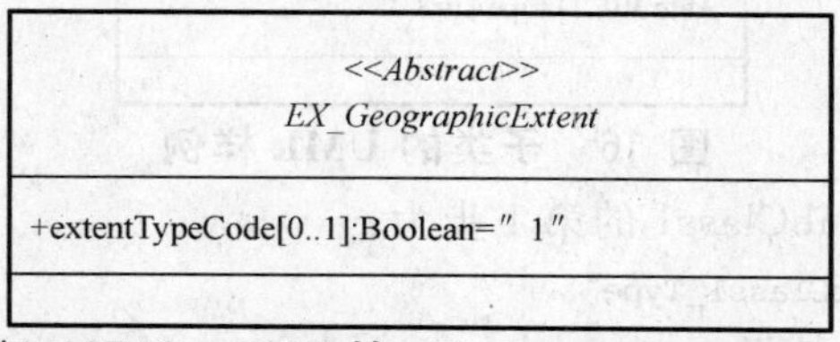


**图 15　引自 GB/T 19710—2005 的 EX_GeographicExtent 抽象类的 UML**

图 15 所示的 EX_GeographicExtent 抽象类的 XCT 为：

```
<xs:complexType name="AbstractEX_GeographicExtent_Type" abstract="true">
  <xs:complexContent>
    <xs:extension base="gco:AbstractObject_Type">
      <xs:sequence>
        <xs:element name="extentTypeCode" type="gco:Boolean_PropertyType"
      minOccurs="0"/>
      </xs:sequence>
    </xs:extension>
  </xs:complexContent>
</xs:complexType>
```

图 15 所示的 EX_GeographicExtent 抽象类的 XCGE 为：

```
<xs:element name="AbstractEX_GeographicExtent"
type="gmd:AbstractEX_GeographicExtent_Type" abstract="true"/>
```

图 15 所示的 EX_GeographicExtent 抽象类的 XCPT 为：

```
<xs:complexType name="EX_GeographicExtent_PropertyType">
  <xs:sequence minOccurs="0">
    <xs:element ref="gmd: AbstractEX_GeographicExtent"/>
  </xs:sequence>
  <xs:attributeGroup ref="gco:ObjectReference"/>
  <xs:attribute ref="gco:nilReason"/>
</xs:complexType>
```

### 8.5.3　继承关系与子类的编码

继承概念通过泛化这一简单扩展方法来实现。诚然这是对继承和子类概念的简化，因为忽略了包含约束的泛化关系和多重继承的泛化关系。这一仅用于扩展的泛化是有意设计成这样的，对于约束性泛化关系的实现在 A. 4 讨论。就 XML 模式而言，不能支持多重继承，只能模拟实现。由于

GB/T 19710—2005没有多重继承的情况，多种继承的模拟机制这里不做考虑。

同默认的 UML 级相比，gmd 中所有具有相应 XCT，XCGE 和 XCPT 的子类与缺省类一样。子类的 XCT 与缺省类的区别包括：

a) XCT 的 xs:complexContent 元素内有一个 xs:extension 元素，其 base 属性等于基类或超类的受限命名空间 XCT（这不同于缺省 UML 类 xs:extension 元素的 XCT，其 base 属性是一个提供 id 和 uuid 属性的 gco:AbstractObject_Type 。通过扩展基类，所有必要的属性仍然存在）。注意如果超类为抽象类，则遵循 8.5.2 的要求，相应的 XCT 的名称前应加上“Abstract”。

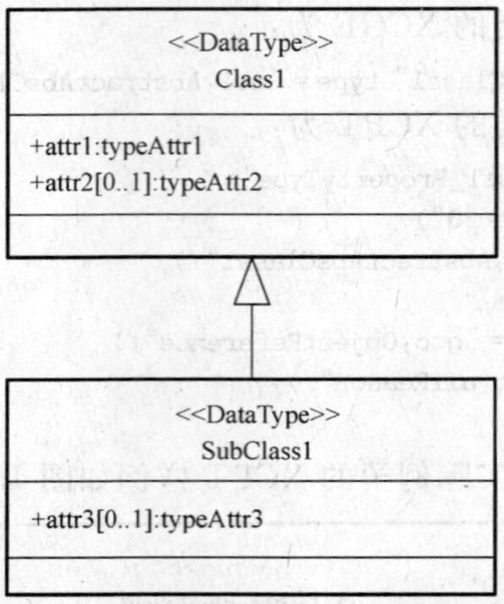


**图 16　子类的 UML 样例**

例 1：编码图 16 所示的类 SubClass1 的第 1 步为：

```
〈xs:complexType name="SubClass1_Type"〉
  〈xs:complexContent〉
      〈xs:extension base="ns1:Class1_Type"〉
          (…)
      〈/xs:extension〉
  〈/xs:complexContent〉
〈/xs:complexType〉
```

b) xs:extension 元素包含一个 xs:sequence 元素，该元素又包含 8.2 第 4 步中的缺省 UML 类列出的所有特性。注意该序列仅包含该子类专有的特性。

例 2：编码图 16 所示的类 SubClass1 的第 1 步为：

```
〈xs:complexType name="SubClass1_Type"〉
  〈xs:complexContent〉
     〈xs:extension base="ns1:Class1_Type"〉
      〈xs:sequence〉
         〈xs:element name="attr3" type="ns1:typeAttr3_PropertyType"/〉
      〈/xs:sequence〉
     〈/xs:extension〉
  〈/xs:complexContent〉
〈/xs:complexType〉
```

子类的 XCGE 和缺省 UML 类的 XCGE 的区别在于包含额外的 substitutionGroup 属性，其值等于基类的受限命名空间的 XCGE。

例 3：图 16 所示 SubClass1 类的 XCGE 编码为：

```
〈xs:element name="SubClass1" type="ns1:SubClass1_Type" substitutionGroup="ns1:Class1"/〉
```

子类的 XCPT 与缺省 UML 类的 XCPT 编码方法相同。

例 4：图 16 所示 SubClass1 类的 XCPT 编码为：

```
〈xs:complexType name="SubClass1_PropertyType"〉
 〈xs:sequence minOccurs="0"〉
    〈xs:element ref="ns1:SubClass1"/〉
```

```
    </xs:sequence>
    <xs:attributeGroup ref="gco:ObjectReference"/>
    <xs:attribute ref="gco:nilReason"/>
  xs:complexType>
```

例 5：使用 GB/T 19710—2005 实际例子的 XML 模式内的子类样例如图 17 所示。

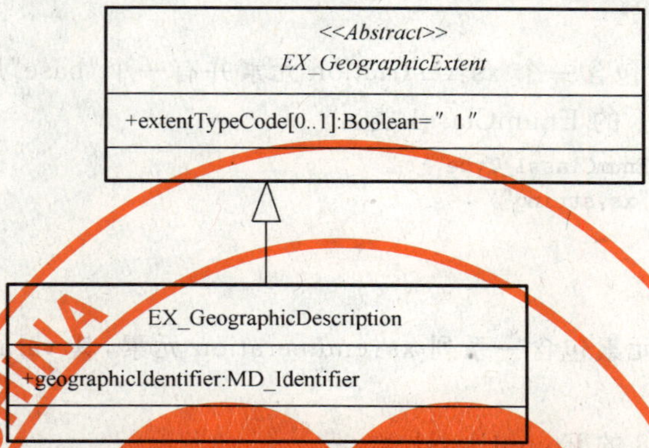


**图 17　引自 GB/T 19710—2005 的 EX_GeographicExtent 和 EX_GeographicDescription 类的 UML**

图 17 中 EX_GeographicDescription 类的 XCT 为：

```
<xs:complexType name="EX_GeographicDescription_Type">
    <xs:complexContent>
        <xs:extension base="gmd:AbstractEX_GeographicExtent_Type">
        <xs:sequence>
         <xs:element name="geographicIdentifier" type="gmd:MD_Identifier_PropertyType"/>
        </xs:sequence>
        </xs:extension>
    </xs:complexContent>
</xs:complexType>
```

图 17 中 EX_GeographicDescription 类的 XCGE 为：

```
    <xs:element name="EX_GeographicDescription"
type="gmd:EX_GeographicDescription_Type"
substitutionGroup="gmd:AbstractEX_GeographicExtent"/>
```

图 17 中 EX_GeographicDescription 类的 XCPT 为：

```
    <xs:complexType name="EX_GeographicDescription_PropertyType">
        <xs:sequence minOccurs="0">
<xs:element ref="gmd:EX_GeographicDescription"/>
      </xs:sequence>
      <xs:attributeGroup ref="gco:ObjectReference"/>
      <xs:attribute ref="gco:nilReason"/>
  </xs:complexType>
```

### 8.5.4　枚举的编码

地理信息国家标准的概念模式语种支持两种列举类型，在其定义中都给出了一个符合要求的助记符清单[ISO/TS 19103]。这两种类型是枚举型(Enumeration)和代码表(CodeList)，注意这两种类型是不同的。构造型为 Enumeration 的类只能包含表示枚举值的简单属性[ISO/TS 19103]，〈〈Enumeration〉〉类只用于不需要对值列表进行扩充的情况，否则需要使用〈〈CodeList〉〉类。

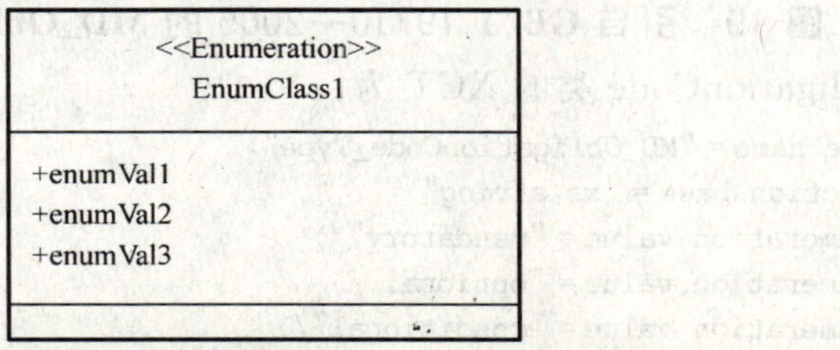


**图 18　构造型为枚举类型的类的 UML 样例**

a) Enumeration 类的代码开始于创建一个 XCT，以 xs:simpleType 元素开始并有一个"name"属性等同于 UML 类名加_Type 后缀。

例 1：步骤 a）创建图 18 的 EnumClass1 类：

```
〈xs:simpleType name = "EnumClass1_Type"〉
(…)
〈/xs:simpleType〉
```

b) xs:simpleType 元素包含一个 xs:restriction 元素并有一个"base"属性，其值为"xs:string".

例 2：步骤 b)创建如图 18 的 EnumClass1 类：

```
〈xs:simpleType name = "EnumClass1_Type"〉
〈xs:restriction base = "xs:string"〉
(…)
〈/xs:restriction〉
〈/xs:simpleType〉
```

c) 每个 xs:restriction 元素包含一系列 xs:enumeration 元素，其 value 属性等于枚举 UML 图中的属性值。

例 3：步骤 c)创建如图 18 的 EnumClass1 类：

```
〈xs:simpleType name = "EnumClass1_Type"〉
  〈xs:restriction base = "xs:string"〉
    〈xs:enumeration value = "enumVal1"/〉
    〈xs:enumeration value = "enumVal2"/〉
    〈xs:enumeration value = "enumVal3"/〉
  〈/xs:restriction〉
〈/xs:simpleType〉
```

〈〈Enumeration〉〉类的 XCGE 遵循默认的 XCGE 规则并有 substitutionGroup 属性等于 gco:CharacterString。

例 4：图 18 中的 EnumClass1 类的 XCGE 为：

```
〈xs:element name = "EnumClass1" type = "ns1:EnumClass1_Type"
substitutionGroup = "gco:CharacterString"/〉
```

〈〈Enumeration〉〉类的 XCPT 遵循 8.4.2 中规定的简单类型默认 XCT 编码方法。

例 5：图 18 中 EnumClass1 类的 XCPT 为：

```
〈xs:complexType name = "EnumClass1_PropertyType"〉
〈xs:sequence minOccurs = "0"〉
〈xs:element ref = "ns1:EnumClass1"/〉
〈/xs:sequence〉
〈xs:attribute ref = "gco:nilReason"/〉
〈/xs:complexType〉
```

例 6：GB/T 19710—2005 中的一个具体枚举类型编码示例如图 19 所示。

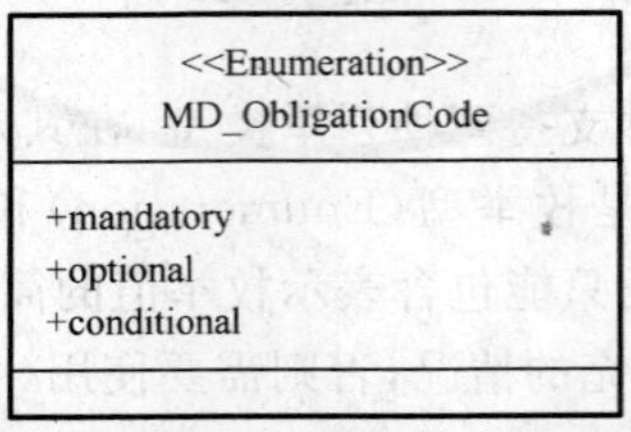


**图 19 引自 GB/T 19710—2005 的 MD_ObligationCode 类**

图 19 中 MD_ObligationCode 类的 XCT 为：

```
〈xs:simpleType name = "MD_ObligationCode_Type"〉
  〈xs:restriction base = "xs:string"〉
    〈xs:enumeration value = "mandatory"/〉
    〈xs:enumeration value = "optional"/〉
    〈xs:enumeration value = "conditional"/〉
  〈/xs:restriction〉
```

```
</xs:simpleType>
```

图 19 中 MD_ObligationCode 类的 XCGE 为：

```
<xs:element name="MD_ObligationCode" type="gmd:MD_ObligationCode_Type"
substitutionGroup="gco:CharacterString"/>
```

图 19 中 MD_ObligationCode 类的 XCPT 为：

```
<xs:complexType name="MD_ObligationCode_PropertyType">
  <xs:sequence minOccurs="0">
    <xs:element ref="gmd:MD_ObligationCode"/>
  </xs:sequence>
  <xs:attribute ref="gco:nilReason"/>
</xs:complexType>
```

**8.5.5 代码表的编码**

**8.5.5.1 代码表编码的构成部分**

构造型为代码表的类也是列举型的类型，与构造型为枚举型的类相似。其区别在于〈〈CodeList〉〉类可以扩充。GB/T 19710—2005 附录 B 中定义的所有〈〈CodeList〉〉类都在包含名称、代码取值和定义三列的表格中进行了描述。

**表 1 引自 GB/T 19710—2005 的描述 CI_DateTypeCode〈〈CodeList〉〉的表格**

| | 名称(中文) | 名称(英文) | 代码取值 | 定义 |
|---|---|---|---|---|
| 1 | CI_DateTypeCode | CI_DateTypeCode | DateTypCd | 标识给定事件发生的时间 |
| 2 | 生产 | creation | 001 | 标识资源完成生产的日期 |
| 3 | 出版 | publication | 002 | 标识资源出版的日期 |
| 4 | 修订 | revision | 003 | 标识资源检查、重新检查、改善或更新的日期。 |

描述代码表的表格每一行描述代码表中一个唯一的概念或选项。构造型 CodeList 的专门编码是用来支持 GB/T 19710—2005 制定者的期望的特性，包括：

a) 代码表及其相关定义通过注册表进行控制。GB/T 19710—2005 附录 B 是 GB/T 19710—2005 代码表的基本概念性注册表，也是建立用户自己的注册表的基本来源。

b) GB/T 19710—2005 附录 B 中描述代码表的表格的名称列，包含了可被所有软件使用的值，用于识别代码表中定义的概念或选项。因此，其值不能特定于任何语种，即使是英语也不行。

c) 用户需要使用这里指定为代码空间的一种或多种自然语言、方言或成语等来表达代码表中的各个唯一性概念或选项。每种代码空间中，都可给出名称或定义，如果代码空间是自然语言，该名称或定义是以给定语区(语言、国家以及字符集)的规则进行表达(这类似于在 GB/T 19710—2005 附录 B 的代码表表格中增加列)。

d) 用户可能需要添加 GB/T 19710—2005 没有考虑到的新概念或选项，但需要在用户注册表中对这种扩充进行必要控制(这类似于在 GB/T 19710—2005 附录 B 的代码表表格中增加行)。

为了满足对代码表的这些特性的期望，建立一个专门的"CodeListValue_Type" XCT，包含三个属性：

```
<xs:complexType name="CodeListValue_Type">
 <xs:simpleContent>
 <xs:extension base="xs:string">
   <xs:attribute name="codeList" type="xs:anyURI" use="required"/>
   <xs:attribute name="codeListValue" type="xs:anyURI" use="required"/>
   <xs:attribute name="codeSpace" type="xs:anyURI"/>
 </xs:extension>
 </xs:simpleContent>
</xs:complexType>
```

该专门 XCT 的定义使得任何代码表都可以替换字符串类型。针对 8.5.5.2 中描述的每一个代码表都定义了一个基于该专门 XCT 的 XCGE 和一个 XCPT。因此,任何代码表实例都是一个 XML 元素,其名称为 XCGE 的名称,该元素包含一个值和该专门 XCT 定义的三个 XML 属性。

codeList 属性包含一个指向某一注册表内的代码表定义或代码表目录的 URL。

例 1：如果表 1 的内容包含在 ISO/TC 211 网站上的一个代码表目录中,则 codeList 属性的值为：

codeList = "http://www.tc211.org/ISO 19139/resources/codeList.xml#CI_DateTypeCode"

属性 codeListValue 包含代码表值的标识符,即 GB/T 19710—2005 附录 B 的表格中的名称列中给出的值。代码表目录或注册表需要包含该值的一个明确的名称和定义,既使用元数据的默认语言,也使用其他代码空间,某些代码空间可能对应元数据支持的不同语区。

例 2：如果某个实例文档的一段元数据要说明生产完成时间,则基于表 1,codeListValue 的值为：

codeListValue = "creation"

每一个替代表达方式都应通过 codeSpace 给出其代码空间。codeSpace 属性是一个可选的标识符(URI),指向表示为元素值的代码表值的替代表达方式。域代码的 codeSpace URI 值为“domainCode”。

例 3：如果某个实例文档的一段元数据要说明生产完成时间,但希望使用域代码表示,则基于表 1,codeSpace 的值为：

codeSpace = "domainCode"

如果 codeSpace 属性不出现,元素的内容要么是给定代码空间代码表值的名称,要么是元数据默认语言下代码表值的名称。

例 4：下面是一个使用 domaineCode 代码空间表达的 CI_DateTypeCode 的完整实例：

〈CI_DateTypeCode
codeList = "http://www.tc211.org/ISO 19139/resources/codeList.xml#CI_DateTypeCode" codeListValue = "creation" codeSpace = "domainCode"〉001〈/CI_DateTypeCode〉

例 5：下面是使用元数据默认语言（英语）表示的 CI_DateTypeCode 的完整实例：

〈CI_DateTypeCode
codeList = http://www.tc211.org/ISO 19139/resources/codeList.xml#CI_DateTypeCode
codeListValue = "creation"〉Creation〈/CI_DateTypeCode〉

XML 元素值保证了用户可以访问实际代码表值的有效默认表达结果,三个属性保证系统可以获得代码表的定义及其值,特别是用于定制用户界面的时候（如生成一个下拉框以提供代码表值选择列表,多语种或多文化管理等）。

#### 8.5.5.2 代码表编码细节

在 8.5.5.1 中介绍了 CodeListValue_Type,该复杂类型作为所有〈〈CodeList〉〉类的 XCT。〈〈CodeList〉〉类的 XCGE 编码为一个全局元素,其 name 属性等于 UML 类的名称,type 属性为 CodeListValue_Type。与〈〈Enumeration〉〉类相似,该 XCGE 也包含一个 substitutionGroup 属性,其值等于"gco:CharacterString"。

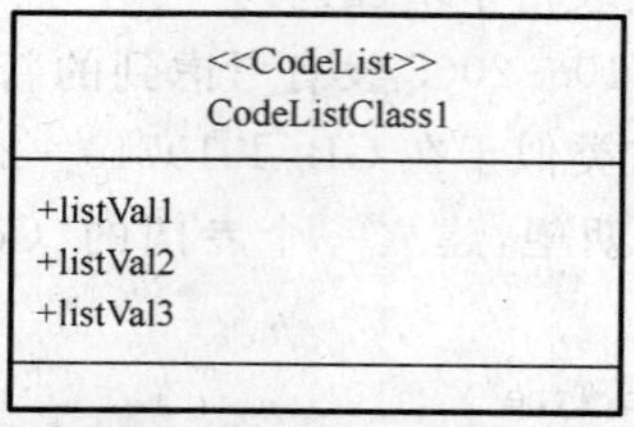


**图 20 构造型为 CodeList 的类的 UML 样例**

例 1：图 20 中 CodeListClass1 类的 XCGE：

〈xs:element name = "CodeListClass1" type = "gco:CodeListValue_Type"
substitutionGroup = "gco:CharacterString"/〉

〈〈CodeList〉〉类的 XCPT 遵循 8.4.2 中针对简单类型定义的编码规则。

例 2：图 20 中 CodeListClass1 类的 XCPT：

〈xs:complexType name = "CodeListClass1_PropertyType"〉
    〈xs:sequence minOccurs = "0"〉

```
        〈xs:element ref="gmd:CodeListClass1"/〉
    〈/xs:sequence〉
    〈xs:attribute ref="gco:nilReason"/〉
〈/xs:complexType〉
```

例 3：GB/T 19710—2005 中实际代码表类的编码(见图 21)：

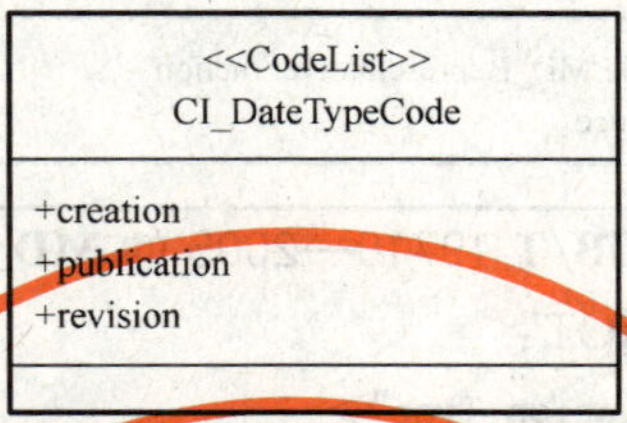


**图 21　引自 GB/T 19710—2005 的 CI_DateTypeCode 类**

图 21 中 CI_DateTypeCode 类的 XCGE 为：

```
〈xs:element name="CI_DateTypeCode" type="gco:CodeListValue_Type"
substitutionGroup="gco:CharacterString"/〉
```

图 21 中 CI_DateTypeCode 类的 XCPT 为：

```
〈xs:complexType name="CI_DateTypeCode_PropertyType"〉
   〈xs:sequence minOccurs="0"〉
      〈xs:element ref="gmd:CI_DateTypeCode"/〉
   〈/xs:sequence〉
   〈xs:attribute ref="gco:nilReason"/〉
〈/xs:complexType〉
```

### 8.5.6　联合的编码

所有构造型为 Union 的类都通过一个 xs:complexType 转换为 XCT，其 name 属性等于 UML 中的类名加上"_Type"。在 xs:complexType 元素中有一个 xs:choice 元素，对应于 UML 类中的每一个属性，该 xs:choice 元素包含一个相应的 xs:element 元素。每一个 xs:element 元素的 name 属性等于 UML 类中的属性名称，type 属性等于属性的类型前面加上合适的命名空间前缀，后面加上"_PropertyType"。

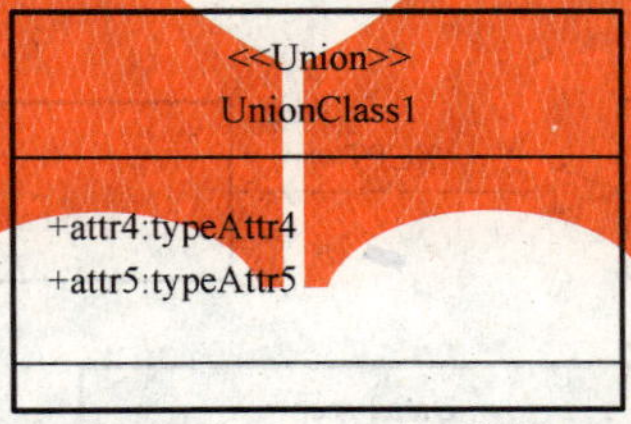


**图 22　构造型为 Union 的类的 UML 样例**

例 1：图 22 中的 UnionClass1 类的 XCT：

```
<xs:complexType name="UnionClass1_Type">
   <xs:choice>
      <xs:element name="attr4" type="ns1:typeAttr4_PropertyType"/>
      <xs:element name="attr5" type="ns1:typeAttr5_PropertyType"/>
   </xs:choice>
</xs:complexType>
```

〈〈Union〉〉类的 XCGE 编码遵循 8.3 描述的缺省编码规则。由于联合(Union)也属不宜采用引用的情况，其 XCPT 遵循 8.4.2 中描述的简单类型的编码规则。

例 2：图 22 中的 UnionClass1 类的 XCGE：

```
〈xs:element name="UnionClass1" type="ns1:UnionClass1_Type"/〉
```

例 3：图 22 中的 UnionClass1 类的 XCPT：

```
<xs:complexType name="UnionClass1_PropertyType">
   <xs:sequence minOccurs="0">
      <xs:element ref="gmd:UnionClass1"/>
   </xs:sequence>
```

```
    <xs:attribute ref="gco:nilReason"/>
  </xs:complexType>
```

例 4：基于 GB/T 19710-2005 实际例子的联合类型类样例如图 23 所示。

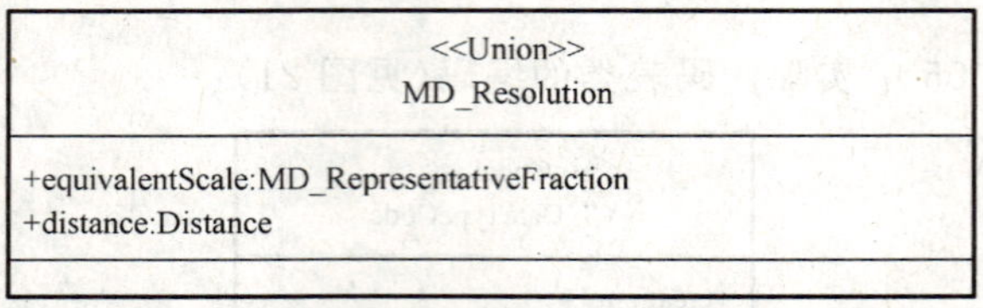


**图 23　引自 GB/T 19710—2005 的 MD_Resolution 类**

图 23 中的 MD_Resolution 类的 XCT：

```
<xs:complexType name="MD_Resolution_Type">
  <xs:choice>
    <xs:element name="equivalentScale"
    type="gmd:MD_RepresentativeFraction_PropertyType"/>
    <xs:element name="distance" type="gco:Distance_PropertyType"/>
  </xs:choice>
</xs:complexType
```

图 23 中的 MD_Resolution 类的 XCGE：

```
〈xs:element name="MD_Resolution" type="gmd:MD_Resolution_Type"/〉
```

图 23 中的 MD_Resolution 类的 XCPT：

```
<xs:complexType name="MD_Resolution_PropertyType">
  <xs:sequence minOccurs="0">
    <xs:element ref="gmd:MD_Resolution"/>
  </xs:sequence>
  <xs:attribute ref="gco:nilReason"/>
</xs:complexType>
```

### 8.5.7　元类的编码

虽然 GB/T 19710—2005 中没有构造型为 MetaClass(元类)的类，但包含一些与构造型是元类的类相关的特性。对于这种特性，相对应的类只能根据一种实现进行实例化。编码方法和对实现方法的使用在 8.5.8 中进一步讨论。

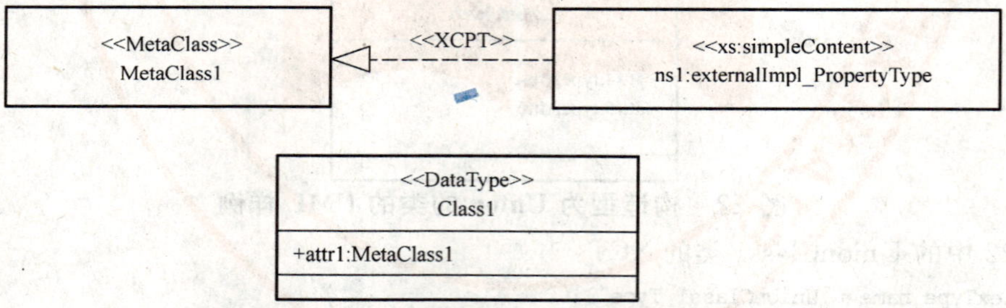


**图 24　构造型为元类的类的 UML 样例**

确定了缺省编码 XCT 的序列中某一元素的 type 属性后，再使用〈〈MetaClass〉〉类的实现。换言之，图 24 中 Class1 的 XCT，“attr1”元素的类型是“ns1:externalImpl_PropertyType”，而不是“MetaClass1_PropertyType”，因为图 24 表明 ns1:externaImpl_PropertyType 与 MetaClass1 之间是实现关系。

例：图 24 中 Class1 类的 XCT 为：

```
<xs:complexType name="Class1_Type">
  <xs:complexContent>
    <xs:extension base="gco:AbstractObject_Type">
      <xs:sequence>
        <xs:element name="attr1" type="ns1:externalImpl_PropertyType"/>
      </xs:sequence>
    </xs:extension>
```

```
</xs:complexContent>
</xs:complexType>
```

#### 8.5.8 外部并入实现模式的编码

##### 8.5.8.1 外部并入实现模式编码介绍

6.5 中介绍了使用外部并入实现模式可以改善本指导性技术文件的互操作性和可用性。充分利用地理信息国家标准已有实现或针对某项特殊编码技术使用外部实现是可能的。UML 中实现关系的 UML 符号用来表示何处使用其他地理信息国家标准中定义的 XML 模式。

有三种途径把外部实现纳入到地理信息国家标准描述的 UML 模型概念中。地理信息国家标准的 UML 类的名称是通向实现模式的入口,实现模式基于 8.5.8.2 和 8.5.8.3 描述的实现(realization)的构造型。

##### 8.5.8.2 通过 XCPT 编码

使用外部编码最简单的情况是已有的实现已经提供了对应地理信息国家标准中 UML 类的类类型、全局元素和类特性类型,并符合 8.2、8.5 描述的缺省编码规则。在 UML 中,这通过在如图 25 所示的实现关系上提供一个 XCPT 构造型来表示。

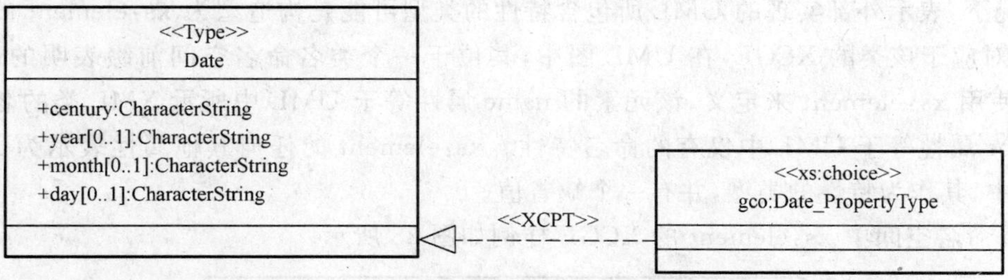


图 25 ISO/TS 19103 的日期类型通过 gco:Date_PropertyType 实现

这种情况下,不需为目标类生成 XCT、XCGE 和 XCPT。如果目标类是某一 XCT 的特性类型,则使用源类的名称作为 type 属性的值。大多数情况下,type 属性的值将遵循缺省编码规则,即使用目标类的名称加"_PropertyType",但并非总是这样。

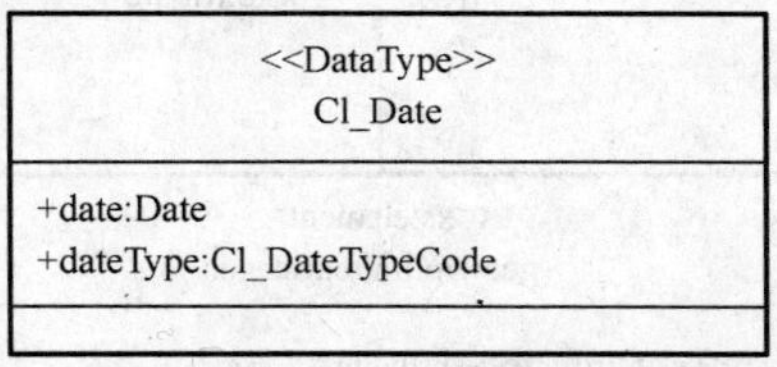


图 26 GB/T 19710—2005 中的 CI_Date 类

例:图 26 中 CI_Date 类的 XCT 为:

```
<xs:complexType name="CI_Date_Type">
 <xs:complexContent>
  <xs:extension base="gco:AbstractObject_Type">
   <xs:sequence>
     <xs:element name="date" type="gco:Date_PropertyType"/>
     <xs:element name="dateType"
    type="gmd:CI_DateTypeCode_PropertyType"/>
   </xs:sequence>
  </xs:extension>
 </xs:complexContent>
</xs:complexType>
```

##### 8.5.8.3 通过 XCGE 编码

另一种需要使用外部编码的情况是已有实现提供了可用的类类型和全局元素,但需要保留外部实现的继承层次关系。这种情况下,需要使用地理信息国家标准 UML 模型的类名称生成一个 XCPT。该 XCPT 通过外部实现的 XCGE 用作该实现模式的入口。在 UML 中,这通过在如图 27 所示的实现关系上提供一个 XCGE 构造型来表示。

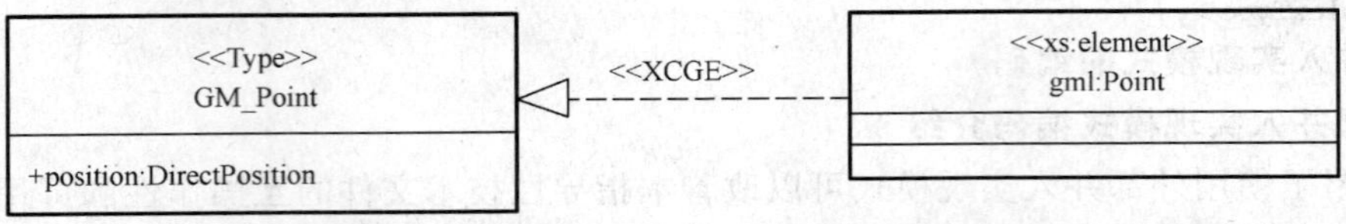


**图 27 GB/T 23707—2009 的 GM_Point 通过 gml:Point 实现**

如果实现关系有一个 XCGE 构造型，目标类的 XCPT 遵循 8.4 针对 XCPT 编码描述的编码规则，并且使用实现关系的源类的名称作为 xs:element 中 ref 属性的值。

例 1：图 27 中 GM_Point 的 XCPT：

```
<xs:complexType name="GM_Point_PropertyType">
  <xs:sequence minOccurs="0">
    <xs:element ref="gml:Point"/>
  </xs:sequence>
  <xs:attributeGroup ref="gco:ObjectReference"/>
  <xs:attribute ref="gco:nilReason"/>
</xs:complexType>
```

某些情况下，表示外部实现的 UML 所包含特性的类型可能是构造型为 xs:element 的类。这样的话，需要一个对应于该类的 XCGE，在 UML 图中，其位于一个类名命名空间前缀表明的命名空间中。该 XCGE 将使用 xs:element 来定义，该元素的 name 属性等于 UML 中所示 XML 类的名称减去命名空间前缀，type 属性等于 UML 中仅有的命名特性。xs:element 的任何其他属性表示为 XML 类的特性，在 UML 中，其作为特性的类型，并有一个缺省值。

例 2：gco 命名空间中 xs:element 的 XCGE 样例如图 28 所示。

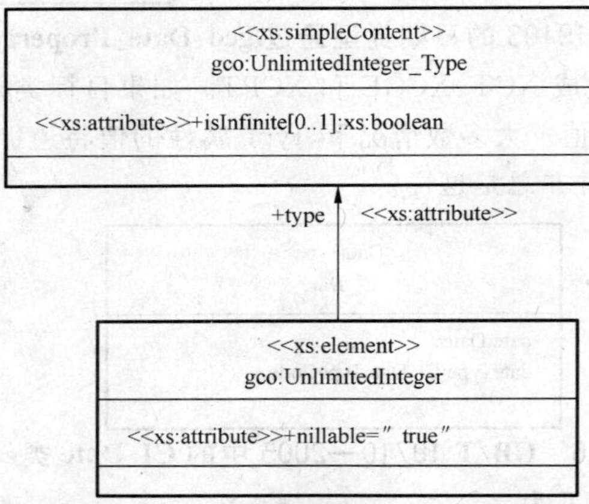


**图 28 构造类为 xs:element 的 gco:UnlimitedInteger 的 XCGE**

图 28 中无限整数的 XCGE 为：

```
<xs:element name="UnlimitedInteger" type="gco:UnlimitedInteger_Type" nillable="true"/>
```

### 8.5.8.4 通过 XCT 编码

#### 8.5.8.4.1 概述

通常在外部实现中只提供一个 XCT，这种情况下使用 simpleType。此时，地理信息国家标准的类到 XML 模式对象的实现关系带一个 XCT 构造型。

#### 8.5.8.4.2 构造型 xs:simpleType

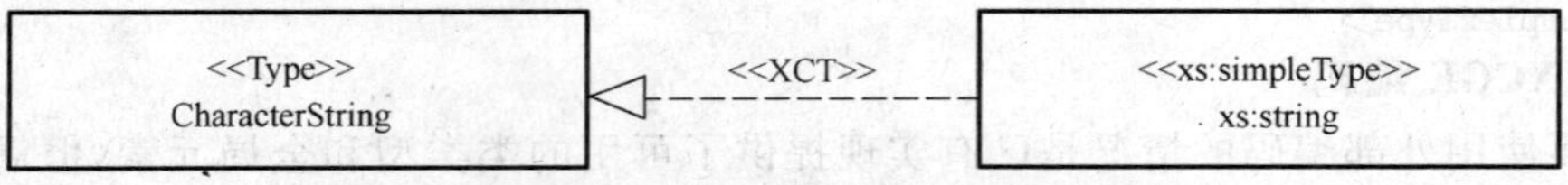


**图 29 使用 xs:string 实现 CharacterString**

如果实现关系带一个 XCT 构造型，同时源类具有一个 xs:simpleType 构造型，则 XCGE 遵循 8.3

针对 XCGE 编码描述的编码规则，并使用对应 XCT 的名称作为 type 属性的值。

例：图 29 中 CharacterString 的 XCGE：

```
〈xs:element name = "CharacterString" type = "xs:string"/〉
```

**8.5.8.4.3 构造型 xs:simpleContent**

如果实现关系带一个 XCT 构造型，同时源类具有一个 xs：simpleContent 构造型，针对该元类生成一个 XCT。该 XCT 遵循以下规则：

a) 生成一个 xs:complexType 元素，其 name 属性等于去掉命名空间前缀的 XML 类的名称。如果碰巧该 XML 类是抽象类，则 xs:complexType 将包含一个 abstract 属性，其值为“true”。

b) xs:complexType 元素包含一个 xs:simpleContent 元素。

c) xs:simpleContent 包含一个 xs:extension 元素，其 base 属性值设为外部实现超类的名称。

d) 根据表示 XML 类的 UML 所示的特性及各自的构造型，xs:simpleContent 元素会包含 xs:attribute 或 xs:attributeGroup 元素。如果 UML 特性中有一个类型值，则 xs:attribute 或 xs:attributeGroup 元素会有一个 name 属性，其值等于 UML 中特性的名称，还有一个 type 属性，其值为 UML 中所示的类型。如果 UML 中的特性没有类型，则 xs:attribute 或 xs:attributeGroup 会包含一个 ref 属性，其值等于 UML 中特性的名称。与 8.2 中的缺省 XCT 编码一样，minOccurs 和 maxOccurs 的值与 ISO 19118:2005 表 A.5 一致。

例：gco 命名空间中一个 xs:simpleContent 的 XCT 实现如图 30 所示。

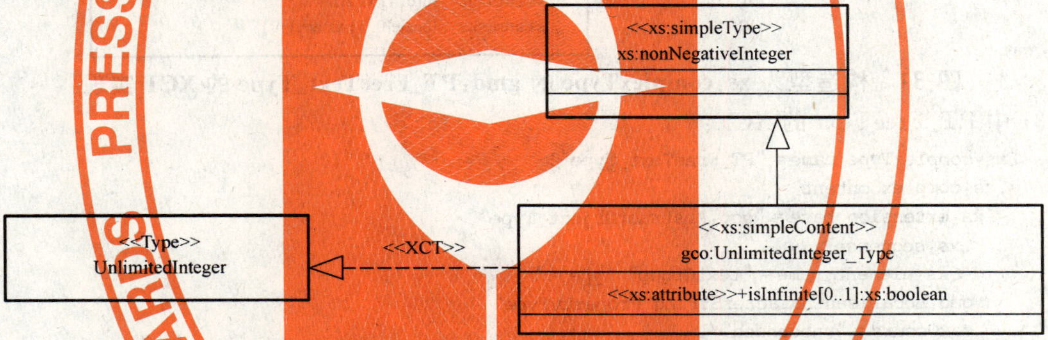


**图 30 构造型为 xs:simpleContent 的 UnlimitedInteger_Type 的 XCT 实现**

图 30 中 UnlimitedInteger 的 XCT：

```
<xs:complexType name="UnlimitedInteger_Type">
  <xs:simpleContent>
    <xs:extension base="xs:nonNegativeInteger">
      <xs:attribute name="isInfinite" type="xs:boolean"/>
    </xs:extension>
  </xs:simpleContent>
</xs:complexType>
```

**8.5.8.4.4 构造型 xs:complexType**

如果实现关系中有一个 XCT 构造型，并且源类有一个 xs:complexType 构造型，则根据源类生成一个 XCT。该 XCT 需符合以下要求：

a) 生成一个 xs:complexType，其 name 属性等于去掉命名空间前缀的 XML 类名称。如果 XML 类是抽象类，则 xs:complexType 应包含一个 abstract 属性，其值设为“true”。

b) xs:complexType 包含一个 xs:complexContent 元素。

c) xs:complexContent 元素包含一个 xs:extension 元素，其 base 属性设为外部实现超类的名称。如果没有外部实现超类，则 base 属性设为 gco:AbstractObject。

d) xs:complexContent 元素包含一个 xs:sequence 元素，它由若干对应于 XML 特性的 xs:element 组成，这些特性的构造型为 xs:element。每一个 xs:element 元素的 name 属性等于特性

的名称，type 属性等于属性的类型。与 8.2 中的缺省 XCT 编码一样，minOccurs 和 maxOccurs 的值与 ISO 19118:2005 表 A.5 一致。

e) 在 xs:sequence 之后，视 XML 类中构造型为 xs:attribute 或 xs:attributeGroup 特性的情况，可以有 xs:attribute 或 xs:attributeGroup 元素。如果 UML 元素中有类型值，则 xs:attribute 或 xs:attributeGroup 元素的 name 属性的值等于 UML 中元素的名称，type 属性等于 UML 中显示的类型。如果没有类型值，则 xs:attribute 或 xs:attributeGroup 元素包含一个 ref 属性，其值等于 UML 中元素的名称。与 8.2 中的缺省 XCT 编码一样，minOccurs 和 maxOccurs 的值与 ISO 19118:2005 表 A.5 一致。

例：gmd 命名空间中的一个 xs:complexType 的 XCT 实现实例如图 31 所示。

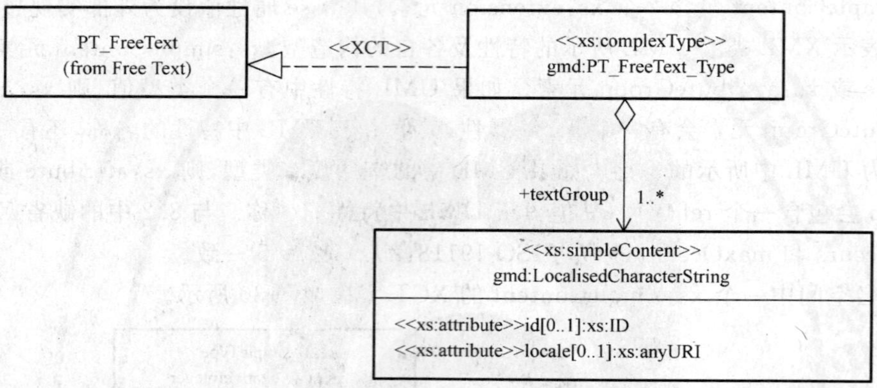


**图 31 构造型为 xs:complexType 的 gmd:PT_FreeText_Type 的 XCT 实现**

图 31 中 PT_FreeText 的 XCT：

```
<xs:complexType name="PT_FreeText_Type">
 <xs:complexContent>
  <xs:extension base="gco:AbstractObject_Type">
   <xs:sequence>
    <xs:element name="textGroup" type="
    gmd:LocalisedCharacterString_PropertyType"
    maxOccurs="unbounded"/>
   </xs:sequence>
  </xs:extension>
 </xs:complexContent>
</xs:complexType>
```

#### 8.5.8.4.5 构造型 xs: union

如果一个类有 xs: union 构造型，根据 UML 类生成一个 XCT，该 XCT 为一个 xs:simpleType，其 name 属性等于 UML 类的名称。在 xs:simpleType 中是一个 xs:union，其 member 属性等于 UML 类中所有元素的名称，这些名称用空格隔开。

例：gco 命名空间中 xs:union 的 XCT 实例如图 32 所示。

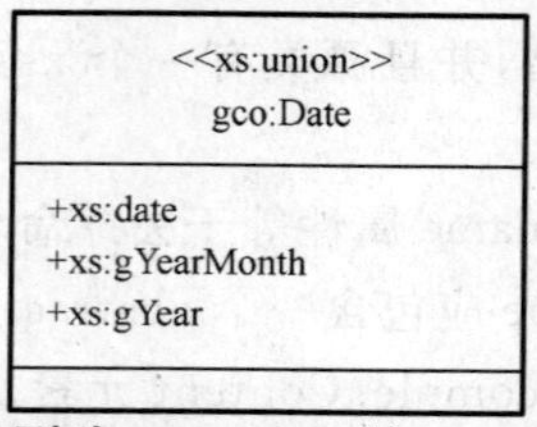


**图 32 构造型为 xs:union 的 gco:Date 的 XCT**

图 32 中 Date 的 XCT：

```
<xs:simpleType name="Date_Type">
  <xs:union memberTypes="xs:date xs:gYearMonth xs:gYear"/>
</xs:simpleType>
```

8.5.8.4.6 **通过 XCT 编码时生成 XCGE**

对任何外部实现 XCT 生成一个 XCGE，这些 XCGE 遵循 8.3、8.5.2（针对抽象类）和 8.5.3（针对子类）中的缺省编码规则。

8.5.8.4.7 **生成 XCPT**

如果实现关系的源类的构造型为 xs:complexType，则根据 8.4.1 中的编码规则生成 XCPT，如果其构造型为 xs:simpleType 或 xs:simpleContent.，则根据 8.4.1 中的编码规则生成 XCPT。

例 1：图 29 中，CharacterString 的 XCPT 为：

```
<xs:complexType name="CharacterString_PropertyType">
    <xs:sequence minOccurs="0">
        <xs:element ref="gco:CharacterString"/>
    </xs:sequence>
    <xs:attribute ref="gco:nilReason"/>
</xs:complexType>
```

如果类的构造型为 xs:choice，则对生成 XCPT 的缺省编码规则稍作修改。假设构造型为 xs:choice 的类代表一个唯一的 XCPT，这样其名称则应总是包含后缀"_PropertyType"。该名称将被用作 XCPT 的 xs:complexType 元素 name 属性的值，该 XCPT 也包含一个 minOccurs 属性等于 0 的 xs:choice 元素。xs:choice 中包含若干对应于每个 UML 类特性的 xs:element 元素。每个 xs:element 都包含一个 ref 属性，等于指定为 UML 类特性的 XCGE 的名称。xs:choice 结束标记之后，有一个 gco:nilReason 然后 XCPT 就结束了。

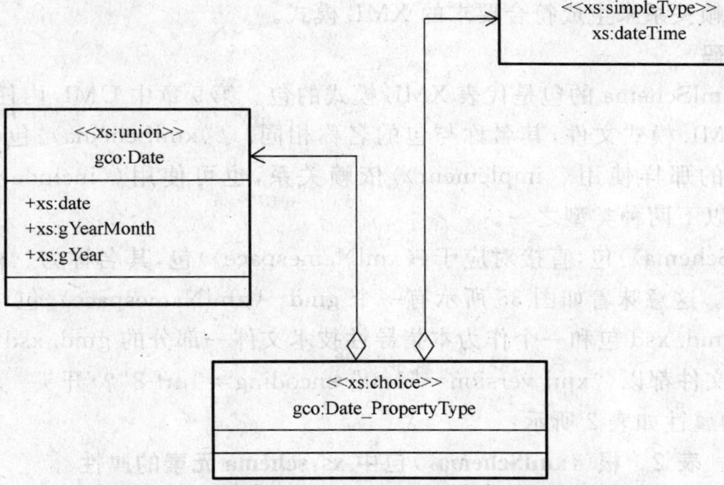


**图 33 构造型为 xs:choice 的类的 UML 样例**

例 2：图 33 中 gco:Date_PropertyType 的 XCPT：

```
<xs:complexType name="Date_PropertyType">
    <xs:choice minOccurs="0">
        <xs:element ref="gco:Date"/>
        <xs:element ref="gco:DateTime"/>
    </xs:choice>
    <xs:attribute ref="gco:nilReason"/>
</xs:complexType>
```

## 8.6 XML 命名空间包的编码

在 5.4 介绍了构造型 xmlNamespace，它是组织到同一命名空间中的一组 XML 对象。UML 包可以包含两个模型元素之间的依赖关系，对其中的一个模型元素的变动会影响另外一个[ISO/TS 19103]。对于〈〈xmlNamespace〉〉包，需要考虑两种类型的依赖关系。依赖关系上的构造型 implement 具有一个代表 XML 命名空间（或命名空间前缀）的源，该命名空间实现目标包中的抽象概念。6.1给出了 gmd 的介绍，图 34 使用 UML 的〈〈xmlNamespace〉〉包和〈〈implement〉〉依赖关系说明了6.1

文字介绍的内容。

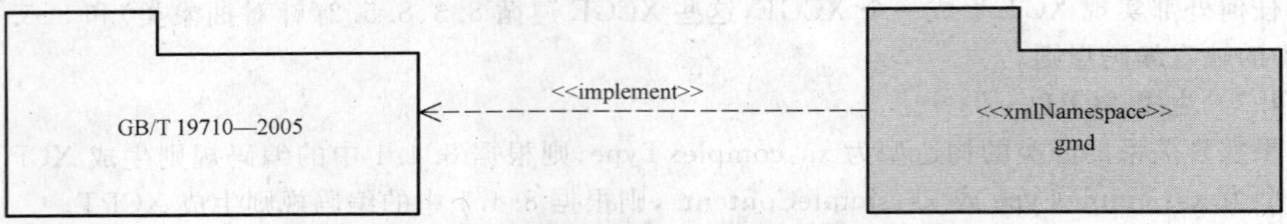


**图 34　xml 命名空间与实现**

依赖关系上的构造型 import 有一个代表分组到同一命名空间内的对象的源，这些对象又依赖于另一个命名空间内的对象。如果两个为〈〈xmlNamespace〉〉包〈〈implement〉〉依赖关系的目标的抽象包之间存在依赖关系，则〈〈import〉〉依赖关系存在于两个〈〈xmlNamespace〉〉包之间。图 35 中示出了一个 gmd 和 gss 包之间的〈〈import〉〉依赖关系。

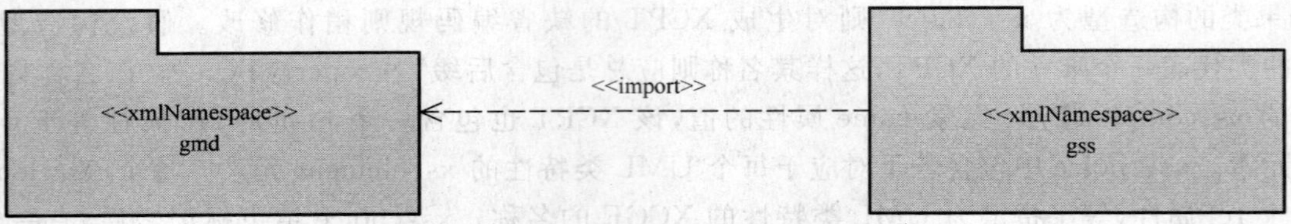


**图 35　xmlNamespace 与导入**

〈〈xmlNamespace〉〉包不是直接编码成 XML 的，但它有相应的〈〈xmlSchema〉〉包利用〈〈implement〉〉和〈〈import〉〉依赖关系来生成符合要求的 XML 模式。

## 8.7　XML 模式包的编码

5.4 中，构造型为 xmlSchema 的包是代表 XML 模式的包。第 9 章中 UML 内任何〈〈xmlSchema〉〉包都存在一个相应的 XML 模式文件，其名称与包的名称相同。〈〈xmlSchema〉〉包可严格按照 8.6 针对〈〈xmlSchema〉〉所说的那样使用〈〈implement〉〉依赖关系，也可使用〈〈include〉〉依赖关系。每个〈〈xmlSchema〉〉包都是以下两种类型之一。

第一种是根〈〈xmlSchema〉〉包，直接对应于〈〈xmlNamespace〉〉包，其名称为〈〈xmlNamespace〉〉包的名称加上".xsd"后缀。这意味着如图 35 所示有一个 gmd〈〈xmlNamespace〉〉包，就有一个相应的构造型为 xmlSchema 的 gmd.xsd 包和一个作为本指导性技术文件一部分的 gmd.xsd 文件。

每一个 XML 模式文件都以〈?xml version="1.0" encoding="utf-8"?〉开头。同一文件中的根元素是 xs:schema，包含的属性如表 2 所示：

**表 2　根〈〈xmlSchema〉〉包中 xs:schema 元素的属性**

| 出现次数 | 名称空间 | 属性名 | 属性值 | 属性与值实例 |
|---|---|---|---|---|
| 1 | 空 | targetNamespace | http://www.isotc211.org/2005/+包名 | targetNamespace="http://www.isotc211.org/2005/gmd" |
| 1 | xmlns | 包名 | http://www.isotc211.org/2005/+包名 | xmlns:gmd="http://www.isotc211.org/2005/gmd" |
| 0 或多 | xmlns | 〈〈import〉〉依赖关系的目标包的包名 | http://www.isotc211.org/2005/+〈〈import〉〉依赖关系的目标包的包名 | xmlns:gco="http://www.isotc211.org/2005/gco" |
| 1 | xmlns | xs | http://www.w3.org/2001/XML Schema | xmlns:xs="http://www.w3.org/2001/XMlL Schema" |
| 1 | 空 | version | 1.0 | version="1.0" |

注：packageName 指相应根〈〈xmlSchema〉〉包的〈〈xmlNamespace〉〉包的名称。

例：图 35 所示的 UML 对应一个 gmd. xsd 文件，其 xs：schema 申明如下所示：

〈 xs：schema targetNamespace = "http：//www. isotc211. org/2005/gmd"
xmlns：gmd = "http：//www. isotc211. org/2005/gmd" xmlns：gss = "http：//www. isotc211. org/2005/gss"
xmlns：xs = "http：//www. w3. org/2001/XMLSchema" version = "1.0" /〉

第二种〈〈xmlSchema〉〉包称作常规〈〈xmlSchema〉〉包，直接对应地理信息国家标准中已有的包，通过带 implement 构造型的依赖关系来表示。图 36 所示的样例表示一个常规〈〈xmlSchema〉〉包及其目标 GB/T 19710—2005 包。

**图 36　常规 xmlSchema 包**

所有常规 xmlSchema 包正好有一个相应的根〈〈xmlSchema〉〉包，它或者是〈〈xmlSchema〉〉包之间的〈〈include〉〉依赖关系的源，或者是常规〈〈xmlSchema〉〉的根〈〈xmlSchema〉〉，它是到相关常规〈〈xmlSchema〉〉的〈〈include〉〉依赖关系的源。图 37 中，根〈〈xmlSchema〉〉为 root. xsd，常规〈〈xmlSchema〉〉为 schema1. xsd 和 schema2. xsd。root. xsd 〈〈xmlSchema〉〉是两个常规〈〈xmlSchema〉〉的根。

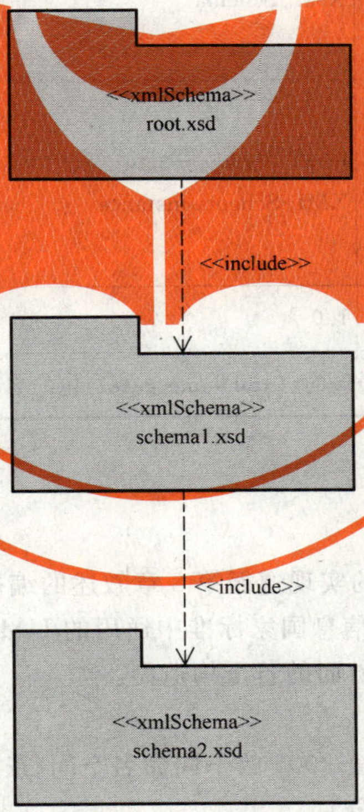


**图 37　〈〈xmlSchema〉〉包之间的层级关系**

每个 XML 模式文件中基于已有常规〈〈xmlSchema〉〉包生成的的第一个 XML 模式元素是〈?xml version="1.0" encoding="utf-8"?〉。同一文件中的第二个元素为 xs：schema，包含的属性如表 3 所示。

表 3　常规〈〈xmlSchema〉〉包中 xs:schema 元素的属性

| 出现次数 | 名称空间 | 属性名 | 属性值 | 属性与值实例 |
|---|---|---|---|---|
| 1 | 空 | targetNamespace | http://www.isotc211.org/2005/+包名 | targetNamespace=" http://www. isotc211. org/2005/gmd" |
| 1 | xmlns | 根包的名称 | http://www.isotc211.org/2005/+根包的名称 | xmlns:gmd=" http://www. isotc211. org/2005/gmd" |
| 0或多 | xmlns | 〈〈import〉〉依赖关系目标的根包包名 | http://www.isotc211.org/2005/+〈〈import〉〉依赖关系目标的根包名称 | xmlns:gco=" http://www. isotc211. org/2005/gco" |
| 1 | xmlns | xs | http://www.w3.org/2001/XML Schema | xmlns:xs="http://www.w3.org/2001/XMlL Schema" |
| 1 | xmlns | xsi | http://www.w3.org/2001/XML Schema-instance | xmlns:xs="http://www.w3.org/2001/XMIL Schema-instance" |
| 1 | 空 | version | 1.0 | version="1.0" |
| 注：根包名称指相应根〈〈xmlSchema〉〉包的〈〈xmlNamespace〉〉包的名称。 | | | | |

## 9　编码说明

### 9.1　编码说明概述

GB/T 19710—2005 及相关标准的实现遵循第 8 章叙述的编码规则。例外情况及基于外部类型的实现在本章详细说明。本章使用地理信息国家标准中通用的 UML 符号，加上 5.4 中定义的实现(realization)概念和实现(implementation)方面的若干构造型。

### 9.2　XML 命名空间

图 38 表示用于实现 GB/T 19710—2005 的不同命名空间(灰框部分)，包括各个命名空间之间的关系，还有地理信息国家标准包(白框部分)。

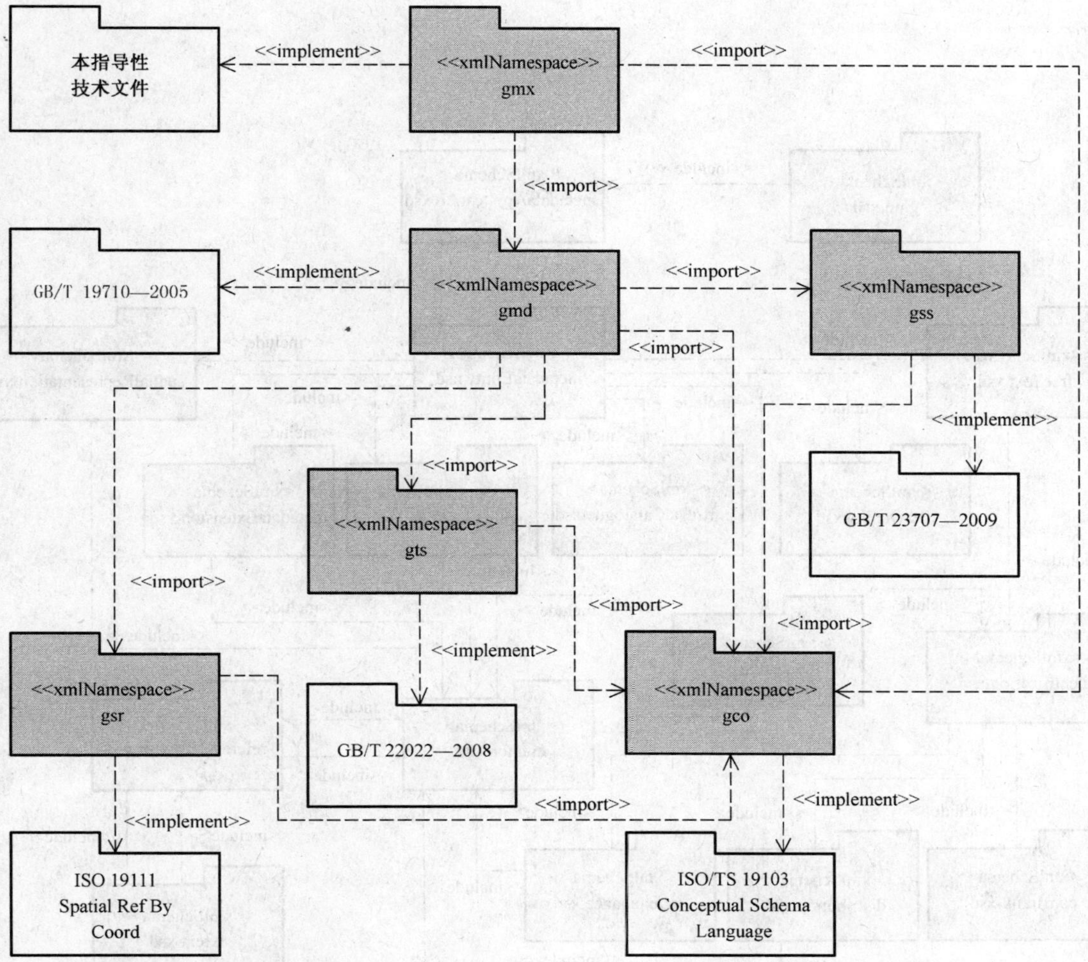


图 38 **XML 包及相互关系**

## 9.3 gmd 命名空间

### 9.3.1 gmd 命名空间的构成

该命名空间包含对 GB/T 19710—2005 的实现。命名空间的根是 gmd.xsd。图 39 详示了 gmd 命名空间的组成情况。

### 9.3.2 gmd.xsd

该 XML 模式直接或间接包含实现的 gmd 命名空间中所有概念,但不包含任何类型的申明。

### 9.3.3 metadataApplication.xsd

该 XML 模式实现了 GB/T 19710—2005 的 6.2 中定义的 UML 概念模式,包括以下类的实现:DS_Aggregate,DS_Dataset,DS_OtherAggregate,DS_Series,DS_Initiative,DS_Platform,DS_Sensor,DS_ProductionSeries,DS_StereoMate。

该 XML 模式中实现的类遵循第 8 章的编码规则。

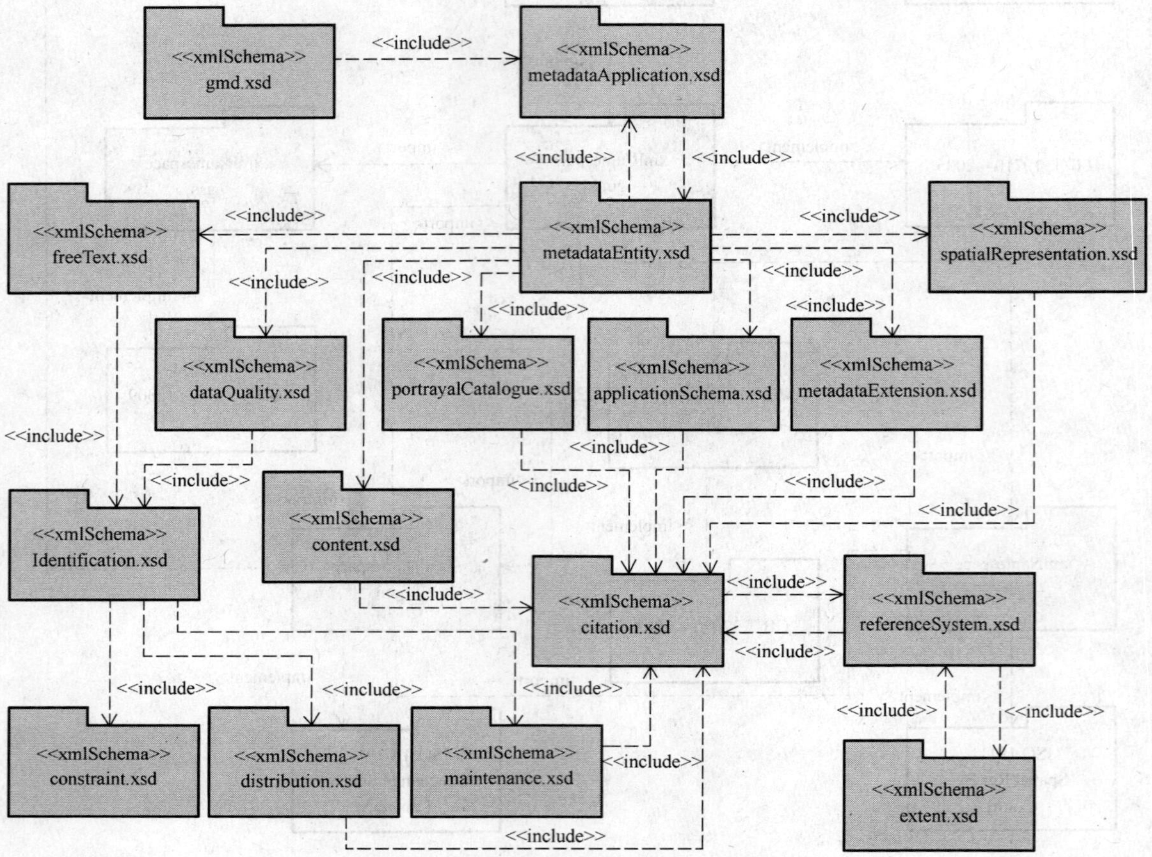


**图 39　gmd 命名空间的构成**

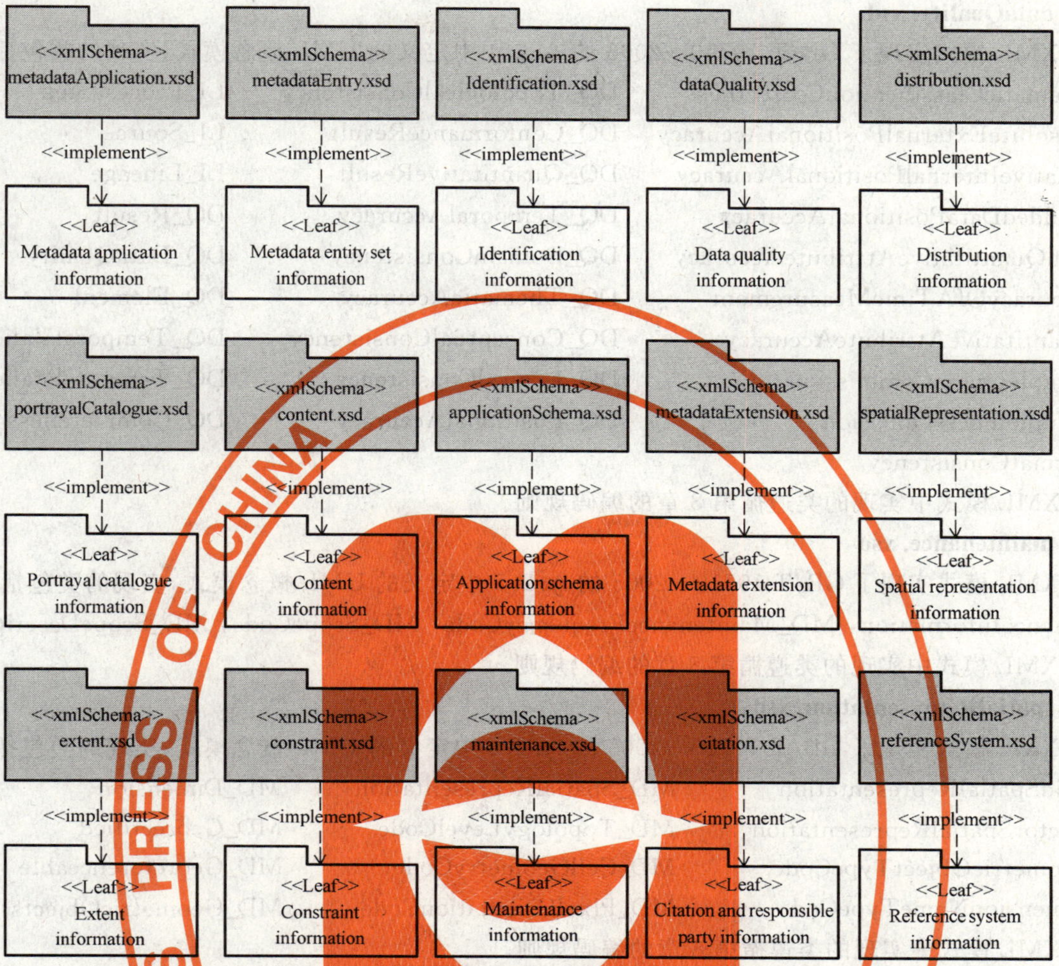


图 39（续）

### 9.3.4 metadataEntity.xsd

该 XML 模式实现了 GB/T 19710—2005 的 A.2.1 中定义的 UML 概念模式，包括 MD_Metadata 类的实现。

本指导性技术文件的 MD_Metadata 类遵循第 8 章的编码规则。

### 9.3.5 identification.xsd

该 XML 模式实现了 GB/T 19710—2005 的 A.2.2 中定义的 UML 概念模式，实现的类包括：

| | | |
|---|---|---|
| MD_Identification | MD_BrowseGraphic | MD_DataIdentification |
| MD_RepresentativeFraction | MD_Usage | MD_Keywords |
| DS_Association | MD_AggregateInformation | MD_CharacterSetCode |
| MD_SpatialRepresentationTypeCode | MD_ServiceIdentification | MD_TopicCategoryCode |
| MD_ProgressCode | MD_KeywordTypeCode | DS_AssociationTypeCode |
| DS_InitiativeTypeCode | MD_ResolutionType | |

该 XML 模式中实现的类遵循第 8 章的编码规则。

### 9.3.6 constraints.xsd

该 XML 模式实现了 GB/T 19710—2005 的 A.2.3 中定义的 UML 概念模式，实现的类包括：MD_Constraints，MD_LegalConstraints，MD_SecurityConstraints，MD_ClassificationCode，MD_RestrictionCode。

该 XML 模式中实现的类遵循第 8 章的编码规则。

9.3.7 **dataQuality.xsd**

该 XML 模式实现了 GB/T 19710—2005 的 A.2.4 中定义的 UML 概念模式,实现的类包括:

| | | |
|---|---|---|
| DQ_ThematicClassificationCorrectness | DQ_TopologicalConsistency | LI_ProcessStep |
| DQ_AbsoluteExternalPositionalAccuracy | DQ_ConformanceResult | LI_Source |
| DQ_RelativeInternalPositionalAccuracy | DQ_QuantitativeResult | LI_Lineage |
| DQ_GriddedDataPositionalAccuracy | DQ_TemporalAccuracy | DQ_Result |
| DQ_NonQuantitativeAttributeAccuracy | DQ_DomainConsistency | DQ_DataQuality |
| DQ_AccuracyOfATimeMeasurement | DQ_ThematicAccuracy | DQ_Element |
| DQ_QuantitativeAttributeAccuracy | DQ_ConceptualConsistency | DQ_TemporalValidity |
| DQ_CompletenessCommission | DQ_LogicalConsistency | DQ_TemporalValidity |
| DQ_CompletenessOmission | DQ_PositionalAccuracy | DQ_Completeness |
| DQ_FormatConsistency | | |

该 XML 模式中实现的类遵循第 8 章的编码规则。

9.3.8 **maintenance.xsd**

该 XML 模式实现了 GB/T 19710—2005 的 A.2.5 中定义的 UML 概念模式,实现的类包括:MD_MaintenanceInformation, MD_MaintenanceFrequencyCode, MD_ScopeCode, MD_ScopeDescription。

该 XML 模式中实现的类遵循第 8 章的编码规则。

9.3.9 **spatialRepresentation.xsd**

该 XML 模式实现了 GB/T 19710—2005 的 A.2.6 中定义的 UML 概念模式,实现的类包括:

| | | |
|---|---|---|
| MD_GridSpatialRepresentation | MD_SpatialRepresentation | MD_Dimension |
| MD_VectorSpatialRepresentation | MD_TopologyLevelCode | MD_Georectified |
| MD_GeometricObjectTypeCode | MD_CellGeometryCode | MD_Georeferenceable |
| MD_DimensionNameTypeCode | MD_PixelOrientationCode | MD_GeometricObjects |

该 XML 模式中实现的类遵循第 8 章的编码规则。

9.3.10 **referenceSystem.xsd**

该 XML 模式实现了 GB/T 19710—2005 的 A.2.7 中定义的 UML 概念模式,实现的类包括:RS_Identifier, MD_ReferenceSystem 和 RS_Reference System。

该 XML 模式中实现的类遵循第 8 章的编码规则。

9.3.11 **content.xsd**

该 XML 模式实现了 GB/T 19710—2005 的 A.2.8 中定义的 UML 概念模式,实现的类包括:MD_FeatureCatalogueDescription, MD_CoverageDescription, MD_ImageDescription, MD_ContentInformation, MD_RangeDimension, MD_Band, MD_CoverageContentTypeCode, MD_ImagingConditionCode。

该 XML 模式中实现的类遵循第 8 章的编码规则。

9.3.12 **portrayalCatalogue.xsd**

该 XML 模式实现了 GB/T 19710—2005 的 A.2.9 中定义的 UML 概念模式,实现的类包括:MD_PortrayalCatalogueReference。

该 XML 模式中实现的类遵循第 8 章的编码规则。

9.3.13 **distribution.xsd**

该 XML 模式实现了 GB/T 19710—2005 的 A.2.10 中定义的 UML 概念模式,实现的类包括:MD_Medium, MD_DigitalTransferOptions, MD_StandardOrderProcess, MD_Distributor, MD_Distribution, MD_Format, MD_MediumFormatCode, MD_MediumNameCode。

该 XML 模式中实现的类遵循第 8 章的编码规则。

9.3.14 **metadataExtension.xsd**

该 XML 模式实现了 GB/T 19710—2005 的 A.2.11 中定义的 UML 概念模式，实现的类包括：MD_ExtendedElementInformation，MD_MetadataExtensionInformation，MD_ObligationCode，MD_DatatypeCode。

该 XML 模式中实现的类遵循第 8 章的编码规则。

9.3.15 **applicationSchema.xsd**

该 XML 模式实现了 GB/T 19710—2005 的 A.2.12 中定义的 UML 概念模式，实现的类包括：MD_ApplicationSchemaInformation。

该 XML 模式中实现的类遵循第 8 章的编码规则。

9.3.16 **extent.xsd**

该 XML 模式实现了 GB/T 19710—2005 的 A.3.1 中定义的 UML 概念模式，实现的类包括：EX_TemporalExtent，EX_VerticalExtent，EX_BoundingPolygon，EX_Extent，EX_GeographicExtent，EX_GeographicBoundingBox，EX_SpatialTemporalExtent，EX_GeographicDescription。

该 XML 模式中实现的类遵循第 8 章的编码规则。

9.3.17 **citation.xsd**

该 XML 模式实现了 GB/T 19710—2005 的 A.3.2 中定义的 UML 概念模式，实现的类包括：CI_ResponsibleParty，CI_Citation，CI_Address，CI_OnlineResource，CI_Contact，CI_Telephone，URL，CI_Date，CI_Series，CI_RoleCode，CI_PresentationFormCode，CI_OnLineFunctionCode，CI_DateTypeCode。

该 XML 模式中实现的类遵循第 8 章的编码规则，但 URL 类除外，如图 40 所示，该类实现为一个映射到 xs:anyURI 的 XML 简单类型。

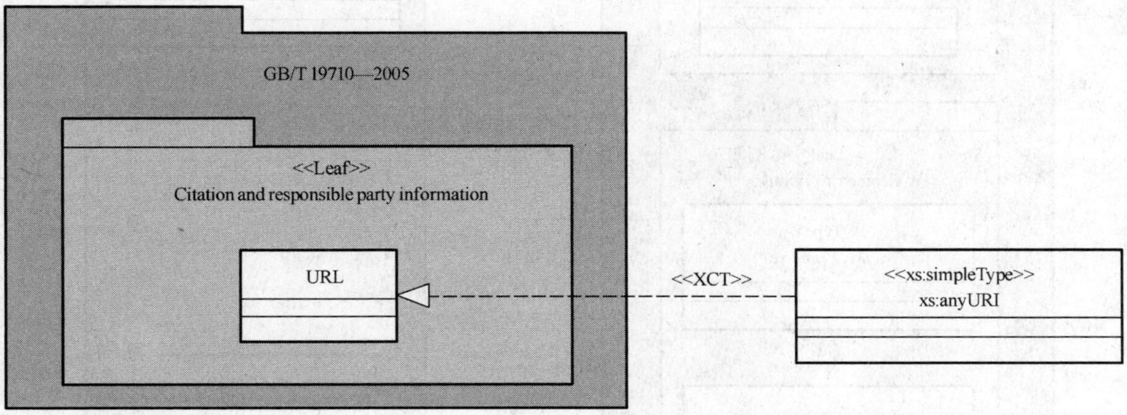


**图 40 URL 的实现**

## 9.4 gss 命名空间

### 9.4.1 gss 命名空间的构成

GB/T 19710—2005 的实现需要对 GB/T 23707—2009 中几个元素进行编码。由于这些元素不是专门针对地理信息元数据的，单独建立了一个包含 GB/T 23707—2009 中的元素的 XML 模式的命名空间，即 http://www.isotc211.org/2005/gss，用来表示该命名空间的通用前缀为 gss，表示地理空间模式。该命名空间的根为 gss.xsd，gss 命名空间的构成如图 41 所示。

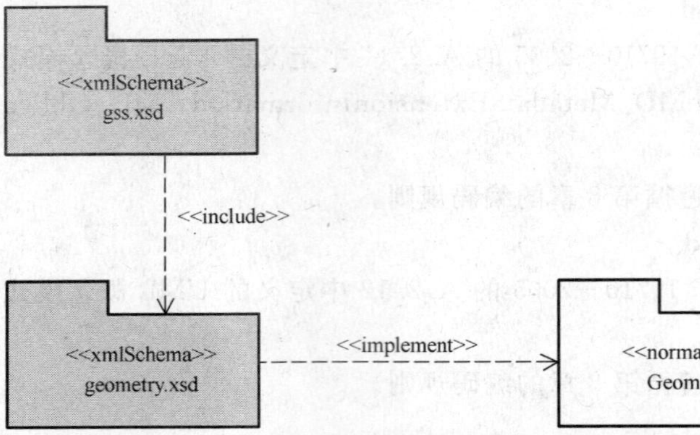


图 41　gss 命名空间的构成

9.4.2　**gss.xsd**

该 XML 模式直接或间接包含 gss 命名空间中实现的概念,但不包含任何类型的申明。

9.4.3　**geometry.xsd**

该 XML 模式包含 GM_Object 和 GM_Point 的实现,这些类的编码被映射到 GB/T 23708—2009 的几何类型,图 42 表示了这种映射关系。

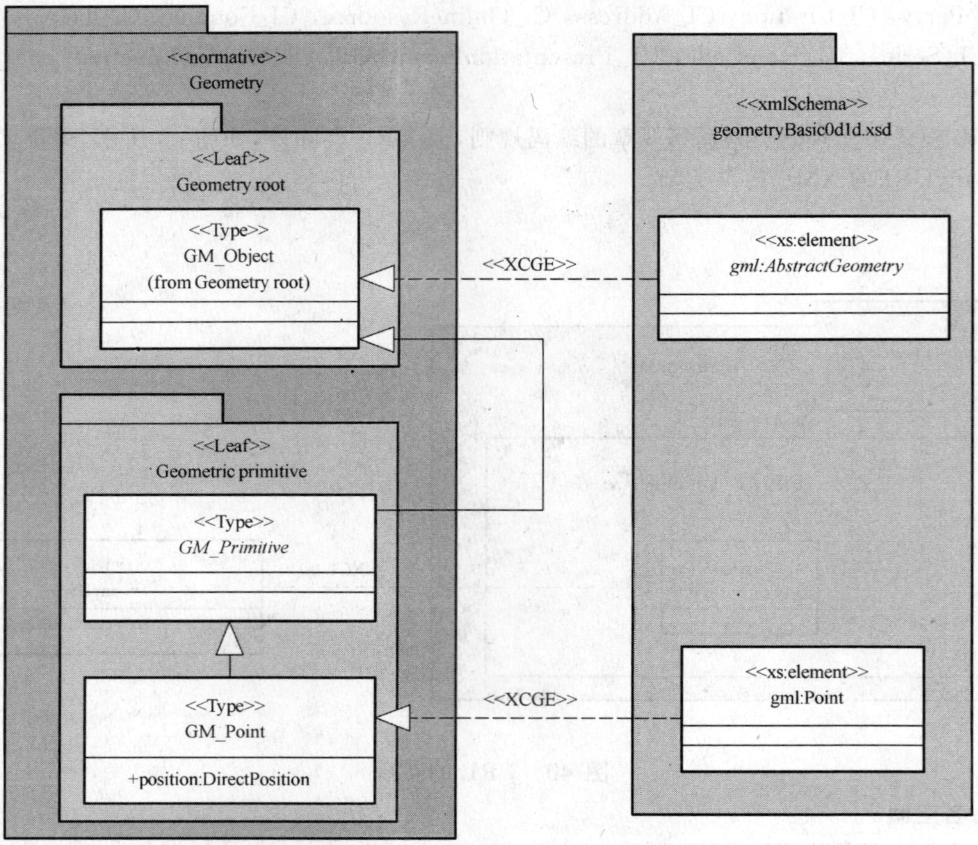


图 42　GB/T 23707—2009 到 GB/T 23708—2009 的映射

9.5　gts 命名空间

9.5.1　gts 命名空间的构成

GB/T 19710—2005 的实现需要对 GB/T 22022—2008 中几个元素进行编码。由于这些元素不是专门针对地理信息元数据的,单独建立了一个包含 GB/T 22022—2008 中的元素的 XML 模式的命名空间,即 http://www.isotc211.org/2005/gts,用来表示该命名空间的通用前缀为 gts,表示地理时间模式。该命名空间的根为 gts. xsd,gts 命名空间的构成如图 43 所示。

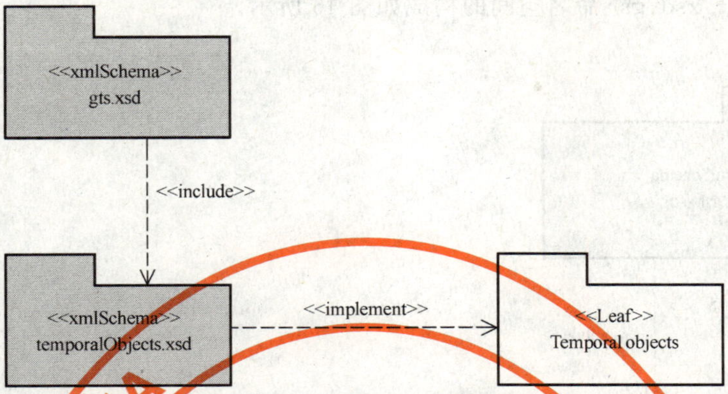


图 43　gts 命名空间的构成

### 9.5.2　gts. xsd

该 XML 模式直接或间接包含 gts 命名空间中实现的概念,但不包含任何类型的申明。

### 9.5.3　temporalObjects. xsd

该 XML 模式包含 TM_Object,TM_Primitive 和 TM_PeriodDuration 的实现,这些类的编码被映射到 GB/T 23708—2009 的时间类型和 W3C 的内建类型,图 44 表示到 GB/T 23708—2009 类型的映射,图 45 表示到 W3C 的内建类型的映射。

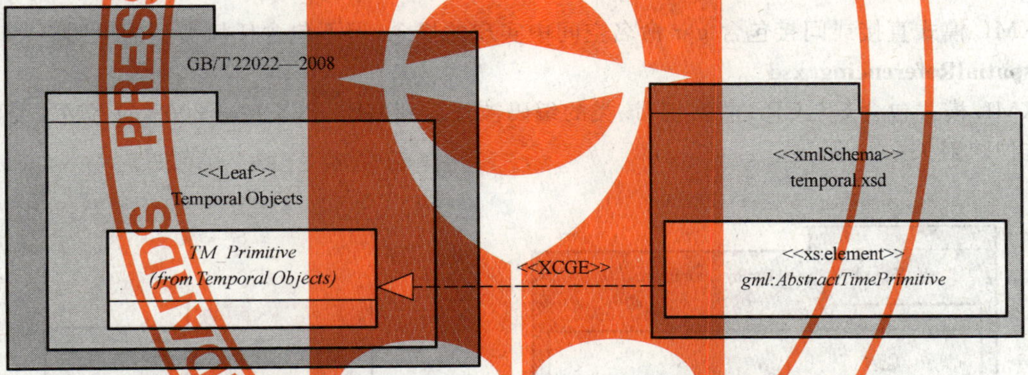


图 44　GB/T 22022—2008 到 GB/T 23708—2009 的映射

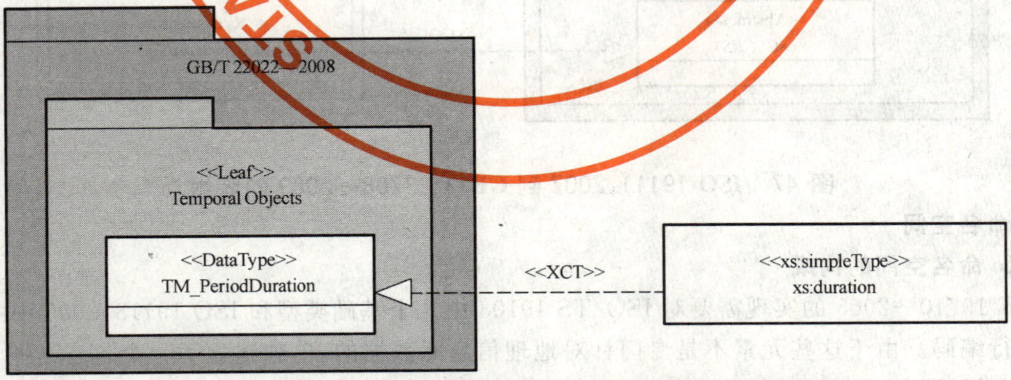


图 45　GB/T 22022—2008 到 W3C 的简单类型模式的映射

## 9.6　gsr 命名空间

### 9.6.1　gsr 命名空间的构成

GB/T 19710—2005 的实现需要对 ISO 19111:2007 中几个元素进行编码。由于这些元素不是专门针对地理信息元数据的,单独建立了一个包含 ISO 19111:2007 中的元素的 XML 模式的命名空间,即 http://www.isotc211.org/2005/gsr,用来表示该命名空间的通用前缀为 gsr,表示地理空间参照。该命名空间的根为 gsr.xsd,gsr 命名空间的构成如图 46 所示。

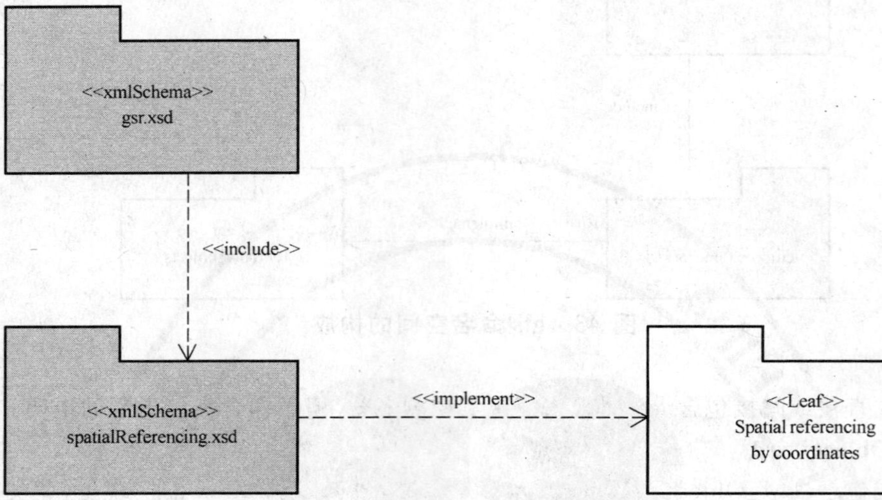


**图 46　gsr 命名空间的构成**

### 9.6.2　gsr.xsd

该 XML 模式直接或间接包含 gsr 命名空间中实现的概念,但不包含任何类型的申明。

### 9.6.3　spatialReferencing.xsd

该 XML 模式包含 SC_CRS 的实现,该类的编码被映射到 GB/T 23708—2009 的 XML 类型,图 47 表示了这种映射关系。

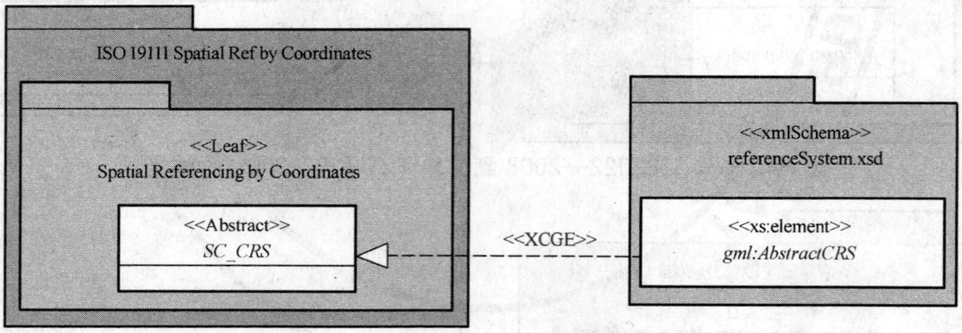


**图 47　ISO 19111:2007 到 GB/T 23708—2009 的映射**

## 9.7　gco 命名空间

### 9.7.1　gco 命名空间的构成

GB/T 19710—2005 的实现需要对 ISO/TS 19103 中几个基础类型和 ISO 19118:2005 中的几个概念元素进行编码。由于这些元素不是专门针对地理信息元数据的,单独建立了一个包含这些 XML 模式的命名空间,即 http://www.isotc211.org/2005/gco,用来表示该命名空间的通用前缀为 gco,表示地理通用。该命名空间的根为 gco.xsd,gco 命名空间的构成如图 48 所示。

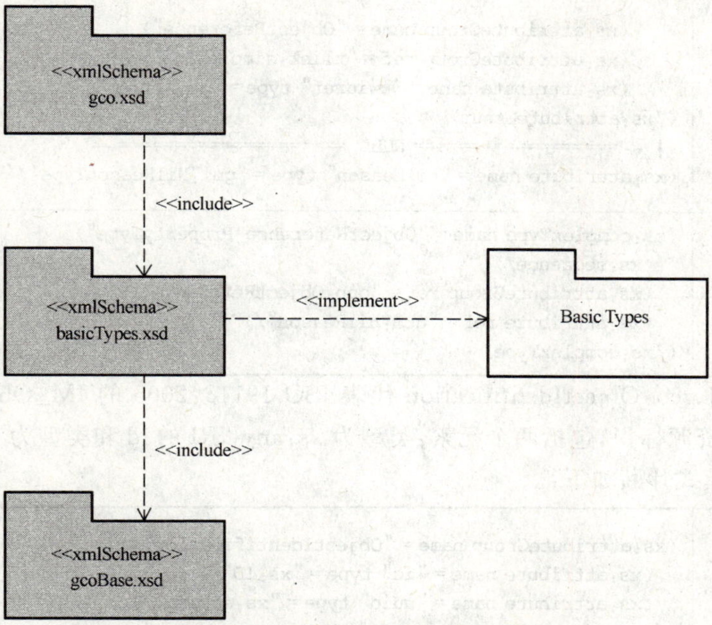


图 48　gco 命名空间的构成

9.7.2　**gco. xsd**

该 XML 模式直接或间接包含 gco 命名空间中实现的概念，但不包含任何类型的申明。

9.7.3　**gcoBase. xsd**

9.7.3.1　**简介**

该 XML 模式包含的元素与 ISO/TS 19103 中的通用元素紧密相关，其对于 XML 实现的作用与 ISO/TS 19103 的元素之与 UML 建模的作用相似。因此，gcoBase. xsd 包含的和从 9.7.3.2 到 9.7.3.4 中描述的元素都纳入到 http://www.isotc211.org/2005/gco 命名空间中。

9.7.3.2　**ISO 19118:2005 中可包含的元素**

ISO 19118:2005 定义了用于对象标识和对象引用的若干核心类型。这些对象在 gcoBase. xsd 模式文件的 gco 命名空间中定义，被遵循本指导性技术文件编码规则的命名空间中的所有对象使用。gcoBase. xsd 模式文件包含的实现有：

a)　代表 ISO 19118:2005 的 IM_Object 的 gco:AbstractObject_Type 元素。该元素用作许多模式的总根，即所有类直接或间接从 gco:AbstractObject_Type 导出。gco:AbstractObject_Type 包含一个到 gco:ObjectIdentification(见下面 c)，用来进行资源标识。下面是一个相应 gco:AbstractObject_Type 的 XML 模式片断：

| | |
|---|---|
| XML 类型<br>(XCT) | 〈xs:complexType name = "AbstractObject_Type" abstract = "true"〉<br>〈xs:sequence/〉<br>〈xs:attributeGroup ref = "gco:ObjectIdentification"/〉<br>〈/xs:complexType〉 |

b)　XML 属性组 gco:ObjectReference 代表 ISO 19118:2005 的 IM_ObjectReference。该属性组被缺省 XCPT 模式（见 8.4)用来引用一个远程资源。注意 ObjectReference 的内容模型与 ISO 19118:2005 相比已稍作修改，以使之与 GB/T 23708—2009 更一致。gco:ObjectReference 属性组包含一个到 xlink:simpleLink 属性组的引用，以及一个类型为 xs:string、名称为 uuidref 的 XML 属性。后者用于支持对 ISO 19118:2005(8.2.4.2)中定义的全局唯一标识符的引用。此外，为了替换应用引用表示且其内容(如两个 XML 标记之间的取值内容)为空的特性类型，提供一个 XCPT 。以下是反映这一情况的一段 XML 模式：

| | |
|---|---|
| XML 属性组 | 〈xs:attributeGroup name = "ObjectReference"〉<br>〈xs:attributeGroup ref = "xlink:simpleLink"/〉<br>〈xs:attribute name = "uuidref" type = "xs:string"/〉<br>〈/xs:attributeGroup〉<br>〈! -- ================== NULL ==================== --〉<br>〈xs:attribute name = "nilReason" type = "gml:NilReasonType"/〉 |
| XML 特性类型 | 〈xs:complexType name = "ObjectReference_PropertyType"〉<br>〈xs:sequence/〉<br>〈xs:attributeGroup ref = "gco:ObjectReference"/〉<br>〈xs:attribute ref = "gco:nilReason"/〉<br>〈/xs:complexType〉 |

c) XML 属性组 gco:ObjectIdentification 代表 ISO 19118:2005 的 IM_ObjectIdentification。该属性组用于资源标识,包括两个元素:类型为 xs:anyURI 的 id 和类型为 xs:string 的 uuid。相应的 XML 模式片断如下:

| | |
|---|---|
| XML 属性组 | 〈xs:attributeGroup name = "ObjectIdentification"〉<br>〈xs:attribute name = "id" type = "xs:ID"/〉<br>〈xs:attribute name = "uuid" type = "xs:string"/〉<br>〈/xs:attributeGroup〉 |

**9.7.3.3 管理注册资源引用的一些基本元素**

生成 gco:CodeListValue_Type 以实现对某一注册表中的给定代码表值的引用。

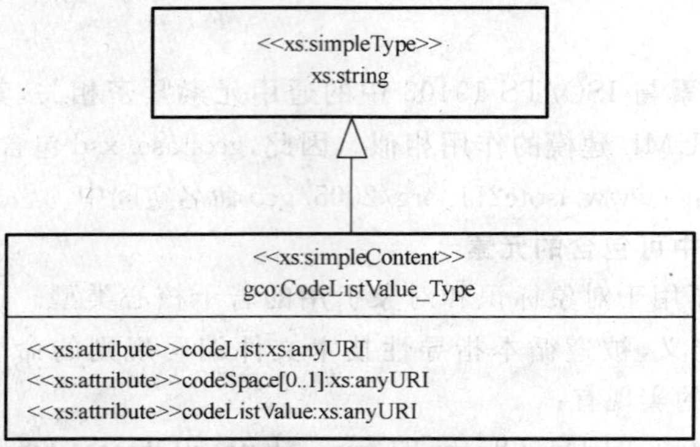


**图 49 XML 模式中的 CodeListValue_Type**

8.5.5 详细描述了在 XML 实例文档中对构造型为〈〈CodeList〉〉的特性进行实例化和使用。本章在图 49 中也阐述了 gco:CodeListValue_Type 的每个 XML 属性的用法。

**9.7.3.4 一个管理 XML 实例文档中空值的基本元素**

XML 属性 gco:nilReason 管理 XML 实例文档中的空值。在特性层次上,该属性允许在一个实际值的位置出现一个关于该值为空原因的说明。在 8.4 定义的缺省 XCPT 模式中使用了该属性。相应的 XML 模式代码如下:

| | |
|---|---|
| XML 属性 | 〈xs:attribute name = "nilReason" type = "gml:NilReasonType"/〉 |

在 GB/T 23708—2009 中详细说明了 gml:NilReasonType,它是一个列举型的 XML 类型,可取的值包括:

- ◆ "inapplicable"(不适用)
- ◆ "missing"(缺失)
- ◆ "template"(模板)
- ◆ "unknown"(未知)

◆ "withheld"(保留)

9.7.4 **basicTypes.xsd**

9.7.4.1 **ISO/TS 19103 中可包含的元素**

9.7.4.1.1 **ISO/TS 19103 中遵循缺省编码规则的类**

ISO/TS 19103 中定义的包含在 basicTypes.xsd 模式文件中的类包括：Multiplicity，MultiplicityRange，MemberName 和 TypeName。它们的 XML 模式定义遵循第 8 章描述的缺省编码规则。

9.7.4.1.2 **XML 模式中用 W3C 内建类型或其他简单内容类型表示的 ISO/TS 19103 类**

ISO/TS 19103 的 CharacterString 类在 XML 中用 xs:string 表示，如图 50 所示。

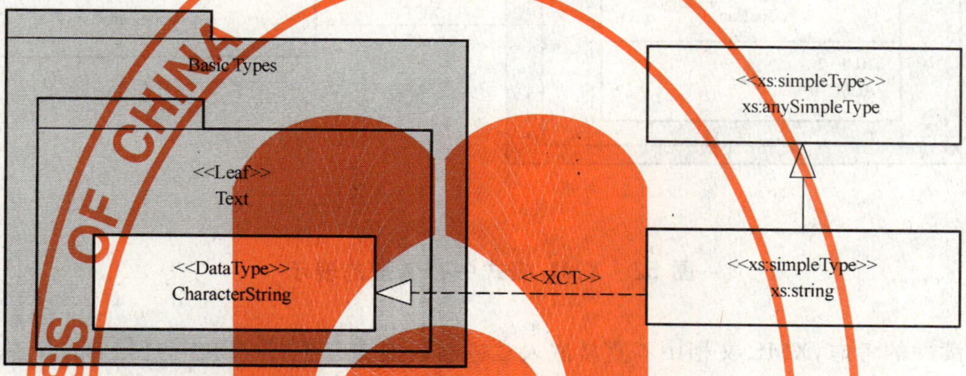


图 50 **XML 模式中 CharacterString 的表示法**

ISO/TS 19103 的 Integer，Decimal 和 Real 类在 XML 中分别用 xs:integer，xs:decimal 和 xs:double 表示，如图 51 所示。

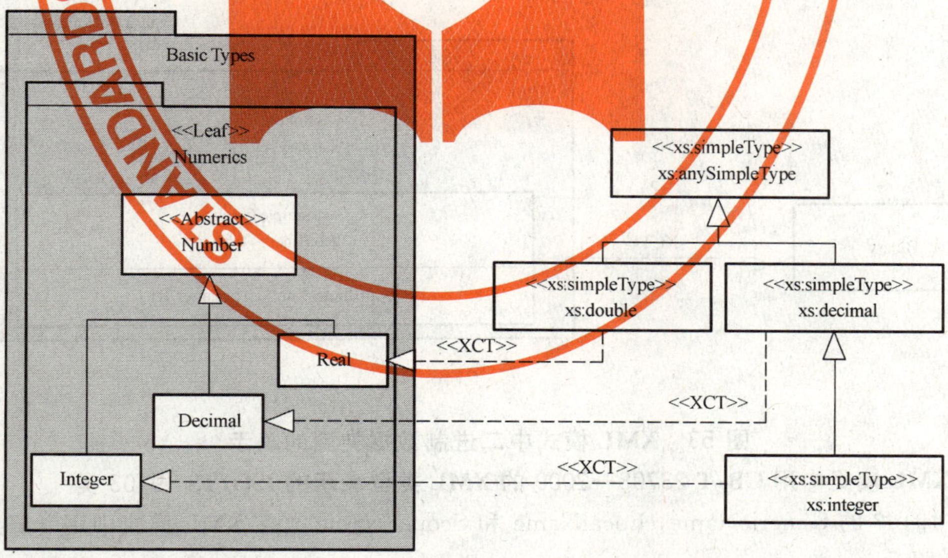


图 51 **XML 模式中数值类型的表示**

ISO/TS 19103 的 Boolean 类在 XML 中用 xs:boolean 表示，如图 52 所示。

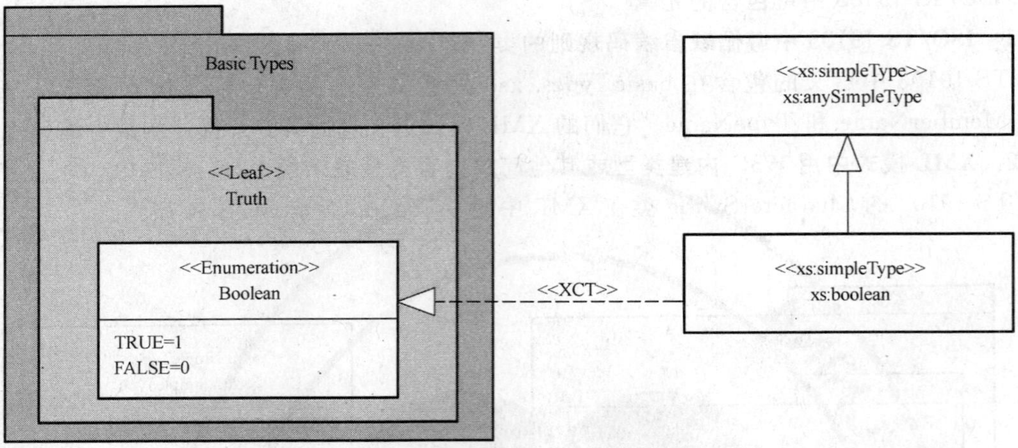


**图 52 XML 模式中布尔型的表示**

出于可读性的考虑,XML 文档中不直接嵌入二进制数据。因此 ISO/TS 19103 的 Binary 类编码为一个对包含该二进制信息的外部文件的引用。如图 53 所示。

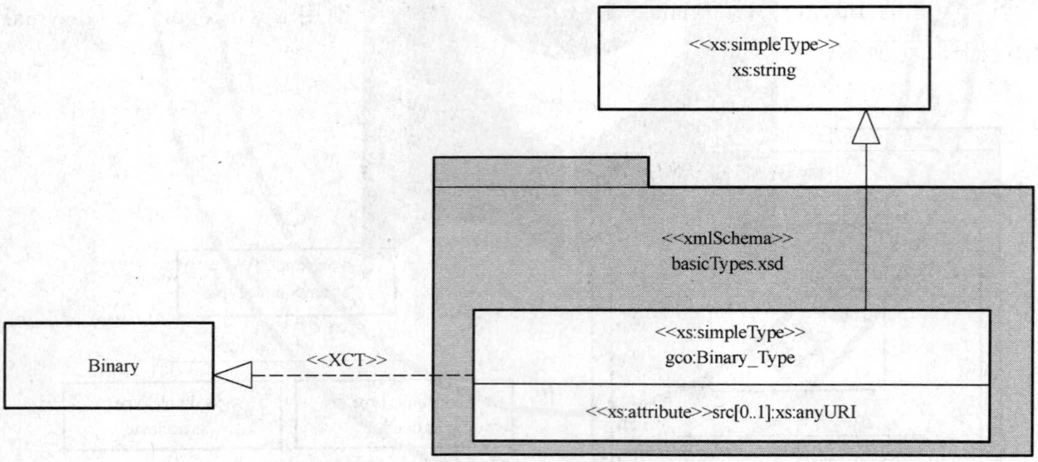


**图 53 XML 模式中二进制数据类型的表示**

### 9.7.4.1.3 XML 模式中用 GB/T 23708—2009 的 XML 类型表示的 ISO/TS 19103 类

ISO/TS 19103 的 GenericName, LocalName 和 ScopedName 类在 XML 模式中用 gml:CodeType 表示,如图 54 所示。

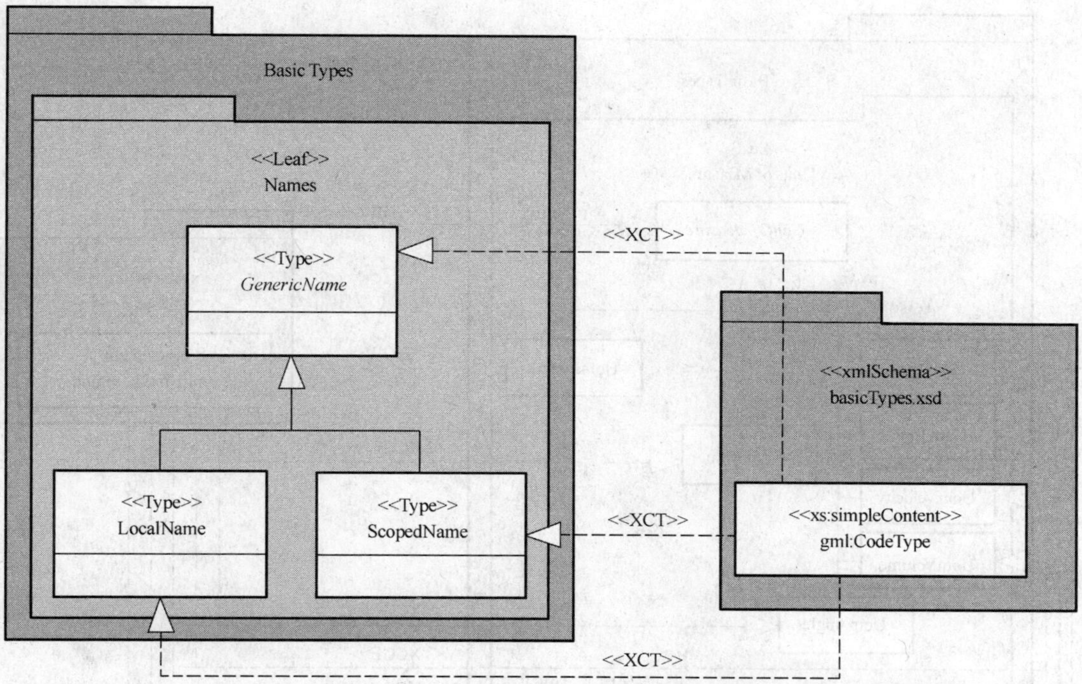


**图 54 利用 GB/T 23708—2009 的 XML 类型实现的名称数据类型**

ISO/TS 19103 的 Measure 类型及其子类型(Length，Scale，Angle 和 Distance)在 XML 模式中用相应的 GB/T 23708—2009 的 XML 类型表示，如图 55 所示。

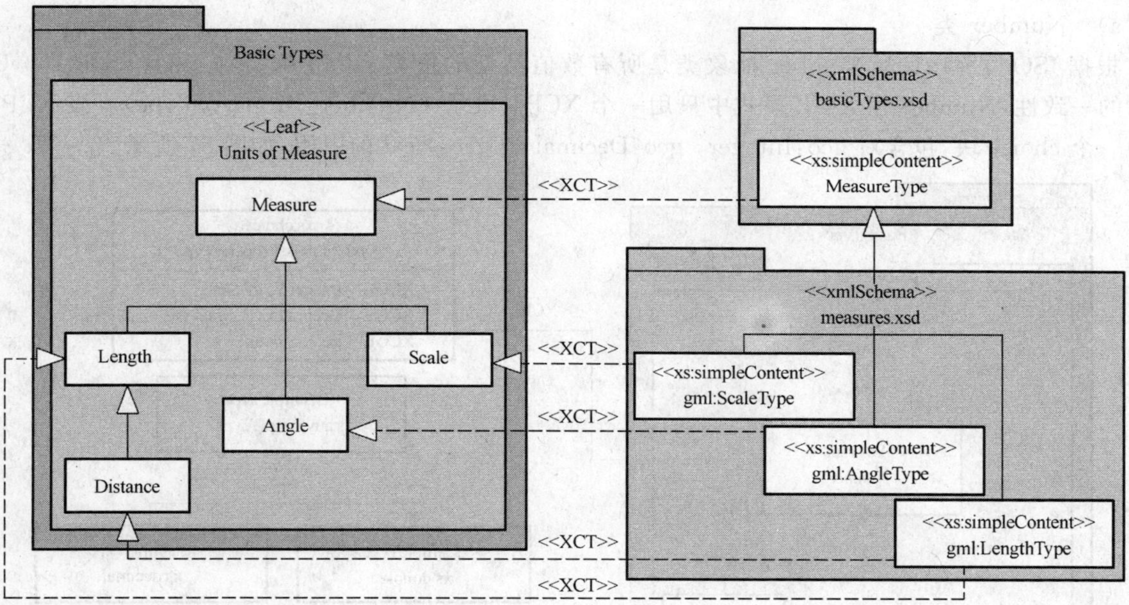


**图 55 利用 GB/T 23708—2009 的 XML 类型实现的度量数据类型**

ISO/TS 19103 的 UnitOfMeasure 类型及其子类型(UomLength，UomScale，UomAngle，UomArea，UomTime，UomVelocity 和 UomVolume))在 XML 模式中用 GB/T 23708—2009 的简单 XML 类型表示，如图 56 所示。

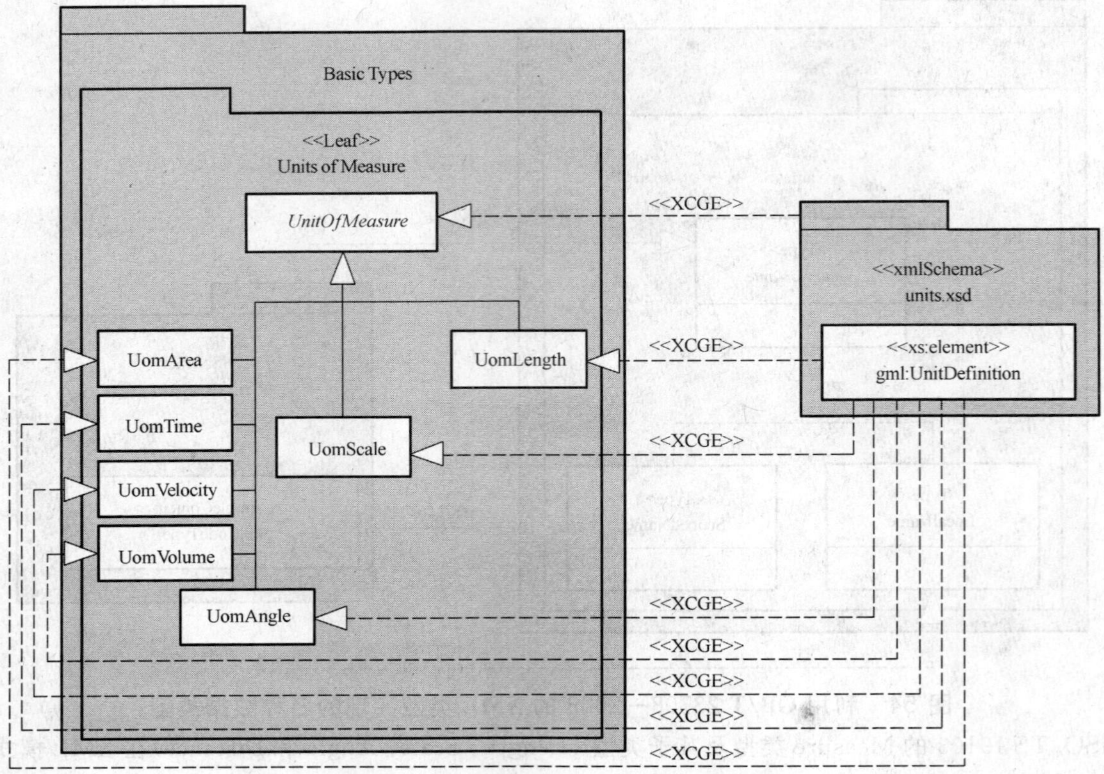


图 56 利用 GB/T 23708—2009 的 XML 类型实现的度量单位数据类型

#### 9.7.4.1.4 未使用 XML 类型、外部 XML 类型或缺省规则表示的 ISO/TS 19103 类

a) Number 类

根据 ISO/TS 19103,Number 抽象类是所有数值类型的根类。为了保持与 ISO/TS 19103 UML 表示的一致性,Number 在 XML 模式中只用一个 XCPT 表示（Number_PropertyType)。该 XCPT 编码为一个 choice 块,包含对 gco:Integer, gco:Decimal 和 gco:Real 的引用,如图 57 所示。

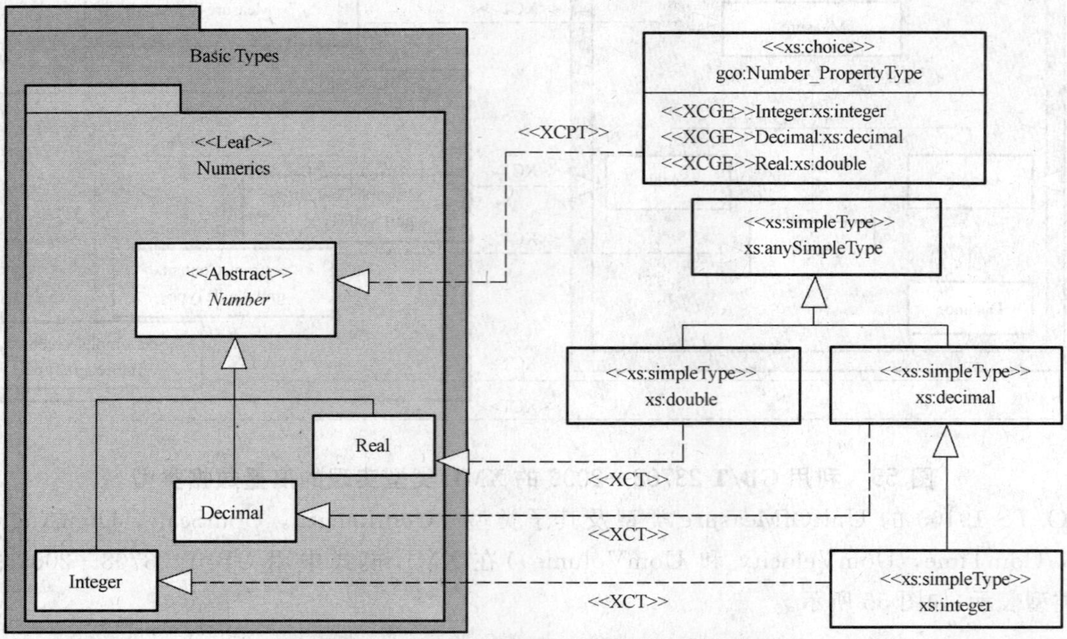


图 57 XML 模式中数值数据类型的表示

b) UnlimitedInteger 类

对 ISO/TS 19103 UnlimitedInteger 自动编码形成的 XML 模式片断与该类在 ISO/TS 19103 中的定义并不一致。首先，在一个 XML 实例文档中找到一个内容为“*”而不是整数的值是不太可能的；其次，根据 ISO/TS 19103，如果 isInfinite 特性为“true”，则 value 特性的值必为空。因此，对于 UnlimitedInteger 的编码机制需使用 XML 文档中的 XCPT（相应地会用到 XCGE）和 xs：nillable 属性，如图 58 所示。

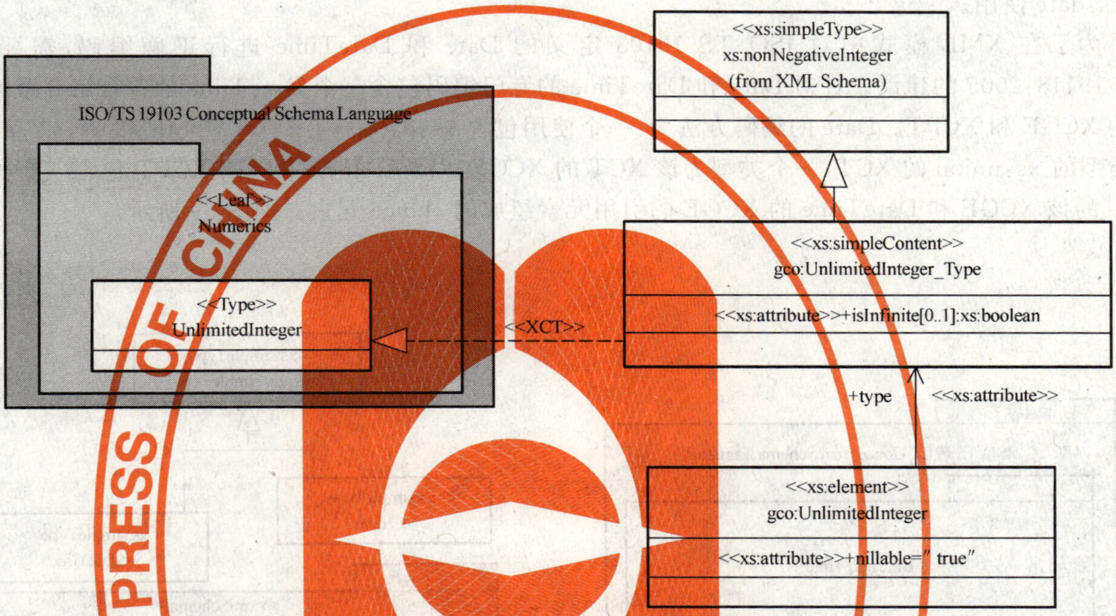




**图 58 XML 模式中 UnlimitedInteger 的表示**

例：使用举例：

| | |
|---|---|
| XML 模式用法 | 〈xs：complexType name = "SAMPLE"〉<br>〈xs：sequence〉<br>〈xs：element name = "myUnlimitedInteger"<br>type = "gco：UnlimitedInteger_PropertyType" maxOccurs = "unbounded"/〉<br>〈/xs：sequence〉<br>〈/xs：complexType〉<br>〈! --.........................................--〉<br>〈xs：element name = "sample" type = "gcXML：SAMPLE"/〉 |
| XML 实例 | 〈sample〉<br>〈! -- === 有界值：一个正整数 === --〉<br>〈myUnlimitedInteger〉<br>〈UnlimitedInteger〉233332〈/UnlimitedInteger〉<br>〈/myUnlimitedInteger〉<br>〈! -- === 无穷值(没有内容) === --〉<br>〈myUnlimitedInteger〉<br>〈UnlimitedInteger isInfinite = "true" xsi：nil = "true"/〉<br>〈/myUnlimitedInteger〉<br>〈/sample〉<br>注：xsi：nil=“true”表示元素的内容为空。 |

c) Date 和 DateTime 类型

正如 ISO/TS 19103 定义的那样，对于 Dat 和 DateTime 类型，ISO 19118:2005 指定使用 XML 模式的类型进行编码，并指出了根据 GB/T 7408 这两种类型都有规范性编码方法。但是，ISO/TS 19103 定义的 Date 和 DateTime 与 XML 模式的 xs:date 与 xs:dateTime 有一个重要不同。ISO/TS 19103 的 DateTime 是 Date 的子类型，即它继承了 Date 所有的属性，且可以在指定使用 Date 作为属性数据类型的地方替换 Date。XML 模式中的 xs:date 与 xs:dateTime 没有这样的关系，因此 xs:dateTime 不能替代 xs:date 使用。

为了在 XML 模式中对 ISO/TS 19103 定义的 Date 和 DateTime 进行正确编码，需要偏离 ISO 19118:2005 的建议。针对 Date 和 DateTime 的专门编码包含一个 DateTime 的符合第 8 章编码规则的 XCGE 和 XCPT。Date 的编码方法为：一个使用包含 xs:date，xs:gYearMonth 和 xs:gYear 等成员类型的 xs:union 的 XCT，一个类型为该 XCT 的 XCGE，以及一个 XCPT，该 XCPT 包含一个由指向 Date 的该 XCGE 和 DateTime 的 XCGE 的引用元素组成的 choice 元素。如图 59 所示。

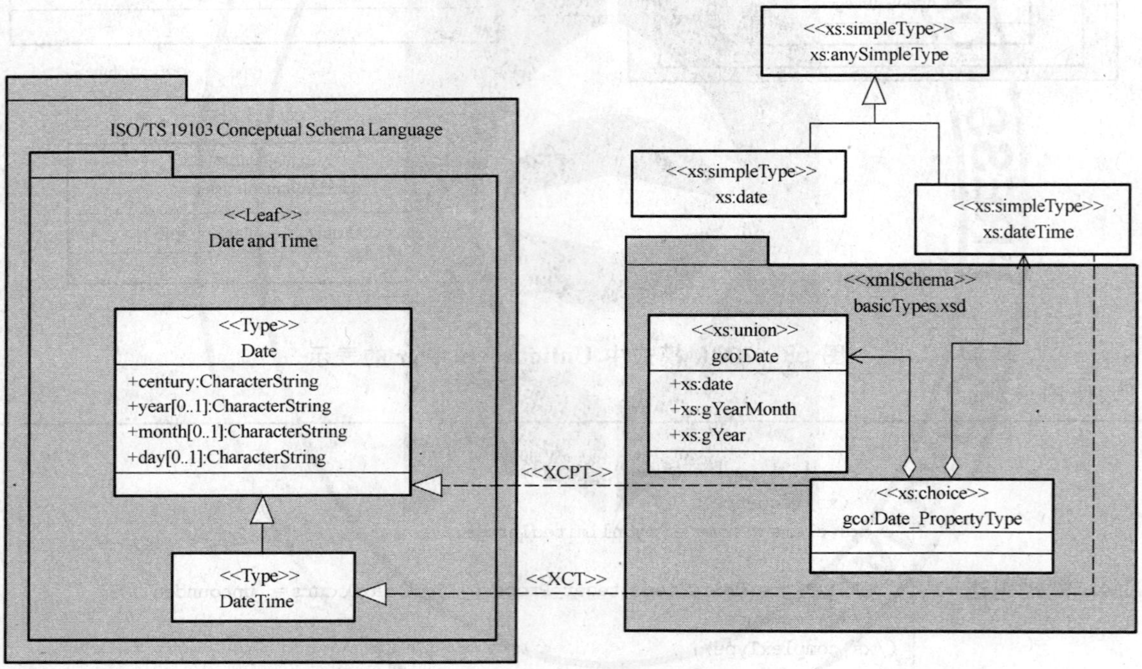


**图 59 XML 模式中 Date 和 DateTime 的表示**

d) Record 类和 RecordType 类

本指导性技术文件不适于包含一个对 Record 和 RecordType 的完整描述，但需要明确这两个类的一些特性。RecordType 是一个语义定义的物理表达(比如典型的要素类型)。Record 是对一个相应 RecordType 的语义定义实例的物理表达。attributeMember 限定词明确表明 Record 及其对应的 RecordType 具有同样的语义定义。对此进行正确编码的 XML 可以在表示 Record 和 RecordType 的同时，不会产生许多复杂的标记序列或繁琐的 XML 实例文档，这需要遵循第 8 章的规则，如图 60 所示。

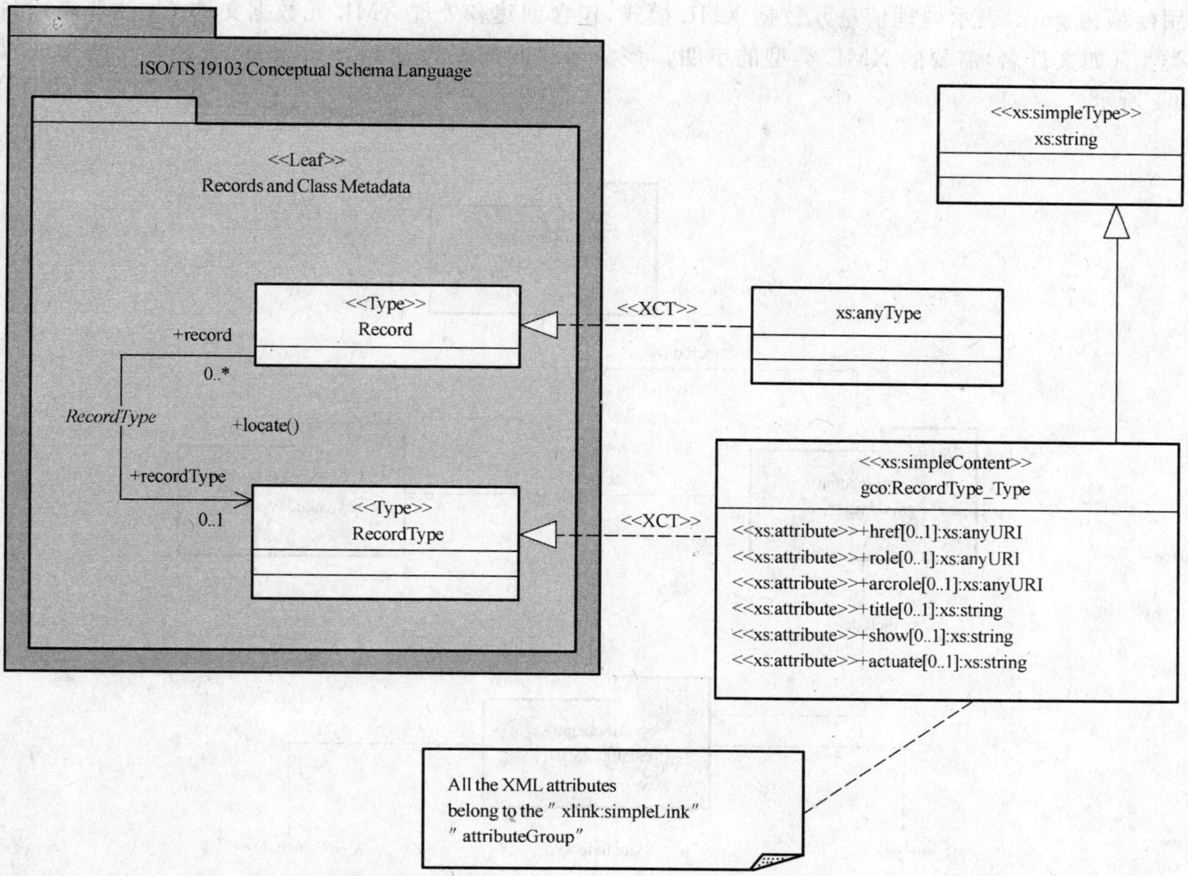


图 60　**XML 模式中 Record 和 RecordType 的表示**

例:使用举例:

| Record | |
|---|---|
| XML 模式用法 | <xsd:element name = "value" type = "gco:Record_PropertyType"/> |
| XML 实例 | <value><br><gco:Record xsi:type = "gml:PointType"><br><gml:pos/><br>(…)<br><gco:Record><br></value><br><value xlink:href = "aXMLFile.xml#myPointId"/> |

| RecordType | |
|---|---|
| XML 模式用法 | <xs:element name = "valueType"<br>type = "gco:RecordType_PropertyType"/> |
| XML 实例 | <valueType><br><gco:RecordType<br>xlink:href = "myXMLSchema.xsd#xpointer(//complextype<br>[@name = ′myType′])">myTypeName</gco：RecordType><br></valueType> |

## 9.8　gmx 命名空间

### 9.8.1　gmx 命名空间的构成

9.7 描述的扩展元素的命名空间是 http://www.isotc211.org/2005/gmx,用来表示该命名空间的通用前缀为 gmx,表示地理信息元数据 XML 模式,包含创建和处理 XML 元数据文件(如注册表)和扩展类型(如文件名)需要的 XML 类型的申明。该命名空间的根为 gmx. xsd,gmx 命名空间的构成,如图 61 所示。

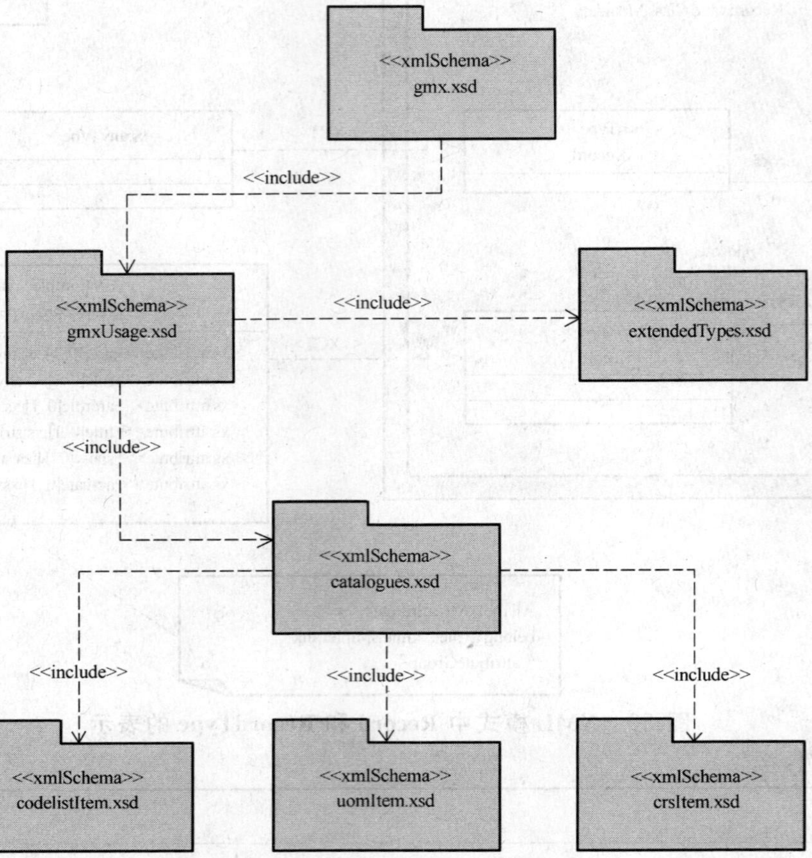


**图 61　gmx 命名空间的构成**

### 9.8.2　gmx. xsd

该 XML 模式直接或间接包含 gmx 命名空间中实现的概念,但不包含任何类型的申明。它是 gmx 命名空间的根模式。

### 9.8.3　extendedTypes. xsd

该 XML 模式包含 FileName,Anchor 和 MimeFileType 的定义,这些类在 7.2 进行了充分说明,其 XML 实现如图 62 所示。

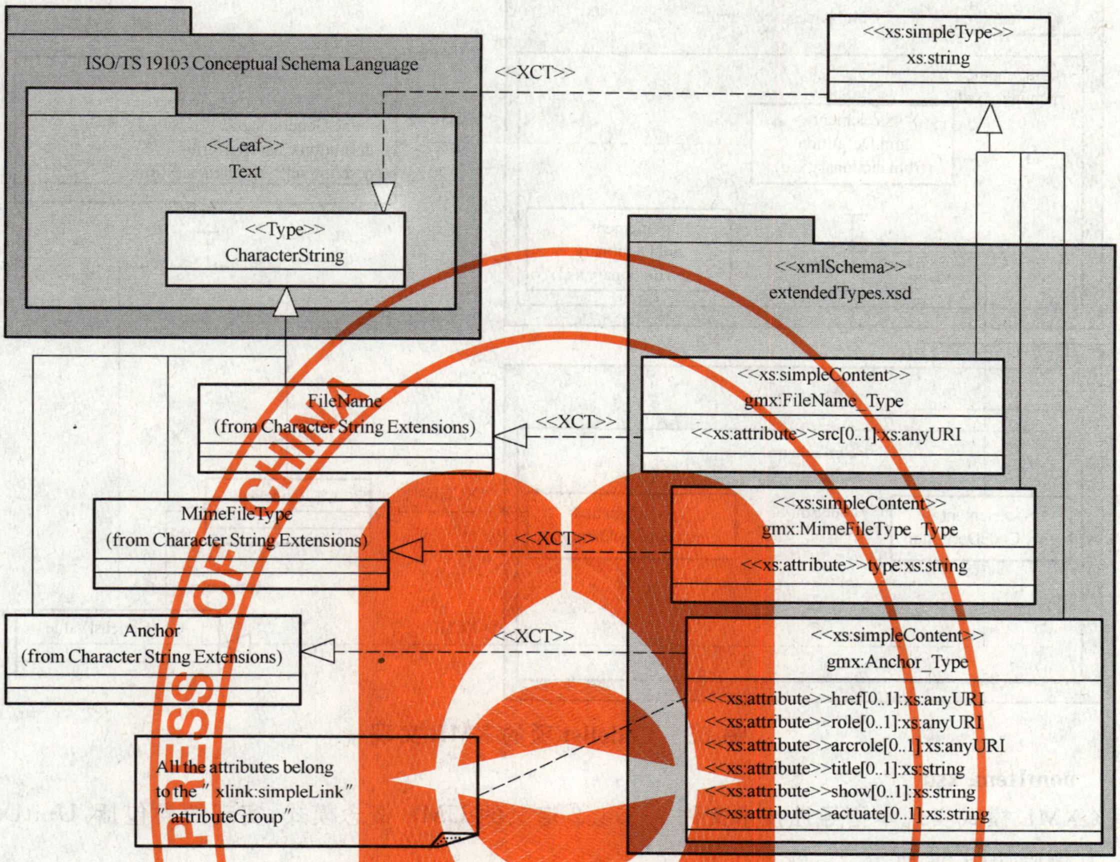


图 62 XML 模式中 FileName，Anchor 和 MimeFileType 数据类型的实现

9.8.4 **gmxUsage. xsd**

该 XML 模式实现本指导性技术文件 7.3.1 定义的 UML 概念模式，实现的类包括：MX_Dataset，MX_Aggregate，MX_DataFile 和 MX_ScopeCode。

该 XML 模式中实现的类遵循第 8 章描述的编码规则。

9.8.5 **catalogues. xsd**

该 XML 模式实现本指导性技术文件 7.3.4.1 定义的 UML 概念模式，实现的类包括：CT_Catalogue，CT_CodelistCatalogue，CT_UomCatalogue 和 CT_CrsCatalogue。

该 XML 模式中实现的类遵循第 8 章描述的编码规则。

9.8.6 **codelistItem. xsd**

该 XML 模式实现本指导性技术文件 7.3.4.4 定义的 UML 概念模式，实现的类包括：CT_Codelist 和 CT_CodelistValue。

CT_Codelist 和 CT_CodelistValue 的编码被映射到该模式申明的 XML 类型((gmx:CodeDefinition，gmx:CodeListDictionary)。这些实现类型派生自 GB/T 23708—2009 的字典(dictionary)类型和完整的 ISO 19136:2007 模式，但 GB/T 23708—2009 中没有为 codelist 定义任何内容模型。其编码如图 63 所示。

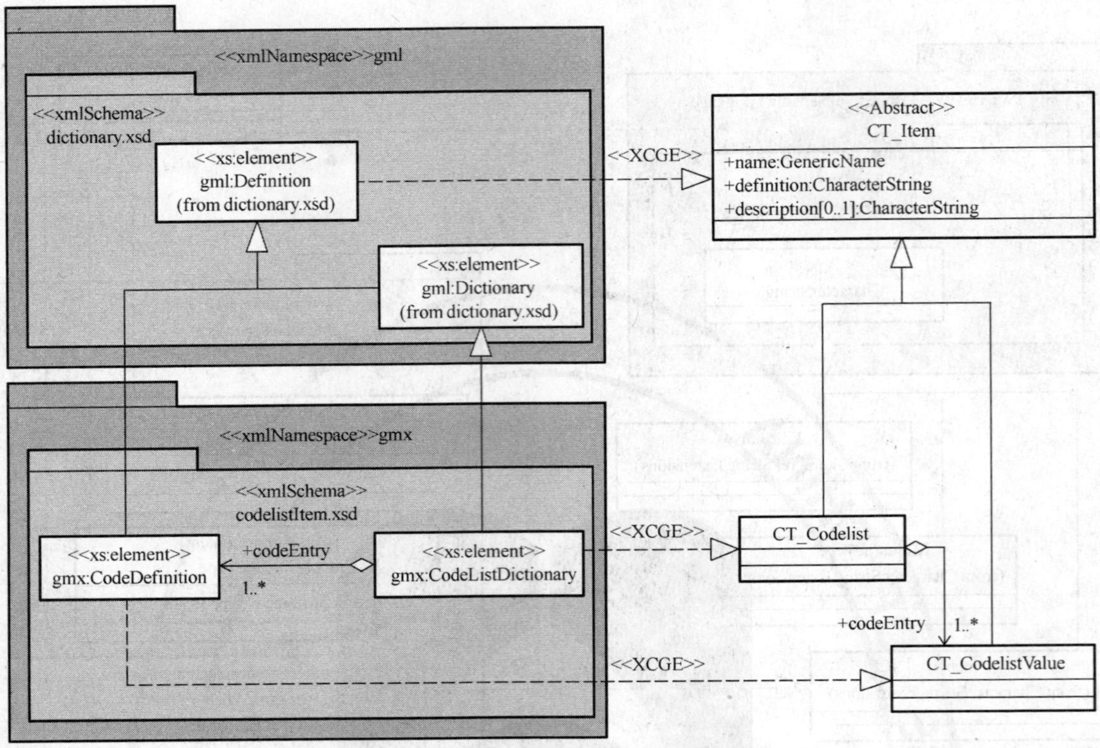


图 63 Codelist 项的 XML 实现

### 9.8.7 uomItem.xsd

该 XML 模式实现本指导性技术文件 7.3.4.2 定义的 UML 概念模式，实现的类包括：UnitDefinition。其编码如图 64 所示。

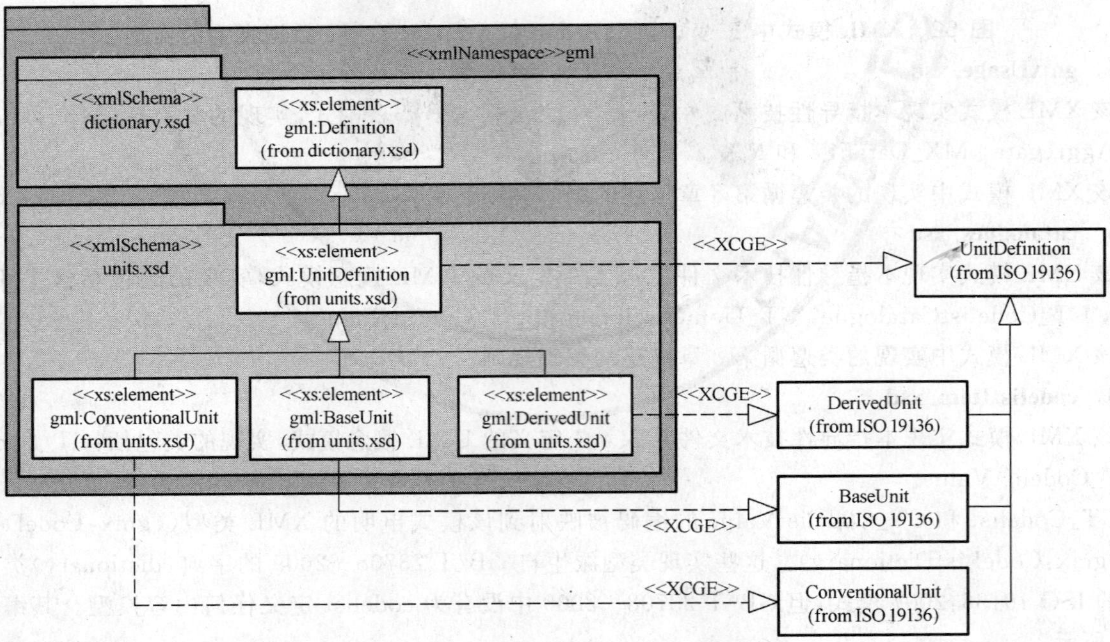


图 64 UOM 目录的 XML 实现

### 9.8.8 crsItem.xsd

该 XML 模式实现本指导性技术文件 7.3.4.3 定义的 UML 概念模式，实现的类包括：CT_CRS，CT_CoordinateSystem，CT_CoordinateSystemAxis，CT_Datum，CT_Ellipsoid，CT_PrimeMeridian，

CT_Operation，CT_OperationMethod 和 CT_OperationParameters.。

表 4 说明了每种类的 XML 实现：

——基本方法是实现为一个 GB/T 23708—2009 XCGE；

——其 GB/T 23708—2009 XCGE 的 GB/T 23708—2009 具体形式，如 GB/T 23708—2009 替代其 GB/T 23708—2009 XCGE 的具体全局元素。

**表 4　crsItem.xsd 中的 gmx：ML_xxx 要素**

| 所属组 | GB/T 23708—2009 XCGE | GB/T 23708—2009 具体形式 |
|---|---|---|
| CT_CRS | gml：AbstractCRS | gml：CompoundCRS |
| | | gml：EngineeringCRS |
| | | gml：VerticalCRS |
| | | gml：GeodeticCRS |
| | | gml：TemporalCRS |
| | | gml：ImageCRS |
| | | gml：ProjectedCRS |
| | | gml：DerivedCRS |
| CT_Coordinate System | gml：AbstractCoordinate System | gml：EllipsoidalCS |
| | | gml：CartesianCS |
| | | gml：AffineCS |
| | | gml：UserDefinedCS |
| | | gml：VerticalCS |
| | | gml：TimeCS |
| | | gml：CylindricalCS |
| | | gml：SphericalCS |
| | | gml：PolarCS |
| | | gml：LinearCS |
| CT_Coordinate SystemAxis | gml：CoordinateSystemAxis | gml：CoordinateSystemAxis |
| CT_Datum | gml：AbstractDatum | gml：TemporalDatum |
| | | gml：VerticalDatum |
| | | gml：Imagedatum |
| | | gml：EngineeringDatum |
| | | gml：GeodeticDatum |
| CT_Ellipsoid | gml：Ellipsoid | gml：Ellipsoid |
| CT_PrimeMeridian | gml：PrimeMeridian | gml：PrimeMeridian |
| CT_Operation | gml：AbstractCoordinate Operation | gml：Concatenated Operation |
| | | gml：PassThroughOperation |
| | | gml：Transformation |
| | | gml：Conversion |

表 4（续）

| 所属组 | GB/T 23708—2009 XCGE | GB/T 23708—2009 具体形式 |
|---|---|---|
| CT_OperationMethod | gml:OperationMethod | gml:OperationMethod |
| CT_Operation Parameter | gml:AbstractGeneral OperationParameter | gml:OperationParameter Group |
| | | gml:OperationParameter |

### 9.9 从概念模式到 XML 文件实例

#### 9.9.1 简介

考虑到地理信息元数据 XML 模式的预期用途，在非常灵活的文件中保持数据、相关元数据和有关信息的组织方式非常重要。非常重要的一点是，MD_Metadata 的 XCGE 很少是 XML 文件的根元素，根据于具体的应用环境，在描述一个或多个不同类型资源时，可能会在单个 XML 文件中出现一次或多次。

甚至有可能存在连一个 MD_Metadata XCGE 元素都不含的元数据集构成的 XML 文件。这是多态产生的结果，出现的是可能在用户自定义规范中进行定义的 MD_Metadata 子类的 XCGE，而不是 MD_Metadata XCGE 元素。对于 MD_Metadata 如此，对于其他地理信息国家标准定义的任何其他概念也如此。为了调和这一特点，以保证对自定义元数据集的理解，A. 3 提出了一个针对性的要求。任何新的元数据元素的 XCT 应支持一个叫做 isoType 的必选 XML 属性，以说明其直接或间接派生而来的源 ISO 类的名称。

#### 9.9.2 gml 文件中或数据访问服务中使用 gml 作为交换标准

GB/T 23708—2009 中定义了一个名为 gml:AbstractMetadataPropertyType 的 XML 类型，用于元数据或质量相关的属性。比如一个名为 Road 的要素类型，有一个元数据属性名为 metadata，其类型为 MD_Metadata。该属性在 GB/T 23708—2009 的要素类型的定义中定义成了一个局部 XML 元素。

```
<xs:element name="metadata">
  <xs:complexType>
<xs:complexContent>
    <xs:extension base="gml:AbstractMetadataPropertyType">
     <xs:sequence minOccurs="0">
      <xs:element ref="gmd:MD_Metadata"/>
     </xs:sequence>
    </xs:extension>
    <attributeGroup ref="gml:AssociationAttributeGroup"/>
  </xs:complexContent>
 </xs:complexType>
<xs:element>
```

下面是一个 XML 文件实例：

```
<myAs:Road>
 <! -- other Road Properties -->
 <myAs:metadata>
   <gmd:MD_Metadata>
     <! -- a full set of metadata elements -->
   </gmd:MD_Metadata>
 </myAs:metadata>
 <! -- other Road Properties -->
</myAs:Road>
```

#### 9.9.3 在目录服务环境中

如果通过目录服务传送的数据是 XML 编码的，则目录服务接口需定义响应用户查询需要使用的不同 XML 模式。如果使用地理信息元数据 XML 模式，返回的 XML 文件中应该有一个或多个 MD_Metadata 实例。

### 9.9.4 在标准传输交换环境中

传输聚集和传输数据集概念是传输交换中的两个主要概念。可能有一个或多个 XML 文件构成该交换，但这些文件中的至少一个的根元素是 MX_Dataset、MX_Aggregate 或两者之一的扩展类型的 XML 实例。交换从这样一个元素开始解析，是一个模型驱动的过程，并遵循 7.3 描述的规则。

# 附　录　A
（规范性附录）
抽象测试套件

## A.1　一致性测试工具概述

要保证与本指导性技术文件最低程度的一致性，需要用第8章的编码规则定义和第9章详细描述的XML模式对地理信息元数据实例（XML）文档进行有效性检查后，没有错误出现。尽管有许多工具可以用来根据给定XML模式对XML实例文档进行有效性检查，但需要知道并非所有的检验工具都完全实现了W3C的XML模式建议规范，同时解读W3C XML模式建议规范的方式也不完全相同。建议使用能够严格解读XML模式并完全支持W3C XML模式建议规范的工具以保证一致性。

## A.2　一致性要求——约束

### A.2.1　通过值或通过引用或 gco:nilReason

根据本文件定义的模式对XML实例文档的有效性检查并不是对本指导性技术文件一致性要求的全部。正如8.4所说，一个遵循缺省XCPT模式的特性元素被设计用来包含内容（通过值）或属性（通过引用或置空并说明原因）。但是，由于XCPT的设计，该特性元素可能没有内容或属性，或既有内容也有属性并根据XML模式还是有效的。限制内容和属性同时存在是不可能的。根据XML模式进行有效性检查之外，应使用其他机制（如模式、XSL转换等）来限制一个特性要么是“通过值”，要么是“通过引用”或是空值原因。

### A.2.2　共同约束

XML1.0不支持某些类型约束的增强功能，例如，当‘MD_Metadata’的‘hierarchyLevel’的值等于“dataset”时，XML模式不能支持用于‘MD_DataIdentification’对象的‘EX_GeographicBoundingBox’或‘EX_GeographicDescription’形式的‘extent’这样的共同约束。因此，实现者留意GB/T 19710—2005附录A的图表中的提示非常必要。表A.1说明了受影响的元素及提示和注释。由于XML模式设计的继承机制不支持某些继承规则，但需要进行确认。这些都在表A.1中列出。

**表 A.1　XML 模式不支持的一致性规则**

| 相关的类 | 一致性规则 |
|---|---|
| MD_Metadata | language：如果编码标准没有定义需要说明 |
| MD_Metadata | characterSet：如果编码标准不使用且没有定义 ISO/IEC 10646 时需要说明 |
| MD_DataIdentification | characterSet：如果不使用 ISO/IEC 10646，需说明 |
| MD_DataIdentification | MD_Metadata.hierarchyLevel = "dataset" 意味着<br>extent.geographicElement.EX_GeographicBoundingBox 出现次数＋<br>extent.geographicElement.EX_GeographicDescription 出现次数〉=1 |
| MD_DataIdentification | MD_Metadata.hierarchyLevel 不等于"dataset"意味着 topicCategory 不是必选的 |
| MD_AggregateInformation | "aggregateDataSetName" 或"aggregateDataSetIdentifier" 应说明其一 |
| M D_LegalConstraints | otherConstraints：如果 accessConstraints 或 useConstraints = "otherRestrictions" 则应说明 |
| DQ_DataQuality | "report"或"lineage" 角色在 scope.DQ_Scope.level ='dataset'时是必选的 |
| DQ_Scope | " levelDescription"在"level" 不等于'dataset'或'series'时是必选的 |

表 A.1（续）

| 相关的类 | 一致性规则 |
|---|---|
| LI_Lineage | 如果(count(source) + count(processStep) =0) 且 (DQ_DataQuality.scope.level = 'dataset' 或 'series')则 statement 为必选 |
| LI_Lineage | "source" 角色在 LI_Lineage.statement 和"processStep" 角色未说明时为必选 |
| LI_Lineage | "processStep"在 LI_Lineage.statement 和"source" 角色未说明时是必选的 |
| LI_Source | "description"在"sourceExtent" 未说明时是必选的 |
| LI_Source | "sourceExtent" 在"description"未说明时是必选的 |
| MD_Georectified | "checkPointDescription"在"checkPointAvailability" = 1 时是必选的 |
| MD_Band | "units" 在提供了"maxValue" 或"minValue" 值时是必选的 |
| MD_Medium | "densityUnits" 在有"density"时是必选的 |
| MD_Distribution/ MD_Format | count (distributionFormat + distributorFormat) > 0 |
| MD _ ExtendedElementInformation | 如果"dataType" 不等于'codelist'，'enumeration'或'codelistElement'则"obligation"，"maximumOccurence" 和"domainValue" 为必选 |
| MD _ ExtendedElementInformation | 如果"obligation" = 'conditional'则"condition"为必选 |
| MD _ ExtendedElementInformation | 如果"dataType" = 'codelistElement'则"domainCode"为必选 |
| MD _ ExtendedElementInformation | 如果"dataType" 不等于'codelistElement'则"shortName"为必选 |
| EX_Extent | count(description + geographicElement + temporalElement + verticalElement) >0 |
| CI_ResponsibleParty | count of (individualName + organisationName + positionName) > 0 |
| Distance | Distance 类型的 uom 元素应使用 UomLength_PropertyType 进行实例化 |
| Length | Length 类型的 uom 元素应使用 UomLength_PropertyType 进行实例化 |
| Scale | Scale 类型的 uom 元素应使用 UomScale_PropertyType 进行实例化 |
| Angle | Angle 类型的 uom 元素应使用 UomAngle_PropertyType 进行实例化 |

## A.3 一致性要求——扩展

用户元数据专用标准和扩展在 GB/T 19710—2005 附录 C 中进行了描述。GB/T 19710—2005 的 C.2 描述的不同类型扩展需满足以下一致性规则：

1) 增加新的元数据部分：新的元数据部分应在其自己的命名空间中增加，并遵循本指导性技术文件第 8 章的编码规则；
2) 生成一个新的元数据代码表替换取值类型为纯文本的元数据元素的值域：新的代码表可以根据 8.5.5 的编码规则实现，根据这些规则，新代码表将作为已有的值域为纯文本，数据类型为 CharacterString 的元数据元素的替代组；
3) 生成新的元数据代码表元素（扩充代码表）：根据 9.8.6 的说明向代码表中增加新元素即可满足对该类扩充的一致性要求；
4) 增加一个新的元数据元素：不能直接向本指导性技术文件定义的 XML 模式中增加新元素。可以通过建立现有地理信息国家标准中类的子类，并遵循 8.5.3 关于编码子类的编码规则增加新元素。此外,扩展类的 XCT 需要包含一个额外的必选属性 isoType,类型为 xs:string,在 gcoBase. xsd 定义。在该属性中记录其直接或间接扩展的类的名称。这为解析用户自定义的元数据 XML 文件提供了有效途径,即只需查找本指导性技术文件的元素或者 isoType 属性包含 ISO 类名的元素即可。生成的模式不会位于本指导性技术文件定义的任何命名空间中;

5) 增加一个新的元数据实体:新的元数据实体应在其自己的命名空间中增加,并遵循本指导性技术文件第 8 章的编码规则;对已有元数据元素施以更严格的限制,即限制的一致性要求在 A. 4 中规定;

6) 对已有元数据实体赋予更多限制的值域:限制的一致性要求在 A. 4 中规定。除了遵循以上要求,还有必要遵循 GB/T 19710-2005 附录 C 关于正确分析扩展和描述扩展的文档要求的部分描述的元数据一致性规则。

## A. 4 一致性要求——限制

某些情况下需要对已有 XML 模式进行限制。一种情况是,当如 8. 5. 8 描述并如第 9 章某些图所示的使用外部实现时,其编码细节不在本指导性技术文件中定义。某个外部实现可能需要施以更严格的限制才能较好使用本指导性技术文件的要求。使用 gml:DefinitionType 作为 gmx:AlternativeExpression 的超类时就属这类情况,gml:DefinitionType 中 id 属性为可选,但 gmx:AlternativeExpression 需要其为必选。这不能通过修改 gml:DefinitionType 实现,只能在 UML 加上注释,如"XML 属性 id 为必选",并把该注释附到 gmx:AlternativeExpression 上。此外除了 XML 模式检验工具之外还需一些工具来检查 gmx:AlternativeExpression 的 id 属性的必选要求是否满足。

正如本指导性技术文件定义的命名空间中对外部实现的限制通过在 UML 中增加注释并通过 XML 模式检验之外的工具进行检查来实现一样,用户自定义的限制也应使用这一机制。

# 附　录　B
（规范性附录）
# 扩展内容的数据字典

## B.1　数据字典概览

### B.1.1　概述

该数据字典说明了第7章定义的GB/T 19710—2005扩展的一些特性。为了体现这些扩展信息的相互关系和构成，数据字典分级进行说明。对应扩展类型，数据字典分为：针对Web环境、针对文化与语种适应性和针对地理信息标准的传输交换三部分。

有几个表的标题进行了扩展以反映各自模式图中类的细节。每个UML模型类对应一个数据字典实体。每个UML模型类的属性对应数据字典中的一个元素。带阴影的行定义实体。数据字典中的实体和元素通过7个属性描述（这些属性是根据在ISO/IEC 11179-3中描述数据元素概念的要求确定的，将在下面列出）。

### B.1.2　名称/角色名称

赋予元数据实体或元素的标签。元数据实体名称首字母大写，不含空格，多个单词串在一起，每个单词的首字母大写（如：XnnnYmmm）。元数据实体名称在本指导性技术文件的整个数据字典中应唯一。元数据元素名称在元数据实体内唯一，而不是在本指导性技术文件整个数据字典范围内唯一。但在应用系统中，通过组合元数据实体与元素的名称可以使元数据元素的名称唯一（如：MD_Metadata.characterSet）。角色名称用来识别元数据抽象模型中的关联，并在前面加上“Role name：”来与元素区别。名称与角色名称可以是用本指导性技术文件适用语种之外的其他某种特定语种表达。

### B.1.3　定义

元数据实体或元素的说明。

### B.1.4　约束/条件

#### B.1.4.1　总体说明

该描述项用于说明一个元数据实体或元素在元数据中是否总是应该表述抑或有时必须表述，其取值包括：M（必选）、C（条件必选）或O（可选）。

#### B.1.4.2　必选（M）

对应元数据实体或元素应进行表述。

#### B.1.4.3　条件必选（C）

说明元数据实体或元素是否选用的条件。当该条件满足时，至少有一个元数据实体或元数据元素为必选。“条件必选”用于以下三种情况：

——表示在两个或多个选项中进行选择。至少选择一个选项，且应进行表述。

——选用一个元数据实体或元数据元素需要以选用另一个元数据元素为条件。

——选用一个元数据元素需要以另一个元数据元素等于特定值为条件。为便于人们阅读，特定值使用纯文本表达（例如：B.2的表中第3行的“C / 编码中未定义?”），但在电子用户接口中应使用代码值进行条件检查。

如果对条件的回答是肯定的，则该元数据实体或元数据元素应当是必选的。

#### B.1.4.4　可选（O）

对应元数据实体或元数据元素可以表述，也可以不表述。定义可选元数据实体/元素是为那些希望充分说明其数据的生产者提供指导（使用这组共同定义的元数据元素能促进全球范围的地理数据用户和生产者间的互操作）。如果一个可选实体未被选用，则该实体所包含的元素（包括必选元素）也不选用。可选实体可以有必选元素，但那些元素只在可选实体被选用时才为必选。

**B.1.5　最大出现次数**

说明元数据实体或元数据元素可有实例的最大数目。只出现一次用"1"表示；重复出现用"N"表示。固定出现次数且次数不为1时，用相应数字（即2、3…等）表示。

**B.1.6　数据类型**

说明表示元数据元素互不相同的一组值，例如整型、实型、字符串、日期时间型、布尔型。也使用数据类型属性定义元数据实体、构造型和元数据关联。

**B.1.7　域**

对于实体，通过说明该实体包含的行号说明其域。

对于元数据元素，域说明允许的值或使用纯文本。"纯文本"表示对字段的内容没有限制。包含代码表的域应使用整数代码表示其取值。

## B.2　元数据扩展内容的数据字典

### B.2.1　针对 Web 环境的扩展

#### B.2.1.1　链接（Anchor）

| | 名称/角色名 | 定义 | 约束/条件 | 最大出现次数 | 数据类型 | 域 |
|---|---|---|---|---|---|---|
| 1 | Anchor | 支持超链接功能，保证对 CharacterStrings 类似于 Web 链接的实现 | 同引用对象处的限制 | 同引用对象处的最大出现次数 | 类 | 第2行 |
| 2 | href | 提供允许 XLink 系统发现远程资源（或资源片段）的信息［W3C XLINK］ | M | 1 | URI | |

#### B.2.1.2　文件名

| | 名称/角色名 | 定义 | 约束/条件 | 最大出现次数 | 数据类型 | 域 |
|---|---|---|---|---|---|---|
| 3 | FileName | 支持对外部文件的直接引用，该外部文件对应一个包含该文件的名称的特性 | 同引用对象处的限制 | 同引用对象处的最大出现次数 | 类 | 第4行 |
| 4 | src | 提供相关文件位置的机读路径 | M | 1 | URI | |

#### B.2.1.3　Mime 文件类型

| | 名称/角色名 | 定义 | 约束/条件 | 最大出现次数 | 数据类型 | 域 |
|---|---|---|---|---|---|---|
| 5 | MimeFile-Type | 使用 MIME 媒体类型名称和子类型名称说明文件类型 | 同引用对象处的限制 | 同引用对象处的最大出现次数 | 类 | 第6行 |
| 6 | fileType | 提供 MIME 类型名称和子类型名称 | M | 1 | Character String | |

### B.2.2　针对传输模型下地理空间信息的标准交换的扩展

#### B.2.2.1　传输聚集

| | 名称/角色名 | 定义 | 约束/条件 | 最大出现次数 | 数据类型 | 域 |
|---|---|---|---|---|---|---|
| 21 | MD_ Aggregate | 数据集直接或间接的聚合 | 同引用对象处的限制 | 同引用对象处的最大出现次数 | 类 | 第22～25行 |
| 22 | 角色名：series Metadata | 提供与该聚集相关的元数据集的列表 | M | N | Association | MD _Metadata |

| | 名称/角色名 | 定义 | 约束/条件 | 最大出现次数 | 数据类型 | 域 |
|---|---|---|---|---|---|---|
| 23 | 角色名:subset | 提供组成聚集的子聚集列表 | O | N | Association | MD_Metadata |
| 24 | 角色名:superset | 给出本聚集所属上级聚合体的列表 | O | N | Association | MD_Metadata |
| 25 | 角色名:composedOf | 给出直接组成该聚集的数据集。组成某一聚集的数据集并非组成上级聚集数据集列表的一部分 | M | N | Association | MD_Metadata |
| 26 | MX_Aggregate | 指定传输聚集 | 同引用对象处的限制 | 同引用对象处的最大出现次数 | 特化类(MD_Aggregate) | 第27～28行 |
| 27 | 角色名:aggregateCatalogue | 提供与传输聚集相关的目录列表 | O | N | Association | CT_Catalogue |
| 28 | 角色名:aggregateFile | 提供与聚集相关的支持文件的列表。这些组成该聚集的支持文件不是该列表的部分 | O | N | Association | MX_SupportFile |

**B.2.2.2 传输数据集**

| | 名称/角色名 | 定义 | 约束/条件 | 最大出现次数 | 数据类型 | 域 |
|---|---|---|---|---|---|---|
| 29 | MD_Dataset | 可识别数据集合的说明 | 同引用对象处的限制 | 同引用对象处的最大出现次数 | 类 | 第30行 |
| 30 | *Role name*:has | 提供与数据集及其数据相关的元数据集的列表 | M | N | Association | MD_Metadata |
| 31 | MX_Dataset | 对传输数据集的说明 | 同引用对象处的限制 | 同引用对象处的最大出现次数 | 特化类(MD_Dataset) | 第32～34行 |
| 32 | *Role name*:Dataset Catalogue | 提供与传输数据集相关目录的列表 | O | N | Association | CT_Catalogue |
| 33 | *Role name*:dataFile | 提供存储数据的数据文件列表 | M | N | Association | MX_DataFile |
| 34 | *Role name*:supportFile | 提供与该数据集有关支持文件的列表 | O | N | Association | MX_SupportFile |

**B.2.2.3 传输文件**

| | 名称/角色名 | 定义 | 约束/条件 | 最大出现次数 | 数据类型 | 域 |
|---|---|---|---|---|---|---|
| 35 | MX_File | 对传输文件的说明 | 同引用对象处的限制 | 同引用对象处的最大出现次数 | 类 | 第36～38行 |
| 36 | fileName | 传输数据文件的名称,该名称与物理文件的路径相关 | M | 1 | | |
| 37 | File Description | 对传输数据文件的概括性描述 | M | 1 | | |

| | 名称/角色名 | 定义 | 约束/条件 | 最大出现次数 | 数据类型 | 域 |
|---|---|---|---|---|---|---|
| 38 | file Type | 传输数据文件的类型。使用 MIME 类型进行说明 | M | 1 | | |
| 39 | MX_Data File | 传输数据文件的详细说明 | 同引用对象处的限制 | 同引用对象处的最大出现次数 | 特化类(MX_File) | 第 40～41 行 |
| 40 | featureType | 与传输数据文件相关的要素类型列表。根据传输选择不同，数据文件可能包含 1 或多个要素类型的数据。该属性在数据集由单一文件和/或数据与要素目录无关时可忽略 | O | N | Character String | LocalName |
| 41 | Role name：fileFormat | 定义传输数据文件的格式 | M | 1 | Class | MD _ Format |
| 42 | MX_ Support-File | 传输支持文件的说明 | 同引用对象处的限制 | 同引用对象处的最大出现次数 | 特化类(MX_File) | |

**B.2.2.4 目录**

| | 名称/角色名 | 定义 | 约束/条件 | 最大出现次数 | 数据类型 | 域 |
|---|---|---|---|---|---|---|
| 43 | CT _Catalogue | 目录的概括性说明 | 同引用对象处的限制 | 同引用对象处的最大出现次数 | Class | 第 44～52 行 |
| 44 | name | 目录名称 | M | 1 | Character String | Free text |
| 45 | scope | 目录内容的主题 | M | N | Character String | Free text |
| 46 | Field Of Application | 目录的用途说明 | O | N | Character String | Free text |
| 47 | Version Number | 目录的版本号。可以包含主版本号和由数字或字母组成的小版本号，如"3.2.4a"。其格式不同机构可以不同 | M | 1 | Character String | |
| 48 | versionDate | 目录的生效时间 | M | 1 | Date | |
| 49 | language | 目录中包含的文本信息的默认语言 | O | 1 | Class | LanguageCode 〈〈 Codelist 〉〉(ISO639-23-alphabeticdigits code) |
| 50 | characterSet | 目录使用的默认字符编码标准 | O | 1 | Class | MD_Character SetCode 〈〈 Codelist 〉〉(见 ISO 19115，B.5.10) |
| 51 | locale | 目录中的纯文本内容译文使用的语区的列表 | C/当目录文本内容为纯文本时必选 | N | Class | PT_Locale |

| | 名称/角色名 | 定义 | 约束/条件 | 最大出现次数 | 数据类型 | 域 |
|---|---|---|---|---|---|---|
| 52 | subCatalogue | 构成本目录某一部分的子目录。注意：并不是要把内容被该目录引用的所有目录集中到一起 | O | N | Class | CT_Catalogue |
| 53 | CT_Crs Catalogue | 坐标参照系（CRS）目录的说明 | 同引用对象处的限制 | 同引用对象处的最大出现次数 | 特化类（CT _ Catalogue） | 第 54～62 行 |
| 54 | *Role name*：crs | 提供 CRS 目录中 CRS 的列表 | M | N | Association | CT_CRS |
| 55 | *Role name*：coordinate System | 提供 CRS 目录中坐标系统的列表 | O | N | Association | CT_ Coordinate System |
| 56 | *Role name*：axis | 提供 CRS 目录中的坐标系统轴的列表 | O | N | Association | CT_Coordinate SystemAxis |
| 57 | *Role name*：datum | 提供 CRS 目录中基准的列表 | O | N | Association | CT_Datum |
| 58 | *Role name*：ellipsoid | 提供 CRS 目录中椭球体的列表 | O | N | Association | CT_Ellipsoid |
| 59 | *Role name*：Prime Meridian | 提供 CRS 目录中本初子午线的列表 | O | N | Association | CT_Prime Meridian |
| 60 | *Role name*：operation | 提供 CRS 目录中操作的列表 | O | N | Association | CT_Operation |
| 61 | *Role name*：operationMethod | 提供 CRS 目录中操作方法的列表 | O | N | Association | CT_ Operation Method |
| 62 | *Role name*：operationParameters | 提供 CRS 目录中操作参数的列表 | O | N | Association | CT_Operation Paramaters |
| 63 | CT_UoMCatalogue | 度量单位目录的说明 | 同引用对象处的限制 | 同引用对象处的最大出现次数 | 特化类（CT _Catalogue） | 第 64 行 |
| 64 | *Role name*：uomItem | 度量单位列表 | M | N | Association | CT_UnitOf Measure |
| 65 | CT _ Codelist-Catalogue | 代码表目录的说明 | 同引用对象处的限制 | 同引用对象处的最大出现次数 | 特化类（CT _ Catalogue） | 第 66 行 |
| 66 | *Role name*：codelistItem | 目录包含的代码表列表 | M | N | Association | CT_Codelist |

**B.2.2.5 目录项**

**B.2.2.5.1 量度单位和代码表项**

| | 名称/角色名 | 定义 | 约束/条件 | 最大出现次数 | 数据类型 | 域 |
|---|---|---|---|---|---|---|
| 67 | CT_Item | 目录中抽象项的说明 | 同引用对象处的限制 | 同引用对象处的最大出现次数 | 《Abstract》类 | 第 67～70 行 |
| 68 | Identifier | 目录项的标识符 | M | 1 | GenericName | |
| 69 | name | 目录项的名称 | O | N | GenericName | |
| 70 | definition | 目录项的定义 | M | 1 | Character String | Free text |
| 71 | description | 目录项相关的补充说明或备注 | O | 1 | Character String | Free text |
| 72 | CT_Codelist | 代码表项的说明 | 同引用对象处的限制 | 同引用对象处的最大出现次数 | 特化类(CT_Item) | 第 73 行 |
| 73 | Role name：codeEntry | 提供组成代码表的代码值组成的列表，每个条目就是一个代码表项值 | M | N | Association | CT_CodelistValue |
| 74 | CT_CodelistValue | 代码表项值的说明 | 同引用对象处的限制 | 同引用对象处的最大出现次数 | 特化类(CT_Item) | |

**B.2.2.5.2 CRS 目录项**

| | 名称/角色名 | 定义 | 约束/条件 | 最大出现次数 | 数据类型 | 域 |
|---|---|---|---|---|---|---|
| 75 | CT_CRS | 对编目 CRS 的说明 | 同引用对象处的限制 | 同引用对象处的最大出现次数 | 特化类(SC_CRS) | 第 76 行 |
| 76 | definition | 已编目 CRS 的定义 | M | 1 | Character String | Free text |
| 77 | CT_Coordinate System | 已编目坐标系统的说明 | 同引用对象处的限制 | 同引用对象处的最大出现次数 | 特化类(SC_Coordinate System) | 第 78 行 |
| 78 | definition | 已编目坐标系统的定义 | M | 1 | Character String | Free text |
| 79 | CT_CoordinateSystemAxis | 已编目坐标系统轴的说明 | 同引用对象处的限制 | 同引用对象处的最大出现次数 | 特化类(SC_Coordinate SystemAxis) | 第 80 行 |
| 80 | definition | 已编目坐标系统轴的定义 | M | 1 | Character String | Free text |
| 81 | CT_Datum | 已编目基准的说明 | 同引用对象处的限制 | 同引用对象处的最大出现次数 | 特化类(SC_Datum) | 第 82 行 |
| 82 | definition | 已编目基准的定义 | M | 1 | Character String | Free text |

| | 名称/角色名 | 定义 | 约束/条件 | 最大出现次数 | 数据类型 | 域 |
|---|---|---|---|---|---|---|
| 83 | CT_Ellipsoid | 已编目椭球体的说明 | 同引用对象处的限制 | 同引用对象处的最大出现次数 | 特化类(SC_Ellipsoid) | 第84行 |
| 84 | definition | 已编目椭球体的定义 | M | 1 | Character String | Free text |
| 85 | CT_PrimeMeridian | 已编目本初子午线的说明 | 同引用对象处的限制 | 同引用对象处的最大出现次数 | 特化类(SC_PrimeMeridian) | 第86行 |
| 86 | definition | 已编目本初子午线的定义 | M | 1 | Character String | Free text |
| 87 | CT_Operation | 已编目操作的说明 | 同引用对象处的限制 | 同引用对象处的最大出现次数 | 特化类(CC_Operation) | 第88行 |
| 88 | definition | 已编目操作的定义 | M | 1 | Character String | Free text |
| 89 | CT_OperationMethod | 已编目操作方法的说明 | 同引用对象处的限制 | 同引用对象处的最大出现次数 | 特化类(CC_OperationMethod) | 第90行 |
| 90 | definition | 已编目操作方法的定义 | M | 1 | Character String | Free text |
| 91 | CT_OperationParameters | 已编目操作参数的说明 | 同引用对象处的限制 | 同引用对象处的最大出现次数 | 特化类(CC_Operation Parameters) | 第92行 |
| 92 | definition | 已编目操作参数的定义 | M | 1 | Character String | Free text |

## B.3 代码表与枚举

### B.3.1 MX_ScopeCode

| | 名 称 | 定 义 |
|---|---|---|
| 1 | MX_ScopeCode(扩展 MD_ScopeCode) | 在传输环境中适用引用实体的信息分类 |
| 2 | initiative | 引用实体适用于原为工程计划(DS_initiative)的传输聚集 |
| 3 | stereoMate | 引用实体适用于原为像对(DS_StereoMate)的传输聚集 |
| 4 | sensor | 引用实体适用于原为传感器(DS_Sensor)的传输聚集 |
| 5 | platformSeries | 引用实体适用于原为平台系列(DS_PlatformSeries)的传输聚集 |
| 6 | sensorSeries | 引用实体适用于原为传感器系列(DS_SensorSeries)的传输聚集 |
| 7 | productionSeries | 引用实体适用于原为产品系列(DS_ProductionSeries)的传输聚集 |
| 8 | transferAggregate | 引用实体适用于传输环境外没有存在的传输聚集 |
| 9 | otherAggregate | 引用实体适用于传输环境外有存在,但不属于某一聚合体的传输聚集 |

# 附 录 C
（资料性附录）
# 地理信息元数据 XML 资源

## C.1 本指导性技术文件中的 XML 模式

本指导性技术文件定义了 6 个通用 XML 命名空间的内容，前缀分别为：gco，gmd，gmx，gsr，gss 和 gts。所有这些命名空间都加到 http://www.isotc211.org/2005/后面，以形成一个完整的命名空间标识符。这些命名空间对应的 XML 模式可以在 http://www.iso.org/ittf/ISO_19139_Schemas 的目录中找到。

组成地理通用扩展标记语言或 http://www.isotc211.org/2005/gco 的系列文件可以在 http://www.iso.org/ittf/ISO_19139_Schemas 的 gco 目录中找到，包括 basicTypes.xsd，gco.xsd 和 gcoBase.xsd。

组成地理信息元数据扩展标记语言或 http://www.isotc211.org/2005/gmd 的系列文件可以在 http://www.iso.org/ittf/ISO_19139_Schemas 的 gmd 目录中找到，包括 applicationSchema.xsd，avantfreeText.xsd，citation.xsd，constraints.xsd，content.xsd，dataQuality.xsd，distribution.xsd，extent.xsd，freeText.xsd，gmd.xsd，identification.xsd，maintenance.xsd，metadataApplication.xsd，metadataEntity.xsd，metadataExtension.xsd，portrayalCatalogue.xsd，referenceSystem.xsd，和 spatialRepresentation.xsd。

组成地理信息元数据 XML 模式或 http://www.isotc211.org/2005/gmx 的系列文件可以在 http://www.iso.org/ittf/ISO_19139_Schemas 的 gmx 目录中找到，包括：catalogues.xsd，codelistItem.xsd，crsItem.xsd，extendedTypes.xsd，gmx.xsd，gmxUsage.xsd 和 uomItem.xsd。

组成地理空间参照扩展标记语言或 http://www.isotc211.org/2005/gsr 的系列文件可以在 http://www.iso.org/ittf/ISO_19139_Schemas 的 gsr 目录中找到，包括：gsr.xsd 和 spatialReferencing.xsd。

组成地理空间模式扩展标记语言或 http://www.isotc211.org/2005/gss 的系列文件可以在 http://www.iso.org/ittf/ISO_19139_Schemas 的 gss 目录中找到，包括：geometry.xsd 和 gss.xsd。

组成地理时间模式扩展标记语言或 http://www.isotc211.org/2005/gts 的文件可在 http://www.iso.org/ittf/ISO_19139_Schemas 的 gts 目录中找到，包括 gts.xsd 和 temporalObjects.xsd。

## C.2 本指导性技术文件外定义的 XML 模式

除以上列出的命名空间外，本指导性技术文件还使用了地理标记语言（GML）或 http://www.opengis.net/gml 命名空间。如果要查找该命名空间的权威 XML 模式，请参见 GB/T 23708—2009。本指导性技术文件也使用了 xml 链接语言或 http://www.w3.org/1999/xlink 命名空间。本指导性技术文件使用的与该命名空间相关的 XML 模式请参见 GB/T 23708—2009。

## C.3 其他资源

为了易于使用本指导性技术文件，在 resources 目录中提供了几个 xml 文件供下载。这些文件分别用于对代码表、坐标参照系和度量单位的支持。

与使用代码表相关的 xml 文件可在 resources 目录下的 Codelist 子目录中下载，包括 ML_gmxCodelists.xml（多语种代码表）和 gmxCodelists.xml（基于 GB/T 19710—2005 的标准代码表）。

与坐标参照系利用相关的的 XML 文件可在 resources 目录下的 crs 子目录中下载，包括 ML_gmx-

Crs. xml（多语种 CRS）和 gmxCrs. xml（标准 CRS）。

与度量单位利用相关的的 XML 文件可在 resources 目录下的 uom 子目录中下载，包括 ML_gmx-Uom. xml（多语种 UnitsOfMeasure）和 gmxUom. xml（标准 UnitsOfMeasure）。此外，在 resources 目录下的 examples 目录中有一些 XML 元数据实例文件。

# 附 录 D
（资料性附录）
实 现 示 例

## D.1 说明

本附录基于本指导性技术文件的规定，提供元数据最小集示例、核心元数据示例、“头排，G49E023009”元数据和针对 Web 环境扩展的用法示例等 4 个实现示例。

## D.2 元数据最小集示例

以下 XML 实例文档只包括 GB/T 19710—2005 中的必选元素。

```
<? xml version = "1.0" encoding = "UTF-8"?>
<! -- Minimal gmd based instance document -->
<MD_Metadata xmlns = http://www.isotc211.org/2005/gmd
xmlns:xsi = "http://www.w3 .org/2001/XMLSchema-instance"
xmlns:gco = http://www.isotc211.org/2005/gco
xsi:schemaLocation = "http://www.isotc211.org/2005/gco/gco.xsd"
      xmlns:gmd = "http://www.isotc211.org/2005/gmd/gmd.xsd">
<contact>
  <CI_ResponsibleParty>
   <organisationName>
    <gco:CharacterString>国家基础地理信息中心</gco:CharacterString>
   </organisationName>
   <role>
    <CI_RoleCode codeList = " ./resources/codeList.xml#CI_RoleCode" codeListValue = "
    custodian">管理者</CI_RoleCode>
   </role>
  </CI_ResponsibleParty>
</contact>
<dateStamp>
  <gco:Date>2009-01-15 </gco:Date>
</dateStamp>
<identificationInfo>
  <MD_DataIdentification>
   <citation>
    <CI_Citation>
     <title>
       <gco:CharacterString>头排,G49E023009 </gco:CharacterString>
     </title>
     <date>
       <CI_Date>
        <date>
         <gco:Date> 1968-12-31 </gco:Date>
        </date>
        <dateType>
         <CI_DateTypeCode codeList = "./resources/codeList.xml#CI_DateTypeCode"
         codeListValue = "publication">出版</CI_DateTypeCode>
        </dateType>
       </CI_Date>
     </date>
    </CI_Citation>
   </citation>
   <abstract>
    <gco:CharacterString>该图为 1:50000 地形图,1968 年出版。</gco:CharacterString>
```

```
   〈/abstract〉
   〈language〉
    〈gmd:LanguageCode codeList="./resources/codeList.xml#LanguageCode"
codeListValue="zh_CN "/〉
   〈/language〉
   〈topicCategory〉
〈MD_TopicCategoryCode〉测绘〈/MD_TopicCategoryCode〉
   〈/topicCategory〉
   〈extent〉
    〈EX_Extent〉
     〈geographicElement〉
      〈EX_GeographicBoundingBox〉
       〈westBoundLongitude〉
        〈gco:Decimal〉110〈/gco:Decimal〉
       〈/westBoundLongitude〉
       〈eastBoundLongitude〉
        〈gco:Decimal〉110.25〈/gco:Decimal〉
       〈/eastBoundLongitude〉
       〈southBoundLatitude〉
        〈gco:Decimal〉24.1666660308838 〈/gco:Decimal〉
       〈/southBoundLatitude〉
       〈northBoundLatitude〉
        〈gco:Decimal〉24.3333339691162 〈/gco:Decimal〉
       〈/northBoundLatitude〉
      〈/EX_GeographicBoundingBox〉
     〈/geographicElement〉
    〈/EX_Extent〉
   〈/extent〉
  〈/MD_DataIdentification〉
〈/identificationInfo〉
〈/MD_Metadata〉
```

## D.3 核心元数据示例

下面的 XML 实例文档包含 GB/T 19710—2005 表 3 列出的核心元数据。这些元素除了必选元素还有建议采用的元素，以增强互操作性，使用户能够明确理解生产者或分发者提供的地理数据和相关元数据[GB/T 19710-2005]。

```
    〈? xml version="1.0" encoding="UTF-8"?〉
〈! -- Core gmd based instance document --〉
〈MD_Metadata xmlns="http://www.isotc211.org/2005/gmd"
xmlns:xsi="http://www.w3 .org/2001/XMLSchema- " xmlns:gco="http://www.
isotc211.org/2005/gco" :schemaLocation="http://www.isotc211.org/2005/gco/gco.xsd"〉
〈fileIdentifier〉
  〈gco:CharacterString〉ngcc-papermap-18762 〈/gco:CharacterString〉
〈/fileIdentifier〉
〈language〉
  〈gco:CharacterString〉zh_CN〈/gco:CharacterString〉
〈/language〉
〈contact〉
  〈CI_ResponsibleParty〉
   〈organisationName〉
    〈gco:CharacterString〉国家基础地理信息中心〈/gco:CharacterString〉
   〈/organisationName〉
   〈role〉
    〈CI_RoleCode codeList="./resources/codeList.xml#CI_RoleCode" codeListValue="custodian"〉管理者〈/CI_
RoleCode〉
   〈/role〉
  〈/CI_ResponsibleParty〉
〈/contact〉
```

```
〈dateStamp〉
  〈gco:Date〉2009-01-15〈/gco:Date〉
〈/dateStamp〉
〈metadataStandardName〉
  〈gco:CharacterString〉测绘成果网络分发服务元数据内容规范〈/gco:CharacterString〉
〈/metadataStandardName〉
〈metadataStandardVersion〉
〈gco:CharacterString〉1.0〈/gco:CharacterString〉
〈/metadataStandardVersion〉
〈referenceSystemInfo〉
〈MD_ReferenceSystem〉
  〈referenceSystemIdentifier〉
   〈RS_Identifier〉
    〈code〉
      〈gco:CharacterString〉克拉索夫斯基〈/gco:CharacterString〉
    〈/code〉
    〈codeSpace〉
      〈gco:CharacterString〉1954年北京坐标系〈/gco:CharacterString〉
    〈/codeSpace〉
   〈/RS_Identifier〉
  〈/referenceSystemIdentifier〉
〈/MD_ReferenceSystem〉
〈/referenceSystemInfo〉
〈identificationInfo〉
〈MD_DataIdentification〉
  〈citation〉
   〈CI_Citation〉
    〈title〉
      〈gco:CharacterString〉头排,G49E023009 〈/gco:CharacterString〉
    〈/title〉
    〈date〉
     〈CI_Date〉
      〈date〉
       〈gco:Date〉1983-12-31 〈/gco:Date〉
      〈/date〉
      〈dateType〉
       〈CI_DateTypeCode codeList="./resources/codeList.xml#CI_DateTypeCode"
       codeListValue="publication"〉出版〈/CI_DateTypeCode〉
      〈/dateType〉
     〈/CI_Date〉
    〈/date〉
   〈/CI_Citation〉
  〈/citation〉
  〈abstract〉
   〈gco:CharacterString〉该图为1:50000地形图,1968年出版。〈/gco:CharacterString〉
  〈/abstract〉
  〈pointOfContact〉
   〈CI_ResponsibleParty〉
    〈organisationName〉
     〈gco:CharacterString〉国家基础地理信息中心〈/gco:CharacterString〉
    〈/organisationName〉
    〈positionName〉
     〈gco:CharacterString〉北京〈/gco:CharacterString〉
    〈/positionName〉
    〈contactInfo〉
     〈CI_Contact〉
      〈phone〉
       〈CI_Telephone〉
        〈voice〉
         〈gco:CharacterString〉010-68489486 〈/gco:CharacterString〉
```

```
          〈/voice〉
          〈facsimile〉
           〈gco:CharacterString〉010-68424101 〈/gco:CharacterString〉
          〈/facsimile〉
〈/CI_Telephone〉
     〈/phone〉
     〈address〉
      〈CI_Address〉
       〈deliveryPoint〉
        〈gco:CharacterString〉紫竹院百胜村 1 号〈/gco:CharacterString〉
       〈/deliveryPoint〉
       〈city〉
        〈gco:CharacterString〉海淀区〈/gco:CharacterString〉
       〈/city〉
       〈administrativeArea〉
        〈gco:CharacterString〉北京市〈/gco:CharacterString〉
       〈/administrativeArea〉
       〈postalCode〉
        〈gco:CharacterString〉100048 〈/gco:CharacterString〉
       〈/postalCode〉
       〈country〉
        〈gco:CharacterString〉中国〈/gco:CharacterString〉
       〈/country〉
       〈electronicMailAddress〉
        〈gco:CharacterString〉mailbox@sbsm.gov.cn〈/gco:CharacterString〉
       〈/electronicMailAddress〉
      〈/CI_Address〉
     〈/address〉
     〈onlineResource〉
      〈CI_OnlineResource〉
       〈linkage〉
        〈URL〉http://ngcc.sbsm.gov.cn〈/URL〉
       〈/linkage〉
      〈/CI_OnlineResource〉
     〈/onlineResource〉
    〈/CI_Contact〉
  〈/contactInfo〉
  〈role〉
    〈CI_RoleCode codeList = "./resources/codeList.xml#CI_RoleCode" codeListValue = "distributor"〉分发方〈/CI_
RoleCode〉
  〈/role〉
〈/CI_ResponsibleParty〉
〈/pointOfContact〉
〈spatialRepresentationType〉
〈MD_SpatialRepresentationTypeCode codeList = "./resources /codeList.xml#MD_SpatialRepresentationTypeCode"
codeListValue = "vector"〉矢量〈/MD_SpatialRepresentationTypeCode〉
〈/spatialRepresentationType〉
〈spatialResolution〉
〈MD_Resolution〉
 〈equivalentScale〉
   〈MD_RepresentativeFraction〉
    〈denominator〉
     〈gco:Integer〉50000 〈/gco:Integer〉
    〈/denominator〉
   〈/MD_RepresentativeFraction〉
 〈/equivalentScale〉
〈/MD_Resolution〉
〈/spatialResolution〉
〈language〉
〈gco:CharacterString〉zh_CN〈/gco:CharacterString〉
```

```
〈/language〉
〈topicCategory〉
〈MD_TopicCategoryCode〉测绘〈/MD_TopicCategoryCode〉
〈/topicCategory〉
〈extent〉
〈EX_Extent〉
    〈geographicElement〉
     〈EX_GeographicBoundingBox〉
      〈westBoundLongitude〉
       〈gco:Decimal〉110〈/gco:Decimal〉
      〈/westBoundLongitude〉
      〈eastBoundLongitude〉
       〈gco:Decimal〉110.25〈/gco:Decimal〉
      〈/eastBoundLongitude〉
      〈southBoundLatitude〉
       〈gco:Decimal〉24.1666660308838 〈/gco:Decimal〉
      〈/southBoundLatitude〉
      〈northBoundLatitude〉
       〈gco:Decimal〉24.3333339691162 〈/gco:Decimal〉
      〈/northBoundLatitude〉
     〈/EX_GeographicBoundingBox〉
    〈/geographicElement〉
   〈/EX_Extent〉
  〈/extent〉
〈/MD_DataIdentification〉
〈/identificationInfo〉
〈distributionInfo〉
〈MD_Distribution〉
  〈distributionFormat〉
   〈MD_Format〉
    〈name〉
     〈gco:CharacterString〉ArcGIS〈/gco:CharacterString〉
    〈/name〉
    〈version〉
     〈gco:CharacterString〉8.3〈/gco:CharacterString〉
    〈/version〉
   〈/MD_Format〉
  〈/distributionFormat〉
  〈distributionFormat〉
   〈MD_Format〉
    〈name〉
     〈gco:CharacterString〉XXX〈/gco:CharacterString〉
    〈/name〉
    〈version〉
     〈gco:CharacterString〉X.X〈/gco:CharacterString〉
    〈/version〉
   〈/MD_Format〉
  〈/distributionFormat〉
  〈distributionFormat〉
   〈MD_Format〉
    〈name〉
     〈gco:CharacterString〉DXF〈/gco:CharacterString〉
    〈/name〉
    〈version〉
     〈gco:CharacterString〉14〈/gco:CharacterString〉
    〈/version〉
   〈/MD_Format〉
  〈/distributionFormat〉
  〈transferOptions〉
   〈MD_DigitalTransferOptions〉
```

```
    〈onLine〉
     〈CI_OnlineResource〉
       〈linkage〉
        〈URL〉https://ngcc.sbsm.gov.cn〈/URL〉
       〈/linkage〉
     〈/CI_OnlineResource〉
〈/onLine〉
    〈/MD_DigitalTransferOptions〉
   〈/transferOptions〉
  〈/MD_Distribution〉
〈/distributionInfo〉
〈dataQualityInfo〉
  〈DQ_DataQuality〉
   〈scope〉
    〈DQ_Scope〉
     〈level〉
       〈MD_ScopeCode codeList = "./resources/codeList.xml#MD_ScopeCode"  = "dataset"〉数据集〈/MD_ScopeCode〉
     〈/level〉
    〈/DQ_Scope〉
   〈/scope〉
   〈lineage〉
    〈LI_Lineage〉
     〈statement〉
       〈gco:CharacterString〉 1968 年出版,成图方法:全能法.修测,彩图〈/gco:CharacterString〉
     〈/statement〉
    〈/LI_Lineage〉
   〈/lineage〉
  〈/DQ_DataQuality〉
〈/dataQualityInfo〉
〈/MD_Metadata〉
```

## D.4 “头排,G49E023009”元数据

下面的 XML 实例文档包含“头排,G49E023009”的元数据示例。该例子中包含“通过引用”的包含方法示例(见标识号为 ID00003 和 ID00009 的 XML 元素)。

```
〈? xml version = "1.0" encoding = "UTF-8"?〉
〈! -- VMAP 0 gmd based instance document --〉
〈MD_Metadata
xmlns = "http://www.isotc211.org/2005/gmd" :xsi = "http://www.w3.org/2001/XMLSchema-instance" :gco = "http://www.isotc211.org/2005/gco" :gml = http://www.opengis.net/gml :xlink = "http://www.w3.org/1999/xlink" :schemaLocation = "http://www.isotc211.org/2005/gco/gco.xsd
http://www.isotc211.org/2005/gmd/gmd.xsd ://www.opengis.net/gml/gml.xsd" uuid = "US NGA VPF VMAP0" id = "VMAP0"〉
〈language〉
 〈gco:CharacterString〉zh_CN〈/gco:CharacterString〉
〈/language〉
〈hierarchyLevel〉
 〈MD_ScopeCode codeList = "./resources/codeList.xml#MD_ScopeCode"  = "dataset"〉数据集
〈/MD_ScopeCode〉
〈/hierarchyLevel〉
〈contact〉
 〈CI_ResponsibleParty〉
  〈organisationName〉
   〈gco:CharacterString〉国家基础地理信息中心〈/gco:CharacterString〉
  〈/organisationName〉
  〈contactInfo〉
   〈CI_Contact〉
    〈address xlink:href = "#ID00003"/〉
    〈onlineResource xlink:href = "#ID00009"/〉
```

```
    〈/CI_Contact〉
〈/contactInfo〉
 〈role〉
   〈CI_RoleCode codeList = "./resources/codeList.xml#CI_RoleCode" codeListValue = "custodian"/〉
 〈/role〉
〈/CI_ResponsibleParty〉
〈/contact〉
〈! -- Date the metadata was created --〉
〈dateStamp〉
〈gco:Date〉 2009-01-15 〈/gco:Date〉
〈/dateStamp〉
〈metadataStandardName〉
〈gco:CharacterString〉测绘成果网络分发服务元数据内容规范〈/gco:CharacterString〉
〈/metadataStandardName〉
〈metadataStandardVersion〉
〈gco:CharacterString〉1.0〈/gco:CharacterString〉
〈/metadataStandardVersion〉
〈dataSetURI〉
〈gco:CharacterString〉http://ngcc.sbsm.gov.cn〈/gco:CharacterString〉
〈/dataSetURI〉
〈! -- REFERENCE SYSTEM INFORMATION --〉
〈referenceSystemInfo〉
〈MD_ReferenceSystem〉
 〈referenceSystemIdentifier〉
   〈RS_Identifier〉
    〈code〉
      〈gco:CharacterString〉克拉索夫斯基〈/gco:CharacterString〉
    〈/code〉
    〈codeSpace〉
      〈gco:CharacterString〉1954 年北京坐标系〈/gco:CharacterString〉
    〈/codeSpace〉
   〈/RS_Identifier〉
 〈/referenceSystemIdentifier〉
〈/MD_ReferenceSystem〉
〈/referenceSystemInfo〉
〈! -- END REFERENCE SYSTEM INFORMATION --〉
〈! -- IDENTIFICATION INFORMATION --〉
〈identificationInfo〉
〈MD_DataIdentification〉
 〈citation〉
   〈CI_Citation〉
    〈title〉
      〈gco:CharacterString〉头排,G49E023009 〈/gco:CharacterString〉
    〈/title〉
    〈date〉
      〈CI_Date〉
       〈date〉
        〈gco:Date〉 1983-12-31 〈/gco:Date〉
       〈/date〉
       〈dateType〉
         〈CI_DateTypeCode codeList = "./resources/codeList.xml#CI_DateTypeCode" codeListValue = "publica-
tion"/〉
       〈/dateType〉
      〈/CI_Date〉
    〈/date〉
    〈presentationForm〉
      〈CI_PresentationFormCode codeList = "./resources/codeList.xml#CI_PresentationFormCode"
      codeListValue = "mapHardcopy"/〉
    〈/presentationForm〉
   〈/CI_Citation〉
```

```
 〈/citation〉
 〈abstract〉
〈gco:CharacterString〉该图为 1:50000 地形图,1968 年出版。〈/gco:CharacterString〉
〈/abstract〉
〈status〉
〈MD_ProgressCode codeList = "./resources/codeList.xml#MD_ProgressCode"
codeListValue = "completed"/〉
〈/status〉
〈pointOfContact〉
〈CI_ResponsibleParty id = "ID00001"〉
〈organisationName〉
  〈gco:CharacterString〉国家基础地理信息中心〈/gco:CharacterString〉
〈/organisationName〉
〈positionName〉
  〈gco:CharacterString〉北京〈/gco:CharacterString〉
〈/positionName〉
〈contactInfo〉
  〈CI_Contact id = "ID00002"〉
   〈address〉
    〈CI_Address id = "ID00003"〉
     〈deliveryPoint〉
       〈gco:CharacterString〉海淀区紫竹院百胜村 1 号〈/gco:CharacterString〉
     〈/deliveryPoint〉
     〈city〉
       〈gco:CharacterString〉海淀区〈/gco:CharacterString〉
     〈/city〉
     〈administrativeArea〉
       〈gco:CharacterString〉北京市〈/gco:CharacterString〉
     〈/administrativeArea〉
     〈postalCode〉
       〈gco:CharacterString〉100048〈/gco:CharacterString〉
     〈/postalCode〉
     〈country〉
       〈gco:CharacterString〉中国〈/gco:CharacterString〉
     〈/country〉
    〈/CI_Address〉
   〈/address〉
   〈onlineResource〉
    〈CI_OnlineResource id = "ID00004"〉
     〈linkage〉
       〈URL〉 http://ngcc.sbsm.gov.cn 〈/URL〉
     〈/linkage〉
     〈protocol〉
       〈gco:CharacterString〉http〈/gco:CharacterString〉
     〈/protocol〉
     〈function〉
       〈CI_OnLineFunctionCode codeList = "./resources/codeList.xml#CI_OnLineFunctionCode"
       codeListValue = "download"/〉
     〈/function〉
    〈/CI_OnlineResource〉
   〈/onlineResource〉
  〈/CI_Contact〉
〈/contactInfo〉
〈role〉
  〈CI_RoleCode codeList = "./resources/codeList.xml#CI_RoleCode" codeListValue = "distributor"/〉
〈/role〉
〈/CI_ResponsibleParty〉
〈/pointOfContact〉
〈resourceFormat〉
〈MD_Format id = "ID00005"〉
```

```
〈name〉
  〈gco:CharacterString〉ArcGIS〈/gco:CharacterString〉
〈/name〉
〈version〉
  〈gco:CharacterString〉8.3〈/gco:CharacterString〉
〈/version〉
〈/MD_Format〉
〈/resourceFormat〉
〈resourceFormat〉
〈MD_Format id="ID00006"〉
〈name〉
  〈gco:CharacterString〉XXX〈/gco:CharacterString〉
〈/name〉
〈version〉
  〈gco:CharacterString〉X.X〈/gco:CharacterString〉
〈/version〉
〈specification〉
  〈gco:CharacterString〉MIL-V-89039〈/gco:CharacterString〉
〈/specification〉
〈/MD_Format〉
〈/resourceFormat〉
〈spatialRepresentationType〉
〈MD_SpatialRepresentationTypeCode codeList="./resources
/codeList.xml#MD_SpatialRepresentationTypeCode" = " vector"/〉
〈/spatialRepresentationType〉
〈spatialResolution〉
〈MD_Resolution〉
〈equivalentScale〉
  〈MD_RepresentativeFraction〉
   〈denominator〉
    〈gco:Integer〉50000〈/gco:Integer〉
   〈/denominator〉
  〈/MD_RepresentativeFraction〉
〈/equivalentScale〉
〈/MD_Resolution〉
〈/spatialResolution〉
〈language〉
〈gco:CharacterString〉zh_CN〈/gco:CharacterString〉
〈/language〉
〈topicCategory〉
〈MD_TopicCategoryCode〉测绘〈/MD_TopicCategoryCode〉
〈/topicCategory〉
〈! -- Method one for indicating data coverage area --〉
〈! -- Use EX_GeographicBoundingBoxType to describe --〉
〈! -- the data coverage area using approximate coordinates --〉
〈! -- THIS METHOD IS MANDATORY IF THE HIERARCHY --〉
〈! -- LEVEL OF THIS METADATA IS "DATASET" --〉
〈extent〉
 〈EX_Extent〉
  〈geographicElement〉
   〈EX_GeographicBoundingBox〉
    〈westBoundLongitude〉
      〈gco:Decimal〉110〈/gco:Decimal〉
    〈/westBoundLongitude〉
    〈eastBoundLongitude〉
      〈gco:Decimal〉110.25〈/gco:Decimal〉
    〈/eastBoundLongitude〉
    〈southBoundLatitude〉
      〈gco:Decimal〉24.1666660308838 〈/gco:Decimal〉
    〈/southBoundLatitude〉
```

```
    〈northBoundLatitude〉
      〈gco:Decimal〉24.3333339691162 〈/gco:Decimal〉
    〈/northBoundLatitude〉
   〈/EX_GeographicBoundingBox〉
  〈/geographicElement〉
 〈/EX_Extent〉
〈/extent〉
〈! -- Method twofor indicating data coverage area --〉
〈! -- Use EX_GeographicBoundingPolygonType to describe --〉
〈! -- the data coverage area using more accurate coordinates --〉
〈! -- Make sure to include the proper coordinate reference --〉
〈! -- system information when using this method --〉
〈extent〉
 〈EX_Extent〉
  〈geographicElement〉
   〈EX_BoundingPolygon〉
    〈polygon〉
      〈gml:Polygon gml:id = "p1"〉
       〈gml:exterior〉
        〈gml:LinearRing〉
         〈gml:pos〉-180.000000 90.000000〈/gml:pos〉
         〈gml:pos〉-180.000000 -90.0000000〈/gml:pos〉
         〈gml:pos〉180.000000 -90.000000〈/gml:pos〉
         〈gml:pos〉180.000000 90.0000000〈/gml:pos〉
         〈gml:pos〉180.000000 90.000000〈/gml:pos〉
        〈/gml:LinearRing〉
       〈/gml:exterior〉
      〈/gml:Polygon〉
    〈/polygon〉
   〈/EX_BoundingPolygon〉
  〈/geographicElement〉
 〈/EX_Extent〉
〈/extent〉
〈/MD_DataIdentification〉
〈/identificationInfo〉
〈! -- END OF IDENTIFICATION INFORMATION --〉
〈distributionInfo〉
〈MD_Distribution〉
 〈distributor〉
  〈MD_Distributor〉
   〈distributorContact〉
   〈CI_ResponsibleParty〉
    〈organisationName〉
      〈gco:CharacterString〉国家基础地理信息中心〈/gco:CharacterString〉
〈/organisationName〉
〈positionName〉
  〈gco:CharacterString〉北京〈/gco:CharacterString〉
〈/positionName〉
〈contactInfo〉
  〈CI_Contact〉
   〈address xlink:href = "#ID00003"/〉
  〈/CI_Contact〉
〈/contactInfo〉
〈role〉
  〈CI_RoleCode codeList = "./resources/codeList.xml#CI_RoleCode" codeListValue = "distributor"/〉
〈/role〉
〈/CI_ResponsibleParty〉
〈/distributorContact〉
〈distributorFormat〉
〈MD_Format〉
```

```
〈name〉
  〈gco:CharacterString〉ArcGIS〈/gco:CharacterString〉
〈/name〉
〈version〉
  〈gco:CharacterString〉8.3〈/gco:CharacterString〉
〈/version〉
〈specification〉
  〈gco:CharacterString〉GNU RFC 1952〈/gco:CharacterString〉
〈/specification〉
〈/MD_Format〉
〈/distributorFormat〉
〈distributorTransferOptions〉
〈MD_DigitalTransferOptions〉
〈onLine〉
  〈CI_OnlineResource〉
   〈linkage〉
    〈URL〉http://ngcc.nsdi.gov.cn/data1.htm〈/URL〉
   〈/linkage〉
   〈function〉
    〈CI_OnLineFunctionCode codeList = "./resources/codeList.xml#CI_OnLineFunctionCode"
    codeListValue = "download"/〉
   〈/function〉
  〈/CI_OnlineResource〉
〈/onLine〉
〈onLine〉
  〈CI_OnlineResource〉
   〈linkage〉
    〈URL〉http://ngcc.nsdi.gov.cn/data2.htm〈/URL〉
   〈/linkage〉
   〈function〉
    〈CI_OnLineFunctionCode codeList = "./resources/codeList.xml#CI_OnLineFunctionCode"
    codeListValue = "download"/〉
   〈/function〉
  〈/CI_OnlineResource〉
〈/onLine〉
〈onLine〉
  〈CI_OnlineResource〉
   〈linkage〉
    〈URL〉http://ngcc.nsdi.gov.cn/data3.htm〈/URL〉
   〈/linkage〉
   〈function〉
   〈CI_OnLineFunctionCode codeList = "./resources/codeList.xml#CI_OnLineFunctionCode"
   codeListValue = "download"/〉
   〈/function〉
  〈/CI_OnlineResource〉
〈/onLine〉
   〈onLine〉
    〈CI_OnlineResource〉
      〈linkage〉
       〈URL〉http://ngcc.nsdi.gov.cn/data4.htm〈/URL〉
      〈/linkage〉
      〈function〉
      〈CI_OnLineFunctionCode codeList = "./resources/codeList.xml#CI_OnLineFunctionCode"
      codeListValue = "download"/〉
      〈/function〉
    〈/CI_OnlineResource〉
   〈/onLine〉
  〈/MD_DigitalTransferOptions〉
 〈/distributorTransferOptions〉
〈/MD_Distributor〉
```

```
</distributor>
<! -- CD-Ordering for Military Customers -->
<distributor>
<MD_Distributor>
 <distributorContact>
  <CI_ResponsibleParty>
   <organisationName>
    <gco:CharacterString>国家基础地理信息中心</gco:CharacterString>
   </organisationName>
   <contactInfo>
    <CI_Contact id="ID00007">
     <address>
      <CI_Address id="ID00008">
       <deliveryPoint>
        <gco:CharacterString>紫竹院百胜村 1 号</gco:CharacterString>
       </deliveryPoint>
       <city>
        <gco:CharacterString>海淀区</gco:CharacterString>
       </city>
       <administrativeArea>
        <gco:CharacterString>北京市</gco:CharacterString>
       </administrativeArea>
       <postalCode>
        <gco:CharacterString>100048</gco:CharacterString>
       </postalCode>
       <country>
        <gco:CharacterString>中国</gco:CharacterString>
       </country>
      </CI_Address>
     </address>
     <onlineResource>
      <CI_OnlineResource>
       <linkage>
        <URL>http://ngcc.sbsm.gov.cn</URL>
       </linkage>
       <function>
        <CI_OnLineFunctionCode codeList="./resources/codeList.xml#CI_OnLineFunctionCode"
        codeListValue="order"/>
       </function>
      </CI_OnlineResource>
     </onlineResource>
    </CI_Contact>
   </contactInfo>
   <role>
    <CI_RoleCode codeList="./resources/codeList.xml#CI_RoleCode"
    codeListValue="distributor"/>
   </role>
 </CI_ResponsibleParty>
   </distributorContact>
   <distributorFormat>
    <MD_Format>
     <name>
      <gco:CharacterString>ArcGIS</gco:CharacterString>
     </name>
     <version>
      <gco:CharacterString>8.3</gco:CharacterString>
     </version>
     <specification>
      <gco:CharacterString>MIL-STD 2407</gco:CharacterString>
     </specification>
```

```
     〈/MD_Format〉
    〈/distributorFormat〉
    〈distributorTransferOptions〉
     〈MD_DigitalTransferOptions〉
       〈offLine〉
        〈MD_Medium〉
         〈name〉
           〈MD_MediumNameCode codeList = "./resources/codeList.xml#MD_MediumNameCode"
codeListValue = "cdRom"/〉
         〈/name〉
         〈volumes〉
           〈gco:Integer〉4〈/gco:Integer〉
         〈/volumes〉
         〈mediumFormat〉
           〈MD_MediumFormatCode
codeList = "./resources/codeList.xml#MD_MediumFormatCode"
           codeListValue = "iso9660"/〉
         〈/mediumFormat〉
        〈/MD_Medium〉
       〈/offLine〉
     〈/MD_DigitalTransferOptions〉
    〈/distributorTransferOptions〉
   〈/MD_Distributor〉
  〈/distributor〉
〈/MD_Distribution〉
〈/distributionInfo〉
〈! -- DATA QUALITY AND LINEAGE --〉
〈dataQualityInfo〉
〈DQ_DataQuality〉
 〈scope〉
  〈DQ_Scope〉
   〈level〉
    〈MD_ScopeCode codeList = "./resources/codeList.xml#MD_ScopeCode" codeListValue = "dataset"/〉
   〈/level〉
  〈/DQ_Scope〉
 〈/scope〉
 〈report〉
  〈DQ_DomainConsistency〉
   〈nameOfMeasure〉
    〈gco:CharacterString〉1:50000 地形图图式规范〈/gco:CharacterString〉
   〈/nameOfMeasure〉
   〈result〉
    〈DQ_ConformanceResult〉
      〈specification〉
       〈CI_Citation〉
        〈title〉
          〈gco:CharacterString〉测绘基础地理〈/gco:CharacterString〉
        〈/title〉
        〈date〉
〈CI_Date〉
            〈date〉
             〈gco:Date〉1998-03-01〈/gco:Date〉
            〈/date〉
            〈dateType〉
             〈CI_DateTypeCode codeList = "./resources/codeList.xml#CI_DateTypeCode"
codeListValue = "creation"/〉
            〈/dateType〉
          〈/CI_Date〉
        〈/date〉
       〈/CI_Citation〉
      〈/specification〉
```

```
        〈explanation〉
          〈gco:CharacterString〉符合 1:50000 地形图图式规范。〈/gco:CharacterString〉
        〈/explanation〉
        〈pass〉
          〈gco:Boolean〉1〈/gco:Boolean〉
        〈/pass〉
       〈/DQ_ConformanceResult〉
     〈/result〉
    〈/DQ_DomainConsistency〉
   〈/report〉
   〈lineage〉
    〈LI_Lineage〉
     〈statement〉
       〈gco:CharacterString〉1968 年出版,成图方法:全能法.修测,彩图〈/gco:CharacterString〉
     〈/statement〉
     〈source〉
       〈LI_Source〉
        〈sourceExtent〉
         〈EX_Extent〉
          〈temporalElement〉
            〈EX_TemporalExtent〉
             〈extent〉
              〈gml:TimePeriod gml:id = "tp1"〉
               〈gml:begin〉
                 〈gml:TimeInstant gml:id = "ti1"〉
                  〈gml:timePosition〉2002-09-01T00:00:00-00:00〈/gml:timePosition〉
                 〈/gml:TimeInstant〉
               〈/gml:begin〉
               〈gml:end〉
                 〈gml:TimeInstant gml:id = "ti2"〉
                  〈gml:timePosition〉2003-11-27T00:00:00-00:00〈/gml:timePosition〉
                 〈/gml:TimeInstant〉
               〈/gml:end〉
              〈/gml:TimePeriod〉
             〈/extent〉
            〈/EX_TemporalExtent〉
          〈/temporalElement〉
         〈/EX_Extent〉
        〈/sourceExtent〉
       〈/LI_Source〉
     〈/source〉
    〈/LI_Lineage〉
   〈/lineage〉
〈/DQ_DataQuality〉
〈/dataQualityInfo〉
〈! -- END OF DATA QUALITY & LINEAGE --〉
〈! -- CONSTRAINTS --〉
〈metadataConstraints〉
〈MD_SecurityConstraints〉
   〈classification〉
    〈MD_ClassificationCode codeList = "./resources/codeList.xml#MD_ClassificationCode"  = "secret"/〉
   〈/classification〉
   〈handlingDescription〉
    〈gco:CharacterString〉机密〈/gco:CharacterString〉
   〈/handlingDescription〉
〈/MD_SecurityConstraints〉
〈/metadataConstraints〉
〈! -- END OF CONSTRAINTS --〉
〈/MD_Metadata〉
```

## D.5 针对 Web 环境扩展的用法示例

FileName，Anchor 和 MimeFileType 是 CharacterString 的子类型，下面所有的例子都利用这一特点对 GB/T 19710—2005 中的 CharacterString 类型的特性针对 web 环境的扩展进行实例化。

对于 MD_BrowseGraphic 的 fileName 特性使用 FileName 类型特别有用，它提供了一种达到以下目的的途径：

——明确引用包含快视图的物理文件；

——为用户定义一个该快视图文件的逻辑名称。

〈fileName〉

〈gmx:FileName src'/path/wkj98723.jpg'〉概要〈/gmx:FileName〉

〈/fileName〉

对于 MD_BrowseGraphic 的 fileType 特性使用 MimeFileType 类型特别有用，可以通过 XML 属性 type 存放 MIME 类型，通过 XML 元素值存放对 MIME 类型的说明。

〈fileType〉

〈gmx:MimeFileType type='image/tiff'〉 TIFF 图解 〈/gmx:MimeFileType〉

〈/fileType〉

使用 Anchor 类型的一个例子是 MD_ReferenceSystem 的 referenceSystemIdentifier 特性：

```
  〈referenceSystemIdentifier〉
〈RS_Identifier〉
  〈code〉
    〈gmx:Anchor xlink:href='resources/crs/gmxCrs.xml#EPSG4326'〉WGS 84 〈/gmx:Anchor〉
  〈/code〉
〈/RS_Identifier〉
〈/referenceSystemIdentifier〉
```

ICS 91.010.01
P 00

GB

# 中华人民共和国国家标准

GB/T 24358—2009

# 物流中心分类与基本要求

**Classification and fundamental requirements of logistics center**



2009-09-30 发布　　2009-12-01 实施

中华人民共和国国家质量监督检验检疫总局
中国国家标准化管理委员会　发布

# 前　言

本标准的附录 A、附录 B 为规范性附录，附录 C 为资料性附录。

本标准是由全国物流标准化技术委员会提出并归口。

本标准起草单位：上海市标准化研究院、同济大学、湖南省京阳物流有限公司、上海市物流协会、宝供物流企业集团有限公司、上海现代物流投资发展有限公司。

本标准主要起草人：晏绍庆、凌湖吉、孙有望、王晓燕、马娜、王二卫、张贫、顾小昱、汤京阳、林晓帆、米安全、陈帅、刘云、邵启雍。

# 物流中心分类与基本要求

## 1 范围

本标准给出了我国物流中心的分类类型，规定了物流中心规划的基本要求。

本标准适用于政府主管部门对我国各类物流中心的界定，可为物流中心的立项与审批提供参考，也可作为企业规划物流中心的依据。

## 2 规范性引用文件

下列文件中的条款通过本标准的引用而成为本标准的条款。凡是注日期的引用文件，其随后所有的修改单(不包括勘误的内容)或修订版均不适用于本标准，然而，鼓励根据本标准达成协议的各方研究是否可使用这些文件的最新版本。凡是不注日期的引用文件，其最新版本适用于本标准。

GB/T 18354—2006 物流术语

GB 50009 建筑结构荷载规范

GB 50016 建筑设计防火规范

GB 50072 冷库设计规范

JIJ 296 港口道路、堆场铺面设计与施工规范

## 3 术语和定义

GB/T 18354—2006 确定的以及下列术语和定义适用于本标准。

3.1

**物流中心 logistics center**

从事物流活动的具有完善信息网络的场所或组织。具有下列功能：

a) 为社会或企业自身提供物流服务；

b) 物流功能健全；

c) 集聚辐射范围大；

d) 存储、吞吐能力强。

注：改写 GB/T 18354—2006 的定义 2.11。

3.2

**投资强度 investment intensity**

项目用地范围内单位土地面积的固定资产投资额，包括基建、设备、信息系统等的投资和土地使用权成本。

## 4 物流中心分类

### 4.1 分类原则

分类原则如下：

a) 符合 3.1 的物流中心；

b) 以货物属性为主要依据；

c) 相近业务合并为同一类型。

### 4.2 物流中心类型

根据货物属性将物流中心划分为专业型物流中心、通用型物流中心和综合型物流中心。

4.2.1 专业型物流中心

需配置专用设施设备以满足特定货物专业化运作要求的物流中心，如低温类物流中心、散装类物流中心等。

4.2.2 通用型物流中心

满足一般货物运作要求的物流中心。根据不同的服务功能侧重点，通用型物流中心可分为仓储类物流中心、集散类物流中心和其他类物流中心。

a) 仓储类物流中心：
   1) 以储存业态为主，货物储存量大、储存时间长；
   2) 可为工商业企业提供分拨、配送或其他增值服务。
b) 集散类物流中心：
   1) 以大批量货物集散及配送业态为主；
   2) 大量货物整进整出或批量零出，在中心周转周期短。
c) 其他类物流中心。

4.2.3 综合型物流中心

同时具备 4.2.1 和 4.2.2 特征的物流中心。

## 5 物流中心规划的基本要求

### 5.1 总体要求

5.1.1 应符合国家或地方物流产业发展规划、土地利用总体规划、城市规划的总体要求。

5.1.2 应进行可行性评估，包括环境、交通、市场供求、功能定位、网络布局、进度、投资回报分析等主要内容，应符合国家土地管理、规划、消防、安全、质检、环保等方面的法律、法规、规章及有关规定。

5.1.3 应进行安全评价，主要评价地质结构、地形地貌、洪水、消防、污染源等不安全因素对物流中心可能造成的影响。

### 5.2 规划要求

5.2.1 投资强度应当不低于附录 A 的表 A.1 规定的指标值。

5.2.2 容积率应当符合附录 B 的表 B.1 规定的指标值。

5.2.3 功能区一般包括作业区、行政办公及生活服务区等，作业区应与行政办公及生活服务区分开设置。不同类型的物流中心可根据进出货物的类型、流动频率建设相应的功能区、合理设置功能区的布局，保障其主要功能的顺利实现并实现货物的有序流动和资源的优化配置，但配套的行政办公及生活服务设施总用地面积不应超过物流中心总用地面积的 10%。

5.2.4 物流中心的建筑密度应不低于 40%。

注：建筑密度是项目用地范围内各种建筑物、用于生产和直接为生产服务的构筑物、堆场的占地面积之和占总用地面积的比例。计算公式为：建筑密度＝(建筑物占地面积＋构筑物占地面积＋堆场用地面积)÷项目总用地面积×100%。

### 5.3 设施要求

5.3.1 总体要求

5.3.1.1 物流中心应规划与之规模相适应且与城市基础设施相衔接的电力、通讯和给排水等工程设施。

5.3.1.2 物流中心应统一规划消防、抗震、防汛除涝等安全设施。消防设施工程应由具有消防工程施工资质单位建设，各类建筑的设计应符合 GB 50016 的要求；物流中心内各种防汛除涝设施的规划应符合国家及所属地的相关规定。

5.3.1.3 物流中心应规划库房、物流中心内道路、信息化设施等主要设施，不同类型的物流中心可根据实际需要选择建设堆场、停车场、铁路专用线和码头等设施。

**5.3.2 库房**

5.3.2.1 应结合投资规模、库房容积率、利用率、货物类型、包装方式、作业流程、作业频率、货架类型、作业机械及地面荷载等因素进行库房的规划设计。

5.3.2.2 不同类型物流中心的库房设计应符合相应标准。保温库应具备较好的封闭性、良好的换气功能等特性并保持相对稳定的空气成分，冷库设计应符合 GB 50072 的要求。

5.3.2.3 应具备抗风、抗雪、抗震、防雨、防雷、消防和防盗等必备功能特性，并根据需要安装必要的监控设施。

5.3.2.4 库房内部通道应根据储存货物的包装尺寸、搬运设备的技术性能及内部设施的空间位置等要求设计，在满足内部作业需要的同时尽量减少面积占用和作业迂回。

5.3.2.5 根据需要可设置专门的流通加工功能区或者特殊要求的加工区，其规划设计应符合国家相关法规和标准规定。

5.3.2.6 根据需要配备固定的或移动的装卸货平台。

**5.3.3 物流中心内道路**

5.3.3.1 道路设计应满足车辆出入及安全行驶的需要，并符合国家道路规划设计标准，宜满足进出物流中心的主要车型车辆的作业需要，特殊产品类的专业型物流中心应满足特殊车型车辆的通行要求。

5.3.3.2 在物流中心内道路上方架设管线架或其他设施时，其离地面高度应不低于 5 m。

**5.3.4 信息化设施**

5.3.4.1 应具备满足客户和合作企业信息交互需求以及政府有关部门监管要求的对外信息服务平台。

5.3.4.2 应具备与内部作业需求相适应的信息化设施。

**5.3.5 堆场**

5.3.5.1 可根据货物属性、存放方式和作业需要选择规划堆场。

5.3.5.2 应方便货物进出、装卸等作业，并设置醒目的标志标线。

5.3.5.3 荷载应符合 GB 50009 的规定，临近港口的集装箱堆场可参照 JIJ 296 设计。

**5.3.6 停车场**

5.3.6.1 不同类型物流中心可根据需要规划车辆停车场。

5.3.6.2 应方便货物的装卸作业。

5.3.6.3 应满足进出的主要车型车辆的停放要求。

**5.3.7 物流中心铁路专用线**

5.3.7.1 可根据实际需要且在行政上许可、技术经济上合理时建设铁路专用线。

5.3.7.2 与铁路干线的衔接应符合相关规定，且应与中心内道路进行合理衔接。

5.3.7.3 铁路专用线的规划应符合国家的有关技术规定，铁路装卸线的有效长度应根据物流中心位置条件及预计最大日装卸车数确定。

**5.3.8 物流中心专用码头**

5.3.8.1 物流中心具备通航和修建码头条件且技术经济上合理可行，可建专用码头或泊位。

5.3.8.2 专用码头形式、泊位和作业区面积应根据货物预计吞吐量、航道情况等确定。

# 附 录 A
# （规范性附录）
# 物流中心投资强度要求

不同地区和类型物流中心投资强度要求见表 A.1。

**表 A.1** 单位：元/m²

| 物流中心类型 | | 地区分类及市县等级 | | | | | | |
|---|---|---|---|---|---|---|---|---|
| | | 一类<br>第一、二、三、四等 | 二类<br>第五、六等 | 三类<br>第七、八等 | 四类<br>第九、十等 | 五类<br>第十一、十二等 | 六类<br>第十三、十四等 | 七类<br>第十五等 |
| 专业型 | 低温类 | 4 600 | 3 800 | 2 700 | 1 900 | 1 600 | 1 400 | 800 |
| | 散装类 | 2 500 | 2 000 | 1 400 | 1 000 | 900 | 700 | 500 |
| 通用型 | 仓储类 | 2 700 | 2 400 | 1 800 | 1 300 | 1 000 | 800 | 600 |
| | 集散类 | 4 100 | 3 300 | 2 400 | 1 700 | 1 400 | 1 200 | 600 |
| | 其他类 | 3 400 | 2 600 | 1 900 | 1 300 | 1 100 | 1 000 | 600 |
| 综合型 | | 2 400 | 1 900 | 1 300 | 900 | 800 | 700 | 600 |

注 1：城市等别划分可参考《工业项目建设用地控制指标》（国土资发[2008]24 号）中的土地等别划分，见附录 C 的 C.1。

注 2：本标准仅给出两类典型的专业型物流中心的投资强度指标值，对于烟草物流中心等必须配备机械化、自动化水平较高的设备设施才能满足服务需求的物流中心暂不做最低标准控制，可根据其现实需求在通用型物流中心的基础上予以调整。

# 附　录　B
（规范性附录）
## 物流中心容积率要求

不同类型物流中心容积率要求见表 B.1。

表 B.1

| 物流中心类型 | | 城区控制值 | 城区推荐值 | 城郊控制值 | 城郊推荐值 |
|---|---|---|---|---|---|
| 专业型 | 低温类 | 0.8 | 0.9 | 0.7 | 0.8 |
| | 散装类 | 0.7 | 0.9 | 0.6 | 0.8 |
| 通用型 | 仓储类 | 1.0 | 1.2 | 0.9 | 1.1 |
| | 集散类 | 0.8 | 1.0 | 0.7 | 0.9 |
| | 其他类 | 0.9 | 1.1 | 0.8 | 1.0 |
| 综合型 | | 0.8 | 0.9 | 0.7 | 0.8 |

注 1：容积率是项目用地范围内总建筑面积与项目总用地面积的比值。计算公式为：容积率＝总建筑面积÷总用地面积。

注 2：建筑物层高超过 6 m 的，在计算容积率时该层建筑面积加倍计算。

注 3：本标准仅给出两类典型的专业型物流中心的容积率指标值，其他的专业型物流中心可根据其现实需求在通用型物流中心的基础上予以调整。

# 附　录　C
（资料性附录）
## 我国各城市的土地等别划分标准

一等：上海：长宁区　虹口区　黄浦区　静安区　卢湾区　普陀区　徐汇区　杨浦区　闸北区

二等：北京：朝阳区　崇文区　东城区　丰台区　海淀区　石景山区　西城区　宣武区　　上海：浦东新区

三等：广东：广州市（白云区　海珠区　荔湾区　萝岗区　天河区　越秀区）　深圳市（福田区　罗湖区　南山区　盐田区）

四等：天津：和平区　河东区　河西区　河北区　红桥区　南开区　　重庆：大渡口区　江北区　九龙坡区　南岸区　沙坪坝区　渝中区　　河北：石家庄市（长安区　桥东区　桥西区　新华区　裕华区）　辽宁：大连市（甘井子区　沙河口区　西岗区　中山区）沈阳市（大东区　东陵区　和平区　皇姑区　沈河区　铁西区　于洪区）　江苏：常州市（天宁区　新北区　钟楼区）南京市（白下区　鼓楼区　建邺区　秦淮区　下关区　玄武区　雨花台区）苏州市（沧浪区　虎丘区　金阊区　平江区）无锡市（北塘区　滨湖区　崇安区　南长区）　浙江：杭州市（滨江区　拱墅区　江干区　上城区　西湖区　下城区）宁波市（海曙区　江东区　江北区）　福建：福州市（仓山区　鼓楼区　晋安区　台江区）厦门市（海沧区　湖里区　思明区　集美区）　山东：济南市（市中区　历下区　槐荫区　天桥区）青岛市（市南区　市北区　四方区　崂山区　李沧区）　湖北：武汉市（东西湖区　汉阳区　洪山区　江岸区　江汉区　硚口区　青山区　武昌区）　湖南：长沙市（芙蓉区　开福区　天心区　雨花区　岳麓区）　广东：汕头市（金平区　龙湖区）珠海市（金湾区　香洲区）深圳市宝安区　四川：成都市（成华区　锦江区　金牛区　青羊区　武侯区）

五等：北京：通州区　　天津：塘沽区　　河北：唐山市（路北区　路南区　开平区）　山西：太原市（万柏林区　杏花岭区　迎泽区）　辽宁：鞍山市（立山区　千山区　铁东区　铁西区）　吉林：长春市（朝阳区　二道区　宽城区　绿园区　南关区）　黑龙江：哈尔滨市（道里区　道外区　南岗区　香坊区）　江苏：徐州市（鼓楼区　云龙区）　安徽：合肥市（包河区　庐阳区　蜀山区　瑶海区）　江西：南昌市（东湖区　西湖区　青山湖区　青云谱区）　河南：郑州市（二七区　管城回族区　惠济区　金水区　中原区）　广东：东莞市　佛山市禅城区　惠州市惠城区　中山市　深圳市龙岗区　广州市黄埔区　广西：南宁市（江南区　良庆区　青秀区　西乡塘区　兴宁区）　海南：海口市秀英区　云南：昆明市（官渡区　盘龙区　五华区）　陕西：西安市（灞桥区　碑林区　莲湖区　未央区　新城区　雁塔区）　新疆：乌鲁木齐市（东山区　沙依巴克区　水磨沟区　头屯河区　天山区　新市区）

六等：北京：大兴区　昌平区　顺义区　　天津：津南区　西青区　　河北：保定市（北市区　南市区　新市区）邯郸市（丛台区　邯山区　复兴区）　内蒙古：包头市（昆都仑区　东河区　青山区　九原区）　辽宁：本溪市（平山区　溪湖区　明山区）抚顺市（东洲区　顺城区　新抚区　望花区）盘锦市（兴隆台区　双台子区）大连市（金州区　旅顺口区）　吉林：吉林市（船营区　龙潭区　昌邑区　丰满区）　黑龙江：大庆市萨尔图区　上海：嘉定区　宝山区　闵行区　江苏：南通市（崇川区　港闸区）扬州市（维扬区　广陵区）镇江市（京口区　润州区）南京市栖霞区　常州市戚墅堰区　苏州市（吴中区　相城区）　浙江：温州市（龙湾区　鹿城区　瓯海区）　安徽：马鞍山市（花山区　金家庄区　雨山区）芜湖市（镜湖区　鸠江区　弋江区）　福建：福州市马尾区　　山东：潍坊市（潍城区　奎文区）烟台市芝罘区　淄博市（博山区　临淄区　张店区　周村区　淄川区）济南市历城区　河南：洛阳市（瀍河回族区　涧西区　老城区　洛龙区　西工区）　湖北：黄石市（黄石港区　西塞山区）襄樊市（襄城区　樊城区）　湖南：衡阳市（石鼓区　雁峰区　蒸湘区　珠晖区）湘潭

市(岳塘区 雨湖区) 株洲市(荷塘区 芦淞区 石峰区 天元区) 广东:佛山市(南海区 顺德区) 广州市(番禺区 南沙区)江门市(江海区 蓬江区) 汕头市濠江区 湛江市(赤坎区 霞山区 麻章区) 广西:柳州市(城中区 柳北区 柳南区 鱼峰区) 重庆:渝北区 云南:昆明市西山区 贵州:贵阳市(南明区 小河区 云岩区) 甘肃:兰州市(安宁区 城关区 七里河区 西固区)

七等:北京:门头沟区 房山区 天津:东丽区 大港区 北辰区 汉沽区 河北:秦皇岛市(海港区 山海关区 北戴河区) 山西:长治市(城区 郊区) 大同市(城区 南郊区) 阳泉市(城区 郊区) 太原市(晋源区 小店区 尖草坪区) 内蒙古:呼和浩特市(回民区 赛罕区 新城区 玉泉区) 辽宁:丹东市(元宝区 振安区 振兴区) 葫芦岛市(连山区 龙港区) 锦州市(古塔区 凌河区 太和区) 辽阳市(白塔区 太子河区 文圣区) 营口市(老边区 西市区 站前区) 沈阳市(沈北新区 苏家屯区) 吉林:长春市双阳区 黑龙江:牡丹江市(爱民区 东安区 西安区 阳明区) 上海:南汇区 松江区 金山区 江苏:江阴市 昆山市 连云港市(海州区 新浦区) 启东市 泰州市(海陵区 高港区) 张家港市 南京市(六合区 浦口区 江宁区) 无锡市(锡山区 惠山区) 浙江:嘉兴市(南湖区 秀洲区) 绍兴市越城区 台州市(黄岩区 椒江区 路桥区) 杭州市萧山区 宁波市(北仑区 镇海区) 安徽:淮南市(大通区 田家庵区) 淮北市(相山区 烈山区) 福建:泉州市(鲤城区 丰泽区) 漳州市芗城区 厦门市(同安区 翔安区) 江西:九江市浔阳区 南昌市湾里区 山东:泰安市(岱岳区 泰山区) 威海市环翠区 河南:安阳市(北关区 龙安区 文峰区 殷都区) 平顶山市(新华区 卫东区 湛河区) 新乡市(红旗区 牧野区 卫滨区)湖北:荆州市(沙市区 荆州区) 宜昌市(西陵区 伍家岗区 点军区 猇亭区) 湖南:岳阳市岳阳楼区 广东:潮州市湘桥区 茂名市(茂南区 茂港区) 佛山市三水区 韶关市(武江区 浈江区) 阳江市江城区 肇庆市端州区 广州市花都区 湛江市坡头区 广西:桂林市(叠彩区 七星区 象山区 秀峰区) 青海:西宁市(城北区 城东区 城西区 城中区) 宁夏:银川市(金凤区 西夏区 兴庆区)

八等:北京:怀柔区 天津:武清区 河北:沧州市(新华区 运河区) 承德市(双桥区 双滦区) 衡水市桃城区 廊坊市(安次区 广阳区) 邢台市(桥东区 桥西区) 张家口市(桥东区 桥西区) 唐山市丰润区 辽宁:朝阳市(龙城区 双塔区) 阜新市(海州区 太平区 细河区) 铁岭市银州区 辽阳市宏伟区 吉林:四平市(铁东区 铁西区) 通化市(东昌区 二道江区) 延吉市 黑龙江:哈尔滨市(平房区 松北区) 鹤岗市(东山区 工农区 南山区 向阳区 兴安区 兴山区) 鸡西市鸡冠区 佳木斯市(东风区 郊区 前进区 向阳区) 齐齐哈尔市(建华区 龙沙区 铁锋区) 上海:奉贤区 青浦区 江苏:常熟市 淮安市(清河区 清浦区) 吴江市 宜兴市 常州市武进区 浙江:湖州市(南浔区 吴兴区) 金华市(金东区 婺城区) 义乌市 杭州市余杭区 宁波市鄞州区 安徽:安庆市(大观区 宜秀区 迎江区) 蚌埠市(蚌山区 淮上区 龙子湖区 禹会区) 铜陵市(郊区 狮子山区 铜官山区) 芜湖市三山区 福建:福清市 晋江市 石狮市 泉州市洛江区 漳州市龙文区 江西:赣州市章贡区 山东:济宁市(任城区 市中区) 临沂市兰山区 枣庄市市中区 青岛市(黄岛区 城阳区) 烟台市莱山区 河南:焦作市(解放区 山阳区) 开封市(鼓楼区 金明区 龙亭区 顺河回族区 禹王台区) 湖北:十堰市(茅箭区 张湾区) 湖南:常德市(鼎城区 武陵区) 郴州市(北湖区 苏仙区) 广东:汕头市(潮南区 潮阳区 澄海区) 河源市源城区 惠州市惠阳区 揭阳市榕城区 开平市 梅州市梅江区 清远市清城区 汕尾市城区 台山市 增城市 普宁市 肇庆市鼎湖区 珠海市斗门区 江门市新会区 海南:三亚市 海口市(龙华区 美兰区 琼山区) 重庆:巴南区 贵州:遵义市(红花岗区 汇川区) 贵阳市白云区 云南:玉溪市红塔区 宁夏:石嘴山市大武口区 新疆:克拉玛依市克拉玛依区

九等:北京:密云县 平谷区 延庆县 天津:宝坻区 蓟县 静海县 河北:鹿泉市 唐山市(古冶区 丰南区) 张家口市宣化区 山西:临汾市尧都区 晋中市榆次区 大同市新荣区 辽

宁:海城市　瓦房店市　营口市鲅鱼圈区　　吉林:辽源市(龙山区　西安区)　松原市宁江区　上海:崇明县　　江苏:丹阳市　海门市　靖江市　溧阳市　如皋市　太仓市　泰兴市　通州市　盐城市亭湖区　扬中市　徐州市泉山区　连云港市连云区　　浙江:慈溪市　上虞市　绍兴县　余姚市　舟山市(定海区　普陀区)　诸暨市　　福建:龙岩市新罗区　莆田市(城厢区　涵江区　荔城区)　三明市(梅列区　三元区)　　江西:吉安市(吉州区　青原区)　景德镇市(昌江区　珠山区)　萍乡市安源区　新余市渝水区　宜春市袁州区　九江市庐山区　　山东:滨州市滨城区　德州市德城区　菏泽市牡丹区　莱芜市莱城区　莱州市　聊城市东昌府区　龙口市　日照市(东港区　岚山区)　荣成市　文登市　东营市东营区　烟台市(福山区　牟平区)　潍坊市(坊子区　寒亭区)　　河南:漯河市源汇区　南阳市(宛城区　卧龙区)　　湖北:鄂州市鄂城区　荆门市(东宝区　掇刀区)　潜江市　仙桃市　武汉市江夏区　　湖南:娄底市娄星区　邵阳市(北塔区　大祥区　双清区)　益阳市(赫山区　资阳区)　永州市(冷水滩区　零陵区)　岳阳市云溪区　衡阳市南岳区　　广东:从化市　恩平市　佛山市高明区　高要市　鹤山市　惠东县　廉江市　罗定市　云浮市云城区　　广西:北海市(海城区　银海区)　防城港市港口区　贵港市(港北区　港南区　覃塘区)　梧州市(万秀区　蝶山区　长洲区)　桂林市雁山区　　重庆:北碚区　　四川:德阳市旌阳区　绵阳市(涪城区　游仙区)　　云南:安宁市　贵州:贵阳市(花溪区　乌当区)　　陕西:宝鸡市(金台区　渭滨区)　汉中市汉台区　铜川市(王益区　印台区)　　新疆:石河子市

十等:天津:宁河县　　河北:藁城市　迁安市　三河市　辛集市　正定县　涿州市　石家庄市井陉矿区　　山西:侯马市　晋城市城区　运城市盐湖区　阳泉市矿区　　内蒙古:赤峰市(红山区　松山区　元宝山区)　通辽市科尔沁区　乌海市(海勃湾区　海南区　乌达区)　　辽宁:大石桥市　盖州市　普兰店市　庄河市　本溪市南芬区　铁岭市清河区　　吉林:白城市洮北区　白山市八道江区　敦化市　公主岭市　梅河口市　图们市　　黑龙江:哈尔滨市(阿城区　呼兰区)　黑河市爱辉区　尚志市　双城市　双鸭山市(宝山区　尖山区　岭东区　四方台区)　绥芬河市　绥化市北林区　伊春市伊春区　肇东市　大庆市(红岗区　龙凤区　让胡路区)　　江苏:东台市　江都市　姜堰市　金坛市　仪征市　徐州市(贾汪区　九里区)　镇江市丹徒区　淮安市楚州区　扬州市邗江区　　浙江:东阳市　富阳市　海宁市　乐清市　丽水市莲都区　临海市　衢州市柯城区　瑞安市　温岭市　永康市　安徽:亳州市谯城区　滁州市(南谯区　琅琊区)　繁昌县　肥东县　肥西县　阜阳市(颍东区　颍泉区　颍州区)　宁国市　芜湖县　宣城市宣州区　　福建:长乐市　龙海市　南安市　南平市延平区　永安市　泉州市泉港区　　江西:丰城市　贵溪市　上饶市信州区　鹰潭市月湖区　　山东:即墨市　胶州市　寿光市　招远市　邹城市　莱芜市钢城区　临沂市(河东区　罗庄区)　　河南:鹤壁市(鹤山区　淇滨区　山城区)　濮阳市华龙区　三门峡市湖滨区　许昌市魏都区　　湖北:黄冈市黄州区　随州市曾都区　天门市　孝感市孝南区　沙洋县　江陵县　武汉市蔡甸区　黄石市(铁山区　下陆区)　鄂州市华容区　　湖南:长沙县　怀化市鹤城区　浏阳市　张家界市永定区　岳阳市君山区　　广东:博罗县　潮安县　电白县　佛冈县　高州市　海丰县　化州市　揭东县　乐昌市　雷州市　连州市　陆丰市　南澳县　南雄市　韶关市曲江区　四会市　吴川市　信宜市　阳春市　英德市　　广西:钦州市(钦北区　钦南区)　武鸣县　南宁市邕宁区　玉林市玉州区　来宾市兴宾区　防城港市防城区　北海市铁山港区　　海南:儋州市　琼海市　　重庆:双桥区　万盛区　　四川:成都市龙泉驿区　乐山市(沙湾区　市中区)　泸州市江阳区　内江市市中区　攀枝花市(东区　仁和区)　宜宾市翠屏区　自贡市(大安区　自流井区)　　贵州:六盘水市钟山区　　云南:昆明市东川区　曲靖市麒麟区　西藏:拉萨市城关区　　陕西:渭南市临渭区　咸阳市(秦都区　渭城区)　西安市(长安区　临潼区　阎良区)　　甘肃:白银市白银区　嘉峪关市　金昌市金川区　天水市秦州区　兰州市红古区　新疆:阿克苏市　喀什市　库尔勒市　伊宁市

十一等:河北:霸州市　定州市　高碑店市　邯郸县　黄骅市　任丘市　武安市　新乐市　遵化市　邯郸市峰峰矿区　张家口市下花园区　　山西:介休市　朔州市朔城区　孝义市　忻州市忻府区

原平市　大同市矿区　　内蒙古:呼伦贝尔市海拉尔区　乌兰察布市集宁区　满洲里市　乌兰浩特市　辽宁:北票市　灯塔市　东港市　凤城市　开原市　凌海市　凌源市　调兵山市　新民市　兴城市　本溪满族自治县　阜新市(清河门区　新邱区)辽阳市弓长岭区　葫芦岛市南票区　　吉林:和龙市　桦甸市　珲春市　集安市　蛟河市　九台市　临江市　龙井市　磐石市　舒兰市　榆树市　黑龙江:海林市　海伦市　密山市　七台河市(茄子河区　桃山区　新兴区)　庆安县　五常市　鸡西市滴道区　　江苏:宝应县　大丰市　高淳县　高邮市　海安县　句容市　溧水县　邳州市　如东县　宿迁市宿城区　新沂市　兴化市　　浙江:嘉善县　兰溪市　临安市　桐乡市　玉环县　　安徽:长丰县　巢湖市居巢区　黄山市(徽州区　屯溪区)　六安市(金安区　裕安区)　宿州市埇桥区　淮北市杜集区　福建:惠安县　连江县　闽侯县　宁德市蕉城区　莆田市秀屿区　　江西:抚州市临川区　井冈山市　乐平市　萍乡市湘东区　　山东:安丘市　昌邑市　肥城市　胶南市　莱西市　莱阳市　蓬莱市　平度市　青州市　曲阜市　乳山市　滕州市　新泰市　兖州市　章丘市　诸城市　枣庄市(薛城区　峄城区)　河南:济源市　商丘市(梁园区　睢阳区)　太康县　信阳市(平桥区　浉河区)　驻马店市驿城区　郑州市上街区　洛阳市吉利区　焦作市(马村区　中站区)　新乡市凤泉区　　湖北:赤壁市　大冶市　丹江口市　洪湖市　老河口市　麻城市　石首市　松滋市　武穴市　咸宁市咸安区　宜城市　应城市　襄樊市襄阳区　枣阳市　钟祥市　武汉市(汉南区　黄陂区　新洲区)　鄂州市梁子湖区　湖南:吉首市　耒阳市　醴陵市　临湘市　汨罗市　湘乡市　沅江市　张家界市武陵源区　广东:德庆县　封开县　怀集县　惠来县　揭西县　连平县　龙门县　梅县　清新县　饶平县　遂溪县　新丰县　新兴县　兴宁市　徐闻县　阳东县　阳西县　云安县　　广西:百色市右江区　北流市　　海南:澄迈县　东方市　万宁市　文昌市　　重庆:涪陵区　万州区　江津市　　四川:达州市通川区　都江堰市　峨眉山市　广元市市中区　江油市　南充市(高坪区　嘉陵区　顺庆区)　彭州市　双流县　遂宁市船山区　西昌市　成都市青白江区　内江市东兴区　贵州:安顺市西秀区　云南:楚雄市　河口瑶族自治县　　陕西:安康市汉滨区　韩城市　延安市宝塔区　咸阳市杨陵区　甘肃:白银市平川区　天水市麦积区　　新疆:昌吉市　哈密市　吐鲁番市　乌鲁木齐县　乌鲁木齐市达坂城区

十二等:河北:安国市　泊头市　沧县　大厂回族自治县　抚宁县　高邑县　河间市　冀州市　定兴县　晋州市　井陉县　乐亭县　蠡县　卢龙县　栾城县　滦南县　滦县　迁西县　青县　清河县　沙河市　深州市　唐海县　香河县　徐水县　永年县　玉田县　承德市鹰手营子矿区　　山西:长治县　汾阳市　高平市　古交市　河津市　怀仁县　霍州市　吕梁市离石区　灵石县　潞城市　平定县　清徐县　永济市　左云县　朔州市平鲁区　　内蒙古:巴彦淖尔市临河区　鄂尔多斯市东胜区　锡林浩特市　牙克石市　扎兰屯市　　辽宁:北镇市　朝阳县　大洼县　抚顺县　阜新蒙古族自治县　辽阳县　辽中县　盘山县　绥中县　铁岭县　长海县　　吉林:安图县　白山市江源区　长白朝鲜族自治县　大安市　德惠市　东丰县　东辽县　抚松县　辉南县　梨树县　柳河县　农安县　前郭尔罗斯蒙古族自治县　双辽市　洮南市　通化县　汪清县　永吉县　　黑龙江:安达市　北安市　富锦市　虎林市　宁安市　铁力市　五大连池市　大庆市大同区　齐齐哈尔市(昂昂溪区　富拉尔基区　梅里斯达斡尔族区)　鸡西市(城子河区　恒山区　梨树区　麻山区)　伊春市(南岔区　汤旺河区　西林区)　江苏:东海县　赣榆县　洪泽县　建湖县　金湖县　沛县　射阳县　泗洪县　泗阳县　铜山县　盐城市盐都区　淮安市淮阴区　　浙江:德清县　奉化市　海盐县　建德市　江山市　平湖市　嵊州市　桐庐县　新昌县　　安徽:池州市贵池区　当涂县　含山县　绩溪县　泾县　舒城县　桐城市　铜陵县　淮南市(八公山区　潘集区　谢家集区)　　福建:福安市　福鼎市　建瓯市　罗源县　闽清县　南靖县　沙县　邵武市　武夷山市　云霄县　漳平市　漳浦县　诏安县　　江西:安福县　德兴市　高安市　吉安县　进贤县　芦溪县　南昌县　南康市　瑞昌市　瑞金市　泰和县　峡江县　新干县　樟树市　　山东:长岛县　高密市　海阳市　临清市　栖霞市　枣庄市(山亭区　台儿庄区)　东营市河口区　　河南:安阳县　长葛市　登封市　邓州市　巩义市　辉县市　林州市　灵宝市　孟

州市　沁阳市　荥阳市　汝州市　卫辉市　舞钢市　项城市　新密市　新乡县　新郑市　许昌县　偃师市　漯河市(郾城区　召陵区)　义马市　永城市　禹州市　中牟县　周口市川汇区　平顶山市石龙区　湖北:安陆市　当阳市　恩施市　广水市　汉川市　宜都市　枝江市　宜昌市夷陵区　湖南:安仁县　安乡县　常宁市　道县　桂阳县　汉寿县　衡东县　衡南县　衡山县　衡阳县　华容县　津市市　冷水江市　澧县　涟源市　临澧县　临武县　南县　宁乡县　祁东县　祁阳县　韶山市　邵东县　邵阳县　石门县　双峰县　桃江县　桃源县　望城县　武冈市　湘潭县　湘阴县　新邵县　攸县　岳阳县　株洲县　资兴市　广东:大埔县　东源县　丰顺县　广宁县　和平县　蕉岭县　连南瑶族自治县　连山壮族瑶族自治县　龙川县　陆河县　平远县　仁化县　始兴县　翁源县　五华县　阳山县　郁南县　紫金县　乳源瑶族自治县　广西:岑溪市　东兴市　桂平市　合浦县　合山市　河池市金城江区　贺州市八步区　临桂县　柳城县　柳江县　容县　田东县　昭平县　钟山县　海南:昌江黎族自治县　定安县　临高县　五指山市　陵水黎族自治县　重庆:合川市　永川市　四川:崇州市　广安市广安区　广汉市　绵竹市　邛崃市　什邡市　成都市(新都区　温江区)　攀枝花市西区　自贡市(贡井区　沿滩区)　泸州市(龙马潭区　纳溪区)　乐山市(金口河区　五通桥区)　贵州:都匀市　凯里市　清镇市　铜仁市　兴义市　云南:大理市　个旧市　石林彝族自治县　瑞丽市　西藏:日喀则市　陕西:华县　华阴市　黄陵县　洛川县　潼关县　兴平市　榆林市榆阳区　铜川市耀州区　甘肃:成县　敦煌市　酒泉市肃州区　临夏市　永登县　玉门市　武威市凉州区　陇南市武都区　宁夏:灵武市　青铜峡市　吴忠市利通区　中卫市沙坡头区　新疆:阿勒泰市　阿图什市　博乐市　阜康市　奎屯市　米泉市　塔城市　乌苏市　克拉玛依市(白碱滩区　独山子区　乌尔禾区)

十三等:河北:安平县　柏乡县　昌黎县　磁县　大城县　东光县　高阳县　固安县　故城县　怀来县　景县　临城县　灵寿县　满城县　南宫市　宁晋县　清苑县　容城县　深泽县　肃宁县　唐县　望都县　文安县　吴桥县　献县　兴隆县　邢台县　雄县　宣化县　阳原县　易县　元氏县　枣强县　赵县　山西:长子县　大同县　代县　定襄县　繁峙县　河曲县　洪洞县　壶关县　稷山县　绛县　交城县　黎城县　临猗县　陵川县　柳林县　宁武县　平陆县　平顺县　平遥县　蒲县　祁县　沁水县　曲沃县　芮城县　山阴县　寿阳县　太谷县　文水县　闻喜县　五台县　乡宁县　襄汾县　襄垣县　新绛县　阳城县　翼城县　应县　盂县　垣曲县　泽州县　中阳县　内蒙古:额尔古纳市　根河市　辽宁:昌图县　法库县　黑山县　桓仁满族自治县　建昌县　建平县　喀喇沁左翼蒙古族自治县　康平县　宽甸满族自治县　清原满族自治县　台安县　西丰县　新宾满族自治县　岫岩满族自治县　义县　彰武县　吉林:靖宇县　伊通满族自治县　黑龙江:巴彦县　勃利县　方正县　鸡东县　林口县　穆棱市　讷河市　通河县　同江市　望奎县　延寿县　肇源县　肇州县　齐齐哈尔市碾子山区　伊春市(翠峦区　带岭区　红星区　金山屯区　美溪区　上甘岭区　新青区　五营区　乌马河区　乌伊岭区　友好区)　江苏:滨海县　丰县　阜宁县　灌南县　灌云县　涟水县　沭阳县　宿迁市宿豫区　睢宁县　响水县　盱眙县　浙江:安吉县　苍南县　长兴县　龙泉市　龙游县　宁海县　平阳县　象山县　永嘉县　嵊泗县　衢州市衢江区　安徽:砀山县　东至县　凤台县　广德县　和县　霍邱县　霍山县　界首市　金寨县　庐江县　明光市　南陵县　祁门县　青阳县　石台县　寿县　濉溪县　天长市　涡阳县　无为县　歙县　萧县　黄山市黄山区　福建:安溪县　长泰县　东山县　古田县　建阳市　将乐县　平潭县　上杭县　顺昌县　霞浦县　仙游县　永春县　永定县　永泰县　尤溪县　江西:大余县　分宜县　广丰县　吉水县　九江县　宁都县　上栗县　上饶县　万安县　万年县　新建县　永丰县　永修县　余江县　山东:博兴县　曹县　昌乐县　济南市长清区　定陶县　东阿县　东明县　费县　高青县　高唐县　桓台县　惠民县　济阳县　嘉祥县　金乡县　莒南县　莒县　乐陵市　梁山县　临朐县　临邑县　陵县　宁阳县　平邑县　平阴县　平原县　齐河县　商河县　泗水县　郯城县　微山县　汶上县　阳谷县　沂源县　鱼台县　禹城市　郓城县　邹平县　河南:宝丰县　博爱县　长垣县　方城县　淮阳县　潢川县　临颍县　鹿邑县　孟津

县　内乡县　濮阳县　淇县　清丰县　汝南县　陕县　遂平县　汤阴县　唐河县　通许县　尉氏县　西平县　新安县　新野县　修武县　鄢陵县　延津县　镇平县　　湖北:保康县　长阳土家族自治县　崇阳县　大悟县　公安县　谷城县　红安县　黄梅县　嘉鱼县　监利县　京山县　利川市　南漳县　蕲春县　团风县　浠水县　孝昌县　远安县　云梦县　郧县　秭归县　　湖南:安化县　茶陵县　辰溪县　慈利县　东安县　洞口县　洪江市　会同县　嘉禾县　靖州苗族侗族自治县　蓝山县　隆回县　麻阳苗族自治县　宁远县　平江县　绥宁县　新化县　新宁县　新田县　溆浦县　炎陵县　宜章县　永兴县　芷江侗族自治县　中方县　　广西:博白县　苍梧县　富川瑶族自治县　荔浦县　灵川县　陆川县　南丹县　平果县　平乐县　平南县　全州县　上思县　藤县　田阳县　兴安县　阳朔县　宜州市　　海南:白沙黎族自治县　保亭黎族苗族自治县　乐东黎族自治县　琼中黎族苗族自治县　屯昌县　　重庆:南川市　　四川:安县　宝兴县　苍溪县　长宁县　达县　大邑县　大竹县　富顺县　高县　珙县　简阳市　江安县　金堂县　筠连县　阆中市　泸县　米易县　南溪县　彭山县　郫县　仁寿县　荣县　三台县　射洪县　石棉县　万源市　新津县　宜宾县　荥经县　资阳市雁江区　眉山市东坡区　雅安市雨城区　巴中市巴州区　广元市(朝天区　元坝区)　遂宁市安居区　　贵州:毕节市　赤水市　贵定县　开阳县　龙里县　仁怀市　息烽县　修文县　遵义县　　云南:保山市隆阳区　呈贡县　澄江县　峨山彝族自治县　江川县　晋宁县　景洪市　开远市　丽江市古城区　潞西市　屏边苗族自治县　石屏县　水富县　思茅市翠云区　通海县　宜良县　昭通市昭阳区　　陕西:安塞县　白水县　城固县　大荔县　府谷县　富平县　富县　甘泉县　高陵县　横山县　户县　黄龙县　佳县　靖边县　米脂县　清涧县　三原县　子长县　子洲县　神木县　绥德县　吴堡县　吴起县　延长县　宜川县　志丹县　商洛市商州区　　甘肃:阿克塞哈萨克族自治县　定西市安定区　皋兰县　合水县　合作市　徽县　两当县　宁县　平凉市崆峒区　庆城县　文县　庆阳市西峰区　榆中县　张掖市甘州区　　宁夏:贺兰县　石嘴山市惠农区　平罗县　永宁县　中宁县　　新疆:和田市　呼图壁县　霍城县　精河县　库车县　轮台县　玛纳斯县　沙湾县　莎车县　鄯善县　托克逊县　新源县　焉耆回族自治县　泽普县　五家渠市

十四等:河北:安新县　博野县　成安县　承德县　赤城县　大名县　肥乡县　丰宁满族自治县　阜城县　阜平县　馆陶县　广平县　广宗县　海兴县　怀安县　鸡泽县　巨鹿县　宽城满族自治县　涞水县　涞源县　临西县　临漳县　隆化县　隆尧县　滦平县　孟村回族自治县　内丘县　南和县　南皮县　平泉县　平山县　平乡县　青龙满族自治县　邱县　曲阳县　曲周县　饶阳县　任县　涉县　顺平县　万全县　威县　围场满族蒙古族自治县　蔚县　魏县　无极县　武强县　武邑县　新河县　行唐县　盐山县　永清县　赞皇县　涿鹿县　　山西:安泽县　保德县　大宁县　方山县　汾西县　浮山县　古县　广灵县　和顺县　浑源县　吉县　交口县　静乐县　岢岚县　岚县　临县　灵丘县　娄烦县　偏关县　沁县　沁源县　神池县　石楼县　天镇县　屯留县　万荣县　五寨县　武乡县　昔阳县　隰县　夏县　兴县　阳高县　阳曲县　永和县　右玉县　榆社县　左权县　　内蒙古:阿尔山市　阿荣旗　敖汉旗　巴林左旗　达拉特旗　鄂伦春自治旗　鄂温克族自治旗　二连浩特市　丰镇市　杭锦后旗　霍林郭勒市　科尔沁左翼后旗　林西县　莫力达瓦达斡尔族自治旗　宁城县　土默特右旗　土默特左旗　翁牛特旗　乌拉特前旗　五原县　包头市(白云矿区　石拐区)　　吉林:长岭县　扶余县　乾安县　　黑龙江:宝清县　抚远县　富裕县　集贤县　克东县　克山县　兰西县　萝北县　明水县　木兰县　嫩江县　绥滨县　塔河县　汤原县　友谊县　大兴安岭加格达奇　　浙江:常山县　淳安县　岱山县　洞头县　缙云县　景宁畲族自治县　开化县　磐安县　浦江县　青田县　庆元县　三门县　松阳县　遂昌县　泰顺县　天台县　文成县　武义县　仙居县　云和县　　安徽:枞阳县　定远县　凤阳县　阜南县　固镇县　怀宁县　怀远县　旌德县　来安县　郎溪县　利辛县　临泉县　灵璧县　蒙城县　潜山县　全椒县　泗县　宿松县　太和县　太湖县　望江县　五河县　休宁县　黟县　颍上县　　福建:大田县　德化县　华安县　连城县　平和县　浦城县　泰宁县　　江西:安义县　安远县　鄱阳县　崇仁县　德安县　定南县　东乡县　浮梁县　赣县　横峰县　会昌县　金

溪县　靖安县　莲花县　龙南县　南城县　铅山县　上高县　上犹县　石城县　遂川县　万载县　武宁县　婺源县　信丰县　兴国县　修水县　寻乌县　弋阳县　永新县　于都县　玉山县　资溪县　山东:单县　广饶县　垦利县　利津县　蒙阴县　武城县　沂南县　沂水县　河南:范县　封丘县　扶沟县　固始县　光山县　滑县　淮滨县　获嘉县　浚县　开封县　兰考县　鲁山县　栾川县　罗山县　泌阳县　民权县　南乐县　南召县　杞县　确山县　商城县　上蔡县　社旗县　沈丘县　渑池县　桐柏县　温县　武陟县　舞阳县　西华县　西峡县　淅川县　襄城县　叶县　伊川县　原阳县　正阳县　湖北:巴东县　房县　建始县　来凤县　罗田县　通城县　五峰土家族自治县　兴山县　阳新县　英山县　竹山县　湖南:保靖县　城步苗族自治县　凤凰县　古丈县　桂东县　花垣县　江华瑶族自治县　江永县　龙山县　泸溪县　汝城县　桑植县　双牌县　通道侗族自治县　新晃侗族自治县　永顺县　沅陵县　广西:宾阳县　崇左市江州区　大化瑶族自治县　扶绥县　横县　金秀瑶族自治县　乐业县　灵山县　凌云县　隆林各族自治县　鹿寨县　蒙山县　浦北县　田林县　西林县　兴业县　重庆:璧山县　长寿区　大足县　垫江县　丰都县　奉节县　开县　梁平县　綦江县　荣昌县　铜梁县　潼南县　巫山县　武隆县　云阳县　忠县　四川:安岳县　巴塘县　北川羌族自治县　布拖县　大英县　丹棱县　德昌县　甘洛县　古蔺县　汉源县　合江县　洪雅县　华蓥市　会理县　夹江县　犍为县　剑阁县　井研县　九寨沟县　开江县　康定县　乐至县　邻水县　隆昌县　芦山县　泸定县　罗江县　马边彝族自治县　马尔康县　茂县　冕宁县　名山县　沐川县　南部县　南江县　蓬安县　蓬溪县　平昌县　平武县　屏山县　蒲江县　青川县　青神县　渠县　天全县　通江县　旺苍县　威远县　汶川县　武胜县　西充县　兴文县　叙永县　宣汉县　盐边县　盐亭县　仪陇县　营山县　岳池县　中江县　资中县　梓潼县　贵州:独山县　福泉市　金沙县　荔波县　平坝县　施秉县　桐梓县　玉屏侗族自治县　镇远县　云南:宾川县　大姚县　洱源县　富民县　富源县　华宁县　会泽县　建水县　景东彝族自治县　兰坪白族普米族自治县　临沧市临翔区　陆良县　禄丰县　禄劝彝族苗族自治县　绿春县　罗平县　马龙县　勐海县　勐腊县　弥渡县　弥勒县　牟定县　南华县　普洱哈尼族彝族自治县　师宗县　双柏县　嵩明县　绥江县　腾冲县　文山县　武定县　祥云县　新平彝族傣族自治县　宣威市　寻甸回族彝族自治县　姚安县　易门县　永仁县　元江哈尼族彝族傣族自治县　元谋县　沾益县　玉龙纳西族自治县　陕西:　澄城县　定边县　凤县　凤翔县　扶风县　汉阴县　合阳县　泾阳县　蓝田县　礼泉县　略阳县　眉县　勉县　南郑县　平利县　岐山县　商南县　石泉县　太白县　武功县　西乡县　旬阳县　延川县　镇安县　周至县　柞水县　宝鸡市陈仓区　甘肃:瓜州县　崇信县　宕昌县　迭部县　甘谷县　广河县　华池县　华亭县　环县　会宁县　金塔县　泾川县　景泰县　靖远县　康乐县　康县　礼县　临洮县　灵台县　碌曲县　玛曲县　民勤县　山丹县　肃北蒙古族自治县　天祝藏族自治县　武山县　西和县　夏河县　永昌县　永靖县　镇原县　正宁县　卓尼县　青海:大通回族土族自治县　德令哈市　格尔木市　互助土族自治县　湟中县　乐都县　民和回族土族自治县　平安县　宁夏:固原市原州区　新疆:阿瓦提县　巴楚县　博湖县　察布查尔锡伯自治县　额敏县　富蕴县　伽师县　和静县　和硕县　吉木萨尔县　麦盖提县　沙雅县　疏附县　疏勒县　尉犁县　温宿县　叶城县　伊宁县　英吉沙县　岳普湖县　阿拉尔市　图木舒克市

十五等:河北:崇礼县　沽源县　康保县　尚义县　张北县　内蒙古:阿巴嘎旗　阿拉善右旗　阿拉善左旗　阿鲁科尔沁旗　巴林右旗　察哈尔右翼后旗　察哈尔右翼前旗　察哈尔右翼中旗　陈巴尔虎旗　达尔罕茂明安联合旗　磴口县　东乌珠穆沁旗　多伦县　额济纳旗　鄂托克旗　鄂托克前旗　固阳县　杭锦旗　和林格尔县　化德县　喀喇沁旗　开鲁县　科尔沁右翼前旗　科尔沁右翼中旗　科尔沁左翼中旗　克什克腾旗　库伦旗　凉城县　奈曼旗　清水河县　商都县　四子王旗　苏尼特右旗　苏尼特左旗　太仆寺旗　突泉县　托克托县　乌拉特后旗　乌拉特中旗　乌审旗　武川县　西乌珠穆沁旗　镶黄旗　新巴尔虎右旗　新巴尔虎左旗　兴和县　伊金霍洛旗　扎赉特旗　扎鲁特旗　正蓝旗　正镶白旗　准格尔旗　卓资县　吉林:通榆县　镇赉县　黑龙江:拜泉县　宾县　东宁县

杜尔伯特蒙古族自治县　甘南县　呼玛县　桦川县　桦南县　嘉荫县　林甸县　龙江县　漠河县　青冈县　饶河县　绥棱县　孙吴县　泰来县　逊克县　依安县　依兰县　　安徽:岳西县　　福建:长汀县　光泽县　建宁县　明溪县　宁化县　屏南县　清流县　寿宁县　松溪县　武平县　柘荣县　政和县　周宁县　　江西:崇义县　都昌县　奉新县　广昌县　湖口县　乐安县　黎川县　南丰县　彭泽县　全南县　铜鼓县　星子县　宜丰县　宜黄县　余干县　　山东:苍山县　成武县　茌平县　东平县　冠县　巨野县　鄄城县　临沭县　宁津县　庆云县　无棣县　五莲县　夏津县　莘县　阳信县　沾化县　　河南:郸城县　郏县　卢氏县　洛宁县　内黄县　宁陵县　平舆县　汝阳县　商水县　嵩县　睢县　台前县　息县　夏邑县　新蔡县　新县　宜阳县　虞城县　柘城县　　湖北:鹤峰县　神农架林区　通山县　咸丰县　宣恩县　郧西县　竹溪县　　广西:巴马瑶族自治县　大新县　德保县　东兰县　都安瑶族自治县　凤山县　恭城瑶族自治县　灌阳县　环江毛南族自治县　靖西县　龙胜各族自治县　龙州县　隆安县　罗城仫佬族自治县　马山县　那坡县　宁明县　凭祥市　融安县　融水苗族自治县　三江侗族自治县　上林县　天等县　天峨县　武宣县　象州县　忻城县　永福县　资源县　　重庆:城口县　彭水苗族土家族自治县　石柱土家族自治县　巫溪县　秀山土家族苗族自治县　酉阳土家族苗族自治县　黔江区　　四川:阿坝县　白玉县　丹巴县　道孚县　稻城县　得荣县　德格县　峨边彝族自治县　甘孜县　黑水县　红原县　会东县　金川县　金阳县　九龙县　雷波县　理塘县　理县　炉霍县　美姑县　木里藏族自治县　宁南县　普格县　壤塘县　若尔盖县　色达县　石渠县　松潘县　喜德县　乡城县　小金县　新龙县　雅江县　盐源县　越西县　昭觉县　　贵州:安龙县　册亨县　岑巩县　长顺县　从江县　大方县　丹寨县　道真仡佬族苗族自治县　德江县　凤冈县　关岭布依族苗族自治县　赫章县　黄平县　惠水县　剑河县　江口县　锦屏县　雷山县　黎平县　六枝特区　罗甸县　麻江县　湄潭县　纳雍县　盘县　平塘县　普安县　普定县　黔西县　晴隆县　榕江县　三都水族自治县　三穗县　石阡县　水城县　思南县　松桃苗族自治县　绥阳县　台江县　天柱县　万山特区　望谟县　威宁彝族回族苗族自治县　瓮安县　务川仡佬族苗族自治县　习水县　兴仁县　沿河土家族自治县　印江土家族苗族自治县　余庆县　贞丰县　镇宁布依族苗族自治县　正安县　织金县　紫云苗族布依族自治县　　云南:沧源佤族自治县　昌宁县　大关县　德钦县　凤庆县　福贡县　富宁县　耿马傣族佤族自治县　贡山独龙族怒族自治县　广南县　鹤庆县　红河县　华坪县　剑川县　江城哈尼族彝族自治县　金平苗族瑶族傣族自治县　景谷傣族彝族自治县　澜沧拉祜族自治县　梁河县　龙陵县　陇川县　泸水县　泸西县　鲁甸县　麻栗坡县　马关县　蒙自县　孟连傣族拉祜族佤族自治县　墨江哈尼族自治县　南涧彝族自治县　宁蒗彝族自治县　巧家县　丘北县　施甸县　双江拉祜族佤族布朗族傣族自治县　威信县　巍山彝族回族自治县　维西傈僳族自治县　西畴县　西盟佤族自治县　盐津县　砚山县　漾濞彝族自治县　彝良县　盈江县　永德县　永平县　永善县　永胜县　元阳县　云龙县　云县　镇康县　镇雄县　镇沅彝族哈尼族拉祜族自治县　香格里拉县　　西藏:安多县　昂仁县　八宿县　巴青县　白朗县　班戈县　比如县　边坝县　波密县　察雅县　察隅县　昌都县　措美县　措勤县　错那县　达孜县　当雄县　丁青县　定结县　定日县　堆龙德庆县　噶尔县　改则县　岗巴县　革吉县　工布江达县　贡嘎县　贡觉县　吉隆县　加查县　嘉黎县　江达县　江孜县　康马县　拉孜县　朗县　浪卡子县　类乌齐县　林芝县　林周县　隆子县　洛隆县　洛扎县　芒康县　米林县　墨脱县　墨竹工卡县　那曲县　乃东县　南木林县　尼玛县　尼木县　聂拉木县　聂荣县　普兰县　琼结县　曲水县　曲松县　仁布县　日土县　萨嘎县　萨迦县　桑日县　申扎县　索县　谢通门县　亚东县札达县　扎囊县　仲巴县　左贡县　　陕西:白河县　彬县　长武县　淳化县　丹凤县　佛坪县　岚皋县　麟游县　留坝县　陇县　洛南县　宁强县　宁陕县　蒲城县　千阳县　乾县　山阳县　旬邑县　洋县　宜君县　永寿县　镇巴县　镇坪县　紫阳县　　甘肃:东乡族自治县　高台县　古浪县　和政县　积石山保安族东乡族撒拉族自治县　静宁县　临潭县　临夏县　临泽县　陇西县　民乐县　岷县　秦安县　肃南裕固族自治县　通渭县　渭源县　张家川回族自治县　漳县　清水县　舟曲县　庄浪县　　青海:班玛县　称多县　达日县　都兰县

甘德县 刚察县 共和县 贵德县 贵南县 海晏县 河南蒙古族自治县 化隆回族自治县 湟源县 尖扎县 久治县 玛多县 玛沁县 门源回族自治县 祁连县 曲麻莱县 天峻县 同德县 同仁县 乌兰县 囊谦县 兴海县 循化撒拉族自治县 玉树县 杂多县 泽库县 治多县 宁夏:海原县 泾源县 隆德县 彭阳县 同心县 西吉县 盐池县 新疆:阿合奇县 阿克陶县 巴里坤哈萨克自治县 拜城县 昭苏县 布尔津县 策勒县 福海县 巩留县 哈巴河县 和布克赛尔蒙古自治县 和田县 吉木乃县 柯坪县 洛浦县 民丰县 墨玉县 木垒哈萨克自治县 尼勒克县 皮山县 奇台县 且末县 青河县 若羌县 塔什库尔干塔吉克自治县 特克斯县 托里县 温泉县 乌恰县 乌什县 新和县 伊吾县 于田县 裕民县

## 参 考 文 献

[1] “关于发布和实施《工业项目建设用地控制指标》的通知”(国土资发[2008]24 号),国土资源部,2008.

[2] “关于发布和实施《工业项目建设用地控制指标(试行)》的通知”(国土资发[2004]232 号)国土资源部,2004.

[3] 乐景彭.上海产业用地指南(2006 版)[M].上海市经济委员会,上海市房屋土地资源管理局等编,2006.

[4] “关于印发《用于农业土地开发的土地出让金收入管理办法》的通知”(财综[2004]49 号),财政部、国土资源部,2004.

ICS 03.120.01
A 00

# 中华人民共和国国家标准

GB/T 24359—2009

# 第三方物流服务质量要求

## Quality requirements for third party logistics service

2009-09-30 发布　　　　2009-12-01 实施

中华人民共和国国家质量监督检验检疫总局
中国国家标准化管理委员会　发布

# 前 言

本标准由全国物流标准化技术委员会提出并归口。

本标准起草单位:上海市标准化研究院、上海大学、上海市物流协会、宝供物流企业集团有限公司、上海现代物流投资发展有限公司、安吉天地汽车物流有限公司、湖南省京阳物流有限公司、方圆标志认证集团、上海虹鑫物流有限公司、远成集团有限公司。

本标准主要起草人:杨洁明、王晓燕、晏绍庆、王二卫、凌湖吉、储雪俭、周良毅、林晓帆、马娜、米安全、顾小昱、张贫、汤京阳、安民、龙少良、石明、黄富康、余柳。

# 第三方物流服务质量要求

## 1 范围

本标准规定了第三方物流服务质量的基本要求，以及方案设计、信息服务、作业服务、风险与应急管理、投诉处理的质量要求，并给出第三方物流的重要服务质量指标。

本标准适用于提供第三方物流服务的企业，也可作为客户对第三方物流企业进行选择和评价的依据。

## 2 规范性引用文件

下列文件中的条款通过本标准的引用而成为本标准的条款。凡是注日期的引用文件，其随后所有的修改单(不包括勘误的内容)或修订版均不适用于本标准，然而，鼓励根据本标准达成协议的各方研究是否可使用这些文件的最新版本。凡是不注日期的引用文件，其最新版本适用于本标准。

GB/T 18354—2006 物流术语

## 3 术语和定义

GB/T 18354—2006 确立的以及下列术语和定义适用于本标准。为方便使用，下面列出了 GB/T 18354—2006中的一些术语及其定义。

3.1

**第三方物流 third party logistics (TPL,3PL)**

独立于供需双方，为客户提供专项或全面的物流系统设计或系统运营的物流服务模式。

[GB/T 18354—2006，定义 2.9]

3.2

**物流服务 logistics service**

为满足客户需求所实施的一系列物流活动过程及其产生的结果。

[GB/T 18354—2006，定义 2.7]

3.3

**第三方物流服务质量 third party logistics service quality**

第三方物流服务满足明示的、通常隐含的或必须履行的需求与期望的程度。

3.4

**物流企业 logistics enterprise**

从事物流基本功能范围内的物流业务设计及系统运作，具有与自身业务相适应的信息管理系统，实行独立核算、独立承担民事责任的经济组织。

[GB/T 18354—2006，定义 2.16]

3.5

**物流网络 logistics network**

物流过程中相互联系的组织、设施与信息的集合。

[GB/T 18354—2006，定义 2.22]

## 4 基本要求

### 4.1 总则

4.1.1 贯彻以客户为中心的服务理念。

4.1.2 以合法、规范的物流服务合同为依据。

### 4.2 企业基本条件

4.2.1 具有从事物流业务的营业资质。

4.2.2 具备健全的质量管理体系。

4.2.3 特殊岗位从业人员应具备相应的资格证书。

4.2.4 具有满足客户需求的物流资源整合能力。

### 4.3 社会责任

4.3.1 遵守安全、环保、卫生等方面的法律、法规的规定。

4.3.2 提高资源的利用率。

### 4.4 服务内容

第三方物流服务内容包括方案设计、信息服务、作业服务、风险与应急管理等。

## 5 方案设计

5.1 根据客户物流业务需求，制定物流服务总体方案。

5.2 制定物流服务网络规划。

5.3 制定运输、仓储、流通加工、配送、信息处理等物流活动的运行方案。

5.4 制定支持物流业务运作的信息系统解决方案。

5.5 制定应对不同风险类型的解决方案。

5.6 制定物流服务流程与物流作业程序。

5.7 制定物流成本核算和测控的方案。

5.8 制定物流服务质量的考核方案。

5.9 制定与客户沟通及持续改进的方案。

## 6 信息服务

6.1 采用适宜的信息技术，满足客户对物流信息服务的需求。

6.2 提供给客户的信息应按时、准确、完整。

6.3 应符合相关信息技术标准的要求。

6.4 应防止客户信息的泄漏及不正当使用。

## 7 作业服务

### 7.1 仓储

7.1.1 对入、出库物品按规定程序履行检查，各环节交接职责明确，交接记录清晰、易于识别和检索。

7.1.2 仓储作业应符合物品理化性质要求。

7.1.3 对在库物品进行定期或不定期检查、养护。

7.1.4 对非正常物品做好记录并单独存放或按合同约定处理。

7.1.5 按规定要求进行盘点。

7.1.6 准确、完整地向客户提供物品入库、出库及在库数据。

7.1.7 单证反馈按时、准确、完整。

### 7.2 运输与配送

7.2.1 根据规定要求和具体条件制定合理的运输与配送计划。

7.2.2 采用适当的设施、设备及措施，保障货物安全。

7.2.3 货物应按时送达并完成交接手续。

7.2.4 货损、货差应控制在合同约定的允许范围之内。

7.2.5 应按时、准确填写运输与配送单证。

7.2.6 必要时，提供运输与配送的统计分析信息。

### 7.3 装卸与搬运

7.3.1 采用适当的设施、设备及措施，保障作业安全。

7.3.2 装卸与搬运作业应符合货物包装件上的标志要求，无标志要求的应不损坏物品和物品外包装。

7.3.3 选择合理的装载、卸载流程及加固货物措施，保障货物安全。

### 7.4 包装与流通加工

7.4.1 符合相关标准的技术要求。

7.4.2 符合合同约定的工艺要求或流程。

7.4.3 应保障货物安全、卫生，且不危害环境。

7.4.4 按时完成包装与流通加工服务，服务过程的控制与结果应在合同约定的允许范围之内。

### 7.5 其他服务

7.5.1 根据客户要求，提供代理、咨询、物流金融等其他物流服务。

7.5.2 服务质量应符合合同约定或相关标准的要求。

## 8 风险与应急管理

8.1 风险与应急管理应贯穿于服务全过程，使风险得到有效控制。

8.2 对潜在风险进行分析、识别，针对不同的风险类型制定相应的解决方案。

8.3 发生意外事件时，及时采取应急措施，主动和客户进行沟通或按合同约定进行处理。

## 9 投诉处理

9.1 应给客户提供方便、可靠的投诉渠道。

9.2 投诉应在合同约定的期限内进行处理，无法有效处理的，应及时同客户进行沟通。

9.3 所有投诉应有记录，并提供投诉处理的进度查询。

9.4 投诉处理的结果应在合同约定的期限内反馈给客户，并采取预防措施防止类似事件再次发生。

## 10 重要服务质量指标

### 10.1 订单按时完成率

指统计期内按时完成客户订单数占订单总数的比率。按式(1)计算：

$$订单按时完成率 = \frac{按时完成订单数}{订单总数} \times 100\% \quad \cdots\cdots (1)$$

### 10.2 订单满足率

指统计期内实际交货数量与订单需求数量的比率。按式(2)计算：

$$订单满足率 = \frac{实际交货数量}{订单需求总数量} \times 100\% \quad \cdots\cdots (2)$$

### 10.3 订单处理正确率

指统计期内无差错订单处理数占订单总数的比率。按式(3)计算：

$$订单处理正确率 = \frac{无差错订单处理数}{订单总数} \times 100\% \quad \cdots\cdots(3)$$

## 10.4 货损率

指统计期内交货时损失的物品数量与应交付的物品数量的比率。按式(4)计算：

$$货损率 = \frac{损失数量}{应交付总数量} \times 100\% \quad \cdots\cdots(4)$$

## 10.5 货差率

指统计期内货物累计差错数量占总数量的比率。按式(5)计算：

$$货差率 = \frac{差错数量}{总数量} \times 100\% \quad \cdots\cdots(5)$$

## 10.6 账货相符率

指经盘点，库存物品账货相符的笔数占储存物品总笔数的比率。按式(6)计算：

$$货账相符率 = \frac{账货相符笔数}{储存物品总笔数} \times 100\% \quad \cdots\cdots(6)$$

## 10.7 有效投诉率

指统计期内客户有效投诉涉及订单数占订单总数的比率。按式(7)计算：

$$有效投诉率 = \frac{有效投诉涉及订单数}{订单总数} \times 100\% \quad \cdots\cdots(7)$$

注：有效投诉指因第三方物流服务供方引起，经查证确属供方过失的客户投诉。

ICS 03.220.99
S 91

GB

# 中华人民共和国国家标准

GB/T 24360—2009

# 多式联运服务质量要求

## Requirements on service quality of multimodal transport



2009-09-30 发布　　　　2009-12-01 实施

中华人民共和国国家质量监督检验检疫总局
中国国家标准化管理委员会　发布

# 前　言

本标准由全国物流标准化技术委员会提出并归口。

本标准起草单位：广东省标准化研究院、中山大学、广东外语外贸大学、广州市商业储运公司、宝供物流企业集团有限公司。

本标准主要起草人：黄建平、李江虹、陈功玉、张琳、李木华、张宏斌、钟祖昌、陈学章、曾锡恩、黄娟、李志雄、顾小昱、林雪玲、陈袁、唐舜。

# 引　　言

多式联运是现代运输发展的高级形式。它通过一次托运、一次计费、一份单证、一次保险，将不同的单一运输方式有机地组合在一起，构成连续、综合的一体化货物运输方式。该运输方式具有安全快捷、手续简便、运输合理、结算及时、包装节省等优点，满足了现代货物运输尤其是远距离运输的需要，成为新形势下国际货物运输发展的重要趋势之一。

多式联运涉及到的运输作业环节多、流程复杂、衔接难，随着货物运输趋于多元化和全球化，客户对多式联运的服务质量要求也越来越高。目前，我国多式联运业务发展尚处于起步阶段，存在诸多问题，制定本标准有利于规范多式联运服务企业的行为，提高运输资源的利用效率，提升我国的综合运输水平。

# 多式联运服务质量要求

## 1 范围

本标准规定了多式联运服务的基本原则、多式联运经营人基本要求、多式联运服务过程质量要求以及服务质量评价指标。

本标准适用于从事多式联运服务的企业。

## 2 规范性引用文件

下列文件中的条款通过本标准的引用而成为本标准的条款。凡是注日期的引用文件，其随后所有的修改单(不包括勘误的内容)或修订版均不适用于本标准，然而，鼓励根据本标准达成协议的各方研究是否可使用这些文件的最新版本。凡是不注日期的引用文件，其最新版本适用于本标准。

GB/T 18354 物流术语

## 3 术语和定义

GB/T 18354 确立的及下列术语和定义适用于本标准。

3.1

**多式联运经营人 multimodal transport operator**

与托运人订立合同，并以承运人身份承担完成合同责任的企业。

3.2

**多式联运单据 document for multimodal transport**

多式联运经营人接管货物并保证按合同条款交付货物的凭证。

3.3

**多式联运服务 multimodal transport service**

为满足客户需求所实施的一系列多式联运经营活动产生的结果。

3.4

**多式联运服务质量 multimodal transport service quality**

用时间、费用、准确性、安全性和满意度等表示的多式联运服务的品质。

3.5

**收货人 consignee**

有权从多式联运经营人处接收货物的人。

3.6

**分包商 subcontractor**

受多式联运经营人委托，承担一个或多个环节的货物运输或提供相关辅助服务的企业。

## 4 多式联运服务基本原则

### 4.1 安全

根据客户要求，有效控制多式联运的各个环节，保证货物完好、信息安全、作业安全、环境安全。

### 4.2 准确

审慎处理各个服务环节，保证合同签订、单据签发、货物交付、信息处理、结算等服务的准确无误。

### 4.3 及时

根据客户要求，及时提货、发货、送达，及时处理客户的信息查询、投诉索赔等要求。

### 4.4 经济

设计合理的多式联运服务方案，组织协调和控制服务过程，降低客户成本。

### 4.5 便捷

在多式联运过程中，尽可能提供方便客户使用的渠道和方式，满足客户合理要求，保障信息畅通，简化服务程序，为客户提供更多便利。

## 5 多式联运经营人基本要求

### 5.1 人力资源

从事多式联运服务的人员，应具备本岗位需要的物流管理、货运代理、多式联运等基本专业知识、专业技能和资质。

### 5.2 设施设备

能够整合相关资源，提供多式联运服务需要并符合国家安全、卫生、环境、质量等规定的设施设备。

### 5.3 管理制度

具有多式联运服务管理制度，包括多式联运合同、多式联运单据、服务质量跟踪、服务质量考核、服务作业流程等管理规定和管理方法。

### 5.4 经营网络

能够整合相关资源，拥有能满足多式联运业务要求的经营网络。

### 5.5 信息系统

拥有稳定、安全、可靠且适应多式联运业务要求的信息系统，并能为客户提供及时、准确、可靠的信息服务。

## 6 多式联运服务过程质量要求

### 6.1 服务需求确认

6.1.1 多式联运经营人应向托运人确认货物名称、数量、重量、体积、性质和包装等真实状况。

6.1.2 多式联运经营人应向托运人确认货物接收和交付的时间、地点和方式等要求。

6.1.3 多式联运经营人应向托运人确认对方所需的报关、报验、装卸、运输、分拆、拼装、包装和保险等服务项目。

### 6.2 多式联运方案设计

6.2.1 多式联运经营人应根据托运人需求，提供多式联运方案。

6.2.2 多式联运方案应包含以下内容：

a) 运输路线；
b) 运输方式；
c) 分包商的选择；
d) 服务费用；
e) 可能风险及相应防范措施；
f) 信息服务。

### 6.3 合同签订和单据签发

6.3.1 多式联运经营人应在与托运人充分沟通、相互了解的基础上签订真实表达双方意愿的合法、规范的多式联运合同。

6.3.2 多式联运合同应明确规定多式联运经营人与托运人之间的责任、权利、义务、合同价款及支付方式、豁免条款、索赔理赔、单据效力等。

6.3.3 多式联运经营人或其代理人应根据合同规定，在约定时间、地点接收托运人货物。

6.3.4 多式联运经营人或其代理人在接收货物时应对货物进行检查，确认货物状况准确无误后，签发多式联运单据。单据一经签发，多式联运经营人应根据合同规定，负责完成或组织完成货物的全程运输。

**6.4 分包商的选择与管理**

6.4.1 多式联运经营人应根据多式联运方案和合同，清晰划分各分包环节，明确分包商责任、权利及义务。

6.4.2 多式联运经营人应对分包商进行全面评估，评估内容应包括：

a) 资质、注册资金、经营范围、信用状况等；
b) 服务方案的合理性；
c) 设施设备、运输工具是否符合国家规定及多式联运方案要求；
d) 货物追踪、信息处理等能力；
e) 以往的服务质量、信誉、业绩指标等；
f) 完成该项服务并承担相应风险的财务能力；
g) 本年度经营责任类商业保险安排情况。

6.4.3 多式联运经营人与分包商签订合同后，应保持与分包商的联系与沟通，并根据多式联运合同和方案，管理和监督分包商。

6.4.4 多式联运经营人应对长期合作分包商建立定期审查、定期沟通、定期考核的长效管理机制。

**6.5 多式联运的组织与协调**

6.5.1 多式联运经营人应根据多式联运合同和方案，联系有关分包商或其代理机构，协调多式联运各运输环节，保证各项服务活动连续、有序进行。

6.5.2 多式联运经营人应加强与有关各方沟通，及时递交所需的申请、单据等相关资料，为货物的通关、装卸、仓储、转运等环节做好准备。

6.5.3 多式联运经营人应保持和各环节分包商或其代理人的沟通顺畅，能够及时应对、处理各类突发事件。

6.5.4 货物发生延迟时，多式联运经营人应启用应急方案，及时与分包商协商调整运输计划，保证货物按时到达目的地。无法保证货物按时到达目的地时，应及时联系客户，与相关分包商、客户共同协商解决办法。

6.5.5 货物发生损坏时，多式联运经营人应及时告知客户，并积极协调相关分包商，将货物损失降到最低。

**6.6 多式联运过程监控**

在多式联运过程中，多式联运经营人应在以下几个方面实施监控：

a) 货物的准时状况、安全状况、在途状况；
b) 信息的输入输出、存储、交换、加工处理；
c) 单据的真实性、正确性、准时性；
d) 设施设备、天气情况、路况。

**6.7 信息查询**

6.7.1 多式联运经营人应及时、准确地为客户提供其所需要的各项信息查询服务。

6.7.2 信息查询服务未能满足需求时，多式联运经营人应向客户说明原因。

**6.8 货物交付与结算**

6.8.1 货物发出后，多式联运经营人应及时将发货信息和预计送达时间、地点等信息通知收货人。

6.8.2 能够确定货物到达时间时，多式联运经营人应及时通知收货人。

6.8.3 货物交付时，多式联运经营人应仔细核对正本单据和收货人身份，并协助收货人检查货物。

6.8.4 发生货物差错、损坏时，现场工作人员应做好记录，并及时通知相关各方，必要时还应进行拍照或摄像，同时保留证据。

6.8.5 收货人不能及时收货或拒绝收货时，多式联运经营人应主动与托运人沟通，并根据多式联运合同及相关法律或惯例妥善处理。

6.8.6 收货人收货后，多式联运经营人应及时将收货人签字确认的单据及相关记录返回托运人。

6.8.7 结算应按合同约定的方式进行。

### 6.9 客户回访

多式联运经营人应建立回访机制，定期回访客户，主动听取客户意见。

### 6.10 投诉处理

6.10.1 所有的投诉都应有记录，并可提供投诉处理的进度查询。

6.10.2 投诉应在合理或承诺的期限内进行处理，无法有效处理的，应向投诉者反馈。

6.10.3 投诉处理的结果应及时反馈给客户，并建立预防机制。

## 7 多式联运服务质量评价指标

### 7.1 货损率

指统计期内损失的物品数量占应交付物品总量的比率。按式(1)计算：

$$货损率=\frac{损失的物品量}{应交付物品总量}\times 100\% \qquad \cdots\cdots(1)$$

### 7.2 货差率

指统计期内货物累计差错数量占应交付物品总量的比率。按式(2)计算：

$$货差率=\frac{差错数量}{应交付物品总量}\times 100\% \qquad \cdots\cdots(2)$$

### 7.3 送达准时率

指统计期内在合同约定的时间内送达的订单数占订单总数的比率。按式(3)计算：

$$送达准时率=\frac{在合同约定的时间内送达的订单数}{订单总数}\times 100\% \qquad \cdots\cdots(3)$$

### 7.4 提货准时率

指统计期内在合同约定的时间内到托运人指定的地点提货的订单数占客户要求提货的订单总数的比率。按式(4)计算：

$$提货准时率=\frac{在合同约定的时间内到托运人指定的地点提货的订单数}{客户要求提货的订单总数}\times 100\% \qquad \cdots\cdots(4)$$

### 7.5 回单准时率

指统计期内准时返还收货凭证的订单数占订单总数的比率。按式(5)计算：

$$回单准时率=\frac{准时返还收货凭证的订单数}{订单总数}\times 100\% \qquad \cdots\cdots(5)$$

### 7.6 回单完整率

指统计期内完整返还收货凭证的订单数占订单总数的比率。按式(6)计算：

$$回单完整率=\frac{完整返还收货凭证的订单数}{订单总数}\times 100\% \qquad \cdots\cdots(6)$$

### 7.7 有效投诉率

指统计期内客户有效投诉的订单数占订单总数的比率。按式(7)计算：

$$有效投诉率=\frac{客户有效投诉的订单数}{订单总数}\times 100\% \qquad \cdots\cdots(7)$$

注：有效投诉是指由多式联运经营人引起，经查证确属多式联运经营人过失的客户投诉。

**7.8 信息反馈时间**

指从客户提出信息需求到客户收到准确信息所用时间，以小时为单位。

**7.9 投诉响应时间**

指从接到客户投诉到反馈客户所用的时间，以小时为单位。

ICS 03.080.01
A 20

# 中华人民共和国国家标准

GB/T 24361—2009

# 社会物流统计指标体系

**Social logistics system of statistical indicators**

2009-09-30 发布　　2009-12-01 实施

中华人民共和国国家质量监督检验检疫总局
中国国家标准化管理委员会　发布

# 前　言

本标准的附录A为规范性附录。

本标准由全国物流标准化技术委员会提出并归口。

本标准起草单位:中国物流与采购联合会、中国物流信息中心、中国商业统计学会、西安交通大学管理学院、中国物资储运总公司、浙江传化物流基地有限公司、中国科学院数学与系统科学研究院。

本标准主要起草人:何黎明、翟志宏、蔡进、冯耕中、姜超峰、何辉、谢萍、李雪燕、黄久久、闫淑君、叶茂盛、冯燕。

# 引　言

本标准在广泛调查研究，吸收并借鉴国内外相关经验的基础上，明确了社会物流统计指标体系，确定了社会物流统计指标的基本概念及计算方法。

本标准通过对社会物流统计指标体系进行规定，为我国物流统计提供技术支撑，使统计数据能全面、科学地反映我国现代物流业的运行特点、发展趋势和经营效益，使各地区、各部门、各企业的物流统计工作进一步规范，从而推动我国物流统计工作不断向前发展，更好地适应我国现代物流业发展和与国际接轨的需要。

# 社会物流统计指标体系

## 1 范围

本标准规定了社会物流统计的指标体系。

本标准适用于各类物流经济活动的统计和管理。

## 2 术语和定义

下列术语和定义适用于本标准。

2.1

**社会物流 social logistics**

我国全部常住单位因采购、销售、回收及废弃而发生的物流经济活动。

2.2

**社会物流总费用 total social logistics costs**

我国全部常住单位因社会物流经济活动而发生的总费用。

2.3

**社会物流业务总收入 total social logistics revenue**

我国全部常住单位因提供社会物流服务所取得的业务收入总额。

2.4

**社会物流总额 total value of social logistics goods**

我国全部常住单位初次进入社会物流经济活动中的物品总价值。

2.5

**物流业增加值 added value of logistics industry**

物流企业完成以货币表现的物流服务活动的最终成果。

2.6

**物流业务运营 logistics business transaction**

物流企业为用户提供各类物流服务情况或其他企业购买物流服务情况。

2.7

**物流业务收入 logistics revenue**

物流企业通过物流业务活动得到的收入。

2.8

**物流业务成本 logistics costs**

我国常住企业因从外部购买或向外提供物流服务而发生的成本。

2.9

**物流物品数量 quantity of logistics goods**

社会物流经济活动中按单一度量单位或复合度量单位计量的物品数量。

## 3 社会物流统计指标体系

### 3.1 基本原则

#### 3.1.1 合理性

——数据结果能够客观地反映物流发展的现状和与国民经济的关系；

——各项数据结果要有统计依据，各项权数和系数必须建立在已有的统计数据基础上；

——社会物流统计指标的时空范围以进入社会物流领域为起点，以送达最终用户为终点。

**3.1.2 协调性**

——在基本概念、定义和分类标准等方面保持与国民经济核算体系相协调；

——社会物流统计调查指标与重要国家统计调查指标相衔接；

——企业物流统计数据以企业核算资料为基础。

**3.1.3 可操作性**

社会物流统计指标体系及统计调查的组织实施在实际运作中切实可行、可操作。

**3.2 社会物流统计指标体系框架**

**3.2.1 社会物流统计指标体系**

由若干个相互联系、相互制约的社会物流统计指标组成的统计指标系统。

**3.2.2 社会物流统计指标体系的主要内容**

社会物流统计指标体系由宏观统计指标体系和企业统计指标体系构成。

## 4 社会物流宏观统计指标体系

**4.1 宏观统计指标体系**

由若干个相互联系的、反映全社会物流状况的统计指标组成的指标系统。

**4.2 宏观统计指标体系的主要内容**

宏观统计指标体系的主要内容见表1。

**表1 宏观统计指标体系**

| 一级指标 | 二级指标 | 三级指标 |
|---|---|---|
| 社会物流总费用 | 运输费用 | 铁路运输费用 |
| | | 道路运输费用 |
| | | 水上运输费用 |
| | | 航空运输费用 |
| | | 管道运输费用 |
| | | 其他运输费用 |
| | 保管费用 | 仓储费用 |
| | | 配送费用 |
| | | 包装费用 |
| | | 流通加工费用 |
| | | 货物损耗费用 |
| | | 货代业务费用 |
| | | 保险费用 |
| | | 信息及相关服务费用 |
| | | 利息费用 |
| | | 其他保管费用 |
| | 管理费用 | 物流管理人员报酬 |
| | | 其他管理费用 |

表 1（续）

| 一级指标 | 二级指标 | 三级指标 |
|---|---|---|
| 社会物流总收入 | 运输收入 | 铁路运输收入 |
| | | 道路运输收入 |
| | | 水上运输收入 |
| | | 航空运输收入 |
| | | 管道运输收入 |
| | | 其他运输收入 |
| | 保管收入 | 仓储收入 |
| | | 配送收入 |
| | | 包装收入 |
| | | 流通加工收入 |
| | | 货代业务收入 |
| | | 信息及相关服务收入 |
| | | 其他保管收入 |
| 社会物流总额 | 农产品物流总额 | 1. 农业 |
| | | 2. 林业 |
| | | 3. 畜牧业 |
| | | 4. 渔业 |
| | 工业品物流总额 | 1. 采掘业 |
| | | (1) 煤炭开采和洗选业 |
| | | (2) 石油和天然气开采业 |
| | | (3) 黑色金属矿采选业 |
| | | (4) 有色金属矿采选业 |
| | | (5) 非金属矿采选业 |
| | | (6) 其他采矿业 |
| | | 2. 制造业 |
| | | (1) 农副食品加工业 |
| | | …… |
| | | (43) 废弃资源和废旧材料回收加工业 |
| | 外部流入货物物流总额 | |
| | 再生资源物流总额 | |
| | 单位与居民物品物流额 | |
| 物流业增加值 | 交通运输业 | 铁路运输业 |
| | | 道路运输业 |
| | | 水上运输业 |
| | | 航空运输业 |

表 1（续）

| 一级指标 | 二级指标 | 三级指标 |
| --- | --- | --- |
| 物流业增加值 | 交通运输业 | 管道运输业 |
| | | 装卸搬运和其他运输服务业 |
| | 仓储业 | |
| | 邮政业 | 其他寄递服务业 |
| | 批发业 | 物流部分 |
| | 零售业 | 物流部分 |
| | 商务服务业 | 包装服务业 |
| 物流业固定资产投资 | 交通运输业 | 铁路运输业 |
| | | 道路运输业 |
| | | 水上运输业 |
| | | 航空运输业 |
| | | 管道运输业 |
| | | 装卸搬运和其他运输服务业 |
| | 仓储业 | |
| | 邮政业 | 其他寄递服务业 |
| | 批发业 | 物流部分 |
| | 零售业 | 物流部分 |
| | 商务服务业 | 包装服务业 |

## 5 企业统计指标体系

### 5.1 企业统计指标体系

由若干个相互联系的、反映企业物流状况的统计指标组成的指标系统。

### 5.2 企业统计指标体系的内容

企业统计指标体系内容见表 2。

表 2 企业统计指标体系

| 一级指标 | 二级指标 | |
| --- | --- | --- |
| | 物流企业指标 | 企业物流指标 |
| 物流业务运营 | 货运量 | 货运量 |
| | 周转量 | 周转量 |
| | 配送量 | |
| | 流通加工量 | |
| | 包装量 | |
| | 装卸搬运量 | |
| | 吞吐量 | |
| | 快递业务量 | |
| | 货代业务量 | |

表 2（续）

| 一级指标 | 二级指标 | |
|---|---|---|
| | 物流企业指标 | 企业物流指标 |
| 物流业务运营 | 一体化物流业务量 | |
| | 期末库存额 | 期末库存额 |
| | | 购进总额 |
| | | 销售总额 |
| 物流业务收入 | 运输收入 | |
| | 仓储收入 | |
| | 包装收入 | |
| | 装卸搬运收入 | |
| | 流通加工收入 | |
| | 配送收入 | |
| | 信息及相关服务收入 | |
| | 快递业务收入 | |
| | 货代业务收入 | |
| | 一体化物流业务收入 | |
| 物流业务成本 | 运输成本 | 运输成本 |
| | 仓储成本 | 仓储成本 |
| | 包装成本 | 包装成本 |
| | 装卸搬运成本 | 装卸搬运成本 |
| | 流通加工成本 | 流通加工成本 |
| | 配送成本 | 配送成本 |
| | 快递业务成本 | 快递业务成本 |
| | 货代业务成本 | 货代业务成本 |
| | 货物损耗成本 | 货物损耗成本 |
| | 一体化物流业务成本 | 一体化物流业务成本 |
| | 信息及相关服务成本 | 信息及相关服务成本 |
| | 物流管理成本 | 物流管理成本 |
| | 利息成本 | 利息成本 |
| | 保险成本 | 保险成本 |
| 物流服务价格 | | 自运货物平均运价 |
| | | 委托代理货物平均运价 |
| | 货物配送平均价格 | |
| | 货物流通加工平均价格 | |
| | 货物包装平均价格 | |
| | 货物仓储平均价格 | |

表 2（续）

| 一级指标 | 二级指标 | |
| --- | --- | --- |
| | 物流企业指标 | 企业物流指标 |
| 物流服务价格 | 货物装卸搬运平均价格 | |
| 物流经营效益 | 主营业务利润 | |
| | 主营业务营业税金 | |
| 物流资产 | 资产总计 | |
| | 流动资产 | |
| | 固定资产投资完成额 | |
| | 固定资产折旧 | |
| 物流基础设施与装备 | 自有仓储面积 | 自有仓储面积 |
| | 自有仓储容积 | 自有仓储容积 |
| | 租用仓储面积 | 租用仓储面积 |
| | 租用仓储容积 | 租用仓储容积 |
| | 立体库货位 | 立体库货位 |
| | 土地占用面积 | 土地占用面积 |
| | 装卸设备 | 装卸设备 |
| | 包装设备 | 包装设备 |
| | 货运车辆 | 货运车辆 |
| | 普通货车 | 普通货车 |
| | 专用货车 | 专用货车 |
| | 冷藏车 | 冷藏车 |
| | 集装箱专用车 | 集装箱专用车 |
| | 危险品运输专用车 | 危险品运输专用车 |
| | 铁路专用线 | 铁路专用线 |
| | 物流计算机信息管理系统 | 物流计算机信息管理系统 |
| 物流从业人员 | 全部物流从业人员 | 全部物流从业人员 |
| | 按学历分：具有研究生及以上学历人员 | 按学历分：具有研究生及以上学历人员 |
| | 具有大学本科学历人员 | 具有大学本科学历人员 |
| | 具有大专学历人员 | 具有大专学历人员 |
| | 具有高中学历人员 | 具有高中学历人员 |
| | 具有初中及以下学历人员 | 具有初中及以下学历人员 |
| | 按技术职称分：具有高级技术职称人员 | 按技术职称分：具有高级技术职称人员 |
| | 具有中级技术职称人员 | 具有中级技术职称人员 |
| | 具有初级技术职称人员 | 具有初级技术职称人员 |
| | 按技术等级分：高级技师 | 按技术等级分：高级技师 |
| | 技师 | 技师 |

表 2（续）

| 一级指标 | 二级指标 | |
|---|---|---|
| | 物流企业指标 | 企业物流指标 |
| 物流从业人员 | 高级工 | 高级工 |
| | 中级工 | 中级工 |
| | 物流管理人员 | 物流管理人员 |

## 6 统计指标内涵及计算方法

统计指标内涵及计算方法见附录 A。

# 附 录 A
（规范性附录）
统计指标内涵及计算方法

## A.1 宏观统计指标

### A.1.1 社会物流总费用

#### A.1.1.1 运输费用

社会物流经济活动中，国民经济各部门由于物品运输而支付的全部费用。包括支付给物品承运方的运费（即承运方的货运收入）；支付给装卸搬运保管代理等辅助服务提供方的费用（即辅助服务提供方的货运业务收入）；支付给运输管理与投资部门的，由货主方承担的各种交通建设基金、过路费、过桥费、过闸费等运输附加费用。计量单位：亿元。

运输费用＝运费＋装卸搬运等辅助费＋运输附加费。

#### A.1.1.2 保管费用

社会物流经济活动中，物品从最初的资源供应地（生产环节、海关关境）向最终消费地流动过程中，所发生的除运输费用和管理费用之外的全部费用。包括：物流过程中因流动资金的占用而需承担的利息费用；仓储保管方面的费用；流通中配送、加工、包装、信息及相关服务方面的费用；物流过程中发生的保险费用和物品损耗费用等。

保管费用＝利息费用＋仓储费用＋保险费用＋货物损耗费用＋信息及相关服务费用＋配送费用＋流通加工费用＋包装费用＋其他保管费用。计量单位：亿元。

#### A.1.1.3 管理费用

社会物流经济活动中，物品供需双方的管理部门，因组织和管理各项物流活动所发生的费用。主要包括管理人员报酬和福利、办公费用、教育培训、劳动保险、车船使用等各种属于管理费用科目的费用。

管理费用＝社会物流总额×社会物流平均管理费用率。

式中，社会物流平均管理费用率，是指报告期内，各物品最初供给部门完成全部物品从供给地流向最终需求地的社会物流活动中，管理费用额占各部门物流总额比例的综合平均数。计量单位：亿元。

### A.1.2 社会物流总收入

#### A.1.2.1 运输收入

社会物流经济活动中，物流业参与物品运输而取得的全部收入。包括物品运输承运企业的货运收入；装卸搬运保管等辅助服务企业的货运业务收入；货运代理服务企业的货运代理业务收入等。运输管理与投资部门收取的各种交通建设基金、过路费、过桥费、过闸费等货物运输附加费用，虽然不能直接计入物流业的业务收入之中，但属于社会物流运输活动的成果，应计入社会物流业务总收入中。

具体计算时，根据铁路运输、道路运输、水上运输、航空运输和管道运输不同的运输方式及对应的业务核算办法分别计算。计量单位：亿元。

#### A.1.2.2 保管收入

社会物流经济活动中，参与物品的配送、流通加工、包装、信息及相关服务、仓储以及其他属于保管环节活动，所取得的业务收入。

保管收入＝配送收入＋流通加工收入＋包装收入＋信息及相关服务收入＋仓储收入＋其他保管收入。计量单位：亿元。

### A.1.3 社会物流总额

#### A.1.3.1 社会物流的物品

报告期内从供应地向接受地实体流动的全部物品，是社会物流产业活动的对象。为避免重复计算，社会物流的物品按初次来源计算，即第一次进入国内需求领域，产生从供应地向接受地实体流动的物品。

从国内社会物流物品的初次来源看，主要有以下5个方面：

a) 第一次进入国内需求领域的农林牧渔业产品，简称农产品；

b) 第一次进入国内需求领域的工业产品，简称工业品；

c) 外部流入货物，即通过我国海关进口的物品总量，区域和行业统计中，除了通过海关进口的物品总量，还包括从本区域外或本行业外流入的物品总量；

d) 再生资源商品，简称再生资源；

e) 单位与居民物品，包括铁路、航空运输中的行李、邮递业务中包裹、信函、社会各界的各种捐赠物、单位与居民由于搬家迁居需要装卸搬运与运输等物流服务的物品。计量单位：亿元。

**A.1.3.2 社会物流的物品总额**

报告期内社会物流物品的价值总额，简称社会物流总额。计量单位：亿元。

**A.1.3.2.1 农产品物流总额**

报告期内由农业生产部门提供，进入需求领域，产生从供应地向接受地实体流动的全部农林牧渔业产品价值总额。也就是农业生产部门的农产品商品产值，但不包括不经过社会物流服务，由农业生产者直接通过集市贸易售与居民消费的部分。

农产品物流总额的计算公式是：

农产品物流总额＝报告期内农产品商品产值－农业生产者直接通过集市贸易售与居民消费的部分。

计量单位：亿元。

**A.1.3.2.2 工业品物流总额**

报告期内进入需求领域，产生从供应地向接受地实体流动的全部工业产品价值总额。即工业生产部门的销售产值，但不包括不能以具体产品体现的工业性作业销售产值，或不能通过一般性运输、装卸、搬运等物流服务形式完成的电力、蒸汽、热水的生产与供应业销售产值、煤气生产和供应业销售产值、自来水的生产和供应业销售产值。

工业品物流总额＝报告期工业销售产值－工业性作业销售产值、电力、蒸汽、热水的生产与供应业销售产值、煤气生产和供应业销售产值、自来水的生产和供应业销售产值之和。计量单位：亿元。

**A.1.3.2.3 外部流入货物物流总额**

报告期内以人民币表示的通过我国海关进口和从区域外流入的物品总额。从区域外流入物品物流额是报告期内经社会物流服务、从本行政区域以外的地区送达本地区的物品价值总额。计量单位：亿元。

**A.1.3.2.4 再生资源物流总额**

报告期内进入需求领域，经再生产加工后可重复利用的废旧物资总额。

根据流通环节再生资源商品销售额计算。即：再生资源物流总额＝流通环节的再生资源商品销售额。计量单位：亿元。

**A.1.3.2.5 单位与居民物品物流额**

报告期内进入需求领域，经社会物流服务，从提供地送达接收地的单位与居民的物品价值总额。包括铁路、航空等运输中的计费行李、邮政与快递业务中快件、包裹、信函、报刊杂志等寄递物品、形成社会物流服务的社会各界的各种捐赠物、单位与居民搬家迁居物品等。计量单位：亿元。

**A.1.4 物流业固定资产投资完成额**

报告期内物流业建设项目累计完成的全部投资。计量单位：亿元。

## A.2 企业统计指标

### A.2.1 物流业务运营

**A.2.1.1 货运量**

报告期内企业组织完成的各种运输工具实际运送到目的地并卸完的货物数量。按运输方式分为：铁路、公路、水路、航空和其他。

货运量是运输货物的实际重量，由物流企业按照物品实际重量统计，没有实际重量的按照计费重量统计。计量单位：万吨。

**A.2.1.2 周转量**

报告期内企业利用各种运输工具实际完成运送过程的货物运输量。按运输方式分为：铁路、公路、水路、航空和其他。

周转量由企业按照物品重量和运送距离乘积统计。重量为实际重量，无实际重量的按计费重量统计。

货运周转量$=\sum$每批物品的重量$\times$该批物品的运程。

运程按核定的营运里程或国家相关部门公布的营运里程计算。

货运周转量由企业从运输单据取数，按每辆运输车辆实际承载物品的计费重量和运程统计。计量单位：万吨千米。

**A.2.1.3 配送量**

报告期内物流企业根据用户要求，对物品进行拣选、加工、包装、分割、组配等作业，并按时送达指定地点的货物数量。包括区域配送和同城配送。

由物流企业对每票业务按计费重量统计。计量单位：万吨。

**A.2.1.4 流通加工量**

报告期内货物从生产地到消费地过程中，经过物流企业施加包装、分割、计量、分拣、刷标志、栓标签、组装等流通加工过程的货物总量。计量单位：万吨。

**A.2.1.5 包装量**

报告期内货物从生产地到消费地过程中，经过物流企业施加包装过程的货物数量。计量单位：万吨。

**A.2.1.6 装卸搬运量**

报告期内经过企业装卸搬运的货物数量。由物流企业对每票业务按计费重量统计。计量单位：万吨。

**A.2.1.7 吞吐量**

报告期内企业进入和送出货物总数量。计量单位：万吨。

**A.2.1.8 快递业务量**

报告期内物流企业收寄的各类快件数量。计量单位：万吨。

**A.2.1.9 货代业务量**

报告期内物流企业接受客户委托，为客户代理(含代办)货物运输、进出口报关(报检)、订舱、制单等货物运输安排的业务量。计量单位：票。

**A.2.1.10 一体化物流业务量**

报告期内物流企业着眼于客户的企业供应链全过程，以企业供应链管理和客户物流系统的整体策划、设计为重点，以企业物流系统集成领导、组织者的角色，通过自行承担、联合、外包等多种方式进行运作，向客户提供将运输、仓储、装卸、加工、整理、配送和信息等全方位一体化的综合物流服务的实物数量。计量单位：份。

A.2.1.11 期末库存额

报告期末企业处于储存状态的货物价值总量。计量单位:万元。

A.2.1.12 购进总额

报告期内企业从本单位以外的单位和个人购进,供本单位消费使用的原材料、燃料、设备等物品的价值总量。计量单位:万元。

A.2.1.13 销售总额

报告期内企业对本单位以外的单位和个人销售的物品价值总量。计量单位:万元。

A.2.2 物流业务收入

A.2.2.1 运输收入

报告期内物流企业完成各种运输活动取得的收入(含监管收入)。计量单位:万元。

A.2.2.2 仓储收入

报告期内物流企业完成货物仓储业务,所取得的业务收入。计量单位:万元。

A.2.2.3 包装收入

报告期内物流企业完成货物包装业务,所取得的业务收入。计量单位:万元。

A.2.2.4 装卸搬运收入

报告期内物流企业完成装卸搬运业务,所取得的业务收入。计量单位:万元。

A.2.2.5 流通加工收入

报告期内物流企业完成货物流通加工业务,所取得的业务收入。计量单位:万元。

A.2.2.6 配送收入

报告期内物流企业完成货物配送业务,所取得的业务收入。计量单位:万元。

A.2.2.7 信息及相关服务收入

报告期内物流企业完成信息及相关服务业务,所取得的业务收入。计量单位:万元。

A.2.2.8 快递业务收入

报告期内物流企业从事快递业务取得的收入。计量单位:万元。

A.2.2.9 货代业务收入

报告期内物流企业从事货代业务取得的收入。计量单位:万元。

A.2.2.10 一体化物流业务收入

报告期内物流企业从事一体化物流业务取得的收入。计量单位:万元。

A.2.3 物流业务成本

A.2.3.1 运输成本

报告期内企业为完成货物运输业务而发生的全部成本。分为支付外部运输费和自有车辆运输费。包括从事货物运输业务人员的工资福利、车辆(船舶、飞机、管道等)年折旧、燃料与动力消耗、铁路使用费、机车牵引费、过路过桥费、维修保养费、年检费、企业货物运输业务费。计量单位:万元。

A.2.3.2 仓储成本

报告期内企业为完成货物储存业务而发生的全部成本。包括业务人员的工资福利、仓库设施年折旧、水电费、燃料与动力消耗、设施设备维修保养费、业务费。计量单位:万元。

A.2.3.3 包装成本

报告期内企业为完成货物包装业务而发生的全部成本。包括运输包装费和集装、分装包装费、业务人员的工资福利、包装设施年折旧、包装材料消耗、设施设备维修保养费、业务费。计量单位:万元。

A.2.3.4 装卸搬运成本

报告期内企业为完成货物装卸搬运业务而发生的全部成本。包括业务人员的工资福利、装卸搬运设施年折旧、燃料与动力消耗、设施设备维修保养费、业务费。计量单位:万元。

**A.2.3.5　流通加工成本**

报告期内企业为完成货物流通加工业务而发生的全部成本。包括支付外部流通加工费和自有设备流通加工费,流通加工业务人员的工资福利、加工设施年折旧、燃料与动力消耗、设施设备维修保养费、业务费。计量单位:万元。

**A.2.3.6　配送成本**

报告期内企业为完成货物配送业务而发生的全部成本。包括支付外部配送费和企业自身完成配送业务所发生的费用,配送业务人员的工资福利、配送设施年折旧、燃料与动力消耗、设施设备维修保养费、业务费。计量单位:万元。

**A.2.3.7　快递业务成本**

报告期内物流企业为完成各种国内外物流快递业务所发生的全部成本。根据"利润表"或会计科目中对应项的本期累计数计算填报。计量单位:万元。

**A.2.3.8　货代业务成本**

报告期内企业为完成各种国内外物流代理业务所发生的全部成本。根据"利润表"或会计科目中对应项的本期累计数计算填报。计量单位:万元。

**A.2.3.9　货物损耗成本**

报告期内企业在采购、销售、回收货物过程中,因物品损耗(包括破损维修与完全损毁)而发生的价值丧失,同时也包括部分时效性要求高的物品因物流时间较长而产生的折旧贬值损失。计量单位:万元。

**A.2.3.10　一体化物流业务成本**

报告期内企业为完成各种一体化物流业务所发生的全部成本。根据"利润表"或会计科目中对应项的本期累计数计算填报。计量单位:万元。

**A.2.3.11　信息及相关服务成本**

报告期内企业在采购、销售、回收及废弃货物过程中,支付的信息处理费用,包括支付的外部信息处理费用和本单位内部的信息处理费。根据"利润表"或会计科目中对应项的本期累计数计算填报。计量单位:万元。

**A.2.3.12　物流管理成本**

报告期内企业因组织和管理各项物流活动所发生的费用。主要包括管理人员报酬、办公费用、教育培训、劳动保险、车船使用等各种属于管理费用科目的费用。计量单位:万元。

**A.2.3.13　利息成本**

报告期内企业在物流经济活动过程中因持有存货占用流动资金所发生的成本,包括占用银行贷款所支付的利息和占用自有资金所发生的机会成本。计量单位:万元。

**A.2.3.14　保险成本**

报告期内企业在物流经济活动过程中,为预防和减少因物品丢失、损毁造成的损失,而向社会保险部门支付的物品财产保险费用。计量单位:万元。

**A.2.4　物流服务价格**

报告期内物流企业提供各种物流业务活动所收取或者其他企业购买物流服务业所支付的平均价格水平。

**A.2.4.1　自运货物平均运价**

报告期内企业使用自有运输工具完成物品的运输业务,理应取得的运输业务收入与自运货物周转量之比。

自运货物平均运价=运输业务收入÷自运货物周转量。计量单位:元/吨公里。

**A.2.4.2　委托代理货物平均运价**

报告期内委托本单位以外的企业运输完成物品运输业务,所支付的运输费用与委托代理货运周转量之比。

委托代理货物平均运价＝运输费用÷委托代理货物周转量。计量单位:元/吨公里。

A.2.4.3　货物配送平均价格

报告期内物流企业完成货物配送业务,所取得的业务收入与配送作业量之比。

平均货物配送收费率＝配送业务收入÷配送量。计量单位:元/吨。

A.2.4.4　货物流通加工平均价格

报告期内物流企业完成货物流通加工业务,所取得的业务收入与流通加工作业量之比。

平均货物流通加工收费率＝流通加工收入÷流通加工量。计量单位:元/吨。

A.2.4.5　货物包装平均价格

报告期内物流企业完成货物包装业务,所取得的业务收入与包装作业量之比。

平均货物包装收费率＝包装收入÷包装量。计量单位:元/吨。

A.2.4.6　货物仓储平均价格

报告期内物流企业完成货物仓储业务,所取得的业务收入与仓储货物量之比。

平均货物仓储收费率＝仓储收入÷仓储货物量。计量单位:元/吨。

A.2.4.7　货物装卸搬运平均价格

报告期内物流企业完成货物装卸搬运业务,所取得的业务收入与装卸搬运作业量之比。

平均货物装卸搬运收费率＝装卸搬运收入÷装卸搬运量。计量单位:元/吨。

A.2.5　物流经营效益

A.2.5.1　主营业务利润

报告期内物流企业完成物流业务所取得的利润。计量单位:万元。

A.2.5.2　主营业务营业税金

报告期内企业从事物流业务活动,按规定向财税部门交纳的各种税金。包括损益表中的主营业务(经营、营业)税金及附加、应交增值税,财务成本表中属于物流业务部分的房产税、车船税、土地使用税、印花税以及养路费、排污费、水电费附加、上交管理费等。计量单位:万元。

A.2.6　物流资产

A.2.6.1　资产总计

报告期末物流企业拥有或者控制的能以货币计量的经济资源,包括各种财产、债权和其他权利。资产按流动性质一般分为流动资产、长期投资、固定资产、无形资产、递延资产和其他资产。计量单位:万元。

A.2.6.2　流动资产

报告期物流企业可以在一个(一年内或超过一年的)营业周期内变现或耗用的资产。计量单位:万元。

A.2.6.3　固定资产投资完成额

报告期物流企业以货币表现的建造和购置固定资产活动的工作量。计量单位:万元。

A.2.6.4　固定资产折旧

报告期内物流企业累计提取的固定资产折旧。计量单位:万元。

A.2.7　物流基础设施与装备

A.2.7.1　自有仓储面积

本企业拥有并用于保管、储存物品的建筑物和场所的面积,包括库房面积和货场面积。计量单位:平方米。

A.2.7.2　自有仓储容积

本企业拥有并用于保管、储存物品的建筑物和场所的体积,包括各类罐、库等容积。计量单位:立方米。

**A.2.7.3　租用仓储面积**

租用本企业以外的保管、储存物品的建筑物和场所的面积。包括库房面积和货场面积。计量单位:平方米。

**A.2.7.4　租用仓储容积**

租用本企业以外的保管、储存物品的建筑物和场所的体积。包括各类罐、库等容积。计量单位:立方米。

**A.2.7.5　立体库货位**

物流企业立体化库货位存储单元数。计量单位:个。

**A.2.7.6　土地占用面积**

物流企业土地占用总面积。计量单位:平方米。

**A.2.7.7　装卸设备**

专用于装卸搬运货物的设备。包括集装箱装卸桥、门式起重机、桥式起重机、带式输送机、叉车等。计量单位:台。

**A.2.7.8　包装设备**

专用于包装货物的设备。计量单位:台。

**A.2.7.9　货运车辆**

包括普通货车和专用货车。计量单位:辆。

**A.2.7.10　普通货车**

只有一般构造的栏板式及平板式货运汽车,包括自卸车、半挂车等。计量单位:辆。

**A.2.7.11　专用货车**

具有特殊构造和专门用途的货运汽车,如集装箱专用车、冷藏车、罐车、活畜运输车、散装水泥车等。计量单位:辆。

**A.2.7.12　冷藏车**

能进行冷冻运输的货运汽车。计量单位:辆。

**A.2.7.13　集装箱专用车**

专用装载集装箱的货运汽车。计量单位:辆。

**A.2.7.14　危险品运输专用车**

专用于危险品运输的货运汽车。计量单位:辆。

**A.2.7.15　铁路专用线**

由企业或者其他单位管理的与国家铁路或者其他铁路线路接轨的岔线。计量单位:条。

**A.2.7.16　物流计算机信息管理系统**

为提高经营管理的工作效率,对相关物流过程进行全面动态监控与管理的计算机管理系统。计量单位:套。

**A.2.8　物流从业人员**

**A.2.8.1　物流从业人员**

报告期末企业从事物流活动的人员总数。计量单位:人。

**A.2.8.2　物流管理人员**

报告期末企业从事物流管理的人员总数。计量单位:人。

# 参 考 文 献

[1] 《社会物流统计核算与报表制度》国家发展改革委发改运行[2006]625 号文件 2006 年 4 月 12 日

[2] 《中华人民共和国统计法》(1984 年 1 月 1 日起施行,1996 年 5 月 15 日第八届全国人民代表大会常务委员会第十九次会议修正)

[3] GB/T 18354—2006《物流术语》

[4] GB/T 20523—2006《企业物流成本构成与计算》

[5] GB/T 19680—2005《物流企业分类与评估指标》

[6] GB/T 4754—2002《国民经济行业分类》

ICS 91.120.25
P 15

GB

# 中华人民共和国国家标准

GB/T 24362—2009

# 地震公共信息图形符号与标志

## Public information graphical symbols and signs on earthquake administration



2009-09-30 发布　　2010-01-01 实施

中华人民共和国国家质量监督检验检疫总局
中国国家标准化管理委员会　发布

# 前　言

本标准的附录 A 为规范性附录。

本标准由中国地震局提出。

本标准由全国地震标准化技术委员会(SAC/TC 225)归口。

本标准负责起草单位:中国地震应急搜救中心。

本标准参加起草单位:中国标准研究院、北京市地震局、山西省临汾市尧都区地震局、中国地震台网中心。

本标准主要起草人员:谢霄峰、张亮、黎益仕、杨国宾、芦长锁、林碧苍、李学良、芦艳艳。

# 地震公共信息图形符号与标志

## 1 范围

本标准规定了与防震减灾有关的公共信息图形符号与标志。

本标准适用于防震减灾相关的场所、设施、仪器设备及相关环境，也适用于出版物及其他信息载体中尺寸大于10 mm×10 mm的图形标志。

## 2 规范性引用文件

下列文件中的条款通过本标准的引用而成为本标准的条款。凡是注日期的引用文件，其随后所有的修改单（不包括勘误的内容）或修订版均不适用于本标准，然而，鼓励根据本标准达成协议的各方研究是否可使用这些文件的最新版本。凡是不注日期的引用文件，其最新版本适用于本标准。

GB 5768 道路交通标志和标线

GB/T 10001.1—2006 标志用公共信息图形符号 第1部分：通用符号

GB/T 10001.3—2004 标志用公共信息图形符号 第3部分：客运与货运

GB/T 15566.1—2007 公共信息导向系统 设置原则与要求 第1部分：总则

GB/T 20501（所有部分） 公共信息导向系统 要素的设置原则与要求

## 3 术语和定义

下列术语和定义适用于本标准。

3.1

**图形符号 graphical symbol**

以图形为主要特征，传递信息不依赖于语言的符号。

[GB/T 15565.1—2008，定义2.5]

3.2

**图形标志 graphical sign**

由标志用图形符号、颜色、几何形状（或边框）等组合形成的标志。

[GB/T 15565.2—2008，定义2.1.2]

3.3

**地震遗迹 earthquake remains**

地震留下的痕迹，包括震毁、震损或地震影响区域内完好的建（构）筑物及地震活动产生的地质、地形、地貌变动的痕迹等。

[GB/T 18207.1—2008，定义7.7]

3.4

**地震遗址 earthquake relic**

地震遗迹所在的地方。

[GB/T 18207.1—2008，定义7.8]

3.5

**地震观测环境 environment for earthquake observation**

地震观测设施能够正常工作所要求的周围环境。

[GB/T 18207.1—2008，定义4.24]

3.6

**地震次生灾害　secondary disaster of earthquake**

地震造成工程结构、设施和自然环境破坏而引发的灾害。如火灾、爆炸、瘟疫、有毒有害物质污染以及水灾、泥石流和滑坡等对居民生产和生活区的破坏。

[GB/T 18207.1—2008,定义 5.3]

## 4　图形符号与标志

地震公共信息图形符号见表 1,常用的地震公共信息图形标志见附录 A。

## 5　应用

5.1　图形符号的颜色应符合 GB/T 20501.1 的要求。

5.2　表 1 中图形符号的正方形边线不是图形符号的组成部分,仅是制作图形标志的依据。应用时,应使用由该符号形成的图形标志。在使用本标准的图形符号设计导向要素时,应符合 GB/T 20501 的要求。

5.3　本标准中图形符号与标志的含义仅为该图形符号与标志的广义概念。应用时,可根据所要表达的具体对象给出相应名称,如:含义为“地震监测”的图形符号,可给出“地震监测台”、“地磁台”、“强震台”、“地震流体监测站”等具体名称,同时英文亦应根据具体的中文名称作相应的调整。

5.4　位于道路的地震公共信息图形标志,其构造、反光与照明、颜色、文字(包括汉字、数字、拉丁字母)以及下缘距地面的高度等,除符合 GB/T 20501 的要求外,还应符合 GB 5768 的要求。

5.5　标志牌应设置在防震减灾相关场所的醒目位置,并符合 GB/T 15566.1—2007 的要求。难以确定标志牌的设置位置时,应征求地震工作机构的意见。

**表 1　地震公共信息图形符号**

| 序号 | 图形符号 | 含　义 | 说　明 |
|---|---|---|---|
| 01 |  | 地震专用仪器<br>Earthquake special instrument | 表示用于地震监测预报、震灾预防和应急救援工作有关的各类专用仪器。 |
| 02 |  | 地震监测<br>Earthquake monitoring | 表示开展地震监测工作所在的场所,以及与地震监测有关的各类设施或成套设备。如地震监测台、地磁台、水化站等,以及卫星天线、避雷网、标石、无线传输设施等。 |

表 1（续）

| 序号 | 图形符号 | 含　义 | 说　明 |
| --- | --- | --- | --- |
| 03 |  | 地震遗址；<br>地震遗迹<br>Earthquake remains；<br>Earthquake relic | 表示地震遗址或地震遗迹所在的位置。 |
| 04 |  | 防震减灾<br>科普教育<br>Science awareness for protecting against and mitigating earthquake disasters | 表示开展防震减灾科普教育活动所在的场所，如科普教育基地、地震模拟动感影院、科普报告厅等。 |
| 05 |  | 应急棚宿区<br>Area for emergency makeshift tents | 表示应急避难场所中，供灾民使用的临时帐篷区。 |
| 06 |  | 应急指挥<br>Emergency command | 表示应急避难场所中，用于应急指挥的场所，如应急指挥部、应急指挥所。 |

**表 1（续）**

| 序号 | 图形符号 | 含　义 | 说　明 |
|---|---|---|---|
| 07 |  | 应急物资供应<br>Emergency goods supply | 表示应急避难场所中，储存、发放救灾物资的场所，如应急物资发放点、应急物资储运站等。 |
| 08 |  | 应急停机坪<br>Emergency airfield | 表示应急避难场所中，供救灾直升机使用的紧急停机坪。<br>引用 GB/T 10001.3—2004（02） |
| 09 |  | 请勿进入<br>Entering with permission | 表示不允许随意进入地震监测、救援场所和地震遗址或遗迹区域。<br>引用 GB/T 10001.1—2006（82），修改 |
| 10 |  | 请勿破坏<br>No destroying | 表示不允许破坏、损毁地震监测设施。 |

表 1（续）

| 序号 | 图形符号 | 含　义 | 说　明 |
|---|---|---|---|
| 11 |  | 不得人为振动<br>No vibrating | 表示地震观测环境内，不允许有干扰观测的人为振动。 |
| 12 | <br> | 不得有磁干扰<br>No magnetization | 表示地震观测环境内，不允许有干扰观测的磁性物质。 |
| 13 |  | 不得有水源干扰<br>No water changing | 表示地震观测环境内，不允许有干扰观测的水源成分或水量的变化。 |
| 14 |  | 不得有电场干扰<br>No electricity changing | 表示地震观测环境内，不允许有干扰观测的电场。 |

表 1（续）

| 序号 | 图形符号 | 含　义 | 说　明 |
| --- | --- | --- | --- |
| 15 |  | 应急医疗救护<br>Emergency medical treatment | 表示应急避难场所中，用于提供应急医疗救护、卫生防疫的场所。 |
| 16 |  | 安全建筑<br>Safe building | 表示经专业鉴定，可继续使用的建筑。 |
| 17 |  | 不安全建筑<br>Unsafe building | 表示经专业鉴定，须采取加固等措施后方可使用，或不可继续使用的建筑。 |
| 18 |  | 应急停车场<br>Emergency parking | 表示应急避难场所中，供应急救援车辆停放的区域。 |

# 附 录 A
# （规范性附录）
# 常用的地震公共信息图形标志

表 A.1 给出了常用的地震公共信息图形标志。

**表 A.1 常用的地震公共信息图形标志**

| 序号 | 图形符号 | 含 义 | 说 明 |
|---|---|---|---|
| A-01 |  | 应急避难场所<br>Emergency shelter | 表示应急状态下供居民紧急疏散、临时生活的安全场所。如公园、公共绿地、城市广场、体育场、学校运动场等。 |
| A-02 |  | 次生灾害源<br>Source of secondary disaster | 表示地震后易引发严重次生灾害的位置，如有毒有害物质泄漏或爆炸的物品或场所。 |

## 参 考 文 献


[1] GB/T 10001.1—2006 标志用公共信息图形符号 第1部分:通用符号

[2] GB/T 10001.3—2004 标志用公共信息图形符号 第3部分:客运与货运

[3] GB/T 15565.1—2008 图形符号 术语 第1部分:通用

[4] GB/T 15565.2—2008 图形符号 术语 第2部分:标志及导向系统

[5] GB/T 18207.1—2008 防震减灾术语 第1部分:基本术语

[6] GB/T 18207.2—2008 防震减灾术语 第1部分:基本术语

# 中 文 索 引

# 英 文 索 引

ICS 35.040
L 80

# 中华人民共和国国家标准

GB/T 24363—2009

# 信息安全技术
# 信息安全应急响应计划规范

**Information security technology—
Specifications of emergency response plan for information security**

2009-09-30 发布　　2009-12-01 实施

中华人民共和国国家质量监督检验检疫总局
中国国家标准化管理委员会　发布

# 前　言

本标准的附录A、附录B、附录C、附录D为资料性附录。

本标准由全国信息安全标准化技术委员会提出并归口。

本标准起草单位:中国科学院研究生院国家计算机网络入侵防范中心、中国电子技术标准化研究所。

本标准主要起草人:张玉清、付安民、肖晖、游双燕、刘奇旭、宋杨、陈深龙、许玉娜、上官晓丽。

# 引　言

本标准根据《中华人民共和国计算机信息系统安全保护条例》，参照GB/Z 20985—2007《信息技术　安全技术　信息安全事件管理指南》、GB/T 20988—2007《信息安全技术　信息系统灾难恢复规范》、GB/Z 20986—2007《信息安全技术　信息安全事件分类分级指南》、GB/T 20984—2007《信息安全技术　信息安全风险评估规范》、GB/T 22240《信息安全技术　信息系统安全等级保护定级指南》、GB/T 22239《信息安全技术　信息系统安全等级保护基本要求》以及NIST SP 800-34《信息技术系统应急规划指南》和NIST SP 800-61《计算机安全事件处理指南》等标准的有关部分，结合《国家通信保障应急预案》和《上海市网络与信息安全事件专项应急预案》以及相关行业技术发展和实践经验制定而成。

信息系统容易受到各种已知和未知的威胁而导致有害程序事件、网络攻击事件、信息破坏事件、信息内容安全事件、设备设施故障和灾害性事件等信息安全事件的发生。虽然很多信息安全事件可以通过技术的、管理的、操作的方法予以消减，但没有任何一种信息安全策略或防护措施，能够对信息系统提供绝对的保护。即使采取了防护措施，仍可能存在残留的弱点，使得信息安全防护可能被攻破，从而导致业务中断、系统宕机、网络瘫痪等突发/重大信息安全事件发生，并对组织和业务的运行产生直接或间接的负面影响。因此，为了减少信息安全事件对组织和业务的影响，应制定有效的信息安全应急响应计划，并形成预案。

信息安全应急响应计划的制定是一个周而复始、持续改进的过程，包含以下几个阶段：

a)　应急响应计划的编制准备；

b)　编制应急响应计划文档；

c)　应急响应计划的测试、培训、演练和维护。

# 信息安全技术
# 信息安全应急响应计划规范

## 1 范围

本标准规定了编制信息安全应急响应计划的前期准备，确立了信息安全应急响应计划文档的基本要素、内容要求和格式规范。

本标准适用于包括整个组织、组织中的部门和组织的信息系统（包括网络系统）的各层面上的信息安全应急响应计划。

本标准为负责制定和维护信息安全应急响应计划的人员提供指导。

## 2 规范性引用文件

下列文件中的条款通过本标准的引用而成为本标准的条款。凡是注日期的引用文件，其随后所有的修改单（不包括勘误的内容）或修订版均不适用于本标准，然而，鼓励根据本标准达成协议的各方研究是否可使用这些文件的最新版本。凡是不注日期的引用文件，其最新版本适用于本标准。

GB/T 20984—2007 信息安全技术 信息安全风险评估规范

GB/Z 20985—2007 信息技术 安全技术 信息安全事件管理指南

GB/Z 20986—2007 信息安全技术 信息安全事件分类分级指南

GB/T 20988—2007 信息安全技术 信息系统灾难恢复规范

GB/T 22239—2008 信息安全技术 信息系统安全等级保护基本要求

GB/T 22240—2008 信息安全技术 信息系统安全等级保护定级指南

## 3 术语和定义

下列术语和定义适用于本标准。

3.1

**信息系统 information system**

由计算机及其相关的和配套的设备、设施（含网络）构成的，按照一定的应用目标和规则对信息进行采集、加工、存储、传输、检索等处理的人机系统。

[GB/Z 20986—2007]

3.2

**信息安全事件 information security incident**

由于自然或者人为以及软硬件本身缺陷或故障的原因，对信息系统造成危害，或在信息系统内发生对社会造成负面影响的事件。

[GB/Z 20986—2007]

3.3

**业务影响分析 business impact analysis**

对业务功能及其相关信息系统资源进行分析，评估特定信息安全事件对各种业务功能的影响的过程。

3.4

**应急响应 emergency response**

组织为了应对突发/重大信息安全事件的发生所做的准备，以及在事件发生后所采取的措施。

3.5

**应急响应计划 emergency response plan**

组织为了应对突发/重大信息安全事件而编制的，对包括信息系统运行在内的业务运行进行维持或恢复的策略和规程。

3.6

**灾难恢复 disaster recovery**

为了将信息系统从灾难造成的故障或瘫痪状态恢复到可正常运行状态、并将其支持的业务功能从灾难造成的不正常状态恢复到可接受状态而设计的活动和流程。

[GB/T 20988—2007]

3.7

**风险评估 risk assessment**

依据有关信息安全技术与管理标准，对信息系统及由其处理、传输和存储的信息的保密性、完整性和可用性等安全属性进行评价的过程。

[GB/T 20984—2007]

3.8

**恢复时间目标 recovery time objective**

信息安全事件发生后，信息系统或业务功能从停顿到恢复的时间要求。

[GB/T 20988—2007]

3.9

**恢复点目标 recovery point objective**

信息安全事件发生后，系统和数据应恢复到的时间点的要求。

[GB/T 20988—2007]

## 4 缩略语

BIA 业务影响分析(Business Impact Analysis)

POC 联系点(Point of Contact)

RTO 恢复时间目标(Recovery Time Objective)

RPO 恢复点目标(Recovery Point Objective)

SLA 服务水平协议(Service Level Agreement)

## 5 应急响应计划的编制准备

### 5.1 风险评估

标识信息系统的资产价值，识别信息系统面临的自然的和人为的威胁，识别信息系统的脆弱性，分析各种威胁发生的可能性。风险评估具体内容见 GB/T 20984—2007 的第 5 章风险评估实施和第 6 章信息系统生命周期各阶段的风险评估。

### 5.2 业务影响分析

#### 5.2.1 概述

业务影响分析(BIA)是在风险评估的基础上，分析各种信息安全事件发生时对业务功能可能产生的影响，进而确定应急响应的恢复目标。

#### 5.2.2 分析业务功能和相关资源配置

对单位或者部门的各项业务功能及各项业务功能之间的相关性进行分析，确定支持各种业务功能的相应信息系统资源及其他资源，明确相关信息的保密性、完整性和可用性要求。

#### 5.2.3 确定信息系统关键资源

对信息系统进行评估，以确定系统所执行的关键功能，并确定执行这些功能所需的特定系统资源。

#### 5.2.4 确定信息安全事件影响

应采用如下的定量和/或定性的方法，对业务中断、系统宕机、网络瘫痪等信息安全事件造成的影响进行评估：

a） 定量分析——以量化方法，评估业务中断、系统宕机、网络瘫痪等可能给组织带来的直接经济损失和间接经济损失；

b） 定性分析——运用归纳与演绎、分析与综合以及抽象与概括等方法，评估业务中断、系统宕机、网络瘫痪等可能给组织带来的非经济损失，包括组织的声誉、顾客的忠诚度、员工的信心、社会和政治影响等。

#### 5.2.5 确定应急响应的恢复目标

根据业务影响分析的结果，同时结合 GB/T 22239 和 GB/T 22240，确定应急响应的恢复目标，包括：

a） 关键业务功能及恢复的优先顺序；

b） 恢复时间范围，即恢复时间目标(RTO)和恢复点目标(RPO)的范围。

### 5.3 制定应急响应策略

#### 5.3.1 概述

应急响应策略提供了在业务中断、系统宕机、网络瘫痪等信息安全事件发生后，快速有效地恢复信息系统运行的方法。这些策略应涉及到在业务影响分析(BIA)中确定的应急响应的恢复目标。

#### 5.3.2 系统恢复能力等级划分

系统恢复能力可以划分为基本支持、备用场地支持、电子传输和部分设备支持、电子传输及完整设备支持、实时数据传输及完整设备支持、数据零丢失及远程集群支持等 6 个等级，具体划分遵照 GB/T 20988—2007 的附录 A 灾难恢复能力等级划分。

#### 5.3.3 系统恢复资源的要求

系统恢复资源的要求遵照 GB/T 20988—2007 的 6.3 灾难恢复资源的要求。

#### 5.3.4 费用考虑

信息系统的使用或管理组织（以下简称“组织”）应确保有足够的人员和资金执行所选择的策略。各种类型的备用站点、设备更换和存储方式的费用应与预算限制相平衡。

应保证预算充足，应包括软件、硬件、差旅及运送、测试、计划培训项目、意识培训项目、劳务、其他合同服务以及任何其他适用资源的费用。

组织应进行成本效益分析，以确定最佳应急响应策略。

## 6 编制应急响应计划文档

### 6.1 概述

编制信息安全应急响应计划文档是应急响应规划过程中的关键一步。应急响应计划应描述支持应急操作的技术能力，并适应机构需求。应急响应计划需要在详细程度和灵活程度之间取得平衡，通常是计划越详细，其方法就越缺乏弹性和通用性。本标准说明了编制应急响应计划的要点。计划编制者应根据实际情况对其内容进行适当地调整、充实和本地化，以更好地满足组织特定的系统、操作和机构需求。同时可以参考 GB/Z 20985—2007 的第 8 章使用。

应急响应计划应能为信息安全事件中不熟悉计划的人员或要求进行恢复操作的系统提供快速明确的指导。计划应明确、简洁、易于在紧急情况下执行，并尽量使用检查列表和详细规程。

应急响应计划文档包括总则、角色及职责、预防和预警机制、应急响应流程、应急响应保障措施和附件 6 个部分。

### 6.2 总则

总则部分提供了重要的背景或相关信息，使应急响应计划更容易理解、实施和维护。通常这部分包括编制目的、编制依据、适用范围、工作原则等。

a) 编制目的：介绍制定信息安全应急响应计划的原因和目标；

b) 编制依据：说明编制信息安全应急响应计划的依据；

c) 适用范围：说明计划的作用范围，解决哪些问题，不解决哪些问题；

d) 工作原则：确定应急响应计划的组织和实施原则。

### 6.3 角色及职责

#### 6.3.1 角色的划分

组织应结合本单位日常机构建立信息安全应急响应的工作机构，并明确其职责。其中一些人可负责两种或多种职责，一些职位可由多人担任（应急响应计划文档中应明确他们的替代顺序）。

应急响应的工作机构由管理、业务、技术和行政后勤等人员组成，一般来说，按角色可划分为5个功能小组：应急响应领导小组、应急响应技术保障小组、应急响应专家小组、应急响应实施小组和应急响应日常运行小组等。组织应该根据其所具备的技能和知识将人员分配到这些小组中，理想的情况是，分配到相关小组中的人员在正常条件下负责的是相同或类似的工作。

实际中，可以不必成立专门机构对应各功能小组，组织可以根据自身情况由其具体的某个或某几个部门或部门中的某几个人担当其中的一个或几个角色。

组织可聘请具有相应资质的外部专家协助应急响应工作，也可委托具有相应资质的外部机构承担实施小组以及日常运行小组的部分或全部工作。在聘请外部专家协助应急响应工作或者委托外部机构承担部分或者全部应急响应工作时，需要和其签订相关协议（例如信息保密协议、服务水平协议、服务持续协议等）。

#### 6.3.2 功能小组的职责

##### 6.3.2.1 应急响应领导小组

应急响应领导小组是信息安全应急响应工作的组织领导机构，组长应由组织最高管理层成员担任。领导小组的职责是领导和决策信息安全应急响应的重大事宜，主要如下：

a) 对应急响应工作的承诺和支持，包括发布正式文件、提供必要资源（人、财、物）等；

b) 审核并批准应急响应策略；

c) 审核并批准应急响应计划；

d) 批准和监督应急响应计划的执行；

e) 启动定期评审、修订应急响应计划；

f) 负责组织内部的、外部的协调工作。

##### 6.3.2.2 应急响应技术保障小组

应急响应技术保障小组的主要职责包括：

a) 制定信息安全事件技术应对表；

b) 制定具体角色和职责分工细则；

c) 制定应急响应协同调度方案；

d) 考察和管理相关技术基础。

##### 6.3.2.3 应急响应专家小组

应急响应专家小组的主要职责包括：

a) 对重大信息安全事件进行评估，提出启动应急响应的建议；

b) 研究分析信息安全事件的相关情况及发展趋势，为应急响应提供咨询或提出建议；

c) 分析信息安全事件原因及造成的危害，为应急响应提供技术支持。

6.3.2.4 应急响应实施小组

应急响应实施小组的主要职责包括:

a) 分析应急响应需求(如风险评估、业务影响分析等);

b) 确定应急响应策略和等级;

c) 实现应急响应策略;

d) 编制应急响应计划文档;

e) 实施应急响应计划;

f) 组织应急响应计划的测试、培训和演练;

g) 合理部署和使用应急响应资源;

h) 总结应急响应工作,提交应急响应总结报告;

i) 执行应急响应计划的评审、修订任务。

6.3.2.5 应急响应日常运行小组

应急响应日常运行小组的主要职责包括:

a) 协助灾难恢复系统的实施;

b) 备份中心的日常管理;

c) 备份系统的运行与维护;

d) 应急监控系统的运作和维护;

e) 落实基础物质的保障工作;

f) 维护和管理应急响应计划文档;

g) 信息安全事件发生时的损失控制和损害评估;

h) 参与和协助应急响应计划的测试、培训和演练。

6.3.3 组织的外部协作

组织应与相关管理部门、设备设施及服务提供商(包括通信、电力等)、利益相关方和新闻媒体等保持联络和协作,以确保在信息安全事件发生时,能及时通报准确情况并获得适当支持。

6.4 预防和预警机制

6.4.1 信息监测及报告

组织应加强信息安全监测、分析和预警工作,建立信息安全事件报告和通报制度,发生信息安全事件的单位或者部门应当在信息安全事件发生后,立即向应急响应日常运行小组报告。

6.4.2 预警

应急响应日常运行小组接到信息安全事件报告后,应当经初步核实后,将有关情况及时向应急响应领导小组报告,并进一步进行情况综合,研究分析可能造成损害的程度,提出初步行动对策。应急响应领导小组视情况召集协调会,决策行动方案,发布指示和命令。

6.4.3 预防

积极推行信息安全等级保护制度,基础信息网络和重要信息系统建设要充分考虑抗毁性与灾难恢复。

预防机制应被记录在应急响应计划中,应对系统相关的人员进行培训,使他们明确如何以及何时使用预防机制。预防机制应得到维护以处于良好状态,确保它们在信息安全事件中的有效性。

6.5 应急响应流程

6.5.1 事件通告

6.5.1.1 信息通报

6.5.1.1.1 组织内信息通报

在信息安全事件发生后,应通知应急响应日常运行小组,使其能够确定事态的严重程度和下一步将要采取的行动。在损害评估完成后,应通知应急响应领导小组。

可以通过各种方法完成通知，包括固定电话、移动电话和电子邮件等。由于电子邮件无法确定能否得到有效回复，所以应谨慎使用电子邮件发送通知。

通知策略应定义信息安全事件发生后人员无法联络时的规程。通知规程应在应急响应计划中明确描述。一种通用的通知方法是呼叫树[1)]。呼叫树应包括主要的和备用的联络方法，应确定在某个人无法联系上时应采取的规程。

需要通知的人员应在应急响应计划附录中的联系人清单中标明。联系人清单确定人员在其小组中的职位、姓名和联络信息(如家庭、工作电话号码、手机号码、电子邮件地址和家庭地址等)，联系人清单条目可以参照附录D。

**6.5.1.1.2　相关外部组织信息通报**

信息安全事件发生后，应将相关信息及时通报给受到负面影响的外部机构、互联的单位系统以及重要用户，同时根据应急响应的需要，应将相关信息准确通报给相关设备设施及服务提供商(包括通信、电力等)，以获得适当的应急响应支持。对外信息通报应符合组织的对外信息发布策略。

**6.5.1.2　信息上报**

信息安全事件发生后，应按照相关规定和要求，及时将情况上报相关主管或监管单位/部门。

**6.5.1.3　信息披露**

信息安全事件发生后，根据信息安全事件的严重程度，组织应指定特定的小组及时向新闻媒体发布相关信息，指定的小组应严格按照组织相关规定和要求对外发布信息，同时组织内其他部门或者个人不得随意接受新闻媒体采访或对外发表自己的看法。

**6.5.2　事件分类与定级**

**6.5.2.1　概述**

信息安全事件发生后，应急响应日常运行小组对信息安全事件进行评估，确定信息安全事件的类别与级别。

**6.5.2.2　事件分类**

事件分类遵照GB/Z 20986—2007的第4章信息安全事件分类。

**6.5.2.3　事件定级**

事件定级遵照GB/Z 20986—2007的第5章信息安全事件分级。

**6.5.3　应急启动**

应急启动具体操作遵循如下规则：

a)　启动原则——快速、有序。

b)　启动依据——一般而言，对于导致业务中断、系统宕机、网络瘫痪等突发/重大信息安全事件应立即启动应急。但由于组织规模、构成、性质等的不同，不同组织对突发/重大信息安全事件的定义可能不一样，因此，各组织的应急启动条件可能各不相同。启动条件可以基于以下方面考虑：人员的安全和/或设施损失的程度；系统损失的程度(如物理的、运作的或成本的)；系统对于组织使命的影响程度；预期的中断持续时间等。只有当损害评估的结果显示一个或多个启动条件被满足时，应急响应计划才应被启动。

c)　启动方法——由应急响应领导小组发布应急响应启动令。

应急响应启动后，应急响应领导小组要对人力、财力、物力到位情况实施检查与督察，并记录实际发生的情况。

---

1)　呼叫树也叫“电话链”，是指姓名列表和所有可用的联系信息(如家庭电话和手机号码)。位于树顶的人负责呼叫他(她)的直属人员，向他们通知信息安全事件的发生，位于第二级的每个人接到通知后，应当负责通知直属的第三级人员。如果某级的某个人没有联系上，那么呼叫此人者应当负责呼叫此人直属层级的人员，并依次类推。

#### 6.5.4 应急处置

##### 6.5.4.1 概述

启动应急响应计划后，应立即采取相关措施抑制信息安全事件影响，避免造成更大损失。在确定有效控制了信息安全事件影响后，开始实施恢复操作。恢复阶段的行动集中于建立临时业务处理能力、修复原系统的损害、在原系统或新设施中恢复运行业务能力等应急措施。

##### 6.5.4.2 恢复顺序

当恢复复杂系统时，恢复进程应反映出 BIA 中确定的系统优先顺序。恢复的顺序应反映出系统允许的中断时间，以避免对相关系统及业务的重大影响。

##### 6.5.4.3 恢复规程

为了进行恢复操作，应急响应计划应提供恢复业务能力的详细规程。规程应被设定给适当的恢复小组，并且通常涉及到以下行动：

a) 获得访问受损设施和/或地理区域的授权；
b) 通知相关系统的内部和外部业务伙伴；
c) 获得所需的办公用品和工作空间；
d) 获得安装所需的硬件部件；
e) 获得装载备份介质；
f) 恢复关键操作系统和应用软件；
g) 恢复系统数据；
h) 成功运行备用设备。

恢复规程应按照直接和逐步的风格书写。为了防止在信息安全事件中产生困难或混乱，不能假定或忽略规程的步骤。

#### 6.5.5 后期处置

##### 6.5.5.1 信息系统重建

在应急处置工作结束后，要迅速采取措施，抓紧组织抢修受损的基础设施，减少损失，尽快恢复正常工作。

通过统计各种数据，查明原因，对信息安全事件造成的损失和影响以及恢复重建能力进行分析评估，认真制订重建计划，迅速组织实施信息系统重建。

##### 6.5.5.2 应急响应总结

应急响应总结是应急处置之后应进行的工作，具体工作包括：

a) 分析和总结事件发生的原因；
b) 分析和总结事件的现象；
c) 评估系统的损害程度；
d) 评估事件导致的损失；
e) 分析和总结应急处置记录；
f) 评审应急响应措施的效果和效率，并提出改进建议；
g) 评审应急响应计划的效果和效率，并提出改进建议。

### 6.6 应急响应保障措施

#### 6.6.1 概述

应急响应保障措施是信息安全应急响应计划的重要组成部分，是保证信息安全事件发生后能够快速有效地实施应急响应计划的关键要素。考虑到各个组织性质和需求可能存在很大的差异性，本条描述的具体内容是可选的，也可以做适当调整，但人力保障、物质保障和技术保障这三个大的方面是必要的。

6.6.2 人力保障

6.6.2.1 管理人力保障

组织要依据自身的职责，制定具体角色和职责分工细则，细则需要制度化，并依据现有人员的实际情况制定合理的工作安排。工作安排要直接落实到人，形成所有工作人员的独立工作手册，如有人员工作安排变动时，要及时更正工作手册。管理人力的具体保障由应急响应领导小组统一规划和组织管理。

6.6.2.2 技术人力保障

技术人力保障通过建立应急响应技术保障小组和应急响应专家小组来进行保障，所有技术保障问题统一由技术保障小组负责。技术保障小组要依据应急的技术需要，制定具体角色和职责分工细则。细则需要制度化，并依据现有人员的实际情况制定合理工作安排。工作安排要直接落实到人，形成所有工作人员的独立工作手册，如有人员工作安排变动时，要及时更正工作手册。

由于技术保障小组除了建立自身的技术支持队伍外，所确定的角色与职责大多需要依赖合作者(包括社会力量和专家等)，因此，技术保障小组要建立完备的技术培训机构和操作管理方案，保证新技术与应急响应技术的及时培训，保证应急响应技术的有效性。

技术保障小组可以依据自身的工作特点、协作单位与人员的具体情况，制定应急响应协同调度方案，但无论采取什么方案，均要有具体的协同工作记录以备审计。

6.6.3 物质保障

6.6.3.1 基础物质保障

基础物质保障需求应与技术保障和日常管理相关联，即应保证日常技术保障的实现、日常管理工作的开展和应急响应技术服务在应急响应时的及时到位。物质需求由应急响应技术保障小组提出，由应急响应日常运行小组落实。

6.6.3.2 应急响应物质保障

应急响应物质保障包括财力保障、交通运输保障、治安维护和通信保障等部分：

a) 财力保障——要保证所需应急响应资金。
b) 交通运输保障——要保证紧急情况下应急交通工具的优先安排、优先调度、优先放行，确保运输安全畅通。根据应急处置需要，对现场及相关通道实行交通管制，开设应急响应“绿色通道”，保证应急响应工作的顺利开展。
c) 通信保障——建立健全应急通信、应急广播电视保障工作体系，完善公用通信网，建立有线和无线相结合、基础电信网络与机动通信系统相配套的应急通信系统，确保通信畅通。

6.6.4 技术保障

6.6.4.1 应急响应技术服务

技术保障由应急响应技术保障小组统一负责，依据应急响应的需要，应急响应技术保障小组应制定信息安全事件技术应对表，全面考察和管理相关技术基础，选择合适的技术服务者，明确职责和沟通方式。

6.6.4.2 日常技术保障

日常技术保障包括事件监控与预警的技术保障，应急技术储备两部分。

a) 事件监控与预警的技术保障——事件监控与预警的技术保障由应急响应日常运行小组负责。应急响应日常运行小组应保证信息安全事件的快速发现和及时预警。对信息安全事件进行日常监控的方法(手段)、流程、记录等应明确职责，落实到人。
b) 应急技术储备——应急技术储备由应急响应技术保障小组配合应急处理技术服务和技术人力保障实现。

6.7 编制计划必需的附件

应急响应计划的附件提供了计划主体不包含的关键细节。常见的应急响应计划附件包括以下几种：

a) 具体的组织体系结构及人员职责；
b) 应急响应计划各小组成员的联络信息；
c) 供应商联络信息，包括离站存储和备用站点的外部联系点(POC)；
d) 系统恢复或处理的标准操作规程和检查列表；
e) 支持系统运行所需的硬件、软件、固件和其他资源的设备与系统需求清单，清单中的每个条目应包含型号或版本号、规定说明和数量等详细内容；
f) 供应商服务水平协议(SLA)、与其他机构的互惠协议和其他关键记录；
g) 备用站点的描述和说明；
h) 在计划制定前进行的BIA，包含关于系统各部分的相互关系、风险、优先级别等；
i) 应急响应计划文档的保存和分发方法。

## 7 应急响应计划的测试、培训、演练和维护

### 7.1 应急响应计划的测试、培训和演练

为了检验应急响应计划的有效性，同时使相关人员了解信息安全应急响应计划的目标和流程，熟悉应急响应的操作规程，组织应按以下要求组织应急响应计划的测试、培训和演练：

a) 预先制定测试、培训和演练计划，在计划中说明测试和演练的场景；
b) 测试、培训和演练的整个过程应有详细的记录，并形成报告；
c) 测试和演练不能打断信息系统正常的业务运行；
d) 每年应至少完成一次有最终用户参与的完整测试和演练。

### 7.2 应急响应计划的管理和维护

#### 7.2.1 应急响应计划文档的保存与分发

经过审核和批准的应急响应计划文档，应：

a) 由专人负责保存与分发；
b) 具有多份拷贝，并在不同的地点保存；
c) 分发给参与应急响应工作的所有人员；
d) 在每次修订后所有拷贝统一更新，并保留一套，以备查阅；
e) 旧版本应按有关规定销毁。

#### 7.2.2 应急响应计划文档的维护

为了保证应急响应计划的有效性，应从以下方面对应急响应计划文档进行严格的维护：

a) 业务流程的变化、信息系统的变更、人员的变更都应在应急响应计划文档中及时反映；
b) 应急响应计划在测试、演练和信息安全事件发生后实际执行时，其过程均应有详细的记录，并应对测试、演练和执行的效果进行评估，同时对应急响应计划文档进行相应的修订；
c) 应急响应计划文档应定期评审和修订，至少每年一次。

# 附 录 A
(资料性附录)
# 信息安全应急响应计划示例
## ——××大学信息安全应急响应预案

本附录提供了一个信息安全应急响应计划的编制示例。组织可以参考该编制示例,并结合自身的实际情况,制定本单位的信息安全应急响应预案。

大学校园网作为服务于教育、科研和行政管理的计算机网络,实现了校园内联网、信息共享,并与Internet 互联。随着各高校网络规模的急剧膨胀、网络用户数量的快速增长,校园网安全已经成为当前各高校网络建设中不可忽视的首要问题。高校在信息安全事件爆发后,启动事先准备的应急响应预案不仅能使信息系统尽快恢复到正常运行状态,最大限度地减少损失和影响,而且有利于危机过后的快速恢复。因此,编制一套科学完备、切实可行的应急响应预案对高校校园网络的正常运行有着十分重要的意义。

## A.1 总则

### A.1.1 编制目的

为了切实做好学校信息安全事件的防范和应急响应工作,进一步提高我校预防和控制信息安全事件的能力和水平,减轻或消除信息安全事件的危害和影响,确保我校校园网信息安全,结合学校工作实际,制定本应急响应预案。

### A.1.2 编制依据

为了贯彻落实《中华人民共和国计算机信息系统安全保护条例》、《中华人民共和国计算机信息网络国际联网安全保护管理办法》、《国家信息化工作领导小组关于加强信息安全保障工作的意见》和公安部、国务院信息化工作办公室等 4 部门《关于信息安全等级保护工作的实施意见》以及学校制定的《××大学网站公共信息管理暂行办法》、《××大学校园网络信息保密管理办法》等文件精神,依据GB/T 24363《信息安全技术 信息安全应急响应计划规范》,制定我校信息安全应急响应预案。

### A.1.3 适用范围

本预案适用于我校校园网运行及网络信息方面发生的有可能影响学校、社会和国家安全稳定的网络与信息安全突发事件,具体包括:

a) 攻击事件:指校园网络与信息系统因病毒感染、非法入侵等造成学校网站或部门二级网站主页被恶意篡改、交互式栏目和邮件系统发布有害信息;应用服务器与相关应用系统被非法入侵,应用服务器上的数据被非法拷贝、篡改、删除;在网站上发布的内容违反国家的法律法规、侵犯知识版权并造成严重后果等,由此导致的业务中断、系统宕机、网络瘫痪等;

b) 故障事件:指校园网络与信息系统因网络设备和计算机软硬件故障、人为误操作等导致业务中断、系统宕机、网络瘫痪等;

c) 灾害事件:指因洪水、火灾、雷击、地震、台风等外力因素导致网络与信息系统损毁,造成业务中断、系统宕机、网络瘫痪等。

### A.1.4 工作原则

校园网运行与网络信息安全事件的处理原则:

a) 依法管理:即坚决贯彻落实《中华人民共和国计算机信息系统安全保护条例》、《中华人民共和国计算机信息网络国际联网安全保护管理办法》、《国家信息化工作领导小组关于加强信息安全保障工作的意见》和公安部、国务院信息化工作办公室等4部门《关于信息安全等级保护工作的实施意见》以及学校制定的《××大学网站公共信息管理暂行办法》、《××大学校园网络信息保密管理办法》等文件精神；

b) 分级负责、责任到头：学校一级由校园网络与信息安全应急响应领导小组负责，系处部门一级由系处部门主管领导负责，切实做到“责任落实，层层负责”；

c) 谁主管，谁负责：各系处部门除确定一名党政负责人主管网络信息与运行安全外，必须确定一名专、兼职的网络信息及技术管理员，具体负责本部门网络运行及信息安全，及时掌握信息动态，清除各类不良信息，营造健康文明的网络环境，将有害信息造成的不良影响减小到最低限度。

## A.2 角色及职责

### A.2.1 角色的划分及职责

我校应急响应工作机构按角色划分为3个功能小组：应急响应领导小组，应急响应实施小组，应急响应日常运行小组。信息安全事件发生后，在应急响应领导小组的统一部署下，工作人员各司其职，并严格按照应急响应预案组织实施如下应急响应工作：

a) 应急响应领导小组：在校党委和行政的领导下对学校的信息安全工作进行全面的分析研究，制定工作方案，提供人员和物质保证，指导和协调校内各单位实施信息安全工作预案，处置各类危害校园信息安全的突发事件。具体职责包括制定工作方案，提供人员和物质保证，审核批准应急响应策略，审核批准应急响应预案，批准和监督应急响应预案的执行，指导应急响应实施小组的应急处置工作，启动定期评审、修订应急响应预案以及负责组织的外部协作。

b) 应急响应实施小组：当由于系统崩溃、病毒攻击、非法入侵等原因造成校园网运行异常或瘫痪时，根据信息安全事件的发展态势和实际控制需要，具体负责现场应急处置工作，尽快恢复学校网络的正常运行。

c) 应急响应日常运行小组（由学校网络信息中心承担）：负责做好校园网信息安全的日常巡查及日志保存工作，以确保及早发现网络异常。同时负责信息安全事件发生后的损失控制和损害评估，并协助应急响应实施小组实施应急响应工作。

应急响应工作机构具体设置见附件一。

### A.2.2 组织的外部协作

依据校园信息安全事件的影响程度，如需向上级部门及时通报准确情况或向其他单位寻求支持时，应与相关管理部门以及外部组织机构保持联络和协作。外部组织和机构主要包括国家计算机网络应急技术处理协调中心（CNCERT/CC）××地区分中心、国家计算机网络应急技术处理协调中心（CNCERT/CC）、中国教育科研网络××地区网络中心、中国教育科研网网络中心、××市公安局网络安全监察室、××省公安厅网络安全监察处、中国电信××分公司网管中心以及主要相关设备供应商，如Cisco公司××分公司等。

## A.3 预防和预警机制

a) 校园网络现有和以后新建的网络通信平台、应用平台和信息系统，参照国家有关信息安全等级保护的要求，按照最终确定的保护等级采取相应的安全保障措施。不断完善网络安全防御系统，包括防火墙、入侵检测系统、网络杀毒系统、校内网络分布式防御系统等，并对网络设备的安全性进行合理配置，根据实际需要做好升级更新工作。

b) 建立健全安全事件预警预报体系，严格执行校园网络与信息安全管理制度，常年坚持校园网络安全工作值班制度。加强对校园网络与学校网站等重点信息系统的监测、监控和安全管理，做好相关数据日志记录，设立内容过滤系统，确定合理规则，对校园网络进出信息实行过滤及预警。实行信息网上发布审批制度，对可能引发校园网络与信息安全事件的有关信息，要认真收集、分析、判断，发现有异常情况时，及时处理并逐级报告。

c) 做好服务器及数据中心的数据备份及登记工作，建立灾难性数据恢复机制。一旦发生校园网络与信息安全事件，立即启动应急预案，采取应急处置措施，判定事件危害程度，并立即将情况向有关领导报告。在处置过程中，应及时报告处置工作进展情况，直至处置工作结束。

d) 特殊时期，可根据应急响应领导小组的统一要求和部署，由网络中心进行统一安排，组织专业技术人员对校园网络和信息数据采取加强性保护措施，对校园网络进行不间断的监控。

## A.4 应急响应流程

### A.4.1 事件通告

#### A.4.1.1 信息通报

在信息安全事件发生后，通知学校网络信息中心使其能够确定事态的严重程度和下一步将要采取的行动。在损害评估完成后，通知应急响应领导小组。应急响应领导小组在决定启动应急响应后，通知应急响应实施小组和学校网络信息中心负责人，并将事件的细节告知他们。收到应急响应领导小组的通知后，小组负责人应及时通知各自小组成员，并将所有适当信息通知各小组成员，小组成员应做好应急响应和重新配置的准备工作。需要通知的人员在附件中的联系人清单中标明，详见附件二。

#### A.4.1.2 信息上报

对于重大的校园信息安全事件，由应急响应领导小组报国家计算机网络应急技术处理协调中心(CNCERT/CC)××地区分中心，请求上级领导帮助指导，同时向××市公安局网络安全监察室汇报。上报表格详见附件三。

#### A.4.1.3 信息披露

根据信息安全事件的严重程度，应急响应领导小组指派有关人员按照学校相关规定和要求及时向新闻媒体发布相关信息，同时其他小组和个人必须坚守各自岗位，未经允许，不得擅自发布误导信息，共同做好维护稳定工作。

### A.4.2 事件分类与定级

#### A.4.2.1 概述

信息安全事件发生后，学校网络中心对事件进行评估，确定事件的类别与级别。

#### A.4.2.2 事件的分类

校园网络与信息安全事件可分为三类：

a) 攻击事件：指校园网络与信息系统因病毒感染、非法入侵等造成学校网站或部门二级网站主页被恶意篡改、交互式栏目和邮件系统发布有害信息；应用服务器与相关应用系统被非法入侵，应用服务器上的数据被非法拷贝、篡改、删除；在网站上发布的内容违反国家的法律法规、侵犯知识版权并造成严重后果等，由此导致的业务中断、系统宕机、网络瘫痪等。

b) 故障事件：指校园网络与信息系统因网络设备和计算机软硬件故障、人为误操作等导致业务中断、系统宕机、网络瘫痪等。

c) 灾害事件：指因洪水、火灾、雷击、地震、台风等外力因素导致网络与信息系统损毁，造成业务中断、系统宕机、网络瘫痪等。

#### A.4.2.3 事件的定级

校园网络与信息安全事件分为三级：一般(Ⅲ级)、重大(Ⅱ级)和特别重大(Ⅰ级)，对应颜色依次为蓝色、黄色和红色。

一般事件(Ⅲ级):

a) 校园网提供有信息交互能力的服务出现非法信息,但尚未在学校和社会造成广泛影响的;

b) 校外互联网上出现少量非法信息,经查非法信息确来自学校IP地址机器,但未造成严重影响的;

c) 校园网用户邮箱出现大量非法宣传邮件,但未造成严重影响的;

d) 校园网用户未经审批在校园网上私自设立网站并提供非法信息,但尚未在校内造成影响的;

e) 由于病毒攻击、非法入侵等原因,校园网部分楼宇出现网络瘫痪,或者FTP及部分网站服务器不能响应用户请求。

重大事件(Ⅱ级):

a) 校园网提供有信息交互能力的服务出现非法信息,在校内外有一定影响,但未造成实质性危害的;

b) 校外互联网上出现非法信息,经查非法信息确来自学校IP地址机器,在社会上造成一定影响但未造成实质性危害的;

c) 校园网用户未经审批在校园网上私自设立网站,提供危害国家和社会安全信息,在校园内造成危害的;

d) 利用校园网散布信息,煽动危害国家和社会的行动,尚未造成实质性危害的;

e) 由于病毒攻击、非法入侵等原因,校园网部分园区出现网络瘫痪,或者邮件、计费服务器不能正常工作。

特别重大事件(Ⅰ级):

a) 校园网提供有信息交互能力的服务出现非法信息,在校内外造成实质性危害或利用校园网组织危害国家和社会的行动;

b) 校外互联网上出现非法信息,经查非法信息确来自学校IP地址机器,在社会上造成实质性危害的,或利用校园网组织危害国家和社会的行动;

c) 校园网用户邮箱出现大量煽动性宣传邮件,在社会上造成实质性危害的,或者利用校园网组织危害国家和社会的行动;

d) 校园网用户在校园网内建立非法网站提供危害国家和社会安全的信息,在社会上造成实质性危害的,或者利用校园网组织危害国家和社会的行动;

e) 由于病毒攻击、非法入侵等原因,校园网整体瘫痪,或者校园网络中心全部DNS、主WEB服务器不能正常工作;

f) 由于病毒攻击、非法入侵、人为破坏或不可抗力等原因,造成校园网出口中断。

**A.4.3 应急启动**

对于特别重大(Ⅰ级)以及重大(Ⅱ级)事件,应按照快速有序的原则启动应急,并由应急响应领导小组发布应急响应启动令。

对于一般(Ⅲ级)事件,通过日常监测和维护就可以解决的安全事件则不需启动应急,由网络中心直接负责处理。

**A.4.4 应急处置**

应急响应预案启动后,应急响应实施小组应立即采取相关措施抑制信息安全事件的影响,避免造成更大损失。

根据信息安全事件的分类,初步确定应急处置方式,区别对待。

灾害事件:根据实际情况,在保障人身安全的前提下,保障数据安全和设备安全。具体方法包括:硬盘的拔出与保存,设备的断电与拆卸、搬迁等。

故障或攻击事件:判断故障或攻击的来源与性质,关闭影响安全与稳定的网络设备和服务器设备,断开信息系统与攻击来源的网络物理连接,跟踪并锁定攻击来源的IP地址或其他网络用户信息,修复被破坏的信息,恢复信息系统。按照信息安全事件的性质分别采用以下方案:

a) 病毒传播:及时寻找并断开传播源,判断病毒的类型、性质、可能的危害范围;为避免产生更大的损失,保护健康的计算机,必要时可关闭相应的端口,甚至相应楼层的网络,及时请有关技术人员协助,寻找并公布病毒攻击信息,以及杀毒、防御方法。
b) 外部入侵:判断入侵的来源,区分外网与内网,评价入侵可能或已经造成的危害。对入侵未遂、未造成损害的,且评价威胁很小的外网入侵,定位入侵的IP地址,及时关闭入侵的端口,限制入侵的IP地址的访问。对于已经造成危害的,应立即采用断开网络连接的方法,避免造成更大损失和带来恶劣影响。
c) 内部入侵:查清入侵来源,如IP地址、所在办公室等信息,同时断开对应的交换机端口,针对入侵方法调整或更新入侵检测设备。对于无法制止的多点入侵和造成损害的,应及时关闭被入侵的服务器或相应设备。
d) 网络故障:判断故障发生点和故障原因,能够迅速解决的尽快排除故障;必要时向计算机网络公司求助技术援助,并优先保证主要应用系统的运转。
e) 其他没有列出的不确定因素造成的灾害,可根据总的安全原则,结合具体的情况,做出相应的处理。不能处理的可以请示相关的专业人员。

**A.4.5 后期处置**

**A.4.5.1 概述**

通过应急处置成功解决信息安全事件后,应急响应工作并未结束,还需要尽快组织相关人员进行网络信息系统重建,同时还需要对信息安全事件应急响应进行总结。

**A.4.5.2 信息系统重建**

在应急处置工作结束后,要迅速采取措施,抢修受损的基础设施,减少损失,尽快恢复正常工作。

通过统计各种数据,查明原因,对安全事件造成的损失和影响以及恢复重建能力进行分析评估,认真制定恢复重建计划,迅速组织实施信息系统重建。

**A.4.5.3 应急响应总结**

回顾并整理已发生信息安全事件的各种相关信息,尽可能地把所有情况记录到文档中。发生重大信息安全事件时,应急响应实施小组应当在事件处理完毕后一个工作日内,将处理结果上报到学校网络信息中心备案。通过对信息安全事件进行统计、汇总以及任务完成情况总结,不断改进信息安全应急响应预案。信息安全事件应急响应结果报告表见附件四。

## A.5 应急响应保障措施

**A.5.1 人力保障**

加强学校信息安全人才培养,强化信息安全宣传教育,培养和建立一支高素质、高技术的信息安全核心人才和管理队伍,提高信息安全防御意识。

**A.5.2 物质保障**

学校要根据近几年全国乃至全世界网络信息系统安全防治工作所需经费情况,将本年度信息安全应急响应经费纳入年度财政计划和预算,建立校园网专项资金用于校园网安全事件的处置,购买相应的应急设施,避免时间拖延造成不必要的损失,保证应急响应技术装备的及时更新,以确保应急响应工作的顺利进行。

**A.5.3 技术保障**

加强学校网络信息中心的建设，建立预警与应急处理的技术平台，进一步提高信息安全事件的发现和分析能力。从技术上逐步实现发现、预警、处置、通报等多个环节和不同的网络、系统、部门之间应急处理的联动机制。

## A.6 附件

### A.6.1 附件一 ××大学信息安全应急响应工作机构

**××大学信息安全应急响应工作机构**

一 应急响应领导小组

组长：××× 副组长：×××，×××

成员：×××，×××，×××，×××

二 应急响应实施小组

组长：××× 副组长：×××，×××

成员：×××，×××，×××，×××，×××，×××

三 应急响应日常运行小组

组长：××× 副组长：×××，×××

成员：×××，×××，×××，×××，×××，×××

### A.6.2 附件二 联系人清单表

**联系人清单表**

| 小组名称 | 姓名 | 在小组中的职位 | 联络信息 | | | | |
|---|---|---|---|---|---|---|---|
| | | | 工作电话 | 家庭电话 | 手机 | 电子邮件 | 家庭地址 |
| 应急响应领导小组 | ××× | 组长 | | | | | |
| | ××× | 副组长 | | | | | |
| | | …… | | | | | |
| | ××× | 成员 | | | | | |
| | | …… | | | | | |
| 应急响应实施小组 | ××× | 组长 | | | | | |
| | ××× | 副组长 | | | | | |
| | | …… | | | | | |
| | ××× | 成员 | | | | | |
| | | …… | | | | | |
| 应急响应日常运行小组 | ××× | 组长 | | | | | |
| | ××× | 副组长 | | | | | |
| | | …… | | | | | |
| | ××× | 成员 | | | | | |
| | | …… | | | | | |

**A.6.3 附件三 信息安全事件报告表**

**信息安全事件报告表**

| | |
|---|---|
| 报告时间 | 年　月　日　时　分 |
| 发生事件的时间 | 年　月　日　时　分 |
| 发现事件的时间 | 年　月　日　时　分 |
| 单位名称 | |
| 报告人 | |
| 联系电话 | |
| 传　真 | |
| 电子邮件 | |
| 通信地址 | |
| 信息系统名称 | |
| 主要用途 | |
| 信息安全事件的简要描述(如以前出现过类似情况也应加以说明) | ■ 发生了什么：<br>■ 如何发生的：<br>■ 为什么会发生：<br>■ 受影响的部分：<br>■ 对业务的负面影响：<br>■ 任何已确定的脆弱性： |
| 信息安全事件的类型 | □ 攻击事件　□ 故障事件　□ 灾害事件 |
| 信息安全事件的级别 | □ 一般　□ 重大　□ 特别重大 |
| 受影响的资产(提供受事件影响或与事件有关的资产的描述，包括相关序号、许可证和版本号) | ■ 信息/数据：<br>■ 硬件：<br>■ 软件：<br>■ 通信设施：<br>■ 文档： |
| 事件对业务的负面影响 | □ 违背保密性(即未授权泄露)<br>□ 违背完整性(即未授权篡改)<br>□ 违背可用性(即不可用)<br>□ 违背抗抵赖性<br>□ 遭受破坏 |
| 影响范围 | |
| 攻击者的描述(实际的或察觉的动机) | □ 犯罪/经济收益　□ 消遣/黑客攻击<br>□ 政治/恐怖主义　□ 报复<br>□ 其他 |
| 已采取的解决事件行动(例如，“无行动”、“内部行动”、“内部调查”、“由……进行外部调查”) | |
| 计划采取的解决事件行动 | |

A.6.4 附件四 信息安全事件应急响应结果报告表

信息安全事件应急响应结果报告表

| | |
|---|---|
| 事件报告时间 | 年 月 日 时 分 |
| 原事件报告时间 | 年 月 日 时 分 |
| 单位名称 | |
| 报告人 | |
| 联系电话 | |
| 通信地址 | |
| 信息系统名称 | |
| 主要用途 | |
| 已采用的安全措施 | |
| 信息安全事件的补充描述 | |
| 信息安全事件<br>最后判定的事故原因 | |
| 本次信息安全事件的影响状况 | |
| 影响范围 | |
| 事件后果 | |
| 严重程度 | |
| 本次信息安全事件的<br>主要处理过程及结果 | |
| 针对此类信息安全事件应采取的<br>保障信息系统安全的措施和建议 | |

# 附 录 B
（资料性附录）
## 业务影响分析(BIA)示例

在这个示例中，机构维护一个小型现场办公处局域网，该局域网(LAN)支持50个用户。办公场所的标准自动化处理依赖于LAN及其部件，这些处理包括电子表格、文字处理和电子邮件(E-mail)。现场办公处还维护一个用于存货管理的数据库程序。应急响应实施小组负责制定LAN应急响应计划，并且开始进行业务影响分析(BIA)[2]。该LAN包括以下部件：

a) 认证/网络操作系统服务器；
b) 数据库服务器(支持用户的存货管理的数据库程序)；
c) 文件服务器(存储普通的、与存货无关的文件)；
d) 应用服务器(支持办公自动化软件)；
e) 网络打印机；
f) E-mail服务器和应用程序；
g) 50台桌面计算机；
h) 5个集线器。

应急响应实施小组通过确定网络相关人员开始进行BIA。在这个例子里，应急响应实施小组确定以下人员并和他们进行沟通：

a) 现场办公处负责人；
b) 存货管理负责人；
c) 网络用户代表；
d) 各网络服务器的系统管理员。

依据所进行的讨论，负责人获得了以下信息：

a) 存货管理系统对于上一级机构的重要资源管理活动是非常重要的，系统在每一个工作日结束时为更大的系统提供数据更新。如果系统超过一个工作日(8 h)无法使用，就会对上一级机构产生重大业务影响。存货管理至少需要5个使用桌面计算机的人员访问系统数据库来处理数据。
b) 其他不涉及到库存的处理可以被认为是不关键的，可以允许长达10 d的不可用状态。
c) 现场办公处负责人和库存管理负责人指出，E-mail是一项重要服务，但是员工可以在无法使用E-mail的情况下进行长达3 d的有效工作。
d) 员工可以在无法使用电子表格程序的情况下，进行长达15 d的工作，而不严重影响业务处理。
e) 文字处理需要在5个工作日内恢复使用，但是如果有所需表格的硬拷贝格式，员工可以进行长达10 d的手工处理。
f) 每天要对当日的库存系统记录进行打印输出，要打印的数据可以存储到任何桌面计算机中由库存系统工作人员使用。在紧急情况下，库存系统的输出可以通过E-mail方式进行长达3 d的电子传输而不至于对业务运行造成重大影响。其他打印工作被认为是不重要的，可以持续长达10 d的不可用状态而不会影响业务工作。

依据与相关人员讨论收集到的信息，应急响应实施小组通过三个阶段的BIA确定关键的信息系统资源、确定中断影响和允许的中断时间并制定恢复优先顺序。

**确定关键的信息系统资源**

负责人确定以下资源是关键的，这意味着它们支持关键的业务处理：

a) 认证/网络操作系统服务器(用户访问LAN所需要的)；

2) 虽然LAN与机构通过广域网(WAN)相连，但是由于计划范围所限，所以这里不涉及WAN部件。

b) 数据库服务器(库存系统处理所需要的);
c) E-mail 服务器和应用程序;
d) 5 台桌面计算机(支持 5 个库存管理用户);
e) 一台集线器(支持 5 个库存管理用户);
f) 网络电缆系统;
g) 电源;
h) 制热、通风和空调;
i) 物理安全;
j) 设施。

**确定中断影响和允许的中断时间**

然后,负责人确定关键资源的中断影响和允许的中断时间,如表 B.1 所示:

**表 B.1 关键资源的中断影响和允许的中断时间**

| 资　　源 | 中断影响 | 允许的中断时间 |
|---|---|---|
| 认证服务器 | 用户无法使用库存管理系统 | 8 h |
| 数据库服务器 | 用户无法使用库存管理系统 | 8 h |
| E-mail 服务器 | 用户无法发送 E-mail | 2 d |
| 5 台桌面计算机 | 用户无法使用库存管理系统 | 8 h |
| 集线器 | 用户无法使用库存管理系统 | 8 h |
| 网络电缆系统 | 用户无法使用库存管理系统 | 8 h |
| 电源 | 用户无法使用库存管理系统 | 8 h |
| 打印机 | 用户无法制作库存报告 | 4 d |

**制定恢复的优先顺序**

使用表 B.1,应急响应实施小组为系统资源制定恢复的优先顺序。负责人将资源的优先顺序简单地划分为高、中和低。依据在其允许的中断时间内恢复关键资源的需要,确定高、中和低优先级,反映了通过较长恢复期恢复完整运行能力的需求。表 B.2 为系统资源制定的恢复优先顺序。

**表 B.2 系统资源制定的恢复优先顺序**

| 恢　　复 | 恢复的优先顺序 |
|---|---|
| 认证服务器 | 高 |
| 数据库服务器 | 高 |
| 5 台桌面计算机 | 高 |
| 一台集线器 | 高 |
| 网络电缆系统 | 高 |
| 电源 | 高 |
| E-mail 服务器 | 中 |
| 打印机 | 中 |
| 剩余的桌面计算机(45 台) | 低 |
| 剩余的集线器(4 台) | 低 |

完成 BIA 后,应急响应实施小组可以使用恢复优先顺序的信息来制定策略,使得所有系统资源在各自允许的中断时间内先后获得恢复。

# 附 录 C
## （资料性附录）
## 业务影响分析（BIA）模板

本模板可以直接用来协助用户完成信息系统的BIA，用户也可以根据需要更改本模板以便最好地适应特定信息系统。

| | |
|---|---|
| 机构： | 完成BIA的日期：　　年　　月　　日 |
| 系统名称： | BIA联系点： |
| 系统负责人联系点POC(Point of Contact)： | |
| 系统描述：{讨论系统的目的和体系结构，包括系统结构图} | |
| | |
| **A. 确定系统POC** | **角色** |
| 内部{确定机构内部依赖或支持系统的人员、职位或办公室，并且说明他们和系统的关系} | |
| ■<br>■ | ■<br>■ |
| 外部{确定机构外部依赖或支持系统的人员、职位或办公室，并且说明他们和系统的关系} | |
| ■<br>■ | ■<br>■ |
| **B. 确定系统资源**{确定特定的硬件、软件与其他组成系统的资源：包括数量和类型} | |
| 硬件<br>■<br>■ | |
| 软件<br>■<br>■ | |
| 其他资源<br>■<br>■ | |
| **C. 确定关键角色**{列出A中确定为关键的角色} | |
| ■<br>■<br>■ | |
| **D. 将关键角色与关键资源联系起来**{确定完成C中列出的角色任务所需的信息系统资源} | |
| **关键角色** | **关键资源** |
| | ■<br>■ |
| | ■<br>■ |
| | ■<br>■ |

表(续)

| **E. 确定中断影响和允许的中断时间**{确定在关键资源无法使用的情况下,对关键角色的影响情况;还要确定在造成无法接受的影响之前,允许资源无法使用的最长期限} | | |
|---|---|---|
| 资　　源 | 中断影响 | 允许的中断时间 |
| | ■<br>■ | ■<br>■ |
| | ■<br>■ | ■<br>■ |
| | ■<br>■ | ■<br>■ |

| **F. 确定资源的恢复顺序**{依据E提供的中断影响和允许的中断时间,按照定量或定性的方式(如高/中/低、1～5、A/B/C列出与恢复特定资源相关的优先顺序)} | |
|---|---|
| 资　　源 | 恢复的优先顺序 |
| | |
| | |
| | |

# 附 录 D
## （资料性附录）
## 呼叫树示例和联系人清单表

通知策略应定义信息安全事件发生后，人员无法联络时的规程。通知规程应在应急响应计划中明确描述。一种通用通知方法是呼叫树。呼叫树应包括主要的和备用的联络方法，应确定在某个人无法联系上时采取的规程。呼叫树示例见图D.1。

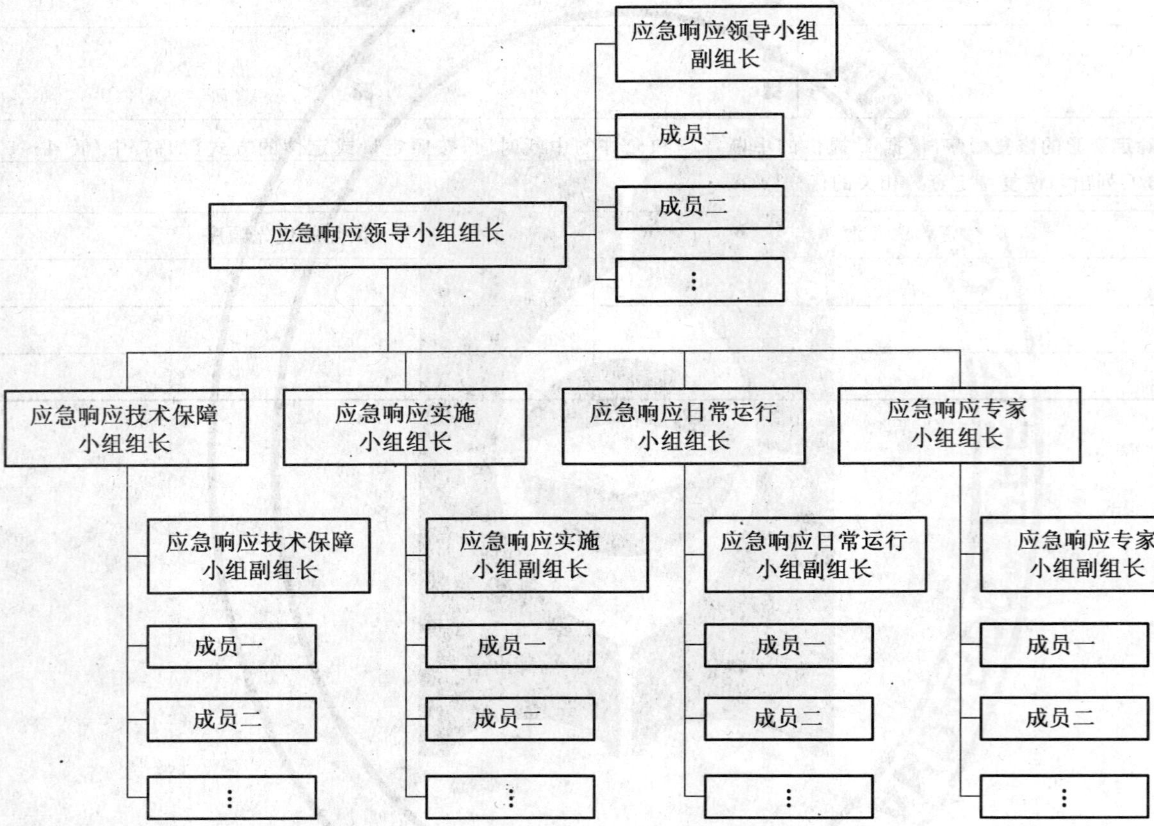


图 D.1 呼叫树示例

需要通知的人员应该在计划附录中的联系人清单中标明。联系人清单应包含小组名称、姓名、在小组的职位和联络信息（如家庭、工作电话号码、手机号码、电子邮件地址和家庭地址等）。表D.1为联系人清单表。

表 D.1 联系人清单表

| 小组名称 | 姓 名 | 在小组中的职位 | 联络信息 | | | | |
|---|---|---|---|---|---|---|---|
| | | | 工作电话 | 家庭电话 | 手 机 | 电子邮件 | 家庭地址 |
| 应急响应领导小组 | ××× | 组 长 | | | | | |
| | ××× | 副组长 | | | | | |
| | | …… | | | | | |
| | ××× | 成 员 | | | | | |
| | | …… | | | | | |

**表 D.1（续）**

| 小组名称 | 姓　　名 | 在小组中的职位 | 联络信息 | | | | |
|---|---|---|---|---|---|---|---|
| | | | 工作电话 | 家庭电话 | 手　　机 | 电子邮件 | 家庭地址 |
| 应急响应<br>日常运行小组 | ××× | 组　长 | | | | | |
| | ××× | 副组长 | | | | | |
| | | …… | | | | | |
| | ××× | 成　员 | | | | | |
| | | …… | | | | | |
| 应急响应<br>实施小组 | ××× | 组　长 | | | | | |
| | ××× | 副组长 | | | | | |
| | | …… | | | | | |
| | ××× | 成　员 | | | | | |
| | | …… | | | | | |
| 应急响应<br>技术保障小组 | ××× | 组　长 | | | | | |
| | ××× | 副组长 | | | | | |
| | | …… | | | | | |
| | ××× | 成　员 | | | | | |
| | | …… | | | | | |
| 应急响应<br>专家小组 | ××× | 组　长 | | | | | |
| | ××× | 副组长 | | | | | |
| | | …… | | | | | |
| | ××× | 成　员 | | | | | |
| | | …… | | | | | |

## 参考文献

[1] NIST Special Publication 800-34, Contingency Planning Guide for Information Technology Systems, June 2002. http://csrc. nist. gov/publications/nistpubs/800-34/sp800-34. pdf. NIST SP 800-34,《信息技术系统应急规划指南》,2002 年 6 月. http://csrc. nist. gov/publications/nistpubs/800-34/sp800-34. pdf.

[2] NIST Special Publication 800-61, Computer Security Incident Handling Guide, January 2004. http://csrc. nist. gov/publications/nistpubs/800-61/sp800-61. pdf. NIST SP 800-61,《计算机安全事件处理指南》,2004 年 1 月. http://csrc. nist. gov/publications/nistpubs/800-61/sp800-61. pdf.

[3] NIST Special Publication 800-3, Establishing a Computer Security Incident Response Capability, November 1991. http://csrc. nist. gov/publications/nistpubs/800-3/800-3. pdf. NIST SP 800-3,《建立计算机安全事件响应能力》,1991 年 11 月. http://csrc. nist. gov/publications/nistpubs/800-3/800-3. pdf.

[4] NIST Special Publication 800-47, Security Guide for Interconnecting Information Technology Systems, August 2002. http://csrc. nist. gov/publications/nistpubs/800-47/sp800-47. pdf. NIST SP 800-47,《互联信息技术系统的安全指南》,2002 年 12 月. http://csrc. nist. gov/publications/nistpubs/800-47/sp800-47. pdf.

[5] NIST Special Publication 800-26, Security Self-Assessment Guide for Information Technology Systems, November 2001. http://csrc. nist. gov/publications/nistpubs/800-26/sp800-26. pdf. NIST SP 800-26,《信息技术系统自我安全评估指南》,2001 年 11 月. http://csrc. nist. gov/publications/nistpubs/800-26/sp800-26. pdf.

[6] NIST Special Publication 800-30, Risk Management Guide for Information Technology Systems, July 2002. http://csrc. nist. gov/publications/nistpubs/800-30/sp800-30. pdf. NIST SP 800-30,《信息技术系统风险管理指南》,2002 年 7 月. http://csrc. nist. gov/publications/nistpubs/800-30/sp800-30. pdf.

[7] Expectations for Computer Security Incident Response—Best Practice, June 98, ftp://ftp. isi. edu/in-notes/rfc2350. txt.《对计算机安全事件响应的期望——最佳实践》,1998 年 6 月. ftp://ftp. isi. edu/in-notes/rfc2350. txt.

[8] 国家通信保障应急预案,2006 年 1 月 24 日. http://www. gov. cn/yjgl/2006-01/24/content_170422. htm.

[9] 上海市网络与信息安全事件专项应急预案,2006 年 10 月 18 日. http://www. shanghai. gov. cn/shanghai/node2314/node17901/node17910/node17913/userobject21ai182474. html.

---

ICS 35.040
L 80

# 中华人民共和国国家标准化指导性技术文件

GB/Z 24364—2009

# 信息安全技术 信息安全风险管理指南

Information security technology—
Guidelines for information security risk management

2009-09-30 发布 2009-12-01 实施

中华人民共和国国家质量监督检验检疫总局
中国国家标准化管理委员会 发布

# 前 言

本指导性技术文件的附录A为资料性附录。

本指导性技术文件由全国信息安全标准化技术委员会提出并归口。

本指导性技术文件起草单位:国家信息中心信息安全研究与服务中心、中国电信股份有限公司北京研究院。

本指导性技术文件主要起草人:吴亚非、张鉴、范红、刘蓓、赵阳。

# 引　言

一个机构要利用其拥有的资源来完成其使命。在信息时代，信息成为第一战略资源，更是起着至关重要的作用。因此，信息资产的安全是关系到该机构能否完成其使命的大事。资产与风险是天生的一对矛盾，资产价值越高，面临的风险就越大。信息资产有着与传统资产不同的特性，面临着新型风险。信息安全风险管理的目的就是要缓解并平衡这一对矛盾，将风险控制到可接受的程度，保护信息及其相关资产，最终保证机构能够完成其使命。

信息安全风险管理是信息安全保障工作中的一项基础性工作，主要表现在以下几方面：

信息安全风险管理的思想和措施应体现在信息安全保障体系的技术、组织和管理等全方位。由于在信息安全保障体系的技术、组织和管理等方面都存在着相关风险，因此，在信息安全保障体系中，技术、组织、管理中均应引入风险管理的思想，准确地评估风险并合理地处理风险，共同实现信息安全保障的目标。

信息安全风险管理的思想和措施应贯穿于信息系统生命周期的全部过程。信息系统生命周期包括规划、设计、实施、运维和废弃五个阶段。每个阶段都存在着相关风险，同样需要采用信息安全风险管理的思想加以应对，采用风险管理的措施加以控制。

信息安全风险管理的思想和措施是贯彻信息安全等级保护制度的有力支撑。信息安全风险管理依据信息安全等级保护的思想和原则，区分主次，平衡成本与效益，合理部署和利用信息安全的保护机制、信任体系、监控体系和应急处理等重要的基础设施，选择并确定合适的安全控制措施，从而保证机构具有完成其使命所需要的信息安全保障能力。

为落实国家加强信息安全保障工作的要求，为实施信息安全等级保护制度的需要，制定本指导性技术文件。本指导性技术文件可与GB/T 20984结合使用，并可作为机构建立信息安全管理体系(ISMS)的参考。

本指导性技术文件参考了ISO/IEC 27005等国际信息安全风险管理的相关标准，并经过国家有关行业和地区的试点验证。标准针对信息安全风险管理所涉及的背景建立、风险评估、风险处理、批准监督、监控审查、沟通咨询等不同过程进行了综合性描述，对信息安全风险管理在信息系统生命周期各阶段的应用作了系统阐述。

本指导性技术文件条款中所指的“风险管理”，其含义均为“信息安全风险管理”。

本指导性技术文件中列出的带书名号的文档是示范性的，其格式和详细内容未作规范。

# 信息安全技术
# 信息安全风险管理指南

## 1 范围

本指导性技术文件规定了信息安全风险管理的内容和过程，为信息系统生命周期不同阶段的信息安全风险管理提供指导。

本指导性技术文件适用于指导组织进行信息安全风险管理工作。

## 2 规范性引用文件

下列文件中的条款通过本指导性技术文件的引用而成为本指导性技术文件的条款。凡是注日期的引用文件，其随后所有的修改单（不包括勘误的内容）或修订版均不适用于本指导性技术文件，然而，鼓励根据本指导性技术文件达成协议的各方研究是否可使用这些文件的最新版本。凡是不注日期的引用文件，其最新版本适用于本指导性技术文件。

GB 17859—1999 计算机信息系统安全保护等级划分准则

GB/T 18336.2—2008 信息技术 安全技术 信息技术安全性评估准则 第2部分：安全功能要求(ISO/IEC 15408-2:2005,IDT)

GB/T 20984—2007 信息安全技术 信息安全风险评估规范

GB/T 22081—2008 信息技术 安全技术 信息安全管理实用规则(ISO/IEC 27002:2005,IDT)

## 3 术语和定义

下列术语和定义适用于本指导性技术文件。

3.1

**可用性 availability**

数据或资源的特性，被授权实体按要求能访问和使用数据或资源。

[GB/T 20984]

3.2

**保密性 confidentiality**

数据所具有的特性，即表示数据所达到的未提供或未泄露给非授权的个人、过程或其他实体的程度。

[GB/T 20984]

3.3

**信息安全风险 information security risk**

人为或自然的威胁利用信息系统及其管理体系中存在的脆弱性导致安全事件的发生及其对组织造成的影响。

[GB/T 20984]

3.4

**完整性 integrity**

保证信息及信息系统不会被非授权更改或破坏的特性。包括数据完整性和系统完整性。

[GB/T 20984]

3.5

**风险 risk**

事态的概率及其结果的组合。

[GB/T 22081]

3.6

**风险管理 risk management**

识别、控制、消除或最小化可能影响系统资源的不确定因素的过程。

3.7

**风险处理 risk treatment**

选择并且执行措施来更改风险的过程。

[GB/T 22081]

## 4 信息安全风险管理概述

### 4.1 信息安全风险管理的范围和对象

信息安全的概念涵盖了信息、信息载体和信息环境3个方面的安全。信息指信息系统中采集、处理、存储的数据和文件等内容;信息载体指承载信息的媒介,即用于记录、传输、积累和保存信息的实体;信息环境指信息及信息载体所处的环境,包括物理平台、系统平台、网络平台和应用平台等硬环境和软环境。

信息安全风险管理是基于风险的信息安全管理,也就是,始终以风险为主线进行信息安全的管理。从概念上讲,信息安全风险管理应该涉及信息安全上述3个方面(信息、信息载体和信息环境)中包含的所有相关对象。然而对于一个具体的信息系统,信息安全风险管理可能主要涉及该信息系统的关键和敏感部分。因此,根据实际信息系统的不同,信息安全风险管理的侧重点,即风险管理选择的范围和对象重点应有所不同。

### 4.2 信息安全风险管理的内容和过程

信息安全风险管理包括背景建立、风险评估、风险处理、批准监督、监控审查和沟通咨询6个方面的内容。背景建立、风险评估、风险处理和批准监督是信息安全风险管理的4个基本步骤,监控审查和沟通咨询则贯穿于这4个基本步骤中,如图1所示。

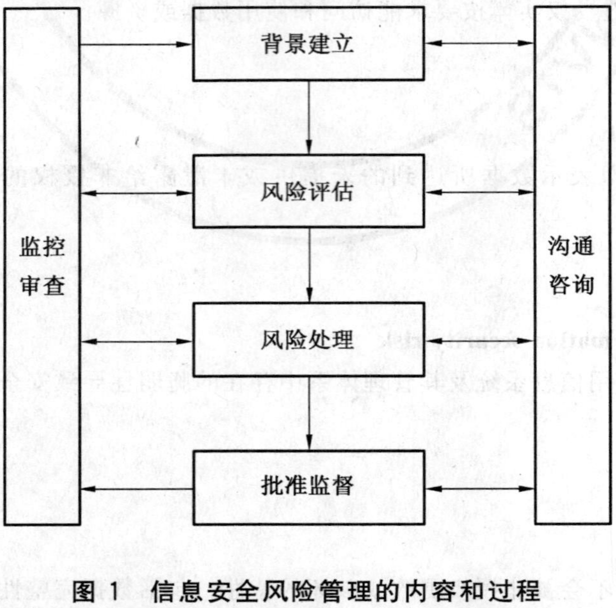


**图1 信息安全风险管理的内容和过程**

第一步骤是背景建立,确定风险管理的对象和范围,确立实施风险管理的准备,进行相关信息的调查和分析。第二步骤是风险评估，针对确立的风险管理对象所面临的风险进行识别、分析和评价。第三步骤是风险处理，依据风险评估的结果，选择和实施合适的安全措施。第四步骤是批准监督，机构的决策层依据风险评估和风险处理的结果是否满足信息系统的安全要求，做出是否认可风险管理活动的决定。当受保护系统的业务目标和特性发生变化或面临新的风险时，需要再次进入上述4个步骤，形成新的一次循环。监控审查对上述4个步骤进行监控和审查。监控是监视和控制上述4个步骤的过程有效性和成本有效性；审查是跟踪受保护系统自身或所处环境的变化，以保证上述4个步骤的结果有效性和符合性。沟通咨询为上述4个步骤的相关人员提供沟通和咨询。沟通是为上述过程参与人员提供交流途径，以保持相关人员之间的协调一致，共同实现安全目标。咨询是为上述过程所有相关人员提供学习途径，以提高人员的风险意识和知识，配合实现安全目标。背景建立、风险评估、风险处理、批准监督、监控审查、沟通咨询构成了一个螺旋式上升的循环，使得受保护系统在自身和环境的变化中能够不断应对新的安全需求和风险。

在本指导性技术文件的第5章到第10章，对信息安全风险管理实施过程上述6个步骤的概念、过程、工作内容、输出文档等进行了阐述。

### 4.3 信息安全风险管理与信息系统生命周期和信息安全目标的关系

#### 4.3.1 信息系统生命周期

信息系统生命周期是某一信息系统从无到有，再到扬弃的整个过程，包括规划、设计、实施、运行维护和废弃5个基本阶段。

在规划阶段，确定信息系统的目的、范围和需求，分析和论证可行性，提出总体方案。在设计阶段，依据总体方案，设计信息系统的实现结构（包括功能划分、接口协议和性能指标等）和实施方案（包括实现技术、设备选型和系统集成等）。在实施阶段，按照实施方案，购买和检测设备，开发定制功能，集成、部署、配置和测试系统，培训人员等。在运行维护阶段，运行和维护系统保证信息系统在自身和所处环境的变化中始终能够正常工作和不断升级。在废弃阶段，对信息系统的整体或信息系统过时或无用部分进行报废处理。当信息系统的业务目标和需求发生变化时，或技术和管理环境发生变化时，需要再次进入上述5个阶段，形成新的一次循环。因此，规划、设计、实施、运行维护和废弃构成了一个螺旋式上升的循环，使得信息系统不断适应自身和环境的变化。

#### 4.3.2 信息安全目标

信息安全目标就是要实现信息系统的基本安全特性（即信息安全基本属性），并达到所需的保障级别。信息安全基本属性包括保密性、完整性、可用性、真实性和抗抵赖性等，每一属性都有相应的保障级别作为其强度的度量，如图2所示。

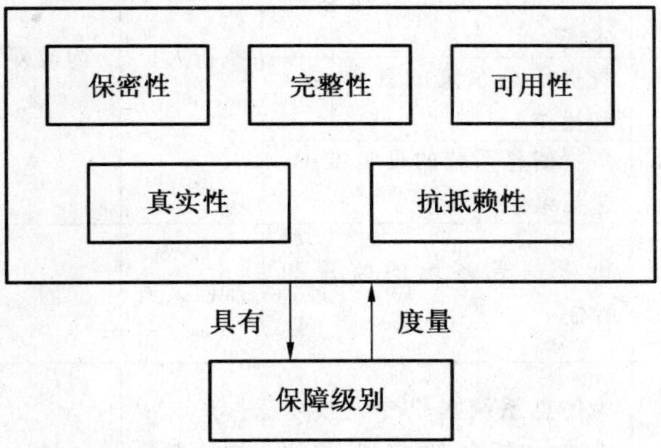


**图2 信息安全基本属性及其保障级别**

保密性指信息与信息系统不被非授权者所获取或利用的特性，包括数据保密和访问控制等方面。完整性指信息与信息系统真实、准确和完备，不被冒充、伪造和篡改的特性，包括身份真实、数据完整和系统完整等方面。可用性指信息与信息系统可被授权者在需要的时候访问和使用的特性。真实性指确保主体或资源的身份正是所声称的特性。抗抵赖性指一个实体不能够否认其行为的特性，可以支持责任追究、威慑作用和法律行动等。保障级别指保密性、完整性、可用性、真实性和抗抵赖性在具体实现中达到的级别或强度，可以作为安全信任度的尺度。信息系统的安全保障级别主要是通过对信息系统进行安全测评和认证来确定的。

#### 4.3.3 三者关系

信息安全风险管理与信息系统生命周期和信息安全目标之间的关系可简要表述为，信息系统生命周期的每个阶段，为了达到其信息安全目标，都需要相应的信息安全风险管理手段作为支持。

信息系统生命周期各阶段的特性及其信息安全目标的保障级别随行业特点和系统特性的不同而不同，也就是说，不同行业下的不同系统在信息系统生命周期的不同阶段，对信息安全基本属性(即保密性、完整性、可用性、真实性和抗抵赖性)的要求和侧重不同。因此，可在本指导性技术文件指导下开发行业的信息安全风险管理规范。对于信息安全目标的保障级别应遵循国家信息安全等级保护制度的要求，具体可参照 GB 17859—1999。

在本指导性技术文件的第 11 章到第 15 章，对信息系统生命周期各个阶段的安全需求和目标，以及相应的信息安全风险管理主要过程和活动进行了阐述。

### 4.4 信息安全风险管理相关人员的角色和责任

信息安全风险管理是基于风险的信息系统安全管理。因此，信息安全风险管理涉及人员，既包括信息安全风险管理的直接参与人员，也包括信息系统的相关人员。表 1 对信息安全风险管理相关人员的角色和责任进行了归纳和分类。

**表 1 信息安全风险管理相关人员的角色和责任**

| 层面 | 信息系统 | | | 信息安全风险管理 | | |
|---|---|---|---|---|---|---|
| | 角色 | 内外部 | 责任 | 角色 | 内外部 | 责任 |
| 决策层 | 决策人员 | 内 | 负责信息系统的重大决策和总体规范 | 决策人员 | 内 | 负责信息安全风险管理的重大决策、总体规划和批准监督 |
| 管理层 | 管理人员 | 内 | 负责信息系统各方面的管理、组织和协调 | 管理人员 | 内 | 负责信息安全风险管理各过程中的管理、组织和协调 |
| 执行层 | 规划设计人员 | 内或外 | 负责信息系统的规划和设计 | 执行人员 | 内或外 | 负责信息安全风险管理的具体规划、设计和实施 |
| | 建设人员 | 内或外 | 负责信息系统的建设和实施 | | | |
| | 运行人员 | 内 | 负责信息系统的日常运行和操作 | | | |
| | 维护人员 | 内或外 | 负责信息系统的日常维护，包括维修和升级 | | | |
| | 监控人员 | 内 | 负责信息系统的监视和控制 | 监控人员 | 内 | 负责信息安全风险管理过程、成本和结果的监视和控制 |
| 支持层 | 支持人员 | 外 | 为信息系统提供专业技术支持，包括咨询、培训、测评和工具定制等服务 | 支持人员 | 外 | 为信息安全风险管理提供专业技术支持，包括咨询、培训、测评和工具定制等服务 |
| 用户层 | 使用人员 | 内或外 | 利用信息系统完成自身的任务 | 使用人员 | 内或外 | 遵循信息安全风险管理的原则和过程使用信息系统，并反馈信息安全风险管理的效果 |

# 5 背景建立

## 5.1 背景建立概述

### 5.1.1 背景建立的概念

背景建立是信息安全风险管理的第一步骤，确定风险管理的对象和范围，确立实施风险管理的准备，进行相关信息的调查和分析。

### 5.1.2 背景建立的目的

背景建立是为了明确信息安全风险管理的范围和对象，以及对象的特性和安全要求，对信息安全风险管理项目进行规划和准备，保障后续的风险管理活动顺利进行。

### 5.1.3 背景建立的依据

国家、地区或行业的相关政策、法律、法规和标准以及信息系统的业务目标和特性都是背景建立的必要依据。

## 5.2 背景建立过程

背景建立的过程包括风险管理准备、信息系统调查、信息系统分析和信息安全分析 4 个阶段。在信息安全风险管理过程中，背景建立过程是一次信息安全风险管理主循环的起始，为风险评估提供输入，监控审查和沟通咨询贯穿其 4 个阶段，如图 3 所示。

图 3 背景建立过程及其在信息安全风险管理中的位置

### 5.2.1 风险管理准备

如图 4 所示，风险管理准备阶段的工作过程和内容如下：

a) 确定风险管理对象。依据机构的使命，并遵循国家、地区或行业的相关政策、法律、法规和标准的规定，确定将要实施风险管理的对象。

b) 组建风险管理团队。组建风险管理团队，确定团队成员、组织结构、角色、责任等内容。

c) 制定风险管理计划。制定风险管理的实施计划，包括风险管理的目的、意义、范围、目标、组织结构、实施方案、经费预算和进度安排等，形成风险管理计划书。

d) 获得支持。上述所有内容确定后，风险管理计划书应得到组织最高管理者的支持和批准；由决策层对管理层和执行层进行传达，在组织范围就风险管理相关内容进行培训，以明确有关人员在风险管理中的任务。

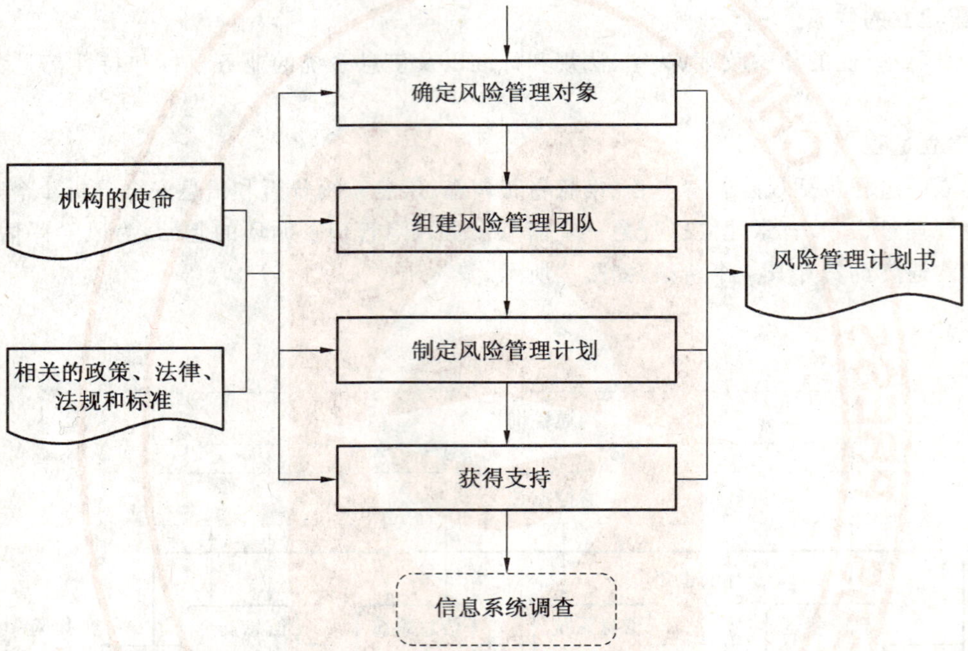


**图 4　风险管理准备阶段的过程及其输入输出**

### 5.2.2　信息系统调查

如图 5 所示，信息系统调查阶段的工作过程和内容如下：

a) 调查信息系统的业务目标。了解机构的使命，包括战略背景和战略目标等，从中明确支持机构完成其使命的信息系统的业务目标。

b) 调查信息系统的业务特性。了解机构的业务，包括业务内容和业务流程等，从中明确支持机构业务运营的信息系统的业务特性。

c) 调查信息系统的管理特性。了解机构的组织结构和管理制度，包括岗位设置、责任分配、规章制度、操作规程和人事管理等，从中明确支持机构业务运营的信息系统的管理特性。

d) 调查信息系统的技术特性。了解信息系统的技术平台，包括物理平台、系统平台、通信平台、网络平台和应用平台，从中明确支持业务运营的信息系统的技术特性。

e) 汇总上述调查结果，形成信息系统的描述报告，其中包含信息系统的业务目标、业务特性、管理特性和技术特性等方面的内容。

信息系统的调查方式包括问卷回答、人员访谈、现场考察、辅助工具等多种形式，可以根据实际情况灵活采用和结合使用。

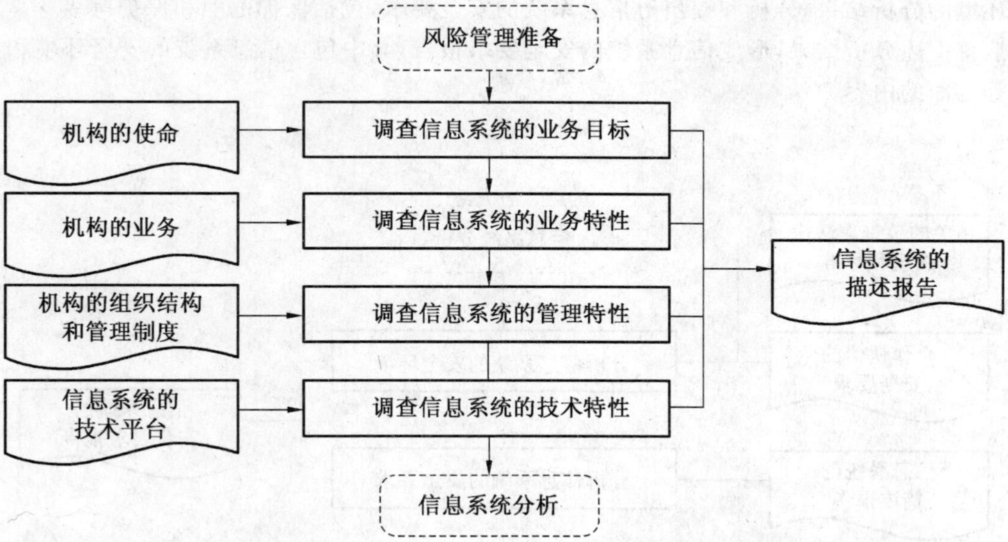


图 5 信息系统调查阶段的过程及其输入输出

### 5.2.3 信息系统分析

如图 6 所示，信息系统分析阶段的工作过程和内容如下：

a) 分析信息系统的体系结构。依据信息系统的描述报告，对信息系统的功能体系、数据体系、网络体系、运营体系和管理体系等方面进行分析，明确它们的内部结构和外部关系。

b) 分析信息系统的关键要素。依据信息系统的描述报告和上述体系结构的分析结果，找出信息系统中对机构使命具有关键和重要作用的部分，列出清单。

c) 汇总上述分析结果，形成信息系统的分析报告，其中包含信息系统的体系结构和关键要素等方面的内容。

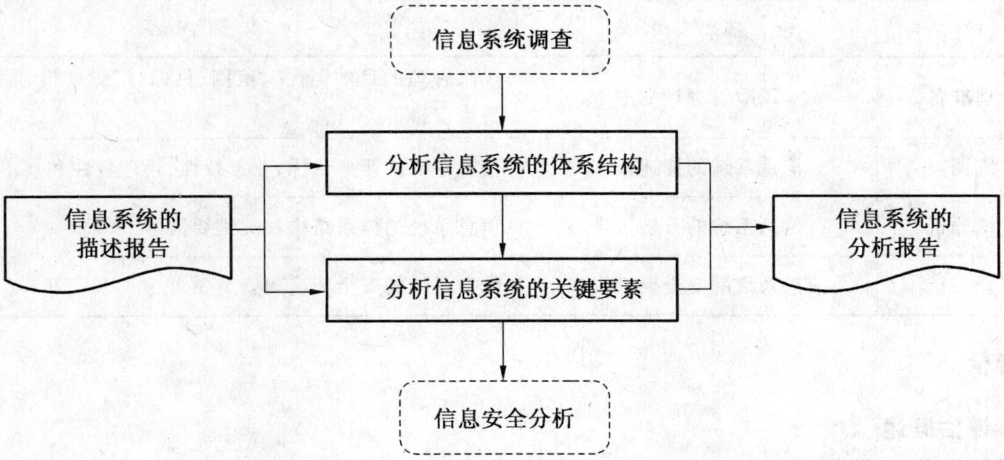


图 6 信息系统分析阶段的过程及其输入输出

### 5.2.4 信息安全分析

如图 7 所示，信息安全分析阶段的工作过程和内容如下：

a) 分析信息系统的安全环境。依据国家、地区或行业的相关政策、法律、法规和标准，考虑合作伙伴的合同要求，对信息系统的安全保障环境进行分析，明确环境因素对信息系统安全方面的影响和要求。

b) 分析信息系统的安全要求。依据信息系统的描述报告和信息系统的分析报告，结合上述安全环境的分析结果，分析和提出对信息系统的安全要求，包括保护范围和保护等级等。

c) 汇总上述分析结果，形成信息系统的安全要求报告，其中包含信息系统的安全环境和安全要求等方面的内容。

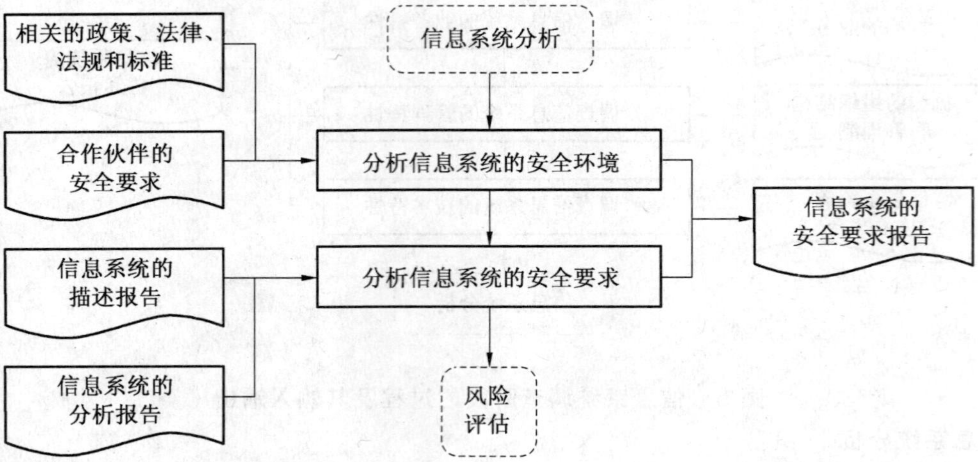


图 7 信息安全分析阶段的过程及其输入输出

5.3 背景建立文档

表 2 列出了背景建立过程的输出文档及其内容。输出文档的数量、名称和主要内容可以根据机构具体情况进行增加、删减或修改，但应涵盖表 2 中文档内容部分规定的内容。

表 2 背景建立过程的输出文档及其内容

| 阶 段 | 输出文档 | 文 档 内 容 |
|---|---|---|
| 风险管理准备 | 风险管理计划书 | 风险管理的目的、意义、范围、目标、组织结构、经费预算和进度安排等 |
| 信息系统调查 | 信息系统的描述报告 | 信息系统的业务目标、业务特性、管理特性和技术特性等 |
| 信息系统分析 | 信息系统的分析报告 | 信息系统的体系结构和关键要素等 |
| 信息安全分析 | 信息系统的安全要求报告 | 信息系统的安全环境和安全要求等 |

## 6 风险评估

### 6.1 风险评估概述

#### 6.1.1 风险评估的概念

风险评估是信息安全风险管理的第二步骤，针对确立的风险管理对象所面临的风险进行识别、分析和评价。

本章仅对风险评估作框架性说明，详细内容可见 GB/T 20984。

#### 6.1.2 风险评估的目的

信息安全风险管理要依靠风险评估的结果来确定随后的风险处理和批准监督活动。风险评估使得机构能够准确定位风险管理的策略、实践和工具，能够将安全活动的重点放在重要的问题上，能够选择成本效益合理的和适用的安全对策。基于风险评估的风险管理方法被实践证明是有效的和实用的，已被广泛应用于各个领域。

### 6.1.3 风险评估的作用范围

风险评估只是为信息安全活动提供一个方向，并不会导致重大的信息安全改进。不管评估方法有多详细和多专业，也只能描述风险状态，而不会改进机构的安全状态。机构只有利用评估结果持续地进行改进活动，实现风险有效管理，才能使机构的安全状态得到改善。

## 6.2 风险评估过程

风险评估的过程包括风险评估准备、风险要素识别、风险分析和风险结果判定4个阶段。在信息安全风险管理过程中，接受背景建立的输出，为风险处理提供输入，监控审查和沟通咨询贯穿其4个阶段，如图8所示。

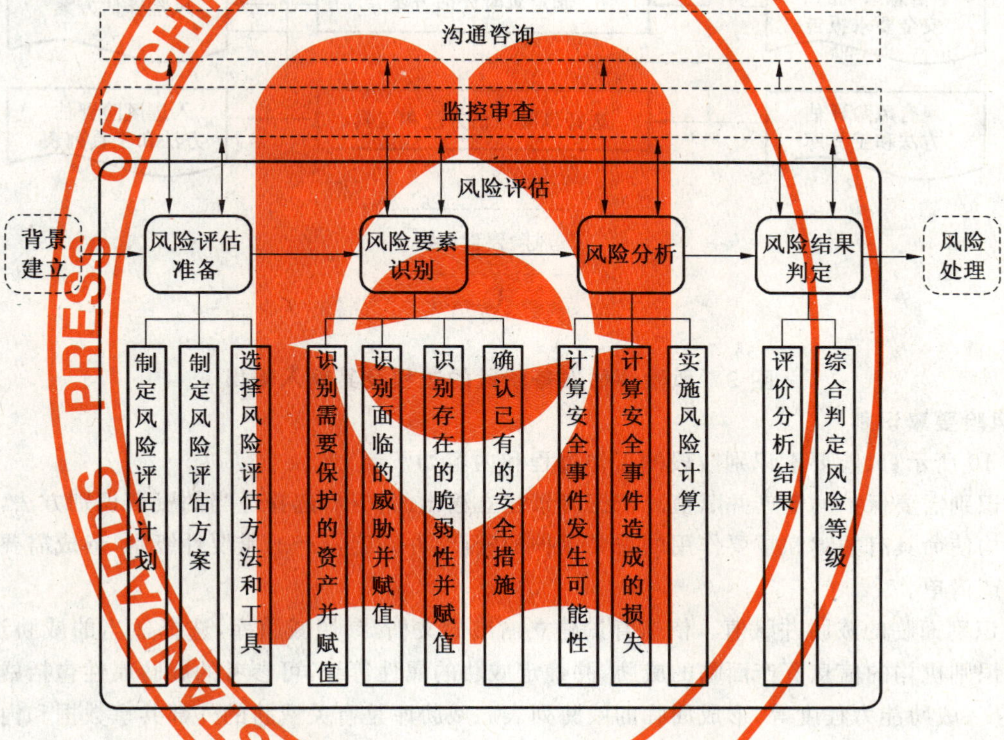


图8 风险评估过程及其在信息安全风险管理中的位置

### 6.2.1 风险评估准备

如图9所示，风险评估准备阶段的工作过程和内容如下：

a) 制定风险评估计划。依据背景建立输出的文档，制定风险评估的实施计划，包括风险评估的目的、意义、范围、目标、组织结构、经费预算和进度安排等，形成风险评估计划书。风险评估计划书需要得到信息系统和信息安全风险管理决策层的认可和批准。

b) 制定风险评估方案。依据背景建立输出的文档，确定风险评估的实施方案，包括风险评估的工作过程、输入数据和输出结果等，形成风险评估方案。风险评估方案需要得到信息系统和信息安全风险管理管理层的认可和批准。

c) 选择风险评估方法和工具。依据背景建立输出的文档以及风险评估计划和风险评估方案，从现有风险评估方法和工具库中选择合适的风险评估方法和工具，形成入选风险评估方法和工具列表。

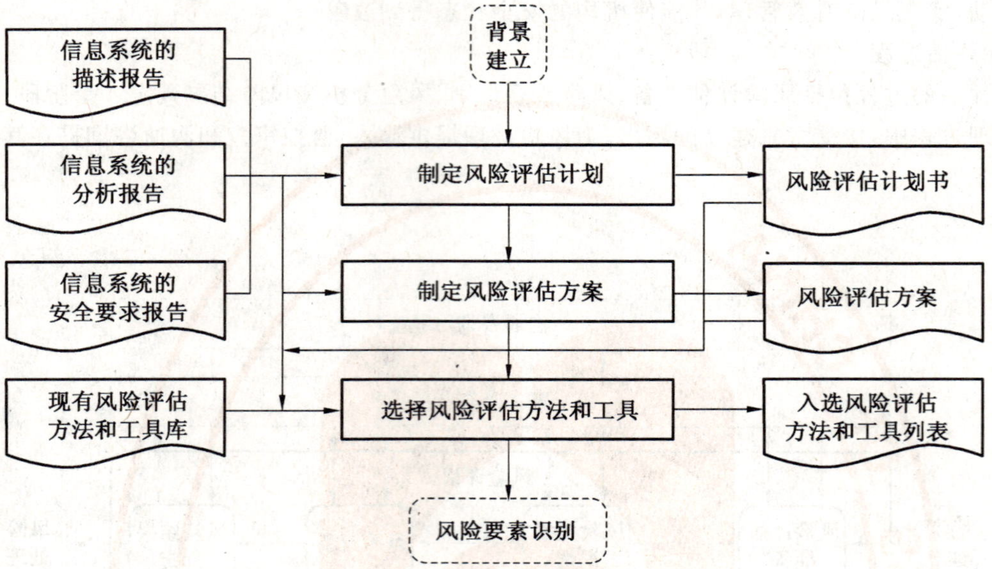


图 9　风险评估准备阶段的过程及其输入输出

### 6.2.2　风险要素识别

如图 10 所示,风险要素识别阶段的工作过程和内容如下:

a)　识别需要保护的资产并赋值。依据背景建立输出的文档,选择适当的资产识别方法,识别对机构使命具有关键和重要作用的需要保护的资产,并确定资产的重要性级别,形成需要保护的资产清单。

b)　识别面临的威胁并赋值。依据背景建立输出的文档,参照威胁库,选择适当的威胁识别方法,识别机构的信息资产面临的威胁,并确定威胁的属性等级,可参考的威胁属性包括威胁发生频度、威胁能力程度等,形成面临的威胁列表。威胁库是有关威胁的外部共享数据和内部历史数据的汇集。

c)　识别存在的脆弱性并赋值。依据背景建立输出的文档,参照漏洞库,选择适当的脆弱性识别方法,识别机构的信息资产存在的脆弱性,并确定脆弱性的属性等级,可参考的脆弱性属性包括脆弱性被利用程度、脆弱性严重程度等,形成存在的脆弱性列表。漏洞库是有关脆弱性/漏洞的外部共享数据和内部历史数据的汇集。

d)　确认已有的安全措施。依据背景建立输出的文档,即信息系统的描述报告、信息系统的分析报告和信息系统的安全要求报告,确认已有的安全措施,包括技术层面(即物理平台、系统平台、网络平台和应用平台)的安全功能、组织层面(即结构、岗位和人员)的安全控制和管理层面(即策略、规章和制度)的安全对策,形成已有安全措施列表。

风险要素的识别方式包括文档审查、人员访谈、现场考察、辅助工具等多种形式,可以根据实际情况灵活采用和结合使用。

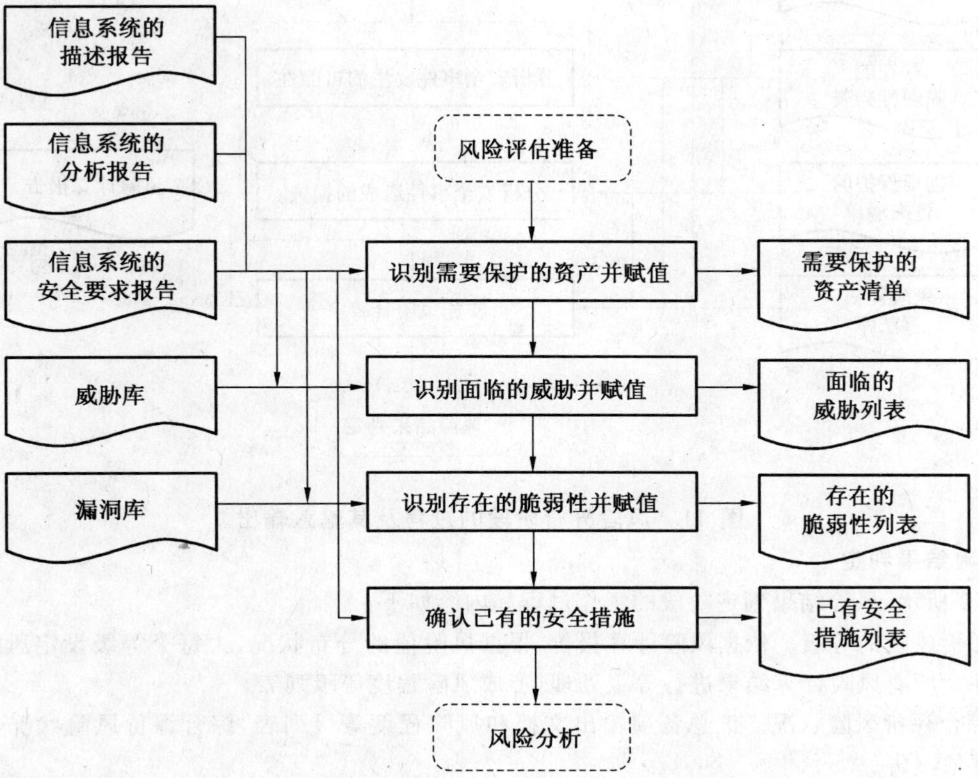


**图 10　风险要素识别阶段的过程及其输入输出**

### 6.2.3　风险分析

如图 11 所示，风险程度分析阶段的工作过程和内容如下：

a)　分析安全事件发生的可能性。依据面临的威胁列表和存在的脆弱性列表，根据威胁属性（威胁发生频率、威胁能力程度等）及脆弱性属性（脆弱性被利用程度等），计算威胁利用脆弱性导致安全事件发生的可能性。

b)　分析安全事件造成的损失。依据存在的脆弱性列表和需要保护的资产列表，根据资产属性（资产重要性程度等）及脆弱性属性（脆弱性严重程度等），计算安全事件一旦发生后造成的损失。

c)　实施风险计算。根据计算出的安全事件的可能性以及安全事件造成的损失，评估者可根据自身情况选择相应的风险计算方法实施风险计算，形成风险计算报告。风险评估算法库是各种风险评估算法的汇集，包括公认算法和自创算法。

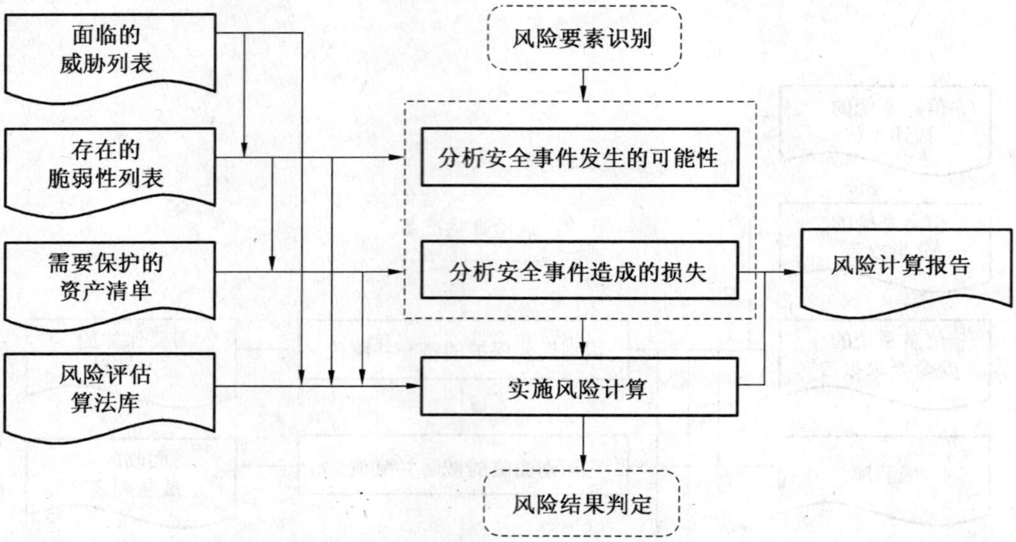


图 11 风险分析阶段的过程及其输入输出

### 6.2.4 风险结果判定

如图 12 所示,风险结果判定阶段的工作过程和内容如下:

a) 评价风险的等级。依据风险计算报告,根据风险值的分布状况,为每个等级设定风险值范围,并对所有风险计算结果进行等级处理,形成风险程度等级列表。

b) 综合评价风险状况。汇总各项输出文档和风险程度等级列表,综合评价风险状况,形成风险评估报告。

评价等级级数可以根据评价对象的特性和实际评估的需要而定,如〈高、中、低〉3 级,〈很高、较高、中等、较低、很低〉5 级等。

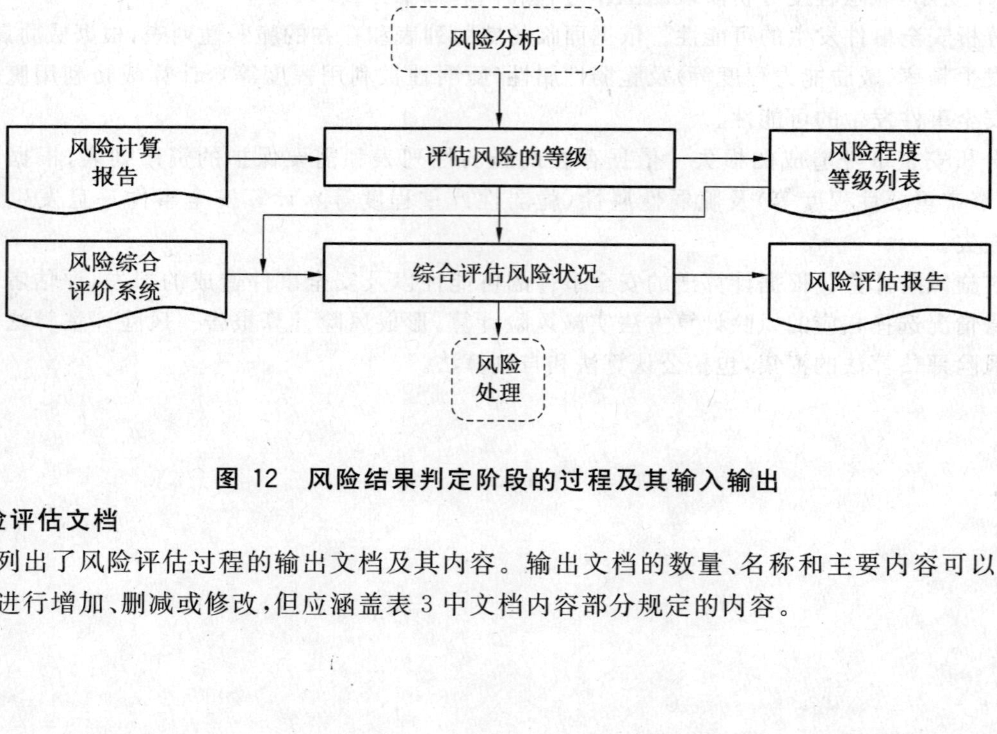


图 12 风险结果判定阶段的过程及其输入输出

## 6.3 风险评估文档

表 3 列出了风险评估过程的输出文档及其内容。输出文档的数量、名称和主要内容可以根据机构具体情况进行增加、删减或修改,但应涵盖表 3 中文档内容部分规定的内容。

表 3　风险评估过程的输出文档及其内容

| 阶　段 | 输出文档 | 文 档 内 容 |
|---|---|---|
| 风险评估准备 | 风险评估计划书 | 风险评估的目的、意义、范围、目标、组织结构、经费预算和进度安排等 |
| | 风险评估方案 | 风险评估的工作过程、输入数据和输出结果等 |
| | 入选风险评估方法和工具列表 | 合适的风险评估方法和工具列表 |
| 风险要素识别 | 需要保护的资产清单 | 对机构使命具有关键和重要作用的需要保护的资产清单，包括资产名称、描述、类型、重要程度、责任人/部门等 |
| | 面临的威胁列表 | 机构的信息资产面临的威胁列表，包括威胁名称、种类、来源、动机及威胁属性赋值 |
| | 存在的脆弱性列表 | 机构的信息资产存在的脆弱性列表以及脆弱性属性赋值 |
| | 已有安全措施列表 | 确认已有的安全措施，包括技术层面、组织层面和管理层面的安全对策 |
| 风险分析 | 风险计算报告 | 综合安全事件所作用的资产、威胁、脆弱性及其相应属性，进行风险计算，判断安全事件造成的损失对组织的影响，即安全风险值 |
| 风险结果判定 | 风险程度等级列表 | 风险程度的等级列表 |
| | 风险评估报告 | 对整个风险评估过程和结果进行总结，详细说明被评估对象、风险评估方法、资产、威胁、脆弱性的识别结果、风险分析、风险等级和结论等内容 |

## 7　风险处理

### 7.1　风险处理概述

#### 7.1.1　风险处理的概念

风险处理是信息安全风险管理的第 3 步骤，依据风险评估的结果，选择和实施合适的安全措施。附录 A 中列出了常用的风险处理参考模型以及相应的处理措施。

#### 7.1.2　风险处理的目的

风险处理是为了将风险始终控制在可接受的范围内。

#### 7.1.3　风险处理的方式

风险处理方式主要有如下规避、转移、降低和接受 4 种方式。

a)　规避方式：通过不使用面临风险的资产来避免风险。比如，在没有足够安全保障的信息系统中，不处理特别敏感的信息，从而防止敏感信息的泄漏。再如，对于只处理内部业务的信息系统，不使用互联网，从而避免外部的有害入侵和不良攻击。

b)　转移方式：通过将面临风险的资产或其价值转移到更安全的地方来避免或降低风险。比如，在本机构不具备足够的安全保障的技术能力时，将信息系统的技术体系（即信息载体部分）外包给满足安全保障要求的第三方机构，从而避免技术风险。再如，通过给昂贵的设备上保险，将设备损失的风险转移给保险公司，从而降低资产价值的损失。

c)　降低方式：通过对面临风险的资产采取保护措施来降低风险。保护措施可以从构成风险的 5 个方面（即威胁源、威胁行为、脆弱性、资产和影响）来降低风险。比如，采用法律的手段制裁计算机犯罪（包括窃取机密信息，攻击关键的信息系统基础设施，传播病毒、不健康信息和垃圾邮件等），发挥法律的威慑作用，从而有效遏制威胁源的动机；采取身份认证措施，从而抵制身份假冒这种威胁行为的能力；及时给系统打补丁（特别是针对安全漏洞的补丁），关闭无用的网络服务端口，从而减少系统的脆弱性，降低被利用的可能性；采用各种防护措施，建立资产的安全域，从而保证资产不受侵犯，其价值得到保持；采取容灾备份、应急响应和业务连续计划等措施，从而减少安全事件造成的影响程度。

d） 接受方式：接受风险是选择对风险不采取进一步的处理措施，接受风险可能带来的结果。采取不对风险进行处理的前提是：确定了信息系统的风险等级，评估了风险发生的可能性以及带来的潜在破坏，分析了使用每种处理措施的可行性，并进行了较全面的成本效益分析，认定某些功能、服务、信息或资产不需要进一步保护。

### 7.2 风险处理过程

风险处理的过程包括现存风险判断、处理目标确立、处理措施选择和处理措施实施 4 个阶段。在信息安全风险管理过程中，接受风险评估的输出，为批准监督提供输入，监控审查和沟通咨询贯穿其四个阶段，如图 13 所示。

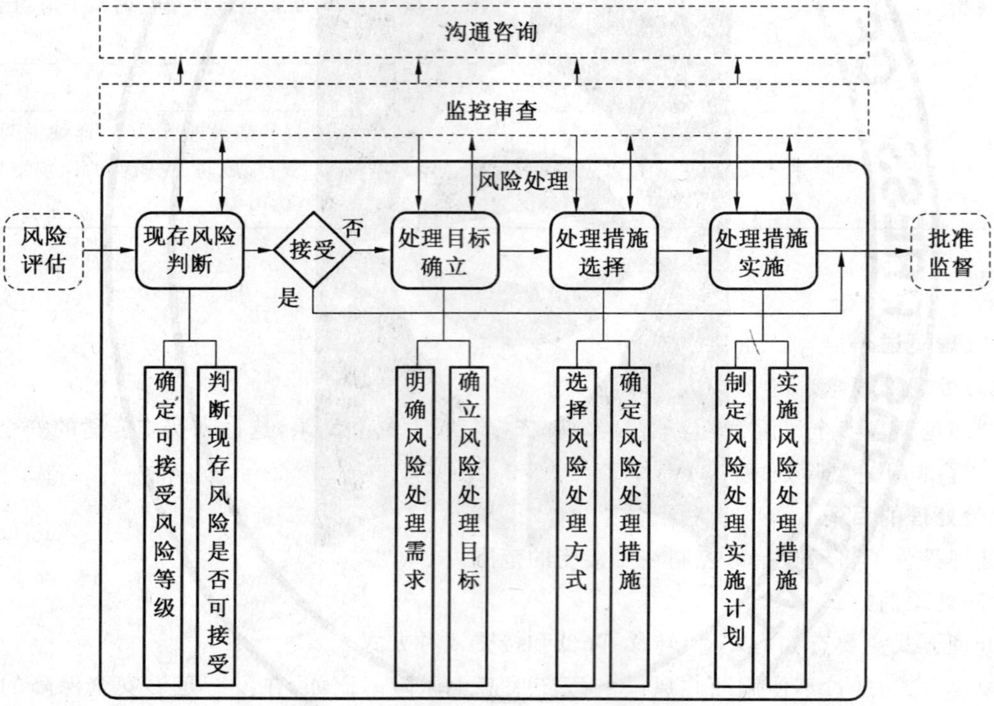


图 13 风险处理过程及其在信息安全风险管理中的位置

#### 7.2.1 现存风险判断

如图 14 所示，现存风险判断阶段的工作过程和内容如下：

a） 确定可接受风险等级。依据信息系统的描述报告、信息系统的分析报告、信息系统的安全要求报告和风险评估报告，确定可接受风险的等级，即把风险评估得出的风险等级划分为可接受和不可接受两种，形成风险接受等级划分表。

b） 判断现存风险是否可接受。依据风险评估报告和风险接受等级划分表，判断现存风险是否可接受，形成现存风险接受判断书。如果判断结果是可接受，则跳出风险处理过程，进入信息安全风险管理的批准监督；否则继续风险处理过程，进入处理目标确立阶段。现存风险接受判断书需要得到信息系统和信息安全风险管理决策层和管理层的认可和批准。

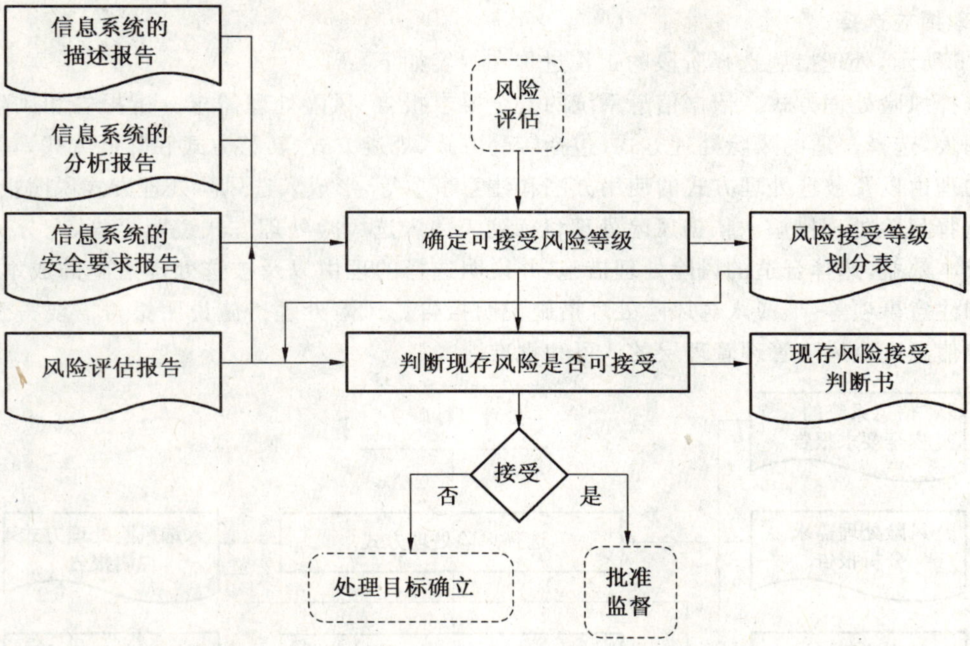


图 14　现存风险判断阶段的过程及其输入输出

#### 7.2.2　处理目标确立

如图 15 所示，处理目标确立阶段的工作过程和内容如下：

a)　分析风险处理需求。依据信息系统的描述报告、信息系统的分析报告、信息系统的安全要求报告、风险评估报告和风险接受等级划分表，从技术层面（即物理平台、系统平台、通信平台、网络平台和应用平台）、组织层面（即结构、岗位和人员）和管理层面（即策略、规章和制度），分析风险处理的需求，形成风险处理需求分析报告；

b)　确立风险处理目标。依据风险接受等级划分表和风险处理需求分析报告，确立风险处理的目标，包括处理对象及其最低保护等级，形成风险处理目标列表。风险处理目标列表需要得到信息系统和信息安全风险管理管理层的认可和批准。

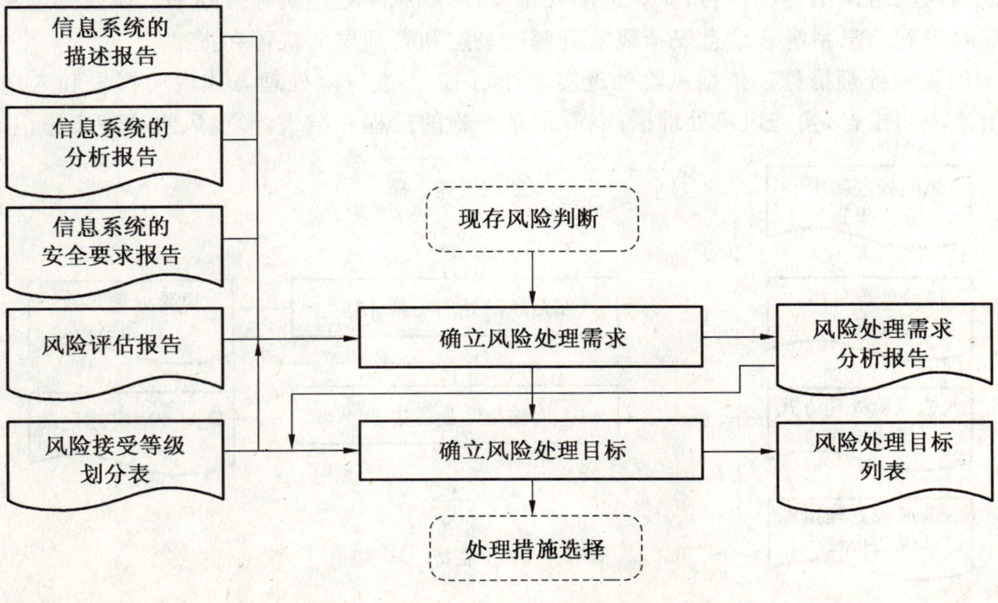


图 15　处理目标确立阶段的过程及其输入输出

7.2.3 **处理措施选择**

如图 16 所示，处理措施选择阶段的工作过程和内容如下：

a) 选择风险处理方式。依据信息系统的安全要求报告、风险处理需求分析报告和风险处理目标列表，选择合适的风险处理方式（包括接受方式、规避方式、转移方式和降低方式），并说明选择的理由以及被选处理方式的使用方法和注意事项等，形成入选风险处理方式说明报告。

b) 选择风险处理措施。依据风险处理目标列表和入选风险处理方式说明报告，充分分析和平衡成本效益，选择合适的风险处理措施，并说明选择的理由以及被选处理措施的成本、使用方法和注意事项等，形成入选风险处理措施说明报告。风险处理措施说明报告需要得到信息系统和信息安全风险管理管理层的认可和批准。

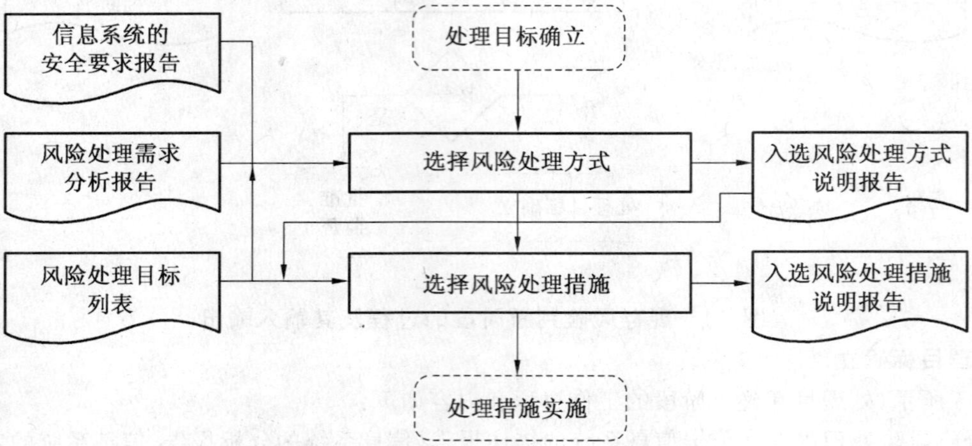


图 16 处理措施选择阶段的过程及其输入输出

7.2.4 **处理措施实施**

如图 17 所示，处理措施实施阶段的工作过程和内容如下：

a) 制定风险处理实施计划。依据风险处理需求分析报告、风险处理目标列表、入选风险处理方式说明报告和入选风险处理措施说明报告，制定风险处理的实施计划，包括风险处理的范围、对象、目标、组织结构、成本预算和进度安排等，形成风险处理实施计划书。风险处理实施计划书需要得到信息系统和信息安全风险管理决策层和管理层的认可和批准。

b) 实施风险处理措施。依据风险处理实施计划书、入选风险处理方式说明报告和入选风险处理措施说明报告，实施风险处理措施，并记录实施的过程和结果，形成风险处理实施记录。

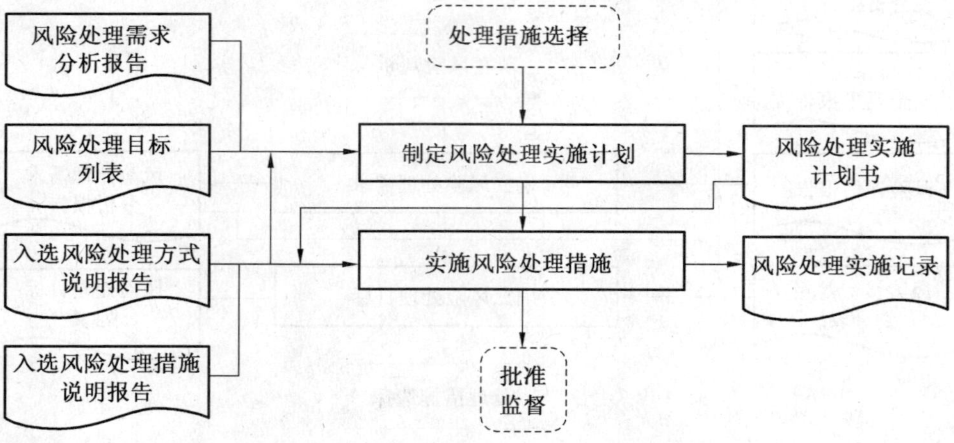


图 17 处理措施实施阶段的过程及其输入输出

### 7.3 风险处理文档

表4列出了风险处理过程的输出文档及其内容。输出文档的数量、名称和主要内容可以根据机构具体情况进行增加、删减或修改，但应涵盖表4中文档内容部分规定的内容。

表4 风险处理过程的输出文档及其内容

| 阶 段 | 输出文档 | 文 档 内 容 |
|---|---|---|
| 现存风险判断 | 风险接受等级划分表 | 风险接受等级的划分，即把风险评估得出的风险等级划分为可接受和不可接受两种 |
| | 现存风险接受判断书 | 现存风险是否可接受的判断结果 |
| 处理目标确立 | 风险处理需求分析报告 | 从技术层面(即物理平台、系统平台、通信平台、网络平台和应用平台)、组织层面(即结构、岗位和人员)和管理层面(即策略、规章和制度)，分析风险处理的需求 |
| | 风险处理目标列表 | 风险处理目标的列表，包括处理对象及其最低保护等级 |
| 处理措施选择 | 入选风险处理方式说明报告 | 选择合适的风险处理方式(包括规避方式、转移方式、降低方式和接受方式)，并说明选择的理由以及被选处理方式的使用方法和注意事项等 |

## 8 批准监督

### 8.1 批准监督概述

#### 8.1.1 批准监督的概念

批准监督是信息安全风险管理的第4步骤，包括批准和持续监督2部分：批准是指机构的决策层依据风险评估和风险处理的结果是否满足信息系统的安全要求，做出是否认可风险管理活动的决定；持续监督是指检查机构及其信息系统以及信息安全相关的环境有无变化，监督变化因素是否有可能引入新的安全隐患并影响到信息系统的安全保障级别。

批准应由机构内部或更高层的主管机构的决策层来执行。持续监督通常由机构内部管理层和执行层完成，必要时也可以委托支持层的外部专业机构提供支持，这主要取决于信息系统的性质和机构自身的专业能力。

#### 8.1.2 批准监督的原则

对风险评估和风险处理的结果的批准和持续监督，不是仅依据相关标准进行僵化的比对过程，而是紧紧围绕着信息系统所承载的业务，通过对业务的重要性和业务遭受损失后所带来的影响来开展相关工作。批准通过的依据有两个：

a) 信息系统的残余风险是可接受的；

b) 安全措施(包括风险评估和风险处理)满足信息系统当前业务的安全需求。

### 8.2 批准监督过程

批准监督的过程包括批准申请、批准处理和持续监督3个阶段。在信息安全风险管理过程中，接受风险处理的输出，是一次信息安全风险管理活动的终点，监控审查和沟通咨询贯穿其3个阶段，如图18所示。

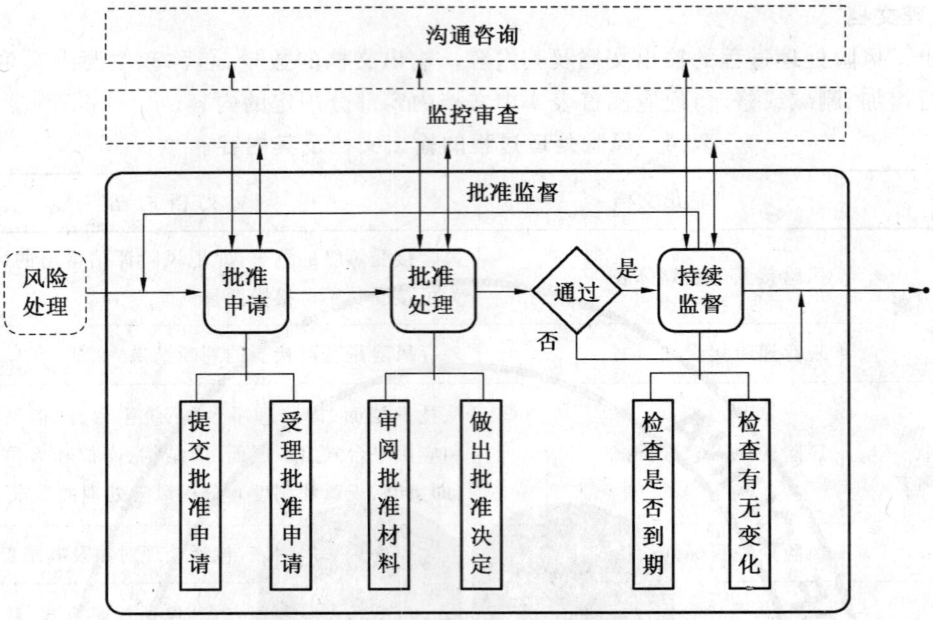


图 18 批准监督过程及其在信息安全风险管理中的位置

### 8.2.1 批准申请

如图 19 所示,批准申请阶段的工作过程和内容如下:

a) 提交批准申请。申请者填写批准申请书后,连同批准材料一并提交给批准机构。批准材料内容包括风险管理过程中输出的文档、软件和硬件等结果。批准申请书内容包括批准的范围、对象和期望,以及申请者的基本信息和签字等。批准机构由在信息系统和信息安全风险管理的决策层中负责重大决定的主管者构成。

b) 受理批准申请。批准机构接收批准申请书和审核结论报告并审查通过后,返回批准受理回执。批准受理回执内容包括同意受理、补充材料的要求和提交时间(如果需要),以及批准机构的名称和签章等。

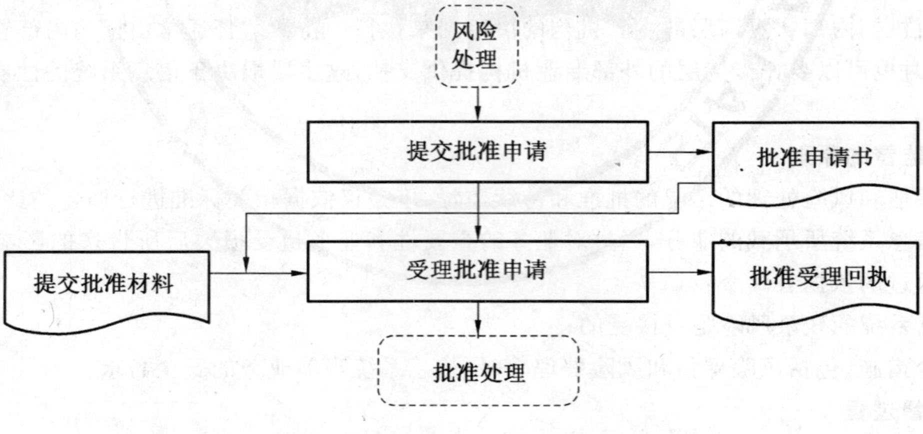


图 19 批准申请阶段的过程及其输入输出

### 8.2.2 批准处理

如图 20 所示,批准处理阶段的工作过程和内容如下:

a) 审阅批准材料。批准机构依据机构的使命和信息系统的安全要求报告,按照批准的原则、规定和程序,对批准材料进行审阅,与相关人员进行讨论和沟通,为批准决定做准备。

b) 做出批准决定。批准机构按照批准的原则、规定和程序,判断信息系统的安全要求是否得到满足,机构的信息安全保障级别是否达到其使命所需要的等级,依此做出批准决定,形成批准决定书,交付申请者。批准决定书内容包括批准的范围、对象、意见、结论(即是否通过)和有效期,以及批准机构的名称和签章等。如果通过批准,则进入持续监督阶段;否则,结束本次信息安全风险管理的循环,启动新一轮循环进行改进。

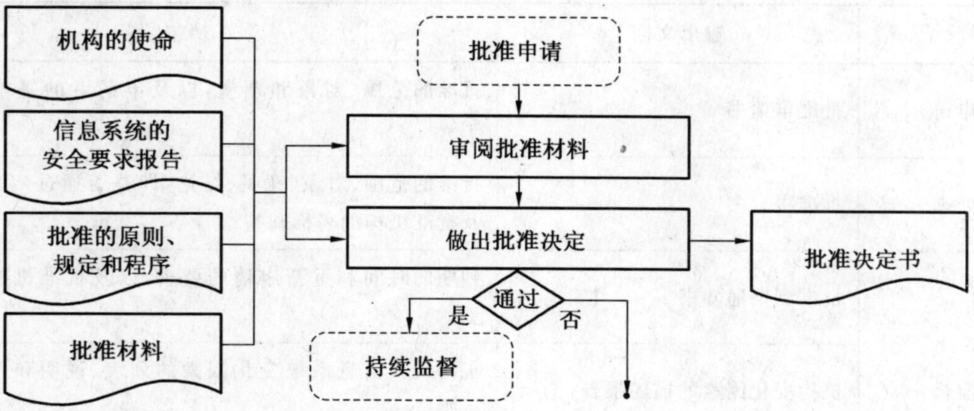


图 20　批准处理阶段的过程及其输入输出

### 8.2.3　持续监督

如图 21 所示,持续监督阶段的工作过程和内容如下:

a)　检查是否过期。如果批准有效期到期,则发出批准到期通知书。通知书的内容包括到期的时间和重新申请的要求,以及批准机构的名称和签章。批准有效期到期,需重新开始批准监督过程。

b)　检查有无变化。一是检查机构及其信息系统有无变化,比如,机构的使命、业务、组织结构、管理制度和技术平台等方面发展和变更;二是检查信息安全相关的环境有无变化,比如,新出台的安全相关的法律、法规、政策和标准,新的安全风险等。如果有变化,则分别给出机构变化因素的描述报告和环境变化因素的描述报告。描述报告的内容包括变化因素的列表、说明和安全隐患分析等。如果变化因素可能引入新的安全隐患并影响到安全保障级别,则结束本次信息安全风险管理的循环,启动新一轮循环进行风险评估和风险处理。

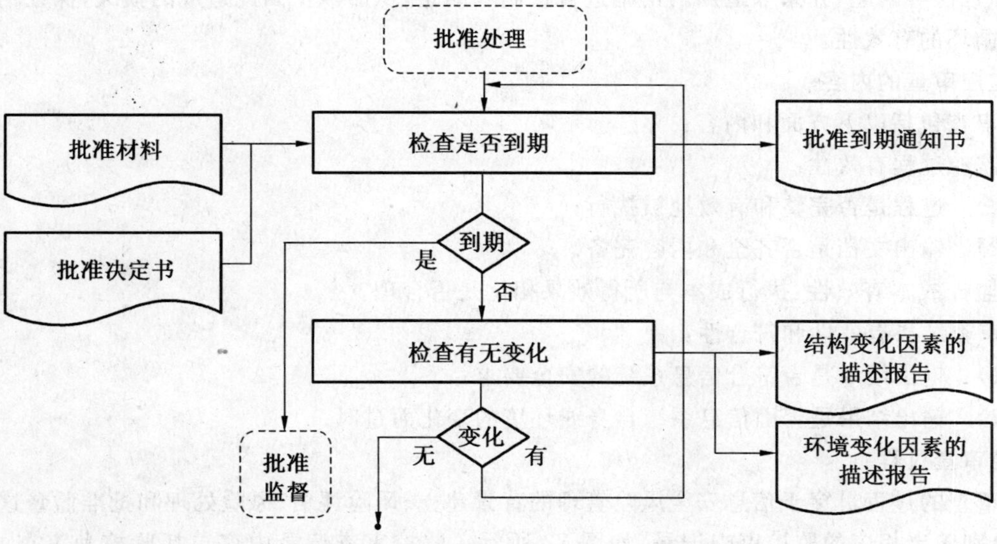


图 21　持续监督阶段的过程及其输入输出

### 8.3 批准监督文档

表5列出了批准监督过程的输出文档及其内容。输出文档的数量、名称和主要内容可以根据机构具体情况进行增加、删减或修改,但应涵盖表5中文档内容部分规定的内容。

表5 批准监督过程的输出文档及其内容

| 阶段 | 输出文档 | 文档内容 |
|---|---|---|
| 批准申请 | 批准申请书 | 批准的范围、对象和期望,以及申请者的基本信息和签字等 |
| 批准处理 | 批准决定书 | 批准的范围、对象、意见、结论(即是否通过)和有效期,以及批准机构的名称和签章等 |
| 持续监督 | 批准到期通知书 | 到期的时间和重新申请的要求,以及批准机构的名称和签章 |
| | 机构变化因素的描述报告 | 机构及其信息系统变化因素的列表、说明和安全隐患分析等 |
| | 环境变化因素的描述报告 | 信息安全相关环境变化因素的列表、说明和安全隐患分析等 |

## 9 监控审查

### 9.1 监控审查概述

#### 9.1.1 监控审查的概念

监控审查对信息安全风险管理循环的4个主体步骤(即背景建立、风险评估、风险处理和批准监督)进行监控和审查。监控是监视和控制,一是监视和控制风险管理过程,即过程质量管理,以保证过程的有效性;二是分析和平衡成本效益,即成本效益管理,以保证成本的有效性。审查是跟踪受保护系统自身或所处环境的变化,以保证结果的有效性和符合性。

#### 9.1.2 监控审查的意义

信息安全风险管理活动本身也会存在风险。监督与审查可以及时发现已经出现或即将出现的变化、偏差和延误等问题,并采取适当的措施进行控制和纠正,从而减少因此造成的损失,保证信息安全风险管理主循环的有效性。

#### 9.1.3 监控审查的内容

监控审查包括以下方面和内容:

a) 监控过程有效性:
   1) 过程是否完整和有效地被执行;
   2) 输出文档是否齐全和内容完备。
b) 监控成本有效性:执行成本与所得效果相比是否合理。
c) 审查结果有效性和符合性:
   1) 输出结果是否符合信息系统的安全要求;
   2) 输出结果是否因信息系统自身或环境的变化而过时。

### 9.2 监控审查过程

监控审查的过程贯穿于信息安全风险管理的背景建立、风险评估、风险处理和批准监督这4个基本步骤,并分别输出相应的监控审查记录,如图22所示。监控审查记录内容包括监控和审查的范围、对象、时间、过程、结果和措施等。

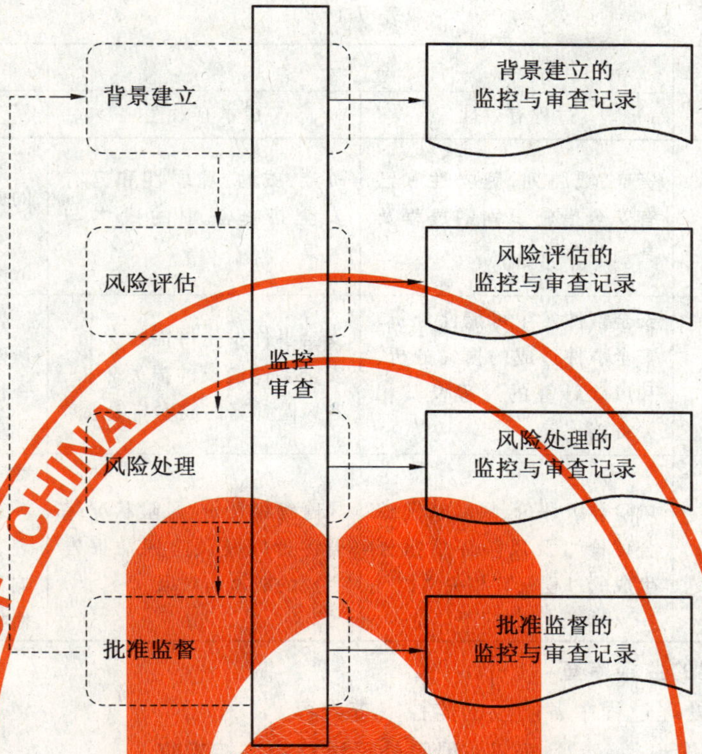


图 22　监控审查过程及其在信息安全风险管理中的位置

### 9.2.1　背景建立过程的监控审查

表 6 汇总了背景建立过程中各阶段的监控审查内容。

表 6　背景建立过程的监控审查

| 阶　段 | 监　控 | | 审　查 |
|---|---|---|---|
| | 过程有效性 | 成本有效性 | 结果有效性和符合性 |
| 风险管理准备 | 风险管理计划制定的过程及其相关文档 | 风险管理计划的成本与效果 | 风险管理计划书的时效和符合性 |
| 信息系统调查 | 信息系统调查的过程及其相关文档 | 信息系统调查的成本与效果 | 信息系统的描述报告的时效和符合性 |
| 信息系统分析 | 信息系统分析的过程及其相关文档 | 信息系统分析的成本与效果 | 信息系统的分析报告的时效和符合性 |
| 信息安全分析 | 信息系统安全要求分析的过程及其相关文档 | 信息系统安全要求分析的成本与效果 | 信息系统的安全要求报告的时效和符合性 |

### 9.2.2　风险评估过程的监控审查

表 7 汇总了风险评估过程中各阶段的监控审查内容。

表 7　风险评估过程的监控审查

| 阶　段 | 监　控 | | 审　查 |
|---|---|---|---|
| | 过程有效性 | 成本有效性 | 结果有效性和符合性 |
| 风险评估准备 | 风险评估的计划制定、方案确定以及方法和工具选择的过程及其相关文档 | 风险评估的计划、方案以及入选方法和工具的成本与效果 | 风险评估计划、风险评估方案和入选风险评估方法和工具列表的时效和符合性 |

表 7（续）

| 阶段 | 监控 | | 审查 |
| --- | --- | --- | --- |
| | 过程有效性 | 成本有效性 | 结果有效性和符合性 |
| 风险要素识别 | 资产、威胁列、脆弱性和已有安全措施识别的过程及其相关文档 | 资产、威胁、脆弱性和已有安全措施识别的成本与效果 | 需要保护的资产清单、面临的威胁列表、存在的脆弱性列表和已有安全措施列表的时效和符合性 |
| 风险分析 | 安全事件发生可能性分析、安全事件造成的损失分析、和风险计算的过程及其相关文档 | 安全事件发生可能性分析、安全事件造成的损失分析、和风险计算的成本与效果 | 风险计算报告的时效和符合性 |
| 风险结果判定 | 风险等级评价、风险状况综合评价以及风险评估报告生成的过程及其相关文档 | 风险等级评价、风险状况综合评价以及风险评估报告生成的成本与效果 | 威胁源等级列表、威胁行为等级列表、脆弱性等级列表、资产价值等级列表、影响程度等级列表和风险评估报告的时效和符合性 |

### 9.2.3　风险处理过程的监控审查

表 8 汇总了风险处理过程中各阶段的监控审查内容。

表 8　风险处理过程的监控审查

| 阶段 | 监控 | | 审查 |
| --- | --- | --- | --- |
| | 过程有效性 | 成本有效性 | 结果有效性和符合性 |
| 现存风险判断 | 可接受风险等级确定和现存风险接受判断的过程及其相关文档 | 可接受风险等级确定和现存风险接受判断的成本与效果 | 风险接受等级划分表和现存风险接受判断书的时效和符合性 |
| 处理目标确立 | 风险处理需求分析和风险处理目标确立的过程及其相关文档 | 风险处理需求分析和风险处理目标确立的成本与效果 | 风险处理需求分析报告和风险处理目标列表的时效和符合性 |
| 处理措施选择 | 风险处理方式和措施选择的过程及其相关文档 | 入选风险处理方式和措施的成本与效果 | 入选风险处理方式说明报告和入选风险处理措施说明报告的时效和符合性 |
| 处理措施实施 | 风险处理实施计划制定和风险处理措施实施的过程及其相关文档 | 风险处理实施计划制定和风险处理措施实施的成本与效果 | 风险处理实施计划书和风险处理实施记录的时效和符合性 |

### 9.2.4　批准监督过程的监控审查

表 9 汇总了批准监督过程中各阶段的监控审查内容。

表 9　批准监督过程的监控审查

| 阶段 | 监控 | | 审查 |
| --- | --- | --- | --- |
| | 过程有效性 | 成本有效性 | 结果有效性和符合性 |
| 批准申请 | 批准申请和受理的过程及其相关文档 | 批准申请和受理的成本与效果 | 批准申请书和批准受理回执的时效和符合性 |
| 批准处理 | 审阅批准材料和批准决定做出的过程及其相关文档 | 审阅批准材料和批准决定做出的成本与效果 | 批准决定书的时效和符合性 |

表 9（续）

| 阶 段 | 监 控 | | 审 查 |
|---|---|---|---|
| | 过程有效性 | 成本有效性 | 结果有效性和符合性 |
| 持续监督 | 审核结论报告和批准决定书到期检查和机构及其环境变化检查的过程及其相关文档 | 审核结论报告和批准决定书到期检查和机构及其环境变化检查的成本与效果 | 机构变化因素的描述报告和环境变化因素的描述报告的时效和符合性 |

## 9.3 监控审查文档

表 10 列出了监控审查过程的输出文档及其内容。输出文档的数量、名称和主要内容可以根据机构具体情况进行增加、删减或修改，但应涵盖表 10 中文档内容部分规定的内容。

表 10 监控审查过程的输出文档及其内容

| 过 程 | 输出文档 | 文 档 内 容 |
|---|---|---|
| 背景建立 | 背景建立的监控审查记录 | 背景建立过程中监控和审查的范围、对象、时间、过程、结果和措施等 |
| 风险评估 | 风险评估的监控审查记录 | 风险评估过程中监控和审查的范围、对象、时间、过程、结果和措施等 |
| 风险处理 | 风险处理的监控审查记录 | 风险处理过程中监控和审查的范围、对象、时间、过程、结果和措施等 |
| 批准监督 | 批准监督的监控审查记录 | 批准监督过程中监控和审查的范围、对象、时间、过程、结果和措施等 |

# 10 沟通咨询

## 10.1 沟通咨询概述

### 10.1.1 沟通咨询的概念

沟通咨询为信息安全风险管理主循环的 4 个步骤（即背景建立、风险评估、风险处理和批准监督）中相关人员提供沟通和咨询。沟通是为直接参与人员提供交流途径，以保持参与人员之间的协调一致，共同实现安全目标。咨询是为所有相关人员提供学习途径，以提高风险意识、知识和技能，配合实现安全目标。

### 10.1.2 沟通咨询的意义

为保证信息安全风险管理活动顺利和有效地进行，相关人员行动的协调和一致以及相关知识和技能的熟练掌握是十分关键的因素。通过畅通的交流和充分的沟通，保持行动的协调和一致；通过有效的培训和方便的咨询，保证行动者具有足够的知识和技能，就是沟通咨询的意义所在。

### 10.1.3 沟通咨询的目标

沟通咨询包括以下方面和目标：

a) 面向参与人员的沟通：
   1) 与决策层沟通，以得到理解和批准；
   2) 与管理层和执行层沟通，以得到理解和协作；
   3) 与支持层沟通，以得到了解和支持；
   4) 与用户层沟通，以得到了解和配合。

b) 面向相关人员的咨询：为所有层面的相关人员提供咨询和培训等，以提高人员的安全意识、知识和技能。

### 10.1.4 沟通咨询的方式

沟通咨询的双方角色不同，所采取的方式有所不同。有关信息安全风险管理相关人员的角色和责任的划分参见表1。表11给出了不同层面人员之间沟通咨询的方式。

**表11 沟通咨询的方式**

| 方式 | | 接受方 | | | | |
|---|---|---|---|---|---|---|
| | | 决策层 | 管理层 | 执行层 | 支持层 | 用户层 |
| 发出方 | 决策层 | 交流 | 指导和检查 | 指导和检查 | 表态 | 表态 |
| | 管理层 | 汇报 | 交流 | 指导和检查 | 宣传和介绍 | 宣传和介绍 |
| | 执行层 | 汇报 | 汇报 | 交流 | 宣传和介绍 | 培训和咨询 |
| | 支持层 | 培训和咨询 | 培训和咨询 | 培训和咨询 | 交流 | 培训和咨询 |
| | 用户层 | 反馈 | 反馈 | 反馈 | 反馈 | 交流 |

沟通咨询的各种方式说明如下：

a) 指导和检查指机构上级对下级工作的指导和检查，用以保证工作质量和效率，适用于决策层对管理层、决策层对执行层和管理层对执行层；

b) 表态指机构高层支持信息安全风险管理的对外表态，用以得到外界认同和支持，适用于决策层对支持层和决策层对用户层；

c) 汇报指机构下级对上级做工作汇报，用以得到上级认可，适用于管理层对决策层、执行层对决策层和执行层对管理层；

d) 宣传和介绍指机构的信息系统和信息安全风险管理的对外宣传和介绍，用以得到外界支持和配合，适用于管理层对支持层、管理层对用户层和执行层对支持层；

e) 培训和咨询指专业人员对信息安全风险管理相关人员的培训和咨询，用以提高人员的安全意识、知识和技能，适用于执行层对用户层、支持层对决策层、支持层对管理层和支持层对执行层；

f) 反馈指机构信息系统使用者对机构信息安全风险管理的意见反馈，用以了解实施效果和用户需求，适用于用户层对决策层、用户层对管理层、用户层对执行层和用户层对支持层；

g) 交流指同级或同行之间的对等交流，用以共享信息和协调工作，适用于决策层对决策层、管理层对管理层、执行层对执行层、支持层对支持层和用户层对用户层。

## 10.2 沟通咨询过程

沟通咨询的过程贯穿于信息安全风险管理的背景建立、风险评估、风险处理和批准监督这4个基本步骤，并分别输出相应的沟通咨询记录，如图23所示。沟通咨询记录内容包括沟通和咨询的范围、对象、时间、内容和结果等。

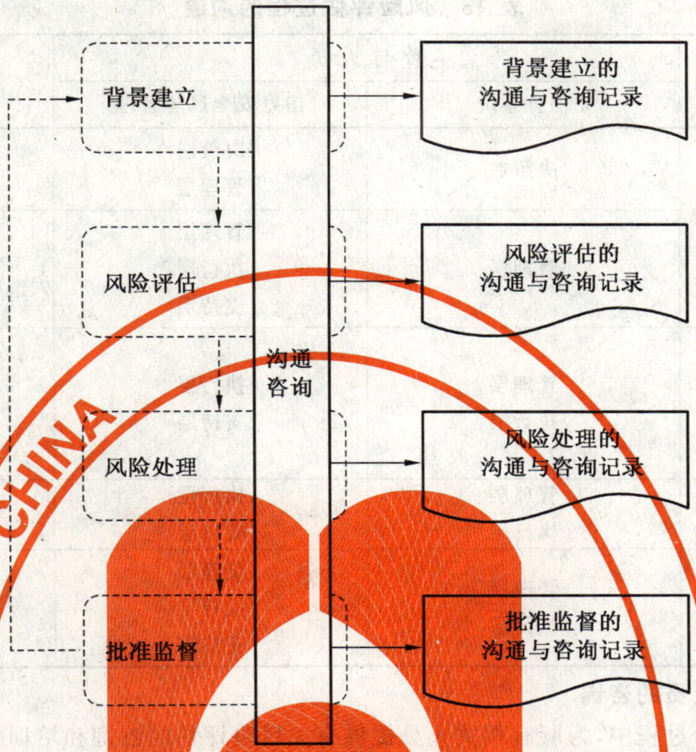


图 23 沟通咨询过程及其在信息安全风险管理中的位置

10.2.1 背景建立过程的沟通咨询

10.2.1.1 面向参与人员的沟通

表 12 汇总了背景建立过程中各阶段的沟通参与人员和涉及内容。

表 12 背景建立过程的沟通

| 阶 段 | 参与人员 | | 涉及内容 |
|---|---|---|---|
| | 信息系统 | 信息安全风险管理 | |
| 风险管理准备 | 决策层 | 决策层<br>管理层 | 风险管理计划书 |
| 信息系统调查 | 管理层<br>执行层 | 管理层<br>执行层<br>支持层 | 信息系统的描述报告 |
| 信息系统分析 | 管理层<br>执行层 | 管理层<br>执行层<br>支持层 | 信息系统的分析报告 |
| 信息安全分析 | 管理层<br>执行层 | 管理层<br>执行层<br>支持层 | 信息系统的安全要求报告 |

10.2.1.2 面向相关人员的咨询

在背景建立的整个过程中，为所有相关人员提供有关背景建立的咨询和培训等。

10.2.2 风险评估过程的沟通咨询

10.2.2.1 面向参与人员的沟通

表 13 汇总了风险评估过程中各阶段的沟通参与人员和涉及内容。

**表 13 风险评估过程的沟通**

| 阶段 | 参与人员 | | 涉及内容 |
|---|---|---|---|
| | 信息系统 | 信息安全风险管理 | |
| 风险评估准备 | 决策层 | 决策层<br>管理层 | 风险评估计划 |
| | 管理层 | 管理层<br>执行层<br>支持层 | 风险评估方案<br>入选风险评估方法和工具列表 |
| 风险要素识别 | 管理层<br>执行层 | 执行层<br>支持层 | 需要保护的资产清单<br>面临的威胁列表<br>存在的脆弱性列表<br>已有安全措施列表 |
| 风险分析 | 管理层<br>执行层 | 执行层<br>支持层 | 风险计算报告 |
| 风险结果判定 | 管理层<br>执行层 | 管理层<br>执行层<br>支持层 | 风险程度等级列表<br>风险评估报告 |

**10.2.2.2 面向相关人员的咨询**

在风险评估的整个过程中,为所有相关人员提供有关风险评估的咨询和培训等。

**10.2.3 风险处理过程的沟通咨询**

**10.2.3.1 面向参与人员的沟通**

表 14 汇总了风险处理过程中各阶段的沟通参与人员和涉及内容。

**表 14 风险处理过程的沟通**

| 阶段 | 参与人员 | | 涉及内容 |
|---|---|---|---|
| | 信息系统 | 信息安全风险管理 | |
| 现存风险判断 | 决策层<br>管理层 | 决策层<br>管理层<br>执行层<br>支持层 | 风险接受等级划分表<br>现存风险接受判断书 |
| 处理目标确立 | 管理层 | 管理层<br>执行层<br>支持层 | 风险处理需求分析报告<br>风险处理目标列表 |
| 处理措施选择 | 管理层<br>执行层 | 管理层<br>执行层<br>支持层 | 入选风险处理方式说明报告<br>入选风险处理措施说明报告 |
| 处理措施实施 | 管理层<br>执行层 | 管理层<br>执行层<br>支持层 | 风险处理实施计划书<br>风险处理实施记录 |

**10.2.3.2 面向相关人员的咨询**

在风险处理的整个过程中,为所有相关人员提供有关风险处理的咨询和培训等。

**10.2.4 批准监督过程的沟通咨询**

**10.2.4.1 面向参与人员的沟通**

表 15 汇总了批准监督过程中各阶段的沟通参与人员和涉及内容。

表 15 批准监督过程的沟通

| 阶 段 | 参与人员 | | 涉及内容 |
|---|---|---|---|
| | 信息系统 | 信息安全风险管理 | |
| 批准申请 | 管理层 | 决策层<br>管理层<br>执行层 | 批准申请书<br>批准受理回执 |
| 批准处理 | 决策层<br>管理层 | 决策层<br>管理层 | 批准决定书 |
| 持续监督 | 管理层<br>执行层 | 管理层<br>执行层 | 机构变化因素的描述报告<br>环境变化因素的描述报告 |

10.2.4.2 面向相关人员的咨询

在批准监督的整个过程中，为所有相关人员提供有关批准监督的咨询和培训等。

10.3 沟通咨询文档

表 16 列出了沟通咨询过程的输出文档及其内容。输出文档的数量、名称和主要内容可以根据机构具体情况进行增加、删减或修改，但应涵盖表 16 中文档内容部分规定的内容。

表 16 沟通咨询过程的输出文档及其内容

| 过 程 | 输出文档 | 文档内容 |
|---|---|---|
| 背景建立 | 背景建立的沟通咨询记录 | 背景建立过程中沟通和咨询的范围、对象、时间、内容和结果等 |
| 风险评估 | 风险评估的沟通咨询记录 | 风险评估过程中沟通和咨询的范围、对象、时间、内容和结果等 |
| 风险处理 | 风险处理的沟通咨询记录 | 风险处理过程中沟通和咨询的范围、对象、时间、内容和结果等 |
| 批准监督 | 批准监督的沟通咨询记录 | 批准监督过程中沟通和咨询的范围、对象、时间、内容和结果等 |

## 11 信息系统规划阶段的信息安全风险管理

### 11.1 安全目标和安全需求

信息系统规划阶段的安全目标是明确信息系统安全建设的目的，对信息系统安全建设实现的可能性进行分析论证并设计出总体安全规划方案。为了保证安全目标的实现，需要对信息系统规划阶段中可能引入安全风险的环节进行风险管理，从而降低在项目后期处理相同安全风险所带来的高额成本。

信息系统规划阶段所涉及的主要安全需求包括：

a) 明确安全总体方针；

b) 确保安全总体方针源自业务期望；

c) 清晰描述所涉及系统的安全现状；

d) 提交明确的安全需求文档；

e) 明确风险评估准则并达成一致；

f) 清晰描述从系统的那些层次进行安全实现；

g) 对系统规划中安全实现的可能性进行充分分析、论证。

### 11.2 风险管理的过程与活动

#### 11.2.1 风险管理过程概述

依据信息系统规划阶段的安全目标和安全需求，该阶段的主要风险管理活动包括：明确信息系统安全总体方针、信息系统安全需求分析、风险评估准则达成一致、信息系统安全实现论证分析等，同时在上述过程中通过监控审查、沟通咨询来确保本阶段风险管理目标的实现。各项活动在风险管理过程中所处位置如表17所示。

表17　信息系统规划阶段的主要风险管理活动

| 序　号 | 风险管理活动 | 所处风险管理过程 |
|---|---|---|
| 1 | 明确安全总体方针 | 背景建立 |
| 2 | 安全需求分析 | 背景建立 |
| 3 | 风险评估准则达成一致 | 风险评估 |
| 4 | 安全实现论证分析 | 风险处理、批准监督 |

对于上述风险管理活动，由于处于项目的起始阶段，因此特别需要重视沟通与监控的环节。确保在项目的规划阶段，就安全目标、管理范围、评价准则等在机构内达成一致是项目能否顺利进行和成功完成的关键。

### 11.2.2　明确安全总体方针

可通过以下方法来管理安全总体方针制定过程中可能引入的安全风险：

a)　应对安全总体方针文档的完整性、条理性、明确性等进行审查；

b)　应参考国家标准、相关国际标准、行业标准及公认安全管理实践等对安全总体方针文档的内容进行审查。

审查的内容至少应包括以下项目：

a)　是否已经制定并发布了能够反映机构安全管理意图的信息安全文件：

　1)　审查机构当前业务期望；

　2)　审查机构当前安全总体方针；

　3)　审查机构当前安全策略。

b)　风险管理过程的执行是否有机构保障：

　1)　审查组织机构的结构合理性；

　2)　审查职责分工的合理性；

　3)　审查监控审查过程的合理性。

c)　是否有专人按照特定的过程定期进行复审与评价：

　1)　审查机构当前风险管理复查过程；

　2)　审查复查情况及调整计划；

　3)　审查能否确保当系统安全状态发生变化时及时地进入复审与评价的过程，以便及时地修改安全策略，恢复到机构可接受的安全状态。

d)　风险管理的范围是否明确。

以上项目需根据信息系统具体情况进行增加或删减，对于安全总体方针的审查过程需得到信息系统所属机构相关部门的批准监督。

### 11.2.3　安全需求分析

可通过以下方法来管理安全需求分析过程中可能引入的安全风险：

a)　应对安全需求分析文档的完整性、条理性、明确性等进行审查；

b)　应采用信息安全风险分析方法，通过对信息系统进行风险评估来发现当前安全保障体系中存在的不足。

以上过程中，缺少任何一个过程都将给风险评估结果带来较大的偏差，因此应重视过程的全面性并保证每个过程的正确实施。

对于安全需求分析文档的审查过程需得到信息系统所属机构相关部门的批准监督。

### 11.2.4　风险评估准则达成一致

可通过以下方法来管理风险评估准则制定过程中可能引入的安全风险：

a) 应对风险评估准则文档的完整性、条理性、明确性等进行审查。

b) 可通过问卷调查或专人访谈的方式审查风险评估准则是否得到信息系统所属机构一致性的认可。审查项目如下：

1) 风险管理的要素是否得到一致性认可；

2) 风险评估准则是否得到一致性认可。

对于风险评估准则，机构应保证准则文档的清晰性和明确性，以及是否得到机构的一致认可，如果风险评估准则不能达成一致，这将直接导致无法对风险作出公认的评价，从而导致风险评估的失败。

对于风险评估准则的审查过程需得到信息系统所属机构相关部门的批准监督。

### 11.2.5 安全实现可能性论证分析

可通过以下方法来管理系统规划安全实现论证过程中可能引入的安全风险：

a) 应对系统规划文档的完整性、条理性、明确性等进行审查。

b) 应对系统规划中安全实现方案进行详细的分析和论证。审查项目如下：

1) 系统规划中是否考虑信息系统的威胁、环境，并制定安全实现方案；

2) 系统规划中是否描述信息系统预期使用的信息，包括预期的应用、信息资产的重要性、潜在的价值、可能的使用限制、对业务的支持程度等；

3) 系统规划中是否描述所有与信息系统安全相关的运行环境，包括物理和人员的安全配置，以及明确相关的法规、组织安全策略、专门技术和知识等。

## 12 信息系统设计阶段的信息安全风险管理

### 12.1 安全目标和安全需求

信息系统设计阶段的安全目标是依据规划阶段输出的总体安全规划方案来设计信息系统安全的实现结构（包括功能划分、接口协议和性能指标等）和实施方案（包括实现技术、设备选型和系统集成等）。在设计信息系统的实现结构和实施方案时，在技术的选择、配合、管理等众多的环节均容易引入安全风险，因此对关键的环节应提出必要的安全要求并有针对性地进行安全风险管理。

信息系统设计阶段的主要安全需求包括：

a) 设计方案符合系统建设规划；

b) 设计方案中的安全需求符合规划阶段的安全目标；

c) 对用以实现安全系统的各类技术进行有效性评估；

d) 对用于实施方案的产品需满足安全保护等级的要求；

e) 对自开发的软件要在设计阶段就充分考虑安全风险。

### 12.2 风险管理的过程与活动

#### 12.2.1 风险管理过程概述

依据信息系统设计阶段的安全目标和安全需求，该阶段的主要风险管理活动包括：信息系统安全设计方案分析论证、安全技术和安全产品选择、自开发软件设计风险处理等，同时在上述过程中通过监控审查、沟通咨询来确保本阶段风险管理目标的实现。各项活动在风险管理过程中所处位置如表18所示。

表18 信息系统设计阶段的主要风险管理活动

| 序　号 | 风险管理活动 | 所处风险管理过程 |
| --- | --- | --- |
| 1 | 设计方案分析论证 | 背景建立、风险评估 |
| 2 | 安全技术选择 | 风险处理 |
| 3 | 安全产品选择 | 风险处理 |
| 4 | 自开发软件设计风险处理 | 风险处理 |

对于上述风险管理活动，应该注重通过足够的外部咨询来学习、了解各种技术和产品的优缺点，并在充分的内部沟通的基础上得出技术选择说明、产品选型说明以及软件安全要求文档。

#### 12.2.2 设计方案分析论证

可通过以下方法来管理系统设计方案分析论证过程中可能引入的安全风险：

a) 设计方案是否符合系统建设规划，并得到最高管理者的认可；
b) 设计方案中的安全需求是否符合规划阶段的安全目标，并基于威胁的分析，制定信息系统的总体安全策略；
c) 设计方案是否对系统建设后面临的威胁进行了分析，重点分析来自物理环境和自然的威胁，以及由于内、外部入侵等造成的威胁；
d) 设计方案是否对设计原型中的技术实现以及人员、组织管理等方面的脆弱性进行评估，包括设计过程中的管理脆弱性和技术平台固有的脆弱性；
e) 设计方案是否考虑随着其他系统接入而可能产生的风险；
f) 设计活动中所采用的安全控制措施、安全技术保障手段对风险的影响。在安全需求变更和设计变更后，也需要重复这项评估。

#### 12.2.3 安全技术选择

可通过以下方法来管理安全技术选择过程中可能引入的安全风险，从而构建符合要求的安全保障体系：

a) 参考现有国内外安全标准；
b) 参考国内外公认安全实践；
c) 参考行业标准；
d) 专家委员会决策。

在项目设计阶段，需充分考虑所选择的安全技术能够解决问题的程度，即技术选择的有效性。如果技术选择不合理，将直接导致相应安全弱点的暴露，安全风险的发生将是显而易见的。

对于技术选择文档的审查过程需得到信息系统所属机构相关部门的批准监督。

#### 12.2.4 安全产品选型

可通过以下方法来管理安全产品选型过程中可能引入的安全风险：

a) 审查是否符合相关安全标准要求；
b) 审查是否通过相关认证机构的认证；
c) 审查是否满足当前安全保障等级的要求；
d) 审查产品的实用性；
e) 集中测试；
f) 专家会议决策。

安全产品选型的合理程度将直接影响原有设计方案所要求达到的安全防御效果。因此在项目设计阶段要做好安全产品选型的工作。

对于产品选型文档的审查过程需得到信息系统所属机构相关部门的批准监督。

#### 12.2.5 自开发软件设计风险处理

可通过以下方法来管理自开发的非通用软件在前期设计过程中可能引入的安全风险：

a) 清晰描述软件的安全功能需求；
b) 在设计规格说明书中明确指出实现的方法；
c) 参考相关标准如 GB/T 18336.2—2008 对设计说明书的安全功能进行审查、补充；
d) 对各安全功能进行详细的功能测试。

对于自主开发的非通用软件，通常由于各种原因而存在众多的安全风险，这些风险直接影响了系统的正常运行。因此应在设计阶段对软件进行风险处理。

对于软件设计说明文档的审查过程需得到信息系统所属机构相关部门的批准监督。

## 13 信息系统实施阶段的信息安全风险管理

### 13.1 安全目标和安全需求

信息系统实施阶段安全目标是按照规划和设计阶段所定义的信息系统安全实施方案，采购设备和软件，开发定制功能，集成、部署、配置和测试信息系统的安全机制，培训人员，并对是否允许系统投入运行进行批准监督。

信息系统实施阶段的主要安全需求包括：

a) 确保采购的设备、软件和其他系统组件满足已定义的安全要求；

b) 确保定制开发的软件和系统满足已定义的安全要求；

c) 确保整个系统已按照设计要求进行了部署和配置，并通过整体的安全测试来验证系统的安全功能和安全特性符合设计要求；

d) 通过对相关人员的操作培训和安全培训，确保人员已具备维持系统安全功能和安全特性的能力；

e) 通过对系统投入运行前的批准监督，确保信息系统的使用已得到授权。

在实施阶段，风险管理的主要目标是确保上述安全需求已得到实现。

### 13.2 风险管理的过程与活动

#### 13.2.1 风险管理过程概述

依据信息系统实施阶段的安全目标和安全需求，该阶段的主要风险管理活动包括：安全测试、检查与配置、人员培训及授权运行，同时在上述过程中通过监控审查、沟通咨询来确保本阶段风险管理目标的实现。各项活动在风险管理过程中所处位置如表19所示。

表19 信息系统实施阶段的主要风险管理活动

| 序号 | 风险管理活动 | 所处风险管理过程 |
|---|---|---|
| 1 | 安全测试 | 风险评估 |
| 2 | 检查与配置 | 风险处理 |
| 3 | 人员培训 | 风险处理 |
| 4 | 授权系统运行 | 批准监督 |

在检查与配置、安全测试活动中，信息系统安全员应与系统使用人员、系统管理人员在系统安全功能和安全特性、测试计划和测试过程方面进行充分沟通，并相互配合来完成风险处理的工作。信息系统安全员还应监控上述实施过程，如发现问题及时向主管领导汇报。

#### 13.2.2 安全测试

系统安全测试是对所开发或采购的系统特定部分的测试和整个系统的测试，内容包括：

a) 采购的设备和软件、定制的软件和系统各部分安全功能和安全特性的测试；

b) 对集成后整个系统的整体安全测试；

c) 对安全管理、物理设施、人员、流程、业务或内部服务（如网络服务）的使用，以及应急计划等进行测试。

如果在开发或采购阶段增加了新的处理措施，应进行重新测试。安全测试可以由信息系统所属机构内部实施，也可以聘请第三方专业机构实施。

测试之前应制定测试计划，并对测试过程和测试结果进行记录。

#### 13.2.3 检查与配置

应对采购的设备、软件、定制开发的软件和系统进行检查并正确配置，内容包括：

a) 检查采购的设备和软件是否具有国家主管部门的生产和销售许可证，以及是否通过了国家有关部门的测评和认证；

b） 检查采购的设备和软件、定制的软件和系统所具备的安全功能和安全特性；

c） 按照产品说明书和设计说明书正确配置设备、软件和系统，确保符合设计要求。

如果在系统实施的过程中增加了新的安全处理措施，还应对新增加的措施给原有系统带来的风险进行分析，确保增加的处理措施与原有设计保持协调和一致。

#### 13.2.4 人员培训

培训的对象包括系统的使用人员、系统维护人员和安全管理人员，培训过程是沟通咨询的重要体现，培训内容包括：

a） 系统的操作流程和操作方法；

b） 安全意识、基本安全技术知识和安全管理知识；

c） 系统维护和安全功能的使用；

d） 安全管理制度和管理流程；

e） 系统安全事件的应急处理流程和恢复流程。

#### 13.2.5 授权系统运行

信息系统在投入运行前应进行批准监督。负责审批的管理者应与系统安全员、系统管理人员、系统使用人员进行充分沟通，必要时还可以聘请专家进行咨询，以便对系统是否可以投入运行做出正确决策。管理者对信息系统可以有以下 3 种授权方式：

a） 授权系统全面运行——在对安全测试的结果进行评估之后，如果系统的残余风险被认为是完全可以接受的，那么就可以为系统发布一个全面运行的授权。这时信息系统已被认可，可以没有限制地或制约地投入运行。

b） 临时批准运行——在对安全测试的结果做出评估之后，如果系统的残余风险被认为不能完全接受，但是又迫切需要将信息系统投入运行，或机构的使命需要其继续运行，那么就会为信息系统发布一个临时的运行批准。临时批准提供的是一种有限制的授权，允许信息系统在特定时限和条件下投入运行，并使相关人员了解到机构的运行和资产在限定时间内具有相对更高的风险。

临时运行批准允许时限应与信息系统的风险等级相关联，最长不应超过一年。在临时批准运行结束前，信息系统应满足全面批准运行的条件，开始全面批准的运行，否则应停止系统运行。

c） 拒绝对运行进行授权——在对安全测试的结果做出评估之后，如果系统的残余风险被认为是不可以接受的，那么就要拒绝批准信息系统投入运行。对于被拒绝运行的系统，信息系统拥有者应与授权管理者和其他相关方进行沟通，重新制定风险处理措施和改进计划，将信息系统的安全风险降低到可接受的程度后，再进行授权审批。

## 14 信息系统运行维护阶段的信息安全风险管理

### 14.1 安全目标和安全需求

信息系统运行维护阶段安全目标是在信息系统经过授权投入运行之后，确保在运行过程中，以及信息系统或其运行环境发生变化时维持系统的正常运行和安全性。

信息系统运行维护阶段的安全需求包括：

a） 在信息系统未发生更改的情况下，维持系统的正常运行，进行日常的安全操作及安全管理；

b） 在信息系统及其运行环境发生变化的情况下，进行风险评估并针对风险制定处理措施；

c） 定期进行风险再评估工作，维持系统的持续安全；

d） 定期进行信息系统的重新审批工作，确保系统授权的时间有效性。

在运行维护阶段，风险管理的主要目标是确保上述安全需求已得到实现。

## 14.2 风险管理的过程与活动

### 14.2.1 风险管理过程概述

依据信息系统运行维护阶段的安全目标和安全需求，该阶段的主要风险管理活动包括：安全运行和管理、变更管理、风险再评估、定期重新审批，同时在上述过程中通过监控审查、沟通咨询来确保本阶段风险管理目标的实现。各项活动在风险管理过程中所处位置如表 20 所示。

**表 20 信息系统运行维护阶段的主要风险管理活动**

| 序　号 | 风险管理活动 | 所处风险管理过程 |
|---|---|---|
| 1 | 安全运行和管理 | 风险评估、风险处理 |
| 2 | 变更管理 | 风险评估、风险处理 |
| 3 | 风险再评估 | 风险评估、风险处理 |
| 4 | 定期重新审批 | 批准监督 |

图 24 描述了运行维护阶段风险管理活动的过程。

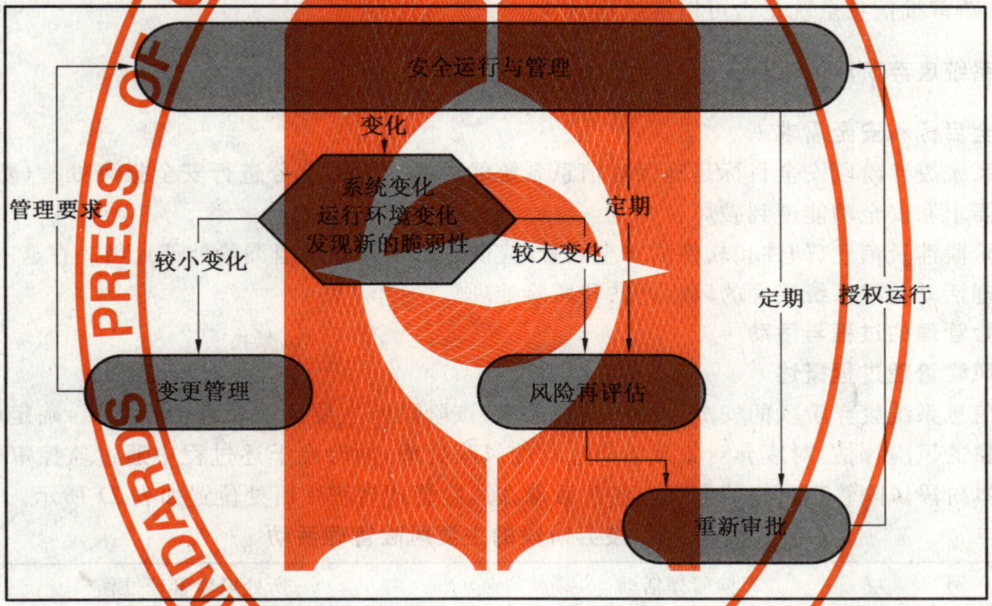


**图 24 运行维护阶段的风险管理活动**

安全运行和管理活动贯穿于整个运行维护阶段，在系统发生变化、运行环境发生变化以及发现新的脆弱性的情况下，应进行系统变更管理，并将管理要求反馈到安全运行与管理活动中；在变化较大的情况下，应进行风险再评估，再评估活动也应定期进行；系统授权运行的重新审批工作也应定期进行，保证系统的授权维持时间有效性。

### 14.2.2 安全运行和管理

信息系统在开始运行之后，应按照处理措施所定义的系统操作要求、运行要求和管理要求，进行安全操作和安全管理，保证系统的安全功能的实现。安全运行和管理的例子包括执行备份、举办培训课程、管理密钥、更新用户管理和访问特权、以及更新安全软件等。

### 14.2.3 变更管理

在信息系统及其运行环境发生变化时，应评估其风险，并制定和实施相应的处理措施来控制风险。变更管理包括以下几个方面：

a) 信息系统的变更：包括系统升级、增加新功能、发现新的系统威胁和脆弱性等；

b) 系统运行环境的变更：包括系统的硬环境、软环境的变化以及法律法规环境的变化。

在信息系统及其运行环境发生变化时，应执行风险管理过程中的风险评估过程和风险处理过程，分析可能出现的新风险，并制定和实施处理措施对风险进行处理。

变更管理主要用于信息系统及其运行环境发生变化不大的情况，变更管理无需对系统运行进行重新授权。

#### 14.2.4 风险再评估

风险再评估是重新对系统进行风险评估的过程。应定期进行系统的风险再评估，在信息系统及其运行环境发生重大变化时，也应适时进行风险再评估。定期风险评估的周期一般应为一年，最长不应超过2年。

风险再评估后应执行风险处理过程，针对风险制定和实施处理措施。

#### 14.2.5 重新审批

重新审批是重新执行信息系统批准监督的过程。信息系统在运行一段时间之后，系统及其运行环境、风险环境都会发生变化，应重新确认系统风险是否仍在可接受的范围内。

信息系统授权的重新审批应以风险再评估的结果为依据，根据系统风险再评估后的风险状况和残余风险，重新审批信息系统是否可以继续运行。

## 15 信息系统废弃阶段的信息安全风险管理

### 15.1 安全目标和安全需求

信息系统废弃阶段安全目标是确保对信息系统的过时或无用部分进行安全报废处理，防止信息系统的安全要求和安全功能遭到破坏。

废弃阶段涉及信息、硬件和软件的安全处置，应防止将敏感信息泄漏给外部人员。在这一阶段主要的风险管理活动是对系统废弃的风险评估和风险处理。

### 15.2 风险管理的过程与活动

#### 15.2.1 风险管理过程概述

依据信息系统废弃阶段的安全目标和安全需求，该阶段的主要风险管理活动包括：确定废弃对象，对废弃对象的风险评估，对废弃对象及废弃过程的风险处理，同时在上述过程中通过监控审查、沟通咨询来确保本阶段风险管理目标的实现。各项活动在风险管理过程中所处位置如表21所示。

表21 废弃阶段的主要风险管理活动

| 序　号 | 风险管理活动 | 所处风险管理过程 |
|---|---|---|
| 1 | 确定废弃对象 | 背景建立 |
| 2 | 废弃对象的风险评估 | 风险评估 |
| 3 | 废弃过程的风险处理 | 风险处理 |
| 4 | 废弃后的评审 | 批准监督 |

#### 15.2.2 确定废弃对象

信息系统在经过一段时间的运行及使用之后，系统的部分或全部可能不再需要。这时需要对废弃的部分进行分析，确定系统的哪些部分需要废弃。废弃对象的考虑范围包括被废弃的信息、硬件、软件、或者是整个系统。

应建立废弃对象的清单，并进行标识。

#### 15.2.3 废弃对象的风险评估

废弃系统的风险评估主要应考虑被废弃的信息、硬件和软件的安全要求，分析废弃对原有系统造成的威胁和脆弱性，评估不安全废弃可能带来的影响和可能性。

废弃系统的安全要求应在保证原有系统的保密性、完整性和可用性的前提下，重点考虑废弃信息与系统的保密性要求，确保敏感信息不会泄漏。

**15.2.4 废弃过程的风险处理**

废弃过程的风险处理应考虑建立废弃系统的安全处置程序，可考虑以下处理措施：

a) 对载有敏感信息的媒体应加以安全妥当的保存或采用安全的方式加以处置，如焚烧或碎片，或在清空数据后供本组织内的其他方面使用。

b) 把所有的媒体收集起来并进行安全的处置，比试图分离出敏感的物品可能更加容易。

c) 许多组织对文件、设备和媒体提供收集和处置的服务。应注意选择一个适当的具有足够的处理措施和经验的承包商。

d) 若可能，对敏感物品的处置应进行记录，以便保持审核踪迹。

在堆积媒体等候集中处理时，应当考虑到聚集效应，即大量未分类信息堆置在一起可能比少量已分类的信息更敏感。

**15.2.5 废弃后的评审**

在执行完废弃过程后应对系统废弃后的残余风险进行评审，确保残余风险是在信息系统的可接受范围内。

评审的内容包括确认废弃后系统中的敏感信息已被有效清除，系统废弃的安全要求已得到满足等。

# 附 录 A
（资料性附录）
# 风险处理参考模型及其需求和措施

## A.1 风险处理参考模型

风险处理按照演进路线可参考以下模型：传统安全防护处理模型、PDR 模型、P2DR 模型以及 P2DR2 模型等四种。说明如下：

a) 传统安全防护处理模型。该方法对信息系统进行审计分析，制定相应的安全策略，采取一定的安全防护措施。采用该模型的前提是，要保证信息系统的正确设置、比较完善的防御手段、威胁及弱点相对固定。适用于规模较小，安全要素相对没有动态变化的网络或信息系统，无需检测和反应机制。

b) PDR 模型。该模型的风险处理模型包含防护、检测、反应等 3 个过程，对三者的时间要求满足：$Dt + Rt < Pt$，其中，Dt 是系统能够检测到网络攻击或入侵所花费的时间，Rt 是从发现对信息系统的入侵开始到系统做出足够反应的时间，Pt 是系统设置各种保护措施的有效防护时间，也就是外界入侵实现对安全目标侵害目的所需要的时间。此模型着重强调 PDR 行为的时间要求，可以不包含风险分析及相关安全策略的制定。

c) P2DR 模型。在 PDR 模型的基础上，通过对系统的审计分析得出贯穿整个 PDR 过程的安全策略，形成安全审计、策略、防护、检测、响应的动态安全处理循环系统。

d) P2DR2 模型。PPDRR 模型是典型的、公认的安全处理模型。它是一种动态的、自适应的安全处理模型，可适应安全风险和安全需求的不断变化，提供持续的安全保障。PPDRR 模型包括策略(Policy)、防护(Protection)、检测(Detection)、响应(Response)和恢复(Recovery)5 个主要部分。防护、检测、响应和恢复构成一个完整的、动态的安全循环，在安全策略的指导下共同实现安全保障。风险处理就是基于风险的安全处理，所以，PPDRR 模型同样适用于风险处理。该模型是随着现代风险评估理论趋于成熟后形成的全网动态安全防护模型，一般应包含动态的风险评估体系、动态的安全策略制定、动态的防御系统、实时的监控系统、实时的响应及灾难恢复机制以及健全的安全管理体系。

根据各类信息系统的差异化安全保护要求，建议对不同等级的信息系统采取不同要求的风险处理模型，对于安全保护等级为 4 及以上者，建议采用 P2DR2 模型，安全保护等级为 3 者，建议参考 P2DR2 模型，安全保护等级为 2 及以下者，不作要求。

## A.2 风险处理的需求和措施

表 A.1 根据 P2DR2 模型列出了主要的风险处理需求及其相应的风险处理措施。

**表 A.1 主要的风险处理需求及其相应的风险处理措施**

| P2DR2 | 风险处理需求 | 风险处理措施 |
| --- | --- | --- |
| 策略 Policy | 设备管理制度 | 建立健全各种安全相关的规章制定和操作规范，使得保护、检测和响应环节有章可循、切实有效 |
| | 机房出入守则 | |
| | 系统安全管理守则 | |
| | 系统安全配置明细 | |
| | 网络安全管理守则 | |
| | 网络安全配置明细 | |

**表 A.1（续）**

| P2DR2 | 风险处理需求 | 风险处理措施 |
|---|---|---|
| 策略<br>Policy | 应用安全管理守则 | 建立健全各种安全相关的规章制定和操作规范，使得保护、检测和响应环节有章可循、切实有效 |
| | 应用安全配置明细 | |
| | 应急响应计划 | |
| | 安全事件处理准则 | |
| 保护<br>Protection | 机房 | 宜按照 GB 50174—1993、GB/T 9361—1988、GB/T 2887—2000 等国家标准建设和维护计算机机房 |
| | 门控 | 安装门控系统 |
| | 保安 | 建设保安制度和保安队伍 |
| | 电磁屏蔽 | 在必要的地方设置抗电磁干扰和防电磁泄漏的设施 |
| | 病毒防杀 | 全面部署防病毒系统 |
| | 漏洞补丁 | 及时下载和安装最新的漏洞补丁模块 |
| | 安全配置 | 宜遵守各系统单元的安全配置明细，避免配置中的安全漏洞 |
| | 身份认证 | 根据不同的安全强度，分别采用身份标识/口令、数字钥匙、数字证书、生物识别、双因子等级别的身份认证系统，对设备、用户、服务等主客体进行身份鉴别 |
| | 访问控制 | 根据不同的安全强度，分别采用自主型、强制型等级别的访问控制系统，对设备、用户等主体访问客体的权限进行控制 |
| | 数据加密 | 根据不同的安全强度，分别采用由国家密码管理部门认可的数据加密系统，对传输数据和存储数据进行加密 |
| | 边界控制 | 在网络边界布置防火墙，阻止来自外界非法访问 |
| | 数字水印 | 对于需要版权保护的图片、声音、文字等形式的信息，采用数字水印技术加以保护 |
| | 数字签名 | 在需要防止事后否认时，可采用数字签名技术 |
| | 内容净化 | 部署内容过滤系统 |
| | 安全机构、安全岗位、安全责任 | 建立健全安全机构，合理设置安全岗位，明确划分安全责任 |
| 检测<br>Detection | 监视、监测和报警 | 在适当的位置安置监视器和报警器，在各系统单元中配备监测系统和报警系统，以实时发现安全事件并及时报警 |
| | 数据校验 | 通过数据校验技术，发现数据篡改 |
| | 主机入侵检测 | 部署主机入侵检测系统，发现主机入侵行为 |
| | 主机状态监测 | 部署主机状态监测系统，随时掌握主机运行状态 |
| | 网络入侵检测 | 部署网络入侵检测系统，发现网络入侵行为 |
| | 网络状态监测 | 部署网络状态监测系统，随时掌握网络运行状态 |
| | 安全审计 | 在各系统单元中配备安全审计，以发现深层安全漏洞和安全事件 |
| | 安全监督、安全检查 | 实行持续有效的安全监督，预演应急响应计划 |

表 A.1（续）

| P2DR2 | 风险处理需求 | 风险处理措施 |
|---|---|---|
| 响应 Response 恢复 Recovery | 故障修复、事故排除 | 确保随时能够获取故障修复和事故排除的技术人员和软硬件工具 |
| | 设施备份与恢复 | 对于关键设施，配备设施备份与恢复系统 |
| | 系统备份与恢复 | 对于关键系统，配备系统备份与恢复系统 |
| | 数据备份与恢复 | 对于关键数据，配备数据备份与恢复系统 |
| | 信道备份与恢复 | 对于关键信道，配备信道备份与恢复系统 |
| | 应用备份与恢复 | 对于关键应用，配备应用备份与恢复系统 |
| | 应急响应 | 按照应急响应计划处理应急事件 |
| | 安全事件处理 | 按照安全事件处理找出原因、追究责任、总结经验、提出改进 |

## 参 考 文 献

[1] GB/T 19715.1—2005 信息技术 信息技术安全管理指南 第1部分:信息技术安全概念和模型(ISO/IEC 13335-1:1996,IDT)

[2] GB/T 5271.8—2001 信息技术 词汇 第8部分:安全(ISO/IEC 2382-8:1998,IDT)

[3] ISO/IEC FCD 27005:Information technology—Security techniques—Information security risk management

[4] NIST Special Publication 800-26:Security Self—Assessment Guide for Information Technology Systems

[5] NIST Special Publication 800-30:Risk Management Guide for Information Technology Systems

ICS 33.180.01
M 33

# 中华人民共和国国家标准

GB/T 24365—2009

# 通信用光电探测器组件测试方法

## Testing methods of optoelectronic detector module for communication

2009-09-30 发布　　2009-12-01 实施

中华人民共和国国家质量监督检验检疫总局
中国国家标准化管理委员会　发布

# 前　言

《通信用光电探测器组件》系列标准包括：

——《通信用光电探测器组件测试方法》；

——《通信用光电探测器组件技术要求》。

本标准与 GB/T 24366《通信用光电探测器组件技术要求》配套使用。

本标准在编制过程中，主要参照 IEC 62007-2《用于纤维光学系统的半导体光电子器件　第 2 部分：测试方法》。

本标准在起草过程中，注意到与下列标准的协调一致：

——GB/T 15651—1995《半导体分立器件和集成电路　第 5 部分：光电子器件》；

——GB/T 15651.3—2003《半导体分立器件和集成电路　第 5-3 部分：光电子器件测试方法》。

本标准的附录 A 为资料性附录。

本标准由中华人民共和国工业和信息化部提出。

本标准由中国通信标准化协会归口。

本标准起草单位：深圳新飞通光电子技术有限公司、武汉邮电科学研究院。

本标准主要起草人：李春芳、梁泽、钟迪新、镇磊、邓红兵、苗玉柱、杨现文。

# 通信用光电探测器组件测试方法

## 1 范围

本标准规定了通信用光电探测器组件相关参数的测试方法，包括光学参数、电参数。

本标准适用于通信用光电探测器组件。

## 2 规范性引用文件

下列文件中的条款通过本标准的引用而成为本标准的条款。凡是注日期的引用文件，其随后所有的修改单（不包括勘误的内容）或修订版均不适用于本标准，然而，鼓励根据本标准达成协议的各方研究是否可使用这些文件的最新版本。凡是不注日期的引用文件，其最新版本适用于本标准。

GB/T 24366—2009 通信用光电探测器组件技术要求

## 3 术语和定义、缩略语

GB/T 24366—2009 确立的术语和定义、缩略语适用于本标准。

## 4 测试方法

### 4.1 测试环境要求

温度：15 ℃～35 ℃

相对湿度：45%～75%

大气压力：86 kPa～106 kPa

当不能在标准大气条件下进行测试时，应在测试报告上写明测试环境条件。

### 4.2 测试仪器设备要求

各类测试仪器设备，应在规定的有效期范围内，测试精度应高于所测参数精度的一个数量级。

### 4.3 测试方法

#### 4.3.1 光响应波长的测试

##### 4.3.1.1 测试框图

测试框图见图1。

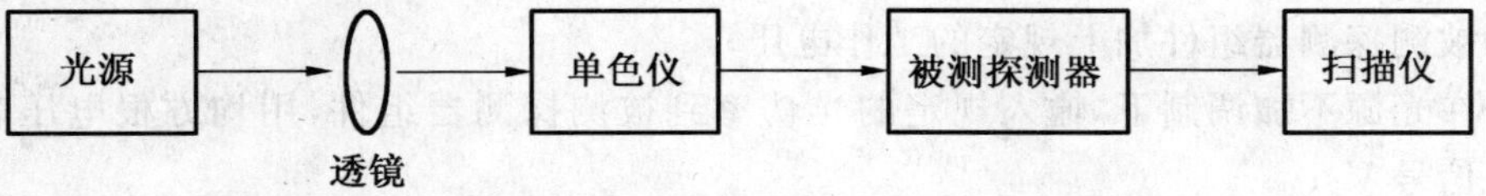


图1 光响应波长测试框图

##### 4.3.1.2 测试步骤

a) 被测探测器加上规定的工作电压；

b) 将不同波长、相同功率的单色光送入被测探测器，被测探测器输出信号送入扫描仪；

c) 扫描仪记录下不同波长、相同功率的光谱响应曲线，从曲线上读出曲线下降至最大值50%的范围，即为被测探测器的光谱响应范围（见附录A中图A.1）。

#### 4.3.2 灵敏度（最小可探测光功率）的测试

##### 4.3.2.1 用于数字传输探测器组件灵敏度（最小可探测光功率）的测试

a) 测试框图

测试框图见图 2。

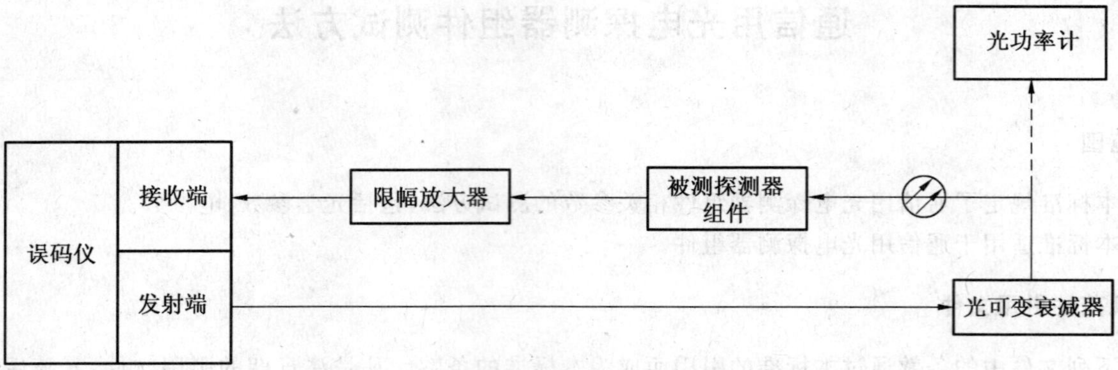


图 2　数字传输探测器组件灵敏度测试框图

b)　测试步骤

1)　被测探测器组件施加规定的工作电压；

2)　调整误码仪的输出光口，使误码仪输出规定速率、码型、波长和消光比的光信号；

3)　通过调节光衰减器，使输入到被测探测器的光功率逐渐减小，直到误码仪显示的比特差错率小于等于规定值时，用光功率计测出此时被测探测器组件的输入端光功率，即为探测器组件的灵敏度。

4.3.2.2　**用于模拟传输探测器组件灵敏度(最小可探测光功率)的测试**

a)　测试框图

测试框图见图 3。

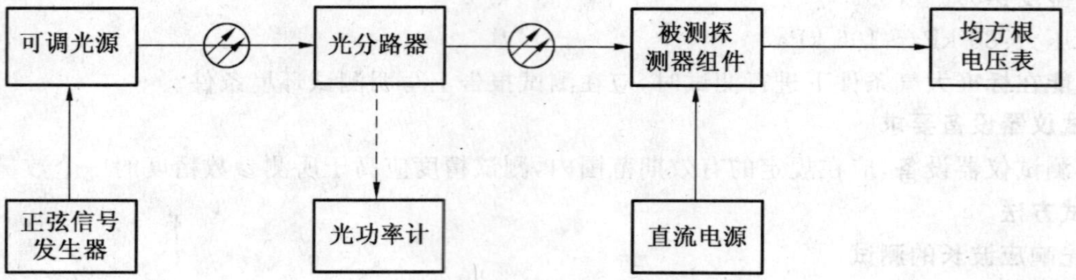


图 3　模拟传输探测器组件灵敏度测试框图

b)　测试步骤

1)　被测探测器组件加上规定的工作电压；

2)　在光源不加调制下，输入规定的光功率到被测探测器组件，用均方根电压表测出此时的信号 $V_1$；

3)　用频率为 $f_{mb}$ 的正弦信号调制光源，使光源的调制度为规定值，在均方根电压表上得到相应的值 $V_2$；

4)　调节入射光功率，使 $V_2$ 满足公式(1)要求：

$$V_2 = (1 + C/N)V_1 \qquad (1)$$

5)　用光功率计测出此时的光功率 $P_{in}$，即为探测器组件的最小可探测光功率(或灵敏度)。

式中：

$C/N$——载噪比，单位为分贝(dB)；

$V_1$——无调制时的信号输出，单位为毫伏(mV)；

$V_2$——有调制时的信号输出，单位为毫伏(mV)。

4.3.3　过载光功率和动态范围的测试

4.3.3.1　测试框图

测试框图见图4。

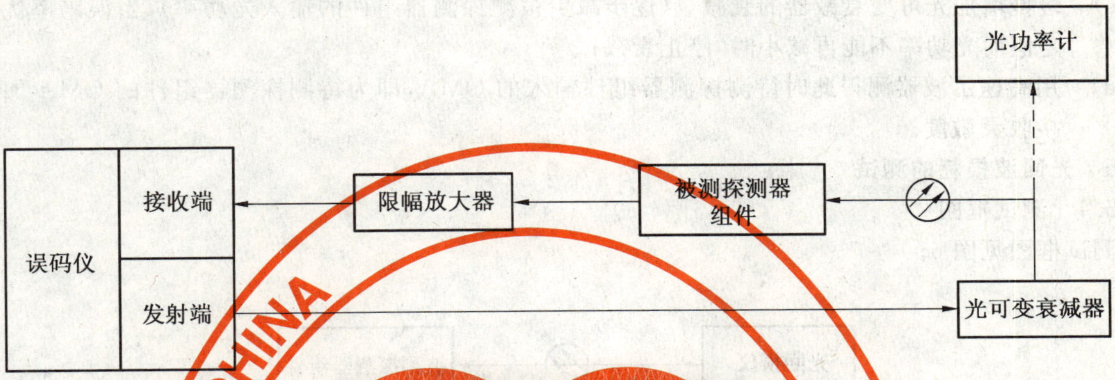


图4　过载光功率和动态范围测试框图

4.3.3.2　测试步骤

a）被测探测器组件施加规定的工作电压；

b）调整误码仪的输出光口，使误码仪输出规定速率、码型、波长和消光比的光信号；

c）通过调节光衰减器，使输入到被测探测器的光功率逐渐增大，直到误码仪显示的比特差错率小于等于规定值时，用光功率计测出此时被测探测器组件的输入端光功率，即为探测器组件的过载光功率；

d）过载光功率与灵敏度的差值即为探测器组件的动态范围。

4.3.4　OMA 加压灵敏度

4.3.4.1　测试框图

测试框图见图5。

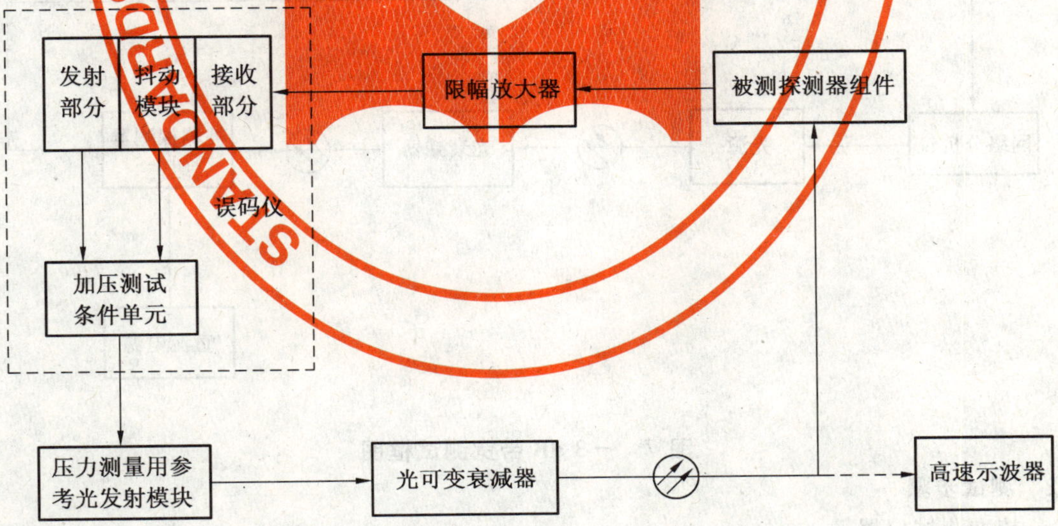


图5　OMA 加压灵敏度测试框图

4.3.4.2　测试步骤

a）校准测试系统；

1）误码仪的发射部分和接收部分的时钟频率设为规定标称值；

2）调节误码仪输出的 PRBS 为规定值，帧码序列为 NRZ 码型；

3) 误码仪抖动输出设定为规定条件下的抖动；

4) 输入输出阻抗均为 50 Ω，然后使测试系统正常工作。

b) 被测探测器组件加上规定的电源电压；

c) 缓慢增加光可变衰减器的衰减量（逐步减少被测探测器组件的输入光功率），当误码率优于规定值而光功率不能再减小时，停止衰减；

d) 用高速示波器测得此时待测探测器组件输入的 OMA，即为待测探测器组件的 OMA 加压光接收灵敏度。

**4.3.5 光回波损耗的测试**

**4.3.5.1 测试框图**

测试框图见图 6。

**图 6 光回波损耗测试框图**

**4.3.5.2 测试步骤**

a) 校准测试仪器；

b) 被测探测器组件加上规定的电源电压，使其处于正常工作状态；

c) 按图 6 连接光路，从光回损仪上读出规定波长下的光回波损耗。

**4.3.6 −3 dB 带宽的测试**

**4.3.6.1 测试框图**

测试框图见图 7。

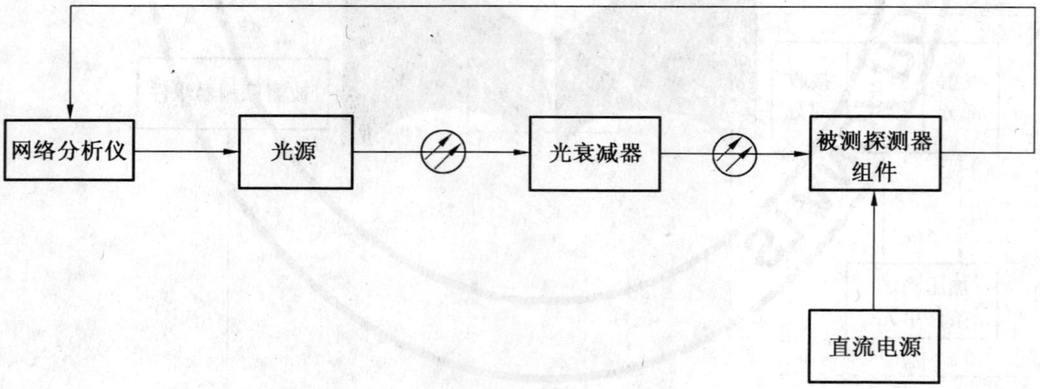


**图 7 −3 dB 带宽测试框图**

**4.3.6.2 测试步骤**

a) 校准测试仪器；

b) 被测探测器组件加上规定的工作电压和光功率；

c) 从网络分析仪上显示的幅频特性曲线上读出−3 dB 带宽。

**4.3.7 APD 光电倍增因子测试方法**

**4.3.7.1 测试框图**

测试框图见图 8。

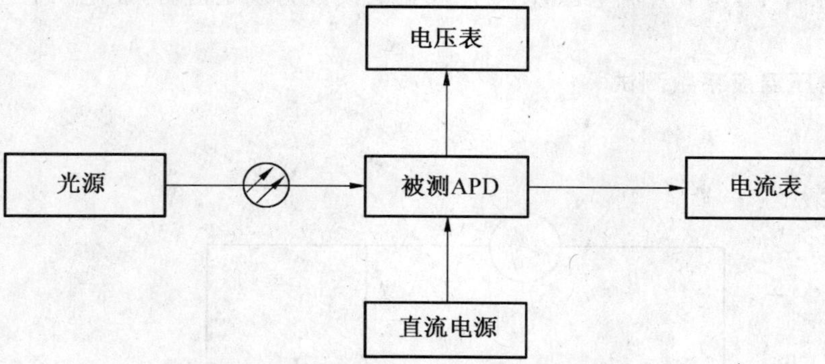


图 8　光电倍增因子测试框图

4.3.7.2　**测试步骤**

a）被测 APD 施加规定的偏置电压 $V_{R1}$（无雪崩响应），规定的光功率照射在被测 APD 的光敏面上；

b）在电流表上测出光电流 $I_{R1}$；

c）改变施加在被测 APD 的偏置电压到规定的 $V_{R2}$（$V_{R2}<V_{BR}$），在电流表上测出光电流 $I_{R2}$（见附录 A 中图 A.2）；

d）用公式(2)计算出倍增因子 $M$：

$$M=\frac{I_{R2}}{I_{R1}} \qquad \cdots\cdots(2)$$

式中：

$I_{R1}$——无倍增时的光电流，单位为安(A)；

$I_{R2}$——倍增时的光电流，单位为安(A)。

4.3.8　**APD 击穿电压的测试**

4.3.8.1　**测试框图**

测试框图见图 9。

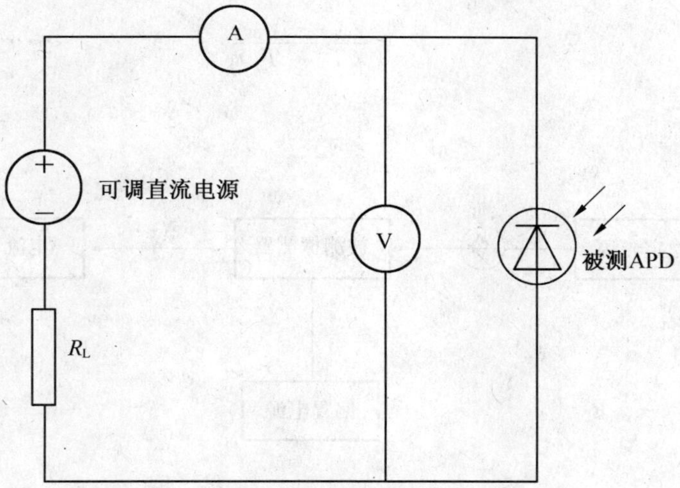


图 9　APD 击穿电压测试框图

4.3.8.2　**测试步骤**

a）校正仪表；

b）如图 10 所示连接好测试系统；

c）被测 APD 为反向连接；

d) 在无光照条件下，调节直流电源，使电流表上的读数为规定值时，在电压表上的读数即为击穿电压值。

### 4.3.9 APD 击穿电压温度系数测试

#### 4.3.9.1 测试框图

测试框图见图 10。

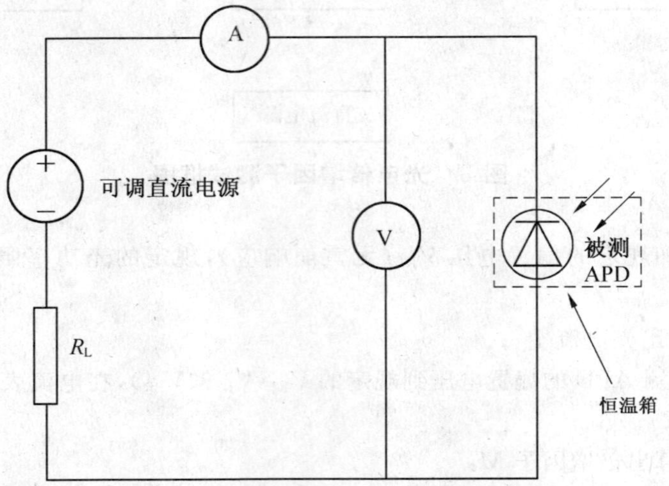


图 10 击穿电压温度系数测试框图

#### 4.3.9.2 测试步骤

a) 被测 APD 组件放入恒温箱内，APD 为反向连接；

b) 调整恒温箱的温度为 $T_1$，调节直流电源，使电流表上的读数为规定值（如 10 μA），保持 $T_1$ 到规定时间，记下电压表读数 $V_{BR1}$；

c) 调整恒温箱的温度为 $T_2$，调节直流电源，使电流表上的读数为同一规定值（如 10 μA），保持 $T_2$ 到规定时间，记下电压表读数 $V_{BR2}$；

d) 代入公式(3)，计算出击穿电压的温度系数。

$$\Gamma = \frac{V_{BR2} - V_{BR1}}{(T_2 - T_1)} \qquad \cdots\cdots(3)$$

### 4.3.10 响应度的测试

#### 4.3.10.1 测试框图

测试框图见图 11。

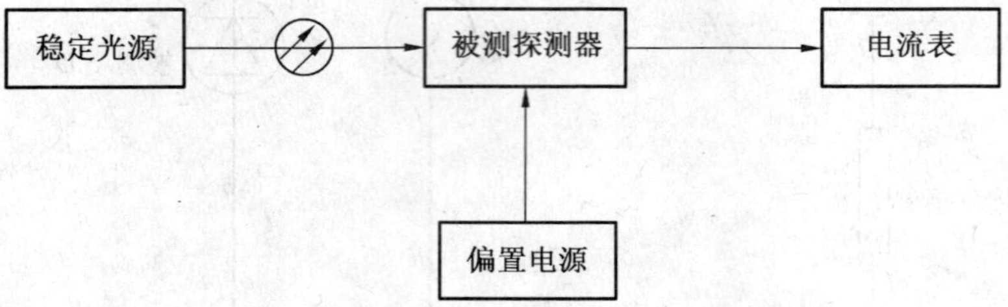


图 11 响应度测试框图

#### 4.3.10.2 测试步骤

a) 校正仪器；

b) 被测探测器加上规定的工作电压；

c) 规定波长的光源照射在被测探测器的光敏面上，在电流表上读出相应的值，代入公式(4)计算出响应度。

$$R_e = \frac{I_R}{P_{in}} \quad \cdots\cdots(4)$$

式中：

$I_R$——输出光电流，单位为微安（μA）；

$P_{in}$——输入光功率，单位为微瓦（μW）。

4.3.11 暗电流的测试

4.3.11.1 目的

在规定条件下，测试探测器在无光照下的输出电流。

4.3.11.2 测试框图

测试框图见图12。

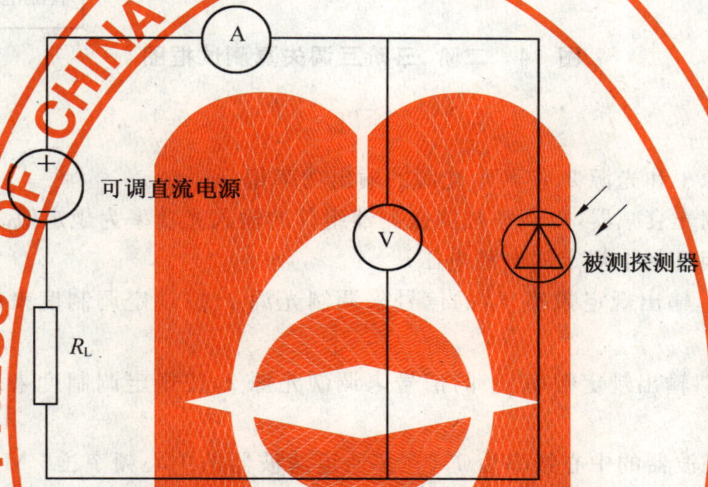


图 12 暗电流测试框图

4.3.11.3 测试步骤

被测探测器在无光照条件下加上规定的偏置电压，探测器为反向连接，流过电流表的读数即为被测探测器的暗电流。

4.3.12 频响平坦度（均匀性）的测试

4.3.12.1 测试框图

测试框图见图13。

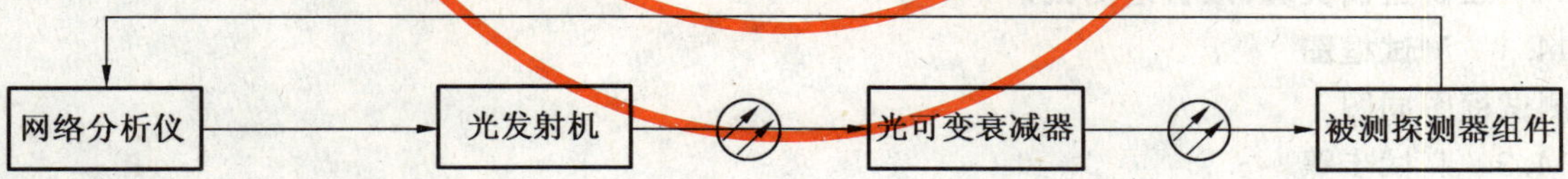


图 13 频响平坦度测试框图

4.3.12.2 测试步骤

a) 校准测试仪器；

b) 被测探测器组件加上规定的电源电压，使其处于正常工作状态；

c) 设定网络分析仪的扫频范围；

d) 从网络分析仪读出规定频率范围内各频率点的幅值；

e) 根据最小2乘法拟合出一条各频率点幅值的曲线，拟合曲线各频率点的幅值与拟合前各频率点的幅值相减即为频响平坦度。

4.3.13 二阶互调失真(双音法测试)

4.3.13.1 测试框图

测试框图见图14。

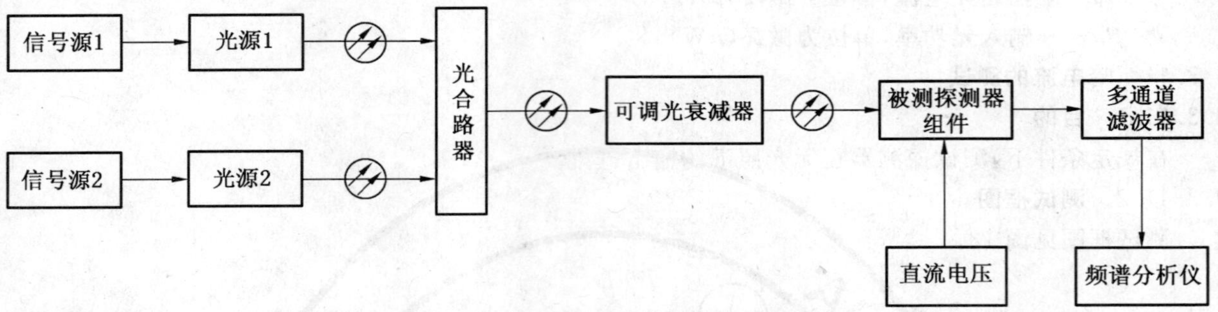


图14 二阶、三阶互调失真测试框图

4.3.13.2 测试步骤

a) 校准测试系统;
   1) 调节光源1和光源2,使两个光源的输出功率相等;
   2) 调节可调光衰减器,以调整被测探测器组件的输入光功率为规定值。
b) 被测探测器组件加上规定的电源电压;
c) 调节信号源1,输出规定频率 $f_1$ 的信号来调制光源1,按规定调制度来确定信号源1的输出幅度;
d) 调节信号源2,输出规定频率 $f_2$ 的信号来调制光源2,按规定调制度来确定信号源2的输出幅度;
e) 调节多通道滤波器的中心频率为 $f_2$(在多通道滤波器的中心频率±6 MHz 频率范围外,衰减要求大于50 dB,3 dB 带宽至少达到2.5 MHz);
f) 设置频谱仪的中心频率为 $f_2$,读出载波 $f_2$ 的幅值 $A$(dB);
g) 调节信号源2,输出规定频率 $f_2'$的信号(要求 $f_2'+f_1=f_2$ 或 $f_2'-f_1=f_2$)调制光源2,按规定调制度来确定信号源2的输出幅度;
h) 在频谱分析仪上读出幅值 $B$(dB);
i) $B$-$A$ 即为互调失真值;
j) 改变 $f_2'$,得到多个频点(至少4个频点以上)的失真值,取最大值即为被测探测器组件的二阶互调失真。

4.3.14 三阶互调失真(双音法测试)

4.3.14.1 测试框图

测试框图同图14。

4.3.14.2 测试步骤

a) 同4.3.13.2步骤a)~f);
b) 调节信号源2,输出规定频率 $f_2'$的信号(要求 $2f_2'+f_1=f_2$ 或 $2f_2'-f_1=f_2$ 或 $f_2'-2f_1=f_2$ 或 $f_2'-2f_1=f_2$)调制光源2,按规定调制度来确定信号源2的输出幅度;
c) 在频谱分析仪上读出幅值 $B$(dB);
d) $B$-$A$ 即为互调失真值;
e) 同4.3.13.2步骤d)、e)、f)和本条的b)、c)、d),得到多个频点(至少4个频点以上)的失真值,取最大值即为被测探测器组件的三阶互调失真。

# 附 录 A
## （资料性附录）
## 参考曲线图

### A.1 光谱响应范围曲线图

光谱响应范围曲线图见图 A.1。

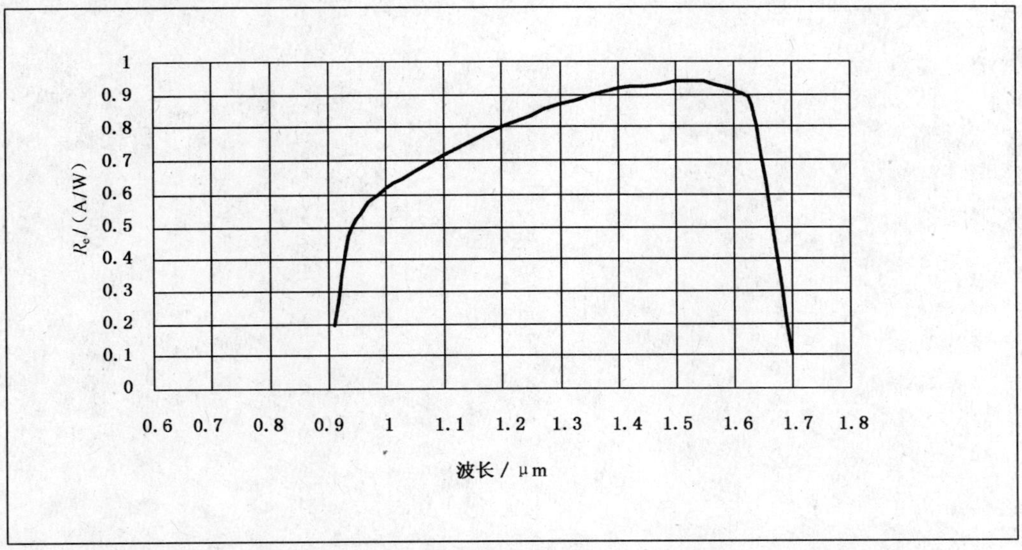


图 A.1

### A.2 光电倍增因子曲线图

倍增因子曲线图见图 A.2。

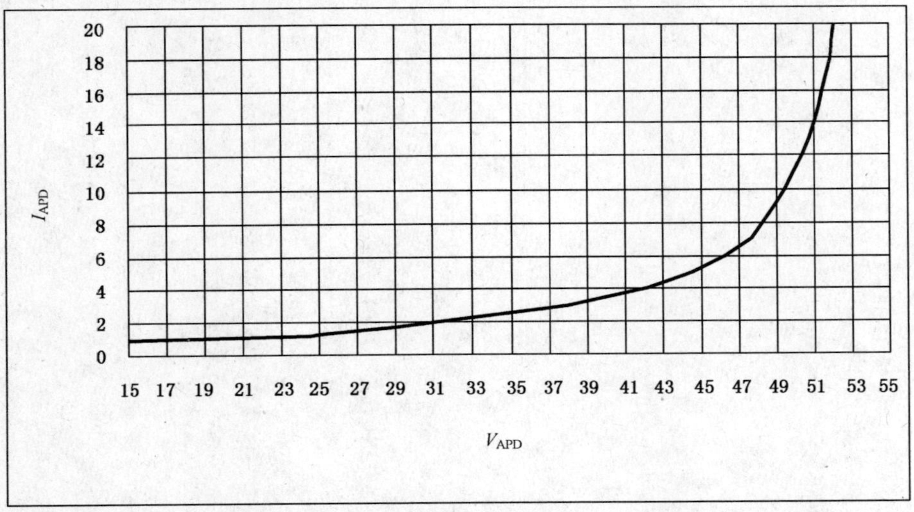


图 A.2

ICS 33.180.01
M 33

# 中华人民共和国国家标准

GB/T 24366—2009

# 通信用光电探测器组件技术要求

Technical requirements of optoelectronic detector module for communication

2009-09-30 发布　　2009-12-01 实施

中华人民共和国国家质量监督检验检疫总局
中国国家标准化管理委员会　发布

# 前言

《通信用光电探测器组件》系列标准包括：

——《通信用光电探测器组件测试方法》；

——《通信用光电探测器组件技术要求》。

本标准与 GB/T 24365《通信用光电探测器组件测试方法》配套使用。

本标准在编制的过程中，参照了 IEC 62007-1：1999《光纤系统用半导体光电器件　第 1 部分：基本额定值和特性》的第 6 部分和第 7 部分，并结合我国光通信用光探测器组件的情况而制定。

本标准在起草过程中，注意到与下列标准的协调一致：

——GB/T 15651.2—2003《半导体分立器件和集成电路　第 5-2 部分：光电子器件　基本额定值和特性》；

——GB/T 18904.4—2002《半导体器件　第 12-4 部分：光电子器件　纤维光学系统或子系统用带/不带尾纤的 pin-FET 模块空白详细规范》；

——GB/T 18904.5—2003《半导体器件　第 12-5 部分：光电子器件　纤维光学系统或子系统用带/不带尾纤的 pin 光电二极管空白详细规范标准》。

本标准由中华人民共和国工业和信息化部提出。

本标准由中国通信标准化协会归口。

本标准起草单位：武汉邮电科学研究院、深圳新飞通光电子技术有限公司。

本标准主要起草人：杨现文、李世瑜、孟湘、李春芳、镇磊。

# 通信用光电探测器组件技术要求

## 1 范围

本标准规定了通信用光电探测器组件的技术要求。

本标准适用于数字应用光通信系统以及模拟应用光通信系统中的光电探测器组件。

## 2 规范性引用文件

下列文件中的条款通过本标准的引用而成为本标准的条款。凡是注日期的引用文件，其随后所有的修改单(不包括勘误的内容)或修订版均不适用于本标准，然而，鼓励根据本标准达成协议的各方研究是否可使用这些文件的最新版本。凡是不注日期的引用文件，其最新版本适用于本标准。

GB/T 11499—2001 半导体分立器件文字符号

GB/T 15651.2—2003 半导体分立器件和集成电路 第5-2部分:光电子器件 基本额定值和特性

SJ/T 11363—2006 电子信息产品中有毒有害物质的限量要求

ITU-T G.657(2006) 接入网使用的弯曲损耗不敏感的单模光纤和光缆的特性

ITU-T G.957(2006) 与同步数字体系有关的设备和系统的光接口

## 3 术语和定义、缩略语

### 3.1 术语和定义

下列术语和定义适用于本标准。

3.1.1

**OMA加压灵敏度 stressed receiver sensitivity in OMA**

在规定调制速率和规定的正弦抖动加压条件下，并满足随机比特差错率要求时，光接收机在R点(见ITU-T G.957图1)所能接收到的最小光调制幅度OMA。它考虑了在应用条件下，光接收机所具有并允许的最坏消光比、脉冲上升和下降时间、光发射侧的光回损，连接器性能劣化和测试容差所引起的功率代价。

3.1.2

**击穿电压 breakdown voltage**

输入光功率等于零，逐渐增加APD的反向偏压，暗电流随之增大，当暗电流达到10 μA(或100 μA)时所对应的反向偏压称为APD的击穿电压。

3.1.3

**光电倍增因子 multiplication factor**

APD在规定温度、光波长、光功率和反向偏压下，有培增时的光电流 $I_L$ 与无倍增时光电流 $I_{LO}$ 之比。

3.1.4

**频响平坦度 frequency response flatness**

在某一频率范围内的响应值偏离其最佳拟合直线的最大值。

3.1.5

**二阶失真 second order distortion**

在多频道模拟传输系统中，由于系统的非线性传输特性，多频率的模拟信号会相互调制而产生多阶项的互调失真，其中二阶项引起的互调失真称为二阶失真。

3.1.6

**三阶失真　third order distortion**

在多频道模拟传输系统中，由于系统的非线性传输特性，多频率的模拟信号会相互调制而产生多阶项的互调失真，其中三阶项引起的互调失真称为三阶失真。

## 3.2　缩略语及符号

下列缩略语和符号及 GB/T 11499、GB/T 15651.2—2003 的缩略语和符号均适用于本标准。

| | | |
|---|---|---|
| APD | Avalanche Photo Diode | 雪崩二极管 |
| CSO | Second order distortion | 二阶失真 |
| CTB | Third order distortion | 三阶失真 |
| ESD | Electro-Static Discharge | 静电放电 |
| NRZ | Non Return to Zero | 非归零 |
| OMA | Optical Modulation Amplitude | 光调制幅度 |
| ORL | Optical Return Loss | 光回波损耗 |
| PD | Photodiode | 光电二极管 |
| PIN | 'P-type'-Intrinsic-'N-type' | P 型-本征-N 型 |
| PRBS | Pseudo-Random Bit Sequence | 伪随机比特序列 |
| RoHS | The Restriction of the Use of Certain Hazardous Substances in Electrical and Electronic Equipment | 电气、电子设备中限制使用某些有害物质指令 |
| TIA | Transimpedance Amplifier | 跨阻抗放大器 |

# 4　分类

## 4.1　应用类型

按照应用类型的不同，可以分为 2 类：数字应用光电探测器组件、模拟应用光电探测器组件。

## 4.2　光电探测器组件的管芯类型

按照光电探测器组件的管芯类型的不同，可以分为 2 类：PIN/TIA 光电探测器组件、APD/TIA 光电探测器组件。

## 4.3　波长

按波长的不同，可以分为 2 类：短波长光电探测器组件、长波长光电探测器组件。

## 4.4　光输入类型

按照光输入类型的不同，可以分为 2 类：可插拔光电探测器组件、尾纤光电探测器组件。

# 5　技术要求

## 5.1　PIN/TIA 光电探测器组件

### 5.1.1　极限工作条件

PIN/TIA 光电探测器组件的极限工作条件如表 1 所示，除非另有规定，适用整个工作温度范围。

**表 1　PIN/TIA 光电探测器组件的极限工作条件**

| 参数名称 | 符　号 | 单　位 | 最小值 | 最大值 |
|---|---|---|---|---|
| 贮存温度 | $T_{stg}$ | ℃ | −40 | 85 |
| 工作管壳温度 | $T_{case}$ | ℃ | −5 | 75[a] |
| | | | −40 | 85[b] |

表 1（续）

| 参数名称 | 符　　号 | 单　　位 | 最小值 | 最大值 |
|---|---|---|---|---|
| 焊接温度 | $T_{sld}$ | ℃ | — | 260[c] |
| 相对湿度 | $RH$ | % | 5 | 95 |
| TIA 工作电压 | $V_{cc}$ | V | −0.5 | 4.0[d] |
| | | | −0.5 | 6.0[e] |
| PIN 反偏电压 | $V_R$ | V | −0.5 | 20 |
| 输入光功率 | $\Phi_0$ | dBm | — | 3 |
| ESD 阈值 | $V_{ESD}$ | V | — | 500[f] |
| 尾纤最小弯曲半径[g] | $r$ | mm | 30 | — |
| | | | 15[h] | |
| 尾纤最大抗拉强度[g] | $F$ | N | — | 9.8 |

[a] 商业级要求。
[b] 工业级要求。
[c] 焊接时间小于 10 s。
[d] 仅适用于 TIA 工作电压的典型值等于＋3.30 V 时。
[e] 仅适用于 TIA 工作电压的典型值等于＋5.0 V 时。
[f] 基于标准人体放电模型。
[g] 仅适用于带尾纤的探测器组件。
[h] 仅适用于 ITU-T G.657 光纤。



### 5.1.2　光电特性

PIN/TIA 光电探测器组件的光电特性如表 2 所示。

表 2　PIN/TIA 光电探测器组件的光电特性

| 特　　性 | 符　　号 | 条　　件 | 要　　求 | | 单　　位 |
|---|---|---|---|---|---|
| | | | 最小值 | 最大值 | |
| 光响应波长 | $\lambda$ | — | 400 | 1 100 | nm |
| | | — | 1 260 | 1 700 | |
| TIA 工作电压 | $V_{cc}$ | — | 推荐使用＋5 V、＋3.3 V 系列中的一种 | | V |
| 灵敏度（最小可探测光功率） | $S$ | $V_R$、$\lambda$、PRBS 码型、速率和误码率按规定，NRZ | — | × | dBm |
| 过载光功率 | $P_{sat}$ | $V_R$、$\lambda$、PRBS 码型、速率和误码率按规定，NRZ | × | — | dBm |
| 动态范围 | $D_y$ | — | 11.5 | — | dB |
| OMA 加压灵敏度[a] | — | $V_R$、$\lambda$、PRBS 码型、速率、误码率和所加抖动按规定，NRZ | — | −7.5 | dBm |
| 光回波损耗[b] | $ORL$ | $\lambda$ 按规定 | 12 | — | dB |
| 带宽 | $B$ | −3 dB，$V_R$、$\lambda$ 和 $\Phi_0$ 按规定 | × | — | MHz |

表 2（续）

| 特性 | 符号 | 条件 | 要求 | | 单位 |
|---|---|---|---|---|---|
| | | | 最小值 | 最大值 | |
| 注：除非另有规定，$T_{case}=25$ ℃。 | | | | | |
| [a] 10GE 适用。<br>[b] 适用时。 | | | | | |

## 5.2 APD/TIA 光电探测器组件

### 5.2.1 极限工作条件

APD/TIA 光电探测器组件的极限工作条件如表 3 所示，除非另有规定，适用整个工作温度范围。

表 3　APD/TIA 光电探测器组件的极限工作条件

| 参数名称 | 符号 | 单位 | 最小值 | 最大值 |
|---|---|---|---|---|
| 贮存温度 | $T_{stg}$ | ℃ | −40 | 85 |
| 工作管壳温度 | $T_{case}$ | ℃ | −5 | 75[a] |
| | | | −40 | 85[b] |
| 焊接温度 | $T_{sld}$ | ℃ | — | 260[c] |
| 相对湿度 | $RH$ | % | 5 | 95 |
| TIA 工作电压 | $V_{cc}$ | V | −0.5 | 4.0[d] |
| | | | −0.5 | 6.0[e] |
| APD 反偏电压 | $V_R$ | V | 0 | $V_{BR}$ |
| 输入光功率 | $\Phi_0$ | dBm | — | 0 |
| ESD 阈值 | $V_{ESD}$ | V | — | 500[f] |
| 尾纤最小弯曲半径[g] | $r$ | mm | 30 | — |
| | | | 15[h] | |
| 尾纤最大抗拉强度[g] | $F$ | N | — | 9.8 |

[a] 商业级要求。
[b] 工业级要求。
[c] 焊接时间小于 10 s。
[d] 仅适用于 TIA 工作电压的典型值等于＋3.30 V 时。
[e] 仅适用于 TIA 工作电压的典型值等于＋5.0 V 时。
[f] 基于标准人体放电模型。
[g] 仅适用于尾纤探测器组件。
[h] 仅适用于 ITU-T G.657 光纤。

### 5.2.2 光电特性

APD/TIA 光电探测器组件的光电特性如表 4 所示。

**表 4　APD/TIA 光电探测器组件的光电特性**

| 特　　性 | 符　号 | 条　　件 | 要求 | | 单　　位 |
|---|---|---|---|---|---|
| | | | 最小值 | 最大值 | |
| 光响应波长 | $\lambda$ | — | 400 | 1 100 | nm |
| | | | 1 280 | 1 700 | |
| 光电倍增因子 | $M$ | $V_R$、$\lambda$ 和 $\Phi_0$ 按规定 | 3 | 10 | — |
| 灵敏度 | $S$ | $V_R$、$\lambda$、PRBS 码型、速率和误码率按规定，NRZ | — | × | dBm |
| 过载光功率 | $P_{sat}$ | $V_R$、$\lambda$、PRBS 码型、速率和误码率按规定，NRZ | × | — | dBm |
| 光回波损耗 | $ORL$ | $\lambda$ 按规定 | 25 | — | dB |
| TIA 工作电压 | $V_{cc}$ | — | 推荐使用＋5 V、＋3.3 V 系列中的一种 | | V |
| 击穿电压 | $V_{BR}$ | $I_d = 10\ \mu A$ | — | 75 | V |
| 击穿电压温度系数 | $\Gamma$ | — | — | 0.2 | V/℃ |
| 带宽 | $B$ | －3 dB，$V_R$、$\lambda$ 和 $\Phi_0$ 按规定 | × | — | MHz |

注：除非另有规定，$T_{case} = 25$ ℃。

## 5.3　模拟应用的 PIN-PD 光电探测器组件

### 5.3.1　极限工作条件

PIN-PD 光电探测器组件的极限工作条件如表 5 所示，除非另有规定，适用整个工作温度范围。

**表 5　PIN-PD 光电探测器组件的极限工作条件**

| 参数名称 | 符　　号 | 单　　位 | 最小值 | 最大值 |
|---|---|---|---|---|
| 贮存温度 | $T_{stg}$ | ℃ | －40 | 85 |
| 工作管壳温度 | $T_{case}$ | ℃ | －40 | 85 |
| 焊接温度 | $T_{sld}$ | ℃ | — | 260[a] |
| 相对湿度 | $RH$ | % | 5 | 95 |
| PIN 反偏电压 | $V_R$ | V | －0.5 | 20 |
| 工作电流 | — | mA | — | 10 |
| 输入光功率 | $\Phi_0$ | dBm | — | × |
| ESD 阈值 | $V_{ESD}$ | V | — | 500[b] |
| 尾纤最小弯曲半径[c] | $r$ | mm | 30 | — |
| | | | 15[d] | |
| 尾纤最大抗拉强度[c] | $F$ | N | — | 9.8 |

[a] 焊接时间小于 10 s。

[b] 基于标准人体放电模型。

[c] 仅适用于尾纤探测器组件。

[d] 仅适用于 ITU-T G.657 光纤。

### 5.3.2 光电特性

PIN-PD光电探测器组件的光电特性如表6所示。

**表6 PIN-PD光电探测器组件的光电特性**

| 特　性 | 符　号 | 条　件 | 要　求 | | 单　位 |
|---|---|---|---|---|---|
| | | | 最小值 | 最大值 | |
| 光响应波长 | $\lambda$ | — | 400 | 1 100 | nm |
| | | | 1 100 | 1 700 | |
| 响应度 | $R$ | 长波长、$V_R$、$\lambda$ 按规定 | 0.8 | — | A/W |
| 最小可探测光功率 | $S$ | $V_R$、$V_1$、$V_2$、调制速率、载噪比按规定 | — | × | dBm |
| 光回波损耗 | $ORL$ | $\lambda$ 按规定 | 35 | — | dB |
| 暗电流 | $I_d$ | $\Phi_0=0$，$V_R$ 按规定 | — | × | nA |
| 反向电压 | — | — | × | × | V |
| 带宽 | $B$ | $-3$ dB，$V_R$、$\lambda$ 和 $\Phi_0$ 按规定 | × | — | GHz |
| 频响平坦度 | — | $V_R$、频率范围按规定 | — | × | dB |
| 二阶交调失真 | $CSO$ | $V_R$、$\lambda$、$\Phi_0$、$f_1$ 和 $f_2$ 按规定 | −70 | — | dBc |
| 三阶交调失真 | $CTB$ | $V_R$、$\lambda$、$\Phi_0$、$f_1$ 和 $f_2$ 按规定 | −80 | — | dBc |
| 注：除非另有规定，$T_{case}=25$ ℃。 | | | | | |

### 5.4 环保符合性

产品中的组成单元分类应符合SJ/T 11363—2006中表1要求，有毒有害物质的含量应符合SJ/T 11363—2006中表2的要求。

ICS 33.040.20
M 33

GB

# 中华人民共和国国家标准

GB/T 24367.1—2009

# 自动交换光网络(ASON)节点设备技术要求 第1部分:基于SDH的ASON节点设备技术要求

**Technical requirements for automatically switched optical network (ASON) node—Part 1: Technical requirements for SDH-based ASON node**



2009-09-30 发布　　　　2009-12-01 实施

中华人民共和国国家质量监督检验检疫总局
中国国家标准化管理委员会　发布

# 前　言

GB/T 24367《自动交换光网络(ASON)节点设备技术要求》预计由以下部分组成:

——ASON 节点设备技术要求　第 1 部分:基于 SDH 的 ASON 节点设备技术要求;

——ASON 节点设备技术要求　第 2 部分:基于 OTN 的 ASON 节点设备技术要求。

本部分为 GB/T 24367 的第 1 部分。

本部分的相关技术内容参考了 ITU-T G.8080《自动交换传送网体系结构》、ITU-T G.7713《分布式呼叫和连接管理》、ITU-T G.7714《通用自动发现技术》、ITU-T G.7715《ASON 路由结构和要求》、ITU-T G.7718《ASON 管理框架》等建议,以及 OIF、IETF 等国际标准化组织有关自动交换光网络的建议和草案,并结合我国具体情况制定。

本部分与《自动交换光网络(ASON)测试方法　第 1 部分:基于 SDH 的 ASON 测试方法》配套使用。

本部分由中华人民共和国工业和信息化部提出。

本部分由中国通信标准化协会归口。

本部分起草单位:武汉邮电科学研究院、工业和信息化部电信研究院、中国联合通信有限公司、华为技术有限公司、中兴通讯股份有限公司、上海贝尔阿尔卡特股份有限公司。

本部分主要起草人:张继军、杨建华、张国颖、陈晓辉、黄峰、高建华、柯明。

# 自动交换光网络(ASON)节点设备技术要求 第1部分:基于SDH的ASON节点设备技术要求

## 1 范围

GB/T 24367的本部分规定了基于同步数字体系(SDH)的自动交换光网络(ASON)节点设备技术要求,包括节点设备的基本组成,与控制平面、传送平面和数据通信网(DCN)相关的节点设备技术要求,相关接口的技术要求,性能指标要求,保护与恢复要求,管理要求,以及运行和维护要求等。

本部分适用于在公用电信网中使用的,基于ITU-T G.783—2006规范的SDH设备功能块特性之上的ASON节点设备。专用电信网中的同类设备亦可参照使用。

## 2 规范性引用文件

下列文件中的条款通过GB/T 24367的本部分的引用而成为本部分的条款。凡是注日期的引用文件,其随后所有的修改单(不包括勘误的内容)或修订版均不适用于本部分,然而,鼓励根据本部分达成协议的各方研究是否可使用这些文件的最新版本。凡是不注日期的引用文件,其最新版适用于本部分。

GB/T 7611 数字网系列比特率电接口特性

GB 9254 信息技术设备的无线电骚扰限值和测量方法

GB/T 15941—2008 同步数字体系(SDH)光缆线路系统进网要求

GB/T 17618 信息技术设备抗扰度限值和测试方法

GB/T 20185—2006 同步数字体系设备和系统的光接口技术要求

GB/T 21645.1—2008 自动交换光网络(ASON)技术要求 第1部分:体系结构与总体要求

YD/T 900 SDH设备技术要求——时钟

YD/T 1022 同步数字体系(SDH)设备功能要求

YD/T 1078 SDH传输网技术要求——网络保护结构间的互通

YD/T 1109 ATM交换机技术规范

YD/T 1238—2002 基于SDH的多业务传送节点技术要求

YD/T 1267—2003 基于SDH传送网的同步网技术要求

YD/T 1289.2 同步数字体系(SDH)传送网网络管理技术要求 第2部分:网元管理系统(EMS)功能

YD/T 1299—2004 同步数字体系(SDH)网络性能技术要求——抖动和漂移

YD/T 1345—2005 基于SDH的多业务传送节点(MSTP)技术要求——内嵌弹性分组环(RPR)功能部分

YD/T 1474—2006 基于SDH的多业务传送节点(MSTP)技术要求——内嵌多协议标记交换(MPLS)功能部分

YDN 027 SDH传输网技术要求——环形网

YDN 028—1997 SDH光缆系统及设备的保护——线性复用段、自愈环及其他类型结构

YDN 037 同步数字体系(SDH)管理网管理功能、ECC和Q3接口协议栈规范

ITU-T G.703—2001 系列数字接口的物理/电器特性

ITU-T G.7042　虚级联信号的链路容量调整方案(LCAS)

ITU-T G.707—2003　同步数字体系的网络节点接口

ITU-T G.783—2006　同步数字体系(SDH)设备功能块的特性

ITU-T G.784　SDH 管理

ITU-T G.823　基于 2 048 kb/s 系列的数字网络内抖动和漂移控制

ITU-T G.841　同步数字体系(SDH)网络保护结构的类型和特性

ITU-T G.7712—2008　数据通信网的体系结构与规范

ITU-T G.7713—2006　分布式呼叫和连接管理

ITU-T G.7713.1—2003　采用 PNNI 的 DCM 信令

ITU-T G.7713.2—2003　采用 GMPLS RSVP-TE 的 DCM 信令

ITU-T G.7713.3—2003　采用 GMPLS CR-LDP 的 DCM 信令

ITU-T G.7714　通用自动发现技术

ITU-T G.7714.1—2003　SDH 和 OTN 网络中自动发现协议

ITU-T G.7715—2002　ASON 路由结构和要求

ITU-T G.7715.1—2004　链路状态路由协议需求

ITU-T G.7715.2—2007　支持远端路由请求的 ASON 路由架构和要求

ITU-T G.8080　自动交换传送网体系结构

IEEE 802.3　带冲突检测的载波监听多重访问的访问方式及物理层定义

IEEE 802.3ae　10 G 以太网

IETF RFC 2205　RSVP 功能规范(版本 1)

IETF RFC 2403　ESP 和 AH 内的 HMAC-MD5-96 的使用

IETF RFC 2748　通用开放策略服务(COPS)协议

IETF RFC 2961　RSVP 更新开销降低扩展

IETF RFC 3209　RSVP-TE:用于 LSP 隧道的 RSVP 扩展

IETF RFC 3469　基于多协议标记交换(MPLS)恢复的框架

IETF RFC 3473　GMPLS RSVP-TE 信令扩展

IETF RFC 3474　ASON 用 GMPLS RSVP-TE 使用和扩展的 IANA 分配文件

IETF RFC 3476　光 UNI 信令用 LDP 和 RSVP 扩展

IETF RFC 3630—2003　对 OSPFv2 的流量工程扩展

IETF RFC 4003　出口控制的 GMPLS 信令规程

IETF RFC 4139—2005　用于 ASON 的 GMPLS 信令使用和扩展的需求

IETF RFC 4202　支持 GMPLS 的路由扩展

IETF RFC 4203—2005　用于 GMPLS 的 OSPF 扩展

IETF RFC 4204—2005　链路管理协议(LMP)

IETF RFC 4207　LMP 测试消息的 SDH 编码

IETF RFC 4258　用于 ASON 的 GMPLS 路由需求

IETF RFC 4606　GMPLS 支持对 SDH 网络控制的扩展

OIF-UNI-01.0-R2-Common　用户网络接口 1.0 公共部分信令规范(版本 2)

OIF-UNI-01.0 R2-RSVP　用户网络接口 1.0 RSVP 信令规范(版本 2)

OIF-ENNI-SIG-01.0　运营商内部 E-NNI 信令规范

OIF-SEP-01.1　UNI/NNI 安全扩展规范

OIF-SEP-02.1　UNI/NNI 安全扩展补充规范

OIF-UNI-02.0-Common　用户网络接口 2.0 公共部分规范

OIF-ENNI-OSPF-01.0　使用 OSPF 的运营商内 E-NNI 1.0 路由规范

## 3 术语和定义、缩略语

### 3.1 术语和定义

GB/T 21645.1—2008 中确立的以及下列术语和定义适用于本部分。

3.1.1

**正常删除 graceful deletion**

一种按照既定的规范从源或宿发起的删除，可以在删除呼叫或连接后在传送平面不出现相应的告警。

3.1.2

**强制删除 forced deletion**

呼叫或连接建立过程中出现错误或状态超时时发起的一种删除方式，可能在传送平面产生相应的告警。

3.1.3

**出口控制 egress control**

在 LSP 的源节点通过显式路由对象(ERO)来控制 LSP 的终结的功能，包括接口和标签控制。

### 3.2 缩略语

下列缩略语适用于本部分。

| | | |
|---|---|---|
| ADM | Add/Drop Multiplexer | 分插复用器 |
| AIS | Alarm Indication Signal | 告警指示信号 |
| ASON | Automatically Switched Optical Network | 自动交换光网络 |
| ATM | Asynchronous Transfer Mode | 异步转移模式 |
| AU | Administrative Unit | 管理单元 |
| BGP | Border Gateway Protocol | 边界网关协议 |
| CallC | Call Controller | 呼叫控制器 |
| CC | Connection Controller | 连接控制器 |
| CCI | Connection Control Interface | 连接控制接口 |
| CCID | Control Channel ID | 控制通路标识 |
| CLNP | Connection-less Network Layer Protocol | 面向无连接的网络层协议 |
| COPS | Common Open Policy Service | 通用开放策略服务(协议) |
| CR-LDP | Constrained Routing Label Distribution Protocol | 基于约束路由的标记分发协议 |
| CTP | Connection Termination Point | 连接终端点 |
| DA | Discovery Agent | 发现代理 |
| DCC | Data Communication Channel | 数据通信通路 |
| DCF | Data Communications Function | 数据通信功能 |
| DCM | Distributed Call and Connection Management | 分布式呼叫与连接管理 |
| DCN | Data Communications Network | 数据通信网 |
| DDRP | Domain to Domain Routing Protocol | 域到域路由协议 |
| DXC | Digital Cross-Connect | 数字交叉连接(设备) |
| ECC | Embedded Control Channel | 嵌入控制通路 |
| E-NNI | External Network-to- Network Interface | 外部网络网络接口 |
| GMPLS | Generalized Multi-Protocol Label Switching | 通用多协议标记交换 |

| | | |
|---|---|---|
| HDLC | High Level Data Link Control | 高级数据链路控制 |
| IANA | Internet Assigned Numbers Authority | 互联网编号分配机构 |
| ID | Identifier | 标识符 |
| I-NNI | Internal Network-to-Network Interface | 内部网络网络接口 |
| IPCC | IP Control Channel | IP 控制通路 |
| IPSec | IP Security | IP 安全协议 |
| IS-IS | Intermediate System - Intermediate System | 中间系统-中间系统(路由协议) |
| LAN | Local Area Network | 局域网 |
| LCAS | Link Capacity Adjustment Scheme | 链路容量调整方案 |
| LER | Label Switching Edge Router | 边缘 LSR |
| LMP | Link Management Protocol | 链路管理协议 |
| LOF | Loss of Frame | 帧丢失 |
| LOP | Loss of Pointer | 指针丢失 |
| LOS | Loss of Signal | 信号丢失 |
| LRM | Link Resource Manager | 链路资源管理器 |
| LSA | Link State Advertisement | 链路状态广播 |
| LSR | Label Switch Router | 标签交换路由器 |
| MA | Management Agency | 管理代理 |
| MCN | Management Communication Network | 管理通信网 |
| MPLS | Multi-Protocol Label Switching | 多协议标记交换 |
| NCC | Network Call Controller | 网络呼叫控制器 |
| NMI-A | Network Management Interface - A | 网络管理 A 接口 |
| NMI-T | Network Management Interface - T | 网络管理 T 接口 |
| NNI | Network-to-Network Interface | 网络网络接口 |
| NSAP | Network Service Access Point | 网络服务接入点 |
| OSPF-TE | Open Shortest Path First-Traffic Engineering | 开放最短路径优先协议-流量工程 |
| OVPN | Optical Virtual Private Network | 光虚拟专用网 |
| RA | Routing Area | 路由域 |
| PC | Protocol Controller | 协议控制器 |
| PC | Permanent Connection | 永久连接 |
| PDH | Plesiochronous Digital Hierarchy | 准同步数字体系 |
| PDP | Policy Decision Point | 策略决策点 |
| PDU | Protocol Data Unit | 协议数据单元 |
| PEP | Policy Enforcement Point | 策略实施点 |
| PNNI | Private Network-Network Interface | 专用网络-网络接口 |
| PPP | Point to Point Protocol | 点到点协议 |
| QoS | Quality of Service | 服务质量 |
| RC | Routing Controller | 路由控制器 |
| RPR | Resilient Packet Ring | 弹性分组环 |
| RSVP-TE | Resource Reservation Protocol-Traffic Engineering | 资源预留协议-流量工程 |
| SC | Switched Connection | 交换连接 |

| | | |
|---|---|---|
| SCN | Signalling Communication Network | 信令通信网 |
| SD | Signal Degraded | 信号劣化 |
| SDH | Synchronous digital hierarchy | 同步数字体系 |
| SEC | SDH Equipment Clock | SDH 设备时钟 |
| SF | Signal Failure | 信号失效 |
| SNC | Subnetwork Connection | 子网连接 |
| SNP | Subnetwork Point | 子网点 |
| SNPP | Subnetwork Point Pool | 子网点池 |
| SPC | Soft Permanent Connection | 软永久连接 |
| SRLG | Shared Risk Link Group | 共享风险链路组 |
| SSM | Synchronization Status Message | 同步状态消息 |
| STM | Synchronous Transport Module | 同步传送模块 |
| TAP | Termination and Adaptation Performer | 终结和适配执行器 |
| TCP | Termination Connection Point | 终端连接点 |
| TE | Traffic Engineering | 流量工程 |
| TLV | Type Length Value | 类型-长度-值 |
| TM | Termination Multiplexer | 终端复用器 |
| TNA | Transport Network Assigned Address | 分配给传送网络的地址 |
| TNE | Transport Network Element | 传送网元 |
| TP | Tansport Palne | 传送平面 |
| TTL | Time to Live | 生存时间 |
| TU | Tributary Unit | 支路单元 |
| UNI | User-Network Interface | 用户网络接口 |
| UNI-C/N | User-Network Interface-Client/Network | UNI 客户侧/网络侧 |
| VC | Virtual Circuit | 虚电路 |
| WAN | Wide Area Network | 广域网 |
| WTR | Wait Time to Restore | 等待恢复时间 |

## 4 ASON 节点设备的组成与应用

### 4.1 ASON 节点设备的组成

ASON 节点设备的功能构成如图 1 所示。

ASON 节点设备应具有 ASON 体系结构中传送平面、控制平面、管理平面这 3 个平面的功能，以及与 DCN 相关的功能。其中，

——与传送平面相关的功能元件包括基本的 SDH 功能(如 SDH 交叉连接单元、接口适配单元、开销处理单元、定时与同步单元等)、多业务承载与处理功能，以及与实现 ASON 节点设备相关的新增功能等。

——与控制平面相关的功能元件包括连接控制器(CC)、路由控制器(RC)、链路资源管理器(LRM)、流量策略(TP)、呼叫控制器(CallC)、发现代理(DA)、终结和适配执行器(TAP)、协议控制器(PC)和 SCN 接口单元等，具体应满足 ITU-T G.8080 的规定。

——与管理平面相关的功能元件包括管理代理(MA)、MCN 接口单元等。

——与 DCN 相关的功能元件包括 SCN 接口单元、MCN 接口单元。

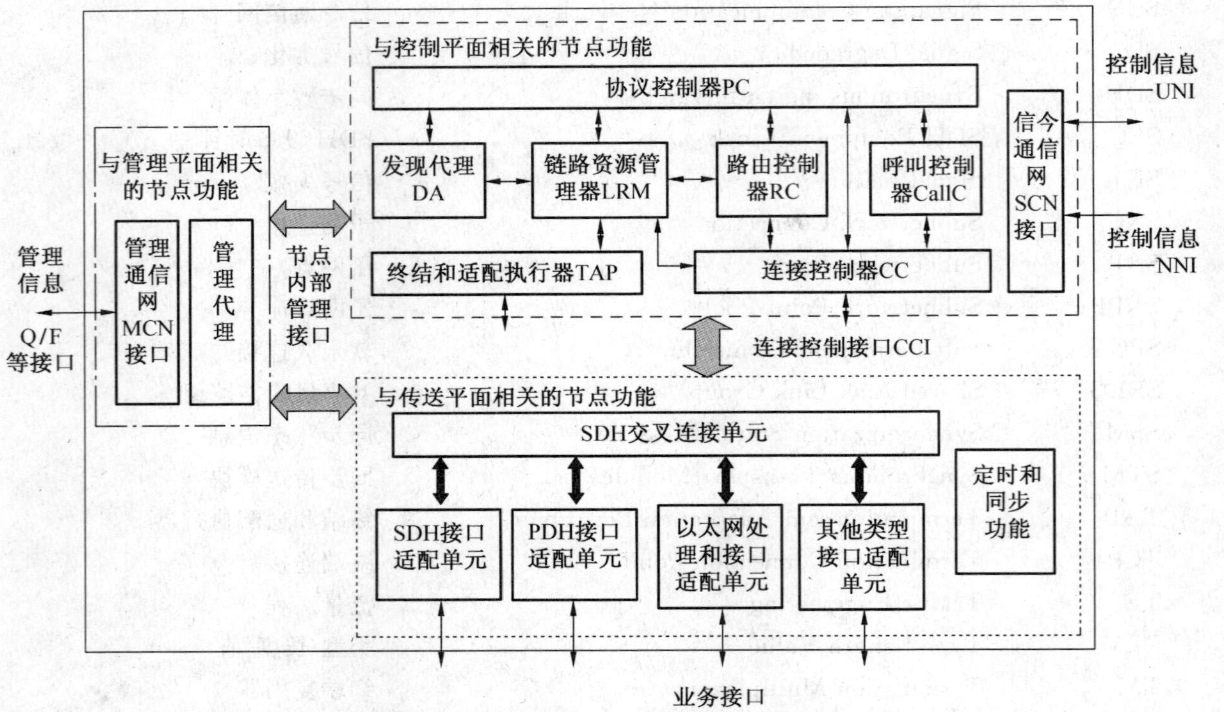


图 1 基于 SDH 的 ASON 节点设备的功能构成示例

节点设备中与控制平面相关的功能元件和与传送平面相关的功能元件可以是 1∶1 或 1∶n 的对应关系。采用 1∶n 对应关系的节点设备不在本部分规定的范围内。

节点设备中与管理平面相关的功能元件和与传送平面相关的功能元件应是 1∶1 的对应关系。

### 4.2 ASON 节点设备的接口

#### 4.2.1 物理接口

##### 4.2.1.1 业务接口

ASON 节点设备可提供的业务接口包括以下类型：

——SDH 接口，可包括 STM-1/4/16/64/256 接口；

——PDH 接口，可包括 2 048 kb/s、34 368kb/s、44 736 kb/s 和 139 264 kb/s PDH 接口；

——以太网接口，可包括 10 M/100 M、GE、10 GE 以太网接口；

——ATM 接口，可包括 STM-1/4 ATM 接口；

——其他接口，指为实现 ASON 传送网的多业务承载功能而需要节点设备提供的其他类型的业务接口，如 FICON、ESCON 和光纤通道等存储业务的接口。

##### 4.2.1.2 DCN 接口

ASON 节点设备可支持的 DCN 接口主要包括 DCC 接口和以太网接口，具体应满足本部分中 8.2 的规定。

##### 4.2.1.3 时钟接口

ASON 节点设备同步定时系统的输入和输出时钟接口包括 2 048 kHz 和 2 048 kbit/s 时钟接口，应分别满足 ITU-T G.703—2001 中第 10 章和第 6 章的规定。

#### 4.2.2 逻辑接口

##### 4.2.2.1 与控制平面相关的接口

ASON 节点设备中与控制平面相关的接口主要有 2 类：用户网络接口（UNI）和网络网络接口（NNI）。

UNI 是业务请求者和业务提供者的控制平面实体间的双向信令接口，用户侧称为 UNI-C，网络侧称为 UNI-N。

NNI 又分为内部网络网络接口(I-NNI)和外部网络网络接口(E-NNI)。I-NNI 是在一个控制域内部或者在有信任关系的多个控制域中的控制实体间的双向信令接口;E-NNI 是在不同控制域中的控制实体间的双向信令接口。

#### 4.2.2.2 网络管理接口

节点设备通过网络管理接口与上层网管系统相连,纳入统一的 ASON 网络管理。接口类型包括 Q、F 等多种接口,具体应满足本部分中 12.3 的规定。

#### 4.2.2.3 内部逻辑接口

在 ASON 节点设备中,还应支持如下逻辑接口:

——NMI-A 和 NMI-T:NMI-A 是节点设备管理平面与控制平面之间的接口,称为网络管理 A 接口;NMI-T 是节点设备管理平面与传送平面之间的接口,称为网络管理 T 接口。NMI 接口中的信息主要是相应的网络管理信息。

——CCI:是节点设备控制平面与传送平面之间的接口。CCI 中的交互信息主要分为两类,从控制平面到传送平面的交叉控制命令和从传送平面到控制平面的资源状态信息。

### 4.3 ASON 节点设备的应用类型

根据节点设备对外提供的与控制平面相关的接口类型的不同,ASON 节点设备可以作为 ASON 网络内提供 I-NNI 功能的节点、提供 E-NNI 功能的节点、提供 UNI-N 功能的节点和提供 UNI-C 功能的节点,或上述功能的组合。只提供 UNI-C 功能的 ASON 节点设备不在本部分的范围内。

## 5 与控制平面相关的技术要求

### 5.1 呼叫与连接管理要求

#### 5.1.1 基本要求

ASON 节点设备应支持分布式的呼叫与连接管理(DCM)功能。

ASON 节点设备应支持呼叫与连接分离的控制平面功能,或具有升级后支持该功能的能力,具体应满足 ITU-T G.8080、G.7713—2006 的规定。

节点设备应支持永久连接(PC)、交换连接(SC)和软永久连接(SPC)3 种连接类型;应支持单向点到点连接、双向点到点连接,可选支持单向点到多点连接(组播)。节点设备应支持 PC 到 SPC 的迁移。

节点设备应支持的呼叫与连接管理功能包括:

a) 呼叫控制功能,即在一个或多个用户应用和网络之间的一个信令功能,用于控制建立、释放、修改和维护连接组。

b) 呼叫允许功能(可选)。

c) 连接控制功能,即与连接相关的建立、释放、连接状态的保持(包括属性查询和修改等),以及相关的实现协议。当支持连接修改功能时,修改的属性可包括保护恢复类型、返回方式、恢复优先级、带宽、用户信息、附加信息等。

d) 连接允许控制功能。

具体应满足 GB/T 21645.1—2008 中 8.3 的规定。

节点设备应具有基本的竞争处理功能。竞争是当两个独立的连接请求同时申请相同的资源时发生的问题,节点设备应能够支持控制平面具有解决这种冲突问题的机制,具体应满足 GB/T 21645.1—2008 中 8.4 的规定。

当 ASON 网络中发生不同层次的异常情况时,节点设备应能够支持控制平面提供 DCM 的异常处理功能,从这些异常中恢复,具体应满足 GB/T 21645.1—2008 中 8.5 的规定。控制平面故障不应影响已建立的呼叫和连接。

节点设备支持的 DCM 功能的操作规程,应满足 ITU-T G.7713—2006 中 6.1 的规定。

#### 5.1.2 信令协议功能要求

节点设备所支持的信令协议负责 DCM 的具体实施。节点设备支持的信令协议功能应满足如下要求：

a) 应支持 ITU-T G. 8080、G. 7713—2006 和本部分 5.1.1 规定的各种 DCM 功能。

b) 应支持单一连接和一组连接(即单一呼叫对应一个或一组连接)2 种连接管理方式,包括连接的建立、拆除和查询等。

c) 应支持对每个呼叫和连接的所规定域内的唯一标识。

d) 应支持 G. 7713—2006 规定的所有呼叫和连接属性参数。应支持具有可扩展性的信令能力集,以保证网络的性能要求。有关连接的流量参数和标签应满足 IETF RFC 4606 的规定。

e) 应对所有请求进行肯定或否定的响应,必要时给出原因。

f) 应支持显式路由方式,可采用严格显式路由或松散显式路由方式。

g) 应支持故障通告,以及呼叫和连接状态的通告。

h) 应支持信令消息的优先级传递,确保与保护恢复等相关的重要信令消息得到优先处理。

i) 应支持不同级别的保护/恢复要求。

j) 应支持回溯机制(Crankback),即回溯到中间节点(一般是域边界节点)或回溯到源节点进行重路由。有关回溯机制(Crankback)的基本功能要求应满足 IETF RFC 4139—2005 中 4.6 的规定。

k) 应支持 GMPLS 出口控制功能,具体应满足 IETF RFC 4003,或 RFC 3474 和 RFC3476 的相关规定。

除上述要求外,节点设备支持的信令协议还应满足如下异常处理要求：

a) 发生信令网缺陷(包括用户信令缺陷和网络信令缺陷)时的处理应满足 ITU-T G. 7713—2006 中 6.2 的规定,在 UNI、E-NNI 的处理应进一步分别满足本部分 6.1 和 OIF-ENNI-SIG-01 中第 9 章的规定。

b) DCM 信号流程——异常处理应满足 ITU-T G. 7713—2006 中 6.3 的规定。

#### 5.1.3 信令协议选择

对于 ASON 网络内的所有控制域,域间信令协议应与域内信令协议的选择无关,UNI、I-NNI 和 E-NNI 接口的信令协议选择应相互独立。本部分仅规定基于 ITU-T/OIF 定义的信令协议,对于基于 IETF 定义的 UNI/E-NNI 信令协议待研究。

a) UNI 应支持 RSVP-TE 协议,具体应满足本部分 6.1 的规定。

b) E-NNI 应支持 RSVP-TE 协议,具体应满足本部分 6.2 的规定。

c) I-NNI 接口为控制域内部接口,可以采用 PNNI、RSVP-TE、CR-LDP 3 种协议的一种,分别在 ITU-T G. 7713.1、G. 7713.2 和 G. 7713.3 中进行了规定。

如节点设备的 UNI、E-NNI 和 I-NNI 分别选择了不同的信令协议,应支持实现不同协议转换的网关功能。

### 5.2 路由要求

#### 5.2.1 路由结构要求

ASON 节点设备的路由结构中应包括与具体协议无关的元件(如 LRM 和 RC)以及与具体协议相关的元件(如 PC 等),具体应满足 ITU-T G. 8080 和 G. 7715—2002 的规定。

节点设备的路由功能应支持控制平面满足如下路由结构要求：

a) 域间路由协议应与域内路由协议及其控制分布模式(如集中式、完全分布式)无关。

b) 不同传送层面的路由协议和路由方式可以不同。

c) 应能支持在同一个路由域中存在多个路由协议并进行路由信息的交换。节点设备中可存在多个协议控制器,且路由控制器与协议控制器之间不要求存在一对一的关系。

d) 可选支持多种 OVPN 模式，如共享资源模式和专用资源模式等。

e) 路由邻接拓扑和传送网拓扑不一定一致，应支持路由邻接拓扑的自动生成。

f) 应支持在单个运营商网络内对每一个路由域的唯一标识。本节规定的路由结构要求仅适用于单个运营商内部网络，不适用于由不同运营商组成的 ASON 网络。

g) 路由信息应提供单个域的抽象视图，抽象的程度由运行策略决定。

h) 路由控制域之间交换的路由信息应与域内所采用的路由协议及其控制分布模式无关。

i) 路由执行器应提供系统故障（如存储空间耗尽）恢复功能。

### 5.2.2 路由功能要求

ASON 路由功能包括可达性信息传播、网络拓扑/资源信息发布以及通道路由计算。ASON 路由功能应满足以下要求：

a) 支持源路由、逐跳路由和分级路由方式 3 种选路方式之一。

b) 网络拓扑应由控制平面实现自动发现。路由功能应支持网络拓扑的维护，当网络拓扑发生变化时，应自动更新节点的拓扑信息。

c) 应支持在本控制域内进行节点和链路状态信息的发布，发布的信息应包括节点可达性、链路容量、链路权重、节点和链路分集、链路保护类型等。

d) 应支持分级路由结构，域间路由支持拓扑抽象和概要信息的发布。

e) 路由功能应支持把 2 个 ASON 节点间具有相同特性的多条链路组成一个链路捆束（Link bundle），减少链路状态更新信息。

f) 应支持基于约束条件的通道选择，可以包括链路代价、分集、业务级别、网络性能指标、管理策略、传输层特定约束条件（如光层损伤）等。通道路由计算应支持以下路由约束条件以及它们之间的组合：

——链路代价；

——包含特定网络资源（节点、SNPP 链路、SNP 链路）；

——排斥特定网络资源（链路和节点）；

——链路保护约束；

——路由分集约束，包括链路分离、节点分离和 SRLG 分离；

——负载均衡（可选）；

——网络性能指标（如时延、误码率）（可选）；

——传输层特定约束条件（例如光层损伤等）（可选）；

——其他出于管理目的的策略。

有关路由功能的进一步要求应满足 GB/T 21645.1—2008 中 9.3 的规定。

### 5.2.3 路由协议要求

#### 5.2.3.1 基本要求

路由协议是用于路由选择和链路状态分发的协议。路由协议包括域内路由协议和域间路由协议。ASON 节点设备路由协议应满足的基本要求包括但不限于以下内容：

a) 应采用基于链路状态的路由协议，并满足 ITU-T G.7715.1—2004 建议的要求。

b) 应支持 ITU-T G.7715—2002 中定义的分级路由结构。

c) 应支持源路由、分级路由、逐跳路由方式中的一种。

d) 应支持节点间的多链路，以及链路分集和节点分集。

e) 应支持不同级别的保护/恢复要求。

f) 应支持 Crankback 机制。

g) 域间路由协议应独立于任何域内的路由协议。

h) 域间路由协议应支持基于策略的路由信息交换。

i） 域间路由协议应支持域的拓扑和资源信息抽象，支持可达性信息聚合。

j） 应支持分级的路由信息分发。

k） 可选支持远端路由请求功能。此时，节点设备支持的路由体系结构和要求应满足 G.7715.2—2007 建议的规定。

有关路由协议的进一步要求应满足 GB/T 21645.1—2008 中 9.4 的规定。

**5.2.3.2 路由消息和属性**

ASON 节点设备应支持以下类型的路由消息：

a） 路由邻接关系维持消息；

b） 路由信息消息；

c） 错误处理消息。

具体应满足 ITU-T G.7715—2002 中第 8 章的规定。

路由协议所交换的信息包括节点属性和链路属性，节点设备应支持的属性包括：

a） 节点属性：包括可达性属性、与分集相关的属性，以及其他节点属性，具体应满足 ITU-T G.7715—2002 中 7.1 和 G.7715.1—2004 中 11.8 的规定。

b） 链路属性：主要包括链路状态（如存在性、权重和容量）、与分集相关的属性，以及其他链路属性，具体应满足 ITU-T G.7715—2002 中 7.2 和 G.7715.1—2004 中 11.9 的规定。

**5.2.3.3 路由协议选择**

节点设备可支持的路由协议分为域间路由协议和域内路由协议，本部分仅规定基于 ITU-T/OIF 定义的路由协议，对于基于 IETF 定义的路由协议待研究。

a） 域内路由协议：可采用 GMPLS OSPF-TE 或 IS-IS 协议，推荐采用 GMPLS OSPF-TE 协议。

b） 域间路由协议：可采用 OSPF-TE 协议，具体应满足 OIF-ENNI-OSPF-01.0 中的相关规定。

**5.2.3.4 GMPLS OSPF-TE 协议要求**

节点设备采用 GMPLS OSPF-TE 作为路由协议时，应满足 IETF RFC 4258、RFC 4202 的规定。GMPLS OSPF-TE 应支持的 TE LSA 包括：

a） 节点地址 TLV：用来携带路由地址信息，具体应满足 IETF RFC 3630—2003 中第 3 章的规定。

b） 链路 TLV(LINK TLV)：用来携带链路相关的 TE 信息，具体应满足 IETF RFC 3630—2003 中第 3 章和 RFC 4203—2005 中第 1 章的规定。

**5.3 自动发现要求**

**5.3.1 基本要求**

对传送实体的发现进程是一个通用进程，节点设备应支持的发现进程分为 3 个子进程：发现触发、层邻接发现、传送实体能力交换。其中，对传送实体能力交换过程的支持可选，此时，可以从管理平面手工配置相应的本地和远端信息。

自动发现的基本要求应分别满足 GB/T 21645.1—2008 中 10.2、10.3 的规定，有关节点设备应支持的发现进程的消息格式及算法过程应满足 ITU-T G.7714.1—2003 的要求。

自动发现协议可采用 IETF 规定的 LMP 协议或其他符合 ITU-T G.7714.1 的协议来实现。当采用 LMP 协议时，应满足 IETF RFC 4204—2005、RFC 4207 的规定。

节点设备除了能够从自动发现过程获得必要的信息外，同时也应支持从管理平面手工配置。手工配置的信息可以是自动发现信息的补充。

节点设备应能支持错连的监测和发现，具体应满足 ITU-T G.7714.1—2003 中第 11 章的规定。

**5.3.2 自动发现的基本实现机制要求**

a） 发现触发

发现触发负责触发层邻接交换和传送实体能力交换过程。

1） 发现触发过程可由管理平面使能；
2） 如果层邻接发现过程不被使能，那么管理平面应该可以提供CP/TCP绑定信息；
3） 如果传送实体能力交换过程不被使能或不能提供，那么管理平面应能够提供本地和远端信息。

b） 层邻接发现

层邻接发现过程用于在特定层网络中初始化形成网络连接或链路连接的2个CP/TCP间的关联关系。对于ASON节点设备的层邻接发现过程可以是基于每一层的，不同的层有不同的机制可以使用：

1） 再生段层：在再生段层，可以使用J0踪迹字节或再生段DCC来支持再生段TCP-to-TCP的相邻发现；
2） 复用段层：在复用段层，可以使用复用段DCC来支持复用段TCP-to-TCP的相邻发现；
3） 高阶VC通道层：在高阶VC通道层，可以使用高阶通道层J1踪迹字节来支持高阶VC通道层TCP-to-TCP的相邻发现；
4） 低阶VC通道层：在低阶VC通道层，可以使用低阶通道层J2踪迹字节来支持低阶VC通道层TCP-to-TCP的相邻发现。

如果服务层的邻接关系已经被发现，则发现进程应可以据此得出客户层的邻接关系。

c） 传送实体能力交换

传送实体能力交换过程用于交换传送实体间需协商的满足协定的能力集信息。这一过程是可选的。对传送实体能力交换过程的要求应满足GB/T 21645.1—2008中10.3的规定。

对于不同的接口，ASON节点设备所支持的发现过程应满足以下要求：

a） 对于UNI接口，可采用自动发现和手工配置2种方式，手工配置为必选，自动发现为可选。节点设备可选支持的邻居自动发现功能应基于IETF规定的LMP协议及其扩展来实现。有关UNI接口的自动发现要求可进一步见本部分6.1。
b） 对于I-NNI，自动发现机制的实现应基于带内或带外方式实现，具体的实现方式可采用SDH的踪迹字节或DCC承载发现消息来实现。
c） 对于E-NNI，可采用自动发现和手工配置2种方式，手工配置为必选，自动发现为可选，具体应满足OIF关于E-NNI的规定。

### 5.4 链路资源管理要求

#### 5.4.1 基本要求

节点设备应支持的链路资源管理功能主要为邻接资源管理功能，通常是指在物理上直接相连的邻接节点之间的资源发现和链路资源管理，可以实现相邻节点之间的相互发现，建立并维护控制通路，实现本地数据通路ID和远端数据通路ID的映射，并就链路的管理和绑定策略达成一致。

节点设备应支持的链路资源管理功能应满足GB/T 21645.1—2008中第11章的规定。

节点设备应采用IETF规定的LMP协议来实现链路资源管理功能，具体可包括维持控制通路的连通性，校验数据信道的物理连通性，改变和同步链路特性信息，抑制下游告警，以及为实现保护和恢复功能而进行的链路故障定位等过程。其中，节点设备应支持的功能包括：

a） 控制通路管理：主要用于建立和维持相邻节点之间控制通路的连接，以传递控制平面的信息。
b） 链路属性关联：用于将多个端口/成员链路合并成一条TE链路，并在LMP对等节点之间核实TE链路属性的一致性，这些属性包括本地/远端节点IP地址、本地/远端TE编号、包含的端口/成员链路表等。
c） 链路连通性验证（可选）：链路连通性验证功能用于验证物理通道的连通性。
d） 链路故障管理（可选）：以物理通道为管理对象，通过传递故障消息实现故障定位等操作。

具体应分别满足IETF RFC 4204—2005中第3章～第6章的规定。

#### 5.4.2 链路资源管理的实现

节点设备支持的 LMP 功能是通过 ASON 控制平面上交互的一系列消息完成的。除了测试信号外，其余所有的 LMP 消息均运行在 UDP 协议上，采用 IANA 分配的端口号。

LMP 消息类型可分为参数协商消息、*Hello* 消息、链路验证消息、链路概要消息和故障管理消息，LMP 消息的定义应满足 IETF RFC 4204—2005 中第 12 章的规定。

LMP 信息的内容由对象组成，每一个对象由对象名称和对象类别进行标识。LMP 对象可以是可协商的或不可协商的。可协商的对象使节点设备可以对特定的参数值进行协商，不可协商的对象用于对不需要或不允许协商的参数值进行广播。LMP 对象的定义应满足 IETF RFC 4204—2005 中第 13 章的规定。

在 SDH 设备上，LMP 各种消息和对象的具体编码方式应满足 IETF RFC 4207 的规定。

### 5.5 地址和名称要求

为保证控制平面正常工作，节点设备应支持传送平面标识符、控制元件标识符、DCN 标识符和管理平面标识符，具体应满足 GB/T 21645.1—2008 中 12.1 的规定。

节点设备同时应满足 GB/T 21645.1—2008 中 12.2～12.4 对传送平面名称和控制平面地址的规定。

### 5.6 控制平面初始化、重配置和恢复要求

节点设备应支持控制平面的初始化、重配置和恢复，具体可包括对网络设计人员/管理人员提供信息的识别、发现资源和链路的过程、接口可见的传送实体能力的描述、资源的控制平面名称的识别和交换、与协议控制器间通信的建立、控制平面视图与相应传送平面资源的一致性的确认、控制平面邻居具有一致性的资源视图的确认等。

节点设备应支持的控制平面初始化、重配置和恢复的进一步要求和规定待研究。

### 5.7 可靠性要求

ASON 控制平面会受信令网故障和控制平面软件故障的影响，因此，节点设备应具有相应的可靠性机制，以保证相应控制平面可满足以下可靠性方面的要求：

a) 控制平面和传送平面应有各自的故障检测机制。控制平面的故障检测机制应最终能区分控制通路故障和控制平面软件故障。
b) 控制平面的任何失效都不应导致传送平面和管理平面的失效。
c) 控制平面应提供信令消息的可靠传递。
d) 控制平面某个节点的故障不应影响控制平面其他节点的继续工作。
e) 控制平面的网络故障只能影响其建立新连接的能力，而不能影响已有连接的正常工作。
f) 如果控制平面的网络故障影响到正在进行建立的连接，应及时向源节点发送相关错误消息，拒绝连接建立，或者请求重新计算路径，或者请求等待网络故障修复再重新尝试建立该连接，并且应该及时地将已建立的部分连接删除。
g) 控制平面的网络故障修复后，应能在相关的节点之间实现各种状态信息的快速同步，恢复各种状态信息，包括：传送平面的连接状态、控制平面的连接状态和可用的网络资源等。修复故障的节点应能够重新从邻居获得连接信息；应能够重新获得故障发生前已经建立的连接的状态信息。

有关节点设备应支持的生存性机制的进一步要求应满足 GB/T 21645.1—2008 中第 16 章的规定。

### 5.8 可扩展性和升级能力要求

节点设备应具有良好的可扩展性和升级能力，以支持 ASON 网络规模的不断扩大和承载业务类型的进一步增加。

#### 5.8.1 路由协议的可扩展性

节点设备的路由协议应具有可扩展性，以支持 ASON 网络在链路容量/数量、节点数量、分级数量

和网络数量等方面的增长。网元、链路、用户或控制域的增加不应引起路由协议的修改。

路由协议的设计应使网络规模扩展对相关性能的影响最小。

### 5.8.2 信令协议的可扩展性

节点设备的信令协议应具有可扩展性，以支持 ASON 网络在链路容量、节点数量、分级数量和网络数量等方面的增长。网元、链路、用户或控制域的增加不应引起信令协议的修改。

信令协议的设计应使网络规模扩展对相关性能的影响最小。

### 5.8.3 控制平面软件的升级能力

节点设备可选支持在控制平面处于运行状态时升级控制平面软件的能力。如节点设备不能提供上述能力，则至少应保证控制平面软件的升级过程不影响已经开通的业务。

无论采用何种升级方式，升级后的控制平面应保持对已有呼叫和连接的管理和维护，并保证各种功能的完整性和可用性。

## 6 与控制平面相关的接口要求

### 6.1 UNI

### 6.1.1 UNI 提供的服务

#### 6.1.1.1 信令行为

节点设备的 UNI 接口应支持的信令行为包括单向和双向连接的连接建立、连接删除、连接状态查询，可选支持连接修改。

其中，节点设备应支持的 UNI-N 上的连接删除行为包含正常删除和强制删除 2 种，具体可包括源 UNI-C 发起的交换连接正常删除、目的 UNI-C 发起的交换连接正常删除、UNI-N 发起的交换连接正常删除、UNI-C 发起的连接强制删除、UNI-N 发起的连接强制删除，其触发因素包括但不限于以下类型：

——网络内部发生故障，强制网络进行连接删除；

——向 UNI-C 发送删除请求后没有及时得到响应；

——出于网络管理的目的，对连接进行删除。

#### 6.1.1.2 UNI 支持的连接类型

UNI 应支持的连接类型包括 SDH 业务和以太网业务。

对于 SDH 业务连接，UNI 接口可满足以下要求：

——信号类型：可以支持的信号类型包括 VC-12、VC-3、VC-4；其中，对 VC-4 的支持为必选。

——级联：可支持 SDH 信号的基于 VC-12 和 VC-4 的相邻级联和虚级联；其中，对 VC-4 相邻级联，即 VC-4-Xc(X＝4、16、64、256)的支持为必选。

——帧结构：支持的 SDH 信号的帧结构应满足 ITU-T G.707—2003 的规定。

——透明性要求：应支持 SDH 业务信号净荷的透明传送。

对于以太网业务连接，UNI 接口可支持的信号速率包括 10 Mb/s、100 Mb/s、1 Gb/s 和 10 Gb/s。具体应满足 OIF-UNI-02.0-Common 中 3.2 的规定。

#### 6.1.1.3 UNI 信令的支撑功能

节点设备的 UNI 接口可选支持 UNI 邻居发现和控制通路维护功能。

当 UNI 任意一侧不支持邻居链路自动发现功能时，节点设备应支持在 UNI-C 和 UNI-N 通过手工配置对端节点标识和数据链路端口标识信息映射表。当 UNI 任意一侧不支持控制通路维护功能时，节点设备应支持在 UNI-C 和 UNI-N 通过手工配置可用的控制通路信息。

### 6.1.2 UNI 信令传送配置

节点设备的 UNI 应支持光纤内(In-fiber)和光纤外(Out-of-fiber)2 种类型的信令传送配置方式。节点设备 UNI 应可以支持上述信令传送配置方式的一种或多种。当采用光纤内信令传送方式时，相应的服务调用模式只能为直接调用。

2 种信令配置方式的功能要求应分别满足 OIF-UNI-01.0-R2-Common 中 6.1 和 6.2 的规定。

基于 SDH 接口的 UNI 光纤内 IPCC 应利用 SDH 复用段或再生段 DCC 字节来实现，对 DCC 开销字节的使用应满足本部分 8.2 的规定。

#### 6.1.3 编址

为了使 UNI 信令消息能正确地交互，需要对多种实体进行编址或标识。UNI 接口可支持的地址或标识类型包括内部传送网络地址、UNI-C 和 UNI-N 节点地址、IP 控制通路标识(CCID)、TNA 地址、数据链路逻辑端口标识、客户设备地址。

有关 UNI 的编址要求具体可满足 OIF-UNI-01.0-R2-Common 中第 7 章的规定。

#### 6.1.4 邻居发现和 IPCC 维护

节点设备可选支持 UNI 邻居发现和 IPCC 维护功能。此时，应满足如下要求：

a) 应支持在 UNI-C 和 UNI-N 中手工配置或修改邻居信息。

b) UNI 的邻居自动发现应能实现：

 1) TNE 和与之相连的客户设备之间互相识别；

 2) TNE 和与客户设备之间相连端口的相互识别，并建立端口之间的映射关系；

 3) TNE 和与客户设备之间相连端口的连通性验证；

 4) TNE 和与客户设备之间数据链路的关联：将多条单一数据链路整合为一条逻辑链路(TE 链路)；交换、关联或修改链路参数；交换、关联或修改接口 ID。

c) 应支持 UNI-C 和 UNI-N 同时发起 UNI 邻居自动发现进程，如果两者同时发起，节点设备应具有并发处理能力。

d) UNI 控制通路维护功能可采用 IETF LMP 协议中的 Hello 机制来实现。同时，它也应支持根据其他信息(如 IPCC 物理通路的状态信息、物理通路告警等)来及时更新控制通路状态，及时对控制通路的可用性作出判断。

e) 如果 TNE 和与客户设备之间有多条可用的控制通路，应能选择其中的一条或多条控制通路来传递 UNI 信令。

f) UNI 支持的控制通路管理、邻居发现、链路属性关联等功能具体应满足 OIF-UNI-01.0-R2-Common 中第 8 章的规定；此外，UNI 还应支持 LMP 消息的可靠传递、LMP 重启恢复处理等功能，具体应满足 IETF RFC 4204—2005 中的相关规定。实现上述功能应基于 IETF 的 LMP 协议，相关消息的定义、消息处理流程、状态转移机制等应满足 IETF RFC 4204—2005 中的相关规定。

#### 6.1.5 UNI 信令

##### 6.1.5.1 UNI 信令抽象消息和属性

UNI 信令抽象消息的详细描述应满足 OIF-UNI-01.0-R2-Common 中 10.1～10.8 的规定；相关的 UNI 属性参数的描述应满足 OIF-UNI-01.0-R2-Common 中 10.9 的规定。

##### 6.1.5.2 UNI RSVP-TE 信令过程

节点设备应支持 UNI 信令的 RSVP-TE 扩展协议。相关的信令过程包括 UNI RSVP-TE 消息的发送、UNI RSVP-TE 消息的接收、可靠的消息交换、连接状态的维护、预约风格、本地连接标识、连接流量参数、连接建立、连接修改、连接删除、强制删除、连接状态的查询和响应、信令通路的失效检测和恢复、传送平面的失效和恢复等，应分别满足 OIF-UNI-01.0-R2-RSVP 中 3.2～3.15，以及 ITU-T G.7713.2—2003 第 7 章的规定。

##### 6.1.5.3 UNI 信令消息和对象

UNI 信令的 RSVP-TE 消息和对象应满足 OIF-UNI-01.0-R2-RSVP 中第 4 章、第 5 章和 ITU-T G.7713.2—2003 第 8 章、第 9 章的规定。

6.1.6 UNI 的策略和安全

ASON 必须提供合适的机制以实现网络资源的合理分配及客户端帐户的授权控制和安全性等，这些机制就是策略控制。

节点设备可选支持 UNI 策略控制。为此，需要 2 个主要的功能实体：策略决策点(PDP)和策略实施点(PEP)。PDP 可以实现在节点设备内或外部策略服务器中，PEP 可实现在 ASON 节点设备内部。PDP 和 PEP 之间的通信协议应采用 COPS 协议，具体应满足 IETF RFC 2748 的规定。

节点设备可选支持 UNI 安全机制。

有关 UNI 策略控制和安全性的更详细描述见 OIF-UNI-01.0-R2-Common 中第 11 章的规定。

UNI 安全机制的实现可基于 IPSec 协议，具体应满足 IETF RFC 2403 的规定。

6.2 E-NNI

6.2.1 基本要求

E-NNI 是在不同控制域或者运营商网络中的控制实体间的双向信令接口。节点设备的 E-NNI 接口应支持的功能包括呼叫控制、资源发现、连接控制、连接选择和连接选路，在接口处交互的信息流包括可达网络地址信息、鉴权和连接允许信息，以及连接服务信息。

6.2.2 E-NNI 支持的业务

E-NNI 支持的业务包括交换连接(SC)业务和软永久连接(SPC)业务。为支持穿越 E-NNI 的端到端 SC、SPC 业务，节点设备应在 E-NNI 保持并转发来自源节点的呼叫参数，例如应传递 E-NNI 信令消息中与业务相关的属性(如呼叫属性)。此外，节点设备应支持经由 E-NNI 传递那些与 E-NNI 相关的显式路由信息。

6.2.3 E-NNI 信令参考配置

E-NNI 信令参考配置又称为 E-NNI 服务调用模式，应满足本部分 5.1 的规定。

无论采用何种服务调用模式，节点设备的 E-NNI 均应满足如下要求：

a) 在 E-NNI 之间，信令协议基于 IP 协议，节点设备内的网元控制器或网元控制器的 NNI 信令代理应分配一个唯一的 NNI 接口 IP 地址。
b) 当节点设备通过多个接口和某一其他控制域中的邻居网元相连时，逻辑上仅定义一个 E-NNI 控制通路。

6.2.4 信令的标识

节点设备 E-NNI 应支持的信令标识包括：

a) 传送资源标识：此标识符由 ASON 节点设备的控制元件使用，用来描述传送平面的资源，包括 TNA 地址和 SNPP 标识符。
b) 信令协议控制器的标识：用来描述控制平面中的组成元件。应为控制平面中的组成元件分配不同的标识。
c) 信令协议控制器 SCN 地址。

具体应满足 OIF-ENNI-SIG-01 中第 5 章的规定。

6.2.5 E-NNI 信令

6.2.5.1 E-NNI 信令抽象消息和属性

节点设备 E-NNI 的信令消息应支持动态地建立穿越不同控制域的端到端连接，包括交换连接和软永久连接。具体应满足 OIF-ENNI-SIG-01 中 7.1 的规定。

相关的 E-NNI 抽象属性的参数描述应满足 OIF-ENNI-SIG-01 中 7.2 的规定。

6.2.5.2 与 UNI 的兼容性

节点设备的 E-NNI 信令应与来自 UNI 的请求和连接控制相兼容。

对于 E-NNI 应支持的 RSVP-TE 协议来说，如果接收到的对象的 Class Num 字段取值在范围 224～255 之间，且协议无法识别，则应忽略并直接向前转发该对象。

6.2.5.3 **E-NNI RSVP-TE 信令消息和属性**

节点设备的 E-NNI 应采用扩展的 RSVP-TE 协议，这就需要把 E-NNI 信令抽象消息映射到 RSVP-TE 的消息上。

节点设备 E-NNI 信令支持的 RSVP-TE 消息、属性和错误编码应满足 OIF-ENNI-SIG-01 中第 11 章的规定。

6.2.5.4 **E-NNI RSVP-TE 信令的传送过程**

正常情况下，E-NNI 信令的传送包括正常的建立和释放请求，包括 SC 和 SPC 的连接和释放。

节点设备支持的正常(成功)情况下 SC/SPC 连接请求和 SC/SPC 连接释放/拆除请求的 E-NNI 信令传送过程应满足 OIF-ENNI-SIG-01 中 9.1 的规定。

节点设备 E-NNI 应支持在发生异常情况下的特定的处理操作规程。这里的异常情况至少应包括建立请求拒绝、释放请求拒绝、信令通路失效、控制平面失效，以及传送资源失效。相应的处理操作应满足 OIF-ENNI-SIG-01 中 9.2、11.4 的规定。

节点设备 E-NNI 信令支持的 RSVP-TE 扩展协议应满足 ITU-T G.7713.2 和 IETF RFC 2205、RFC 2961、RFC 3209、RFC 3473、RFC 3474 的规定。

6.2.6 **E-NNI 路由**

6.2.6.1 **基本要求**

ASON 节点设备在 E-NNI 接口上的路由功能应满足本部分 5.2 的规定。

E-NNI 路由的实现应采用 GMPLS OSPF-TE 路由协议，具体应满足 ITU-T G.7715.1—2004 和 IETF RFC 3630—2003、RFC 4203—2005 的规定。

在 E-NNI 上，RC 之间的邻接应配置为点到多点方式，所有的邻居信息均以配置方式取得。所有与路由相关的协议数据包中的 TTL 均应设置为 255，子网掩码应设置为全 0。

为了在 E-NNI 上实现分级路由，必须支持拓扑抽象技术，以便于在层间传递拓扑信息并在 E-NNI 接口上实现信息的隔离。拓扑抽象的原则和方法应满足 OIF-ENNI-OSPF-01.0 中 3.3 的规定。

6.2.6.2 **E-NNI 的路由属性**

节点设备在 E-NNI 接口上应支持 ITU-T G.7715.1—2004 所定义的各种路由属性，具体应满 OIF-ENNI-OSPF-01.0 中第 4～7 章的规定。为了实现 E-NNI，GMPLS OSPF-TE 必须在类型 10 的 LSA 中增加支持 TLV 和 Sub-TLV，具体应满足 OIF-ENNI-OSPF-01.0 中 12.1 的规定。

6.2.6.3 **E-NNI 的路由分层**

节点设备在 E-NNI 接口上应支持 ITU-T G.7715—2002、G.7715.1—2004 中所要求的分级路由。为了实现分级路由，ASON 控制平面应当支持拓扑抽象技术。当一个 RC 同属于相邻的 2 个路由层次时，应当能够在 2 个层次之间转发路由信息。在 GMPLS 采用类型 10(域内)的 LSA 来传播 TE 信息，该类型的 LSA 到达边界节点后便不再向域外传播。因此 RC 应当能够将特定的路由信息从高层传到低层。

6.2.7 **E-NNI 的安全**

节点设备 E-NNI 的安全性功能可提供如下机制：

——鉴别实体经由 E-NNI 接口交换的信息；

——保证接口交换信息(邻居发现、业务发现、拓扑和资源状态、信令)的完整性；

——在需要时确保信息的机密性。

节点设备可选支持实现上述功能需求的安全性机制，具体应满足 OIF-SEP-01.1 和 OIF-SEP-02.1 中的相关规定。E-NNI 安全机制的实现可基于 IPSec 协议，具体应满足 IETF RFC 2403 的规定。

6.3 **I-NNI**

I-NNI 是在一个控制域内部或者在有信任关系的多个控制域中的节点设备控制实体间的双向信令接口。节点设备的 I-NNI 应支持的功能包括资源发现、连接控制、连接选择和连接选路，在接口处交互的信息流包括拓扑/路由信息、连接服务信息和控制网络资源信息。

节点设备的 I-NNI 应支持本部分第 5 章规定的基本的 DCM、路由、自动发现和链路资源管理等功能要求，具体采用的协议本部分不作规定。

## 7 与传送平面相关的技术要求

### 7.1 基本要求

ASON 节点设备应满足 SDH 节点设备的基本功能要求，具体应满足 YD/T 1022 的规定。

节点设备应可以应用为终端复用器(TM)、分插复用器(ADM)、数字交叉连接设备(DXC)，应支持线形(含点到点)、环形和网状网(MESH)拓扑结构。

### 7.2 比特率与帧结构

#### 7.2.1 比特率

节点设备支持的 SDH 信号的比特率为 STM-$N$(目前 $N=1$、4、16、64 或 256)，具体应满足 GB/T 15941—2008 中 4.1 的规定。

#### 7.2.2 帧结构

STM-$N$ 的帧结构，以及段开销和通道开销的定义和使用原则应满足 GB/T 15941—2008 中 4.2 的规定(包括 VC 的级联与虚级联)。相应的，节点设备应支持用于调节 SDH 网络内虚级联容器容量的链路容量调整方案(LCAS)，具体应满足 ITU-T G.7042 的相关规定。

### 7.3 复用结构

a) 节点设备的基本复用结构应满足 GB/T 15941—2008 中 5.1 的规定。

b) SDH 信号的复用方法应满足 ITU-T G.707—2003 中第 7 章的规定。

### 7.4 交叉连接要求

ASON 节点设备的交叉连接功能应满足以下要求。

a) 应支持高阶 VC 的交叉连接功能，可选支持 VC-4 以下颗粒的交叉连接功能。

b) 应支持级联条件下 VC 通道的交叉处理能力，包括 VC-4-$X$c($X=4$、16、64、256)和 VC-4-$X$v ($X=1\cdots256$)的交叉处理能力。

c) 当节点设备可提供多种具有不同交叉连接容量的交叉单元时，交叉单元的升级/更换应能够与交叉单元的主备配置相结合，使升级/更换交叉单元时相关业务受到的损伤最小。

d) 应支持的交叉连接方向包括：群路到支路，支路到群路，群路到群路，支路到支路。

e) ASON 节点设备可支持以下类型的交叉连接方式：

——单向：将任意一个接收端口的 VC-12、VC-3、VC-4 信号连接到任意一个发送端口上；

——双向：对两个不同传输方向上的 VC-12、VC-3、VC-4 信号分别进行连接；

——单向广播：将任意一个接收端口的 VC-12、VC-3、VC-4 信号连接到一个以上的发送端口上；

——环回：对某个方向来的 VC-12、VC-3、VC-4 信号进行连接，使其沿接收方向环回。

f) 应支持业务在线检测所需的交叉连接能力，即在不中断已开通业务连接的前提下，通过交叉连接广播，提供对业务的在线检测功能。

——根据需要，应能通过配置交叉连接矩阵来建立和删除用于检测的交叉连接，并且在建立和删除的过程中不对业务造成影响。

——支持的最小检测粒度应不高于 VC-4。

——应能使用 ASON 设备中任何满足速率要求的空闲业务接口作为业务检测接口。

### 7.5 业务承载和物理接口要求

#### 7.5.1 业务类型

节点设备可提供基于 SDH 的 MSTP 所具有的多业务承载与处理能力，具体包括 TDM 业务、以太网业务和 ATM 业务。

7.5.2 **TDM 业务和接口**

7.5.2.1 **TDM 业务**

节点设备应支持的 TDM 业务包括 STM-*N*(目前 *N*=1、4、16、64)SDH 业务,可选支持 STM-256 SDH 业务;可选支持 2 048 kb/s、34 368 kb/s、44 736 kb/s 、139 264 kb/s PDH 业务。

7.5.2.2 **TDM 接口**

a) SDH 接口

1) 光接口

根据应用场合不同,节点设备所支持的 SDH 光接口可以划分为 5 种应用类型,即局内通信、短距离局间通信、长距离局间通信、甚长距离局间通信、超长距离局间通信。各类型光接口的应用代码应满足 GB/T 20185—2006 中第 6 章和 GB/T 15941—2008 中 8.2 的规定。

光接口参数的定义和具体数值应满足 GB/T 20185—2006 中第 7 章和第 8 章的规定。

2) 电接口

节点设备可支持的 155 520 kb/s 电接口的参数应满足 GB/T 15941—2008 中 8.2 的规定。

b) PDH 接口

节点设备可支持的 PDH 支路接口包括 2 048 kb/s、34 368 kb/s、44 736 kb/s 和139 264 kb/s,具体应满足 GB/T 7611 的规定。

7.5.3 **以太网业务和接口**

7.5.3.1 **以太网业务**

节点设备可选支持 10 M/100 M/GE 以太网业务;群路速率为 9 953 280 kb/s 和 39 813 120 kb/s 的节点设备可选支持万兆以太网业务。

当节点设备可提供以太网业务时,应支持以太网业务的透明传送功能,可选支持以太网 2 层交换功能,具体应满足 YD/T 1238—2002 的相关规定。

当内嵌 RPR 功能承载以太网业务时,具体应满足 YD/T 1345—2005 中的相关规定。

当内嵌 MPLS 功能承载以太网业务时,具体应满足 YD/T 1474—2006 中的相关规定。

7.5.3.2 **以太网接口**

节点设备支持的以太网接口类型可以包括 GE、10/100BASE-T、10GE。

a) GE 接口

节点设备可支持的 GE 接口可以是 1 000BASE-LX、1 000BASE-SX、1 000BASEC-CX 和 1 000BASE-T 接口中的一种或多种,各种接口均应满足 IEEE 802.3 的规定。

b) 10/100BASE-T 接口

节点设备可支持的 10/100BASE-T 接口应满足 IEEE 802.3 的规定。

c) 10GE 接口

节点设备可支持的 10GE 接口应满足 IEEE 802.3ae 的规定。

7.5.4 **ATM 业务和接口**

7.5.4.1 **ATM 业务**

节点设备可选支持 STM-1/4 ATM 业务,此时,对 ATM 业务的处理应满足 YD/T 1238—2002 中的相关规定。

7.5.4.2 **ATM 接口**

节点设备可支持的 ATM 接口类型包括 STM-1/4 光接口和 STM-1 电接口,具体应满足 YD/T 1109 中的相关规定。

### 7.6 定时与同步要求

#### 7.6.1 节点设备时钟的定时性能要求

SDH 设备时钟(SEC)的定时性能包括频率准确度、牵引范围、噪声产生、噪声容限、噪声传递特性、相位瞬变和保持特性等方面。

SDH 设备时钟(SEC)的定时性能应满足 YD/T 900 中的相关规定。

#### 7.6.2 节点设备时钟的定时功能要求

ASON 节点设备应能够在 SDH 环境下组建数字同步网,利用 STM-N 线路/支路信号作为定时链路来传送定时。节点设备时钟的同步功能要求包括传送定时的功能和 SSM 功能 2 个方面,应分别满足 YD/T 1267 中 10.2 和 10.3 的规定。

## 8 与 DCN 相关的技术要求

### 8.1 基本要求

ASON 节点设备应提供构建 DCN 所需的数据通信功能(DCF),并应能够通过 DCN 提供的传送通道在不同网元间传送管理信息和信令消息。这里的 DCN 应包括管理通信网(MCN)和信令通信网(SCN)。

数据通信功能(DCF)是每个 ASON 设备功能的一部分,作为 MCN 和 SCN 交换信息的手段,提供数据通信服务,涉及 OSI 下三层协议的功能。

节点设备应支持线型、环型、网格型和星型 DCN 组网,以及相应的数据处理和转发功能。

节点设备应具有可靠性机制和 QoS 控制机制,以保证对 DCN 消息的可靠传递,并满足不同类型消息的 QoS 要求。

节点设备应具有安全控制机制,以保证 DCN 通信和存储数据的私密性、完整性,防止不安全的用户接入。

节点设备应支持必要的 DCN 管理和维护功能。

### 8.2 接口要求

ASON 节点设备应支持的接口类型主要为 ECC 接口和以太网接口。

#### 8.2.1 ECC 接口

DCC 位于 ECC 的物理层,是 ASON 节点设备与 DCN 之间 ECC 逻辑接口的物理实现。为保证不同厂商设备之间 DCC 的互通,节点设备应支持以下 3 种带宽选择方案,并支持对 DCC 字节的可配置功能:

a) 采用 SDH 再生段开销(RSOH)中 D1～D3 字节,速率可达 192 kb/s;

b) 采用 SDH 复用段开销(MSOH)中 D4～D12 字节,速率可达 576 kb/s;

c) 同时采用 SDH 段开销中 D1～D3 和 D4～D12 字节,速率可达 768 kb/s。

为提高光纤内方式 DCN 的传送性能,节点设备可选具有采用特定字节扩展 DCN 带宽的能力,如利用其他预留的开销字节提供 2 Mb/s 或更高速率的通信带宽。

#### 8.2.2 以太网接口

节点设备支持的 DCN 以太网接口类型可以包括 GE、10/100BASE-T,具体应满足本部分 7.5.3.2 的规定。

#### 8.2.3 接口协议

当采用 DCC 接口时,DCN 的协议封装可以选择的方式包括:OSI/LAPD/DCC、IP/PPP(HDLC)/DCC、MPLS/PPP/DCC。

当采用以太网接口时,DCN 的协议封装可以选择的方式包括:OSI/(CLNP/IS-IS/ES-IS)/802.3、IP/ETHERNET II、MPLS/ETHERNET II。

### 8.3 数据通信功能要求

a) 节点设备的 DCF 功能应支持终端系统或主机系统的功能。

  1) 当 DCF 功能支持 ECC 接口时，应支持 ECC 访问功能、ECC 数据链路层终结功能、网络层 PDU 到 ECC 数据链路层的封装功能，具体应满足 ITU-T G.7712—2008 中 7.1.1、7.1.2 和 7.1.3 的规定。

  2) 当 DCF 功能支持以太网接口时，应支持以太网物理层终结功能、网络层 PDU 到以太网帧的封装功能，具体应满足 ITU-T G.7712—2008 中 7.1.4 和 7.1.5 的规定。

b) 节点设备的 DCF 应可以用作中间系统或路由器。此时，相应的 DCF 应提供 level 1(1 级)区域的 IS 或路由器功能；可选支持 level 2(2 级)IS 或路由器功能，以支持跨域路由。具体包括网络层 PDU 转发功能、网络层路由功能，应分别满足 ITU-T G.7712—2008 中 7.1.6 和 7.1.10 的规定。

c) 支持 IP 的节点设备中的 DCF 会直接与仅支持 OSI 的节点设备/TMN 实体的 DCF 相连。此时，支持 IP 的 DCF 应支持网络层 PDU 互连功能，具体应满足 ITU-T G.7712—2008 中7.1.7 的规定。

d) 节点设备中的 DCF 会转发网络层的 PDU，从而穿越不同网络层的网络。此时，相应的 DCF 应支持网络层 PDU 封装功能、网络层 PDU 隧道功能，具体应满足 ITU-T G.7712—2008 中 7.1.8 和 7.1.9 的规定。

e) 支持 OSPF IP 协议的节点设备中的 DCF 会直接与采用集成 ISIS 的 IP 协议的 DCF 相连。此时，支持 OSPF 的 DCF 应支持 IP 路由互连功能，具体应满足 ITU-T G.7712—2008 中 7.1.11 的规定。

f) 节点设备的 DCF 可选支持 MPLS 协议，以用作 MPLS 标记边缘交换路由器(LER)或标记交换路由器(LSR)。此时，应支持相应的协议封装功能、寻路功能、信令和转发功能，以及 MPLS 保护功能(可选)，具体应满足 ITU-T G.7712—2008 中 6.2.4 和第 7 章的规定。

### 8.4 DCN 的可靠性要求

当 DCN 通信发生故障时，节点设备应支持通过 DCN 自身的保护恢复功能，使其具有网络自愈能力，以保证 DCN 通信的畅通。DCN 的可靠性要求包括 MCN 可靠性和 SCN 可靠性两方面，具体应分别满足 ITU-T G.7712—2008 中 6.1.2 和 6.2.2 的规定。

## 9 性能指标要求

### 9.1 与控制平面相关的性能指标

#### 9.1.1 呼叫建立时间

呼叫建立时间是指从用户(或网管)发起呼叫建立请求到呼叫建立完成之间的时间。

#### 9.1.2 呼叫拆除时间

呼叫拆除时间是指从用户(或网管)发起呼叫拆除请求到呼叫拆除完成之间的时间。

#### 9.1.3 连接建立时间

连接建立时间包括 SC 连接建立时间和 SPC 连接建立时间两种。

——SC 连接建立时间是指从用户(UNI-C)发起 SC 连接建立请求到 SC 连接建立完成之间的时间。

——SPC 连接建立时间是指从网管发起 SPC 连接建立请求到 SPC 连接建立完成之间的时间。

#### 9.1.4 连接拆除时间

连接拆除时间包括 SC 连接拆除时间和 SPC 连接拆除时间两种。

——SC 连接拆除时间是指从用户(UNI-C)发起 SC 连接拆除请求到 SC 连接拆除完成之间的时间。

——SPC 连接拆除时间是指从网管发起 SPC 连接拆除请求到 SPC 连接拆除完成之间的时间。

**9.1.5　路由控制域容量**

路由控制域容量是指一个路由控制域所能支持的 ASON 节点数量。

**9.1.6　最大并发呼叫建立请求数量**

最大并发呼叫建立请求数量是指在一定的呼叫模型下，单位时间内节点设备所能支持完成的呼叫建立请求数量的最大值。

**9.1.7　路由协议收敛时间**

路由协议收敛时间是指网络拓扑结构或状态发生变化后，所有节点路由状态重新同步所需要的时间。

**9.1.8　最大并发连接建立数量**

最大并发连接建立速度是指在一定的呼叫模型下，单位时间内节点设备所能成功完成的连接建立数量的最大值。

**9.1.9　呼损**

呼损是指在一定的呼叫模型下，单位时间内节点设备建立失败和超时延的呼叫数量与全部呼叫数量之比。

**9.1.10　动态重路由恢复时间**

动态重路由恢复时间是指在一定的网络和业务模型下，具有动态重路由恢复属性的业务从故障发生到业务恢复的时间。

**9.2　与传送平面相关的性能指标要求**

**9.2.1　误码性能**

误码性能参数是以“块”为基础的一组参数，即误块秒比(ESR)、严重误块秒比(SESR)、背景误块比(BER)。

在规定条件范围内工作时，ASON 节点设备应在一定的连续观测时间内不产生误码，连续观测时间不得少于 24 h。

**9.2.2　抖动和漂移性能**

**9.2.2.1　SDH 网络接口输出抖动和漂移的网络限值**

为了保证不同节点设备的互联不影响信号的传输质量，需要规定 SDH 网络接口输出抖动和漂移的网络限值。

SDH 网络输出口 STM-N 接口输出抖动的网络限值应满足 YD/T 1299—2004 中 4.1 的规定。STM-N 接口输出漂移的网络限值应满足 YD/T 1299—2004 中 4.2 的规定。

SDH 网络的 PDH 业务接口输出抖动和漂移的网络限值应满足 ITU-T G.823 的规定。

**9.2.2.2　节点设备的抖动和漂移规定**

为了保证多个节点设备互连引起的抖动积累不超过网络限值，需要规定单个设备的抖动转移和抖动产生特性。为了确保设备能够正常工作，在给定的输出网络限值下，需要规定输入抖动容限特性。

节点设备的 STM-N 输入口的抖动和漂移容限应满足 YD/T 1299—2004 中 5.1 的规定；STM-N 接口的抖动和漂移产生应满足 YD/T 1299—2004 中 5.2 的规定；STM-N 接口的抖动和漂移转移特性应满足 YD/T 1299—2004 中 5.3 的规定。

节点设备的 PDH 业务接口的输入抖动和漂移容限应满足 ITU-T G.823 的规定。

节点设备的 PDH 接口的抖动产生分别用映射抖动和结合抖动(含指针调整抖动)来规定，具体性能应满足 ITU-T G.783—2006 中 15.2.3.3 的规定。

**9.2.3　传送平面转接时延**

指信号穿过节点设备的传送平面交叉矩阵时将产生的转接时延。

节点设备的最大转接时延应满足如下指标要求：

——对 VC-12 的最大转接时延 125 μs；

——对 VC-4 的最大转接时延 50 μs(暂定)。

### 9.2.4 交叉连接矩阵的阻塞系数

交叉连接矩阵的阻塞系数指一个特定连接请求不能满足的概率。节点设备的 SDH 交叉矩阵应工作在无阻塞(即阻塞系数为 0)的状态。

## 10 保护和恢复要求

### 10.1 基本要求

ASON 节点设备或由其组成的 ASON 网络的保护和恢复应满足如下基本要求：

a) 应支持基于传送平面的保护、基于控制平面的保护和基于控制平面的恢复机制；

b) 支持的恢复过程至少应包括故障检测、故障定位、故障通告和故障恢复(Recovery)这 4 个阶段，具体应满足 IETF RFC 3469 的相关规定；

c) 应支持多域的保护恢复，具体应满足 GB/T 21645.1—2008 中 15.7 的规定；

d) 应支持多层次的保护恢复，具体应满足 GB/T 21645.1—2008 中 15.8 的规定；

e) 可选支持保护机制与恢复机制的结合，具体应满足 GB/T 21645.1—2008 中 15.6 的规定；

f) 出于管理和维护的目的，节点设备应支持通过人工经由管理平面发起的保护和恢复的倒换操作，以及在不损伤业务的情况下实现对保护和恢复参数的修改；

g) 应支持出于管理目的的软重路由机制。此时，恢复路径的建立应遵循“先建后拆”的原则。具体应满足 GB/T 21645.1—2008 中 15.5.6 的规定；

h) 应支持故障清除后的自动返回或人工返回机制，应可通过管理平面设定返回的等待恢复时间(WTR)；

i) 正常的连接管理操作不应导致保护和恢复的发生；

j) 当受故障影响的连接无法恢复时，应释放未完成的恢复连接所占用的全部资源，并通知上下游节点和网管系统；

k) 可选支持采用共享的保护通道和空闲的恢复资源承载额外业务。此时，相应的额外业务应为低等级的无保护业务。

### 10.2 基于传送平面的保护要求

节点设备应支持的基于传送平面的保护包括：

a) 线路系统的复用段保护，一般有 2 种方式：1+1 保护和 1∶N 保护。

b) 复用段保护环，一般有 2 种方式：二纤双向复用段共享保护环和四纤双向复用段共享保护环。

c) 通道保护环，一般采用二纤单向通道保护环。

d) 子网连接保护，即对某一子网连接预先安排专用的保护路由。根据对缺陷条件的监视的不同，SDH 子网连接可分为固有监测(Inherent)、非介入监测(Non-intrusive)和子层路径监测(Sublayer)3 种方式，即 SNC/I、SNC/N 和 SNC/S。

具体应满足 ITU-T G.841 和 YDN 027、YDN 028—1997、YD/T 1078 的相关规定。

### 10.3 基于控制平面的保护要求

#### 10.3.1 基于控制平面的保护的基本类型

节点设备应支持的基于控制平面的保护主要为子网连接保护。根据对缺陷条件的监视的不同，子网连接保护可分为 SNC/I、SNC/N 和 SNC/S 3 种方式，具体应满足 GB/T 21645.1—2008 中 15.4 的规定。

#### 10.3.2 保护路径的路由计算

保护路径的路由计算应在相应的工作路径建立的同时完成。

在计算保护路径的路由时，算法的约束条件可以包括但不限于以下内容：

a) 保护路径经过的节点数最少；
b) 保护路径经过的链路代价之和最小；
c) 保护路径与工作路径满足以下条件：
——节点分离约束；
——链路分离约束；
——SRLG 分离约束。
d) 负载均衡(可选)；
e) 2 种或 2 种以上上述约束条件的组合。

**10.3.3 保护机制的启动准则**

一个启动保护机制的请求可以是：
a) 与保护对象(如 VC 子网连接、VC 路径等)关联的一个自动启动指令(SF 或 SD)；或
b) 保护机制操作过程的一个状态(等待恢复/返回，无请求)；或
c) 一个外部启动的指令(清除、闭锁、强制倒换、人工倒换)。

启动请求的优先级顺序应满足表 1 的要求。

**表 1 基于控制平面的保护中启动请求的优先级**

| 启动请求<br>(即自动启动的指令，状态或外部启动的指令) | 优先级顺序 |
|---|---|
| 清除 | 最高 |
| 保护/恢复闭锁 | \| |
| 强制倒换 | \| |
| 信号失效(SF) | \| |
| 信号劣化(SD) | \| |
| 人工倒换 | \| |
| 等待恢复/返回(等待返回) | \| |
| 无请求 | 最低 |

节点应支持的基于控制平面的保护机制的倒换启动准则与基于传送平面的保护机制基本相同，其外部启动指令和自动启动指令均应满足 YDN 028—1997 中第 6 章和第 7 章的相关规定。

基于控制平面的 SDH 子网连接保护应支持的自动启动指令包括但不限于以下类型：
a) 信号丢失(LOS)；
b) 帧丢失(LOF)；
c) 高阶/低阶通道的告警指示信号(AU-AIS 或 TU-AIS)；
d) 指针丢失(AU-LOP 或 TU-LOP)；
e) 通道信号的误码超过信号失效门限(dEXC)；
f) 通道信号的误码超过信号劣化门限(dDEG)(可选)。

**10.3.4 倒换方式和返回机制**

a) 倒换方式

应支持的倒换方式包括单向倒换和双向倒换：

——在单向倒换中，仅倒换受影响方向上的业务。

——在双向倒换中，业务的任一方向出现故障，均导致业务的双方向都倒换到保护/恢复路径。

b) 返回机制

节点设备应支持保护/恢复的返回/非返回方式。这里的返回方式指当工作路径上的故障清除后,经过等待恢复时间(WTR),业务从保护/恢复路径自动返回到工作路径。这里的等待恢复时间应可以设置。

应支持将业务的恢复机制设置为返回或非返回方式。当采用返回方式时,返回操作带来的业务受损时间应小于50 ms。

单向倒换的返回操作不应影响双向业务在另一个方向的正常传送。双向倒换的返回操作应在两个方向进行。

**10.3.5 保护倒换时间要求**

a) 基于控制平面的1+1子网连接保护,保护倒换过程中的业务受损时间应在50 ms以内。

b) 基于控制平面的1∶1/1∶n、m∶n子网连接保护,保护倒换过程中的业务受损时间应小于200 ms。

**10.4 恢复要求**

**10.4.1 恢复的基本类型**

节点设备应支持的网络恢复机制包括路径恢复和本地恢复:

a) 路径恢复可包括预置重路由恢复和动态重路由恢复:

1) 预置重路由恢复:预置重路由恢复的特征是在故障发生前,为工作路径预先计算出一个端到端恢复路径,并预先交换信令来预留资源。采用预置重路由恢复时,节点设备应支持恢复路径的专用或共享使用(包括完全共享或局部共享)。

2) 动态重路由恢复:对于动态重路由恢复,在故障发生前,恢复路径不事先建立。一旦发生故障,利用信令实时建立恢复路径。

节点设备支持的路径恢复机制具体应满足GB/T 21645.1—2008中15.5的规定。

b) 可支持的本地恢复机制待研究。

**10.4.2 恢复路径的路由计算**

根据恢复机制的不同,恢复路径的路由计算可以是预先计算的,也可以在发生故障时按需实时计算。

在计算恢复路径的路由时,算法可以考虑的约束条件与计算保护路径路由时基本相同,具体应满足10.3.2的相关规定。

**10.4.3 恢复机制的启动准则**

一个启动恢复机制的请求可以是:

a) 与恢复对象(如VC子网连接、VC路径等)关联的一个自动启动指令(SF或SD);或

b) 保护机制操作过程的一个状态(等待恢复/返回,无请求)。

其中,自动启动指令包括但不限于以下类型:

a) 信号丢失(LOS);

b) 帧丢失(LOF);

c) 高阶/低阶通道告警指示信号(AU-AIS或TU-AIS);当路径的源宿节点收到该信号时,可触发倒换动作(可选);

e) 通道信号的误码超过信号失效门限(dEXC)(可选);

f) 通道信号的误码超过信号劣化门限(dDEG)(可选)。

**10.4.4 倒换方式和返回机制**

节点设备支持的恢复机制的倒换方式和返回机制均与基于控制平面的保护机制相同,具体应满足10.3.4的相关规定。

#### 10.4.5 软重路由

节点设备应支持无保护业务、保护(工作连接和保护连接)和恢复业务的软重路由。

软重路由的路径选择可以支持人工指定和自动选择。在自动选择方式下,路由选择应遵循动态重路由的约束条件。

软重路由的业务受损时间应小于 50 ms。

#### 10.4.6 恢复的优先级(可选)

ASON 网络可为连接配置相应的恢复优先级。当多个连接同时发生故障时,如果空闲的网络资源不足以恢复所有连接,连接的源节点可以按恢复优先级对连接进行恢复,即优先执行高优先级的连接恢复。在连接恢复过程中,当不同连接发生资源竞争时,应按照连接的恢复优先级分配资源,即高恢复优先级的连接可以得到资源。

#### 10.4.7 保护和恢复结合(可选)

ASON 网络可支持基于传送平面的保护与动态恢复的结合。在配置了传送平面保护机制的网络中,如果工作路径出现故障,业务首先会被倒换保护路径上,如果保护路径再出现故障,为保证业务的生存能力,ASON 网络可为其提供相应的恢复能力;在保护路径出现故障的前提下,工作路径再出现故障时可直接启动业务的恢复。可支持以下基于传送平面的 SDH 保护与动态恢复的结合:

a) 2 纤/4 纤复用段环网保护与动态恢复结合;

b) 1+1/1∶n MSP 与动态恢复结合;

c) SNCP 与动态恢复结合。

保护与动态恢复的结合可支持在所有的故障清除后,业务返回到原工作路径。由于保护与恢复是在不同的层面中实现,应采用一定的机制协调二者之间的关系。

ASON 网络可支持基于控制平面的保护与动态恢复的结合。如果工作路径出现故障,业务首先会被倒换到保护路径上,如果保护路径再出现故障,可为其提供相应的恢复能力;在保护路径出现故障的前提下,工作路径再出现故障时可直接启动业务的恢复。可支持以下基于控制平面的保护与动态恢复的结合:

a) 1+1 子网连接保护与动态恢复结合;

b) 1∶n/m∶n 子网连接保护与动态恢复结合;

c) 永久 1+1 保护,即控制平面同时监测工作路径和保护路径的故障情况,若其中任何一个路径发生故障,则在业务发生倒换的同时启动重路由机制为当前的工作路径建立一条新的保护路径,以保证最高服务质量的业务几乎在任何时间均具有 1+1 保护。

保护与动态恢复的结合可支持在所有的故障清除后,业务返回到原工作路径。基于控制平面的保护与动态恢复的结合应采用一定的机制协调二者之间的关系。

## 11 设备管理要求

### 11.1 与传送平面相关的设备管理要求

节点设备与传送平面相关的设备管理功能应满足 SDH 节点设备的基本功能要求,具体应满足 YDN 037 和 ITU-T G.784 的规定,以及 YD/T 1289.2 规范中需节点设备支持的功能。

当传送平面支持以太网时,与新增以太网业务相关的设备管理功能应满足 YD/T 1238—2002 中第 10 章的规定。此时,如节点设备内嵌 RPR 或 MPLS 功能,相关设备管理要求还应分别满足 YD/T 1345—2005 中第 10 章和 YD/T 1474—2006 中第 12 章的规定。

当传送平面支持 ATM 业务时,与新增 ATM 业务相关的设备管理要求应满足 YD/T 1238—2002 中第10 章的规定。

### 11.2 与控制平面相关的设备管理要求

节点设备与控制平面相关的设备管理要求包括配置管理、呼叫和连接管理、故障管理、性能管理、事件管理五个部分。

#### 11.2.1 配置管理

##### 11.2.1.1 初始化配置管理

为了能够在节点设备上应用控制平面功能，节点设备应支持管理平面对控制平面的初始化配置。节点设备支持由管理平面配置和管理的主要参数包括：

a) 节点标识：节点设备应支持由管理平面设置节点标识（控制域内全局唯一的 IP 地址）；

b) 控制平面接口模式：节点设备应支持由管理平面按端口或者端口组配置控制平面的接口模式，并支持进行重新分配。控制平面的接口类型包括：UNI、I-NNI、E-NNI；

c) 协议控制器的协议类型和协议参数；

协议类型包括：

——UNI 信令协议；

——E-NNI 信令和路由协议；

——I-NNI 信令和路由协议。

支持配置和管理的参数包括：协议类型、版本号、协议控制器地址、协议参数。

d) 控制平面的使能（启用/禁止）。

##### 11.2.1.2 资源管理

节点设备应支持以下的资源配置和再分配功能：

a) 节点设备应支持由管理平面对传输资源进行分配，通过自动方式或手工方式完成 SNP 与 CTP 的绑定：能够将一个 SNPP 中的每个 SNP 对应于一个 CTP。

b) 节点设备应支持管理平面将一条链路分配给一个或多个 SRLG；

c) 节点设备应支持管理平面配置和管理传送网络地址（TNA），并支持以下 TNA 管理功能：

——支持管理平面为 UNI 参考点分配 TNA；

——支持管理平面为 TNA 分配 IPv4 地址或 IPv6 地址或 NSAP 地址；

——当一个 TNA 用于多条数据链路时，支持管理平面指定的逻辑端口标识符；

——支持管理平面手工配置的 UNI-C 和 UNI-N 逻辑端口标识符之间的映射。

d) 节点设备应支持由管理平面为控制平面分配和删除资源，并区分资源使用权归属于哪个平面；应支持禁止控制平面使用特定的传送资源。

##### 11.2.1.3 ASON 自动发现管理

节点设备应支持以下 ASON 自动发现管理功能：

a) 节点设备应支持由管理平面禁止或者使能控制平面的自动发现功能；

b) 节点设备应支持管理平面向控制平面查询拓扑信息；

c) 节点设备应支持由控制平面发现的网络拓扑的实时上报功能；

d) 当控制平面不具备自动发现功能时，节点设备应支持管理平面通过人工方式配置的节点邻接信息。

#### 11.2.2 呼叫和连接管理

##### 11.2.2.1 连接管理的一般要求

节点设备应支持以下一般性连接管理功能：

a) 节点设备应支持对永久连接（PC）、软永久连接（SPC）和交换连接（SC）的分类管理；

b) 节点设备应支持连接请求的成功和失败指示，在成功通知中应包含连接的相关信息，在失败通知中应包含失败原因标识码；

c) 节点设备应支持连接的批量建立和批量删除(可选)。

11.2.2.2 **永久连接(PC)管理**

节点设备对 PC 的管理功能应满足 SDH 节点设备的基本功能要求，具体应满足 YD/T 1022 的规定。

11.2.2.3 **软永久连接(SPC)管理**

节点设备应支持由管理平面发起 SPC 建立或拆除请求、获取 SPC 路由信息等功能，基本管理功能包括：

a) 节点设备应支持由管理平面发起的 SPC 连接建立或拆除请求；

b) 在建立 SPC 连接时，节点设备应支持由管理平面指定 SPC 的下列属性：

——源和目的节点、出/入端口及标签；

——业务类别：单向、双向；

——流量参数：VC-4、VC-4-Xc、VC-4-Xv；

——保护恢复类型：1+1 保护、1∶1 保护、m∶n 共享保护、动态恢复、无保护、额外业务等；

——保护恢复优先级；

——路由约束条件。

c) 节点设备应支持管理平面设置以下路由约束条件以及它们的组合：

——链路代价；

——包含特定网络资源(节点、SNPP 链路、SNP 链路)；

——排斥特定网络资源(链路和节点)；

——链路保护约束；

——路由分集约束，包括链路分离、节点分离和 SRLG 分离；

——负载均衡(可选)；

——网络性能指标(如时延、误码率)(可选)；

——传输层特定约束条件(例如光层损伤等)(可选)；

——其他出于管理目的的策略。

d) 节点设备应支持由管理平面指配显式路由；

e) 节点设备应支持由管理平面获取 SPC 的状态、包括本控制域路由信息在内的连接属性等信息；

f) 节点设备应支持由管理平面修改已经建立的 SPC 的连接参数，包括管理属性、保护恢复类型等；

g) 节点设备应支持由管理平面人工发起 SPC 软重路由；

h) 节点设备应支持由管理平面同步节点设备上的 SPC 数据；

i) 节点设备应支持 PC 到 SPC 的迁移。

11.2.2.4 **交换连接(SC)管理**

节点设备应支持对 SC 的下列管理功能：

a) 节点设备应支持在建立、拆除和修改 SC 时向管理平面发送通知；

b) 节点设备应支持由管理平面获取 SC 的状态、包括路由信息在内的连接属性等信息；

c) 节点设备应支持由管理平面发起的拆除 SC 连接请求；

d) 节点设备应支持由管理平面同步节点设备上的 SC 数据；

e) 节点设备应支持对服务策略的访问。节点设备通过与管理平面交互策略信息，确定 SC 发起者是否有权建立连接;在连接请求被接受后,根据设置的策略参数建立满足要求的连接服务(可选)。

11.2.2.5 **保护和恢复管理**

节点设备应支持以下保护和恢复管理功能:

a) 节点设备应支持管理平面发起连接(SPC、SC)的软重路由操作;

b) 节点设备应支持管理平面软重路由切换的期望路由;

c) 节点设备应支持管理平面发出连接(SPC、SC)的保护倒换命令(可选):

——强制保护倒换;

——人工保护倒换;

——保护锁定;

——保护倒换清除。

d) 节点设备应支持管理平面查询连接(SPC、SC)的保护恢复状态等信息;

e) 节点设备应支持管理平面在线修改 SPC 的保护恢复属性,包括返回方式、保护恢复类型、保护倒换参数等(可选)。

11.2.2.6 **呼叫管理**

节点设备应支持以下呼叫管理功能:

a) 节点设备应支持由管理平面增加、删除和修改呼叫所包含的连接;

b) 节点设备应支持由管理平面配置呼叫的属性信息,如呼叫标识;

c) 节点设备应支持由管理平面查询所有呼叫的当前状态。

节点设备应支持由管理平面发起呼叫的建立、释放和修改。

11.2.3 **故障管理**

节点设备应提供针对控制平面的故障管理功能。对控制平面的异常运行情况进行实时监视,完成对告警的监视、报告等功能。

11.2.3.1 **告警上报**

a) 节点设备应能在控制平面发生故障时,向管理平面发送告警通知,告警通知中的信息应包括:告警源、告警开始时间、告警原因和严重等级。

控制平面的主要告警原因包括:

——控制通路失效;

——控制平面元件失效(可选);

——光纤错连。

b) 应支持上报端到端的连接(SPC、SC)告警,告警原因包括:

——连接失效;

——连接性能劣化:误码率劣化;

——呼叫业务等级降低:所指定的呼叫业务等级由于网络资源故障等原因无法得到支持,而只能降级使用。例如:呼叫所包含的连接的保护恢复等级降低、LCAS 降质等。

11.2.3.2 **告警查询**

节点设备应支持管理平面查询控制平面的当前告警。

11.2.4 **性能管理**

节点设备应提供针对控制平面的性能管理功能。完成对控制平面的性能监视,收集控制平面实际运行的性能数据。

11.2.4.1 **性能数据收集**

节点设备应支持收集与控制平面相关的性能数据。

与呼叫相关的性能数据包括：(可选)

——呼叫建立/删除/修改成功次数；

——呼叫建立/删除/修改失败次数；

——呼叫请求率(到达率)：单位时间内呼叫建立请求的数量；

——呼叫保持时间：指从呼叫建立到呼叫删除的时间；

——呼叫保持率：呼叫的平均保持时间乘以请求率表示提供的负荷，以爱尔兰(Erlang)为单位；

——呼损：指定时间段内，呼叫建立请求失败次数与总的呼叫建立请求次数的比值。

与连接相关的性能数据包括：

——节点上连接数目统计(SPC、SC)；

——节点上连接建立/删除/修改成功次数(可选)；

——节点上连接建立/删除/修改失败次数(可选)；

——节点上连接发生保护倒换的次数(可选)；

——节点上连接发生重路由的次数(可选)；

——节点上连接发生 CrankBack 的次数。

#### 11.2.4.2 性能数据查询

节点设备应支持管理平面查询控制平面的当前和历史性能数据。

### 11.2.5 事件/通知管理

当控制平面发生状态改变或异常事件时，节点设备应将其上告给管理平面。节点设备上报的事件和通知类型包括：

——控制节点状态(Down/Up)改变通知；

——控制通路状态(Down/Up)改变通知；

——连接建立/删除成功/失败通知；

——连接保护恢复成功/失败通知；

——光纤错连通知等。

## 11.3 与 DCN 相关的设备管理要求

节点设备与 DCN 相关的设备管理要求包括与 SCN 相关的设备管理要求和与 MCN 相关的设备管理要求。本部分主要规定节点设备与 SCN 相关的设备管理要求。节点设备与 MCN 相关的设备管理功能应满足 SDH 节点设备对 DCN 的基本功能要求，具体应满足 YD/T 1022 的规定。

### 11.3.1 信令通信网的配置

节点设备支持管理平面对信令通信网的以下配置：

a) 节点设备应支持由管理平面为信令通信网配置控制通路和信令地址；

b) 节点设备应支持由管理平面每个信令协议控制器选择控制通路的传送方式，包括：
   ——光纤外(Out-of-fiber)方式；
   ——光纤内(In-fiber)方式(使用的开销字节：DCC 或其他扩展字节)。

c) 如果信令通信网支持 2 种或 2 种以上封装协议，节点设备应支持由管理平面指定控制通路上承载信令的封装协议。

### 11.3.2 控制通路的故障通知

节点设备应能在控制通路出现故障时，向管理平面发送故障通知。故障通知应指示出故障发生时间、故障原因和严重等级。

### 11.3.3 控制通路状态的查询

节点设备应支持管理平面查询指定控制通路的状态。

## 12 运行和维护要求

### 12.1 设备的冗余度要求

ASON 节点设备应具有以热备用方式提供关键单元/部件的主备保护能力，具体包括：

a) 交叉单元的 1+1/M：N 保护：当交叉单元采用 1+1 保护配置时，插拔和主备切换操作对已有的业务造成影响应减少到最小，影响的时间应在 50 ms。对于发生故障的交叉单元，故障修复后，应能与当前工作的交叉单元实现信息的快速同步。

b) 时钟单元的 1+1 保护(可选)：当时钟单元采用 1+1 保护配置时，插拔和倒换操作不应对现有的业务造成任何影响。

c) 控制单元的 1+1 保护：当控制单元采用 1+1 保护配置时，插拔和倒换操作不应对现有的业务造成任何影响。此时，倒换功能的实现应不依赖于传送平面和管理平面。对于发生故障的控制单元，故障修复后，应能与当前工作的控制单元实现信息的快速同步。

d) 管理单元的 1+1 保护(可选)。

e) 业务接口单元的 1：N(N≥1)保护(可选)。

f) 供电部分的 1+1 保护：当设备采用集中供电方式时，供电单元应支持 1+1 保护；当采用分布式供电方式时，所有单盘内的供电部分应提供双备份。

对于采用热备份配置的单元，应能通过网管对主备单元进行强制倒换。

### 12.2 安全性要求

节点设备应支持的安全性包括传送平面的安全性、控制平面的安全性、管理平面的安全性以及与 DCN 相关的安全性要求，具体应满足 GB/T 21645.1—2008 中 18.1 的规定。与 DCN 相关的安全性要求还应满足 ITU-T G.7712—2008 中 6.1.3 和 6.2.3 的规定。

节点设备支持的安全性机制可以分为鉴权和加密 2 种类型，具体可以包括鉴权认证机制、防重发攻击机制、消息完整性验证机制和消息私密性机制。

### 12.3 运行、管理和维护接口

节点设备通过其内部的管理单元向外提供 Q、F 等多种接口，可以直接与工作站、协调设备和操作系统等连接，根据需要提供外部事件的监视和控制接口。上述接口应满足 YDN 037 的相关规定。

### 12.4 公务联络通信

ASON 节点设备应至少提供一条公务联络通信通路。

公务电话应支持延伸功能，延伸长度不少于 200 m(可选)。

公务通信应具有选址呼叫和会议呼叫功能。

公务通信应支持 64 kb/s 数字同向接口(可选)，该接口应满足 GB/T 7611 的规定。

### 12.5 使用者接口

ASON 节点设备应为使用者(即网络服务提供者)提供一个 64 kb/s 速率的接口，可用于建立临时性的数据/电话通信通路连接，接口特性应满足 GB/T 7611 的相关规定。

### 12.6 环境要求

ASON 节点设备应能够满足以下环境条件：

a) 设备的存储与运输温度：－20 ℃～＋60 ℃；

b) 保证性能的工作温度：＋5 ℃～＋40 ℃；

c) 可工作温度：0 ℃～＋45 ℃；

d) 机房的最大相对湿度：5 ℃时不大于 85%；

e) 工作环境气压：86～106 kPa 的大气压力；

f) 工作环境灰尘：直径大于 5 μm 的灰尘浓度≤3×104 粒/$m^3$；灰尘粒子是非导电、导磁和腐蚀性的；

g) 电磁兼容性：电磁兼容性应满足 GB 9254 和 GB/T 17618 的规定。

## 12.7 供电要求

设备采用直流供电，正极接地。电压标称值为－48 V。

容差在±15％以内时应保证指标，在±15％～±20％之间时可工作。脉动电压＜100 mV(p-p)。

## 12.8 接地要求

交流工作地的接地电阻：≤4 Ω；

直流工作地的接地电阻：≤1 Ω；

防雷保护地的接地电阻：≤10 Ω；

安全保护地的接地电阻：≤4 Ω。

ICS 17.040.20
G 04

# 中华人民共和国国家标准

GB/T 24368—2009

# 玻璃表面疏水污染物检测 接触角测量法

# Test method for hydrophobic contamination on glass by contact angle measurement

2009-09-30 发布　　2009-12-01 实施

中华人民共和国国家质量监督检验检疫总局
中国国家标准化管理委员会　发布

# 前 言

本标准修改采用 ASTM C813—1990(2004 重新批准)《玻璃表面疏水污染物检测　接触角测量法》(英文版)。

本标准根据 ASTM C813—1990(2004 重新批准)重新起草。附录 B 中列出了本标准章条编号与 ASTM C813—1990(2004 重新批准)章条编号的对照一览表。

考虑到我国国情,在采用 ASTM C813—1990(2004 重新批准)时,本标准做了一些修改。有关技术性差异已编入正文中,在附录 C 中给出了这些技术性差异及其原因的一览表以供参考。

本标准还对 ASTM C813—1990(2004 重新批准)做了下列编辑性修改:

——删除 ASTM 中关于标准号的解释说明部分;

——增加国家标准的前言部分。

本标准的附录 A、附录 B 和附录 C 均为资料性附录。

本标准由中国科学院提出。

本标准由全国纳米技术标准化技术委员会(SAC/TC 279)归口。

本标准负责起草单位:国家纳米科学中心。

本标准参加起草单位:北京哈科试验仪器厂。

本标准主要起草人:王慧彬、贺蒙、李永民、高洁。

# 玻璃表面疏水污染物检测 接触角测量法

**警告——本标准并未指出所有可能的安全问题。在应用本标准之前,使用者有责任采取适当的安全和健康措施,并保证符合国家有关法规规定的条件。**

## 1 范围

本标准规定了通过测量接触角来检测玻璃表面疏水污染物的意义、应用、影响因素、试验装置、试剂和材料、试验步骤、结果解释等。

本标准适用于通过测量接触角来检测玻璃表面的疏水污染物。

## 2 规范性引用文件

下列文件中的条款通过本标准的引用而成为本标准的条款。凡是注日期的引用文件,其随后所有的修改单(不包括勘误的内容)或修订版均不适用于本标准,然而,鼓励根据本标准达成协议的各方研究是否可使用这些文件的最新版本。凡是不注日期的引用文件,其最新版本适用于本标准。

GB/T 6682　分析实验室用水规格和试验方法(GB/T 6682—2008,ISO 3696:1987,MOD)

YY/T 0282　注射针

## 3 术语和定义

下列术语和定义适用于本标准。

3.1

**前进角　advancing angle**

液滴尺寸增大时可观测到的未发生三相接触线前移的最大角度。

3.2

**亲水性　hydrophilic**

对水具有强的亲和性,可润湿性。

3.3

**疏水性　hydrophobic**

对水具有很低的亲和性,不可润湿性。

3.4

**后退角　receding angle**

液滴尺寸缩小时可观测到的未发生三相线后移的最小角度。

3.5

**躺滴　sessile drop**

位于水平表面的上表面的液滴(见图 1)。

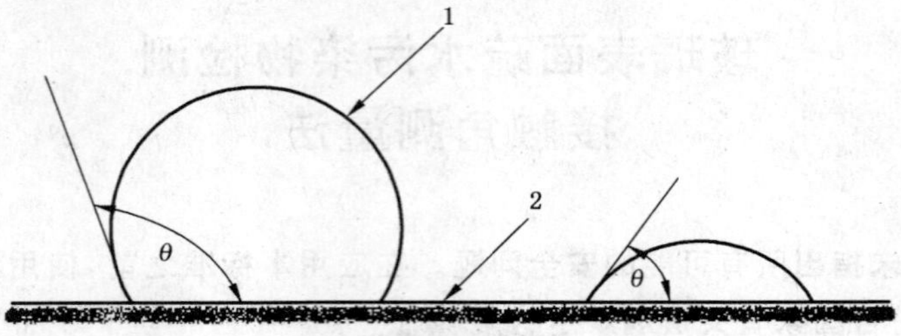


1——液滴；

2——样品表面；

θ——接触角。

注：此图所示为大于90°(左)和小于90°(右)的两个接触角。

**图 1 接触角测量原理示意图**

## 4 检测方法概要

接触角试验的进行，是用一个安装好的注射器将水滴在被测表面上，可以使用蒸馏高锰酸盐水溶液得到的蒸馏水或者符合 GB/T 6682 的水。液滴应按本标准第 10 章所规定的方式滴在待测表面上，以便于测量前进角。接触角测量应按照下列两种方法之一进行：

a) 用带有量角刻度的显微镜观察躺滴，直接测量接触角；

b) 对躺滴进行拍照，用量角器测量角度。

对测量结果的解释是基于如下事实：表面上的有机污染物会导致接触角远大于在洁净表面或者被亲水性物质污染的表面上测得的接近于零的角度。

## 5 意义和应用

接触角试验是非破坏性的，可用于疏水污染物去除工艺的控制和评估。此检测方法也可以用于工艺环境中的疏水污染物的检测和控制。用于此目的时，先将一没有被疏水性薄膜污染的洁净表面暴露于工艺环境中，随后检测此表面的接触角。

## 6 影响因素

下面任何一个因素都可能导致灵敏度的降低：

a) 有亲水性物质存在于被测表面上或用于试验的水中；

b) 非常粗糙或者多孔的被测表面。

## 7 试验装置

7.1 低倍显微镜(5×～50×)，应带有量角刻度和照亮小液滴的光源。

7.2 照相机，用于对液滴进行拍照。

7.3 量角器，用于测量角度。

7.4 注射器或者测微滴定管，应固定安装。注射器的针头或者滴定管的尖端规格应在 $4\frac{1}{2}$～9 之间(参见 YY/T 0282)或是与之相当的规格，并且是平切的针头。

7.5 可调节的台板，在观察液滴的轮廓时将样品放置其上。

注：仅在使用本标准第 4 章中 b)方法测量接触角时需要 7.2、7.3 所列的装置。

## 8 试剂和材料

### 8.1 纯水

符合 GB/T 6682 的二级水或者通过蒸馏 3 g/L 的高锰酸钾水溶液得到的蒸馏水通常均可满足要求;所用的水中不应含有疏水性或者亲水性物质。为检测水的纯度以保证其不含疏水性污染物,应使用新解理的云母薄片作为被测表面,遵照第 10 章规定的步骤,测量水滴的前进角。如果测得的两个前进角的平均值不低于 4°,则所用的水需要进一步的纯化。

### 8.2 云母薄片

### 8.3 聚四氟乙烯薄片

## 9 校准和标准化

应测量水在洁净的聚四氟乙烯上的接触角,以使操作者熟悉试验步骤,同时也将其作为对设备和方法的检验。依赖于所选用的高分子材料的类型,聚四氟乙烯上的前进角在 108°～125°之间变化。

## 10 试验步骤

在被测表面上随机选择至少两个位置进行测量。使注射器针头非常接近被测表面,并且被测表面处于水平位置;操纵注射器,将体积在 0.02 mL～0.05 mL 范围内的液滴滴到表面上,形成前进角(参见注 1)。针头应保持浸没在液滴内,并且位于液滴中心。在松开注射器的柱塞时应特别注意,运动不能传递给柱塞,以免引起液滴的任何收缩。液滴的任何收缩都会使接触角小于真正的前进角(参见注 2)。在选定的每一个位置,在液滴尺寸连续增大过程中两次测量前进角,每次分别在液滴左、右两侧测量前进角(每个液滴共测量 4 个前进角)。通过在左右两边作测量,可减轻表面略微非水平所产生的影响。如果两组数据中左侧与右侧的测量结果之间存在一致性的差异,最好在进一步操作前调整台板使之水平。由于存在于空气里的物质可能引起污染,所以迅速测量以减少样品暴露于环境中可能引起的污染是非常必要的。应避免将样品存贮于塑料容器和带有塑料、或者用塑料做衬底的容器中。在测量不同的样品之前,应将注射器和针头仔细清洗干净。应避免硅脂等很常见污染物。

注 1：若液滴不是以这种能呈现出前进角或后退角的方式滴在表面上,则其接触角可能是前进角和后退角之间的任意值。

注 2：当进行前进角测量时,向液滴增加水量直至其开始前进是非常重要的。

## 11 结果解释

如果遵照第 10 章的试验步骤测得的前进角不大于 5°,则认为被测表面上没有疏水污染物。在此条件下,有机污染物的覆盖率不大于 10%。值得注意的是:非常洁净的不带氧化层的表面(如硅和金)是不可被水浸润的,所以呈现出大的接触角。

## 12 偏差

实验室间的测试表明:实验室间的偏差大约为±10°。如果仔细操作,同一实验室内的偏差可以大大降低。

# 附　录　A
## （资料性附录）
## 中国医药行业标准注射针规格与美国BD公司注射针规格对照表

本标准修改采用美国材料与试验协会标准ASTM C813—1990(2004重新批准)。原标准中推荐使用美国BD公司规格20～26的注射针。为了方便我国用户使用，本标准中推荐使用与之相当的符合中国医药行业标准YY/T 0282的注射针。表A.1给出了本标准中涉及到的中国医药行业标准注射针规格与美国BD公司注射针规格对照表。

**表A.1　中国医药行业标准注射针规格与美国BD公司注射针规格对照表**

| 中国注射针规格 | | BD注射针规格 | |
|---|---|---|---|
| 规格 | 外径/mm | 规格 | 外径/mm |
| 9 | 0.90 | 20 | 0.90 |
| 8 | 0.80 | 21 | 0.81 |
| 7 | 0.70 | 22 | 0.71 |
| 6 | 0.60 | 23 | 0.64 |
| 5 | 0.50 | 25 | 0.51 |
| $4\frac{1}{2}$ | 0.45 | 26 | 0.46 |

# 附 录 B
## （资料性附录）
## 本标准章条编号与 ASTM C813—1990（2004 重新批准）章条编号对照

表 B.1 给出了本标准章条编号与 ASTM C813—1990(2004 重新批准)章条编号对照一览表。

**表 B.1 本标准章条编号与 ASTM C813—1990（2004 重新批准）章条编号对照**

| 本标准章条编号 | 对应的国外标准章条编号 |
|---|---|
| 1 | 1 |
| — | 1.1 |
| — | 1.2 |
| 2 | 2 |
| — | 2.1 |
| 3 | 3 |
| — | 3.1 |
| 3.1 | 3.1.1 |
| 3.2 | 3.1.2 |
| — | 3.1.3 |
| 3.3 | 3.1.4 |
| — | 3.1.5 |
| 3.4 | 3.1.6 |
| 3.5 | 3.1.7 |
| — | 3.1.7.1 |
| 4 | 4 |
| — | 4.1 |
| 5 | 5 |
| — | 5.1 |
| 6 | 6 |
| — | 6.1、6.1.1、6.1.2 |
| 7 | 7 |
| 8 | 8 |
| 9 | 9 |
| — | 9.1 |
| 10 | 10 |
| — | 10.1 |

表 B.1（续）

| 本标准章条编号 | 对应的国外标准章条编号 |
| --- | --- |
| 11 | 11 |
| — | 11.1 |
| 12 | 12 |
| — | 12.1 |
| — | 13 |
| 附录 A | — |
| 附录 B | — |
| 附录 C | — |

# 附 录 C
（资料性附录）
## 本标准与 ASTM C813—1990(2004 重新批准)技术性差异及原因

表 C.1 给出了本标准与 ASTM C813—1990(2004 重新批准)的技术性差异及原因的一览表。

**表 C.1 本标准与 ASTM C813—1990(2004 重新批准)技术性差异及原因**

| 本标准章条编号 | 技术性差异 | 原因 |
| --- | --- | --- |
| 1 | 删除 ASTM C813—1990 中"可以检测出有机疏水污染物单分子层面积分数"中的"单分子层面积分数"。 | 该标准的使用范围不涉及检测单分子层面积分数。 |
| 2 | 引用了采用国际标准的我国标准GB/T 6682 代替 ASTM C813—1990 中引用的"ASTM D1193"。 | 以适合我国国情。 |
| 3.1 | 把 ASTM C813—1990 中前进角定义"液滴尺寸增大时可观测到的最大角度。"<br>改为:液滴尺寸增大时可观测到的未发生三相接触线前移的最大角度。 | 使定义表达更准确。 |
| 3.4 | 把 ASTM C813—1990 中后退角定义"液滴尺寸缩小时可观测到的最小角度。"改为:液滴尺寸缩小时可观测到的未发生三相线后移的最小角度。 | 使定义表达更准确。 |
| 7.4 | 美国 BD 公司注射器针头规格改为相应的中国行业标准(YY/T 0282)中规定的注射器针头规格。 | 以适合我国国情。 |
| 11 | ASTM C813—1990 中"有机污染物的覆盖率不大于百分之几"改为"有机污染物的覆盖率不大于 10%"。 | 使标准表达更准确。 |

ICS 71.040.50
G 30

# 中华人民共和国国家标准

GB/T 24369.1—2009

# 金纳米棒表征 第1部分：紫外/可见/近红外吸收光谱方法

**Characterization of gold nanorods—**
**Part 1：UV-Vis-NIR absorption spectroscopy**

2009-09-30 发布　　　　2009-12-01 实施

中华人民共和国国家质量监督检验检疫总局
中国国家标准化管理委员会　发布

# 前　言

GB/T 24369—2009《金纳米棒表征》分为七个部分：

——第1部分：紫外/可见/近红外吸收光谱方法；

——第2部分：表面等离子体共振峰的介电敏感性；

——第3部分：表面增强拉曼散射因子的估算；

——第4部分：荧光量子效率的估算；

——第5部分：光热效应的评价方法；

——第6部分：表面电荷的测量方法；

——第7部分：聚集体结构的表征方法。

本部分为GB/T 24369—2009的第1部分。

本部分的附录A、附录B、附录C和附录D为资料性附录。

本部分由中国科学院提出。

本部分由全国纳米技术标准化技术委员会(SAC/TC 279)归口。

本部分主要起草单位：国家纳米科学中心。

本部分参加起草单位：中国科学院物理研究所。

本部分主要起草人：吴晓春、纪英露、解思深、冯莉莉、张珂、刘建波、何伟伟、胡晓娜、向彦娟、高洁、赵蕊、王荷蕾。

# 引　言

由于尺度效应带来的新奇性质赋予了纳米材料更多的功能性。各向异性的贵金属纳米晶就是其中一类。在纳米尺度，贵金属纳米晶具有很强的表面等离子体共振特征。这一共振特征不仅与尺度相关，还与其形状密切相关。贵金属纳米晶表面等离子体共振峰的峰位和数目以及表面增强的拉曼散射的有效光谱范围都可以通过控制其形状来进行调控和优化。因此，它们具有比球形粒子更优异的一些光学和电学性质。

贵金属纳米结构的优异性能可望在生物传感、药物传递、疾病诊断与治疗、生物成像等与生物医学密切相关的领域发挥重要作用。而这些性质大部分都与其表面等离子体特征密切相关。因此为了更好地利用这些性质，对其表面等离子体特征的表征就显得极为重要。通常，贵金属纳米结构的表面等离子体共振峰位于紫外/可见/近红外吸收光谱区域，因此制定基于此方法表征的标准就显得极为重要和迫切。具体到本部分，我们制定用紫外/可见/近红外吸收光谱表征金纳米棒的平均轴比。

# 金纳米棒表征　第1部分：紫外/可见/近红外吸收光谱方法

## 1　范围

GB/T 24369 的本部分规定了金纳米棒紫外/可见/近红外吸收光谱的表征方法及用吸收峰位来计算平均轴比。

本部分适用于轴比为 2～5、直径小于 30 nm 的圆柱状金纳米棒的表征。

其他贵金属纳米结构的紫外/可见/近红外吸收光谱表征亦可参照本部分执行。

## 2　规范性引用文件

下列文件中的条款通过 GB/T 24369 的本部分的引用而成为本部分的条款。凡是注日期的引用文件，其随后所有的修改单(不包括勘误的内容)或修订版均不适用于本部分，然而，鼓励根据本部分达成协议的各方研究是否可使用这些文件的最新版本。凡是不注日期的引用文件，其最新版本适用于本部分。

GB/T 13966　分析仪器术语

GB/T 19267.2　刑事技术微量物证的理化检验　第2部分：紫外-可见吸收光谱法

GB/T 19619　纳米材料术语

JJG 178　紫外、可见、近红外分光光度计检定规程

## 3　术语和定义

GB/T 19619、GB/T 13966 和 GB/T 19267.2 确立的以及下列术语和定义适用于本部分。

3.1

**紫外/可见/近红外吸收光谱　ultraviolet, visible and near infrared absorption spectra (UV-Vis-NIR)**

将紫外/可见吸收光谱的测量范围扩展到近红外区域。

3.2

**等离子体共振吸收　plasmon resonance absorption**

当入射电磁波照射到金属上时，金属中的自由电子在电场的驱动下相对于正离子的晶格以一定的频率发生相干振荡而产生的吸收。

3.3

**纳米棒　nanorods**

是纳米尺度的棒状颗粒，其在一个维度上的尺度与其他两个维度之比均大于1。在尺度较小的两个维度上的尺寸应介于 1 nm～100 nm 之间。

3.4

**轴比　aspect ratio**

对于纳米棒，其沿长轴方向的长度与沿短轴方向的长度之比。

## 4　原理

金纳米棒表面等离子体共振吸收表现为两个方向的共振吸收，见图1。其中峰1是电子沿短轴方

向的共振，称为短波横向表面等离子体共振吸收；其强度相对较弱。峰2是电子沿长轴方向的共振，称为长波纵向表面等离子体共振吸收(见图1)；其吸收强度较大，且受金纳米棒轴比、具体形状和外部介电环境的影响较大。在一定条件下，可以根据峰2的位置来确定金纳米棒的平均轴比。

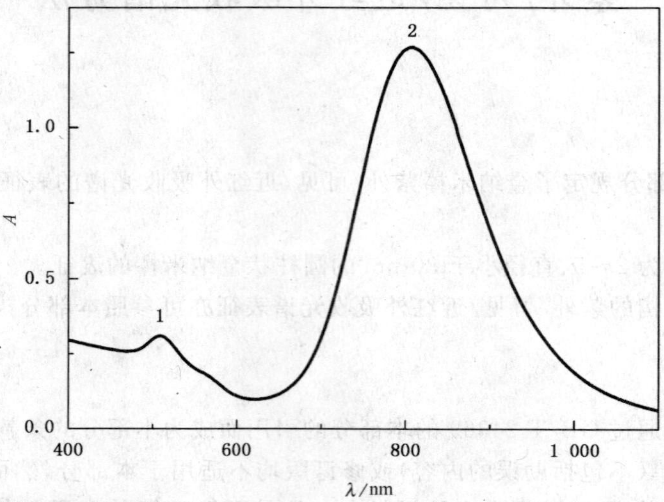


1——峰1，短波横向表面等离子体共振吸收；
2——峰2，长波纵向表面等离子体共振吸收；
A——吸光度；
λ——光的波长，单位为纳米。

**图1 金纳米棒溶液的紫外/可见/近红外吸收光谱**

## 5 仪器

### 5.1 紫外/可见/近红外分光光度计

Lambda950UV/Vis/NIR 紫外/可见/近红外分光光度计和 Cary50 紫外/可见分光光度计。

### 5.2 吸收池

根据需要测定的波长范围可选择石英或玻璃吸收池。

## 6 试样的制备

### 6.1 金纳米棒的制备

参见附录A。

### 6.2 测试用的金纳米棒水溶胶的前处理

用去离子水将金纳米棒水溶胶稀释至适当的浓度，超声2 min分散后，即可用于紫外/可见/近红外吸收光谱表征。

## 7 测量步骤

7.1 设定波长范围、吸光度范围、扫描速度和扫描次数等测量参数。

7.2 取两个吸收池，分别加去离子水至池子体积的2/3，之后分别置于参比光路和样品光路，进行自动校零操作。

7.3 将置于样品光路的吸收池取出，加入制备好的试样。

7.4 将装好待测试样的吸收池置于样品光路，扫描，绘制谱图。

7.5 采用 Gaussian 拟合确定谱图中峰2的位置，基线的选择以拟合峰位与实验峰位最接近为原则，得到的峰位以 nm 表示。

7.6 推荐的重复测量次数为三次。

## 8 计算金纳米棒的平均轴比

金纳米棒峰 2 的峰位与其轴比和棒周围介质的介电常数密切相关，如式(1)所示：

$$R=\frac{\lambda_{max}-495.14}{53.71\varepsilon_{m}}+0.79 \qquad \cdots\cdots(1)$$

式中：

$\lambda_{max}$——金纳米棒的长波纵向表面等离子体共振吸收峰的峰位(量纲统一后，以 nm 表示)；

$R$——金纳米棒的平均轴比；

$\varepsilon_{m}$——金纳米棒周围介质的介电常数(等于介质折射率的平方)。

根据式(1)，在金纳米棒周围介质介电常数已知的情况下，可以根据峰 2 的峰位来计算纳米棒的平均轴比。

# 附 录 A
（资料性附录）
# 金纳米棒水溶胶的制备

金纳米棒水溶胶的制备采用种子调制的生长方法，分两步完成。所用试剂纯度都为分析纯，去离子水电阻率为 18 MΩ·cm。

## A.1 金纳米晶晶种的制备

a） 在 30 ℃下恒温水浴中向浓度为 0.1 mol/L 的十六烷基三甲基溴化铵水溶液中加入浓度为 10 mmol/L的四氯金酸（$HAuCl_4$）水溶液。

b） 在搅拌的条件下再向上述混合溶液中加入浓度为 0.01 mol/L 的放置于冰水浴中的硼氢化钠水溶液。其中十六烷基三甲基溴化铵水溶液、四氯金酸水溶液和硼氢化钠水溶液混配的摩尔比为 0.75∶0.002 5∶0.006。

c） 搅拌该混合溶液 2 min 后静置 2 h，得到含有金纳米晶的金晶种溶胶，所述金晶种溶液中金的浓度为 0.25 mmol/L。

## A.2 金纳米棒的制备

a） 在浓度为 0.1 mol/L 的十六烷基三甲基溴化铵水溶液中分别加入浓度为 10 mmol/L 的四氯金酸水溶液和浓度为 10 mmol/L 的硝酸银水溶液，混合均匀后加入浓度为 0.1 mol/L 的抗坏血酸水溶液，称之为生长溶液。

b） 向其中加入 A.1 中制备的金浓度为 0.25 mmol/L 的金晶种溶胶，置入 30 ℃下恒温水浴中水浴 12 h，得到含金纳米棒的金纳米棒溶胶。其中，十六烷基三甲基溴化铵水溶液、四氯金酸水溶液、硝酸银水溶液、抗坏血酸水溶液与金晶种溶胶混配的摩尔比为 5∶0.025∶0.005∶0.027 5∶0.000 015。

## A.3 金纳米棒水溶胶的纯化

金纳米棒生长 12 h 之后，将 A.2 得到的生长溶液在 8 000 r/min 下离心 10 min，去掉上清液；底部沉淀加同样量的去离子水，超声 2 min 分散后，同样条件离心。沉淀用去离子水稀释后即可用于紫外/可见/近红外吸收光谱表征。

# 附　录　B
（资料性附录）
## 金纳米棒的轴比：紫外/可见/近红外吸收光谱测量实例

**B.1**　实验样品：金纳米棒水溶胶。

**B.2**　实验内容：金纳米棒水溶胶紫外/可见/近红外吸收光谱测量。

**B.3**　实验地点及时间：2007 年 7 月 26 日于国家纳米科学中心检测实验室。

**B.4**　实验分析方法：紫外/可见/近红外吸收光谱。

**B.5**　测试条件：Perkin Elmer 紫外/可见/近红外光谱仪（Lamdba 950）；波长扫描范围：(400～1 400)nm；扫描速度：266 nm/min；波长间隔：1 nm。

**B.6**　分析结果和表达方式：测试一个试样的紫外/可见/近红外吸收光谱，拟合后的 $\lambda_{max}$ 为 808.30 nm±0.08 nm，介质水在 20 ℃时的介电常数为 1.77，由式(1)推得的平均轴比为 4.09。透射电子显微镜(TEM)表征 510 个纳米棒得到的平均轴比为 4.18，二者较为吻合。

# 附 录 C
（资料性附录）
平均轴比公式的推导

## C.1 金纳米棒的吸收光谱

考虑几何形状的 Mie 理论称之为 Gans 理论。Link 等利用 Gans 理论对任意定向的金纳米棒集合体的吸收光谱进行了模拟。

对于体积为 $V$ 的 $N$ 个颗粒体系，在偶极近似的条件下，体系的消光系数 $\gamma$ 由式(C.1)给出：

$$\gamma = \frac{2\pi NV\varepsilon_m^{3/2}}{3\lambda}\sum_j \frac{(1/P_j^{\,2})\varepsilon_2}{\left(\varepsilon_1 + \frac{1-P_j}{P_j}\varepsilon_m\right) + \varepsilon_2^{\,2}} \qquad \cdots\cdots(C.1)$$

式中：

$\lambda$——入射光波长；

$\varepsilon_m$——介质的介电常数；

$\varepsilon_1$，$\varepsilon_2$——金介电函数的实部和虚部；

$P_j$——纳米棒 3 个轴（$A$，$B$ 和 $C$，其中 $A>B=C$）的去极化因子。

其中：

$$P_A = \frac{1-e^2}{e^2}\left[\frac{1}{2e}\ln\left(\frac{1+e}{1-e}\right)-1\right] \qquad \cdots\cdots(C.2)$$

$$P_B = P_C = \frac{1-P_A}{2} \qquad \cdots\cdots(C.3)$$

$$e = \sqrt{1-\left(\frac{B}{A}\right)^2} \qquad \cdots\cdots(C.4)$$

## C.2 长波等离子体共振峰峰位的确定

峰 2 峰位的确定可以通过满足其共振条件来获得：

$$\varepsilon_1 = -\frac{(1-P_A)\varepsilon_m}{P_A} \qquad \cdots\cdots(C.5)$$

在 500 nm～800 nm 范围内，金介电函数的实部与波长呈很好的线性关系，可以用式(C.6)来计算：

$$\varepsilon_1(\lambda) = 34.66 - 0.07\lambda \qquad \cdots\cdots(C.6)$$

同样的，$(1-P_A)/P_A$ 在轴比 2～4 之间与轴比也呈线性关系，如式(C.7)所示：

$$(1-P_A)/P_A = -2.95 + 3.75R \qquad \cdots\cdots(C.7)$$

综合式(C.5)到式(C.7)，可以得出圆柱状的金纳米棒长波纵向表面等离子体共振吸收峰的峰位与其轴比和棒周围介质的介电常数的关系，如式(C.8)所示：

$$\lambda_{max} = (53.71R - 42.29)\varepsilon_m + 495.14 \qquad \cdots\cdots(C.8)$$

式中：

$\lambda_{max}$——金纳米棒的长波纵向表面等离子体共振吸收峰的峰位，单位为纳米(nm)；

$R$——金纳米棒的平均轴比；

$\varepsilon_m$——金纳米棒周围介质的介电常数。

## C.3 几点说明

C.3.1

式(C.8)的得到用了3个近似。第一,采用了偶极近似。对于偶极近似,颗粒尺寸应小于波长的1/10。第二,对金介电函数实部与波长的关系在500 nm~800 nm区域进行了线性拟合。第三,对去极化因子与轴比的关系在轴比2~4之间也进行了线性拟合。这些近似处理限制了式(C.8)的适用范围。

C.3.2

用TEM进行的实验验证表明了式(C.8)的可行性。由TEM测得的平均轴比($R_{TEM}$)与根据式(C.8)得到的平均轴比($R_{ABS}$)很接近。通过线性拟合后,前者约为后者的0.98,见图C.1所示。

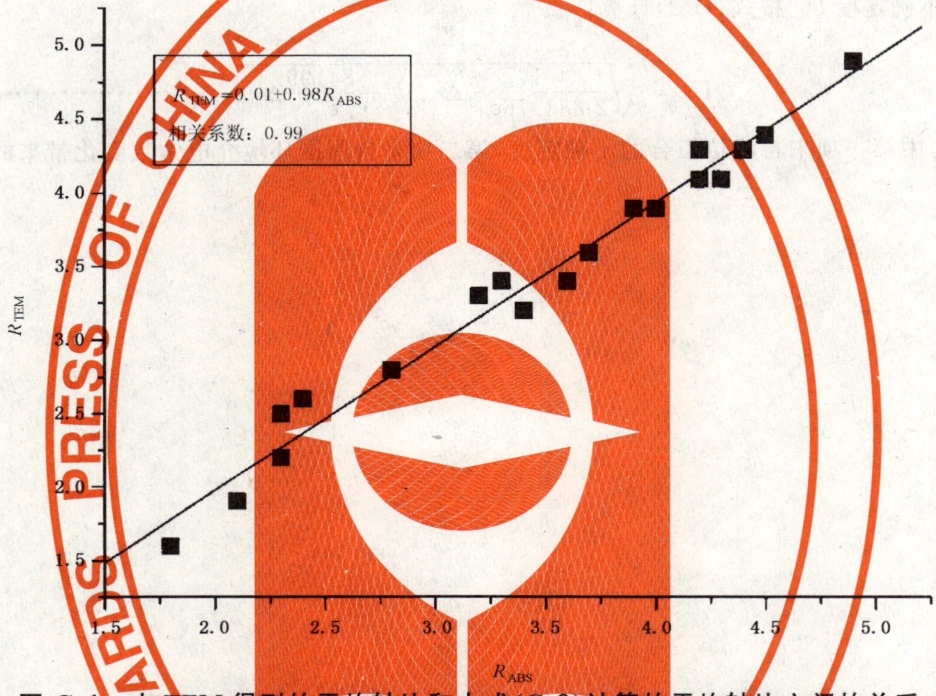


图C.1 由TEM得到的平均轴比和由式(C.8)计算的平均轴比之间的关系

C.3.3

式(C.8)得到的关系式也被其理论计算所证实。水的介电常数为1.77,代入式(C.8)则得到在水溶液中金纳米棒峰2峰位与其轴比的关系为$\lambda_{max}=95R+420$。分立偶极近似(Discrete dipole approximation, DDA)方法是近几年发展起来的用于非球形颗粒研究的数值方法。用DDA方法模拟得到的在水中的金纳米棒峰2峰位与其轴比的关系为$\lambda_{max}=96R+418$。二者的结果很接近,见表C.1。

表C.1 式(C.8)和DDA方法得出在不同峰2位置平均轴比的比较

| $\lambda_{max}$/nm | 550 | 600 | 650 | 700 | 750 | 800 | 850 | 900 |
|---|---|---|---|---|---|---|---|---|
| $R$[式(C.8)] | 1.37 | 1.90 | 2.42 | 2.95 | 3.47 | 4.00 | 4.53 | 5.05 |
| $R$(DDA) | 1.38 | 1.90 | 2.42 | 2.94 | 3.46 | 3.98 | 4.50 | 5.02 |

C.3.4

由Gans理论与DDA方法的比较(见表C.1)可以看出,在以水为介质时,Gans理论得到的平均轴比的计算值上限可以从4扩展到5。

# 附　录　D
## （资料性附录）
## 测量结果的标准不确定度

**D.1**　对式(1)作微分处理得式(D.1)：

$$\Delta R=\frac{\Delta\lambda_{\max}}{53.71\varepsilon_{\mathrm{m}}}+\frac{9.22\Delta\varepsilon_{\mathrm{m}}}{\varepsilon_{\mathrm{m}}{}^{2}} \quad\cdots\cdots\cdots\cdots(\mathrm{D}.1)$$

**D.2**　标准不确定度 $U_{\mathrm{C}}$ 按式(D.2)计算：

$$U_{\mathrm{C}}=\sqrt{\frac{1}{2\,884.76\varepsilon_{\mathrm{m}}{}^{2}}\Delta\lambda_{\max}{}^{2}+\frac{84.99}{\varepsilon_{\mathrm{m}}{}^{4}}\Delta\varepsilon_{\mathrm{m}}{}^{2}} \quad\cdots\cdots\cdots\cdots(\mathrm{D}.2)$$

式(D.2)中第一项来自峰位拟合的不确定度，第二项来自周围环境介电常数变化带来的不确定度。

## 参 考 文 献


[1] GB/T 9721—2006 化学试剂 分子吸收分光光度法通则(紫外和可见光部分).

[2] GB/T 14666—2003 分析化学术语.

[3] Jana,N. R.;Gearheart,L.;Murphy,C. J. Adv. Mater. 2001,13,1389.

[4] Nikoobakht,B.;El-Sayed,M. A. Chem. Mater. 2003,15,1957.

[5] Mohamed,M. B.;Ismail,K. Z.;Link,S.;El-Sayed,M. A. J. Phys. Chem. B 1998,102,9370.

[6] Brioude,A.;Jiang,X. C.;Pileni,M. P. J. Phys. Chem. B 2005,109,13138.

[7] Orendorff,C. J.;Murphy,C. J. J. Phys. Chem. B 2006,110,3990.

[8] Link,S.;Mohamed,M. B.;El-Sayed,M. A. J. Phys. Chem. B 1999,103,3073-3077.

[9] Yan,B. H.;Yang,Y.;Wang,Y. C. J. Phys. Chem. B 2003,107, 9159.

[10] Link,S.;El-Sayed,M. A. J. Phys. Chem. B 2005,105,10531.

[11] Brioude,A.;Jiang,X. C.;Pileni,M. P. J. Phys. Chem. B 2005,109,13138-131.

ICS 71.040.50
G 30

# 中华人民共和国国家标准

GB/T 24370—2009

# 硒化镉量子点纳米晶体表征 紫外-可见吸收光谱方法

**Characterization of CdSe quantum dot nanocrystals—UV-Vis absorption spectroscopy**

2009-09-30 发布　　2009-12-01 实施

中华人民共和国国家质量监督检验检疫总局
中国国家标准化管理委员会　发布

# 前　　言

本标准的附录A、附录B和附录C均为资料性附录。

本标准由中国科学院提出。

本标准由全国纳米技术标准化技术委员会(SAC/TC 279)归口。

本标准负责起草单位:国家纳米科学中心。

本标准参加起草单位:北京工商大学、武汉大学、武汉珈源量子点技术开发公司。

本标准主要起草人:葛广路、刘忍肖、嵇天浩、庞代文、朱晓波、高洁、赵蕊。

# 引　言

半导体纳米晶体(又称量子点、半导体量子点)是由半导体材料(如 CdSe、CdTe 等Ⅱ～Ⅵ族或 InP、InAs 等Ⅲ～Ⅴ族化合物)组成的、尺寸在 1 nm～100 nm 之间的纳米材料,其中硒化镉(CdSe)纳米晶体具有优良的尺寸及形状可控性,是研究最多、最有代表性的一类。半导体纳米晶体因量子尺寸效应的存在表现出尺寸相关的光学和电学性质。与传统的有机染料分子荧光探针相比,半导体纳米晶体的光谱性质具有明显的优势:激发波长宽且连续分布,发射波长范围却很窄,使多波长同时观察成为可能;发光强度高,光化学稳定性更好,十分有利于长时间对细胞内多生命现象的动态变化进行观察。基于上述性质,半导体纳米晶体在药物筛选、生物标记、细胞示踪、流式微流控芯片免疫分析、快速诊断增敏等方面开始得到广泛应用。

紫外-可见吸收光谱法(UV-Vis absorption spectroscopy)是利用物质分子对紫外-可见光的吸收光谱,对物质的组成结构及含量进行分析测定的一种实验室常用分析方法,可实用而便利地对半导体纳米晶体的光学性质进行表征,并获得其结构信息。用紫外-可见吸收光谱法对其进行光谱测定时,特征吸收峰值和摩尔吸收系数与粒子粒径有直接的对应关系。在已知每摩尔半导体纳米晶体吸收系数($\varepsilon$)的前提下,由郎伯-比尔定律($A=\varepsilon CL$)可简便而准确地计算量子点纳米晶体在分散液中的摩尔浓度。

# 硒化镉量子点纳米晶体表征紫外-可见吸收光谱方法

## 1 范围

本标准规定了硒化镉(CdSe)量子点纳米晶体的紫外-可见吸收光谱表征方法。

本标准适用于由表面活性剂分子——正三辛基氧膦(TOPO,Trioctylphosphine)包覆的硒化镉量子点纳米晶体在正己烷中形成的分散液。其他表面活性剂分子包覆的硒化镉量子点纳米晶体在各种非极性试剂中形成的分散液、在水相体系中合成的硒化镉量子点纳米晶体及其他组成的半导体量子点纳米晶体的紫外-可见吸收光谱表征也可参照本标准执行。

## 2 规范性引用文件

下列文件中的条款通过本标准的引用而成为本标准的条款。凡是注日期的引用文件,其随后所有的修改单(不包括勘误的内容)或修订版均不适用于本标准,然而,鼓励根据本标准达成协议的各方研究是否可使用这些文件的最新版本。凡是不注日期的引用文件,其最新版本适用于本标准。

GB/T 9721—2006 化学试剂 分子吸收分光光度法通则(紫外和可见光部分)

GB/T 19267.2—2003 刑事技术微量物证的理化检验 第2部分:紫外-可见吸收光谱法

GB/T 19619—2004 纳米材料术语

JJG 178—2007 紫外、可见、近红外分光光度计检定规程

## 3 术语和定义

GB/T 19619—2004确立的以及下列术语和定义适用于本标准。

3.1

**量子点纳米晶体 quantum dot nanocrystals**

在常温下具有量子尺寸效应的纳米晶体。

注:量子尺寸效应定义见GB/T 19619—2004的3.3.3。

3.2

**带边吸收峰 band-edge absorption peak**

半导体紫外-可见吸收光谱中由电子从价带顶至导带底跃迁所产生的吸收峰。

注1:吸收峰定义见GB/T 9721—2006的3.1。

注2:对于半导体纳米晶体,带边吸收峰也可称为第一激子吸收峰。

## 4 方法原理

### 4.1 紫外-可见吸收光谱

通过试样的入射光强度($I$)与其入射前初始强度($I_0$)的比值$I/I_0$称为试样的透光率($T$),通常以百分数形式表示。由郎伯-比尔定律(Lambert-Beer's Law),吸光度($A$)可表示为$-\lg(T)$。对特定化合物来说,当其外层电子或价电子选择性吸收紫外-可见光波段(200 nm~760 nm)的能量,实现由基态到激发态、由低能级到高能级的跃迁时,会产生特征吸收,可得到试样吸收率与波长的对应曲线,称之为紫外-可见吸收光谱。紫外-可见吸收光谱是化合物结构解析及定量分析的常用表征手段。

### 4.2 半导体量子点纳米晶体的紫外-可见吸收光谱

半导体量子点纳米晶体的紫外-可见吸收来自于纳米晶体中电子由价带到导带的跃迁,即带间吸收

由长波长向短波长方向，半导体纳米晶体首先出现尖锐的带边吸收峰(电子由价带顶跃迁到导带底)，峰位置取决于纳米晶体的化学组成和粒径，从带边吸收峰往波长更短的区域吸收连续且逐渐增强。

由于半导体纳米晶体具有量子尺寸效应，其电子和空穴的能级分裂与粒子尺寸密切相关，导致纳米晶体的带边吸收峰值与纳米晶体粒径具有直接的对应关系，随着粒径的减小，带边吸收峰发生蓝移。带边吸收峰的高度与纳米晶体分散液的浓度有关，其峰形与纳米晶体的粒径分布有关。通过测量一定尺寸范围硒化镉量子点纳米晶体的吸收光谱，可以判定该尺寸范围内量子点的粒度及粒度分布。

具有窄粒径分布硒化镉量子点纳米晶体的紫外-可见吸收谱线表现为：带边吸收峰峰形尖锐、半峰宽窄(～50 nm)、且在带边吸收峰短波长一侧存在2～3个小的吸收峰。

典型硒化镉量子点纳米晶体的紫外-可见吸收谱图及透射电子显微镜(TEM)图像示例见图1。

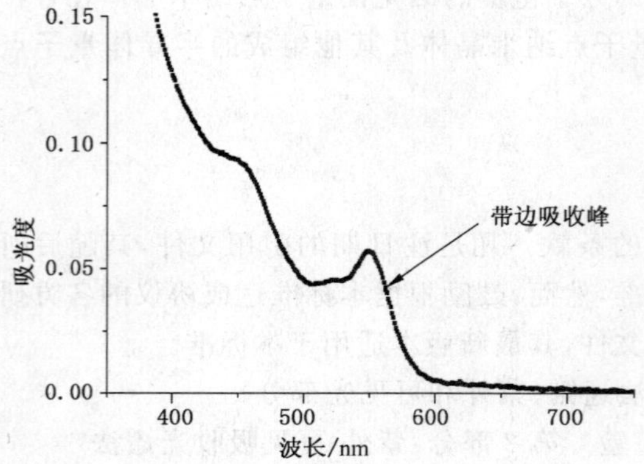


a)

b)

**图 1　粒径为 4 nm CdSe 量子点纳米晶体的紫外-可见吸收谱线 a)及 TEM 图像 b)**

## 4.3　由紫外-可见吸收谱线确定硒化镉量子点纳米晶体的粒径

硒化镉量子点纳米晶体的粒径与带边吸收峰值的对应关系可参见附录A。

根据附录A中数据资料，得到硒化镉量子点纳米晶体的紫外-可见带边吸收峰值与粒径的对应曲线见图2。

带边吸收峰值($\lambda$)与量子点粒径($D$)的拟合关系式见式(1)：

$$D = 24.97 - 0.334\ 68\lambda + 0.001\ 422\lambda^2 - 2.441\lambda^3 \times 10^{-6} + 1.513\ 5\lambda^4 \times 10^{-9} \quad \cdots\cdots(1)$$

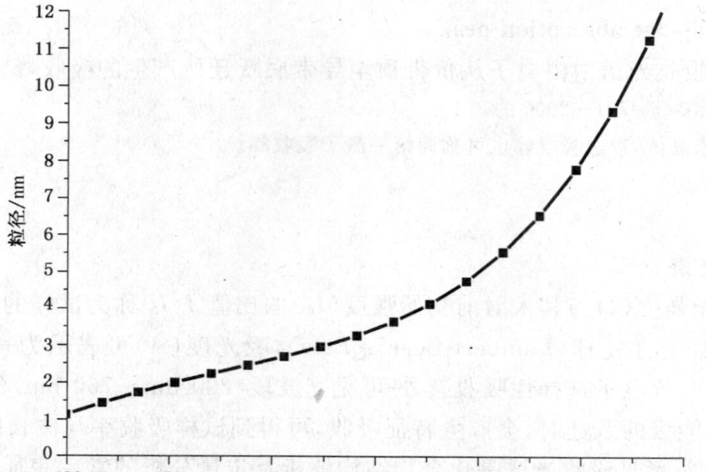


**图 2　CdSe 量子点纳米晶体的紫外-可见带边吸收峰值与粒径的对应关系曲线**

### 4.4 由紫外-可见吸收谱线估算硒化镉量子点纳米晶体分散液的摩尔浓度

从光源辐射出的光，经过波长选择器成为单色光，当单色光通过待测量子点分散液时，不同粒径的量子点会对不同波长的光产生特征吸收而形成吸收峰，吸光度与待测量子点分散液浓度的关系符合郎伯-比尔定律，见式(2)：

$$A = \varepsilon CL \qquad \cdots\cdots(2)$$

式中：

$A$——吸光度；

$\varepsilon$——摩尔吸收系数；

$C$——分散液的摩尔浓度；

$L$——光路长度。

当光路长度 $L$ 与摩尔吸收系数 $\varepsilon$ 一定时，吸光度 $A$ 与分散液的摩尔浓度 $C$ 成正比，因此利用郎伯-比尔定律可以进行量子点分散液摩尔浓度的定量分析。

根据附录 A 中数据资料，得到硒化镉量子点纳米晶体的摩尔吸收系数 $\varepsilon$ 与粒子粒径 $D$ 的对应关系曲线，见图 3。

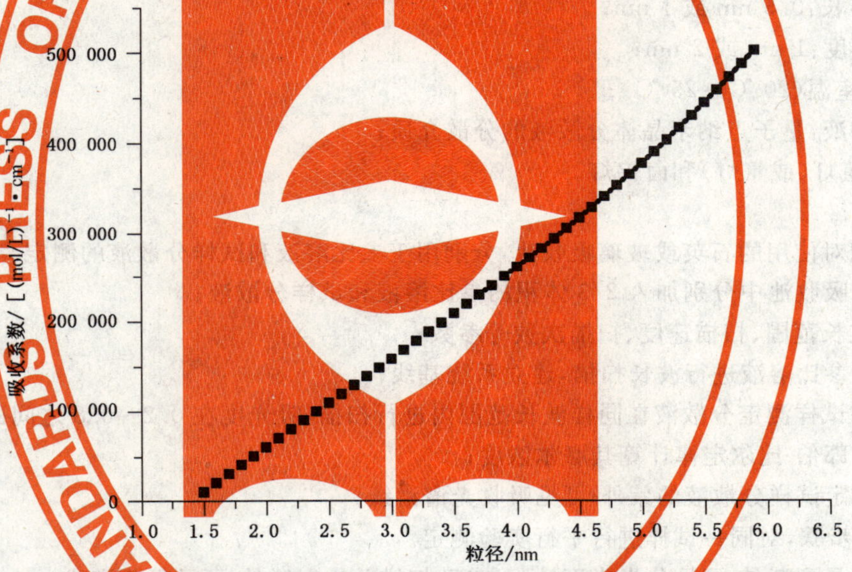


图 3 CdSe 量子点纳米晶体的摩尔吸收系数与粒径的对应关系曲线



## 5 仪器

### 5.1 紫外-可见分光光度计

根据试样的测定要求，选用符合 JJG 178—2007 规定的单波长单光束或单波长双光束的紫外-可见分光光度计，波长范围为 200 nm～760 nm。

### 5.2 吸收池

适用于紫外和可见光区的石英吸收池或只适用于可见光区的玻璃吸收池，1 cm 光路。

注：吸收池的选择可依据 GB/T 9721—2006。

### 5.3 仪器校正

采用 GB/T 19267.2—2003，JJG 178—2007 中仪器的校正方法。

## 6 实验样品的制备与保存

硒化镉量子点纳米晶体的制备方法可参见附录 B。

紫外-可见吸收光谱的测定要求将待测量子点样品均匀分散在适宜的溶剂中形成澄清、透明的溶胶分散液。硒化镉量子点纳米晶体必须经过特定的表面活性剂分子修饰后才能均匀分散在相应的溶剂中，用作紫外-可见吸收光谱检测的实验样品。高温油相热解法制备的硒化镉纳米晶体表面有脂肪族烃分子，可以溶解在正己烷、甲苯、二氯乙烷等非极性有机溶剂中。

量子点实验样品置于棕色瓶中，在氩气或氮气等惰性气氛下避光保存。

## 7 分析步骤

### 7.1 样品前处理

取一定量量子点纳米晶体实验样品，置于5 mL的容量瓶中，加入与样品分散介质相同的溶剂并超声分散10 min，至试样澄清、透明。配制系列不同浓度的试样，以进行量子点样品尺寸、浓度的测量。

注1：测定试样中量子点样品无团聚现象，即试样澄清、透明。

注2：选用适宜的溶剂，使其对量子点样品有良好的分散能力，且在测定波长范围内溶剂本身无吸收。

### 7.2 测定条件

推荐采用如下测定条件：

a) 波长：200 nm～760 nm；

b) 扫描步长：0.5 nm或1 nm；

c) 狭缝宽度：1 nm或2 nm；

d) 温度：室温(20 ℃～25 ℃)；

e) 参比溶液：量子点纳米晶体分散液的分散介质；

f) 光源：氢灯(或氘灯)和卤钨灯。

### 7.3 测定步骤

取两个可配对使用的石英或玻璃吸收池，分别用于参比溶液和试样分散液的测定。

a) 在两个吸收池中分别加入2/3体积的参比溶液和试样分散液；

b) 设定波长范围、扫描速度、扫描次数等参数；

c) 首先对参比溶液进行波长扫描，建立系统基线；

d) 对系列试样测定分散液在同样波长范围内进行扫描，吸光度在0.2～0.8之间的试样分散液较适宜用郎伯-比尔定律计算其摩尔浓度；

e) 得到测定试样分散液的紫外-可见吸收光谱谱线；

f) 按上述步骤，对同一试样进行平行实验测定。

使用自动记录型紫外-可见分光光度计，可自动扫描并绘出紫外-可见吸收谱线。

使用非自动记录型紫外-可见分光光度计时，在规定的波长范围内，每隔5 nm～10 nm测定一次吸光度，在带边吸收峰附近时，应每隔1 nm～2 nm测定一次，以波长为横坐标，相应的吸光度为纵坐标，绘制紫外-可见吸收谱线。

注：测定时采用与有机溶剂相容的吸收池，并加盖以防止溶剂挥发。

## 8 实验数据处理及结果分析

从紫外-可见吸收谱线上读取试样分散液的带边吸收峰值及吸光度。

参照4.3及附录A中硒化镉量子点纳米晶体带边吸收峰值与粒径的对应关系，由带边吸收峰值确定试样中硒化镉量子点样品的粒度，并可由紫外-可见吸收谱线中带边吸收峰的峰形定性判定样品的粒度分布；参考A.2中摩尔吸收系数与量子点样品粒径的对应关系，通过郎伯-比尔定律可计算测定硒化镉量子点纳米晶体分散液的摩尔浓度。

## 9 检测报告

硒化镉量子点纳米晶体紫外-可见吸收光谱检测报告包括以下内容：

a） 检测结果

1） 试样的紫外-可见吸收谱线及带边特征峰值；

2） 样品的平均粒度及粒度分布；

3） 试样的吸光度及摩尔浓度；

4） 样品的粒度分布误差、浓度误差。

b） 测定试样

1） 样品名称；

2） 分散介质；

3） 超声功率；

4） 超声时间。

c） 仪器设备

1） 仪器型号；

2） 测定条件（吸收池、波长范围、扫描步长、狭缝宽度、检测温度）。

d） 其他信息

1） 检测日期；

2） 检测单位及检测人。

所出具检测报告的格式可参见附录C中的表C.1。

# 附 录 A
（资料性附录）
# 硒化镉量子点纳米晶体的紫外-可见吸收谱线分析

## A.1 带边吸收峰值与粒子粒径的对应关系

粒径范围在1.7 nm～15 nm之间的硒化镉量子点纳米晶体的紫外-可见吸收谱线如图A.1所示。由不同尺寸纳米晶体吸收谱线的带边吸收峰顶端向横坐标做垂线，对应的波长值即为该粒径量子点纳米晶体的带边吸收峰值。

纳米晶体中电子的带隙跃迁形成的带边吸收峰在紫外-可见吸收谱线中最为明显，量子点纳米晶体的粒度及粒度分布均能由紫外-可见吸收谱线反映。具有窄粒度分布量子点纳米晶体的紫外-可见吸收谱线表现为：带边吸收峰峰形尖锐、半峰宽窄（～50 nm）、且在带边吸收峰短波长一侧存在2个或3个小的吸收峰，且带边吸收峰值与量子点纳米晶体的粒径有着直接的对应关系。

如图A.1右侧谱图中，带边吸收峰值为500 nm的量子点纳米晶体的粒径为2.9 nm，而带边吸收峰值为540 nm的量子点纳米晶体的粒径为3.3 nm。

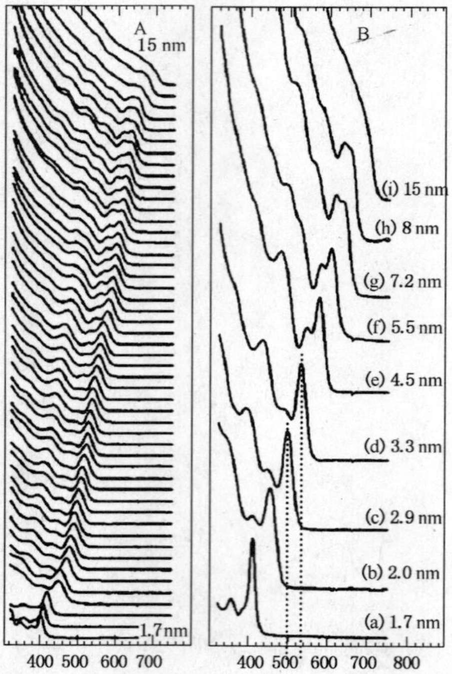


注：左图中粒径范围为1.7 nm～15 nm，右图中两条垂线分别标示粒径为2.9 nm和3.3 nm量子点的带边吸收峰值。

**图A.1 硒化镉量子点纳米晶体的紫外-可见吸收谱图**

硒化镉量子点纳米晶体的紫外-可见吸收谱线带边吸收峰值与粒径的对应关系见表A.1。纳米晶体粒径的偏差来自文献中使用电子显微镜技术进行粒度测量引入的误差，以及不同纳米晶体样品粒径的多分散性。

表 A.1 硒化镉量子点纳米晶体的紫外-可见带边吸收峰值与粒径对应关系数据表

| 带边吸收峰值/nm | 粒子直径/nm | 粒径偏差/nm | 带边吸收峰值/nm | 粒子直径/nm | 粒径偏差/nm |
|---|---|---|---|---|---|
| 380 | 0.7 | ±0.5 | 570 | 3.9 | ±0.5 |
| 390 | 0.9 | ±0.5 | 580 | 4.2 | ±0.5 |
| 400 | 1.1 | ±0.5 | 590 | 4.6 | ±0.5 |
| 410 | 1.3 | ±0.5 | 600 | 5.0 | ±0.5 |
| 420 | 1.5 | ±0.5 | 610 | 5.4 | ±0.5 |
| 430 | 1.7 | ±0.5 | 620 | 6.0 | ±0.5 |
| 440 | 1.8 | ±0.5 | 630 | 6.6 | ±0.5 |
| 450 | 1.9 | ±0.5 | 640 | 7.3 | ±0.5 |
| 460 | 2.1 | ±0.5 | 650 | 8.0 | ±0.5 |
| 470 | 2.2 | ±0.5 | 660 | 8.9 | ±0.5 |
| 480 | 2.3 | ±0.5 | 670 | 9.9 | ±0.5 |
| 490 | 2.5 | ±0.5 | 680 | 11.0 | ±0.5 |
| 500 | 2.6 | ±0.5 | 690 | 12.2 | ±0.5 |
| 510 | 2.7 | ±0.5 | 700 | 13.6 | ±0.5 |
| 520 | 2.9 | ±0.5 | 710 | 15.1 | ±0.5 |
| 530 | 3.0 | ±0.5 | 720 | 16.8 | ±0.5 |
| 540 | 3.2 | ±0.5 | 730 | 18.7 | ±0.5 |
| 550 | 3.4 | ±0.5 | 740 | 20.7 | ±0.5 |
| 560 | 3.7 | ±0.5 | 750 | 22.9 | ±0.5 |

## A.2 摩尔吸收系数与粒子粒径的对应关系

粒径范围在 1.5 nm～5.9 nm 硒化镉量子点纳米晶体的摩尔吸收系数(ε)与粒径(*D*)的对应关系，如表 A.2 所示。

表 A.2 硒化镉量子点纳米晶体的摩尔吸收系数与粒径对应关系数据表

| 摩尔吸收系数/[(mol/L)$^{-1}$·cm$^{-1}$] | 偏差/% | 粒子直径/nm | 摩尔吸收系数/[(mol/L)$^{-1}$·cm$^{-1}$] | 偏差/% | 粒子直径/nm |
|---|---|---|---|---|---|
| 11 006.5 | ±15 | 1.5 | 240 419.2 | ±15 | 3.8 |
| 21 279 | ±15 | 1.6 | 251 070.9 | ±15 | 3.9 |
| 31 374.8 | ±15 | 1.7 | 261 859.1 | ±15 | 4.0 |
| 41 388.6 | ±15 | 1.8 | 272 793 | ±15 | 4.1 |
| 51 331 | ±15 | 1.9 | 283 881.6 | ±15 | 4.2 |
| 61 213.1 | ±15 | 2.0 | 295 134.2 | ±15 | 4.3 |
| 71 045.2 | ±15 | 2.1 | 306 559.8 | ±15 | 4.4 |
| 80 838.1 | ±15 | 2.2 | 318 167.5 | ±15 | 4.5 |
| 90 602.1 | ±15 | 2.3 | 329 966.2 | ±15 | 4.6 |

表 A.2（续）

| 摩尔吸收系数/[(mol/L)$^{-1}$·cm$^{-1}$] | 偏差/% | 粒子直径/nm | 摩尔吸收系数/[(mol/L)$^{-1}$·cm$^{-1}$] | 偏差/% | 粒子直径/nm |
|---|---|---|---|---|---|
| 100 347.6 | ±15 | 2.4 | 341 964.8 | ±15 | 4.7 |
| 110 084.7 | ±15 | 2.5 | 354 172.4 | ±15 | 4.8 |
| 119 823.6 | ±15 | 2.6 | 366 597.8 | ±15 | 4.9 |
| 129 574.4 | ±15 | 2.7 | 379 249.7 | ±15 | 5.0 |
| 139 347.1 | ±15 | 2.8 | 392 137.1 | ±15 | 5.1 |
| 149 151.5 | ±15 | 2.9 | 405 268.8 | ±15 | 5.2 |
| 158 997.5 | ±15 | 3.0 | 418 653.4 | ±15 | 5.3 |
| 168 894.7 | ±15 | 3.1 | 432 299.7 | ±15 | 5.4 |
| 178 853.1 | ±15 | 3.2 | 446 216.3 | ±15 | 5.5 |
| 188 882 | ±15 | 3.3 | 460 412 | ±15 | 5.6 |
| 198 991.1 | ±15 | 3.4 | 474 895.3 | ±15 | 5.7 |
| 209 190 | ±15 | 3.5 | 489 674.9 | ±15 | 5.8 |
| 219 488.1 | ±15 | 3.6 | 504 759.2 | ±15 | 5.9 |
| 229 894.7 | ±15 | 3.7 | | | |

# 附 录 B
## （资料性附录）
## 高温油相热解法合成硒化镉量子点纳米晶体

硒化镉量子点纳米晶体可由高温油相热解法、水相合成法等多种化学方法合成。目前制备具有窄粒度分布的量子点纳米晶体较为成熟的方法为高温油相热解方法，制备的量子点为单晶，且单分散性好。

### B.1 合成方案1（有机镉化合物作为镉源）

#### B.1.1 原料及原料预处理

**B.1.1.1** 原料：二甲基镉（Dimethylcadmium）、硒（Selenium）、三正辛基膦（TOP，Tri-n-octylphosphine）、三正辛基氧膦（TOPO，Tri-n-octylphophine Oxide）。

**B.1.1.2** 原料预处理：

a) TOPO用前减压蒸馏（真空度＝133.33 Pa）提纯，取馏程范围为260 ℃～300 ℃馏出物；

b) 二甲基镉用前用0.250 μm微孔滤膜过滤纯化；

c) TOP和硒直接使用。

#### B.1.2 合成步骤

a) 将50 g经干燥处理后的TOPO加入反应烧瓶中，抽真空（真空度＜133.33 Pa），升温至200 ℃并保持20 min，恒温过程中间歇性用氩气鼓泡排气。之后将温度升至并稳定在300 ℃，氩气气氛下，反应体系压力为$1.013\ 25\times10^5$ Pa。

b) 配制反应前驱物：

溶液A：将1.00 mL（13.35 mmol）二甲基镉加入25.0 mL TOP中制备得到；

溶液B：将适量硒溶于TOP中形成TOPSe，之后将10 mL、1.0 mol/L的TOPSe加入到15.0 mL TOP中制备得到；

将溶液A和B混合后转移至50 mL的注射器中。

c) 移除反应体系热源，随即将b)中反应前驱物迅速加入a)中剧烈搅拌的烧瓶中，反应前驱物的快速引入导致反应液呈深黄/橙色，并在440 nm～460 nm处具有特征吸收。同时伴随反应体系温度迅速降至180 ℃。随后反应体系恢复加热并逐渐升温至230 ℃～260 ℃。

d) 在反应过程中，每隔5 min～10 min取出部分反应液，检测其吸收谱以追踪纳米晶体的生长过程。

e) 由d)中的吸收谱图估算不同反应温度下纳米晶体的尺寸分布。在反应过程中，吸取具有目标特征吸收的反应液，则可获得粒径分布由1.5 nm～11.5 nm的一系列量子点纳米晶体。

### B.2 合成方案2（无机镉化合物作为镉源）

#### B.2.1 原料

碳酸镉（$CdCO_3$）、三正辛基氧膦（TOPO，Trioctylphosphine，99%）、硒（Selenium，100目，99.999%）、硬脂酸（Stearic acid）、甲苯、丙酮。

#### B.2.2 合成步骤

a) 在氩气气氛下，将0.2 mmol的碳酸镉和2 g硬脂酸相混合，加热至130 ℃，并保持恒温直至反应液变为澄清；

b) 将溶液冷却至室温后，加入2 g 99.0%的TOPO，并重新将反应体系升温，直至360 ℃；

c) 将溶有0.5 mmol硒粉和0.2 g甲苯的TOPO溶液迅速注入反应液中，由于物料的加入反应体系温度降至 300 ℃，恒温以保证纳米晶体的生长；

d) 反应结束后，将烧瓶移离热源，室温冷却至 20 ℃～50 ℃，加入丙酮使纳米晶沉淀后，对所得样品进行离心分离和倾析；

e) 在不同反应时间取出部分反应液，用紫外-可见吸收光谱监控量子点纳米晶体的成核及生长过程。

# 附 录 C
（资料性附录）
# 检 测 报 告

**表 C.1 硒化镉量子点纳米晶体紫外-可见吸收光谱表征检测报告**

| | | |
|---|---|---|
| 送检样品 | 送检单位 | |
| | 样品名称 | |
| | 分散介质 | |
| | 超声功率及时间 | |
| 检测结果 | 试样的紫外-可见吸收谱线 | |
| | 试样带边吸收峰值/nm | |
| | 试样吸光度 | |
| | 样品平均粒径及偏差/nm | |
| | 试样浓度及偏差/(mol/L) | |
| 检测条件 | 仪器型号 | |
| | 检测温度/℃ | |
| | 吸收池 | 石英（ ） 玻璃（ ） |
| | 波长范围/nm | |
| | 扫描步长/nm | |
| | 狭缝宽度/nm | |
| 检测单位 | 检测日期 | 年 月 日 |
| | 检测人 | |

## 参 考 文 献

[1] STRIOLO A, WARD J, PRAUSNITZ J M, et al. Molecular weight, osmotic second virial coefficient, and extinction coefficient of colloidal CdSe nanocrystals[J]. J. Phys. Chem. B, 2002, 106: 5500-5505.

[2] YU W W, QU L H, GUO W Z, et al. Experimental determination of the extinction coefficient of CdTe, CdSe, and CdS nanocrystals[J]. Chem. Mater., 2003, 15: 2854-2860.

[3] MURRAY C B, KAGAN C R, BAWENDI M G, Synthesis and characterization of monodisperse nanocrystals and close-packed nanocrystal assemblies[J]. Annu. Rev. Mater. Sci., 2000, 30: 545-610.

[4] KUNO Group Teaching Materials: Synthesis and overcoating of colloidal CdSe QDs[DB/OL]. 2003(Spring); http://nd.edu/~mkuno/Teaching.html.

[5] MURRAY C B, NORRIS D G, BAWENDI M G. Synthesis and characterization of nearly monodisperse CdE (E=S, Se, Te) semiconductor nanocrystallites[J]. J. Am. Chem. Soc., 1993, 115: 8706-8715.

[6] QU L H, PENG Z A, Peng X G. Alternative routes toward high quality CdSe nanocrystals [J]. Nano. Letters., 2001, 1: 333-337.

ICS 59.120.10
W 90

# 中华人民共和国国家标准

GB/T 24371—2009/ISO 368:2006

# 纺纱准备、纺纱和并(捻)机械 环锭纺、并、捻锭子用筒管 锥度 1∶38 和 1∶64

Spinning preparatory, spinning and doubling (twisting) machinery—Tubes for ring-spinning, doubling and twisting spindles, taper 1∶38 and 1∶64

(ISO 368:2006, IDT)

2009-09-30 发布　　2010-03-01 实施

中华人民共和国国家质量监督检验检疫总局
中国国家标准化管理委员会　发布

# 前　言

本标准等同采用ISO 368:2006《纺纱准备、纺纱和并(捻)机械　环锭纺、并、捻锭子用筒管　锥度1∶38和1∶64》(英文版)。

本标准等同翻译ISO 368:2006。

为便于使用,本标准对ISO 368:2006作了下列编辑性修改:

a) "ISO 368"一词改为"GB/T 24371";

b) 删除ISO 368:2006的前言;

c) 第2章"引用标准"一词改为"规范性引用文件",并采用GB/T 1.1—2000中规定的引导语;

d) 用小数点符号"."代替作为小数点符号的",";

e) 图1、图2中表示金属的剖面符号改为非金属剖面符号,全跳动基准符号改为带小圆的斜体字母和粗的短横线相连,形位公差框格中表示全跳动的空心箭头改为实心箭头。

本标准由中国纺织工业协会提出。

本标准由全国纺织机械与附件标准化技术委员会归口。

本标准起草单位:浙江三友塑业股份有限公司、河南第一纺织器材股份有限公司、陕西纺织器材研究所。

本标准主要起草人:侯水利、赵玉生、张小赧、蒋传良、张根芳、赵钢。

# 纺纱准备、纺纱和并(捻)机械<br>环锭纺、并、捻锭子用筒管<br>锥度1∶38和1∶64

## 1 范围

本标准规定了锥度为1∶38和1∶64的环锭纺、并、捻用筒管的尺寸(长度和内径)和允许的全跳动,同时规定了检验筒管用量规的尺寸和公差。

## 2 规范性引用文件

下列文件中的条款通过本标准的引用而成为本标准的条款。凡是注日期的引用文件,其随后所有的修改单(不包括勘误的内容)或修订版均不适用于本标准,然而,鼓励根据本标准达成协议的各方研究是否可使用这些文件的最新版本。凡是不注日期的引用文件,其最新版本适用于本标准。

ISO 286-2:1988 ISO极限与配合制 第2部分:标准公差等级和孔、轴的极限偏差表

## 3 型式、尺寸和公差

### 3.1 筒管

#### 3.1.1 筒管型式

图1a)中所示的无卷头筒管规定为A型,图1b)中所示的平卷头筒管规定为B型。

#### 3.1.2 尺寸

筒管的规格应选用表1规定的尺寸。

#### 3.1.3 全跳动公差

允许的全跳动公差$T_r$应符合表1规定,全跳动的测量按图2规定进行。

### 3.2 量规

量规应符合表2中规定的尺寸和公差。

## 4 筒管和量规

### 4.1 筒管

见图1、图2和表1。

单位为毫米

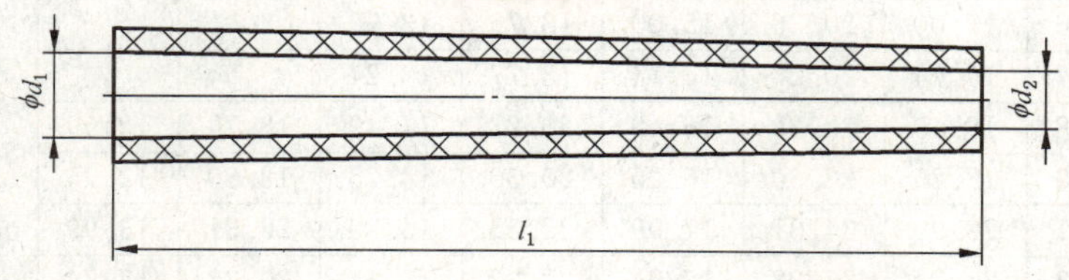


a) 无卷头筒管——A型

图1 筒管

单位为毫米

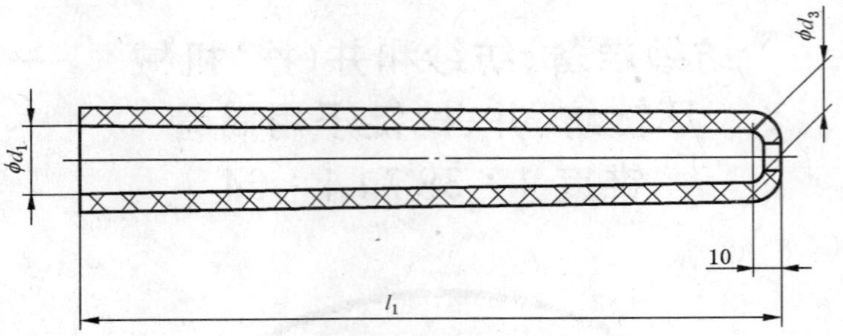


b) 平卷头筒管——B型

图 1（续）

单位为毫米

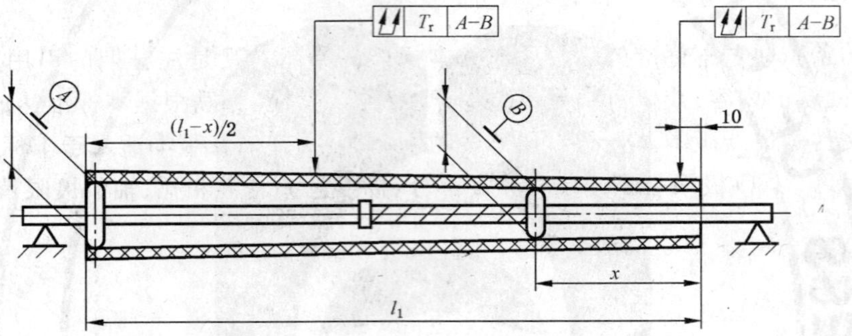


| $l_1$ | $x$ |
|---|---|
| 180～200 | 40 |
| 210～300 | 60 |

图 2　全跳动 $T_r$ 的测量

**表 1　筒管的尺寸和全跳动公差**

单位为毫米

| 长度 | | 系　列 | | | | | | | | 全跳动公差 | | |
|---|---|---|---|---|---|---|---|---|---|---|---|---|
| | | 0 | | 1 | | 2 | | 3 | | | | |
| $l_1$ | 偏差 | $d_1$ | $d_2$ | $d_1$ | $d_2$ | $d_1$ | $d_2$ | $d_1$ | $d_2$ | $T_r^a$ | $T_r^b$ | $T_r^c$ |
| 锥度为 1∶38 的筒管<br>$d_3=d_2+0.26$ | | | | | | | | | | | | |
| 180 | ±1.5 | 20.24 | 15.50 | 18.74 | 14.00 | 17.24 | 12.50 | | | 0.40 | 0.25 | 0.20 |
| 190 | | 20.24 | 15.24 | 18.74 | 13.74 | 17.24 | 12.24 | | | | | |
| 200 | | 22.26 | 17.00 | 20.26 | 15.00 | 18.76 | 13.50 | | | | | |
| 210 | | 22.27 | 16.74 | 20.27 | 14.74 | 18.77 | 13.24 | | | | | — |
| 220 | | 24.28 | 18.49 | 22.28 | 16.49 | 20.28 | 14.49 | 18.78 | 12.99 | | | |
| 230 | | 24.30 | 18.25 | 22.30 | 16.25 | 20.30 | 14.25 | 18.80 | 12.75 | | | |
| 240 | ±2.0 | 27.31 | 20.99 | 24.31 | 17.99 | 22.31 | 15.99 | 20.31 | 13.99 | | | |
| 250 | | 27.32 | 20.74 | 24.32 | 17.74 | 22.32 | 15.74 | 20.32 | 13.74 | | — | |
| 260 | | 30.34 | 23.50 | 27.34 | 20.50 | 24.34 | 17.50 | 22.34 | 15.50 | | | |
| 270 | | 30.35 | 23.24 | 27.35 | 20.24 | 24.35 | 17.24 | 22.35 | 15.24 | | | |
| 280 | | 33.36 | 25.99 | 30.36 | 22.99 | 27.36 | 19.99 | 24.36 | 16.99 | | | |
| 290 | | 33.37 | 25.74 | 30.37 | 22.74 | 27.37 | 19.74 | 24.27 | 16.64 | | | |
| 300 | ±2.5 | 36.39 | 28.50 | 33.39 | 25.50 | 30.39 | 22.50 | 27.39 | 19.50 | | | |

**表 1（续）**

单位为毫米

| 长度 | | 系列 | | | | | | | | 全跳动公差 | | |
|---|---|---|---|---|---|---|---|---|---|---|---|---|
| | | 0 | | 1 | | 2 | | 3 | | | | |
| $l_1$ | 偏差 | $d_1$ | $d_2$ | $d_1$ | $d_2$ | $d_1$ | $d_2$ | $d_1$ | $d_2$ | $T_r^a$ | $T_r^b$ | $T_r^c$ |
| 锥度为 1∶64 的筒管<br>$d_3=d_2+0.16$ | | | | | | | | | | | | |
| 180 | ±1.5 | 19 | 16.19 | 17 | 14.19 | 15 | 12.19 | | | 0.40 | 0.25 | 0.20 |
| 190 | | 20 | 17.03 | 18 | 15.03 | 16 | 13.03 | | | | | |
| 200 | | 21 | 17.88 | 19 | 15.88 | 17 | 13.88 | 15 | 11.88 | | | |
| 210 | | 22 | 18.72 | 20 | 16.72 | 18 | 14.72 | 16 | 12.72 | | | — |
| 220 | | 24 | 20.56 | 22 | 18.56 | 20 | 16.56 | 18 | 14.56 | | | |
| 230 | | 24 | 20.41 | 22 | 18.41 | 20 | 16.41 | 18 | 14.41 | | | |
| 240 | ±2.0 | 27 | 23.25 | 24 | 20.25 | 22 | 18.28 | 20 | 16.25 | | | |
| 250 | | 27 | 23.09 | 24 | 20.09 | 22 | 18.09 | 20 | 16.09 | | — | |
| 260 | | 30 | 25.94 | 27 | 22.94 | 24 | 19.94 | 22 | 17.94 | | | |
| 270 | | 30 | 25.78 | 27 | 22.78 | 24 | 19.78 | 22 | 17.78 | | | |
| 280 | | 33 | 28.63 | 30 | 25.63 | 27 | 22.63 | 24 | 19.63 | | | |
| 290 | | 33 | 28.47 | 30 | 25.47 | 27 | 22.47 | 24 | 19.47 | | | |
| 300 | ±2.5 | 36 | 31.31 | 33 | 28.31 | 30 | 25.31 | 27 | 22.31 | | | |

[a] $n \leqslant 15\,000$ r/min（锭子每分钟的转速）。

[b] 15 000 r/min$<n\leqslant$18 000 r/min（锭子每分钟的转速）。

[c] $n>18\,000$ r/min（锭子每分钟的转速）。

## 4.2 量规

见图 3 和表 2。

用量规上相应刻线检验筒管底部内径 $d_1$ 时，要用量规短端；量规长端的刻线 $\pm b/2$ 仅用于检验筒管顶部的内径 $d_2$ 或 $d_3$。

单位为毫米

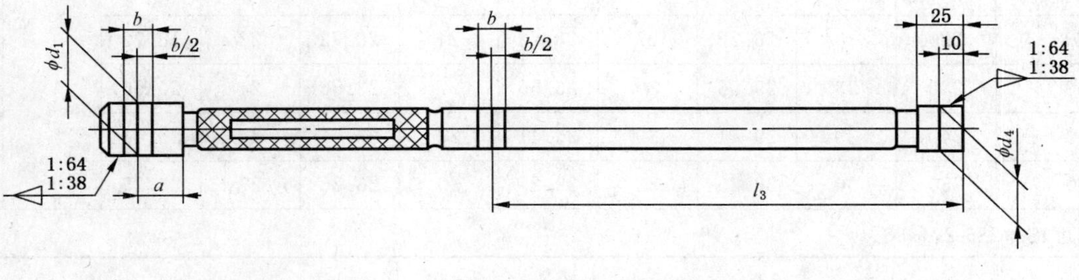


图 3 用于检验 A 型和 B 型筒管的量规

**表 2　用于检验筒管的量规的尺寸和公差**

单位为毫米

| 对应管长 $l_1$ | $l_3$ ±0.2 | 系列 | | | | | | | | $a$ | $b$ ±0.1 |
|---|---|---|---|---|---|---|---|---|---|---|---|
| | | 0 | | 1 | | 2 | | 3 | | | |
| | | $d_1$ js6[a] | $d_4$ js6 | $d_1$ js6 | $d_4$ js6 | $d_1$ js6 | $d_4$ js6 | $d_1$ js6 | $d_4$ js6 | | |
| 锥度为 1∶38 的筒管的量规 | | | | | | | | | | | |
| 180 | 150 | 20.24 | 16.56 | 18.74 | 15.06 | 17.24 | 13.56 | | | | |
| 190 | 160 | 20.24 | 16.29 | 18.74 | 14.79 | 17.24 | 13.29 | | | | |
| 200 | 170 | 22.26 | 18.05 | 20.26 | 16.05 | 18.76 | 14.55 | | | | |
| 210 | 170 | 22.27 | 18.06 | 20.27 | 16.06 | 18.77 | 14.56 | | | | 6 |
| 220 | 170 | 24.28 | 20.05 | 22.28 | 18.07 | 20.28 | 16.07 | 18.78 | 14.57 | | |
| 230 | 180 | 24.30 | 19.83 | 22.30 | 17.83 | 20.30 | 15.83 | 18.80 | 14.33 | | |
| 240 | 190 | 27.31 | 22.57 | 24.31 | 19.57 | 22.31 | 17.57 | 20.31 | 15.57 | 15 | |
| 250 | 200 | 27.32 | 22.32 | 24.32 | 19.32 | 22.32 | 17.32 | 20.32 | 15.32 | | |
| 260 | 210 | 30.34 | 25.08 | 27.34 | 22.08 | 24.34 | 19.08 | 22.34 | 17.08 | | |
| 270 | 220 | 30.35 | 24.82 | 27.35 | 21.82 | 24.35 | 18.82 | 22.35 | 16.82 | | |
| 280 | 230 | 33.36 | 27.57 | 30.36 | 24.57 | 27.36 | 21.57 | 24.36 | 18.57 | | 8 |
| 290 | 240 | 33.37 | 27.32 | 30.37 | 24.32 | 27.37 | 11.32 | 24.27 | 18.22 | | |
| 300 | 250 | 36.39 | 30.07 | 33.39 | 27.07 | 30.39 | 24.07 | 27.39 | 21.07 | | |
| 锥度为 1∶64 的筒管的量规 | | | | | | | | | | | |
| 180 | 150 | 19 | 16.81 | 17 | 14.81 | 15 | 12.81 | | | | |
| 190 | 160 | 20 | 17.66 | 18 | 15.66 | 16 | 13.66 | | | | |
| 200 | 170 | 21 | 18.50 | 19 | 16.50 | 17 | 14.50 | 15 | 12.50 | | |
| 210 | 170 | 22 | 19.50 | 20 | 17.50 | 18 | 15.50 | 16 | 13.50 | | 10 |
| 220 | 170 | 24 | 21.50 | 22 | 19.50 | 20 | 17.50 | 18 | 15.50 | | |
| 230 | 180 | 24 | 21.34 | 22 | 19.34 | 20 | 17.34 | 18 | 15.34 | | |
| 240 | 190 | 27 | 24.19 | 24 | 21.19 | 22 | 19.19 | 20 | 17.19 | 20 | |
| 250 | 200 | 27 | 24.03 | 24 | 21.03 | 22 | 19.03 | 20 | 17.03 | | |
| 260 | 210 | 30 | 26.88 | 27 | 23.88 | 24 | 10.88 | 22 | 18.88 | | |
| 270 | 220 | 30 | 26.72 | 27 | 23.72 | 24 | 20.72 | 22 | 18.72 | | |
| 280 | 230 | 33 | 29.56 | 30 | 26.56 | 27 | 23.56 | 24 | 20.56 | | 12 |
| 290 | 240 | 33 | 29.41 | 30 | 26.41 | 27 | 23.41 | 24 | 20.41 | | |
| 300 | 250 | 36 | 32.25 | 33 | 29.25 | 30 | 26.25 | 27 | 23.25 | | |

[a] 见 ISO 286-2:1988。

## 5　标记

### 5.1　筒管

筒管标记应依次包括以下内容：

a) 筒管；

b) 本标准编号，即 GB/T 24371；

c) 锥度(1∶38 或 1∶64)；

d) 筒管型式(即 A 或 B)；

e) 长度 $l_1$；

f) 系列号。

如果需要，其他内容可由供、订货双方商定。

示例：

锥度为 1∶64，长度 $l_1$ 为 230 mm，2 系列的 B 型筒管应标记为：

筒管 GB/T 24371-1∶64 B-230/2

## 5.2 量规

量规标记应依次包括以下内容：

a) 量规；

b) 参考标准，即 GB/T 24371；

c) 锥度(1∶38 或 1∶64)；

d) 长度 $l_1$(与被检验筒管的系列相符)；

e) 系列号(与被检验筒管的系列相符)。

示例：

锥度为 1∶64，筒管长度 $l_1$ 为 220 mm，2 系列的量规应标记为：

量规 GB/T 24371-1∶64-220/2

ICS 59.120.10
W 90

# 中华人民共和国国家标准

GB/T 24372—2009/ISO 1809:1977

# 纺织机械与附件 卷绕纱线用筒管名称

**Textile machinery and accessories—Types of formers for yarn packages—Nomenclature**

(ISO 1809:1977,IDT)

2009-09-30 发布 2010-03-01 实施

中华人民共和国国家质量监督检验检疫总局
中国国家标准化管理委员会 发布

# 前言

本标准等同采用ISO 1809:1977《纺织机械与附件　卷绕纱线用筒管　名称》(英文版)。

本标准等同翻译ISO 1809:1977。

为便于使用,本标准对ISO 1809:1977作了下列编辑性修改:

a) “ISO 1809”一词改为“GB/T 24372”;

b) 删除ISO 1809:1977的前言;

c) 删除国际标准中法文版和俄文版;

d) 在“范围”前增加了章的编号“1”,其后各章的编号顺延;

e) 相关图中表示金属剖面符号改为非金属剖面符号,如:2.1.1、2.1.3、2.1.4、2.1.6、2.2.1、2.2.2、2.2.3、2.2.7、2.2.9、2.3.1、2.3.6;

f) 补充2.1.3图中管壁的金属剖面符号、2.2.3、2.2.5局部放大图的断裂线和2.3.2图的中心线。

本标准由中国纺织工业协会提出。

本标准由全国纺织机械与附件标准化技术委员会归口。

本标准起草单位:浙江三友塑业股份有限公司、河南第一纺织器材股份有限公司、陕西纺织器材研究所。

本标准主要起草人:侯水利、赵玉生、张小赧、蒋传良、张根芳、赵钢。

# 纺织机械与附件
# 卷绕纱线用筒管名称

## 1 范围

本标准规定了卷绕纱线用各类筒管的型式和名称。

## 2 筒管的分类、型式和名称

### 2.1 圆柱形筒管 Cylindrical tubes or bobbins

| 序 号 | 型 式 | 名 称 |
|---|---|---|
| 2.1.1 |  | 无网眼圆柱形筒管<br>Cylindrical non-perforated tube |
| 2.1.2 |  | 网眼圆柱形筒管<br>Cylindrical perforated tube |
| 2.1.3 |  | 牵伸加捻机用圆柱形筒管<br>Cylindrical tube for draw-twisters |
| 2.1.4 | 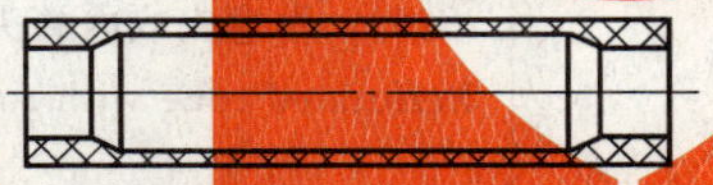 | 无底座筒管<br>Tube for peg or skewer |
| 2.1.5 |  | 双边筒管<br>Double flanged bobbin |
| 2.1.6 | 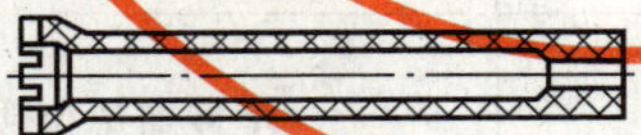 | 有底座粗纱筒管<br>Flyer bobbin |
| 2.1.7 | 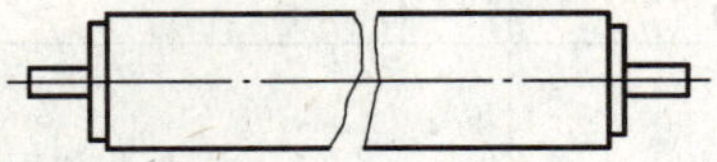 | 无边搓条筒管<br>Condenser bobbin without flanges |
| 2.1.8 | 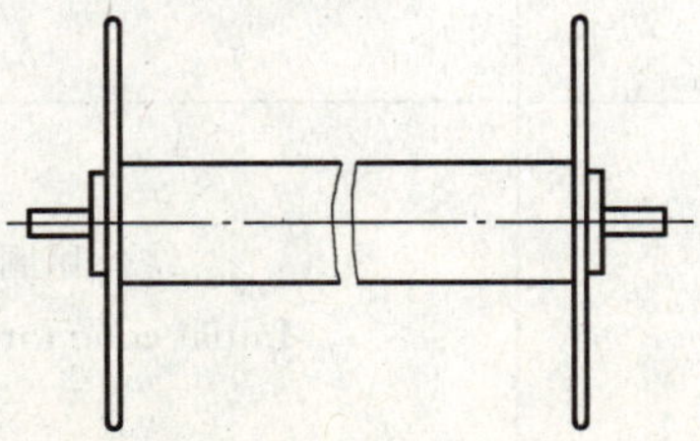 | 有边搓条筒管<br>Condenser bobbin with flanges |

## 2.2 圆锥形筒管 Tapered tubes

| 序号 | 型式 | 名称 |
|---|---|---|
| 2.2.1 | 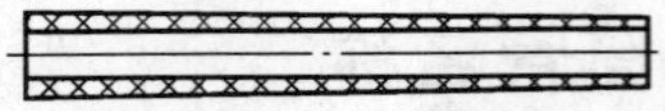 | 无锥座圆锥形筒管<br>Tapered tube without cone base |
| 2.2.2 | 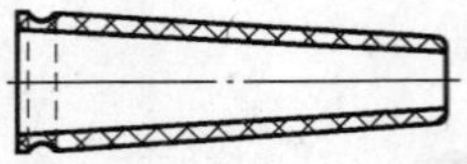 | 无网眼圆锥形筒管<br>Non-perforated cone |
| 2.2.3 | 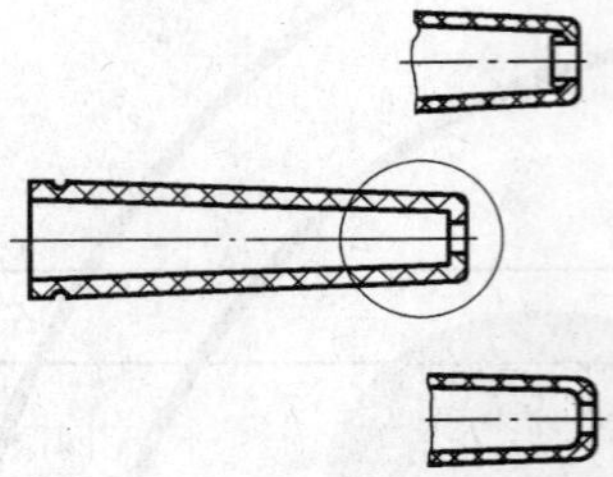 | 平卷头或内卷头无网眼圆锥形筒管<br>Non-perforated cone with rolled-in top or flat-end top |
| 2.2.4 |  | 网眼圆锥形筒管<br>Perforated cone |
| 2.2.5 | 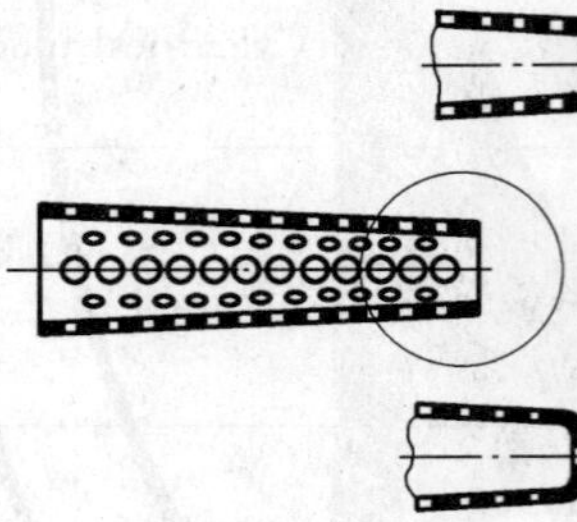 | 平卷头或内卷头网眼圆锥形筒管<br>Perforated cone with rolled-in top or flat-end top |
| 2.2.6 | 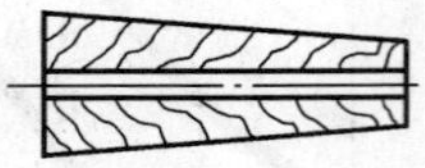 | 圆锥形木筒管<br>Wood cone |
| 2.2.7 | 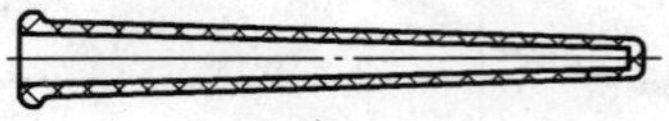 | 牵伸加捻和捻线用圆锥形筒管<br>Tapered tube for draw twisting and twisting |
| 2.2.8 | 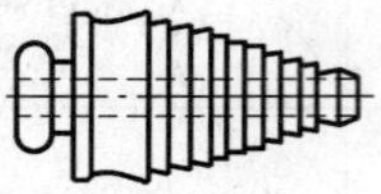 | 大卷装用圆锥形纬管<br>Initial cone for supercops |
| 2.2.9 | 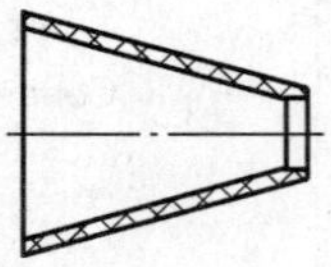 | 绕丝用圆锥形筒管<br>Initial cone for rocket bobbins |

2.3 复合形筒管 **Combined types**

| 序号 | 型式 | 名称 |
|---|---|---|
| 2.3.1 |  | 有锥座圆锥形筒管<br>Tapered tube with cone base |
| 2.3.2 | 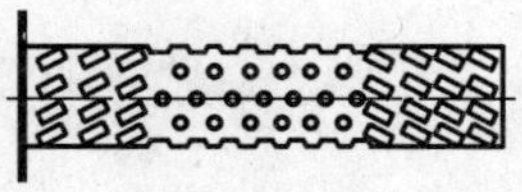 | 染色用网眼筒管<br>Perforated cheese centre for dyeing purposes |
| 2.3.3 | 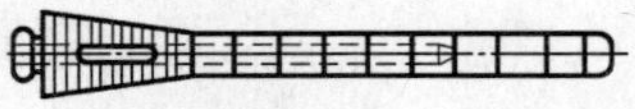 | 丝织用纬纱管<br>Weft pirn with half cone base for natural silk and other continuous filament yarns |
| 2.3.4 | 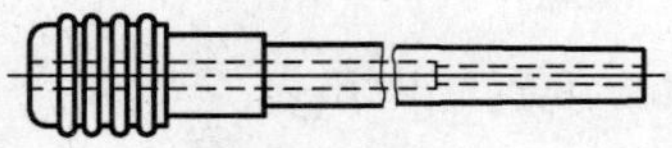 | 换纡式纬纱管<br>Weft pirn for automatic looms |
| 2.3.5 | 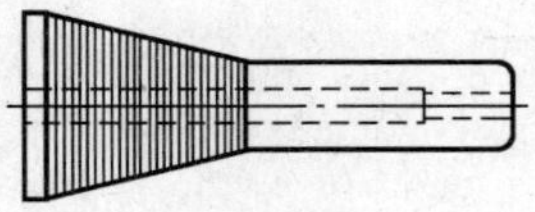 | 瓶状纱管<br>Bottle bobbin |
| 2.3.6 | 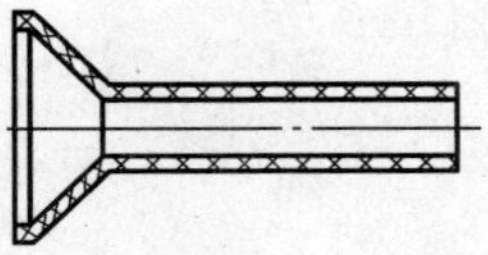 | 小瓶状纱管<br>Small bottle bobbin |
| 2.3.7 | 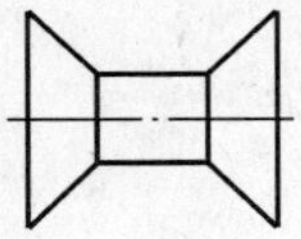 | 编织或缝纫用锥边纱管<br>Knitting or sewing spool with conical flanges |
| 2.3.8 | 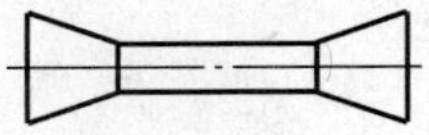 | 双锥形纱管<br>Biconical tube |

ICS 59.120.10
W 90

GB

# 中华人民共和国国家标准

GB/T 24373—2009/ISO 2572:1982

# 纺织机械与附件 梳理机用隔距片

## Textile machinery and accessories—Card gauges

(ISO 2572:1982,IDT)



2009-09-30 发布 2010-03-01 实施

中华人民共和国国家质量监督检验检疫总局
中国国家标准化管理委员会 发布

# 前言

本标准等同采用 ISO 2572:1982《纺织机械与附件　梳理机用隔距片》(英文版)。

为便于使用,本标准对 ISO 2572:1982 作了下列编辑性修改:

a) “本国际标准”一词改为“本标准”;

b) 删除 ISO 2572:1982 的前言;

c) 用小数点符号“.”代替作为小数点符号的“,”。

本标准由中国纺织工业协会提出。

本标准由全国纺织机械与附件标准化技术委员会归口。

本标准起草单位:金轮科创股份有限公司、青岛纺机针布有限公司、常州钢筘有限公司、光山白鲨针布有限公司、上海远东钢丝针布有限责任公司、陕西纺织器材研究所。

本标准主要起草人:赵玉生、付晓艳、陈幼泉、吴志谨、周建平、张永刚、梁庆新、陈翔鸿、安国隆。

# 纺织机械与附件　梳理机用隔距片

## 1　范围

本标准规定了通常用于调节梳理机工作部件之间距离的两种型式隔距片的号数和尺寸。

## 2　型式、号数和尺寸

梳理机用隔距片的型式、号数和尺寸见图1、图2和表1、表2。

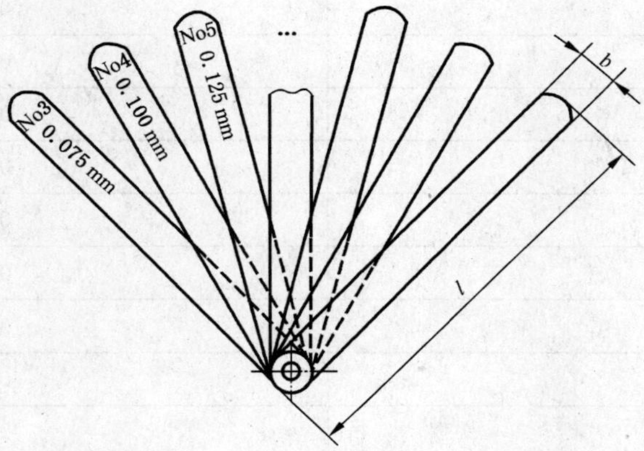


图1　A型隔距片[a]

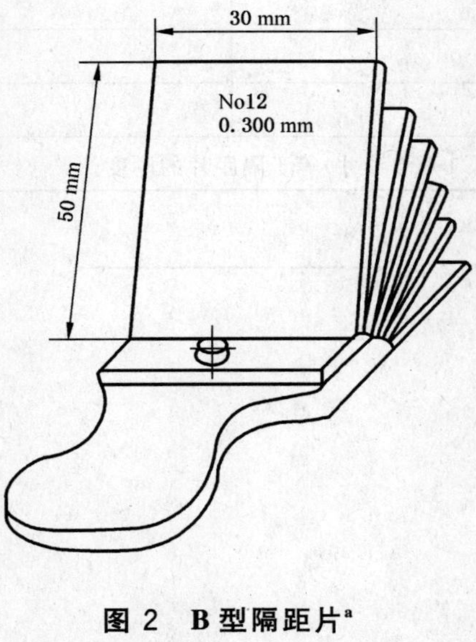


图2　B型隔距片[a]

---

a　只需一种厚度时，可用单页隔距片。

**表 1　A 型隔距片尺寸**

单位为毫米

| $b$ | $l$ |
|---|---|
| 30 | 300 |
| 45 | (240)[1] |
|  | 300 |
|  | 400 |

1) 尽量避免采用的数值。

**表 2　隔距片厚度与号数**

| 号数[1] | 厚度/mm |
|---|---|
| 1 | 0.025 |
| 2 | 0.050 |
| 3 | 0.075 |
| 4 | 0.100 |
| 5 | 0.125 |
| 6 | 0.150 |
| 7 | 0.175 |
| 8 | 0.200 |
| 9 | 0.225 |
| 10 | 0.250 |
| 12 | 0.300 |
| 20 | 0.500 |
| 40 | 1.000 |
| 80 | 2.000 |
| 120 | 3.000 |
| 200 | 5.000 |

1) 号数乘以 0.025 mm(相当于 1/1 000 英寸)等于隔距片的厚度。

ICS 59.120.20
W 90

# 中华人民共和国国家标准

GB/T 24374—2009

# 纺织机械与附件 纺纱机械 粗纱筒管

**Textile machinery and accessories—Spinning machines—Flyer bobbins**

(ISO 344:1981,MOD)

2009-09-30 发布 2010-03-01 实施

中华人民共和国国家质量监督检验检疫总局
中国国家标准化管理委员会 发布

# 前　言

本标准修改采用ISO 344:1981《纺织机械与附件　纺纱机械　粗纱筒管》(英文版)。

本标准根据ISO 344:1981重新起草,与ISO 344:1981的技术性差异为:

——表1中$H$增加320 mm,对应增加$L$=360 mm,$d_0$=22 mm,$d$=22.2 mm,$d_1$=44 mm,$d_2$=36 mm,$d_3$=38.3 mm,$d_4$=50 mm;表1中$H$=400 mm,对应增加$L$=445 mm,$d_0$=22 mm或25 mm,$d$=22.2 mm或25.2 mm,$d_1$=45 mm,$d_2$=38 mm或36 mm,$d_3$=39.4 mm或37.4 mm,$d_4$=60 mm;表1中$H$=400 mm,$L$=450 mm,$d_0$=25 mm,$d$=25.2 mm,对应增加$d_1$=56 mm,$d_2$=49 mm,$d_3$=50.3 mm,$d_4$=72 mm。

——图1中"30±1"改为"30[a]±1",对应增加脚注"[a]需要时该尺寸由供、订货双方商定"。

上述技术性差异的原因是:由于ISO 344:1981已发布27年之久,而技术进步与发展已不局限于ISO 344:1981中规定的尺寸规格,本标准增加的尺寸规格符合国际上技术发展的趋势,并极大可能与未来国际标准修订相协调。因此,本标准增加上述规格才能满足实际需要,并增强本标准适用性。

为便于使用,本标准对ISO 344:1981还作了下列编辑性修改:

a) "ISO 344"一词改为"GB/T 24374";

b) 删除ISO 344:1981的前言;

c) 第2章"引用标准"一词改为"规范性引用文件",并采用GB/T 1.1—2000中规定的引导语;

d) 图1中直径代号"$d$、$d_0$、$d_1$、$d_2$、$d_3$、$d_4$"前增加"$\phi$";圆跳动基准符号改为带小圆的大写斜体字母,并用细实线与粗的短横线相连;由"$AB$"组成的公共基准符号改为由横线隔开的两个斜体字母"$A$-$B$"表示;锭翼轮廓线改为双点画线表示。

本标准由中国纺织工业协会提出。

本标准由全国纺织机械与附件标准化技术委员会归口。

本标准起草单位:浙江三友塑业股份有限公司、河南第一纺织器材股份有限公司、陕西纺织器材研究所。

本标准主要起草人:侯水利、赵玉生、张小赧、蒋传良、张根芳、赵钢。

# 纺织机械与附件
# 纺纱机械　粗纱筒管

## 1　范围

本标准规定了塑料粗纱筒管的主要尺寸及其偏差。

本标准适用于翼锭粗纱机用粗纱筒管。

## 2　规范性引用文件

下列文件中的条款通过本标准的引用而成为本标准的条款。凡是注日期的引用文件，其随后所有的修改单(不包括勘误的内容)或修订版均不适用于本标准，然而，鼓励根据本标准达成协议的各方研究是否可使用这些文件的最新版本。凡是不注日期的引用文件，其最新版本适用于本标准。

GB/T 1800.4—1999　极限与配合　标准公差等级和孔、轴的极限偏差表(eqv ISO 286-2:1988)

## 3　尺寸与偏差

有底座粗纱筒管应符合图 1a)和表 1 的规定。

**表 1　有底座粗纱筒管**　　单位为毫米

| $H$ | $L$ ±1.5 | $d_0$ h8[1)] | $d$ ±0.1 | $d_1$ ±0.5 | $d_2$ min | $d_3$ ±0.2 | $d_4$ ±0.5 |
|---|---|---|---|---|---|---|---|
| 300 | 340 | 22 | 22.2 | 44 | 34 | 36.5 | 51 |
| | | 25 | 25.2 | 48 | 38 | 40.3 | 56.5 |
| 320 | 360 | 22 | 22.2 | 44 | 36 | 38.3 | 50 |
| 350 | 395 | 25 | 25.2 | 48 | 38 | 40.3 | 56.5 |
| 400 | 445 | 22 | 22.2 | 45 | 38 | 39.4 | 60 |
| | | 25 | 25.2 | 45 | 36 | 37.4 | |
| | 450 | 25 | 25.2 | 48 | 38 | 40.3 | 56.5 |
| | | | | 56 | 49 | 50.3 | 72 |
| | | 27 | 27.2 | 51 | 40 | 42.3 | 60 |
| 450 | 500 | 30 | 30.2 | 53 | 42 | 44.3 | 60 |

1) $d_0$ 适用于公差 h8，见 GB/T 1800.4—1999。

无底座粗纱筒管应符合图 1b)和表 2 的规定。

**表 2　无底座粗纱筒管**　　单位为毫米

| $H$ | $L$ ±1.5 | $d_0$ h8[1)] | $d$ ±0.1 | $d_1$ ±0.5 | $d_2$ min | $d_3$ ±0.2 | $d_4$ ±0.5 |
|---|---|---|---|---|---|---|---|
| 350 | 395 | 25 | 25.2 | 60 | 38 | 40.3 | 60 |
| 400 | 450 | 25 | 25.2 | 60 | 38 | 40.3 | 60 |
| | | 27 | 27.2 | | 40 | 42.3 | |
| 450 | 500 | 30 | 30.2 | 60 | 42 | 44.3 | 60 |

1) $d_0$ 适用于公差 h8，见 GB/T 1800.4—1999。

注：未详细说明的尺寸由供货方自定，偏差小于上述标准的由供、订货双方商定。

单位为毫米

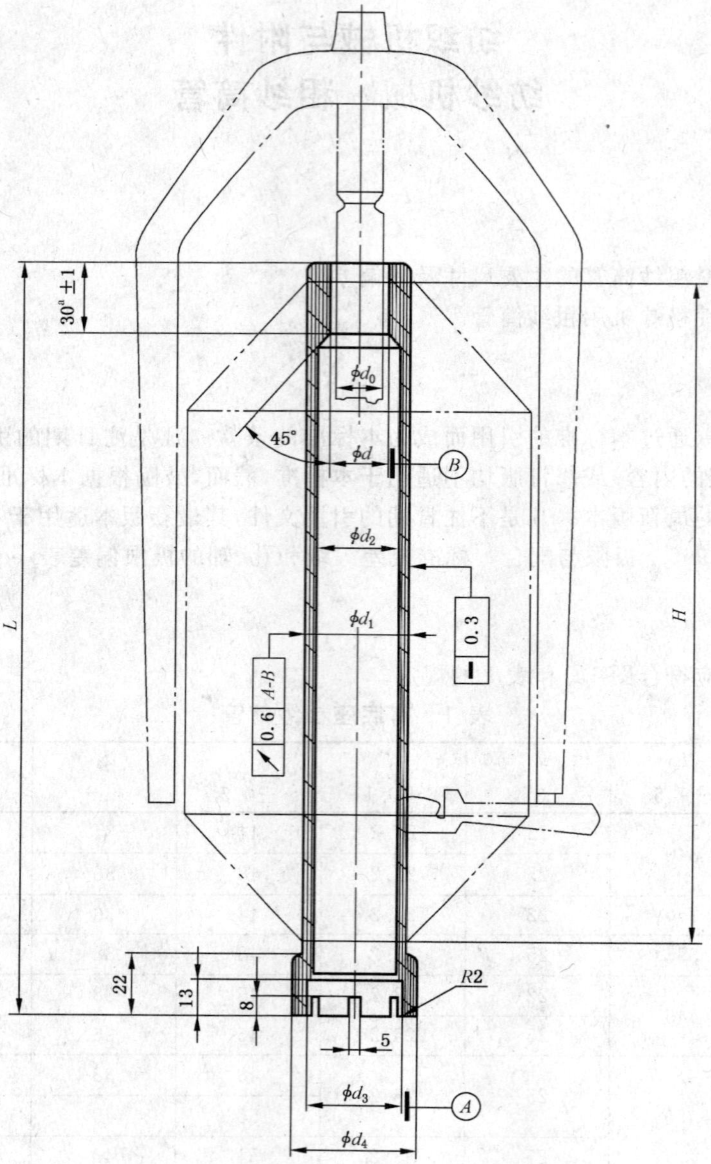


[a] 需要时该尺寸由供、订货双方商定。

a） 有底座粗纱筒管

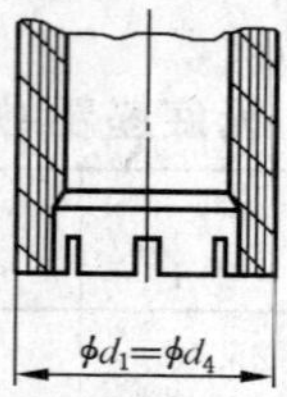


b） 无底座粗纱筒管

**图 1 粗纱筒管**

ICS 59.120.10
W 90

# 中华人民共和国国家标准

GB/T 24375—2009



# 纺织机械与附件 牵伸装置用下罗拉

## Textile machinery and accessories—Bottom fluter rollers for drafting systems

(ISO 5233:1978,MOD)

2009-09-30 发布 2010-03-01 实施

中华人民共和国国家质量监督检验检疫总局
中国国家标准化管理委员会 发布

# 前 言

本标准修改采用国际标准 ISO 5233:1978《纺织机械与附件 牵伸装置用下罗拉》(英文版)。

本标准根据 ISO 5233:1978 重新起草。

为了适应我国国情,本标准对 ISO 5233:1978 作了如下技术性的修改:

a) "表 1"中,直径尺寸增加尺寸 28.5 mm,并将 28 mm 改为优先选用的尺寸。

b) "表 1"中,工作面宽度增加尺寸 34 mm。

为了便于使用,对 ISO 5233:1978 作了以下编辑性修改:

a) "本国际标准"一词改为"本标准"。

b) "适用范围"一词改为" 范围",增加"本标准适用于纺纱准备和纺纱机械牵伸装置用下罗拉"。

c) "2 参考文献"改为"2 规范性引用文件",保留 ISO 94(即 GB/T 5459—2003),并增加规范性引用文件的导语。

d) 因 ISO 3464 标准已废止,故在参考文献中取消该标准。根据 GB/T 1.1 的要求,将 ISO 98 (GB/T 24376—2009 纺织机械与附件 纺纱准备和纺纱机械 上罗拉包覆物的主要尺寸)列入参考文献。

e) "3 尺寸"中,将表 1 及表 2 合并为表 1,增加表头,并将表中的计量单位置于表的右上方,用"单位为毫米"表示。

f) "图 1"、"图 2"中,"胶辊"用双点划线表示,"罗拉的齿形"用斜齿表示。

g) 锭距"*g*"亦列入表 1 中。

本标准由中国纺织工业协会提出。

本标准由全国纺织机械及附件标准化技术委员会归口。

本标准起草单位:无锡纺织机械研究所、同和纺织机械制造有限公司、经纬纺织机械股份有限公司榆次分公司、江阴市东杰纺机专件有限公司、衡阳纺织机械厂。

本标准主要起草人:赵基平、崔桂生、徐美、臧晨东、阳艳玲、张玉红。

# 纺织机械与附件
# 牵伸装置用下罗拉

## 1 范围

本标准规定了纺纱准备和纺纱机械牵伸装置用下罗拉工作面的直径和宽度。

本标准适用于纺纱准备和纺纱机械牵伸装置用下罗拉。

## 2 规范性引用文件

下列文件中的条款通过本标准的引用而成为本标准的条款。凡是注日期的引用文件，其随后所有的修改单(不包括勘误的内容)或修订版均不适用于本标准，然而，鼓励根据本标准达成协议的各方研究是否可使用这些文件的最新版本。凡是不注日期的引用文件，其最新版本适用于本标准。

GB/T 5459—2003 纺织机械与附件 环锭细纱机和环锭捻线机 锭距(ISO 94:1982,IDT)

## 3 尺寸

见图1、图2及表1。

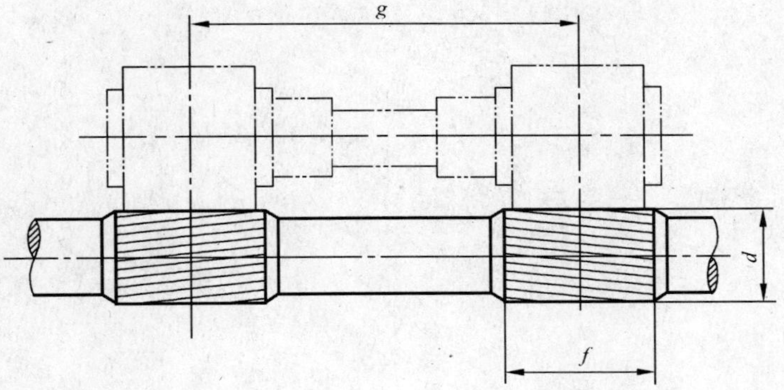


图1 细纱机和粗纱机用下罗拉

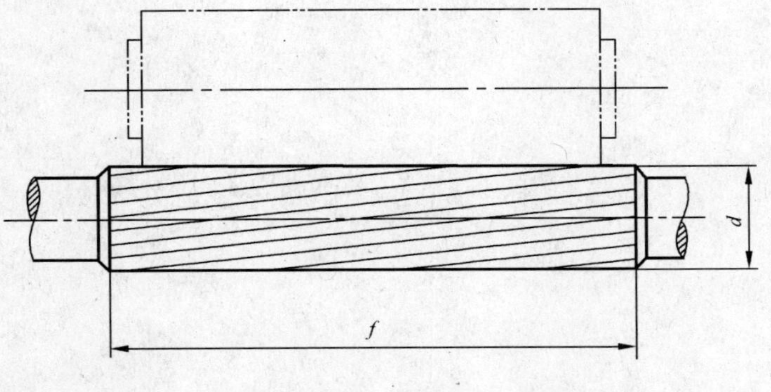


图2 纺纱准备机械用下罗拉

表 1

单位为毫米

| 项　目 | 尺　　寸 |
|---|---|
| 下罗拉直径 $d$ | (20) (22) 25 27 28 28.5 30 32 35 38 40 45 50 55 60 65 70 80 90 100 |
| 工作面宽度 $f$ | (30) 32 34 36 40 45 50 56 63 70 80 90 100 110 125 140 160 180 200 220 250 280 315 355 400 450 500 |
| 锭距 $g$ | 按 GB/T 5459—2003 中的 $e$ 值选取 |
| 注 1：不推荐采用带括号的数值。<br>注 2：表中 $d$ 与 $f$ 之间无对应关系。 | |

## 参 考 文 献

[1] GB/T 24376—2009 纺织机械与附件 纺纱准备和纺纱机械 上罗拉包覆物的主要尺寸(ISO 98:2001,MOD)

ICS 59.120.10
W 90

# 中华人民共和国国家标准

GB/T 24376—2009

# 纺织机械与附件 纺纱准备和纺纱机械上罗拉包覆物的主要尺寸

**Textile machinery and accessories—Spinning preparatory and spinning machinery—Main dimensions of coverings for top rollers**

(ISO 98:2001,MOD)

2009-09-30 发布 2010-03-01 实施

中华人民共和国国家质量监督检验检疫总局
中国国家标准化管理委员会 发布

# 前　言

本标准修改采用 ISO 98:2001《纺织机械与附件　纺纺准备和纺纱机械　上罗拉包覆物的主要尺寸》(英文版)。

本标准根据 ISO 98:2001 重新起草，与 ISO 98:2001 的技术性差异为：

——表 1 中裸罗拉外径 $d_1$ 增加了 22 mm 和 32 mm 两个规格；表 2 中包覆物外径 $d_2$ 增加了 24 mm 和 38 mm 两个规格；表 3 中包覆物宽度 $b$ 增加了 170 mm 规格。

上述技术性差异的原因是：由于 ISO 98:2001 已发布 7 年之久，而技术进步与发展已不局限于 ISO 98:2001 中规定的尺寸规格，本标准增加的尺寸规格符合国际上科技发展的趋势，并极大可能与未来国际标准修订相协调。因此，本标准增加上述规格才能满足实际需要，并增强本标准适用性。

为便于使用，本标准对 ISO 98:2001 作了下列编辑性修改：

a) “ISO 98”一词改为“GB/T 24376”；

b) 删除 ISO 98:2001 的前言；

c) “2　代号”中代号与对应名称之间的“空格”改为破折号“——”，在名称后增加标点符号；

d) 图 1、图 2 中直径代号“$d_1$、$d_2$”修改为“$\phi d_1$、$\phi d_2$”；

e) “4　上罗拉包覆物的标记”中陈述的“尺寸 $d_1$、$d_2$ 和 $b$ 以毫米表示……摇架压力 $F$ 以 daN 表示”改为“尺寸 $d_1$、$d_2$ 和 $b$(以 mm 表示)……上罗拉压力 $F$(以 daN 表示)”。

本标准由中国纺织工业协会提出。

本标准由全国纺织机械与附件标准化技术委员会归口。

本标准起草单位：无锡二橡胶股份有限公司、如东纺织橡胶有限公司、安徽八一纺织器材厂、陕西纺织器材研究所。

本标准主要起草人：侯水利、赵玉生、胡万春、陈亮、扈益民、吴国轩、文皖、肖国华。

# 纺织机械与附件 纺纱准备和纺纱机械 上罗拉包覆物的主要尺寸

## 1 范围

本标准规定了纺纱准备和纺纱机械上罗拉包覆物(组合成的包覆物)的主要尺寸。

本标准适用于纺纱准备和纺纱机械上罗拉包覆物。

## 2 代号

$d_1$——裸罗拉外径;

$d_2$——包覆物外径(已磨制好的);

$b$——包覆物宽度;

$F$——摇架压力;

B——直角包覆物型式(见图 1 和图 2);

C——斜角包覆物型式(见图 1 和图 2);

D——圆弧角包覆物型式(见图 1 和图 2)。

## 3 尺寸

### 3.1 单头上罗拉

纺纱准备(如并条机和精梳机)用单头上罗拉包覆物主要尺寸见图 1、表 1、表 2 和表 3(双头上罗拉参见图 2)。如果单头上罗拉包覆物有可拆卸的内衬管,执行标准与图 3 类似。

图 1 单头上罗拉的直径和包覆物宽度

表 1　裸罗拉外径　　单位为毫米

| $d_1$ | 16 | 18 | 19 | 22 | 23 | 26 | 28 | 30 | 32 | 35 | 40 | 45 | 50 | 55 | 60 | 65 | 70 | 75 | 80 |
|---|---|---|---|---|---|---|---|---|---|---|---|---|---|---|---|---|---|---|---|
| 注：当 $d_1>80$ 时，级差为 10。 | | | | | | | | | | | | | | | | | | | |

表 2　包覆物外径（已磨制好的）　　单位为毫米

| $d_2$ | 24 | 25 | 28 | 32 | 34 | 36 | 38 | 40 | 45 | 50 | 55 | 60 | 65 | 70 | 75 | 80 | 85 | 90 |
|---|---|---|---|---|---|---|---|---|---|---|---|---|---|---|---|---|---|---|
| 注：当 $d_2>90$ 时，级差为 10。 | | | | | | | | | | | | | | | | | | |

表 3　包覆物宽度　　单位为毫米

| $b$ | 80 | 90 | 100 | 110 | 125 | 140 | 160 | 170 | 180 | 200 | 220 | 250 | 280 | 315 | 355 | 400 | 450 |
|---|---|---|---|---|---|---|---|---|---|---|---|---|---|---|---|---|---|

## 3.2　双头上罗拉

纺纱机和粗纱机用双头上罗拉包覆物主要尺寸见图 2、表 4、表 5 和表 6。如果双头上罗拉包覆物有可拆卸的内衬管，执行标准与图 3 类似。

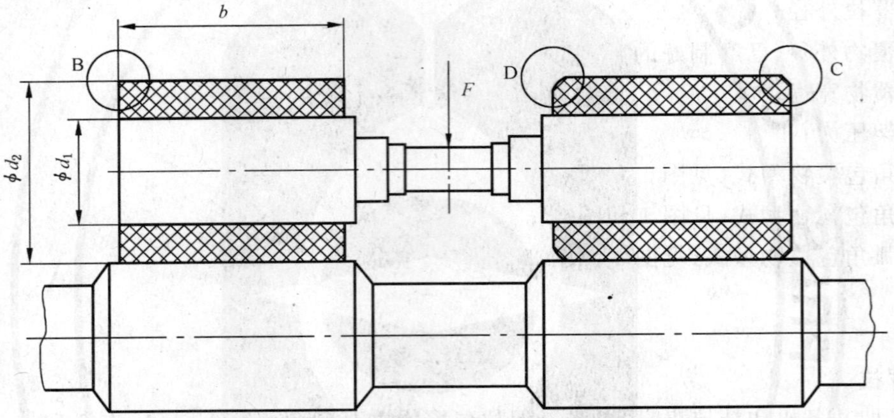


图 2　双头上罗拉的直径和包覆物宽度

表 4　裸罗拉外径　　单位为毫米

| $d_1$ | 19 | 23 | 25 | 28 | 30 | 35 | 40 | 45 | 50 | 55 | 60 |
|---|---|---|---|---|---|---|---|---|---|---|---|
| 注：当 $d_1>60$ 时，级差为 10。 | | | | | | | | | | | |

表 5　包覆物外径（已磨制好的）　　单位为毫米

| $d_2$ | 25 | 28 | 30 | 32 | 35 | 40 | 45 | 50 | 55 | 60 | 65 | 70 | 75 | 80 |
|---|---|---|---|---|---|---|---|---|---|---|---|---|---|---|
| 注：当 $d_2>80$ 时，级差为 5。 | | | | | | | | | | | | | | |

表 6　包覆物宽度　　单位为毫米

| $b$ | 25 | 28 | 30 | 32 | 34 | 35 | 40 | 45 | 50 | 55 | 60 |
|---|---|---|---|---|---|---|---|---|---|---|---|
| 注：当 $b>60$ 时，级差为 10。 | | | | | | | | | | | |

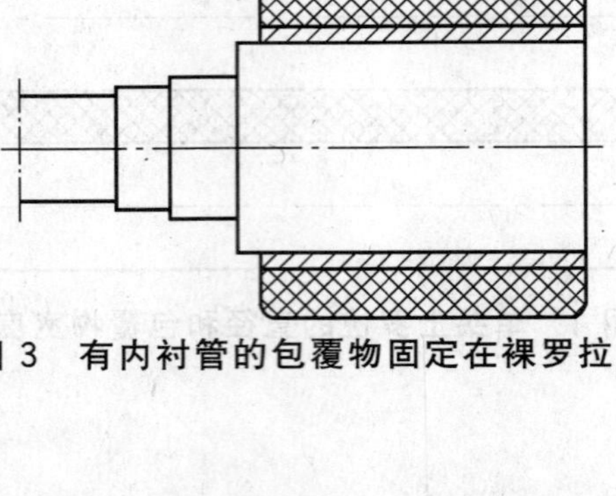

图 3　有内衬管的包覆物固定在裸罗拉上

## 4 上罗拉包覆物的标记

上罗拉包覆物标记包括本标准编号，尺寸 $d_1$、$d_2$ 和 $b$(以 mm 表示)，邵尔 A 硬度，型式，上罗拉压力 $F$(以 daN 表示)。

如果订货方不给予详细说明，供货方可供给 B、C 或 D 的任一型式。

示例：

按照 GB/T 24376 的上罗拉包覆物尺寸 $d_1=28$ mm、$d_2=40$ mm、$b=160$ mm，邵尔 A 硬度为 80 度，B 型，上罗拉压力为 40 daN，标记为：

GB/T 24376-28×40×160-80-B-40

ICS 59.120.30
W 90

# 中华人民共和国国家标准

GB/T 24377—2009

# 纺织机械与附件　金属针布
# 尺寸定义、齿型和包卷

**Textile machinery and accessories—Metallic card clothing—**
**Definitions of dimensions, types and mounting**

(ISO 5234:2005, MOD)

2009-09-30 发布　　　　2010-03-01 实施

中华人民共和国国家质量监督检验检疫总局
中国国家标准化管理委员会　发布

# 前　言

本标准修改采用ISO 5234:2005《纺织机械与附件　金属针布　尺寸定义、齿型和包卷》(英文版)。

本标准根据ISO 5234:2005重新起草,与ISO 5234:2005的技术性差异为:

——在3.4中增加"图15　双弧形齿条"及其图形。

上述技术性差异的原因是:国际上广泛应用的齿前面和齿背面均为弧形的齿条,尤其是道夫齿条,其抓取、凝聚和转移纤维的能力优异、适用性强,因此在本标准中予以补充。

为便于使用,本标准对ISO 5234:2005作了下列编辑性修改:

a)"本国际标准"一词改为"本标准";

b) 删除ISO 5234的前言;

c) 删去ISO 5234图3、图4中"key"的译文;

d) 图9～图14中齿距代号"*P*"改为"*p*",以与表A.3一致。

本标准的附录A为规范性附录。

本标准由中国纺织工业协会提出。

本标准由全国纺织机械与附件标准化技术委员会归口。

本标准起草单位:青岛纺机针布有限公司、常州钢筘有限公司、金轮科创股份有限公司、光山白鲨针布有限公司、上海远东钢丝针布有限责任公司、陕西纺织器材研究所。

本标准主要起草人:赵玉生、付晓艳、陈幼泉、吴志谨、周建平、张永刚、梁庆新、陈翔鸿、安国隆。

# 纺织机械与附件　金属针布
# 尺寸定义、齿型和包卷

## 1　范围

本标准列出了用于金属针布的各种截面和齿形的齿条，并规定了尺寸定义、齿型和包卷。

## 2　金属齿条的截面

### 2.1　包卷在有槽滚筒或无槽滚筒表面上的齿条截面

普通基部齿条尺寸见图 1 和表 A.1。

注：主要尺寸见 ISO 9903-1。

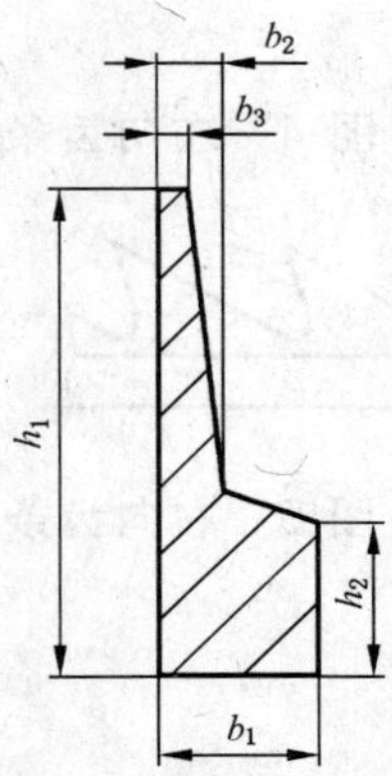


图 1　普通基部齿条

### 2.2　包卷在无槽滚筒上的齿条截面

自锁基部(V 型)齿条尺寸见图 2 和表 A.1。

注：主要尺寸见 ISO 9903-2。

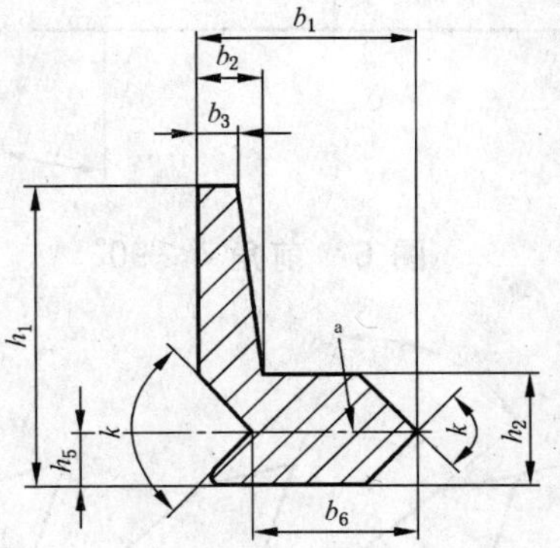


a 基准线。

图 2　自锁基部(V 型)齿条

## 3　齿形

### 3.1　概述

所有齿条形式(面对基部)见图 3。

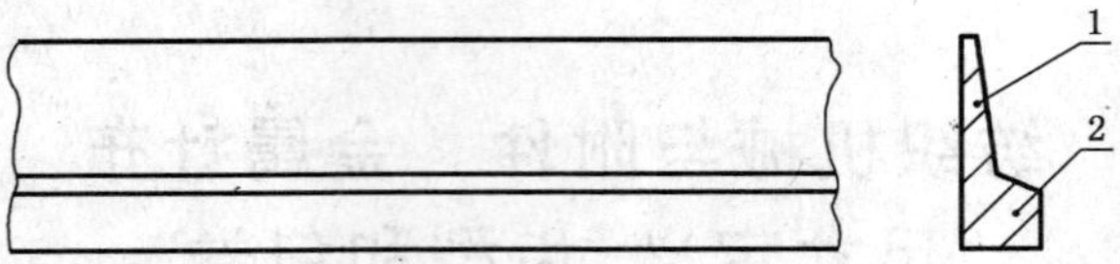


1——齿部；

2——基部。

图 3 齿形

## 3.2 齿向

左向齿条见图 4，右向齿条见图 5。

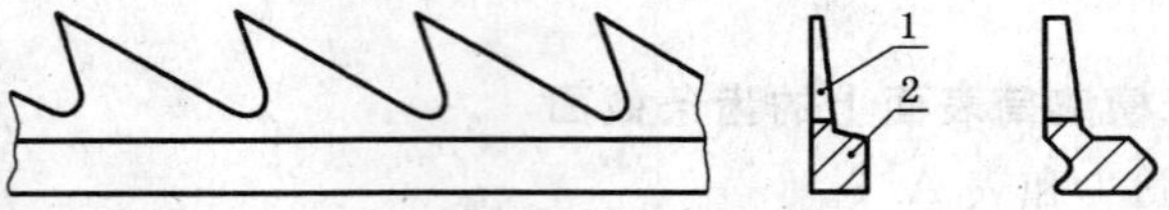


1——齿部；

2——基部。

图 4 左向齿条

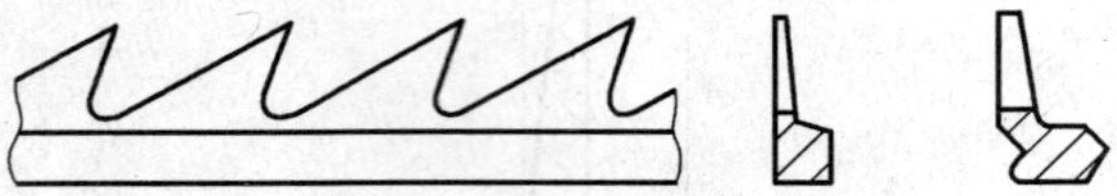

图 5 右向齿条

## 3.3 角度

齿条的角度，见图 6～图 8 和表 A.2。

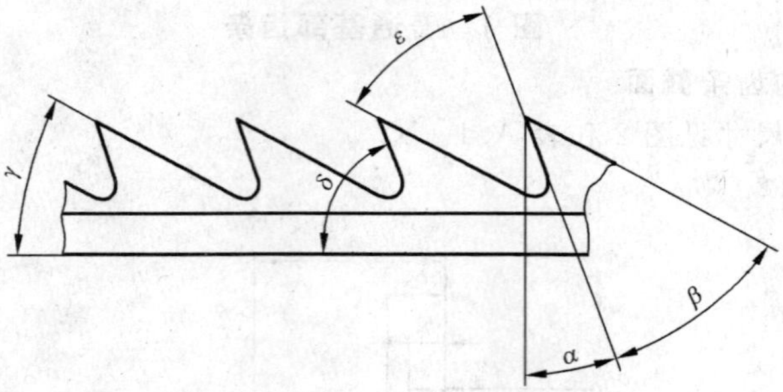


图 6 前角 $\delta \leqslant 90°$

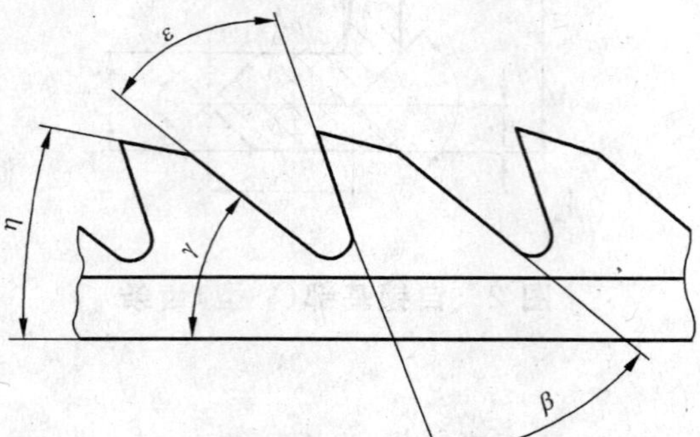


图 7 棱形齿尖

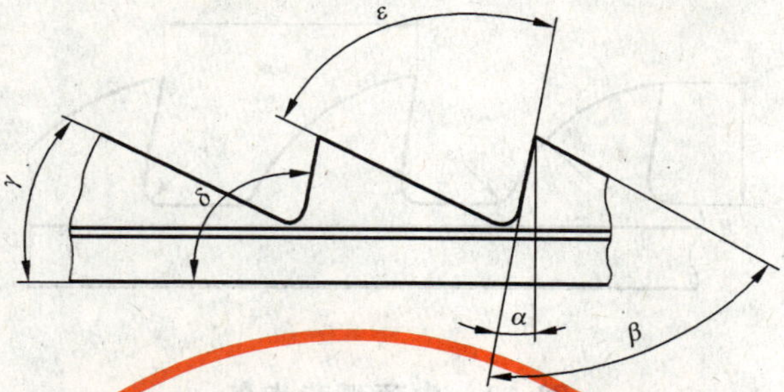


图 8　前角 $\delta \geqslant 90^\circ$

3.4　齿型

各种齿条型式及其尺寸见图 9～图 15 和表 A.3。

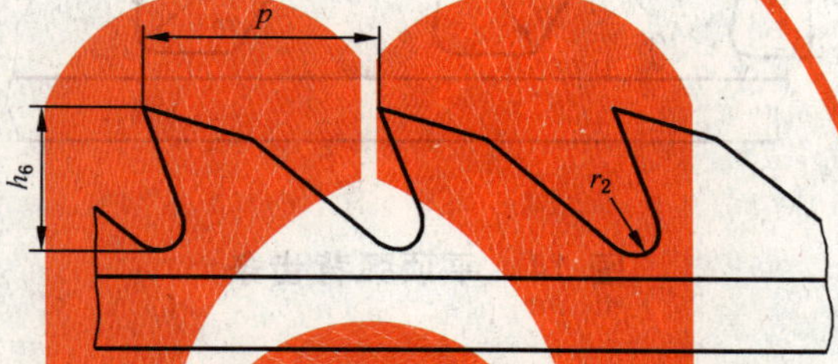


图 9　棱型齿尖

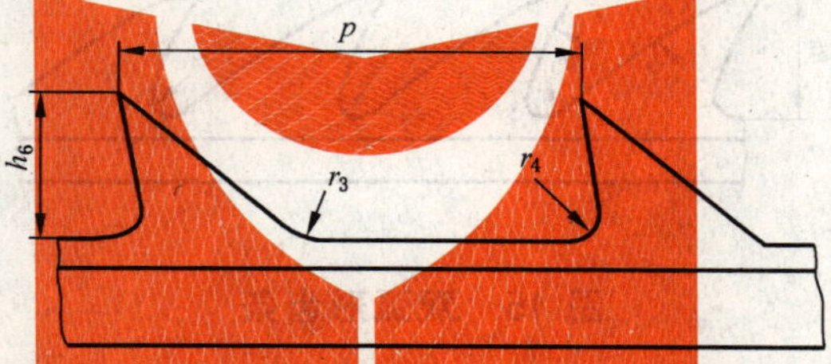


图 10　加大齿距齿条

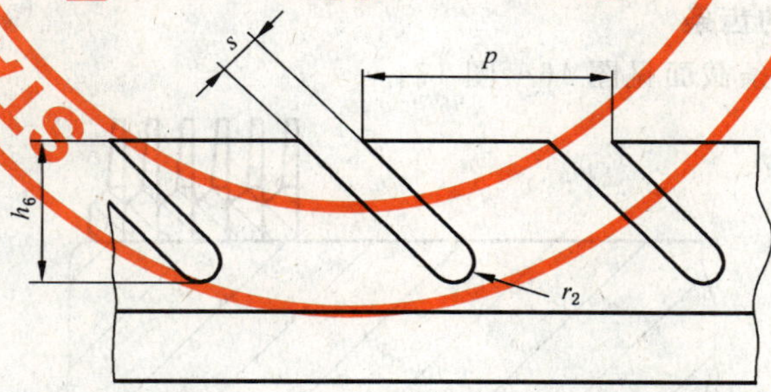


图 11　"Morel"齿条

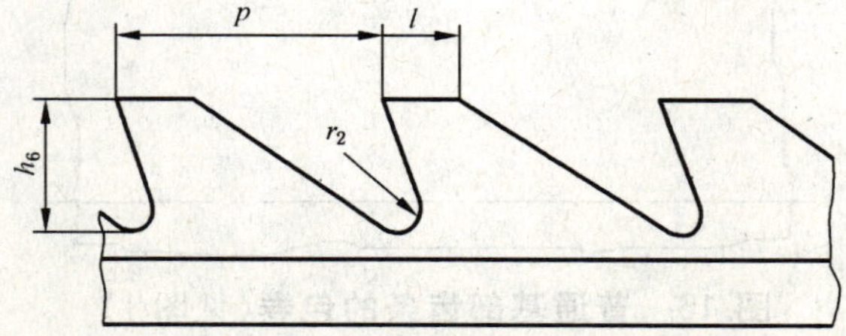


图 12　平顶齿条

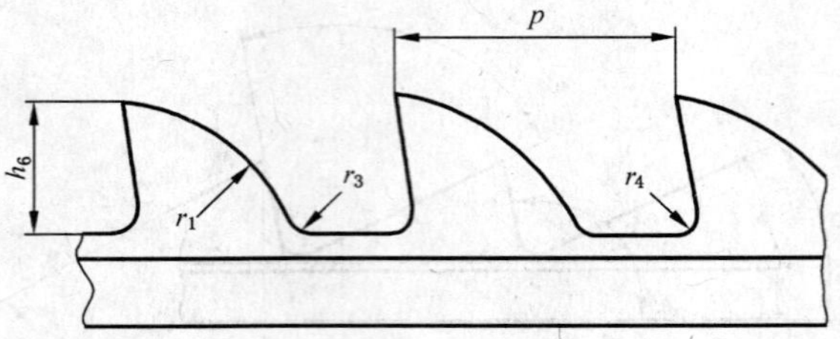


图 13　尖顶弧背齿条

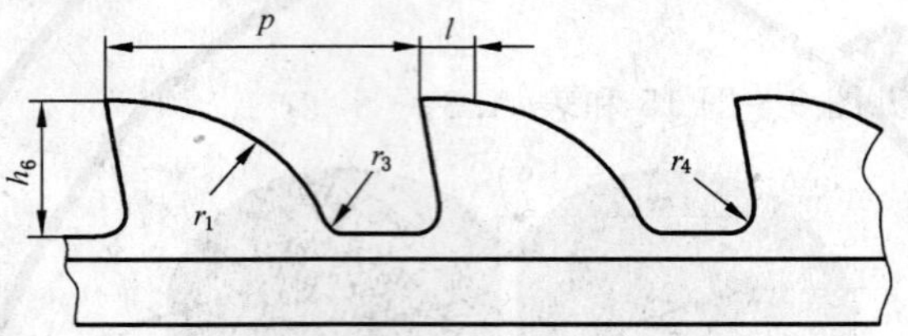


图 14　平顶弧背齿条

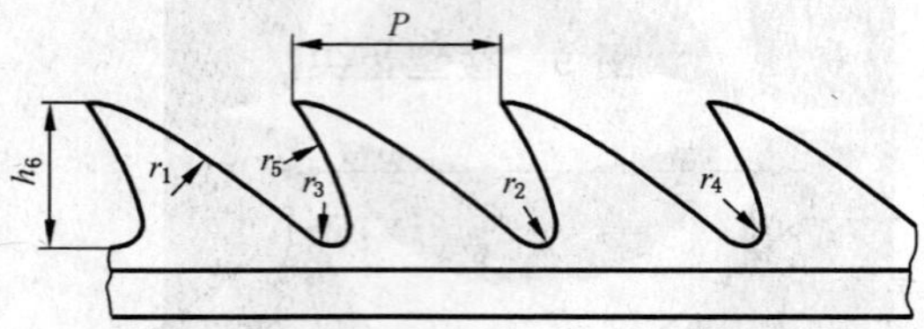


图 15　双弧形齿条

## 4　包卷齿条的截面形式

### 4.1　包卷在无槽滚筒表面的齿条

包卷在无槽滚筒上的齿条截面见图 16～图 17。

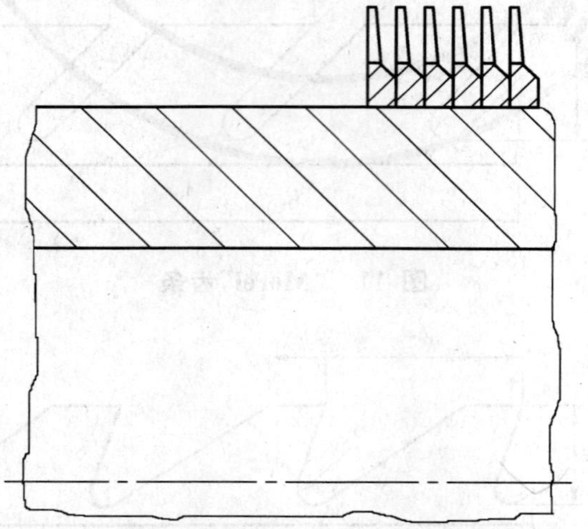

图 16　普通基部齿条的包卷(见图 1)

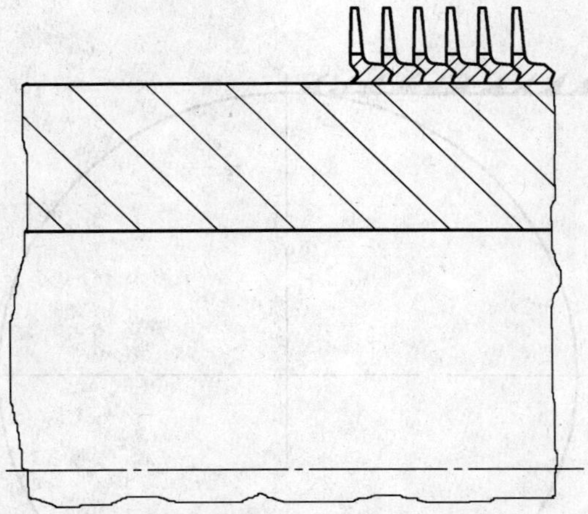

图 17　自锁基部齿条的包卷(例如,V 型:见图 2)

## 4.2　包卷在有槽滚筒表面的齿条

包卷在有槽滚筒表面的齿条截面见图 18。

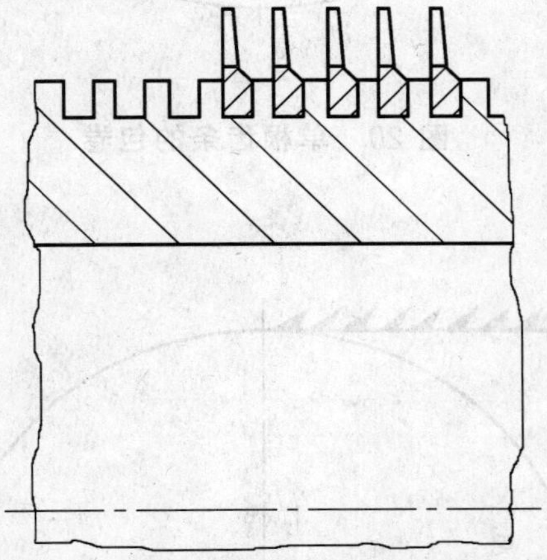

图 18　普通基部齿条的包卷

# 5　金属针布齿条的包卷

包卷在有槽滚筒表面的金属针布尺寸见图 19、表 A.4。单根齿条包卷和多根齿条包卷见图 20～图 21。

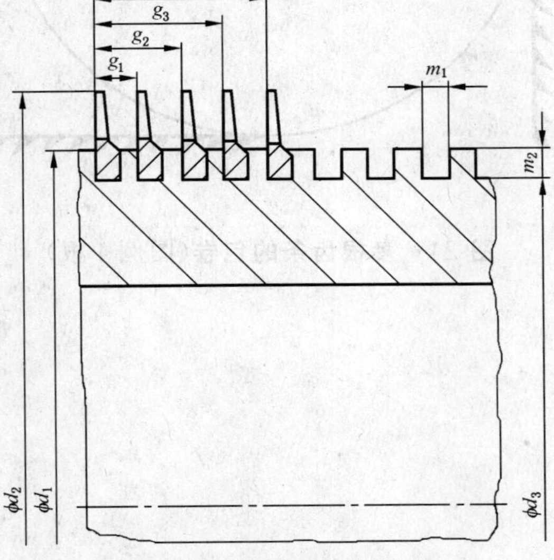


图 19　金属针布的尺寸

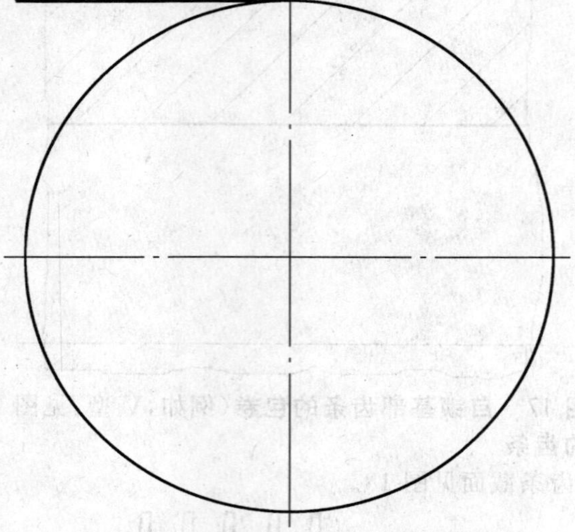

图 20 单根齿条的包卷

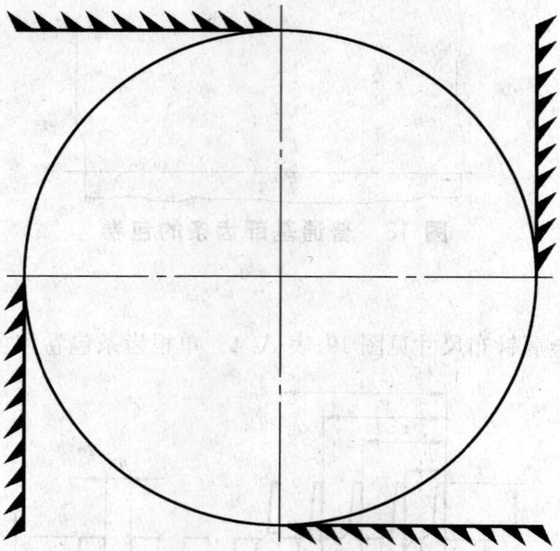

图 21 多根齿条的包卷(图例 4 根)

# 附 录 A
## （规范性附录）
## 尺 寸

表 A.1 普通基部齿条尺寸

| 代号 | 术 语 | 定 义 |
|---|---|---|
| $h_1$ | 齿条总高 | 齿条基部底面到齿顶面的高度 |
| $h_2$ | 基部高 | 齿条基部底面到基部顶面的高度 |
| $h_5$ | 基部基准线 | 齿条基部底面到 V 型尖端的高度 |
| $b_1$ | 基部宽 | 齿条基部从前面到背面的宽度 |
| $b_2$ | 齿部宽 | 齿根的宽度 |
| $b_3$ | 齿顶宽 | 齿顶面的宽度 |
| $b_6$ | 基部节距 | 齿条背面到凸榫的宽度 |
| $k$ | V 型基部的内角 | |

表 A.2 角度

| 代号 | 术 语 | 定 义 |
|---|---|---|
| $\alpha$ | 工作角 | 齿前面与底面垂线之间的夹角 |
| $\beta$ | 齿尖角 | 前角 $\delta$ 与后角 $\gamma$ 之间的夹角 |
| $\gamma$ | 后角 | 齿背面与齿条底面之间的夹角 |
| $\delta$ | 前角 | 齿前面与齿条底面之间的夹角 |
| $\varepsilon$ | 内角 | 相邻两齿之间的夹角($\varepsilon=\beta$) |
| $\eta$ | 背尖角 | 齿顶面与齿条底面之间的夹角 |

表 A.3 齿型

| 代号 | 术 语 | 定 义 |
|---|---|---|
| $h_6$ | 齿深 | 切齿深度 |
| $p$ | 齿距 | 两齿顶间平行于齿条底面的距离 |
| $l$ | 齿顶长 | 齿顶平面的长度 |
| $s$ | 槽宽 | 齿片切槽宽度 |
| $r_1$ | 齿背半径 | 凸起的弧背面半径 |
| $r_2$ | 齿根半径 | 齿根部的半径 |
| $r_3$ | 背根半径 | 连接齿背面的半径 |
| $r_4$ | 前根半径 | 连接齿前面的半径 |
| $r_5$ | 齿前半径 | 齿前面圆弧半径 |

**表 A.4 包卷金属针布**

| 代 号 | 公式/数字 | 术 语 | 定 义 |
|---|---|---|---|
| $d_1$ | | 空筒直径 | 包卷齿条或切槽用的滚筒直径 |
| $d_2$ | | 齿顶直径 | 包卷齿条后的齿顶直径 |
| $d_3$ | $d_3=d_2-2m_2$<br>或 $d_3=d_2-2h_1$ | 槽底直径 | 空筒直径 $d_1$ 减去 2 倍的槽深 $m_2$ 或齿顶直径 $d_2$ 减去 2 倍齿条总高 $h_1$ |
| $m_1$ | | 槽宽 | |
| $m_2$ | | 槽深 | 空筒表面切槽深度 |
| $g_1$ | | 齿条节距 | 平行于滚筒轴线相邻齿条对应面之间的距离 |
| $g_2,g_3,g_4\cdots$ | | 导程 | 在同一根齿条上，平行于滚筒轴线测量的对应面之间的距离，角标数字表示包卷根数 |
| R・H | 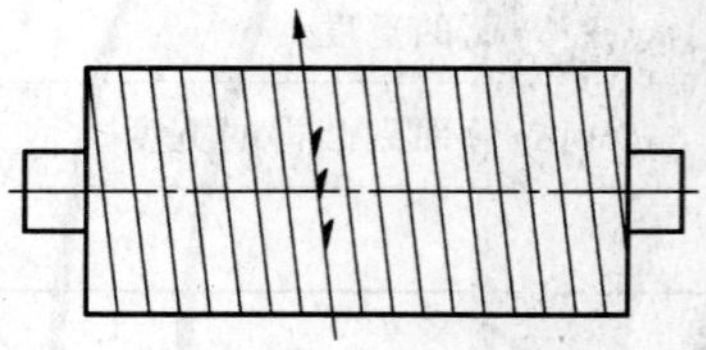 | 右旋 | 当滚筒以轴线位置横向放置时观察，齿条螺旋角从右向左倾斜 |
| L・H | 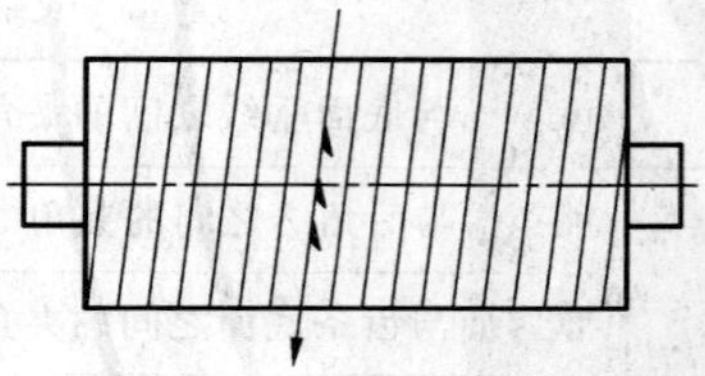 | 左旋 | 当滚筒以轴线位置横向放置时观察，齿条螺旋角从左向右倾斜 |
| $T$ | $T$=单位长度/$p$ | 单位长度齿数 | 在直齿条上测量，每单位长度的齿数 |
| $R$ | $R$=单位长度/$g_1$ | 单位长度齿条排列数 | 在与滚筒轴线平行的截面上测量，单位长度的齿条数 |
| $D$ | $D= T\cdot R$ | 单位密度或每单位面积齿数 | 单位长度齿数×单位长度的排列数 |

# 参 考 文 献

［1］ ISO 9903-1，纺织机械与附件　金属针布齿条截面主要尺寸　第1部分：基部无自锁
［2］ ISO 9903-2，纺织机械与附件　金属针布齿条截面主要尺寸　第2部分：基部自锁

ICS 59.120.30
W 90

GB

# 中华人民共和国国家标准

GB/T 24378—2009/ISO 441:1997

## 纺织机械与附件
## 非自动穿经织机用停经片

## Textile machinery and accessories—Drop wires for warp stop motions for weaving machines without automatic drawing-in

(ISO 441:1997,IDT)



2009-09-30 发布 2010-03-01 实施

中华人民共和国国家质量监督检验检疫总局
中国国家标准化管理委员会 发布

# 前　言

本标准等同采用 ISO 441:1997《纺织机械与附件　非自动穿经织机用停经片》(英文版)。

本标准等同翻译 ISO 441:1997。

为了便于使用,对 ISO 441:1997 作了以下编辑性修改:

a) “本国际标准”一词改为“本标准”;

b) “3　标记”中,“本国际标准编号 ISO 441:1997”改为“本标准编号‘GB/T 24378’”;

c) 表 1 表头中的公差移至表中相应数据后。

本标准由中国纺织工业协会提出。

本标准由全国纺织机械与附件标准化技术委员会归口。

本标准起草单位:绍兴县鼎丰纺织器材有限公司、无锡纺织机械研究所。

本标准主要起草人:赵基平、余定泉、淡培霞、张玉红。

# 纺织机械与附件
# 非自动穿经织机用停经片

## 1 范围

本标准规定了织机的机械、机电和电气式经停机构用停经片的基本尺寸、公差和标记。

本标准适用于人工或机械穿经的停经片，其分类如下：

a) 机械和机电式经停机构用停经片：

——MG 型(闭口式)；

——MO 型(开口式)。

b) 电气式经停机构用停经片：

——EG 型(闭口式)；

——EO 型(开口式)。

## 2 尺寸

2.1 用于机械和机电式经停机构的 MG 型和 MO 型停经片的尺寸，见图 1 和表 1。

2.2 用于电气式经停机构的 EG 型和 EO 型停经片的尺寸，见图 2 和表 1。

## 3 标记

本标准按以下顺序规定了经停机构用停经片的标记：

a) 产品名称“停经片”；

b) 本标准编号“GB/T 24378”；

c) 经停机构的型式(M 型或 E 型)；

d) 开口型式(G 型或 O 型)；

e) 穿纱眼的形状；

f) 停经片长度 $l$,mm；

g) 停经片宽度 $b$,mm；

h) 停经片厚度 $e$,mm。

示例 1：用于机械或机电式经停机构、闭口式(MG 型)、U 形穿纱眼、长 145 mm、宽 11 mm、厚 0.3 mm 停经片的标记如下：

停经片 GB/T 24378-MGU145×11×0.3

示例 2：用于电气式经停机构、闭口式(EG 型)、U 形穿纱眼、长 165 mm、宽 11 mm、厚 0.4 mm 停经片的标记如下：

停经片 GB/T 24378-EGU165×11×0.4

单位为毫米

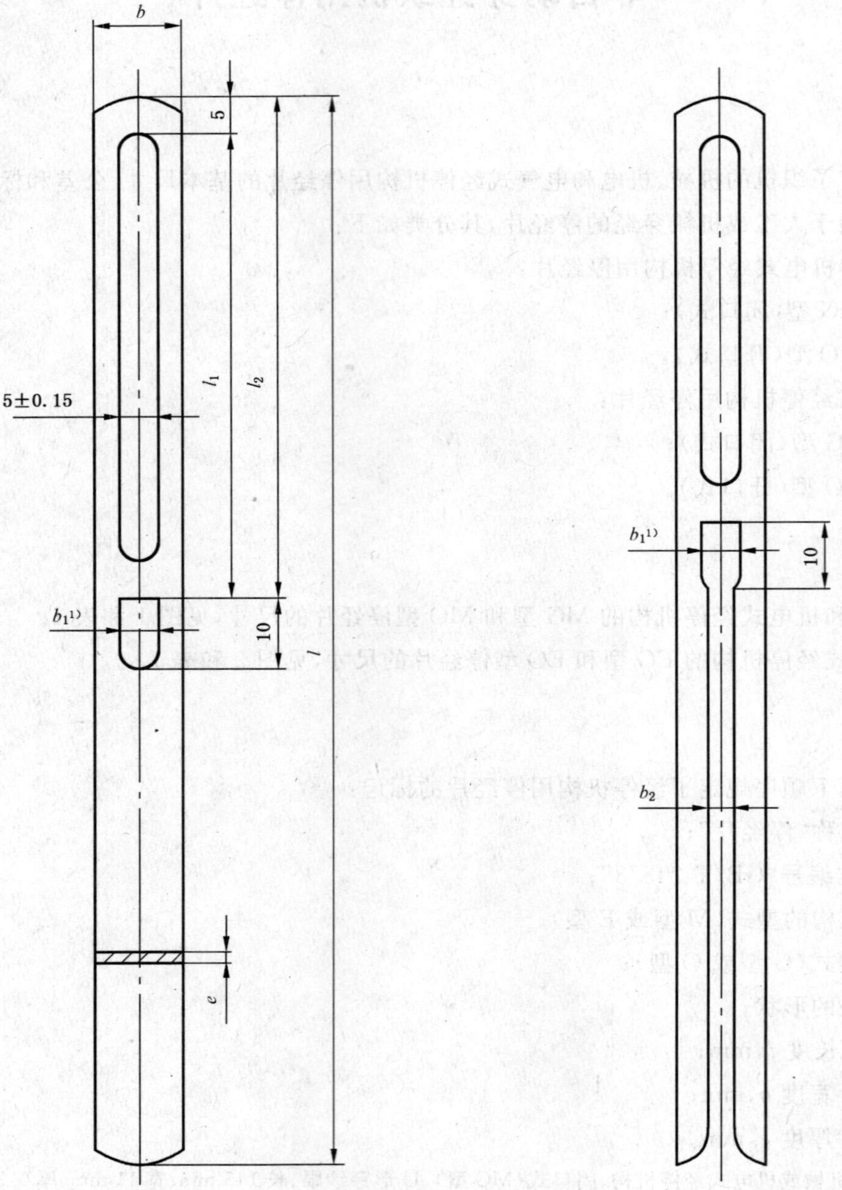


a) 闭口式 MG 型 U 形穿纱眼　　b) 开口式 MO 型 U 形穿纱眼

1) 或为另一形状穿纱眼的宽度，例如圆形穿纱眼（R 形）；R 形圆形穿纱眼的上缘，应与 U 形的上缘在同一水平面。

图 1

单位为毫米

a) 闭口式 EG 型 U 形穿纱眼　　　　b) 开口式 EO 型 U 形穿纱眼

1) 或为另一形状穿纱眼的宽度，例如圆形穿纱眼(R 形)；R 形圆形穿纱眼的上缘，应与 U 形的上缘在同一水平面。

2) 供方亦可将停经片的顶端制成圆弧形。

3) 当 $b=7$ mm 时，上槽宽度为 $4.5^{+0.10}_{-0.05}$ mm。

图 2

表 1　MG、MO、EG 和 EO 型停经片

| 停经片型式 | 长度 $l$/mm | 宽度 $b$/mm | 厚度 $e$/mm | 上槽长度 $l_1$ mm | 上部长度 $l_2$ mm | U 形穿纱眼宽度[1)] $b_1$/mm | 下槽宽度 $b_2$(最小)/mm | 质量/g | |
|---|---|---|---|---|---|---|---|---|---|
| | | | | | | | | 闭口式 | 开口式 |
| EO | 145 | 7 | 0.2 | 53 | 63±0.3 | 4 | 2.5 | — | 0.9 |
| | | 8[2)] | 0.2 | | | 5 | | — | 1.1 |
| MO<br>EO | | 11 | 0.2<br>0.3<br>0.4 | | | 6 | 3 | —<br>—<br>— | 1.7<br>2.5<br>3.3 |
| EG | 145 | 8[2)] | 0.2 | 65 | 75±0.3 | 5 | — | 1.2 | — |
| MG<br>EG | | 11 | 0.2<br>0.3<br>0.4<br>0.5 | | | 6 | | 1.9<br>2.9<br>3.8<br>4.8 | —<br>—<br>—<br>— |
| EO | 165 | 8[2)] | 0.2 | | | 5 | 2.5 | — | 1.2 |
| MO<br>EO<br>MG<br>EG | | 11 | 0.2<br>0.3<br>0.4<br>0.5 | | | 6 | 3 | 2.2<br>3.3<br>4.4<br>5.5 | 1.9<br>2.9<br>3.8<br>4.8 |
| MO<br>EO | 180 | 11 | 0.2<br>0.3<br>0.4<br>0.5 | | | 6 | 3 | —<br>—<br>—<br>— | 2.2<br>3.3<br>4.4<br>5.5 |

1) 或为另一种形状穿纱眼的宽度。

2) 不推荐使用。

ICS 59.120.30
W 90

# 中华人民共和国国家标准

GB/T 24379—2009/ISO 1150:1997

# 纺织机械与附件
# 自动穿经织机用停经片

**Textile machinery and accessories—
Drop wires for warp stop motions for weaving machines
with automatic drawing-in**

(ISO 1150:1997,IDT)

2009-09-30 发布　　　　2010-03-01 实施

中华人民共和国国家质量监督检验检疫总局
中国国家标准化管理委员会　发布

# 前　言

本标准等同采用 ISO 1150:1997《纺织机械与附件　自动穿经织机用停经片》(英文版)。

本标准等同翻译 ISO 1150:1997。

为了便于使用,对 ISO 1150:1997 作了以下编辑性修改:

a)“本国际标准”一词改为“本标准”。

b)“3 标记”中,“本国际标准编号 ISO 1150:1997”改为“本标准编号‘GB/T 24379’”;

c) 表 1 表头中的公差移至表中相应数据后。

本标准由中国纺织工业协会提出。

本标准由全国纺织机械与附件标准化技术委员会归口。

本标准起草单位:绍兴县鼎丰纺织器材有限公司、无锡纺织机械研究所。

本标准主要起草人:赵基平、余定泉、淡培霞、张玉红。

# 纺织机械与附件
# 自动穿经织机用停经片

## 1 范围

本标准规定了织机的机械、机电和电气式经停机构用停经片的基本尺寸、公差和标记。

本标准适用于采用乌斯特和里达.捷特瓦达[1]自动穿经装置的停经片，该停经片的型式为闭口式带U形穿纱眼，其分类如下：

a) 机械和机电式经停机构用停经片：

——M1 型(适用于乌斯特穿经装置)；

——M2 型(适用于里达.捷特瓦达穿经装置)；

——M3 型(适用于乌斯特和里达.捷特瓦达穿经装置)。

b) 电气式经停机构用停经片：

——E1 型(适用于乌斯特穿经装置)；

——E2 型(适用于里达.捷特瓦达穿经装置)；

——E3 型(适用于乌斯特和里达.捷特瓦达穿经装置)。

## 2 尺寸

2.1 用于机械和机电式经停机构的 M1、M2 和 M3 型停经片的尺寸，见图 1 和表 1。

2.2 用于电气式经停机构的 E1、E2 和 E3 型停经片的尺寸，见图 2 和表 1。

## 3 标记

本标准按以下顺序规定了经停机构用停经片的标记：

a) 产品名称"停经片"；

b) 本标准的编号"GB/T 24379"；

c) 经停机构的型式(M 型或 E 型)；

d) 自动穿经装置的型式(1、2 或 3)；

e) 停经片长度 $l$,mm；

f) 停经片宽度 11 mm；

g) 停经片厚度 $e$,mm。

示例 1：用于乌斯特和里达.捷特瓦达自动穿经装置、机械或机电式经停机构(M3 型)、长 145 mm、宽 11 mm、厚 0.3 mm 停经片，标记如下：

停经片　GB/T 24379-M3　145×11×0.3

示例 2：用于乌斯特自动穿经装置、电气式经停机构(E1 型)、长 165 mm、宽 11 mm、厚 0.2 mm 停经片，标记如下：

停经片　GB/T 24379-E1　165×11×0.2

---

1) 本标准的公司信息是为使用者提供方便，而不是对自动穿经装置的限定；本标准也适用其他具备相同功能的自动穿经装置。

单位为毫米

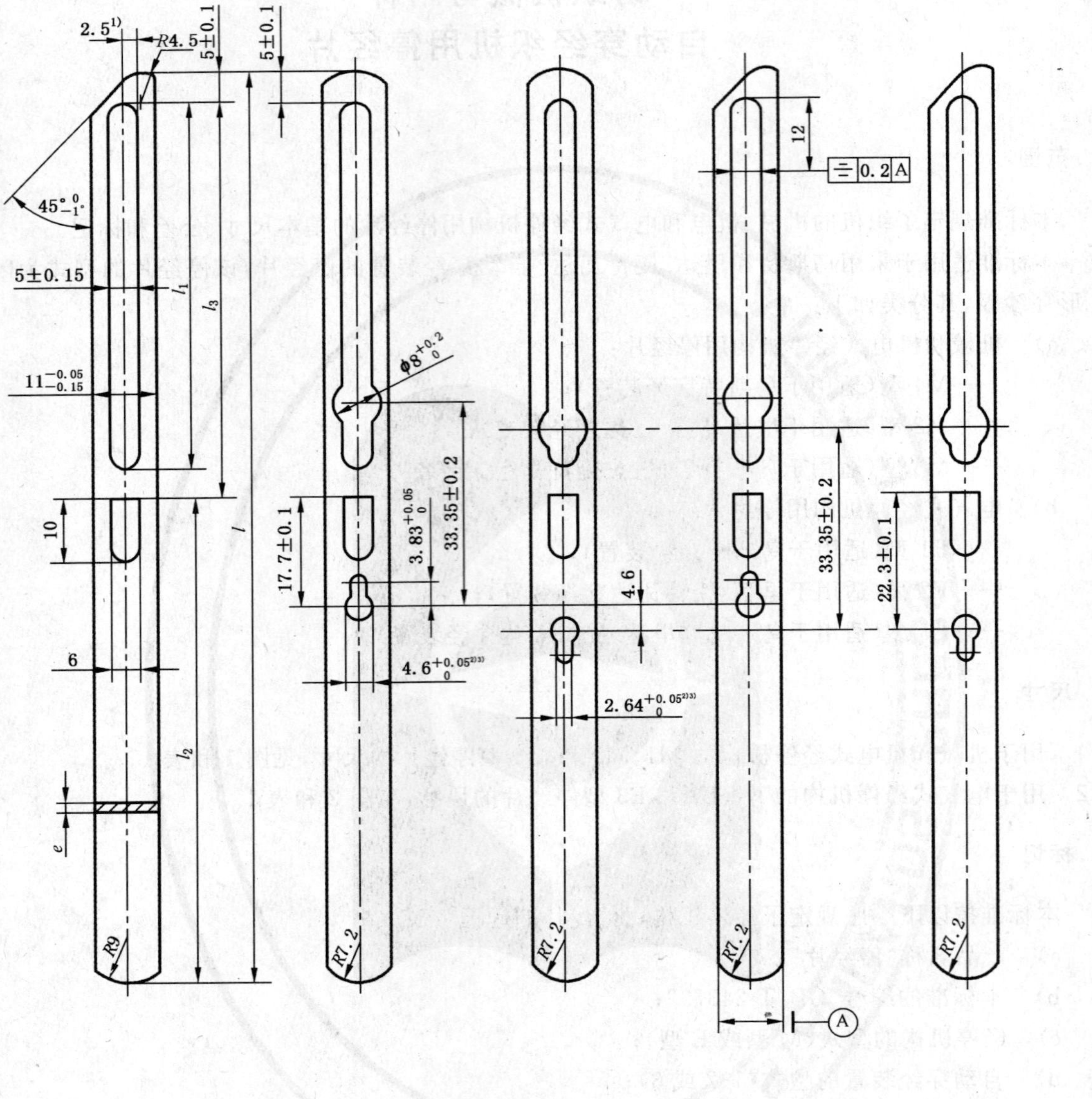


a) M1 型——上槽孔，用于乌斯特自动穿经装置

b) M2 型——键槽向上或向下，用于里达.捷特瓦达自动穿经装置

c) M3 型——上槽孔、键槽向上或向下，用于乌斯特和里达.捷特瓦达自动穿经装置

1) 如需方要求，可供应具有不同上槽孔的停经片。

2) 每次供货，应有半数是键槽向上、半数是键槽向下的停经片。如需方要求，可供应键槽交错排列的停经片。

3) 在特殊情况下，片厚大于 0.4 mm 的停经片公差应控制在极限偏差的上限。

**图 1**

单位为毫米

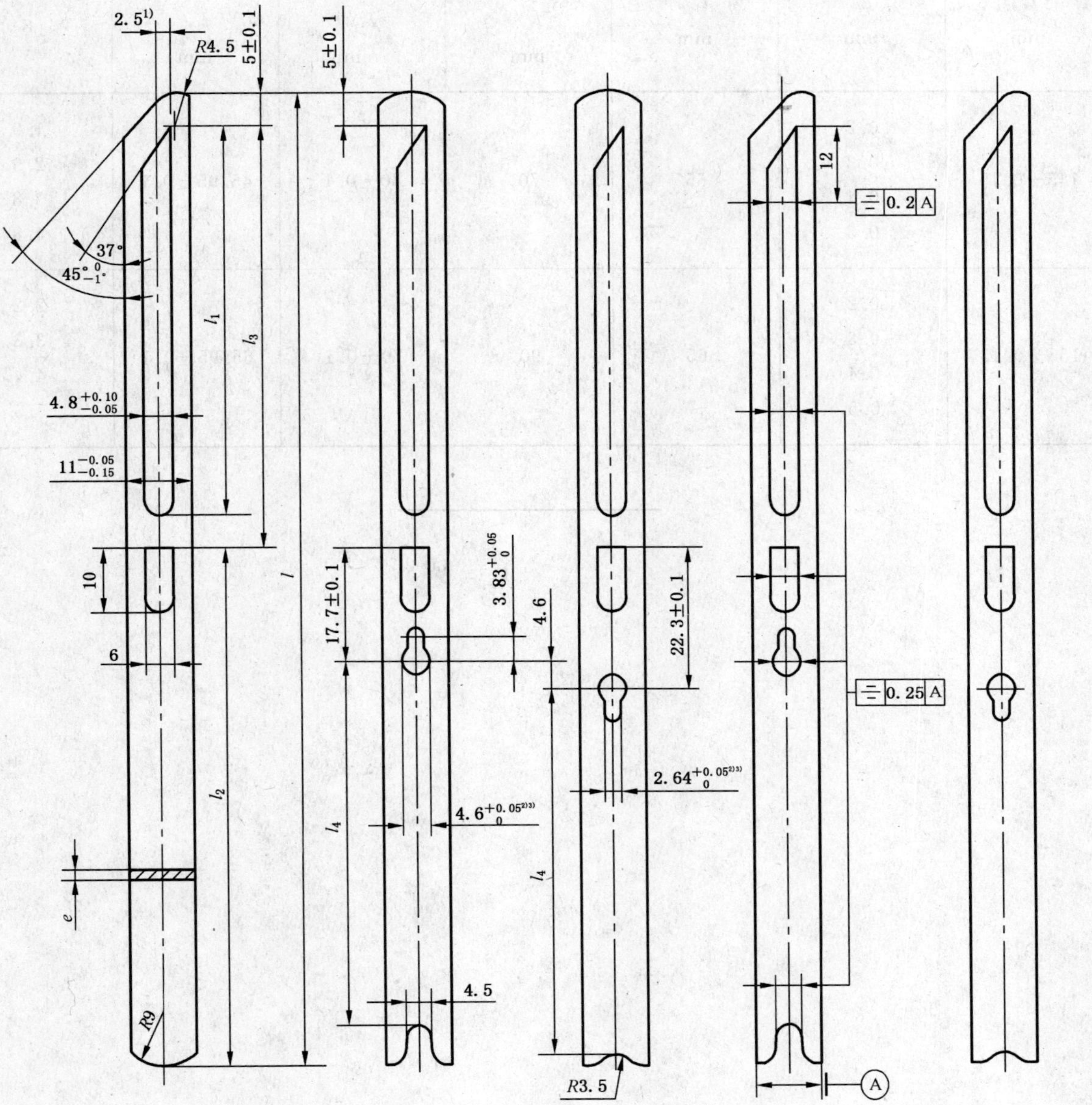


a) E1 型——上槽孔,用于乌斯特自动穿经装置

b) E2 型——键槽向上或向下,用于里达.捷特瓦达自动穿经装置

c) E3 型——上槽孔、键槽向上或向下,用于乌斯特和里达.捷特瓦达自动穿经装置

1) 如需方要求,可供应具有不同上槽孔的停经片。

2) 每次供货,应有半数是键槽向上,半数是键槽向下的停经片。如需方要求,可供应键槽交错排列的停经片。

3) 在特殊情况下,片厚大于 0.4 mm 的停经片公差应控制在极限偏差的上限。

**图 2**

表 1　M1、M2、M3 和 E1、E2、E3 型停经片

| 长度 $l$/ mm | 厚度 $e$/ mm | 上槽长度 $l_1$/ mm | 穿纱眼上部到底面的长度 $l_2$/ mm | 穿纱眼上部到上槽顶部的长度 $l_3$/ mm | 下部凹槽至键槽中心的距离 $l_4$/ mm | 质量/ g |
|---|---|---|---|---|---|---|
| 145±0.15 | 0.2<br>0.3<br>0.4<br>0.5 | 65 | 70 | 70±0.1 | 45.95±0.1 | 1.9<br>2.9<br>3.8<br>4.8 |
| 165±0.15 | 0.2<br>0.3<br>0.4<br>0.5 | 65 | 90 | 70±0.1 | 65.95±0.1 | 2.2<br>3.3<br>4.4<br>5.5 |

ICS 59.120.30
W 90

GB

# 中华人民共和国国家标准

GB/T 24380—2009

# 纺织机械与附件 织机综框用钢丝综

## Textile machinery and accessories—Twin wire healds for weaving machines with heald frames

(ISO 364:1983,MOD)

2009-09-30 发布　　2010-03-01 实施

中华人民共和国国家质量监督检验检疫总局
中国国家标准化管理委员会　发布

# 前言

本标准修改采用国际标准 ISO 364:1983《纺织机械与附件　织机综框用钢丝综》(英文版)。

本标准根据 ISO 364:1983 重新起草。为了适应我国国情,本标准在采用国际标准时进行了修改,并在附录 A 中给出了技术性差异及其原因的一览表,以供参考。

为了便于使用,对 ISO 364:1983 作了以下编辑性修改:

a) "1　范围"中,"适用范围"一词改为"范围"。"本国际标准"一词改为"本标准"。

b) "1　范围"中,增加对本标准适用范围的表述。

c) "2　尺寸"中,增加"尺寸见表 1、图 1","尺寸表"相应改为"表 1"。

d) "图 1"中,文字说明的尺寸代号与定义间用"——"表示。

e) "图 1"中,注"*""**"改用脚注"a""b"表示。

f) "3　标记"中,"本国际标准编号 ISO 364"改为"本标准编号 GB/T 24380"。

本标准的附录 A 为资料性附录。

本标准由中国纺织工业协会提出。

本标准由全国纺织机械与附件标准化技术委员会归口。

本标准起草单位:无锡纺织机械研究所、浙江觉悟实业有限公司。

本标准主要起草人:赵基平、王觉悟、张玉红。

# 纺织机械与附件
# 织机综框用钢丝综

## 1 范围

本标准规定了织机综框用的钢丝综的尺寸、分类和标记。

本标准适用于织机综框用的钢丝综。

## 2 尺寸

尺寸见图 1、表 1。

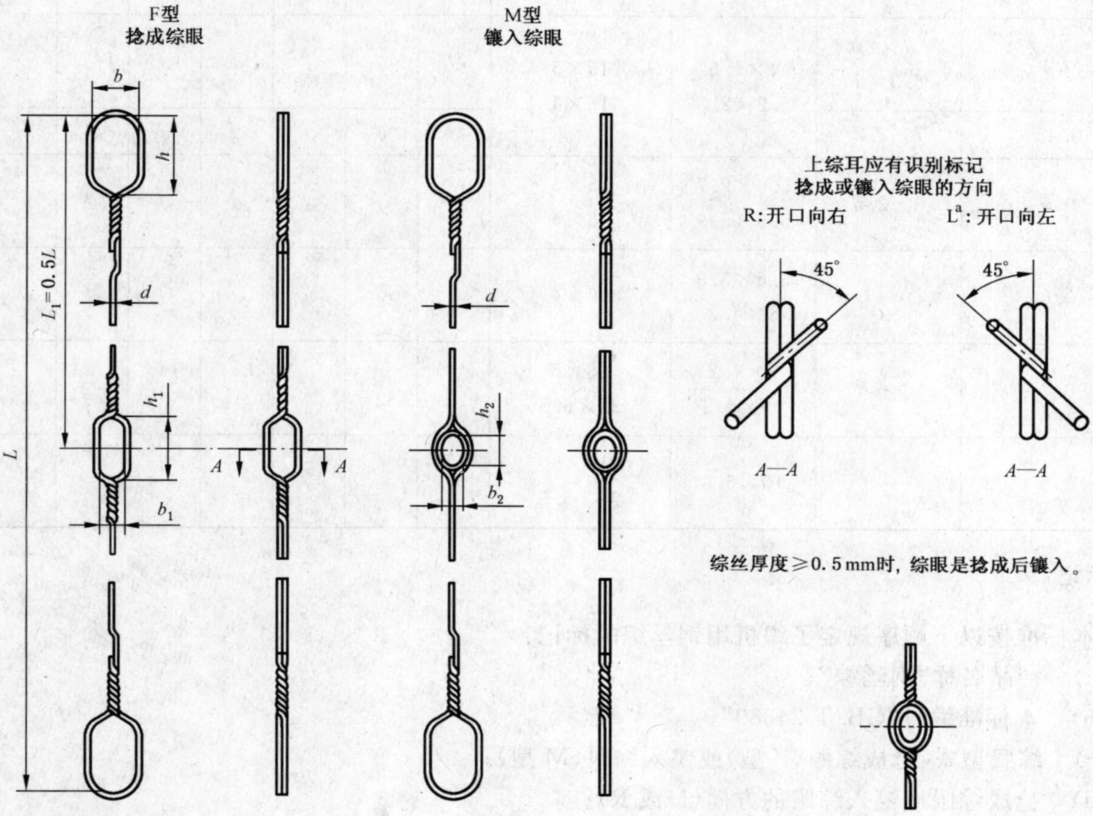


$b$——综耳宽度；

$b_1$——捻成综眼宽度；

$b_2$——镶入综眼宽度；

$d$——综丝厚度；

$h$——综耳长度；

$h_1$——捻成综眼长度；

$h_2$——镶入综眼长度；

$L$——两综耳内侧距离；

$L_1^{b}$——上综耳与综眼中心的距离。

注：如需方要求，供方可提供综眼为菱形(FA 型)、长 O 形(FB 型)的钢丝综。

[a] 应优先选用综眼开口向右(R)的钢丝综。

[b] 通常情况，镶入综眼是在综的中心位置，如偏离中心则上综耳与综眼中心的距离，应另作规定。

**图 1**

表 1

单位为毫米

| 综丝厚度 | 综眼尺寸 | | 综耳尺寸 $h\times b$ | 两综耳内侧距离 $L$ | | | | | | | |
|---|---|---|---|---|---|---|---|---|---|---|---|
| | F 型 捻成综眼 | M 型 镶入综眼 | | | | | | | | | |
| | $h_1\times b_1$ | $h_2\times b_2$ | | 280 | 300 | 330 | 380 | 420 | 450 | 480 | 520 |
| 0.25 | 5×1 | 2.6×0.9 | 15×5<br>16×4 | | | √ | | | | | |
| 0.3 | 6×1.5<br>4×1.3 | 2.6×0.9 | 15×5<br>16×4 | √ | √ | √ | | | | | |
| 0.35 | 6×1.5<br>4×1.3 | 3.2×1.3 | 15×5<br>16×4 | √ | √ | √ | √ | √ | | | |
| 0.4 | 7×2<br>6.5×2 | 4×1.5<br>5.2×2.3 | 15×5<br>16×4 | √ | √ | √ | √ | √ | | | |
| 0.45 | 7×2.2 | | | √ | √ | √ | √ | √ | √ | √ | |
| 0.5 | 8×2.5 | 5.6×2.7<br>6.6×3.9 | 15×5<br>16×4 | √ | √ | √ | √ | √ | √ | √ | |
| 0.6 | — | 6.6×3.9<br>8×4.2 | 16×4 | | | √ | √ | √ | √ | | |
| 0.7 | — | 8×4.2<br>10×6.3 | 18×5<br>22×6.5 | | | √ | | | | | √ |
| 0.9 | — | 10×6.3 | 18×5<br>22×6.5 | | | √ | | | | | √ |

## 3 标记

本标准按以下顺序规定了织机用钢丝综的标记：

a) 产品名称“钢丝综”；

b) 本标准编号“GB/T 24380”；

c) 综眼型式：捻成综眼（F 型）或镶入综眼（M 型）；

d) 捻成综眼或镶入综眼的方向（L 或 R）；

e) 综丝厚度；

f) 两综耳内侧距离；

g) 综耳尺寸；

h) 捻成综眼或镶入综眼的尺寸。

示例：镶入综眼（M 型）、开口向右、综丝厚度为 0.4 mm、两综耳内侧距离为 330 mm、综耳尺寸为 16 mm×4 mm、镶入综眼尺寸为 4 mm×1.5 mm 钢丝综的标记如下：

钢丝综 GB/T 24380-MR0.4×330-16×4-4×1.5

# 附 录 A
（资料性附录）
## 本标准与 ISO 364:1983 的技术性差异及其原因

表 A.1 给出了本标准与 ISO 364:1983 的技术性差异及其原因的一览表。

**表 A.1**

| 本标准的图、表编号 | 技术性差异 | 原　因 |
|---|---|---|
| 图 1 | 增加注：如需方要求，供方可提供综眼为菱形（FA 型）、长 O 形（FB 型）的钢丝综。 | 根据我国目前生产钢丝综的综眼形状，确定增加两种形状的综眼。 |
| 表 1 | a) 增加综丝厚度 $d$=0.45mm、F 型综眼尺寸（$h_1 \times b_1$）7 mm×2.2 mm、综耳尺寸（$h \times b$）15 mm×5 mm。<br>b) 综丝厚度 $d$=0.25 mm、0.3 mm、0.4 mm、0.5 mm，增加综耳尺寸（$h \times b$）15 mm×5 mm。<br>c) 综丝厚度 $d$=0.3 mm、0.35 mm，增加 F 型综眼尺寸（$h_1 \times b_1$）4 mm×1.3 mm。<br>d) 综丝厚度 $d$=0.4 mm，增加 F 型综眼尺寸（$h_1 \times b_1$）6.5 mm×2 mm。 | 根据我国目前生产钢丝综的综丝厚度、综眼尺寸和综耳尺寸的实际情况，确定增加相应的规格尺寸。 |
| | e) 删除表 1 中的综丝线规号数和镶入综眼号数及脚注的文字说明。 | 目前，我国钢丝综在国内外贸易及生产管理中，均没使用综丝线规号数和镶入综眼号数。 |

ICS 59.120.30
W 90

# 中华人民共和国国家标准

GB/T 24381—2009

# 纺织机械与附件 提花织造用镶入综眼的钢丝综

**Textile machinery and accessories—
Twin wire healds with inset mail for jacquard weaving**

(ISO 365:1982,MOD)

2009-09-30 发布　　2010-03-01 实施

中华人民共和国国家质量监督检验检疫总局
中国国家标准化管理委员会　发布

# 前 言

本标准修改采用国际标准 ISO 365:1982《纺织机械与附件　提花织造用镶入综眼的钢丝综》(英文版)。

本标准根据 ISO 365:1982 重新起草。为了适应我国国情,本标准在采用国际标准时进行了修改,并在附录 A 中给出了技术性差异及其原因的一览表,以供参考。

为了便于使用,对 ISO 365:1982 作了以下编辑性修改:

a) "适用范围"一词改为"范围","本国际标准"一词改为"本标准"。

b) "2　尺寸"中,增加"尺寸见图 1、图 2、图 3、表 1","尺寸表"相应改为"表 1"。

c) "2　尺寸"中,"图 1"、"图 2a)、图 2b)"和"图 3a)、图 3b)",改为"图 1"、"图 2"和"图 3",文字说明置于图上方。

d) "图 1"中,文字说明的尺寸代号与定义间用"——"连接。

e) "表 1"中,注"*"改用脚注"a"表示。

f) "3　标记"中,"本国际标准编号 ISO 365"改为"本标准编号 GB/T 24381"。

本标准的附录 A 为资料性附录。

本标准由中国纺织工业协会提出。

本标准由全国纺织机械与附件标准化技术委员会归口。

本标准起草单位:无锡纺织机械研究所、浙江觉悟实业有限公司。

本标准主要起草人:赵基平、王觉悟、张玉红。

# 纺织机械与附件
# 提花织造用镶入综眼的钢丝综

## 1 范围

本标准规定了提花织造用镶入综眼的钢丝综的主要尺寸和标记。

本标准适用于提花织造用镶入综眼的钢丝综。

## 2 尺寸

见图1、图2、图3、表1。

a) AⅠ型综，上、下综耳O形

b) AⅡ型综，上综耳长O形，下综耳O形

$b$——上综耳宽度；

$b_1$——镶入综眼宽度；

$b_2$——下综耳直径；

$d$——综丝厚度；

$h$——上综眼距离；

$h_1$——镶入综眼长度；

$L$——两综耳内侧长度；

$L_1$——上综耳与综眼中心的距离。

注：上综耳的形状可按需方的要求确定。

**图 1**

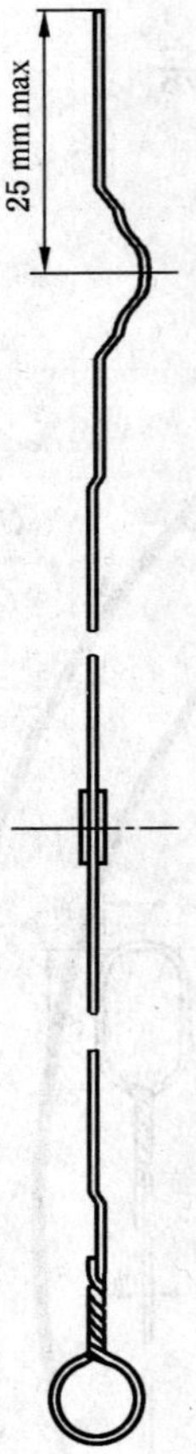


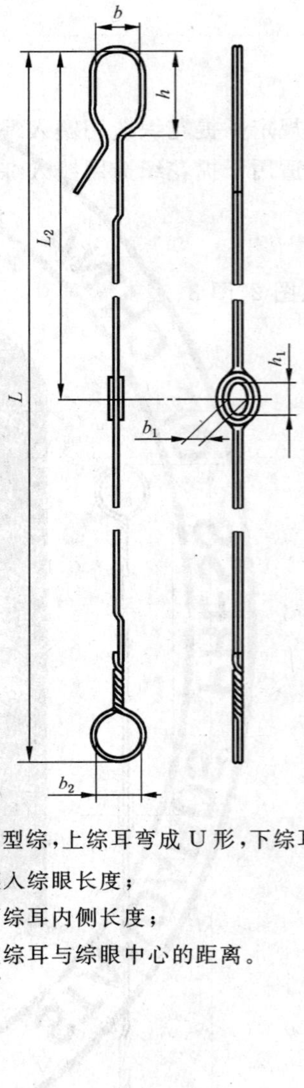


a) BⅠ型综，上综耳可由直的弯成 U 形，下综耳 O 形

b) BⅡ型综，上综耳弯成 U 形，下综耳 O 形

$b$——上综耳宽度；

$b_1$——镶入综眼宽度；

$b_2$——下综耳直径；

$h$——上综眼距离；

$h_1$——镶入综眼长度；

$L$——两综耳内侧长度；

$L_2$——上综耳与综眼中心的距离。

注：上综耳的形状可按需方的要求确定。

**图 2**

a) 1 型(镶入综眼)

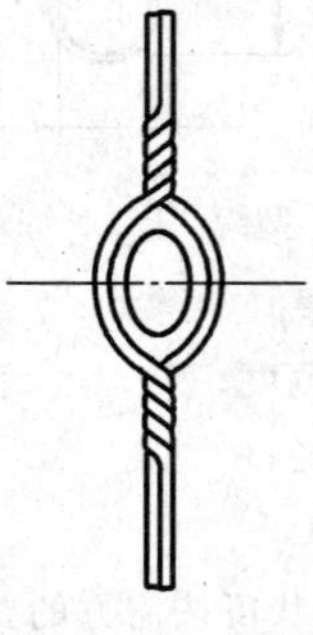

b) 2 型(捻成后镶入综眼)

**图 3**

表 1

单位为毫米

| 综丝厚度 $d$ | 镶入综眼 | | 综耳尺寸 | | 两综耳内侧距离 $L$ 和 $L_1$、$L_2$ | | | | | |
|---|---|---|---|---|---|---|---|---|---|---|
| | $h_1 \times b_1$ | 型式 | $h \times b$ | $b_2$ | $L$ | $L_1$ | $L_2$ | $L$ | $L_1$ | $L_2$ |
| | | | | | 330<br>350 | 165<br>150 | 165<br>150 | 400 | 190 | 200 |
| 0.3 | 2.2×1<br>2.6×0.9 | 1 | 3×3<br>3.5×1.7 | 2.2 | | √ | | | | |
| 0.35 | 3.2×1.3 | 1 | 3.5×1.7 | 2.2 | | √ | | | | |
| 0.4 | 3.5×1.7<br>4×1.5<br>5.2×2.3 | 1 | 3×3<br>4×2 | 2.5 | | √ | | | √ | |
| 0.5 | 5.6×2.7<br>6.6×3.9 | 2 | 5×2.5 | 2.5 | | √ | | | √ | |
| 注：如需方要求，供方可提供 $L_1$、$L_2$ 为 $L/2$ 的钢丝综。 | | | | | | | | | | |

## 3 标记

本标准按以下顺序规定了提花织造用镶入综眼钢丝综的标记：

a） 产品名称“钢丝综”；

b） 本标准编号“GB/T 24381”；

c） 综耳型式；

d） 综丝厚度；

e） 两综耳内侧距离；

f） 综眼尺寸。

示例：上、下综耳O形（AⅠ型）、综丝厚度为0.4 mm、两综耳内侧距离为350 mm、综眼尺寸为4 mm×1.5 mm钢丝综的标记如下：

钢丝综 GB/T 24381-AⅠ0.4×350-4×1.5

# 附 录 A
（资料性附录）
## 本标准与 ISO 365:1982 的技术性差异及其原因

表 A.1 给出了本标准与 ISO 365:1982 的技术性差异及其原因的一览表。

表 A.1

| 本标准的图、表编号 | 技术性差异 | 原　　因 |
| --- | --- | --- |
| 图 1 | a) 增加图 1AⅠ型综，上、下综耳 O 形的示意图。<br>b) 原图 1 的文字说明改为"AⅡ型综，上综耳长 O 型，下综耳 O 型"。 | 原国际标准中，图 1 的文字说明为"上、下综耳 O 形"，而图示为"上综耳长 O 型，下综耳 O 型"，两者有差异。故需增加"上、下综耳 O 形"的示意图，并标以"AⅠ型综"及"AⅡ型综"便于识别。 |
| 图 2 | 原"图 2a)B 型综"、"图 2b)B 型综"的文字说明改为"BⅠ型综"、"BⅡ型综"。 | 原国际标准中，图 2a)和图 2b)均为 B 型综，为便于识别改为 BⅠ型综、BⅡ型综，以增加可操作性。 |
| 图 1、图 2 | 增加图注"注：上综耳的形状可按需方的要求确定。" | 根据我国目前生产钢丝综的上综耳的形状，增加"可按需方的要求确定。" |
| 表 1 | a) 综丝厚度 $d=0.3$ mm，增加镶入综眼尺寸 $(h_1 \times b_1)$ 2.2 mm×1 mm、综耳尺寸 $(h \times b)$ 3 mm×3 mm。<br>b) 综丝厚度 $d=0.4$ mm，增加镶入综眼尺寸 $(h_1 \times b_1)$ 3.5 mm×1.7 mm、综耳尺寸 $(h \times b)$ 3 mm×3 mm。 | 根据我国目前生产钢丝综的综眼尺寸、综耳尺寸的实际情况，增加需要的规格尺寸。 |
| | c) 增加表注"注：如需方要求，供方可提供 $L_1$、$L_2$ 为 $L/2$ 的钢丝综。"<br>d) 在"两综耳内侧距离 $L$ 和 $L_1$、$L_2$"栏中，增加 $L=330$ mm、$L_1=165$ mm、$L_2=165$ mm。 | 根据我国目前生产钢丝综的两综耳内侧距离 $L$ 和 $L_1$、$L_2$，增加相应的尺寸规格。 |
| | e) 删除表 1 中的综丝线规号数和镶入综眼号数及脚注的文字说明。 | 目前，我国钢丝综在国内外贸易及生产管理中，均没使用综丝线规号数和镶入综眼号数。 |

ICS 59.120.30
W 90

GB

# 中华人民共和国国家标准

GB/T 24382—2009

# 纺织机械与附件 喷气织机用异形筘 尺寸

## Textile machinery and accessories—Profile reeds for air jet weaving machines—Dimensions

（ISO 15228:2005，MOD）

2009-09-30 发布

2010-03-01 实施

中华人民共和国国家质量监督检验检疫总局
中国国家标准化管理委员会 发布

# 前　言

本标准修改采用 ISO 15228:2005《纺织机械与附件　喷气织机用异形筘　尺寸》(英文版)。

本标准根据 ISO 15228:2005 重新起草，与 ISO 15228:2005 的技术性差异为：

——删除图 1 中下筘梁前壁处的尺寸代号 $a_3$；

——图 2 所示筘齿对下筘梁底面的垂直度公差 0.5$t$，改为 0.5 mm；

——表 1 中 $a_1$ 栏增加 23 mm，$h_3$ 栏增加 $a_1$＋5.5 mm；筘底面至气流槽顶端的距离 $h_2$ 的偏差按照基本尺寸分别要求：51 mm 和 56 mm 的偏差为 $^{0}_{-0.5}$ mm，54 mm 和 57 mm 的偏差为±0.1 mm；删除“$k/w$”的尺寸偏差。

上述技术性差异的原因是：

——$a_3$ 的定义是指下筘梁前面到气流槽底的距离，而 $a_3$ 重复标注在下筘梁前壁处，易误解为下筘梁前壁厚，因此予以删除；

——由于 ISO 15228:2005 规定的筘齿对下筘梁底面的垂直度公差 0.5$t$ 无论国内外都是达不到的要求，而且无适用的检测仪器，因此根据生产实际修改为 0.5 mm，以切合制造精度和使用要求；

——表 1 中列出的尺寸规格未涉及当代主流产品，也未按不同实际使用要求分别规定 $h_2$ 的偏差和 $h_3$ 的名义尺寸，因此本标准增加尺寸分档及适用偏差；而对 $k/w$ 的尺寸偏差要求±0.03 mm/±0°0′15″，不仅国内外都达不到，而且无实际意义，正确要求应是尺寸的一致性好，因此予以删除。

为便于使用，本标准对 ISO 15228:2005 还作了下列编辑性修改：

a)　“ISO 15228”一词改为“GB/T 24382”；

b)　删除 ISO 15228:2005 的前言；

c)　“图 1　筘”基本尺寸的注释中等号“＝”改为破折号“——”，并在短语后增加标点符号；

d)　用小数点符号“.”代替作为小数点符号的“,”；

e)　图 2 中垂直度基准符号改为带小圆的大写斜体字母，并用细实线与粗的短横线相连。

本标准由中国纺织工业协会提出。

本标准由全国纺织机械与附件标准化技术委员会归口。

本标准起草单位：常州钢筘有限公司、绍兴市水富纺织器材有限公司、绍兴县鼎丰纺织器材有限公司、陕西纺织器材研究所。

本标准主要起草人：赵玉生、秋黎凤、施越浩、倪克岗、诸水夫、丁国胜、余定泉、淡培霞。

# 纺织机械与附件
# 喷气织机用异形筘　尺寸

## 1　范围

本标准规定了喷气织机用钢筘的尺寸和标记。

本标准适用于喷气织机用异形筘。

## 2　尺寸

筘的尺寸不一定与图1一致，基本尺寸由表1给出，筘齿的垂直度公差应按照图2要求。

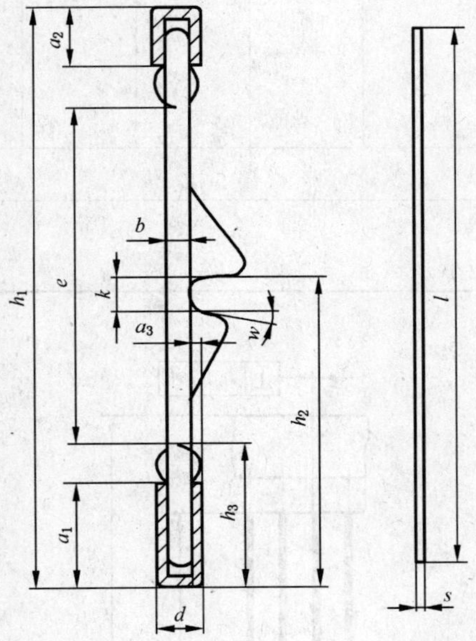


基本尺寸：

$a_1$——下筘梁高；

$a_2$——上筘梁高；

$a_3$——下筘梁前面到气流槽底的距离；

$b$——筘齿宽；

$d$——下筘梁厚；

$e$——筘内高；

$h_1$——筘总高；

$h_2$——筘底面至气流槽顶端的距离；

$h_3$——筘底面至扎丝的高度；

$k/w$——气流槽宽与气流槽底端倾角；

$l$——筘齿长；

$s$——筘齿厚；

$t$——筘齿距。

**图1　筘**

**表 1　筘的基本尺寸和偏差**

单位为毫米

| $a_1$ ±0.2 | $a_2$ ±0.2 | $a_3$ ±0.1 | $b$ ±0.03 | $d$ ±0.2 | $h_1$ | $h_2$ ±0.1 | $h_2$ 0 −0.5 | $h_3$ ±1 | $k/w$ | $s$ 公称尺寸[a] | $s$ 偏差[b] |
|---|---|---|---|---|---|---|---|---|---|---|---|
| 18<br>20<br>22<br>23 | 10<br>12<br>16 | 2 | 4 | 8 | 100<br>～<br>122 | 54<br>57 | 51<br>56 | $a_1+7$<br>$a_1+5.5$ | 5.5/12°<br>6/6°<br>6/0° | 0.12<br>0.14<br>0.16<br>0.18<br>0.20 | ±0.005 |
| | | | | | | | | | | 0.22<br>0.24<br>0.26<br>0.28<br>0.31<br>0.34 | ±0.007 |
| | | | | | | | | | | 0.37<br>0.40<br>0.45 | ±0.010 |
| | | | | | | | | | | 0.50<br>0.60<br>0.70<br>0.80 | ±0.015 |
| 筘边的型式和尺寸应考虑在内。 | | | | | | | | | | | |

[a] 如果需要，公称尺寸可以不同。

[b] 在一片筘内的筘齿厚偏差尽可能小。

单位为毫米

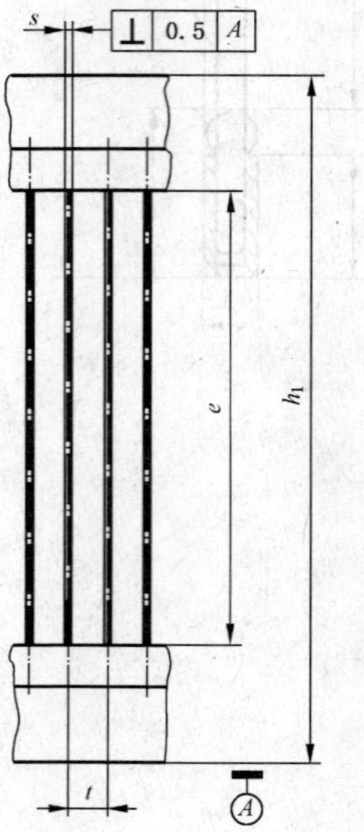


基本尺寸：

$e$——筘内高；

$h_1$——筘总高；

$s$——筘齿厚；

$t$——筘齿距。

图 2　筘齿对下筘梁底面的垂直度

## 3 标记

标记应包含本标准号，以后是尺寸 $a_1$，$a_2$，$h_1$，$h_2$，$k/w$ 和 $s$ 以毫米计的数值，如表 1 所示。

示例：

$a_1=18$ mm，$a_2=10$ mm，$h_1=122$ mm，$h_2=56$ mm，$k/w=5.5$ mm/12°和 $s=0.22$ mm 的喷气织机用钢筘的标记为：

筘 GB/T 24382-18-10-122-56-5.5/12-0.22

ICS 65.060.50
B 91

# 中华人民共和国国家标准

GB 24383—2009

# 农林机械 行间割草装置 安全

## Agricultural and forestry machinery—Inter-row mowing units—Safety

2009-09-30 发布 2010-07-01 实施

中华人民共和国国家质量监督检验检疫总局
中国国家标准化管理委员会 发布

# 前　言

**本标准的全部技术内容为强制性。**

本标准修改采用 EN 13448:2001《农业机械　行间割草装置　安全》(英文版)。

本标准根据 EN 13448:2001 重新起草。

考虑到我国国情,在采用 EN 13448:2001 时,进行了如下修改:

——引用了采用国际标准或欧洲标准的我国标准,但我国标准并非等同采用国际标准或欧洲标准;

——删除了 EN 13448:2001 的附录 ZA“本标准与欧洲 EC 指令的关系”。

这些技术性差异已编入正文中并在它们所涉及的条款的页边空白处用垂直单线标识。

为便于使用,本标准还对 EN 13448:2001 做了下列编辑性修改:

——“本欧洲标准”改为“本标准”;

——用小数点“.”代替作为小数点的逗号“,”;

——删除 EN 13448:2001 的前言。

本标准的附录 A 为规范性附录。

本标准由中国机械工业联合会提出。

本标准由全国农业机械标准化技术委员会归口。

本标准起草单位:中国农业机械化科学研究院、国家农机具质量监督检验中心。

本标准主要起草人:杨兆文、赵丽伟、刘春鸽。

# 引　言

本标准属于 GB/T 15706.1—2007 规定的 C 类标准。

本标准的范围给出了所涉及的机械种类和消除或减小行间割草装置特有危险程度的方法。

GB/T 15706 涉及所有农业机械(自走式、悬挂式、半悬挂式和牵引式机械)的共性危险。

若本 C 类标准的规定与 A 类或 B 类标准的规定不同时,对于按照本 C 类标准规定进行设计和制造的机器,则应优先执行本 C 类标准的规定。

# 农林机械　行间割草装置　安全

## 1　范围

本标准规定了农业、林业和园艺割草机(如甩刀式割草机)上安装的直立枢轴式行间割草装置的设计、制造安全要求和试验方法。

本标准给出了减小或消除使用行间割草装置时产生危险的方法。

本标准还规定了制造厂应提供的安全操作信息的类型。

本标准不适用于 EN 745 规定的旋转式和甩刀式割草机。

本标准未考虑环境方面因素。

## 2　规范性引用文件

下列文件中的条款通过本标准的引用而成为本标准的条款。凡是注日期的引用文件,其随后所有的修改单(不包括勘误的内容)或修订版均不适用于本标准,然而,鼓励根据本标准达成协议的各方研究是否可使用这些文件的最新版本。凡是不注日期的引用文件,其最新版本适用于本标准。

GB 10395.1—2009　农林机械　安全　第1部分:总则(ISO 4254-1:2008,MOD)

GB 12265.1—1997　机械安全　防止上肢触及危险区的安全距离(eqv EN 294:1992)

GB/T 15706.1—2007　机械安全　基本概念与设计通则　第1部分:基本术语和方法(ISO 12100-1:2003,IDT)

GB/T 15706.2—2007　机械安全　基本概念与设计通则　第2部分:技术原则(ISO 12100-2:2003,IDT)

JB/T 3249　工程机械　护板和护罩(JB/T 3249—1991,eqv ISO 3457:1986)

EN 745　农业机械　旋转式割草机和甩刀式割草机

## 3　术语和定义

GB/T 15706.1 确立的和下列术语和定义适用于本标准。

3.1

**行间割草装置　inter-row mowing unit**

具有带摆臂的直立枢轴的割草装置,该装置用于在两个相邻障碍物(如树、桩等)间的区域内进行割草作业(见图1)。

3.2

**摆臂　pivoting boom**

使割草装置平行地面横向移动的装置,用于在两个相邻障碍物间的区域内,进行固定式割草机无法完成的割草作业(见图1)。

3.3

**传感器　sensor**

安装在行间割草装置前部,控制摆臂运动的装置。

注:传感器可能为金属连杆型,当被遇到的障碍物向后推时,传感器发出指令使摆臂缩回。一旦绕过障碍物,传感器则恢复到原始状态,摆臂回到作业位置。

3.4

**靶板　target**

记录割草装置甩出物体冲击次数的装置。

3.5

**危险区域 danger zone**

以割草装置中心为圆心半径 50 m 的圆形区域。

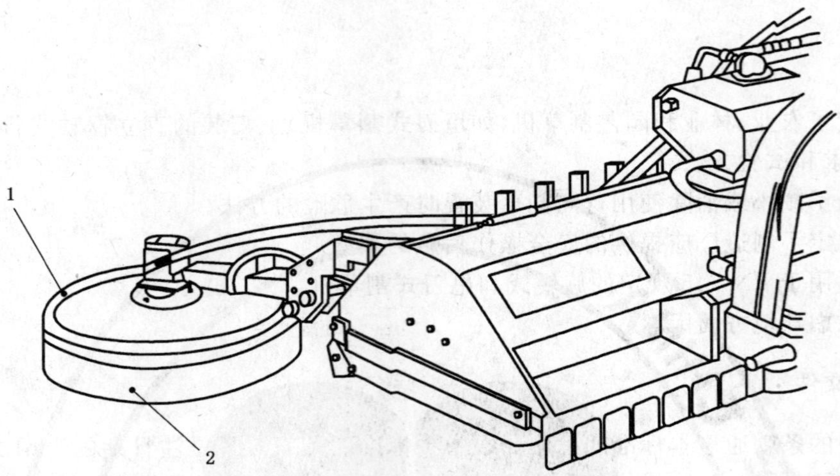


1——刀片防护罩；

2——侧面防护装置。

**图 1 行间割草装置**

## 4 危险一览表

GB/T 15706.1、GB/T 15706.2 中所列的危险和适用于本标准涉及机器的危险见附录 A 危险一览表。附录 A 危险一览表也给出了本标准未涉及的危险。

## 5 安全要求和/或措施

### 5.1 一般要求

割草装置应符合本章规定的安全要求和/或措施。另外，设计割草装置时，对本标准没有涉及到的危险应遵循 GB/T 15706.1、GB/T 15706.2 规定的原则。

除本标准另有规定外，割草装置应符合 GB 10395.1、GB 12265.1—1997 中表 1、表 3、表 4、表 6 和 EN 745 的规定。

### 5.2 切割部件的防护

割草装置应安装完全覆盖切割部件的无孔刀片防护罩，该防护罩应确保与切割部件外轨迹的安全距离至少为 50 mm，且应超出刀尖回转圆平面至少 3 mm(见图 2)。

刀片防护罩应无凸起和尖角锐棱，设计的机械摆臂应使割草部件遇到障碍物时能够空转，以使割草部件的旋转运动不会传递给刀片防护罩。

刀片防护罩和保证防护功能的机器零部件应能承受 1 200 N 的垂直向下载荷。另外，为使刀片防护罩能够承受撞击障碍物所产生的力，它们还应能承受下列水平载荷：

——600 N，割草装置预定与使用说明书中给出的最大功率不大于 37 kW 的拖拉机配套使用时；

——1 000 N，与其他机械配套使用时。

上述要求应按 GB 10395.1—2009 中附录 C 规定的试验程序和验收规则进行检查。

### 5.3 软管的防护

液压或气压驱动的行间割草装置，其管路和软管应捆扎成束，尽可能避免与热表面、摩擦表面接触和避免其他外部意外损坏。软管及其接头应能进行目测检查，位于机架内部的除外。

承受压力超过 5 MPa 和/或温度超过 50 ℃，且距操作者 1 m 以内的液压软管应按 JB/T 3249 的规定进行防护。

任何可改变喷射液流方向的零部件,可认为是有效的防护装置。

单位为毫米

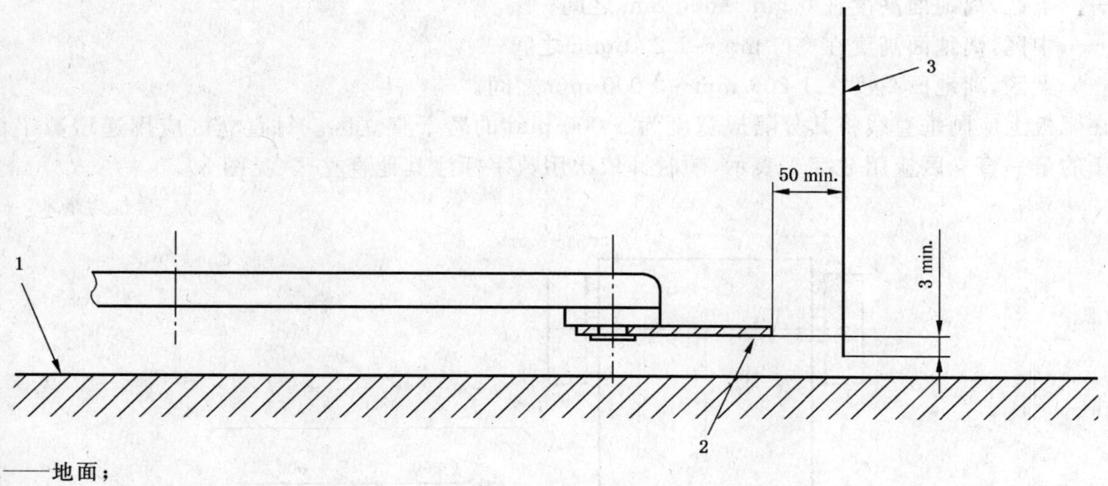


1——地面;

2——刀尖回转圆;

3——刀片防护罩。

图 2

### 5.4 抛掷物的防护

作业期间,高速旋转的切割部件可能会甩出物体对操作者造成危险和伤害风险,对此应采取防护措施。

应按第 6 章的规定进行试验。

### 5.5 摆臂的要求

包括摆臂的强度、安装方式、控制系统和控制装置的要求应符合有关标准的规定。

### 5.6 噪声

行间割草装置的发射噪声应按 GB 10395.1—2009 中附录 B 的规定进行测定。

噪声限值应符合相应产品标准的规定。

## 6 试验方法——抛掷物试验

### 6.1 通用试验条件

试验期间,行间割草装置应在制造厂推荐的旋转速度下运行,例如:在动力输出轴转速为 540 r/min 或 1 000 r/min 下运行。

所有的试验都应使用同一安全防护装置。

可能影响安全防护效果的可调式装置应安装在最不利位置。

在试验过程中,前进速度应不大于 8 km/h。

### 6.2 靶板

靶板应置于自然、坚实、水平的地面上。

#### 6.2.1 悬挂在拖拉机后的行间割草装置靶板

靶板由四个符合 6.2.3 规定规范的直立隔板(见图 3)组成。

隔板 2 和隔板 4 长度应为 4 000 mm。

隔板 1 和隔板 3 的长度取决于拖拉机割草机机组。

隔板 1 应垂直于隔板 2。隔板 2 和隔板 4 应平行于拖拉机纵向轴线。

隔板 2 应置于距割草装置运行外轨迹 1 000 mm 处。

隔板 3 与隔板 2、隔板 4 相连且相互垂直。

6.2.2 **标记线**

沿靶板离地面高度 600 mm 和 1 200 mm 高度画两条标记线将靶板分为如下三个区，分别称为：

——下区，离地面高度在 0 mm～600 mm 之间；

——中区，离地面高度在 600 mm～1 200 mm 之间；

——上区，离地面高度在 1 200 mm～2 000 mm 之间。

在靶板上应画垂直线将其分隔成宽度为 1 000 mm 的若干直立区。每直立区应用递增数字命名。隔板 1 的第一直立区应用数字 1 表示，顺时针依次用数字标注其他直立区(见图 3)。

单位为毫米

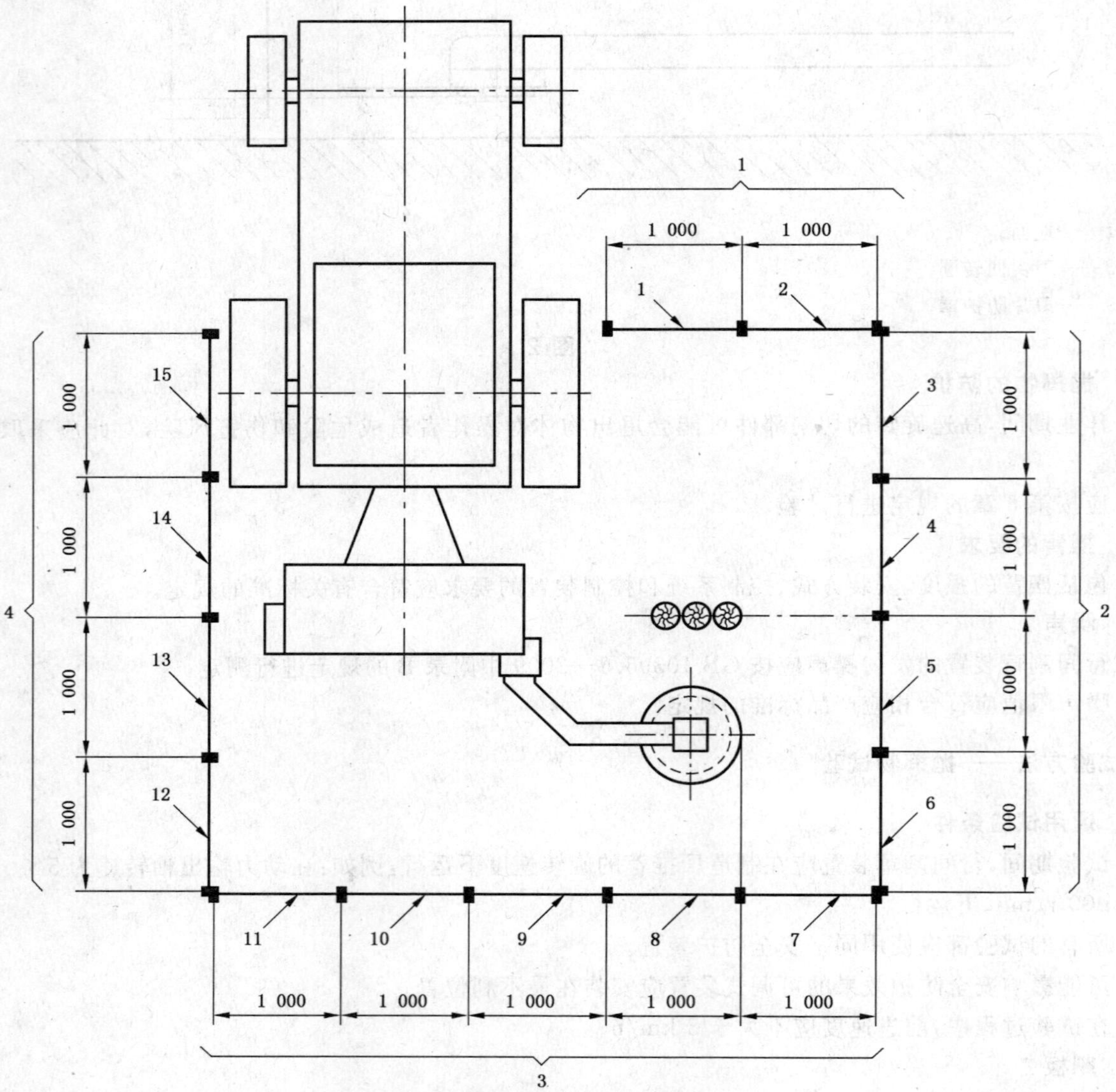


**图 3 抛掷物试验靶板的位置**

6.2.3 **靶板的构成**

隔板应制作成刚性框架，框架上固定有定量为 120 g/m² 的牛皮纸。

6.3 **试验物料**

试验物料应由下列物质混合而成：

——50%的沙子；

——25%的颗粒尺寸为 8 mm～16 mm(不包括 16 mm)的砂砾；

——25%的颗粒尺寸为 16 mm～31.5 mm(不包括 31.5 mm)的砂砾。

## 6.4 试验方法

在割草装置前，垂直于前进方向与隔板 3 相距 2 000 mm 处，建造一组约 150 mm 高相距 300 mm 的圆锥体物料堆，每堆试验物料为 10 L(见 6.3)。

试验应进行两次，每次试验应包括下列两个行程：

——第一行程，将 1,3,5,……，物料堆放置在试验区内；

——第二行程，将 2,4,6,……，物料堆放置在试验区内。

使用物料堆的数量取决于割草装置的割幅。

切割高度应调整到 50 mm。

割草装置在制造厂推荐的最大速度下通过一次试验物料堆，则完成一个行程的试验。

如果两次试验得出的结果显著不同，则应进行第三次试验。

为区别不同的试验，在每次试验完成后，应在靶板上用明显不同的标记进行标注。

## 6.5 验收规范

在标记线上的冲击应计入标记线以下区内的冲击数量。

试验结果同时满足下列三个条件，则认为试验结果合格：

——在中区，两条相距 1 000 mm 的垂直线之间，每次试验的冲击数不大于 2；

——在上区，没有冲击；

——在操作者区域内，没有冲击。

不考虑下区内的冲击。

如果不能满足上述条件，则割草装置应装备适合的安全防护罩以确保被甩出的试验物料不进入禁止冲击区内，并应重复进行整个试验。在该情况下，使用说明书中应明确说明割草装置仅应安装适合的安全防护罩才能使用。

# 7 使用信息

## 7.1 使用说明书

在使用说明书中应给出机器保养和安全使用的综合说明和信息。使用说明书应符合 GB/T 15706.2的规定。

使用说明书中特别应强调下列信息：

a) 禁止进入的割草装置危险区；

b) 在停机指令发出后，切割部件继续旋转会导致危险，制造厂应明确指出这种情况；

c) 检查切割部件防护罩、安全防护罩和安全装置的状况；

d) 工作部件的更换方法；

e) 如有任何人接近，操作者应终止机器运行；

f) 使机器进入工作状态的危险；

g) 抛掷物的危险；

h) 使用合适的刀片和刀片固定件；

i) 刀片和刀片固定件的技术规范；

j) 磨损或损坏的切割部件有被甩出的危险，因此应给出何时和如何更换切割部件的详细信息，以及切割部件制作材料的详细信息；

k) 在任何干预前需停下机器；

l) 清除可能发生堵塞的正确程序；

m) 在进入提起的部件下进行维护保养前需使用锁紧装置；

n) 在将割草装置置于运输位置前应确认刀片已经停止运行；

o) 在进行保养和维修时如何安全固定机器的信息；

p) 机器噪声水平方面的信息，必要时，需要戴听力保护装置的信息；

q) 如果与割草装置配套的拖拉机没有驾驶室，操作者必须戴护眼罩。

## 7.2 标志

机器应有符合 GB/T 15706.2—2007 中 6.4 规定的标志。

所有机器应有至少包含下列信息的清晰耐久的标志：

——制造厂名称和地址；

——制造日期；

——型号或型式；

——出厂编号，如果有；

——基本型机器的质量。

另外，在机器上应设置提醒下列注意事项的警示标志：

——作业过程中旋转的部件和停止指令给出后部件会继续旋转；

——作业区内会有物体甩出；

——严禁进入危险区。

## 附　录　A
## （规范性附录）
## 危险一览表

表 A.1 给出了基于 GB/T 15706.1 和 GB/T 15706.2 的危险一览表。

该表最后一栏（本标准给出解决方法的相关条款）的不同陈述的含义是：

——“不相关”：该机器不存在该危险。

——“给出”：机器存在该危险。指定条款中给出解决方法是根据 GB/T 15706.1 和 GB/T 15706.2 的安全通则确定的处置危险的指南；即意味着：

- 尽可能通过设计消除或减小风险；
- 采取防护措施；
- 提供遗留风险的信息。

——“部分给出”：机器的多个零部件存在该危险。指定条款中给出的解决方法可处置其中一部分零部件的该危险，对其余存在该危险的零部件，为处置该危险将必须采取的其他解决方法本标准并未给出。

——“未给出”：机器存在该危险，但在本标准起草过程中未加考虑。

**表 A.1　危险一览表**

| 危　　险 | | 有关条款 | | 本标准给出解决方法相关条款 |
|---|---|---|---|---|
| | | GB/T 15706.1—2007 | GB/T 15706.2—2007 | |
| 1 | 机械危险，如由机器部件或工件的下列要素引起的：<br>——形状；<br>——相对位置；<br>——质量和稳定性（各元件的位能）；<br>——质量和速度（各元件的动能）；<br>——机械强度不足；<br>——由以下原因引起的位能积累：<br>● 弹性元件（弹簧）；或<br>● 压力下的液体或气体；或<br>● 真空；<br>——机器组合件和零件 | 4.2 | — | — |
| 1.1 | 挤压危险 | 4.2.1、4.2.2 | 4.2 | 5.2 中给出 |
| 1.2 | 剪切危险 | 4.2.1、4.2.2 | 4.2、5.2.1 | 5.2 中给出 |
| 1.3 | 切割或切断危险 | 4.2.1、4.2.2 | 4.2 | 5.2 中给出 |
| 1.4 | 缠绕危险 | 4.2.1、4.2.2 | — | 5.2 中给出 |
| 1.5 | 吸入或卷入危险 | 4.2.1 | 4.14、5.2.1、5.5.3 | 不相关 |
| 1.6 | 冲击危险 | 4.2.1 | — | 不相关 |
| 1.7 | 刺伤或扎伤危险 | 4.2.1 | — | 5.2 中给出 |
| 1.8 | 摩擦或磨损危险 | 4.2.1 | 4.3b) | 5.2 中给出 |
| 1.9 | 高压流体喷射危险 | 4.2.1 | — | 5.3 中给出 |

表 A.1(续)

| 危险 | | 有关条款 | | 本标准给出解决方法相关条款 |
|---|---|---|---|---|
| | | GB/T 15706.1—2007 | GB/T 15706.2—2007 | |
| 1.10 | (机械及被加工材料/工件)部件抛射危险 | 4.2.2 | 4.11.1 | 5.4、第6章、7.1中给出 |
| 1.11 | 丧失稳定性(机械或机器零件) | 4.2.2 | 4.6、5.2.6 | 不相关 |
| 1.12 | 与机械有关(因机器的特征)的滑倒、倾倒和跌倒危险 | 4.10 | 5.5.6 | 不相关 |
| 2 | 电气危险,例如由以下各因素引起: | 4.3 | 4.9 | — |
| 2.1 | 电接触(直接或间接) | 4.3 | — | 不相关 |
| 2.2 | 静电现象 | 4.3 | — | 不相关 |
| 2.3 | 热辐射或其他现象,如熔化粒子的喷射、短路化学效应、过载等 | 4.3 | — | 不相关 |
| 2.4 | 电气设备外部影响 | 4.3 | 4.4 | 不相关 |
| 3 | 热危险,导致: | 4.4 | 4.8.4 | — |
| 3.1 | 通过人们可接触的火焰或爆炸、热源辐射的烧伤和烫伤 | 4.4 | — | 5.3、7.1中给出 |
| 3.2 | 由于热或冷的工作环境对健康的危害 | 4.4 | — | 不相关 |
| 4 | 由噪声产生的危险,导致: | 4.5 | 4.8.4 | — |
| 4.1 | 听力损失(耳聋)、其他生理障碍(例如失去平衡,失去知觉) | 4.5 | — | 7.1p)中部分给出 |
| 4.2 | 干扰语言通讯,听觉信号等 | 4.5 | — | 7.1p)中部分给出 |
| 5 | 由振动产生的危险(导致各种神经和血管病症) | 4.6 | 4.8.4 | 不相关 |
| 6 | 由辐射产生的危险,特别是由下列因素引起: | 4.7 | — | — |
| 6.1 | 电弧 | — | — | 不相关 |
| 6.2 | 激光 | — | — | 不相关 |
| 6.3 | 离子源辐射 | 4.7 | — | 不相关 |
| 6.4 | 机器产生的高频电磁场 | — | — | 不相关 |
| 7 | 由机械加工的、使用的或排出的材料和物质产生的危险,例如: | 4.8 | 4.3b) | — |
| 7.1 | 由于接触或吸入有害的液体、气体、烟雾和灰尘导致的危险 | 4.8 | — | 不相关 |
| 7.2 | 火或爆炸危险 | 4.8 | — | 不相关 |
| 7.3 | 生物和微生物(病菌或细菌)危险 | 4.8 | — | 不相关 |
| 8 | 机器设计时由于忽略人类工效学产生的危险(机械与人的特征和能力不协调),如由下列因素引起: | 4.9 | 4.8 | — |
| 8.1 | 不利于健康的姿态或过分用力 | 4.9 | 4.8.2、4.8.5 | 不相关 |

**表 A.1（续）**

| 危险 | | 有关条款 | | 本标准给出解决方法相关条款 |
|---|---|---|---|---|
| | | GB/T 15706.1—2007 | GB/T 15706.2—2007 | |
| 8.2 | 不适当地考虑人的手臂或腿脚构造 | 4.9 | 4.8.3 | 不相关 |
| 8.3 | 忽略了使用个人防护装备 | 5.5 | — | 不相关 |
| 8.4 | 不适当的工作面照明 | — | 4.8.6 | 不相关 |
| 8.5 | 精神过分紧张或准备不足等 | 4.9 | 4.8.5 | 不相关 |
| 8.6 | 人的过失 | 4.9 | 4.8 | 不相关 |
| 9 | 各种危险组合 | 4.11 | — | 不相关 |
| 10 | 由于能源失效、机械零件损坏或其他功能故障产生的危险，例如： | 5.3b) | 4 | — |
| 10.1 | 能源（能量和/或控制电路）失效 | 3.30 | 4.11.1 | 不相关 |
| 10.2 | 机械零件或流体意外抛射 | — | 4.10.5 | 不相关 |
| 10.3 | 控制系统的失效、失灵（意外起动、意外过流） | 3.29、3.30、3.31 | 4.11.1 | 不相关 |
| 10.4 | 装配错误 | — | — | 不相关 |
| 10.5 | 机器翻倒，意外失去稳定性 | 4.2.2 | 4.6 | 不相关 |
| 11 | 由于安全措施错误的或不正确的定位产生的危险，例如： | — | 5 | — |
| 11.1 | 各类防护装置 | 3.25 | 5.3 | 7.1 中给出 |
| 11.2 | 各类有关安全（防护）装置 | 3.26 | 5.3 | 7.1 中给出 |
| 11.3 | 起动和停机装置 | — | 4.11.1 | 7.1 中给出 |
| 11.4 | 安全标志和信号装置 | — | 4.8.8、6.2、6.3、6.4 | 7.2 中给出 |
| 11.5 | 各类信息或报警装置 | — | 6.4 | 7.1 中给出 |
| 11.6 | 能源切断装置 | — | 5.5.4 | 不相关 |
| 11.7 | 急停装置 | — | 5.5.2、5.5.3 | 不相关 |
| 11.8 | 工件的送进/取出措施 | — | 4.14 | 不相关 |
| 11.9 | 安全调整和/或维修的主要设备和附件 | 3.3、5.3a) | 4.7、4.11.12、4.15、5.5.5 | 7.1 中给出 |
| 11.10 | 排气装置等 | — | — | 不相关 |

ICS 25.080.50
J 55

# 中华人民共和国国家标准

GB 24384—2009

# 外圆磨床　安全防护技术条件

## External cylindrical grinding machines—Safeguarding specifications

2009-09-30 发布　　2010-07-01 实施

中华人民共和国国家质量监督检验检疫总局
中国国家标准化管理委员会　发布

# 前言

**本标准的第3章、4.3.6、4.5.1中f)、4.7、4.9.1、4.9.4、4.10(4.10.2.3.2除外)、4.15、4.16、4.17.1、4.17.2为推荐性的，其余为强制性的。**

本标准由中国机械工业联合会提出。

本标准由全国金属切削机床标准化技术委员会(SAC/TC 22)归口。

本标准起草单位：上海磨床研究所。

本标准主要起草人：黄鸣亮、姚俊、夏萍、张家贵、胡小妹、安军。

本标准为首次发布。

# 外圆磨床　安全防护技术条件

## 1　范围

本标准规定了针对外圆磨床存在的主要危险采取的基本安全防护技术要求和措施以及验证方法。

本标准适用于一般用途的工作台移动式外圆磨床(以下简称机床)。

## 2　规范性引用文件

下列文件中的条款通过本标准的引用而成为本标准的条款。凡是注日期的引用文件,其随后所有的修改单(不包括勘误的内容)或修订版均不适用于本标准,然而,鼓励根据本标准达成协议的各方研究是否可使用这些文件的最新版本。凡是不注日期的引用文件,其最新版本适用于本标准。

GB/T 191　包装储运图示标志(GB/T 191—2008,ISO 780:1997,MOD)

GB/T 1251.1　人类工效学　公共场所和工作区域的险情信号　险情听觉信号(GB/T 1251.1—2008,ISO 7731:2003,IDT)

GB/T 1251.2　人类工效学　险情视觉信号　一般要求　设计和检验(GB/T 1251.2—2006,ISO 11428:1996,IDT)

GB/T 1251.3　人类工效学　险情和信息的视听信号体系(GB/T 1251.3—2008,ISO 11429:1996,IDT)

GB 2893　安全色(GB 2893—2008,ISO 3864-1:2002,MOD)

GB 2894　安全标志及其使用导则

GB/T 3167　金属切削机床　操作指示形象化符号(GB/T 3167—1993,neq ISO 7000:1984)

GB/T 3168　数字控制机床　操作指示形象化符号(GB/T 3168—1993,neq ISO 2972:1979)

GB 5226.1—2002　机械安全　机械电气设备　第1部分:通用技术条件(IEC 60204-1:2000,IDT)

GB/T 6576　机床润滑系统(GB/T 6576—2002,eqv ISO 5170:1977)

GB/T 7932　气动系统　通用技术条件(GB/T 7932—2003,ISO 4414:1998,IDT)

GB/T 8196　机械安全　防护装置　固定式和活动式防护装置设计与制造　一般要求(GB/T 8196—2003,ISO 14120:2002,MOD)

GB/T 9969　工业产品使用说明书　总则

GB 12265.1　机械安全　防止上肢触及危险区的安全距离(GB 12265.1—1997,eqv EN 294:1992)

GB 12265.2　机械安全　防止下肢触及危险区的安全距离(GB 12265.2—2000,eqv EN 811:1994)

GB 12265.3　机械安全　避免人体各部位挤压的最小间距(GB 12265.3—1997,eqv EN 349:1993)

GB/T 13379　视觉工效学原则　室内工作场所照明(GB/T 13379—2008,ISO 8995:2002,NEQ)

GB/T 14775　操纵器一般人类工效学要求

GB/T 14776　人类工效学　工作岗位尺寸　设计原则及其数值

GB/T 15241.2　与心理负荷相关的工效学原则　第2部分:设计原则(GB/T 15241.2—1999,idt ISO 10075-2:1996)

GB/T 15706.1—2007　机械安全　基本概念与设计通则　第1部分:基本术语和方法

(ISO 12100-1:2003,IDT)

GB/T 15706.2—2007 机械安全 基本概念与设计通则 第2部分:技术原则(ISO 12100-2:2003,IDT)

GB 15760—2004 金属切削机床 安全防护通用技术条件

GB/T 16251 工作系统设计的人类工效学原则(GB/T 16251—2008,ISO 6385:2004,IDT)

GB/T 16769 金属切削机床 噪声声压级测量方法

GB/T 16855.1—2008 机械安全 控制系统有关安全部件 第1部分:设计通则(ISO 13849-1:2006,IDT)

GB/T 16856.1 机械安全 风险评价 第1部分:原则(GB/T 16251—2008,ISO 14121-1:2007,IDT)

GB/T 18153 机械安全 可接触表面温度 确定热表面温度限值的工效学数据(GB/T 18153—2000,eqv EN 563:1994)

GB 18209.2 机械安全 指示、标志和操作 第2部分:标志要求(GB 18209.2—2000,idt IEC 61310-2:1995)

GB 18209.3—2002 机械安全 指示、标志和操作 第3部分:操作件的位置和操作的要求(idt IEC 61310-3:1999)

GB/T 18569.1 机械安全 减少由机械排放的危害性物质对健康的风险 第1部分:用于机械制造商的原则和规范(GB/T 18569.1—2001,eqv ISO 14123-1:1998)

GB/T 18569.2 机械安全 减少由机械排放的危害性物质对健康的风险 第2部分:产生验证程序的方法学(GB/T 18569.2—2001,eqv ISO 14123-2:1998)

GB/T 18831—2002 机械安全 带防护装置的联锁装置 设计和选择原则(ISO 14119:1998,MOD)

GB/T 23572 金属切削机床 液压系统通用技术条件

GB/T 23573 金属切削机床 粉尘浓度的测量方法

GB/T 23574 金属切削机床 油雾浓度的测量方法

JB 4029 磨床砂轮防护罩 安全防护技术要求

JB/T 5062 信息显示装置 人机工程一般要求

JB/T 8356.1 机床 包装技术条件

JB/T 8356.2 机床 包装箱

JB/T 8356.3 机床包装用中、小木箱

## 3 机床的危险

3.1 应按 GB/T 15706.1—2007 的第5章和 GB/T 16856.1 的规定,对机床进行危险分析和风险评价,识别和评价机床存在的危险。

注:对于本标准没有涉及的危险,应按 GB/T 15706.2 的有关规定采取措施。

3.2 在危险分析时,对于操作者和其他人员由于可预见的误用(见 GB/T 15706.1—2007 中 3.22)产生的危险应特别加以注意。包括:

——机床使用期间;

——机床调整、清理、维护期间。

3.3 机床存在的主要危险见表1。

**表 1 危险一览表**

<table>
<tr><th>序号</th><th>危险类型</th><th>机床存在的危险</th><th>GB 15760—2004<br>的有关章条</th><th>安全要求和措施在<br>本标准中的有关章条</th></tr>
<tr><td>1</td><td>机械危险(起因于):<br>——形状;<br>——相对位置;<br>——质量和稳定性(位能);<br>——质量和速度(动能);<br>——机械强度不够;<br>——位能的聚集;<br>——弹性元件;<br>——压力下的液体或气体</td><td></td><td></td><td></td></tr>
<tr><td>1.1</td><td>挤压危险</td><td rowspan="2">1) 装夹工件和更换砂轮时产生的挤压或剪切危险;<br>2) 工作台两端及砂轮架最大行程处与墙体或其他物体之间的挤压危险;<br>3) 砂轮架、头架、尾架、中心架、修整器等部件在吊装或移动时,部件与导轨面之间的剪切或挤压危险</td><td rowspan="2">5.2.3.2,5.2.4.5,<br>5.5.1</td><td rowspan="2">4.2.3.2,4.2.4.4,<br>4.5.1</td></tr>
<tr><td>1.2</td><td>剪切危险</td></tr>
<tr><td>1.3</td><td>切割或切断危险</td><td>机床的零部件有可能导致人员伤害的锐边、尖角和开口易造成切割或切断危险</td><td>5.2.2.1,5.2.2.3,<br>5.2.7</td><td>4.2.2.1,4.2.2.3</td></tr>
<tr><td>1.4</td><td>缠绕危险</td><td>1) 操作者在手动操作(如装、拆工件或测量)时,接近旋转砂轮或头架拨盘造成缠绕危险;<br>2) 外露的齿轮、齿条、皮带轮、皮带、丝杠等易造成缠绕危险;<br>3) 头架电线、尾架油管、砂轮架上的冷却水管等在部件移动中,由于管线的固定措施不当引发缠绕危险</td><td>5.2.3.1</td><td>4.2.2.2,4.2.3.1</td></tr>
</table>

表 1(续)

| 序号 | 危险类型 | 机床存在的危险 | GB 15760—2004的有关章条 | 安全要求和措施在本标准中的有关章条 |
| --- | --- | --- | --- | --- |
| 1.5 | 吸入或卷入危险 | 高速旋转的砂轮与机床的头架、尾架、中心架部件之间,尤其是砂轮与工件之间易造成吸入或卷入危险 | 5.2.3.1 | 4.2.3.1 |
| 1.6 | 冲击危险 | 1) 砂轮架快速引进调整失控撞击工件,导致冲击危险;<br>2) 工作台往复运动冲击撞人导致危险 | 5.2.3.3,5.2.3.4,5.2.3.7 | 4.2.3.3,4.2.3.4,4.2.3.7 |
| 1.7 | 刺伤或扎伤危险 | 外部零件的凸出部分和零件的尖棱、尖角等导致操作者刺伤或扎伤危险 | 5.2.2.1,5.2.2.3,5.20 | 4.2.2.1,4.2.2.3,4.18 |
| 1.8 | 摩擦或磨损危险 | — | 5.2.3.4,5.19.3 | — |
| 1.9 | 高压流体喷射危险 | 1) 油管、气管及冷却管意外爆裂造成喷射危险;<br>2) 静压油箱附有蓄能器,维修时压力未卸尽,拆卸油管引起压力油喷射 | 5.4.10,5.15,5.16 | 4.4.10,4.13,4.14 |
| 1.10 | 机床零件/工件抛出危险 | 夹紧装置(包括工件卡盘、砂轮卡盘和尾架夹紧装置)失误造成工件或砂轮抛出的危险 | 5.2.3.5,5.2.4,5.4.10,5.5.1 | 4.2.3.5,4.2.4,4.4.10,4.5.1 |
| 1.11 | 稳定性丧失危险 | 1) 机床运动部件的移动使重心偏离稳定区引起稳定性丧失危险;<br>2) 在贮运过程中,机床移动部件意外失控而移动造成零部件跌落或倾倒 | 5.2.1,5.2.5,5.19 | 4.2.1,4.17 |
| 1.12 | 滑倒、绊倒和跌倒危险 | 1) 油液、冷却液飞溅或渗漏到地面导致人行走时滑倒危险;<br>2) 电缆线、油管过长或固定不当引发绊倒危险 | 5.2.2.2,5.2.9.1,5.11.5,5.15,5.18 | 4.2.2.2,4.9.5,4.13,4.16 |

表 1（续）

| 序号 | 危险类型 | 机床存在的危险 | GB 15760—2004 的有关章条 | 安全要求和措施在本标准中的有关章条 |
|---|---|---|---|---|
| 2 | 电气危险 | | | |
| 2.1 | 直接触电（在正常工作电压下，直接接触带电体） | 在使用、维护和故障检查时，操作者意外接触带电体 | 5.3.1 | 4.3.1 |
| 2.2 | 间接触电（由于绝缘失效，间接接触带电体） | 1) 在使用、维护和故障检查时，操作者意外接触带电体。<br>2) 电器元件意外绝缘失效使非带电体带电引起危险 | 5.3.1,5.3.5 | 4.3.1 |
| 2.3 | 绝缘不当 | | 5.3.1 | 4.3.1 |
| 3 | 热危险 | | | |
| 3.1 | 由热接触和热源辐射引起的烧伤和烫伤 | 操作者维修机床时，接触高温零件（如照明灯、液压油管）引起烫伤危险 | 5.7 | 4.7 |
| 3.2 | 由过热或过冷对健康造成的危害 | — | 5.7 | — |
| 4 | 噪声危险 | | | |
| 4.1 | 听力丧失或其他生理紊乱 | 由机床的动力源（电机）和动力传递系统及磨削过程产生的超过标准规定值的噪声引起的危险 | 5.8 | 4.8 |
| 4.2 | 干涉语言通讯和声讯信号 | — | 5.8 | — |
| 6 | 辐射危险 | | | |
| 6.1 | 电弧 | — | 5.10.1 | — |
| 6.2 | 激光 | — | 5.10.2 | — |
| 6.3 | 离子化辐射源 | — | 5.10.1 | — |
| 6.4 | 高低频电磁场 | — | 5.3.6 | — |
| 7 | 物质和材料产生的危险 | | | |
| 7.1 | 接触或吸入有害液体、气体、烟雾、油雾和粉尘等 | 操作者及机床周边人员接触或吸入磨削粉尘、烟雾、油雾和冷却液等 | 5.11.1,5.11.2 | 4.9.1,4.9.2 |

表 1（续）

| 序号 | 危险类型 | 机床存在的危险 | GB 15760—2004 的有关章条 | 安全要求和措施在本标准中的有关章条 |
|---|---|---|---|---|
| 7.2 | 火灾和爆炸 | 1) 冷却液飞溅至灼热的照明灯上引起玻璃破碎引发危险；<br>2) 高速旋转砂轮意外爆炸 | 5.11.3 | 4.9.3 |
| 7.3 | 生物和微生物危险 | 操作或维修人员接触有细菌或病毒的液压油和冷却液（变质发霉）引起的危险 | 5.11.4 | 4.9.4 |
| 8 | 设计时忽视人类工效学的危险 | | | |
| 8.1 | 不利健康的姿势或过度用力 | 工件、砂轮和零件的装拆引起不利健康的姿势或过度用力 | 5.2.9.2,5.12.1,5.12.2,5.12.3 | 4.10.1,4.10.2<br>4.10.3 |
| 8.2 | 没有充分考虑人体手臂或腿脚结构要求 | 手轮、手柄、按钮台的安装高度不当及手轮、手柄操作力过大 | 5.12.2 | 4.10.2 |
| 8.3 | 忽视人员防护装备的使用 | 1) 修整砂轮时，砂粒易吹入人的眼睛；<br>2) 冷却液与人皮肤接触产生伤害 | 5.10.2,5.12.1 | 4.10.1 |
| 8.4 | 不适当的区域照明 | 1) 工作区照明度不够；<br>2) 照明装置有刺激性的眩光、有妨碍操作的阴影区或引起危险的频闪效应 | 5.13 | 4.11 |
| 8.5 | 精神过分紧张或准备不足等 | 机床的噪声超标以及操作位置不符合人类功效学的要求，造成操作人员的精神紧张或操作精力不集中 | 5.12.1 | 4.8,4.10.1 |
| 8.6 | 人的差错 | 操作者误操作机床造成撞击工件或机床过载引发砂轮破碎飞溅等危险 | 5.4.3,5.12.2.1 | 4.4.3,4.10.2.1 |

表 1（续）

| 序号 | 危险类型 | 机床存在的危险 | GB 15760—2004 的有关章条 | 安全要求和措施在本标准中的有关章条 |
| --- | --- | --- | --- | --- |
| 9 | 能量供应中断、机械零件破损及其他功能紊乱造成的危险 | | | |
| 9.1 | 机床或控制系统能量供应中断 | 动力的偶然中断导致工件跌落产生的危险 | 5.3.2,5.4.2 | 4.3.2,4.4.2 |
| 9.2 | 机床零件/工件意外甩出、压力液体或气体的意外喷出 | 砂轮破碎，液压系统油管意外爆裂造成油液喷出等 | 5.2.3.5,5.2.4,5.4.10,5.5.1,5.15,5.16 | 4.2.3.5,4.2.4,4.4.10,4.5.1,4.13,4.14 |
| 9.3 | 控制系统故障或失灵 | 1) 运动部件意外起动、运动失控或超载(砂轮超速或砂轮架进给过量)；<br>2) 运动部件停止受阻；<br>3) 保护装置失效 | 5.2.3.7,5.2.4.6,5.4.10 | 4.2.3.7,4.2.4.5,4.4.10 |
| 9.4 | 装配错误 | 1) 控制元件装配错误，使机床运转程序动作出错产生危险；<br>2) 有安全联锁要求，用于工件夹持的尾架脚踏油缸，因管路接错产生危险；<br>3) 电机运转方向错误产生危险 | 5.14 | 4.2.3.6,4.12 |
| 9.5 | 倾覆、机床稳定性意外丧失 | 机床在使用或储运过程中意外跌落、倾翻或移动 | 5.2.1,5.2.5,5.19 | 4.2.1,4.17 |
| 10 | 安全措施错误、安全装置安装不正确或定位不正确产生的危险 | | 5 | |
| 10.1 | 防护装置 | 1) 结构不坚固耐用或开口太大造成危险；<br>2) 防护装置的设计结构不合理 如：阻碍视线或产生了附加的挤压或剪切区造成危险 | 5.5.1,5.5.2 | 4.5.1,4.5.2 |

表 1（续）

| 序号 | 危险类型 | 机床存在的危险 | GB 15760—2004 的有关章条 | 安全要求和措施在本标准中的有关章条 |
|---|---|---|---|---|
| 10.2 | 安全(防护)装置 | 1) 限位位置不当或限位失效造成危险；2) 联锁装置不可靠造成危险 | 5.5.1,5.5.3 | 4.2.3.8,4.4.2,4.5.1,4.5.3 |
| 10.3 | 起动和停止装置 | 1) 标记不明显(不易识别)或布置不合理造成误操作产生危险；2) 装置因电路故障等原因引起失效而造成危险 | 5.4.4,5.4.5 | 4.4.2,4.4.4,4.4.5 |
| 10.4 | 安全信号和信号装置 | 机床未设置安全信号和信号装置或安全信号和信号装置不易理解而造成危险 | 5.6 | 4.6 |
| 10.5 | 信息和报警装置 | 机床未设置安全信息和报警装置或安全信息不易理解和报警装置失效而造成危险 | 5.4.3,5.12.3,6 | 4.4.3,4.10.3,第5章 |
| 10.6 | 能量供应切断装置 | 能量供应切断装置无明显标记和自锁装置,断开处的"下游"仍存有能量易造成危险 | 5.4.5,5.15,5.16 | 4.4.5,4.13,4.14 |
| 10.7 | 急停装置 | 1) 急停装置不易识别造成危险；2) 急停装置安装位置远离危险区造成危险 | 5.4.6 | 4.4.2,4.4.6 |
| 10.8 | 上料和下料 | — | 5.26 | — |
| 10.9 | 安全调整和/或维修用的主要设备和附件 | 未提供专用工具和专用附件使操作者在调整和/或维修时产生危险 | 5.20 | 4.2.4.4,4.18 |
| 10.10 | 排气装置 | — | 5.2.4.7 | — |

## 4 安全要求和措施与验证方法

### 4.1 一般要求

4.1.1 本标准的安全要求和措施与验证方法是对 GB 15760 标准的具体化和补充。按本标准检验机床时,机床在符合本标准要求的同时,还应符合 GB 15760 中未经本标准具体化的适用外圆磨床的其余项目的要求。

4.1.2 应通过设计尽可能排除或减少所有潜在的危险因素。

4.1.3 通过设计不能避免或充分限制的危险,应采取必要的安全防护装置(防护装置、安全装置)。

4.1.4 对于无法通过设计排除或减少的,而且安全防护装置对其无效或不完全有效的遗留危险,应用信息通知和警告操作者。

**4.2 机床结构**

**4.2.1 稳定性**

机床的外形布局应确保具有足够的稳定性。使用机床时(按说明书规定的预定使用条件下),不应存在意外翻倒、跌落或移动的危险。由于机床的形状原因不能确保足够稳定性时,应在说明书中规定其固定措施。

**验证**:视检和/或检查信息。

**4.2.2 外形**

4.2.2.1 可接触的外露部分不应有可能导致人员伤害的锐边、尖角和开口。

**验证**:视检和/或检查信息。

4.2.2.2 机床的各种电缆电线、液压管线、气动管线、冷却管线、润滑管线等布置安排应合理、无障碍,防止产生绊倒等危险。

**验证**:视检和/或检查信息。

4.2.2.3 机床的突出部分、移动部分、分离部分应采取安全措施,防止产生磕伤、碰伤、划伤、剐伤危险。

**验证**:视检或检查信息。

**4.2.3 运动部件**

4.2.3.1 有可能造成缠绕、吸入或卷入等危险的运动部件(机床的砂轮、头架、内圆磨具等)和传动装置(机床的齿轮、齿条、皮带轮、皮带、丝杠等)应予以封闭或设置安全防护装置、或使用信息,除非它们所处位置是安全的。

**验证**:视检和/或检查信息。

4.2.3.2 机床的运动部件之间以及运动部件与静止部件之间(如工作台纵向移动部件与砂轮架横向移动部件、砂轮架横向移动部件与头架或尾架等部件)不应存在挤压危险或剪切危险,否则按 GB 12265.3 的规定采取安全措施。

**验证**:检查图样,视检和/或检查信息。

4.2.3.3 机床的工作台纵向移动、砂轮架横向移动存在冲击危险,应设置可靠的限位装置,必要时可采取可靠的缓冲装置。若设置限位装置有困难,应采取必要的安全措施。

**验证**:视检和/或检查信息。

4.2.3.4 由于超负荷可能发生损坏的砂轮架和工作台等运动部件应设置超负荷保险装置。因结构原因不能设置时,应在机床上(或说明书中)标明机床的极限使用条件。

**验证**:检查图样,视检或检查信息。

4.2.3.5 安装在主轴上的砂轮卡盘及其他在运动中有可能松脱的零件、部件应设置防松装置。

**验证**:检查图样和/或视检。

4.2.3.6 对于单向转动的部件应在明显位置标出转动方向。如在砂轮罩上应标出砂轮的旋转方向。

**验证**:视检。

4.2.3.7 在紧急停止或动力系统发生故障时,砂轮架和工作台等运动部件应就地停止或返回设计规定的位置。

**验证**:视检。

4.2.3.8 在运动部件不允许同时运动(如头架主轴回转与砂轮架快速移动)时,其控制机构应联锁。不能实现联锁的，应在控制机构附近设置警告标志，并在说明书中说明。

**验证**：视检和/或检查信息。

**4.2.4 夹持装置**

4.2.4.1 砂轮卡盘、工件卡盘和尾架夹紧装置应采取安全措施，确保工件和砂轮在加工过程中不会松脱或甩出。必要时，在使用说明书中说明安全使用的相关信息（如砂轮的最大线速度和砂轮的安装方法、最大夹持工件的重量及安全使用的速度范围等）。

**验证**：视检和/或检查信息。

4.2.4.2 手动夹持装置

手动夹持的工件卡盘及尾架夹紧装置应采取安全措施，防止意外危险（如将卡盘扳手遗忘在卡盘上随着卡盘一起旋转等）。

**验证**：功能检查和/或检查信息。

4.2.4.3 机动夹持装置

a) 机动夹持的液压尾架夹紧装置的夹紧过程应与机床运转的开始和结束相联锁；

b) 机动夹持的液压尾架夹紧装置只有在人为操作的条件下才能放松工件。

**验证**：功能检查。

4.2.4.4 手动更换工件、砂轮时，应采取安全措施（如提供信息或配备专用的吊装工具），防止产生挤压等危险。

**验证**：视检和/或检查信息。

4.2.4.5 在紧急停止或动力系统发生故障时，尾架夹紧装置应具有防止危险产生的安全措施。

**验证**：视检和/或检查信息。

**4.3 电气系统**

**4.3.1 触电**

为防止触电危险，电气设备的防护应符合下列规定：

a) 带电体的防护应符合 GB 5226.1—2002 中第 6 章的规定；

b) 电气设备绝缘防护应符合 GB 5226.1—2002 中 6.2.3、6.3.2.2、13.3 的规定；

c) 电气设备保护接地应符合 GB 5226.1—2002 中 8.2、14.1、14.2 的规定。

**验证**：视检，保护接地连续性试验，绝缘电阻试验，耐压试验。

**4.3.2 保护**

为防止意外危险，电气设备的保护应符合下列规定：

a) 电气设备过电流的保护应符合 GB 5226.1—2002 中 7.2 的规定；

b) 电动机过载保护应符合 GB 5226.1—2002 中 7.3 的规定；

c) 电动机超速保护应符合 GB 5226.1—2002 中 7.6 的规定；

d) 电压波动、电源中断的保护应符合 GB 5226.1—2002 中 7.5、7.9 的规定；

e) 接地故障（或残余电流）的保护应符合 GB 5226.1—2002 中 7.7 的规定。

**验证**：视检，检查技术文件，残余电压试验。

**4.3.3 导线、电缆和配线**

电气系统的导线、电缆和配线应符合下列规定：

a) 导线、电缆应符合 GB 5226.1—2002 中第 13 章的规定；

b) 配线应符合 GB 5226.1—2002 中第 14 章的规定。

**验证**：视检。

**4.3.4 电动机**

电动机应符合 GB 5226.1—2002 中第 15 章的规定。

**验证**：视检。

4.3.5 **静电**

电气设备应防止或限制静电放电,必要时可设置放电装置。

**验证**:视检。

4.3.6 **电磁兼容**

电气设备的电磁兼容宜符合 GB 5226.1—2002 中 4.4.2 的规定。

**验证**:供方提供相应的证明或试验。

4.4 **控制系统**

4.4.1 **一般要求**

除了应符合 5.4.2~5.4.10 规定外,还应符合 GB 5226.1—2002 中第 5 章、第 9 章、第 10 章、第 12 章、GB/T 15706.2—2007 中 4.11、4.13 和 GB/T 16855.1 的规定。

**验证**:检查电气图样,视检,功能检查和/或检查信息。

4.4.2 **控制系统的安全及可靠**

控制系统的有关安全部分是指从整个系统的最初控制装置或输入点的检测位置开始到机床最终执行机构或元件(如电动机)。

控制系统应确保其功能可靠,控制系统应能受预期的工作负荷和外来影响、逻辑的错误(不包括操作程序)。

控制系统的有关安全部分的功能和类别(见 GB/T 16855.1—2008 中第 8 章)应符合表 2 的规定。

**表 2 控制系统的有关安全部分的功能和类别**

| 功能 | GB/T 16855.1—2008 的类别 |
|---|---|
| 起动和重新起动 | 1 类或 2 类 |
| 停止 | 1 类 |
| 紧急停止 | 1 类或 3 类 |
| 模式选择 | 1 类 |
| 保持-运转 | 3 类 |
| 联锁 | 1 类或 3 类 |
| 防护装置的联锁 | 3 类 |
| 轴运动 | 1 类或 2 类 |
| 工件夹紧 | 1 类 |
| 最大速度 | 2 类或 3 类 |

**验证**:检查图样,视检,检查元器件是否符合相关标准证明,检查信息。

4.4.3 **控制装置**

控制装置应确保操作时不会引起危险,并应符合下列要求:

a) 设置在危险区以外(紧急停止装置、移动控制装置等除外);

b) 清晰可见,易与其他装置区分,必要时设置表示其功能和用途的标志;符号标志应符合 GB/T 3167、GB/T 3168 的有关规定。控制器件的颜色代码应符合 GB 5226.1—2002 中10.2 的规定;

c) 一个控制装置,而多重控制时(如键盘),执行的动作应清楚标明;

d) 不会引起误操作和附加危险;

e) 在操作位置不能观察到全部工作区的机床,应设置视觉或听觉的起动警告信号装置或警告信息,以便工作区内人员能及时撤离或迅速制止起动;

f) 有一个以上操作位置的机床,应设置控制联锁装置。

**验证**:视检,功能检查和/或检查信息。

**4.4.4 起动**

机床起动应符合下列要求:

a) 只应在人为的起动控制下,机床才能起动。包括:

1) 停止后重新起动;

2) 操作状况(如速度、压力)有重大变化时。

注:正常的自动控制程序,或重新起动或操作状况变化不会对人员造成危险,可不遵守上述要求。

b) 活动式防护装置闭合时,机床不应立即起动;

c) 活动式防护装置脱开时,机床不应意外起动;

d) 有多个起动装置时,应设置选择装置,任何时候仅有一个起动装置起作用。

**验证**:功能检查。

**4.4.5 停止**

机床应设置停止装置,停止装置应位于每个起动装置附近。机床停止应符合下列要求:

a) 按下停止装置时,机床的运动应能完全安全地停下来;

注:由于各种机床的危险情况不同,停止装置可停止机床运行中的部分或全部。

b) 机床运动停止时,执行机构的能量供应应切断,保证断开点“下游”不再有位能和/或动能。

注:当某些回路必须与其能源供应保持正常连通时,例如:夹持工件、保持信息或内部照明等,应采取特殊措施(如警告信息或报警灯等),以确保操作者的安全。

**验证**:检查图样,视检,功能检查和/或检查信息。

**4.4.6 紧急停止**

4.4.6.1 紧急停止应符合 GB 5226.1—2002 中 10.7 的规定及下列要求:

a) 能明确识别、容易看见,易于接近,且操作无危险;

b) 动作不应影响保护操作者或机床的装置的功能;

c) 使机床或运动部件尽快地停止运行;

d) 执行机构的任何动作应使控制装置锁紧,并持续到重调(不锁紧);

e) 复位不应使机床起动,或起动任何危险部件的运动。

**验证**:检查图样,视检,功能检查。

4.4.6.2 机床应设置一个或数个紧急停止装置,如在:

a) 主操作台;

b) 可移动的操作台;

c) 上、下料处(远离主操作位置时)。

**验证**:视检。

**4.4.7 模式选择**

机床有一种以上工作或操作方式(如自动控制或调整、检查等)时,应设置模式选择控制装置,且每个被选定的模式只允许对应于一种操作或控制模式。

在某种工作或操作方式下,须在安全防护装置脱开或无效下才能操作,模式选择控制应满足下列要求:

a) 自动控制模式无效;

b) 在进一步的控制指令下(有命令顺序)机床才能动作;

c) 在特别的安全措施(如减速、减功率或其他措施)下,机床的危险运动部件才允许运转;

d) 机床的运行直接或间接通过传感器控制时,应能避免产生任何危险运动。

**验证**:视检,功能检查和/或检查信息。

4.4.8 **保持-运转**

保持-运转应能持续激励直至工作完成。

**验证**:功能检查。

4.4.9 **数控系统**

数控系统应符合 GB 5226.1—2002 中第 11 章的规定及下列要求:

a) 满足预期的操作条件和环境影响;

b) 设置访问口令或钥匙开关,防止程序被有意或无意改动;

c) 有关安全的软件未经授权不允许改变。

**验证**:视检,功能检查和/或检查信息。

4.4.10 **控制系统故障**

控制系统出现故障时,不应导致危险产生,特别是:

a) 机床不应意外起动;

b) 运动部件速度变化不应失控;

c) 运动部件不应停不下来;

d) 运动部件或机床上工件、砂轮不应掉下或抛出,流体不应喷出;

e) 安全装置不应失效。

**验证**:检查图样和/或检查信息。

4.5 **安全防护装置**

4.5.1 **一般要求**

安全防护装置应符合 GB/T 8196、GB/T 18831 的规定和下列要求:

a) 性能可靠,能承受工件和零件或砂轮的甩出,切屑和冷却液的溅出等;

b) 不应引起附加危险和限制机床的功能,也不应过多地限制机床的操作、调整和维护;

c) 防护装置与机床危险部位间的安全距离应符合 GB 12265.1、GB 12265.2、GB 12265.3 的规定;

d) 防护罩、屏、栏的材料,以及采用网状结构、孔板结构和栏栅结构时的网眼或孔的最大尺寸和最小安全距离,应符合有关规定;

e) 防护装置的可移动部分应便于操作、移动灵活;

f) 经常拆卸用手搬动的防护装置应装拆方便,其质量不宜大于 16 kg。不便于用手搬动的防护装置,应设置吊装孔、吊环、吊钩等,并在防护装置本体或说明书中标明其质量值(kg);

g) 观察机床运行的透明防护装置应便于观察。

**验证**:视检,实测和/或检查信息。

4.5.2 **防护装置**

4.5.2.1 **固定式防护装置**

应牢靠地固定或联接。可拆卸部分只能用工具拆卸。

**验证**:视检。

4.5.2.2 **活动式防护装置**

活动式防护装置应满足下列要求:

a) 采用重力、卡子、定位螺栓、铰链或导轨等固定;

b) 打开时应尽量与机床保持相对固定;

c) 采用联锁的活动式防护装置,防护装置关闭前机床不能起动,一旦打开防护装置时机床应中断工作循环,砂轮架须退回到安全位置(砂轮主轴可不停止运转),调整状态除外;

d) 必要时可设置防护锁。

**验证**:视检,功能检查和/或检查信息。

4.5.2.3 **可调式防护装置**

可调式防护装置应调整方便，调整完毕后调整件应能保持固定。

**验证**：视检。

4.5.2.4 **砂轮防护装置**

砂轮防护罩应符合 JB 4029 的规定。在砂轮防护罩或其附近显著位置应标明砂轮的旋转方向和砂轮最大线速度。

**验证**：检查图样和视检。

4.5.3 **安全装置**

4.5.3.1 **联锁装置**

联锁装置的联锁保护应符合 GB 5226.1—2002 中 9.3 的规定。

**验证**：检查图样，功能检查。

4.5.3.2 **限位装置**

机床的限位装置应尽量安装到无振动、不受影响的合适位置上，动作应可靠。

**验证**：视检，功能检查。

4.6 **安全标志和安全色**

4.6.1 必要时应在机床危险部位或附近设置安全标志或涂安全色，以提醒操作、调整和维护人员注意危险的存在。使用安全标志应符合 GB 2894、GB 18209.2 的规定。使用的安全色应符合 GB 2893 的规定。

4.6.2 应在下列危险部位设置安全标志或涂安全色：

a) 砂轮罩上；

b) 电气箱体外表面；

c) 非全封闭工作台防护罩前面；

d) 不能安装安全防护罩的换向撞块部位；

e) 有蓄能器装置的显著位置。

**验证**：视检。

4.7 **异常温度**

4.7.1 经常接触的机床部件的温度应符合 GB/T 18153 的规定。

4.7.2 机床部件(电气元件、照明灯等)不应存在对人体灼伤、烫伤的危险。否则在其附近处应设置警示牌。

**验证**：视检和/或检查信息。

4.8 **噪声**

应采取措施降低机床的噪声。在空运转条件下，机床的噪声声压级应符合表 3 的规定。

**表 3 机床空运转噪声声压级的限值**

| 机床质量/t | ≤10 | >10 |
|---|---|---|
| 普通级(含数控机床)/dB(A) | 83 | 85 |
| 高精度级、精密级(含数控机床)/dB(A) | 75 | 80 |

机床噪声的测量方法应符合 GB/T 16769 的规定。

**验证**：实测。

4.9 物质和材料

4.9.1 一般要求

机床使用和排放的物质和材料应符合 GB/T 18569.1、GB/T 18569.2 的规定。

4.9.2 有害物质

4.9.2.1 液体

机床用液体应符合下列要求：

a) 冷却液的选用应能使机床正常工作，并不会影响人体健康；不应使用受污染、不洁的劣质或变质的冷却液；浓缩液稀释不应混入对人体健康有害的物质；

b) 机床用油应符合有关标准的规定；

c) 机床用涂料、油漆不应影响人体健康。

注：涂料、油漆指固化以后的。

**验证**：提供相关证明或检查信息。

4.9.2.2 气体、油雾

工作时产生有害气体或油雾的机床，应采取有效的封闭措施和/或设置有效的排气、吸雾装置。

油雾浓度的测量应符合 GB/T 23574 的规定。

**验证**：视检和/或实测。

4.9.2.3 粉尘

工作时产生大量粉尘的机床，应采取有效的封闭措施和/或设置有效的吸尘装置。

粉尘浓度的测量应符合 GB/T 23573 的规定。

**验证**：视检和/或实测。

4.9.3 火灾和爆炸

应采取措施防止气体、液体、粉尘等物质产生火灾和爆炸危险，特别是：

a) 应提示用户尽量采用使用说明书推荐的冷却液和油液。若使用易燃冷却液、油液或加工易燃材料应采取防火、防爆措施，如：
   1) 灭火器；
   2) 防爆装置；
   3) 易燃限制装置。

b) 照明灯的安装位置应避免冷却液飞溅引起的爆炸危险，否则应加防护装置。

c) 电气设备的耐燃保护应符合 GB 5226.1—2002 中 7.4、13.3 的规定。

**验证**：视检和/或检查信息。

4.9.4 生物和微生物

机床的油箱、冷却箱等应便于清理。油箱、冷却箱宜加盖，以防止外来物进入。应提示用户定期更换冷却液和油液。

**验证**：视检和/或检查信息。

4.9.5 飞溅

应避免冷却液、切屑飞溅造成的滑倒、伤人等危险。如加工区的防护不足以防止溅向操作者，则应设置附加的防护挡板，或提示用户按其加工工件的形状和尺寸特征添设附加的防护挡板。

**验证**：视检和/或检查信息。

4.10 人类工效学

4.10.1 一般要求

机床的人类工效学设计应符合下列要求：

a) 工作强度、运动幅度、可见性、姿势等应与人的能力和极限相适应，并应符合 GB/T 16251 的规定；

b) 工作位置应适合操作者的身体尺寸、工作性质及姿势,并应符合 GB/T 14776 的规定;

c) 应防止操作时出现干扰、紧张、生理或心理危险,并应符合 GB/T 15241.2 的规定;

d) 操作机床会造成伤害的,应提示用户采用个人防护装置。

**验证**:视检,实测和/或检查信息。

4.10.2 **操作件**

4.10.2.1 **一般要求**

操作件应符合 GB 5226.1—2002 中 10.1、GB 18209.3—2002 的规定及下列要求:

a) 操作者应能判明最终效应是否实现(直接或通过反馈/应答装置);

注:最终效应指操作者在进行操作时所要求达到的预期结果(见 GB 18209.3—2002 中 3.3)。

b) 操作件的操作方向应与其最终效应一致,如有不一致时应符合常规规定;

c) 操作者与机床的相对位置可以改变(如用遥控、便携式和悬挂操作装置),机床的运动方向变化不明确时,应在机床的运动部件上或其附近加贴与操作件上操作符号和/或颜色相对应的标志;

d) 既可机动又可手动的操作件,当圆周速度大于 20 m/min 时,应与旋转轴自动脱开,或采用无轮辐和无手把的操作件;

注:脱开时,允许操作件由于惯性作用产生短时摆动。

e) 应避免镜像对称布置;

f) 起动操作件的位置应使操作者在操纵时能看见所控制对象;

g) 操作件应按所控制对象操作关系或功能关系来进行逻辑组合;

h) 操作件应尽量避免意外操作的危险,可采用下列措施:

1) 凹进或遮盖;

2) 增加操纵力;

3) 设置保险装置(如锁紧装置);

4) 置于不会被偶然碰撞的地方;

5) 按顺序作用;

6) 采用双手控制装置;

7) 使用使能器件。

**验证**:视检,功能检查和/或检查信息。

4.10.2.2 **操作件尺寸和操纵力**

4.10.2.2.1 操作件的设计应符合 GB/T 14775 的规定。

4.10.2.2.2 手轮、手柄操纵力在行程范围内应均匀,并应符合表 4 的规定。

**表 4 手轮、手柄的操纵力**

| 机床质量/t | ≤2 | >2~5 | >5~10 | >10 |
|---|---|---|---|---|
| 经常使用/N | ≤40 | ≤60 | ≤80 | ≤120 |
| 不经常使用/N | ≤60 | ≤100 | ≤120 | ≤160 |

注 1:每班使用次数大于 25 次的手轮、手柄为经常使用手轮、手柄。

注 2:用于换向、夹紧、锁紧、顶紧以及增加阻尼等特殊要求的手轮、手柄,其操纵力按设计规定。

注 3:极少使用的手轮、手柄,其操纵力按设计规定。

**验证**:视检,实测。

4.10.2.2.3 脚踏操作件应采取防护措施,以防止误操作。脚踏操作件的移动行程应为 45 mm~70 mm,移动力应为 20 N~200 N。

**验证**:视检,实测。

4.10.2.3 操作高度

4.10.2.3.1 手轮、手柄的安装高度(从地面或操作站台面至手轮、手柄的中间位置)应符合表5的规定。

表5 手轮、手柄的安装高度

单位为米

| 使用情况 | 安装高度 |
|---|---|
| 经常使用 | 0.5～1.7 |
| 不经常使用 | 0.3～1.9 |
| 仅调整时使用 | ≤2 |
| 注:需站在专用台板上操作的机床除外。 | |

验证:实测。

4.10.2.3.2 按钮站的安装高度(从地面或操作站台面至按钮站的中间位置)应为0.6 m～1.9 m。

验证:实测。

4.10.3 信息显示装置

信息显示装置应耐久、清晰、含义明确易于理解,并应符合JB/T 5062的规定。

验证:视检。

4.10.3.1 指示器和显示器

4.10.3.1.1 位置

指示器和显示器应便于察看和识别。

验证:视检。

4.10.3.1.2 安装高度

a) 指示器的安装高度(从地面或操作站台面到指示器的中间位置)应符合表6的规定。

表6 指示器的安装高度

单位为米

| 观察情况 | 安装高度 |
|---|---|
| 经常观察 | 0.7～1.7 |
| 不经常观察 | 0.3～2.5 |

b) 显示器的视距应至少为0.3 m,安装高度距地面或操作站台面应为1.3 m～2 m。

验证:实测。

4.10.3.2 报警装置

机床的视觉、听觉和触觉警告信号应符合GB/T 1251.1、GB/T 1251.2、GB/T 1251.3、GB/T 18209.2的规定及下列要求:

a) 所表达的信息和含义明确易于理解;

b) 在信号接受区范围内应便于识别;

c) 定期检查信号的有效性。

验证:功能检查和/或检查信息。

4.11 照明

4.11.1 机床操作时因光线不足而对操作者产生危险,应提供确保机床安全工作的局部照明装置。

验证:视检。

4.11.2 照明装置的设计和安装应符合GB 5226.1—2002中第16章、GB/T 13379的规定及下列要求:

a) 在工作区的照明应可靠;

b) 避免引起危险的频闪效应、刺激性的眩光和有碍操作的阴影区;

c) 灯和光的污染应尽可能少；

d) 维护方便；

e) 在工件中心高的位置上，靠近砂轮表面的照度至少为 500 勒[克司](lx)。

**验证**：视检，实测和/或检查信息。

**4.12 装配错误**

应避免装配错误或重新装配错误造成的危险，否则应：

a) 在运动部件上或附近标明运行方向；

b) 在导管、导线、电缆、液、气管件和/或连接件上标明标记。

**验证**：视检和/或检查信息。

**4.13 液压系统**

液压系统应符合 GB/T 23572 的规定及下列要求：

a) 液压系统应设有防止超压的安全阀或调整压力变化的溢流阀。

b) 液压系统应能承受设计规定的最大工作压力。

c) 压力保险装置应调整到说明书的规定。

d) 液压系统的渗漏不应引起危险。

e) 动力源断开时，蓄能器应能自动卸压或安全闭锁(特殊情况，断开时还需压力除外)。断开时若蓄能器仍需保持压力，应在蓄能器上或附近的显眼(明显位置)位置示出安全信息，信息应包括"小心(或注意)压力容器"字样。

蓄能器上至少应标明下列标记：

1) 制造日期；

2) 容量(L)；

3) 额定压力；

4) 允许的温度(℃)。

**验证**：检查图样，视检，功能试验，检查信息。

**4.14 气动系统**

气动系统应符合 GB/T 7932 的规定及下列要求：

a) 气动系统应设有防止超压的安全阀或调整压力变化的限压阀；

b) 气动系统应能承受设计规定的最大工作压力；

c) 压力保险装置应调整到说明书的规定；

d) 气动系统的渗漏不应引起危险；

e) 机床与气源相连时，机床上应设有限压阀和压力表，并应说明最大允许接通压力。

**验证**：检查图样，视检，功能试验，检查信息。

**4.15 润滑系统**

润滑系统应符合 GB/T 6576 的规定及下列要求：

a) 油位指示器上的手动润滑点应设有标志，并便于操作；

b) 机床及附件上和手动润滑点应设有标志，并便于操作；

c) 只有当液压系统和润滑系统使用相同的油，才允许混合，但务必除去杂质。

**验证**：视检。

**4.16 切削冷却系统**

切削冷却系统应符合 4.9 的规定及下列要求：

a) 机床应尽可能容纳和有效回收冷却液；

b) 固定冷却液喷嘴的装置，应能方便、安全、可靠地固定在所需位置上；

c) 冷却液开关或流量控制器的位置应确保调整时操作者的安全。

**验证**：视检。

## 4.17 包装、储运

### 4.17.1 包装

机床的包装应符合下列要求：

a) 包装储运图示标志应符合 GB/T 191 的规定；

b) 机床的包装和包装箱应符合 JB/T 8356.1～8356.3 的规定。

**验证**：视检和/或检查信息。

### 4.17.2 储存

机床的储存应符合下列要求：

a) 确保有足够的稳定性；

b) 防止雨淋、潮湿、鼠害，并且通风良好；

c) 长期存放时，应定期检查存放地方的情况和包装状态；

d) 必要时，在说明书中说明机床储存的环境条件。

**验证**：视检和/或检查信息。

### 4.17.3 运输

机床的搬运和吊装应符合下列要求：

a) 确保安全可靠，不应出现意外的移动、倾斜和转动。

b) 对于质量大于 16 kg 的机床零、部件，必要时，应设置吊装孔、起吊环或吊装工具。

c) 当随机提供起吊装置或升降装置时，应在说明书中提供安全工作负荷等详细资料。在动力系统发生故障时，起吊装置和升降装置应能承受住重物。

d) 手动搬运的机床零、部件应易于用手搬运，必要时，应配备搬运把手(或手柄)。

e) 当机床零、部件因材料和形状造成危险时，应采取特别的搬运措施。

**验证**：视检和/或检查信息。

## 4.18 测量、调整、清理和维护

机床的测量、调整、清理和维护应符合下列要求：

a) 一般应在机床静止的状态下进行测量(自动测量除外)、调整、清理和维护工作。如在机床正常运转期间需要进入危险区，提示用户应采取安全防护措施。

b) 提供必要的专用工具，以便安全调整维护和使用机床。

**验证**：视检和/或检查信息。

# 5 使用信息

## 5.1 一般要求

5.1.1 使用信息应通知和警告操作者有关遗留风险。

5.1.2 使用信息(如各种信号、文字和警告标志等)可由机床自身、随机文件及其他方式给出。

5.1.3 随机文件应符合 GB 5226.1—2002 中第 18 章、GB/T 9969、GB/T 15706.2—2007 中 6.5 的规定。

5.1.4 使用信息和随机文件应使用规范简体汉字。

5.1.5 使用信息和随机文件的编写应准确、通俗易懂。

5.1.6 机床电气设备的标记应符合 GB 5226.1—2002 中第 17 章的规定。

5.1.7 在机床上至少应提供下列清晰、耐久标记：

a) 制造厂商的名称；

b) 机床名称及机床型号；

c) 出厂日期和/或出厂编号；

d) 各种认证标志(如有)。

5.2 安全说明

5.2.1 制造者应为每台机床提供安全说明。

5.2.2 安全说明可单独编写,也可作为使用、维护等说明书的部分内容。

5.2.3 安全说明中的警告内容应用较大的字号或不同的字体表示,或用特殊符号或颜色来强调。

5.2.4 安全说明至少应包括下列内容:

a) 机床的预定用途、安全性能、安全注意事项和要求、责任,包括:
   1) 机床操作前;
   2) 机床操作中;
   3) 安装和储运;
   4) 装配和拆卸;
   5) 调整;
   6) 测量;
   7) 清理;
   8) 维护(润滑、维修)。

b) 安全警告。

c) 必要时,给出:
   1) 禁用信息;
   2) 图解说明;
   3) 培训要求。

5.3 警告信息

5.3.1 警告信息(如标志、符号、形象图、文字警告等)应符合 GB 2893、GB 2894、GB/T 15706.2—2007 中 6.4、GB 5226.1—2002 中 10.3、17.2 和 GB 18209.2 的规定。

5.3.2 警告信息的编写应考虑以下几点:

a) 内容和图解要简明扼要。

b) 安全警告按下列等级说明伤害的严重程度,必要时,说明原因:
   1) "危险"表示对高度危险(死亡)要警惕。
   2) "警告"表示对中度危险(一般不能恢复的伤害)要警惕。
   3) "注意"表示对轻度危险要关注。

c) 对于如何正确操作,给予明确的指导。

d) 对于如何避免危险,给予明确的指导。

e) 如同时对安全、健康说明时,应优先对安全做说明。

f) 避免频繁重复和错误警告削弱警告效力。

5.3.3 对于中度、高度危险的警告标志,应可靠地固定在机床相应的显著位置上。

5.3.4 应在安全说明中指出安全警告标志的位置,以引起操作者的注意。

# 6 责任

6.1 制造者

6.1.1 制造者应对所提供的机床及随机供应的辅助设备在设计和结构上已消除和/或控制的危险负责。

6.1.2 制造者应对所提供的机床及随机供应的辅助设备的安全负责。

6.1.3 制造者应对提供给使用者的使用信息和建议负责。

6.2 **使用者**

6.2.1 使用者应通过安全操作机床培训，并熟悉和掌握安全操作机床的内容。

6.2.2 使用者应对自己增加的夹具、工装和辅助设备的安全和造成的危险负责，应对自己变换或修改原机床、工装和辅助设备后的安全和造成的危险负责。

6.2.3 使用者应对未按说明书的规定操作、调整、维护、安装和储运机床造成的危险负责。

ICS 25.080.50
J 55

# 中华人民共和国国家标准

GB 24385—2009

# 卧轴矩台平面磨床安全防护技术条件

**Surface grinding machines with horizontal grinding wheel spindle and reciprocating table—Safeguarding specifications**

2009-09-30 发布 2010-07-01 实施

中华人民共和国国家质量监督检验检疫总局
中国国家标准化管理委员会 发布

# 前　言

**本标准的第3章、4.3.6、4.5.1中f)、4.7、4.9.1、4.9.4、4.10(4.10.3.2除外)、4.15、4.16、4.17.1、4.17.2为推荐性的，其余为强制性的。**

本标准由中国机械工业联合会提出。

本标准由全国金属切削机床标准化技术委员会(SAC/TC 22)归口。

本标准起草单位：杭州平面磨床研究所。

本标准主要起草人：黄强、陈向东、金凤珠、陈小飞。

本标准为首次发布。

# 卧轴矩台平面磨床
# 安全防护技术条件

## 1 范围

本标准规定了针对卧轴矩台平面磨床存在的主要危险采取的基本安全防护技术要求和措施以及验证方法。

本标准适用于一般用途的卧轴矩台平面磨床(以下简称机床)。

## 2 规范性引用文件

下列文件中的条款通过本标准的引用而成为本标准的条款。凡是注日期的引用文件,其随后所有的修改单(不包括勘误的内容)或修订版均不适用于本标准,然而,鼓励根据本标准达成协议的各方研究是否可使用这些文件的最新版本。凡是不注日期的引用文件,其最新版本适用于本标准。

GB/T 191 包装储运图示标志(GB/T 191—2008,ISO 780:1997,MOD)

GB/T 1251.1 人类工效学 公共场所和工作区域的险情信号 险情听觉信号(GB/T 1251.1—2008,ISO 7731:2003,IDT)

GB/T 1251.2 人类工效学 险情视觉信号 一般要求、设计和检验(GB/T 1251.2—2006,ISO 11428:1996,IDT)

GB/T 1251.3 人类工效学 险情和信息的视听信号体系(GB/T 1251.3—2008,ISO 11429:1996,IDT)

GB 2893 安全色(GB 2893—2008,ISO 3864-1:2002,MOD)

GB 2894 安全标志及其使用导则

GB/T 3167 金属切削机床 操作指示形象化符号(GB/T 3167—1993,neq ISO 7000:1984)

GB/T 3168 数字控制机床 操作指示形象化符号(GB/T 3168—1993,neq ISO 2972:1979)

GB 5226.1—2002 机械安全 机械电气设备 第1部分:通用技术条件(IEC 60204-1:2000,IDT)

GB/T 6576 机床润滑系统(GB/T 6576—2002,eqv ISO 5170:1977)

GB/T 7932 气动系统 通用技术条件(GB/T 7932—2003,ISO 4414:1998,IDT)

GB/T 8196 机械安全 防护装置 固定式和活动式防护装置设计与制造 一般要求(GB/T 8196—2003,ISO 14120:2002,MOD)

GB/T 9969 工业产品使用说明书 总则

GB 12265.1 机械安全 防止上肢触及危险区的安全距离(GB 12265.1—1997,eqv EN 294:1992)

GB 12265.2 机械安全 防止下肢触及危险区的安全距离(GB 12265.2—2000,eqv EN 811:1994)

GB 12265.3 机械安全 避免人体各部位挤压的最小间距(GB 12265.3—1997,eqv EN 349:1993)

GB/T 13379 视觉工效学原则 室内工作场所照明(GB/T 13379—2008,ISO 8995:2002,NEQ)

GB/T 14775 操纵器一般人类工效学要求

GB/T 14776 人类工效学 工作岗位尺寸 设计原则及其数值

GB/T 15241.2 与心理负荷相关的工效学原则 第2部分:设计原则(GB/T 15241.2—1999,idt ISO 10075-2:1996)

GB/T 15706.1—2007 机械安全 基本概念与设计通则 第1部分:基本术语和方法(ISO 12100-1:2003,IDT)

GB/T 15706.2—2007 机械安全 基本概念与设计通则 第2部分:技术原则(ISO 12100-2:2003,IDT)

GB 15760—2004 金属切削机床 安全防护通用技术条件

GB/T 16251 工作系统设计的人类工效学原则(GB/T 16251—2008,ISO 6385:2004,IDT)

GB 16754—2008 机械安全 急停 设计原则

GB/T 16769 金属切削机床 噪声声压级测量方法

GB/T 16855.1—2008 机械安全 控制系统有关安全部件 第1部分:设计通则(ISO 13849-1:2006,IDT)

GB/T 16856.1 机械安全 风险评价 第1部分:原则(GB/T 16856.1—2008,ISO 14121-1:2007,IDT)

GB/T 18153 机械安全 可接触表面温度 确定热表面温度限值的工效学数据(GB/T 18153—2000,eqv EN 563:1994)

GB 18209.2 机械安全 指示、标志和操作 第2部分:标志要求(GB 18209.2—2000,idt IEC 61310-2:1995)

GB 18209.3—2002 机械安全 指示、标志和操作 第3部分:操作件的位置和操作的要求(idt IEC 61310-3:1999)

GB/T 18569.1 机械安全 减少由机械排放的危害性物质对健康的风险 第1部分:用于机械制造商的原则和规范(GB/T 18569.1—2001,eqv ISO 14123-1:1998)

GB/T 18569.2 机械安全 减少由机械排放的危害性物质对健康的风险 第2部分:产生验证程序的方法学(GB/T 18569.2—2001,neq ISO 14123-2:1998)

GB/T 18831 机械安全 带防护装置的联锁装置 设计和选择原则(GB/T 18831—2002,mod ISO 14119:1998)

GB/T 23572 金属切削机床 液压系统通用技术条件

GB/T 23573 金属切削机床 粉尘浓度的测量方法

GB/T 23574 金属切削机床 油雾浓度的测量方法

JB 4029 磨床砂轮防护罩 安全防护技术要求

JB/T 5062 信息显示装置 人机工程一般要求

JB/T 8356.1 机床 包装技术条件

JB/T 8356.2 机床 包装箱

JB/T 8356.3 机床包装用中、小木箱

JB/T 10577—2006 电磁吸盘

## 3 机床的危险

3.1 应按GB 15760—2004的第3章、GB/T 15706.1—2007的第5章和GB/T 16856.1的规定,对机床进行危险分析和风险评价,识别和评价机床存在的危险。

注:对于本标准没有涉及的危险,应按GB/T 15706.2的有关规定采取措施。

3.2 在危险分析时,对于操作者和其他人员由于可预见的误用(见GB/T 15706.1—2007中3.22)产生的危险应特别加以注意。包括:

——机床使用期间;

——机床调整、清理、维护期间。

3.3 机床存在的主要危险见表1。

**表1 危险一览表**

| 序号 | 危险类型 | 机床存在的主要危险 | GB 15760—2004的有关章条 | 安全要求和措施在标准中的有关章条 |
|---|---|---|---|---|
| 1 | 机械危险(起因于):<br>——形状;<br>——相对位置;<br>——质量和稳定性(位能);<br>——质量和速度(动能);<br>——机械强度不够;<br>——位能的聚集:<br>——弹性元件;<br>——压力下的液体或气体 | | | |
| 1.1 | 挤压危险和/或剪切危险 | 1) 纵向移动部件、横向移动部件和垂直移动部件之间或移动部件与静止部件之间存在挤压危险和/或剪切危险;<br>2) 防护装置与移动部件之间存在挤压危险和/或剪切危险 | 5.2.3.2,5.2.4.5,5.5.1 | 4.2.3.2,4.5.1 |
| 1.2 | 切割或切断危险 | 1) 机床外露的锐边、尖角和开口存在切割或切断危险;<br>2) 机床的突出部分、移动部分存在磕伤、碰伤、划伤、剐伤等危险 | 5.2.2.1,5.2.2.3,5.2.7 | 4.2.2.1,4.2.2.3 |
| 1.3 | 缠绕、吸入或卷入危险 | 齿轮、齿条、皮带轮、皮带、蜗轮、蜗杆、轴、丝杠等存在缠绕、吸入或卷入危险 | 5.2.3.1 | 4.2.3.1 |
| 1.4 | 冲击危险 | 1) 纵向移动部件、横向移动部件和垂直移动部件存在惯性冲击危险;<br>2) 紧急停止或动力系统发生故障时存在运动部件冲击危险 | 5.2.3.3,5.2.3.4,5.2.3.7 | 4.2.3.3,4.2.3.7 |
| 1.5 | 刺伤或扎伤危险 | 1) 机床外露的锐边、尖角和开口存在刺伤或扎伤危险;<br>2) 机床的突出部分、移动部分存在刺伤或扎伤危险;<br>3) 机床在测量、调整、清理和维护时存在刺伤或扎伤危险 | 5.2.2.1,5.2.2.3,5.20 | 4.2.2.1,4.2.2.3,4.18 |

表 1（续）

| 序号 | 危险类型 | 机床存在的主要危险 | GB 15760—2004 的有关章条 | 安全要求和措施在标准中的有关章条 |
| --- | --- | --- | --- | --- |
| 1.6 | 摩擦或磨损危险 | 1） 超负荷的运动部件存在摩擦或磨损危险；<br>2） 机床在搬运和吊装时存在摩擦或磨损危险 | 5.2.3.4,5.19.3 | 4.2.3.4,4.17.3 |
| 1.7 | 压力流体喷射危险 | 1） 冷却液管存在泄漏喷射危险；<br>2） 液压系统存在油管泄漏喷射危险；<br>3） 气动系统存在气体泄漏喷射危险 | 5.4.10,5.15,5.16 | 4.4.10,4.13,4.14 |
| 1.8 | 机床零件/工件抛出危险 | 1） 砂轮存在松脱甩出危险；<br>2） 工件存在抛出危险 | 5.2.3.5,5.2.4,5.4.10,5.5.1 | 4.2.3.6,4.2.4,4.4.10,4.5.1 |
| 1.9 | 稳定性丧失危险 | 1） 外形布局稳定性不够，存在意外翻倒、跌落或移动危险；<br>2） 磨头配重平衡块存在断裂或脱落危险；<br>3） 机床在储运过程中存在倾斜或翻倒危险 | 5.2.1,5.2.5,5.19 | 4.2.1,4.2.5,4.17 |
| 1.10 | 绊倒、滑倒和跌倒危险 | 1） 机床的各种电缆电线、液压管线、气动管线、冷却管线、润滑管线等存在绊倒危险；<br>2） 冷却液飞溅到地面存在滑倒危险；<br>3） 液压油渗漏到地面存在滑倒危险 | 5.2.2.2,5.2.9.1,5.11.5,5.15,5.18 | 4.2.2.2,4.9.5,4.13,4.16 |
| 2 | 电气危险 | | | |
| 2.1 | 直接触电（在正常工作电压下，直接接触带电体） | 电气设备直接触电危险 | 5.3.1 | 4.3.1 |
| 2.2 | 间接触电（由于绝缘失效，间接接触带电体） | 1） 电气设备间接触电危险；<br>2） 电气设备静电放电危险 | 5.3.1,5.3.5 | 4.3.1,4.3.5 |
| 2.3 | 绝缘不当 | 电气设备绝缘失效触电危险 | 5.3.1 | 4.3.1 |
| 3 | 热危险<br>由热接触和热源辐射引起的烧伤和烫伤 | 电气元件、照明灯温度过高存在对人体灼伤、烫伤危险 | 5.7 | 4.7 |
| 4 | 噪声危险<br>听力丧失或其他生理紊乱 | 机床噪声过高存在对人体健康危险 | 5.8 | 4.8 |
| 5 | 物质和材料产生的危险 | | | |

表 1（续）

| 序号 | 危险类型 | 机床存在的主要危险 | GB 15760—2004 的有关章条 | 安全要求和措施在标准中的有关章条 |
|---|---|---|---|---|
| 5.1 | 接触或吸入有害液体、气体、烟雾、油雾和粉尘等 | 1) 冷却液、油液、油漆存在对人体健康危险；<br>2) 工作时产生有害气体或大量烟雾、油雾存在对人体健康危险；<br>3) 干磨削时产生大量粉尘存在对人体健康危险 | 5.11.1,5.11.2 | 4.9.1,4.9.2 |
| 5.2 | 火灾和爆炸 | 1) 冷却液、油液存在火灾和爆炸危险；<br>2) 照明灯存在被冷却液飞溅引起爆炸危险；<br>3) 电气设备存在火灾危险 | 5.11.3 | 4.9.3 |
| 5.3 | 生物和微生物危险 | 油箱、冷却箱不按时清洗换液存在对人体健康危险 | 5.11.4 | 4.9.4 |
| 6 | 设计时忽视人类工效学产生的危险 | | | |
| 6.1 | 不利健康的姿势或过度用力 | 1) 工作强度、操作姿势存在对人体健康危险；<br>2) 操作件的位置、操纵力存在对人体健康危险；<br>3) 指示器和显示器安装高度、报警装置存在对人体健康危险 | 5.2.9.2,5.12.1,5.12.2,5.12.3 | 4.10.1,4.10.2,4.10.3 |
| 6.2 | 没有充分考虑人体手臂或腿脚结构要求 | 操作件安装高度存在对人体健康危险 | 5.12.2 | 4.10.2 |
| 6.3 | 忽视人员防护装备的使用 | 修整砂轮时存在砂粒飞入眼睛的危险 | 5.10.2,5.12.1 | 4.10.1 |
| 6.4 | 不适当的区域照明 | 机床照明不当存在对人体健康危险 | 5.13 | 4.11 |
| 6.5 | 精神过分紧张或准备不足等 | 由操作件、指示器和显示器、报警装置、照明、工作节拍等造成精神过分紧张或准备不足 | 5.12.1 | 4.10.1 |
| 6.6 | 人的差错 | 1) 由控制装置位置的不合理引起人的差错；<br>2) 由操作件的误操作引起人的差错 | 5.4.3,5.12.2.1 | 4.4.3,4.10.2.1 |

表 1（续）

| 序号 | 危险类型 | 机床存在的主要危险 | GB 15760—2004 的有关章条 | 安全要求和措施在标准中的有关章条 |
|---|---|---|---|---|
| 7 | 能量供应中断、机械零件破损及其他功能紊乱造成的危险 | | | |
| 7.1 | 机床或控制系统能量供应中断 | 1) 电气系统中断造成的危险；<br>2) 控制系统中断造成的危险 | 5.3.2,5.4.2 | 4.3.2,4.4.2 |
| 7.2 | 机床零件/工件意外甩出、压力液体或气体的意外喷出 | 1) 砂轮存在松脱甩出危险；<br>2) 工件存在抛出危险；<br>3) 控制系统出现故障造成的危险；<br>4) 安全防护装置的不合理造成的危险；<br>5) 液压系统存在油管爆裂油液喷射危险；<br>6) 气动系统存在气体泄漏喷射危险 | 5.2.3.5,5.2.4,<br>5.4.10,5.5.1,<br>5.15,5.16 | 4.2.3.5,4.2.4,<br>4.4.10,4.5.1,<br>4.13,4.14 |
| 7.3 | 控制系统故障或失灵 | 1) 控制系统失灵时运动部件存在的危险；<br>2) 电磁吸盘断电时存在工件抛出危险；<br>3) 控制系统发生故障时存在的危险 | 5.2.3.7,5.2.4.6,<br>5.4.10 | 4.2.3.7,4.2.4.4,<br>4.4.10 |
| 7.4 | 装配错误 | 由装配错误或重新装配错误造成的危险。 | 5.14 | 4.12 |
| 7.5 | 颠覆、机床稳定性意外丧失 | 1) 外形布局稳定性不够，存在意外翻倒、跌落或移动危险；<br>2) 磨头配重平衡装置存在断裂或脱落危险；<br>3) 机床在储运过程中存在倾斜或翻倒危险 | 5.2.1,5.2.5,5.19 | 4.2.1,4.2.5,4.17 |
| 8 | 安全措施错误、安全装置安装不正确或定位不正确产生的危险 | | | |
| 8.1 | 防护装置 | 防护装置设置不合理引起的危险 | 5.5.1,5.5.2 | 4.5.1,4.5.2 |
| 8.2 | 安全(防护)装置 | 安全装置设置不合理引起的危险 | 5.5.1,5.5.3 | 4.4.2,4.5.1,4.5.3 |

表 1（续）

| 序号 | 危险类型 | 机床存在的主要危险 | GB 15760—2004 的有关章条 | 安全要求和措施在标准中的有关章条 |
|---|---|---|---|---|
| 8.3 | 起动和停止装置 | 1) 起动装置设置不合理引起的危险；<br>2) 停止装置设置不合理引起的危险 | 5.4.4,5.4.5 | 4.4.2,4.4.4,4.4.5 |
| 8.4 | 安全信号和信号装置 | 未在机床危险部位或附近设置安全标志或涂安全色引起的危险 | 5.6 | 4.6 |
| 8.5 | 信息和报警装置 | 1) 应设置信息和报警装置但未设置而引起的危险；<br>2) 信息和报警装置不易理解和识别引起的危险；<br>3) 安全说明书未对安全警告标志说明引起的危险 | 5.4.3,5.12.3,第 6 章 | 4.4.3,4.10.3,第 5 章 |
| 8.6 | 能量供应切断装置 | 1) 机床停止时可能产生的危险；<br>2) 液压系统动力源断开时蓄能器可能产生的危险；<br>3) 气动系统可能产生的危险 | 5.4.5,5.15,5.16 | 4.4.5,4.13,4.14 |
| 8.7 | 急停装置 | 1) 急停装置不易识别和操作产生的危险；<br>2) 急停装置设置数量不够产生的危险 | 5.4.6 | 4.4.2,4.4.6 |
| 8.8 | 安全调整和/或维修用的主要设备和附件 | 1) 未采取安全措施产生的危险；<br>2) 未提供专业工具产生的危险 | 5.20 | 4.18 |
| 8.9 | 排气装置 | 采用气动夹持装置时可能产生的危险 | 5.2.4.7 | 4.2.4.5 |

## 4 安全要求和措施与验证方法

### 4.1 一般要求

4.1.1 应通过设计尽可能排除或减少所有潜在的危险因素。

4.1.2 通过设计不能避免或充分限制的危险，应采取必要的安全防护装置(防护装置、安全装置)。

4.1.3 对于无法通过设计排除或减少的，而且安全防护装置对其无效或不完全有效的遗留危险，应用信息通知和警告操作者。

### 4.2 机床结构

#### 4.2.1 稳定性

机床的外形布局应确保具有足够的稳定性。使用机床时(按说明书规定的预定使用条件下)，不应存在意外翻倒、跌落或移动的危险。由于机床的形状原因不能确保足够稳定性时，应在说明书中规定其固定措施。

验证：视检和/或检查信息。

4.2.2 外形

4.2.2.1 可接触的外露部分不应有可能导致人员伤害的锐边、尖角和开口。

验证：视检和/或检查信息。

4.2.2.2 机床的各种电缆电线、液压管线、气动管线、冷却管线、润滑管线等布置排列应合理、无障碍，防止产生绊倒等危险。

验证：视检和/或检查信息。

4.2.2.3 机床的突出部分、移动部分应采取安全措施，防止产生磕伤、碰伤、划伤、剐伤等危险。

验证：视检或检查信息。

4.2.3 运动部件

4.2.3.1 有可能造成缠绕、吸入或卷入等危险的运动部件和传动装置（如齿轮、齿条、皮带轮、皮带、蜗轮、蜗杆、轴、丝杠等）应予以封闭或设置安全防护装置、或使用信息，除非它们所处位置是安全的。

验证：视检和/或检查信息。

4.2.3.2 纵向移动部件、横向移动部件和垂直移动部件之间或移动部件与静止部件之间不应存在挤压危险和/或剪切危险，否则应按 GB 12265.3 的规定采取安全措施。

验证：检查图样，视检和/或检查信息。

4.2.3.3 纵向移动部件、横向移动部件和垂直移动部件等有惯性冲击的机动往复运动部件应设置可靠的限位装置，必要时可采取可靠的缓冲措施。若设置限位装置有困难时，应采取必要的安全措施。

验证：视检和/或检查信息。

4.2.3.4 由于超负荷可能发生损坏的运动部件应设置超负荷保险装置。因结构原因不能设置时，应在机床上（或说明书中）标明机床的极限使用条件。

砂轮主轴电动机应有过载保护装置。在使用说明书中应写明机床承载最大工件重量。

验证：检查图样，视检或检查信息。

4.2.3.5 安装在主轴上的砂轮、卡盘及其他在运动中有可能松脱的零件、部件应设置防松装置。

验证：检查图样和/或视检。

4.2.3.6 对于单向转动的部件应在明显位置标出转动方向。在砂轮罩壳前盖上应标出砂轮的旋转方向。

验证：视检。

4.2.3.7 在紧急停止或动力系统发生故障时，运动部件应就地停止，并且不应造成危险。

验证：视检。

4.2.3.8 运动部件不允许同时运动时，其控制机构应联锁。不能实现联锁的，应在控制机构附近设置警告标志，并在说明书中说明。

砂轮主轴旋转与磨头快速下降应联锁，保证砂轮主轴旋转时磨头不能快速下降（不包括数控机床）。

验证：视检和/或检查信息。

4.2.4 夹持装置

4.2.4.1 砂轮卡盘应保证砂轮旋转时不会松脱甩出。在使用说明书中应写明随机供应的砂轮牌号及主轴转速。

验证：视检和/或检查信息。

4.2.4.2 电磁吸盘与工作台应有以下联锁功能：

a) 电磁吸盘吸紧工件时，应在电磁吸盘充磁后工作台才能起动；

b) 电磁吸盘松卸工件时，应在工作台停止后电磁吸盘才能退磁。

验证：功能检查。

4.2.4.3　电磁吸盘

电磁吸盘外壳防护等级按JB/T 10577—2006中4.7.5的规定应不低于IPX7，其保护接地应符合GB 5226.1—2002中8.2的规定；

验证：检查电路图、视检、功能检查和/或检查信息。

4.2.4.4　紧急停止或动力系统发生故障时，应防止产生工件甩出等危险。

验证：视检和/或检查信息。

4.2.4.5　采用气动夹持装置时，应避免将切屑和灰尘吹向操作者。

验证：视检和/或检查信息。

**4.2.5　平衡装置**

磨头采用配重平衡块的机床，应将配重平衡块置于机床体内或防护装置内。配重平衡块的连接件应有足够的强度，防止因断裂或脱落而造成危险。

验证：视检，检查信息。

**4.3　电气系统**

**4.3.1　触电**

为防止触电危险，电气设备的防护应符合下列规定：

a）带电体的防护应符合GB 5226.1—2002中第6章的规定；

b）电气设备绝缘防护应符合GB 5226.1—2002中6.2.3、6.3.2.2、13.3的规定；

c）电气设备保护接地应符合GB 5226.1—2002中8.2、14.1、14.2的规定。

验证：视检，保护接地连续性试验，绝缘电阻试验，耐压试验。

**4.3.2　保护**

为防止意外危险，电气设备的保护应符合下列规定：

a）电气设备过电流的保护应符合GB 5226.1—2002中7.2的规定；

b）电动机过载保护应符合GB 5226.1—2002中7.3的规定；

c）电动机超速保护应符合GB 5226.1—2002中7.6的规定；

d）电压波动、电源中断的保护应符合GB 5226.1—2002中7.5、7.9的规定；

e）接地故障（或残余电流）的保护应符合GB 5226.1—2002中7.7的规定。

验证：视检，检查技术文件，残余电压试验。

**4.3.3　导线、电缆和配线**

电气系统的导线、电缆和配线应符合下列规定：

a）导线、电缆应符合GB 5226.1—2002中第13章的规定；

b）配线应符合GB 5226.1—2002中第14章的规定。

验证：视检。

**4.3.4　电动机**

电动机应符合GB 5226.1—2002中第15章的规定。

验证：视检。

**4.3.5　静电**

电气设备应防止或限制静电放电，必要时可设置放电装置。

验证：视检。

**4.3.6　电磁兼容**

电气设备的电磁兼容宜符合GB 5226.1—2002中4.4.2的规定。

验证：供方提供相应的证明或试验。

4.4 控制系统

4.4.1 一般要求

除了应符合4.4.2～4.4.10的规定外，还应符合GB 5226.1—2002中第5章、第9章、第10章、第12章、GB/T 15706.2—2007中4.11、4.13和GB/T 16855.1的规定。

验证：检查电气图样，视检，功能检查和/或检查信息。

4.4.2 控制系统的安全及可靠

控制系统的有关安全部分是指从整个系统的最初控制装置或输入点的检测位置开始到机床最终执行机构或元件(如电动机)。

控制系统应确保其功能安全可靠，控制系统应能经受预期的工作负荷和外来影响、逻辑的错误(不包括操作程序)。

控制系统的有关安全部分的功能和类别(见GB/T 16855.1—2008中第8章)应符合表2的规定。

表2 控制系统的有关安全部分的功能和类别

| 功 能 | GB/T 16855.1—2008的类别 |
|---|---|
| 起动和重新起动 | 1类和2类 |
| 停止 | 1类 |
| 紧急停止 | 1类或3类 |
| 模式选择 | 1类 |
| 保持-运转 | 3类 |
| 联锁 | 1类或3类 |
| 防护装置的联锁 | 3类 |
| 轴运动 | 1类或2类 |
| 工件夹紧 | 1类 |
| 最大速度 | 2类或3类 |

验证：检查图样，视检，检查元件是否有符合相关标准证明，检查信息。

4.4.3 控制装置的位置

控制装置的位置应确保操作时不会引起危险，并应符合下列要求：

a) 设置在危险区以外(紧急停止装置、移动控制装置等除外)；

b) 清晰可见，易与其他装置区分，必要时设置表示其功能和用途的标志；符号标志应符合GB/T 3167、GB/T 3168的有关规定。控制器件的颜色代码应符合GB 5226.1—2002中10.2的规定；

c) 一个控制装置，而多重控制时(如键盘)，执行的动作应清楚标明；

d) 不会引起误操作和附加危险；

e) 在操作位置不能观察到全部工作区的机床，应设置视觉或听觉的起动警告信号装置或警告信息，以便工作区内人员能及时撤离或迅速制止起动；

f) 有一个以上操作位置的机床，应设置控制联锁装置。

验证：视检，功能检查和/或检查信息。

4.4.4 起动

机床起动应符合下列要求：

a) 只应在人为的起动控制下，机床才能起动。包括：

1) 停止后重新起动；

2) 操作状况(如速度、压力)有重大变化时。

注：正常的自动控制程序，或重新起动或操作状况变化不会对人员造成危险，可不遵守上述要求。

b） 活动式防护装置闭合时，机床不应立即起动。

c） 活动式防护装置脱开时，机床不应意外起动。

d） 有多个起动装置时，应设置选择装置，任何时候仅有一个起动装置起作用。

验证：功能检查。

#### 4.4.5 停止

机床应设置停止装置，停止装置应位于每个起动装置附近。机床停止应符合下列要求：

a） 按下停止装置时，机床的运动应能完全安全地停下来；

注：由于各种机床的危险情况不同，停止装置可停止机床运行中的部分或全部。

b） 机床运动停止时，执行机构的能量供应应切断，保证断开点"下游"不再有位能和/或动能。

注：当某些回路必须与其能源供应保持正常连通时，例如：夹持工件、保持信息或内部照明等，应采取特殊措施（如警告信息或报警灯等），以确保操作者的安全。

验证：检查图样，视检，功能检查和/或检查信息。

#### 4.4.6 紧急停止

4.4.6.1 紧急停止应符合 GB 5226.1—2002 中 10.7 和 GB 16754 的规定及下列要求：

a） 能明确识别、容易看见，易于接近，且操作无危险；

b） 动作不应影响保护操作者或机床的装置的功能；

c） 使机床或运动部件尽快地停止运行；

d） 执行机构的任何动作应使控制装置锁紧，并持续到重调（不锁紧）；

e） 复位不应使机床起动，或起动任何危险部件的运动。

验证：检查图样，视检，功能检查。

4.4.6.2 机床应设置一个或数个紧急停止装置，如在：

a） 主操作台；

b） 可移动的操作台；

c） 上、下料处（远离主操作位置时）。

验证：视检。

#### 4.4.7 模式选择

机床有一种以上工作或操作方式（如自动控制或调整、检查等）时，应设置模式选择控制装置，且每个被选定的模式只允许对应于一种操作或控制模式。

在某种工作或操作方式下，须在安全防护装置脱开或无效下才能操作，模式选择控制应满足下列要求：

a） 自动控制模式无效；

b） 在进一步的控制指令下（有命令顺序）机床才能动作；

c） 在特别的安全措施（如减速、减功率或其他措施）下，机床的危险运动部件才允许运转；

d） 机床的运行直接或间接通过传感器控制时，应能避免产生任何危险运动。

验证：视检，功能检查和/或检查信息。

#### 4.4.8 保持-运转

保持-运转应能持续激励直至工作完成。

验证：功能检查。

#### 4.4.9 数控系统

数控系统应符合 GB 5226.1—2002 中第 11 章的规定及下列要求：

a） 满足预期的操作条件和环境影响；

b） 设置访问口令或钥匙开关，防止程序被有意或无意改动；

c） 有关安全的软件未经授权不允许改变。

验证：视检，功能检查和/或检查信息。

4.4.10 控制系统故障

控制系统出现故障时，不应导致危险产生，特别是：

a) 机床不应意外起动；

b) 运动部件速度变化不应失控；

c) 运动部件不应停不下来；

d) 运动部件或机床上工件、砂轮不应掉下或抛出，流体不应喷出；

e) 安全装置不应失效。

验证：检查图样和/或检查信息。

4.5 安全防护装置

4.5.1 一般要求

安全防护装置应符合 GB/T 8196、GB/T 18831 的规定和下列要求：

a) 性能可靠，能承受零件或砂轮的甩出、切屑和冷却液的溅出等；

b) 不应引起附加危险和限制机床的功能，也不应过多地限制机床的操作、调整和维护；

c) 防护装置与机床危险部位间的安全距离应符合 GB 12265.1、GB 12265.2 和 GB 12265.3 的规定；

d) 防护罩、屏、栏的材料，以及采用网状结构、孔板结构和栏栅结构时的网眼或孔的最大尺寸和最小安全距离，应符合有关规定；

e) 防护装置的可移动部分应便于操作、移动灵活；

f) 经常拆卸用手搬动的防护装置应装拆方便，其质量不宜大于 16 kg。不便于用手搬动的防护装置，应设置吊装孔、吊环、吊钩等，并在防护装置本体或说明书中标明其质量值(kg)；

g) 观察机床运行的透明防护装置应便于观察。

验证：视检，实测和/或检查信息。

4.5.2 防护装置

4.5.2.1 固定式防护装置

应牢靠地固定或联接。可拆卸部分只能用工具拆卸。

验证：视检。

4.5.2.2 活动式防护装置

活动式防护装置应满足下列要求：

a) 采用重力、卡子、定位螺栓、铰链或导轨等固定；

b) 打开时应尽量与机床保持相对固定；

c) 采用联锁的活动式防护装置，防护装置关闭前机床不能起动，一旦打开防护装置时机床应停止运转(调整状态除外)；

d) 必要时可设置防护锁。

验证：视检，功能检查和/或检查信息。

4.5.2.3 可调式防护装置

可调式防护装置应调整方便，调整完毕后调整件应能保持固定。

验证：视检。

4.5.2.4 砂轮防护罩

砂轮防护罩应符合 JB 4029 的规定。在砂轮罩壳前盖上应标明最大砂轮线速度。

验证：检查图样和视检。

4.5.3 安全装置

4.5.3.1 联锁装置

联锁装置的联锁保护应符合 GB 5226.1—2002 中 9.3 的规定。

验证：检查图样，功能检查。

4.5.3.2 限位装置

机床的限位装置应尽量安装到无振动、不受影响的合适位置上，动作应可靠。

验证：视检，功能检查。

4.6 安全标志和安全色

必要时应在机床危险部位或附近设置安全标志或涂安全色，以提醒操作、调整和维护人员注意危险的存在。使用安全标志应符合 GB 2894、GB 18209.2 的规定。使用的安全色应符合 GB 2893 的规定。

应在下列危险部位设置安全标志或涂安全色：

a) 砂轮罩壳前盖；

b) 电气箱体外表面；

c) 非全封闭工作台防护罩前端；

d) 磨头移动式机床的磨头体后部(不包括磨头体移动时不超出拖板的机床)；

e) 蓄能器附近的显著位置；

f) 不能安装防护罩的工作台纵向液压换向撞块和拨叉部位。

验证：视检。

4.7 异常温度

经常接触的机床部件温度应符合 GB/T 18153 的规定。

机床部件(电气元件、照明灯等)如存在对人体灼伤、烫伤的危险时，应采取安全措施防止人员接触和接近造成伤害。

验证：视检和/或检查信息。

4.8 噪声

应采取措施降低机床的噪声。

在空运转条件下，机床的噪声声压级应符合表 3 的规定。

表 3 机床空运转噪声声压级的限值

| 机床质量/t | ≤10 | >10 |
|---|---|---|
| 普通级(包括数控机床)/dB(A) | 83 | 85 |
| 精密级、高精度级(包括数控机床)/dB(A) | 78 | 80 |

机床噪声的测量方法应符合 GB/T 16769 的规定。

验证：实测。

4.9 物质和材料

4.9.1 一般要求

机床使用和排放的物质和材料应符合 GB/T 18569.1、GB/T 18569.2 的规定。

验证：视检和/或检查信息。

4.9.2 有害物质

4.9.2.1 液体

机床用液体应符合下列要求：

a) 冷却液的选用应能使机床正常工作，并不会影响人体健康；

b) 机床用油应符合有关标准的规定；

c) 机床用涂料、油漆不应影响人体健康。

注：涂料、油漆指固化以后的。

验证：提供相关证明或检查信息。

4.9.2.2 气体、烟雾、油雾

工作时产生有害气体或大量烟雾、油雾的机床，应采取有效的封闭措施和/或设置有效的排气、吸雾装置。

油雾浓度的测量应符合 GB/T 23574 的规定。

验证：视检和/或实测。

4.9.2.3 粉尘

工作时产生大量粉尘的机床，应采取有效的封闭措施和/或设置有效的吸尘装置。

粉尘浓度的测量应符合 GB/T 23573 的规定。

验证：视检和/或实测。

4.9.3 火灾和爆炸

应采取措施防止气体、液体、粉尘等物质产生火灾和爆炸危险，特别是：

a) 应提示用户尽量采用使用说明书推荐的冷却液和油液，若使用易燃冷却液、油液或加工易燃材料应采取防火、防爆措施，如：
   1) 灭火器；
   2) 防爆装置；
   3) 易燃限制装置。
b) 照明灯的安装位置应避免冷却液飞溅引起的爆炸危险，否则应加防护装置。
c) 电气设备的耐燃保护应符合 GB 5226.1—2002 中 7.4、13.3 的规定。

验证：视检和/或检查信息。

4.9.4 生物和微生物

机床的油箱、冷却箱等应便于清理。油箱、冷却箱宜加盖，以防止外来物进入。使用说明书中应有提示用户定期更换油液和冷却液的信息。

验证：视检和/或检查信息。

4.9.5 飞溅

应避免冷却液、切屑飞溅造成的滑倒、伤人等危险。如加工区的防护不足以防止溅向操作者，则应设置附加的防护挡板，或提示用户按其加工工件的形状和尺寸特征添设附加的防护挡板。

验证：视检和/或检查信息。

4.10 人类工效学

4.10.1 一般要求

机床的人类工效学设计应符合下列要求：

a) 工作强度、运动幅度、可见性、姿势等应与人的能力和极限相适应，并应符合 GB/T 16251 的规定；
b) 工作位置应适合操作者的身体尺寸、工作性质及姿势，并应符合 GB/T 14776 的规定；
c) 应防止操作时出现干扰、紧张、生理或心理危险，并应符合 GB/T 15241.2 的规定；
d) 操作机床会造成伤害的，应提示用户采用个人防护装置。

验证：视检，实测和/或检查信息。

4.10.2 操作件

4.10.2.1 一般要求

操作件应符合 GB 5226.1—2002 中 10.1、GB 18209.3—2002 的规定及下列要求：

a) 操作者应能判明最终效应是否实现(直接或通过反馈/应答装置)；

   注：最终效应指操作者在进行操作时所要求达到的预期结果(见 GB 18209.3—2002 中 3.3)。
b) 操作件的操作方向应与其最终效应一致，并符合设计规定；

c) 操作者与机床的相对位置可以改变(如用遥控、便携式和悬挂操作装置),机床的运动方向变化不明确时,应在机床的运动部件上或其附近加贴与操作件上操作符号和/或颜色相对应的标志;

d) 既可机动又可手动的操作件,当圆周速度大于 20 m/min 时,应与旋转轴自动脱开,或采用无轮辐和无手把的操作件;

注:脱开时,允许操作件由于惯性作用产生短时摆动。

e) 应避免镜像对称布置;

f) 起动操作件的位置应使操作者在操纵时能看见所控制对象;

g) 操作件应按所控制对象操作关系或功能关系来进行逻辑组合;

h) 操作件应尽量避免意外操作的危险,可采用下列措施:

1) 凹进或遮盖;

2) 增加操纵力;

3) 设置保险装置(如锁紧装置);

4) 置于不会被偶然碰撞的地方;

5) 按顺序作用;

6) 采用双手控制装置;

7) 使用使能器件。

验证:视检,功能检查和/或检查信息。

**4.10.2.2 操作件尺寸和操纵力**

4.10.2.2.1 操作件的设计应符合 GB/T 14775 的规定。

4.10.2.2.2 手轮、手柄操纵力在行程范围内应均匀,并应符合表 4 的规定。

**表 4 手轮、手柄的操纵力**

| 机床质量/t | ≤2 | >2～5 | >5～10 | >10 |
|---|---|---|---|---|
| 经常使用/N | ≤40 | ≤60 | ≤80 | ≤120 |
| 不经常使用/N | ≤60 | ≤100 | ≤120 | ≤160 |

注 1:每班使用次数大于 25 次的手轮、手柄,其操纵力按"经常使用"的要求考核,否则按"不经常使用"的要求考核;有机动机构的手轮,操纵力按"不经常使用"的要求考核。

注 2:用于换向、夹紧、锁紧、顶紧以及增加阻尼等特殊要求的手轮、手柄,其操纵力按设计规定。

注 3:极少使用的手轮、手柄,其操纵力按设计规定。

验证:视检,实测。

**4.10.2.3 操作高度**

4.10.2.3.1 手轮、手柄的安装高度(从地面或操作站台面至手轮、手柄的中间位置)应符合表 5 的规定。

**表 5 手轮、手柄的安装高度**

单位为米

| 使用情况 | 安装高度 |
|---|---|
| 经常使用 | 0.5～1.7 |
| 不经常使用 | 0.3～1.9 |
| 仅调整时使用 | ≤2 |

注:"经常使用"和"不经常使用"的区分要求同表 4 的注 1。

验证：实测。

4.10.2.3.2　按钮站的安装高度（从地面或操作站台面至按钮站的中间位置）应为0.6 m～1.9 m。

验证：实测。

4.10.3　信息显示装置

4.10.3.1　一般要求

信息显示装置应耐久、清晰、含义明确易于理解，并应符合JB/T 5062的规定。

验证：视检。

4.10.3.2　指示器和显示器

4.10.3.2.1　位置

指示器和显示器应便于察看和识别。

验证：视检。

4.10.3.2.2　安装高度

a)　指示器的安装高度（从地面或操作站台面到指示器的中间位置）应符合表6的规定。

表6　指示器的安装高度

单位为米

| 观察情况 | 安装高度 |
|---|---|
| 经常观察 | 0.7～1.7 |
| 不经常观察 | 0.3～2.5 |

b)　显示器的视距应至少为0.3 m，安装高度距地面或操作站台面应为1.3 m～2 m。

验证：实测。

4.10.3.3　报警装置

机床的视觉、听觉和触觉警告信号应符合GB/T 1251.1、GB/T 1251.2、GB/T 1251.3、GB 18209.2的规定及下列要求：

a)　所表达的信息和含义明确易于理解；

b)　在信号接受区范围内应便于识别；

c)　定期检查信号的有效性。

验证：功能检查和/或检查信息。

4.11　照明

4.11.1　机床操作时因光线不足而对操作者产生危险，应提供确保机床安全工作的局部照明装置。

验证：视检。

4.11.2　照明装置的设计和安装应符合GB 5226.1—2002中第16章、GB/T 13379的规定及下列要求：

a)　在工作区的照明应可靠；

b)　避免频闪效应、眩目现象和阴影区；

c)　灯和光的污染应尽可能少；

d)　维护方便；

e)　在砂轮与工件接触区域的照度至少为500勒克司(lx)。

验证：视检，实测和/或检查信息。

4.12　装配错误

应避免装配错误或重新装配错误造成的危险，否则应：

a)　在运动部件上或附近标明运行方向；

b)　在导管、导线、电缆、液体管件、气体管件和/或连接件上标明标记。

验证：视检和/或检查信息。

### 4.13 液压系统

液压系统应符合 GB/T 23572 的规定及下列要求：

a) 液压系统应设有防止超压的安全阀或调整压力变化的溢流阀。

b) 液压系统应能承受设计规定的最大工作压力。

c) 压力保险装置应调整到说明书的规定。

d) 液压系统的渗漏不应引起危险。

e) 动力源断开时，有蓄能器的应能自动卸压或安全闭锁(特殊情况，断开时还需压力除外)。断开时若蓄能器仍需保持压力，应在蓄能器上或附近的显著位置标示出安全信息，信息应包括“小心(或注意)压力容器”字样。

蓄能器上至少应标明下列标记：

1) 制造日期；

2) 容量(L)；

3) 额定压力；

4) 允许的温度(℃)。

验证：检查图样，视检，功能试验，检查信息。

### 4.14 气动系统

气动系统应符合 GB/T 7932 的规定及下列要求：

a) 气动系统应设有防止超压的安全阀或调整压力变化的限压阀；

b) 气动系统应能承受设计规定的最大工作压力；

c) 压力保险装置应调整到说明书的规定；

d) 气动系统的渗漏不应引起危险；

e) 机床与气源相连时，机床上应设有限压阀和压力表，并应说明最大允许接通压力。

验证：检查图样，视检，功能试验，检查信息。

### 4.15 润滑系统

润滑系统应符合 GB/T 6576 的规定及下列要求：

a) 油位指示器应设置在便于观察的安全地方；

b) 机床及附件上的手动润滑点应设有标志，并便于操作；

c) 只有当液压系统和润滑系统使用相同的油，才允许混合，但务必除去杂质。

验证：视检。

### 4.16 切削冷却系统

切削冷却系统应符合 4.9 的规定及下列要求：

a) 机床应尽可能容纳和有效回收冷却液；

b) 固定冷却液喷嘴的装置，应能方便、安全、可靠地固定在所需位置上；

c) 冷却液开关或流量控制器的位置应确保调整时操作者的安全。

验证：视检。

### 4.17 包装、储运

#### 4.17.1 包装

机床的包装应符合下列要求：

a) 包装储运图示标志应符合 GB/T 191 的规定；

b) 机床的包装和包装箱应符合 JB/T 8356.1～8356.3 的规定。

验证：视检和/或检查信息。

#### 4.17.2 储存

机床的储存应符合下列要求：

a) 确保有足够的稳定性；

b) 防止雨淋、潮湿、鼠害，并且通风良好；

c) 长期存放时，应定期检查存放地方的情况和包装状态；

d) 必要时，在说明书中说明机床储存的环境条件。

验证：视检和/或检查信息。

**4.17.3 运输**

机床的搬运和吊装应符合下列要求：

a) 确保安全可靠，不应出现意外的移动、倾斜和转动；

b) 对于质量大于 16 kg 的机床零、部件，必要时，应设置吊装孔、起吊环或吊装工具；

c) 当随机提供起吊装置或升降装置时，应在说明书中提供安全工作负荷等详细资料。在动力系统发生故障时，起吊装置和升降装置应能承受住重物；

d) 手动搬运的机床零、部件应易于用手搬运，必要时，应配备搬运把手(或手柄)；

e) 当机床零、部件因材料和形状造成危险时，应采取特别的搬运措施。

验证：视检和/或检查信息。

**4.18 测量、调整、清理和维护**

机床的测量、调整、清理和维护应符合下列要求：

a) 一般应在机床静止的状态下进行测量(自动测量除外)、调整、清理和维护工作。如在机床正常运转期间需要进入危险区，提示用户应采取安全防护措施；

b) 提供必要的专用工具，以便安全调整、维护和使用机床。

验证：视检和/或检查信息。

## 5 使用信息

### 5.1 一般要求

5.1.1 使用信息应通知和警告操作者有关遗留风险。

5.1.2 使用信息(如各种信号、文字和警告标志等)可由机床自身、随机文件及其他方式给出。

5.1.3 随机文件应符合 GB/T 9969、GB 5226.1—2002 中第 18 章、GB/T 15706.2—2007 中 6.5 的规定。

5.1.4 使用信息和随机文件应使用规范简体汉字。

5.1.5 使用信息和随机文件的编写应准确、通俗易懂。

5.1.6 机床电气设备的标记应符合 GB 5226.1—2002 中第 17 章的规定。在机床上至少应提供下列清晰、耐久标记：

a) 制造厂商的名称；

b) 机床名称及机床型号；

c) 出厂日期和/或出厂编号；

d) 各种认证标志(如有)。

### 5.2 安全说明

5.2.1 制造者应为每台机床提供安全说明。

5.2.2 安全说明可单独编写，也可作为使用、维护等说明书的部分内容。

5.2.3 安全说明中的警告内容应用较大的字号或不同的字体表示，或用特殊符号或颜色来强调。

5.2.4 安全说明至少应包括下列内容：

a) 机床的预定用途、安全性能、安全注意事项和要求、责任，包括：

   1) 机床操作前；

   2) 机床操作中；

3） 安装和储运；

4） 装配和拆卸；

5） 调整；

6） 测量；

7） 清理；

8） 维护（润滑、维修）。

b） 安全警告。

c） 必要时，给出：

1） 禁用信息；

2） 图解说明；

3） 培训要求。

### 5.3 警告信息

5.3.1 警告信息（如标志、符号、形象图、文字警告等）应符合 GB 2893、GB 2894、GB/T 15706.2—2007 中 6.4、GB 5226.1—2002 中 10.3、17.2 和 GB 18209.2 的规定。

5.3.2 警告信息的编写应考虑以下几点：

a） 内容和图解要简明扼要；

b） 安全警告按下列等级说明伤害的严重程度，必要时，说明原因：

1） “危险”表示对高度危险（死亡）要警惕；

2） “警告”表示对中度危险（一般不能恢复的伤害）要警惕；

3） “注意”表示对轻度危险要关注。

c） 对于如何正确操作，给予明确的指导；

d） 对于如何避免危险，给予明确的指导；

e） 如同时对安全、健康说明时，应优先对安全做说明；

f） 避免频繁重复和错误警告削弱警告效力。

5.3.3 对于中度、高度危险的警告标志，应可靠地固定在机床相应的显著位置上。

5.3.4 应在安全说明中指出安全警告标志的位置，以引起操作者的注意。

## 6 责任

### 6.1 制造者

6.1.1 制造者应对所提供的机床及随机供应的辅助设备在设计和结构上已消除和/或控制的危险负责。

6.1.2 制造者应对所提供的机床及随机供应的辅助设备的安全负责。

6.1.3 制造者应对提供给使用者的使用信息和建议负责。

### 6.2 使用者

6.2.1 使用者应通过安全操作机床培训，并熟悉和掌握安全操作机床的内容。

6.2.2 使用者应对自己增加的夹具、工装和辅助设备的安全和造成的危险负责，应对自己变换或修改原机床、工装和辅助设备后的安全和造成的危险负责。

6.3 使用者应对未按说明书的规定操作、调整、维护、安装和储运机床造成的危险负责。

---

ICS 25.040.20
J 56

GB

# 中华人民共和国国家标准

GB 24386—2009

# 磨齿机　安全防护技术条件

# Gear grinding machines—Safeguarding specifications

2009-09-30 发布　　2010-07-01 实施

中华人民共和国国家质量监督检验检疫总局
中国国家标准化管理委员会　发布

# 前　言

**本标准的第3章、4.5.1f)、4.7、4.9.1、4.9.4、4.10(4.10.3.2除外)、4.15、4.16、4.17为推荐性的，其余为强制性的。**

本标准由中国机械工业联合会提出。

本标准由全国金属切削机床标准化技术委员会齿轮机床分技术委员会(SAC/TC 22)归口。

本标准起草单位：陕西秦川机械发展股份有限公司、上海机床厂有限公司、上海第一机床厂。

本标准主要起草人：胡万良、杨奇俊、王晓玲、张家贵、李晓雯。

本标准为首次发布。

# 磨齿机　安全防护技术条件

## 1　范围

本标准规定了针对磨齿机存在的主要危险采取的基本安全防护技术要求和措施以及验证方法。

本标准适用于一般用途的圆柱齿轮磨齿机(以下简称机床)。

## 2　规范性引用文件

下列文件中的条款通过本标准的引用而成为本标准的条款。凡是注日期的引用文件,其随后所有的修改单(不包括勘误的内容)或修订版均不适用于本标准,然而,鼓励根据本标准达成协议的各方研究是否可使用这些文件的最新版本。凡是不注日期的引用文件,其最新版本适用于本标准。

GB/T 191　包装储运图示标志(GB/T 191—2008,ISO 780:1997,MOD)

GB/T 1251.1　人类工效学　公共场所和工作区域的险情信号　险情听觉信号(GB/T 1251.1—2008,ISO 7731:2003,IDT)

GB/T 1251.2　人类工效学　险情视觉信号　一般要求　设计和检验(GB/T 1251.2—2006,ISO 11428:1996,IDT)

GB/T 1251.3　人类工效学　险情和信息的视听信号体系(GB/T 1251.3—2008,ISO 11429:1996,IDT)

GB 2893　安全色(GB 2893—2008,ISO 3864-1:2002,MOD)

GB 2894　安全标志及其使用导则

GB/T 3167　金属切削机床　操作指示形象化符号(GB/T 3167—1993,neq ISO 7000:1984)

GB/T 3168　数字控制机床　操作指示形象化符号(GB/T 3168—1993,neq ISO 2972:1979)

GB 5226.1—2002　机械安全　机械电气设备　第1部分:通用技术条件(IEC 60204-1:2000,IDT)

GB/T 6576　机床润滑系统(GB/T 6576—2002,eqv ISO 5170:1977)

GB/T 7932　气动系统　通用技术条件(GB/T 7932—2003,ISO 4414:1998,IDT)

GB/T 8196　机械安全　防护装置　固定式和活动式防护装置设计与制造　一般要求(GB/T 8196—2003,ISO 14120:2002,MOD)

GB/T 9969　工业产品使用说明书　总则

GB 12265.1　机械安全　防止上肢触及危险区的安全距离(GB 12265.1—1997,eqv EN 294:1992)

GB 12265.2　机械安全　防止下肢触及危险区的安全距离(GB 12265.2—2000,eqv EN 811:1994)

GB 12265.3　机械安全　避免人体各部位挤压的最小间距(GB 12265.3—1997,eqv EN 349:1993)

GB/T 13379　视觉工效学原则　室内工作场所照明(GB/T 13379—2008,ISO 8995:2002,NEQ)

GB/T 14775　操纵器一般人类工效学要求

GB/T 14776　人类工效学　工作岗位尺寸　设计原则及其数值

GB/T 15241.2　与心理负荷相关的工效学原则　第2部分:设计原则(GB/T 15241.2—1999,

idt ISO 10075-2:1996)

GB/T 15706.1—2007　机械安全　基本概念与设计通则　第1部分:基本术语和方法(ISO 12100-1:2003,IDT)

GB/T 15706.2—2007　机械安全　基本概念与设计通则　第2部分:技术原则(ISO 12100-2:2003,IDT)

GB 15760—2004　金属切削机床　安全防护通用技术条件

GB/T 16251　工作系统设计的人类工效学原则(GB/T 16251—2008,ISO 6385:2004,IDT)

GB/T 16769　金属切削机床　噪声声压级测量方法

GB/T 16855.1　机械安全　控制系统有关安全部件　第1部分:设计通则(GB/T 16855.1—2008,ISO 13849-1:2006,IDT)

GB/T 16856.1　机械安全　风险评价　第1部分:原则(GB/T 16856.1—2008,ISO 14121-1:2007,IDT)

GB/T 18153　机械安全　可接触表面温度　确定热表面温度限值的工效学数据(GB/T 18153—2000,eqv EN 563:1994)

GB 18209.2　机械安全　指示、标志和操作　第2部分:标志要求(GB 18209.2—2000,idt IEC 61310-2:1995)

GB 18209.3—2002　机械安全　指示、标志和操作　第3部分:操作件的位置和操作的要求(idt IEC 61310-3:1999)

GB/T 18569.1　机械安全　减少由机械排放的危害性物质对健康的风险　第1部分:用于机械制造商的原则和规范(GB/T 18569.1—2001,eqv ISO 14123-1:1998)

GB/T 18569.2　机械安全　减少由机械排放的危害性物质对健康的风险　第2部分:产生验证程序的方法学(GB/T 18569.2—2001,eqv ISO 14123-2:1998)

GB/T 18831　机械安全　带防护装置的联锁装置　设计和选择原则(GB/T 18831—2002,ISO 14119:1998,MOD)

GB/T 23572　金属切削机床　液压系统通用技术条件

GB/T 23573　金属切削机床　粉尘浓度的测量方法

GB/T 23574　金属切削机床　油雾浓度的测量方法

JB 4029　磨床砂轮防护罩　安全防护技术要求

JB/T 5062　信息显示装置　人机工程一般要求

JB/T 8356.1　机床　包装技术条件

JB/T 8356.2　机床　包装箱

JB/T 8356.3　机床包装用中、小木箱

## 3　机床的危险

3.1　应按 GB/T 15706.1—2007 的第5章和 GB/T 16856.1 的规定,对机床进行危险分析和风险评价,识别和评价机床存在的危险。

注:对于本标准没有涉及的危险,应按 GB/T 15706.2 的有关规定采取措施。

3.2　在危险分析时,对于操作者和其他人员由于可预见的误用(见 GB/T 15706.1—2007 中 3.22)产生的危险应特别加以注意。包括:

——机床使用期间;

——机床调整、清理、维护期间。

3.3 机床存在的主要危险见表1。

**表1 危险一览表**

| 序号 | 危险类型 | 机床存在的危险 | GB 15760—2004的有关章条 | 安全要求和措施在本标准中的有关章条 |
|---|---|---|---|---|
| 1 | 机械危险(起因于):<br>——形状;<br>——相对位置;<br>——质量和稳定性(位能);<br>——质量和速度(动能);<br>——机械强度不够;<br>——位能的聚集;<br>——弹性元件;<br>——压力下的液体或气体 | | | |
| 1.1 | 挤压危险 | a) 头架与台面之间的挤压危险;<br>b) 移动立柱与其他静止物体之间的挤压危险;<br>c) 砂轮与工件之间的挤压危险;<br>d) 砂轮与修整器之间的挤压危险;<br>e) 机械排屑装置运动部分与固定部分之间的挤压危险 | 5.2.3.2,<br>5.2.4.5,<br>5.5.1 | 4.2.3.2,<br>4.2.4.4,<br>4.5.1 |
| 1.2 | 剪切危险 | a) 工作台与头架之间的剪切危险;<br>b) 主轴箱与立柱(或滑板)之间的剪切危险;<br>c) 修整器与磨具之间的剪切危险 | 5.2.3.2,<br>5.2.4.5,<br>5.5.1 | 4.2.3.2,<br>4.2.4.4,<br>4.5.1 |
| 1.3 | 切割或切断危险 | 机床的零部件有可能导致人员伤害的锐边、尖角和开口易造成切割或切断危险 | 5.2.2.1,<br>5.2.2.3,<br>5.2.7 | 4.2.2.1,<br>4.2.2.3 |
| 1.4 | 缠绕危险 | a) 操作者在手动操作(如装、拆工件或测量)时;<br>b) 接近旋转砂轮或工件造成缠绕危险;<br>c) 由于管线的固定措施不当引发缠绕危险 | 5.2.3.1 | 4.2.2.2,<br>4.2.3.1 |
| 1.5 | 吸入或卷入危险 | a) 高速旋转的砂轮与机床的头架、尾架部件之间,尤其是砂轮与工件之间易造成吸入或卷入危险。<br>b) 高速旋转的交换挂轮防护不当易造成吸入或卷入危险 | 5.2.3.1 | 4.2.3.1 |
| 1.6 | 冲击危险 | a) 工作台、滑座、立柱等部件快速移动引起的冲击危险;<br>b) 磨头快速移动引起的冲击危险 | 5.2.3.3,<br>5.2.3.4,<br>5.2.3.7 | 4.2.3.3,<br>4.2.3.5,<br>4.2.3.7 |

表 1（续）

| 序号 | 危险类型 | 机床存在的危险 | GB 15760—2004 的有关章条 | 安全要求和措施在本标准中的有关章条 |
|---|---|---|---|---|
| 1.7 | 刺伤或扎伤危险 | 机床外露部分的锐棱、尖角、凸出部分和开口引起的刺伤或扎伤危险 | 5.2.2.1，5.2.2.3，5.20 | 4.2.2.1，4.2.2.3 |
| 1.8 | 高压流体喷射危险 | a) 油管、气管及冷却管意外爆裂造成喷射危险；<br>b) 液压蓄能器维修时压力未卸尽，拆卸油管引起压力油喷射 | 5.4.10，5.15，5.16 | 4.4.10，4.13，4.14 |
| 1.9 | 机床零件/工件抛出危险 | a) 运动的机床零件或工件掉下或甩出引起的危险；<br>b) 砂轮破碎甩出引起的危险；<br>c) 切屑飞溅引起的烫伤、划伤危险 | 5.2.3.5，5.2.4，5.4.10，5.5.1 | 4.2.3.5，4.2.4，4.4.10，4.5.1 |
| 1.10 | 稳定性丧失危险 | a) 机床的外形布局不合适引起的机床稳定性丧失危险；<br>b) 在贮运过程中，机床移动部件意外失控而移动造成零部件跌落或倾倒 | 5.2.1，5.2.5，5.19 | 4.2.1，4.17.2，4.17.3 |
| 1.11 | 滑倒、绊倒和跌倒危险 | a) 机床的电线和电缆导管、油管、气管和冷却管引起的绊倒危险；<br>b) 机床的冷却液、切削液、油液和润滑剂溅出或渗漏造成地面湿滑引起的滑倒危险；<br>c) 人员在操作、维护、调整机床时从工作位置跌落的危险 | 5.2.2.2，5.2.9.1，5.11.5，5.15，5.18 | 4.2.2.2，4.9.5，4.13，4.16 |
| 2 | 电气危险 | | | |
| 2.1 | 触电的危险 | a) 带电体无保护或保护不当及残余电压引起的触电危险；<br>b) 电气设备绝缘不当或绝缘失效引起的触电危险；<br>c) 电气设备未按规定采取接地措施引起的触电危险 | 5.3.1 | 4.3 |
| 2.2 | 电气设备的保护措施不当引起的危险 | a) 电气设备中的电流超过额定值或导线的载流能力，而无过流保护或过流保护不当引起的危险；<br>b) 电动机无过载保护或过载保护不当引起的危险；<br>c) 电动机超速引起的危险；<br>d) 电压过低、电压过高或电源中断引起的危险 | 5.3.1，5.3.5 | 4.3 |
| 3 | 热危险 | | | |

表 1（续）

| 序号 | 危险类型 | 机床存在的危险 | GB 15760—2004 的有关章条 | 安全要求和措施在本标准中的有关章条 |
| --- | --- | --- | --- | --- |
| 3.1 | 由热接触或热源辐射引起的烧伤和烫伤 | a) 接触发热的灯、电气元件(如:电阻、大变压器、电机等)及经常接触的机床部位表面温度过高引起的烫伤危险；<br>b) 接触液压系统发热的元件或油液引起的烫伤危险 | 5.7 | 4.7 |
| 3.2 | 由过热或过冷对健康造成的危害 | — | | |
| 4 | 噪声危险 | | | |
| 4.1 | 听力丧失或其他生理紊乱 | 由机床的动力源(电机)和动力传递系统及磨削过程产生的超过标准规定值的噪声引起的危险 | 5.8 | 4.8 |
| 4.2 | 干涉语言通讯和声讯信号 | — | 5.8 | 4.8 |
| 5 | 振动危险 | — | 5.9 | |
| 6 | 辐射危险 | — | | |
| 6.1 | 电弧 | — | 5.10.1 | |
| 6.2 | 激光 | — | 5.10.2 | |
| 6.3 | 离子化辐射源 | — | 5.10.1 | |
| 6.4 | 高低频电磁场 | — | 5.3.6 | |
| 7 | 物质和材料产生的危险 | | | |
| 7.1 | 有害、有毒液体、气体、烟雾、油雾和粉尘等 | 操作者及机床周边人员接触或吸入磨削粉尘、烟雾、油雾和冷却液等 | 5.11.1，<br>5.11.2 | 4.9.1，<br>4.9.2 |
| 7.2 | 火灾和爆炸 | a) 冷却液溅到发热的灯泡引起的爆炸危险；<br>b) 磨削火花飞溅与油雾接触引起的火灾危险；<br>c) 由于冷却液选用不当引起的火灾危险；<br>d) 电气设备引起的火灾危险 | 5.11.3 | 4.9.3 |
| 7.3 | 生物和微生物危险 | 操作或维修人员接触有细菌或病毒的液压油和冷却液(变质发霉)引起的危险 | 5.11.4 | 4.9.4 |
| 8 | 设计时忽视人类工效学的危险 | | | |

表 1（续）

| 序号 | 危险类型 | 机床存在的危险 | GB 15760—2004 的有关章条 | 安全要求和措施在本标准中的有关章条 |
|---|---|---|---|---|
| 8.1 | 不利健康的姿势或过度用力 | a) 机床的手轮、手柄操作力过大，而影响操作者的健康；<br>b) 机床的手轮、手柄、按钮站和观察读数的测量装置的安装高度不合适，而影响操作者的健康；<br>c) 工作台的高度过低或过高，而影响操作者的健康 | 5.2.9.2，<br>5.12.1，<br>5.12.2，<br>5.12.3 | 4.10 |
| 8.2 | 忽视人员防护装备的使用 | 修正砂轮时，砂粒易吹入人的眼睛造成的伤害 | 5.10.2，<br>5.12.1 | 4.10.1 |
| 8.3 | 不适当的区域照明 | 工作区的照度不足，照度均度不够，以及频闪效应、眩目现象，造成对人视觉的影响 | 5.13 | 4.11 |
| 8.4 | 精神过分紧张或准备不足等 | 机床的噪声超标以及机床工作节奏过快或操作方式不符合人类工效学原理等原因造成操作人员的精神紧张或操作精力不集中 | 5.12.1 | 4.8，<br>4.10.1 |
| 8.5 | 人的差错 | a) 形象化符号标识不清造成人误操作引起的危险；<br>b) 机床运动方向与人的操作方向不一致引起的误操作危险；<br>c) 操作者误操作造成机床意外动作引起的危险 | 5.4.3，<br>5.12.2.1 | 4.4.3，<br>4.10.2.1 |
| 9 | 能量供应中断、机械零件破损及其他功能紊乱造成的危险 | | | |
| 9.1 | 机床或控制系统能力供应中断 | a) 动力中断或波动造成机床导致工件或移动部件跌落产生的危险。<br>b) 动力中断后重新接通时，机床自行再起动引起的危险 | 5.3.2，<br>5.4.2 | 4.3，<br>4.4.2 |
| 9.2 | 机床零件/工件意外甩出、压力液体或气体的意外喷出 | a) 砂轮、工件等在动力中断、连接松动时意外甩出或跌落的危险；<br>b) 压力气体或液体在动力中断、元件破损时意外喷出引起的危险 | 5.2.3.5，5.2.4，<br>5.4.10，5.5.1，<br>5.15，5.16 | 4.2.3.5，4.2.4，<br>4.4.10，4.5.1，<br>4.13，4.14 |
| 9.3 | 控制系统故障或失灵 | a) 运动部件误动作、意外起动、速度变化失控和运动不能停止引起的危险；<br>b) 砂轮超速或砂轮架进给过量；<br>c) 保护装置失效 | 5.2.3.7，<br>5.2.4.6，<br>5.4.10 | 4.2.3.7，<br>4.4.10 |

表 1（续）

| 序号 | 危险类型 | 机床存在的危险 | GB 15760—2004 的有关章条 | 安全要求和措施在本标准中的有关章条 |
|---|---|---|---|---|
| 9.4 | 装配错误 | a) 机床部件装配错误和导管、电缆、液压、气动管件等连接错误引起的危险；<br>b) 电机运转方向错误产生危险 | 5.14 | 4.2.3.6，<br>4.12 |
| 9.5 | 倾覆、机床稳定性意外丧失 | a) 机床在使用或储运过程中意外跌落、倾翻或移动；<br>b) 配重系统中元件断裂引起的危险 | 5.2.1，<br>5.2.5，<br>5.19 | 4.2.1，<br>4.17.2，<br>4.17.3 |
| 10 | 安全措施错误、安全装置安装错误或不正确定位产生的危险 | | 5 | 4 |
| 10.1 | 防护装置 | a) 结构不坚固或开口太大造成危险；<br>b) 防护装置的设计结构不合理 如：阻碍视线或产生了附加的挤压或剪切区造成危险 | 5.5.1，<br>5.5.2 | 4.5.1，<br>4.5.2 |
| 10.2 | 安全(防护)装置 | a) 联锁装置不可靠引起的危险；<br>b) 限位装置不当或失灵引起的危险 | 5.5.1，<br>5.5.3 | 4.5.1，<br>4.5.2 |
| 10.3 | 启动和停止装置 | a) 标记不明显(不易识别)或布置不合理造成误操作产生危险；<br>b) 装置因电路故障等原因引起失效而造成危险 | 5.4.4，<br>5.4.5 | 4.4.4，<br>4.4.5 |
| 10.4 | 安全符号和信号 | 机床危险部位(如电柜、按钮站、接线盒、分线盒、电动机等)未涂安全色或未设安全标志引起的危险 | 5.6 | 4.6 |
| 10.5 | 信息和报警装置 | a) 机床上未设报警装置或报警装置不可靠引起的危险；<br>b) 未提供安全使用、调整、维护等机床信息引起的危险；<br>c) 机床的油箱未设油标引起的危险 | 5.4.3，<br>5.12.3，<br>6 | 4.4.3，<br>4.10.3，<br>5 |
| 10.6 | 能量供应切断装置 | 能量供应切断装置无明显标记和自锁装置，断开处的“下游”仍存有能量易造成的危险 | 5.4.5，<br>5.15，<br>5.16 | 4.4.5，<br>4.13，<br>4.14 |
| 10.7 | 急停装置 | a) 急停装置不易识别造成的危险；<br>b) 急停装置性能不可靠，安装位置不合理造成的危险 | 5.4.6 | 4.4.6 |
| 10.8 | 上料和下料 | 上料和下料装置无安全防护引起的刚伤危险 | 5.26 | 4.2.5 |

表 1(续)

| 序号 | 危险类型 | 机床存在的危险 | GB 15760—2004 的有关章条 | 安全要求和措施在本标准中的有关章条 |
|---|---|---|---|---|
| 10.9 | 安全调整和/或维修用的主要设备和附件 | 未提供或未提供全专用工具和专用附件使操作者在安全调整和/或维修时产生危险 | 5.20 | 4.2.4.4,4.18 |
| 10.10 | 排气装置 | — | 5.2.4.7 | — |

## 4 安全要求和措施与验证方法

### 4.1 一般要求

4.1.1 应通过设计尽可能排除或减少所有潜在的危险因素。

4.1.2 通过设计不能避免或充分限制的危险,应采取必要的安全防护装置(防护装置、安全装置)。

4.1.3 对于无法通过设计排除或减少的,而且安全防护装置对其无效或不完全有效的遗留危险,应用信息通知和警告操作者。

### 4.2 机床结构

#### 4.2.1 稳定性

机床的外形布局应确保具有足够的稳定性。使用机床时(按说明书规定的预定使用条件下),不应存在意外翻倒、跌落或移动的危险。由于机床的形状原因不能确保足够稳定性时,应在说明书中规定其固定措施。

**验证**:视检和/或检查信息。

#### 4.2.2 外形

4.2.2.1 可接触的外露部分不应有可能导致人员伤害的锐边、尖角和开口。

**验证**:视检和/或检查信息。

4.2.2.2 机床的各种电缆电线、液压管线、气动管线、冷却管线、润滑管线等布置安排应合理、无障碍,防止产生绊倒等危险。

**验证**:视检和/或检查信息。

4.2.2.3 机床的突出部分、移动部分、分离部分应采取安全措施,防止产生磕伤、碰伤、划伤、剐伤危险。

**验证**:视检或检查信息。

#### 4.2.3 运动部件

4.2.3.1 有可能造成缠绕、吸入或卷入等危险的运动部件和传动装置(机床的齿轮、齿条、皮带轮、皮带、丝杠等)应予以封闭或设置安全防护装置、或使用信息,除非它们所处位置是安全的。

**验证**:视检和/或检查信息。

4.2.3.2 机床的运动部件与其他静止部件之间不应存在挤压危险或剪切危险,如工作台纵向移动部件、砂轮架横向移动部件,否则按 GB 12265.3 的规定采取安全措施。

**验证**:检查图样,视检和/或检查信息。

4.2.3.3 机床的工作台及砂轮架移动存在冲击危险,应设置可靠的限位装置,必要时可采取可靠的缓冲装置。若设置限位装置有困难,应采取必要的安全措施。

**验证**:视检和/或检查信息。

4.2.3.4 由于超负荷可能发生损坏的砂轮架和工作台等运动部件应设置超负荷保险装置。因结构原因不能设置时,应在机床上(或说明书中)标明机床的极限使用条件。

**验证**:检查图样,视检或检查信息。

4.2.3.5 安装在主轴上的砂轮卡盘及其他在运动中有可能松脱的零件、部件应设置防松装置。

**验证**:检查图样和/或视检。

4.2.3.6　对于单向转动的部件应在明显位置标出转动方向。

**验证**:视检

4.2.3.7　在紧急停止或动力系统发生故障时,砂轮架和工作台等运动部件应就地停止或返回设计规定的位置。

**验证**:视检

4.2.3.8　运动部件不允许同时运动时,其控制机构应联锁。不能实现联锁的,应在控制机构附近设置警告标志,并在说明书中说明。

**验证**:视检和/或检查信息。

**4.2.4　夹持装置**

4.2.4.1　砂轮卡盘、工件卡盘和尾架夹紧装置应采取安全措施,确保工件和砂轮在加工过程中不会松脱或甩出。必要时,在使用说明书中说明安全使用的相关信息(如砂轮的最大线速度和砂轮的安装方法、最大夹持工件的重量及安全使用的速度范围等)。

**验证**:视检和/或检查信息。

4.2.4.2　手动夹持装置

手动夹持的工件卡盘及尾架夹紧装置应采取安全措施,防止意外危险。

**验证**:功能检查和/或检查信息。

4.2.4.3　机动夹持装置

a)　机动夹持的液压尾架夹紧装置的夹紧过程应与机床运转的开始和结束相联锁;

b)　机动夹持的液压尾架夹紧装置只有在人为操作的条件下才能放松工件。

**验证**:功能检查

4.2.4.4　手动上下工件或更换砂轮时,应采取安全措施(如提供信息或配备专用的吊装工具),防止产生挤压等危险。

**验证**:视检和/或检查信息。

4.2.4.5　在紧急停止或动力系统发生故障时,尾架夹紧装置应具有防止危险产生的安全措施。

**验证**:视检和/或检查信息。

**4.2.5　自动上下料装置**

采用自动上、下料装置时,应设置固定式防护装置、或联锁的活动式防护装置、或设置警告标志。

**验证**:视检和/或检查信息。

**4.3　电气系统**

电气系统应符合 GB 5226.1 的有关规定

**验证**:供方提供相应的证明或试验。

**4.4　控制系统**

**4.4.1　一般要求**

除了应符合 4.4.2～4.4.10 规定外,还应符合 GB 5226.1—2002 中第 5 章、第 9 章、第 10 章、第 12 章、GB/T 15706.2—2007 中 4.11、4.13 和 GB/T 16855.1 的规定。

**验证**:检查电气图样,视检,功能检查和/或检查信息。

**4.4.2　控制系统的安全及可靠**

控制系统的有关安全部分是指从整个系统的最初控制装置或输入点的检测位置开始到机床最终执行机构或元件(如电动机)。

控制系统应确保其功能可靠,控制系统应能受预期的工作负荷和外来影响、逻辑的错误(不包括操作程序)。

**验证**:检查图样,视检,检查元器件是否符合相关标准证明,检查信息。

**4.4.3 控制装置**

控制装置应确保操作时不会引起危险,并应符合下列要求:

a) 设置在危险区以外(紧急停止装置、移动控制装置等除外);

b) 清晰可见,易与其他装置区分,必要时设置表示其功能和用途的标志。符号标志应符合 GB/T 3167、GB/T 3168 的规定。控制器件的颜色代码应符合 GB 5226.1—2002 中 10.2 的规定;

c) 一个控制装置,而多重控制时(如键盘),执行的动作应清楚标明;

d) 不会引起误操作和附加危险;

e) 在操作位置不能观察到全部工作区的机床,应设置视觉或听觉的起动警告信号装置或警告信息,以便工作区内人员能及时撤离或迅速制止起动;

f) 有一个以上操作位置的机床,应设置控制联锁装置。

**验证**:视检,功能检查和/或检查信息。

**4.4.4 起动**

机床起动应符合下列要求:

a) 只应在人为的起动控制下,机床才能起动。包括:

1) 停止后重新起动;

2) 操作状况(如速度、压力)有重大变化时。

注:正常的自动控制程序,或重新起动或操作状况变化不会对人员造成危险,可不遵守上述要求。

b) 活动式防护装置闭合时,机床不应立即起动。

c) 活动式防护装置脱开时,机床不应意外起动。

d) 有多个起动装置时,应设置选择装置,任何时候仅有一个起动装置起作用。

**验证**:功能检查。

**4.4.5 停止**

机床应设置停止装置,停止装置应位于每个起动装置附近。机床停止应符合下列要求:

a) 按下停止装置时,机床的运动应能完全安全地停下来;

注:由于各种机床的危险情况不同,停止装置可停止机床运行中的部分或全部。

b) 机床运动停止时,执行机构的能量供应应切断,保证断开点"下游"不再有位能和/或动能。

注:当某些回路必须与其能源供应保持正常连通时,例如:夹持工件、保持信息或内部照明等,应采取特殊措施(如警告信息或报警灯等),以确保操作者的安全。

**验证**:检查图样,视检,功能检查和/或检查信息。

**4.4.6 紧急停止**

4.4.6.1 紧急停止应符合 GB 5226.1—2002 中 10.7 的规定及下列要求:

a) 能明确识别、容易看见,易于接近,且操作无危险;

b) 动作不应影响保护操作者或机床的装置的功能;

c) 使机床或运动部件尽快地停止运行;

d) 执行机构的任何动作应使控制装置锁紧,并持续到重调(不锁紧);

e) 复位不应使机床起动,或起动任何危险部件的运动。

**验证**:检查图样,视检,功能检查。

4.4.6.2 机床应设置一个或数个紧急停止装置,如在:

a) 主操作台;

b) 可移动的操作台;

c) 上、下料处(远离主操作位置时)。

**验证**:视检。

**4.4.7 模式选择**

机床有一种以上工作或操作方式(如自动控制或调整、检查等)时,应设置模式选择控制装置,且每个被选定的模式只允许对应于一种操作或控制模式。

在某种工作或操作方式下，须在安全防护装置脱开或无效下才能操作，模式选择控制应满足下列要求：

a) 自动控制模式无效；

b) 在进一步的控制指令下(有命令顺序)机床才能动作；

c) 在特别的安全措施(如减速、减功率或其他措施)下，机床的危险运动部件才允许运转；

d) 机床的运行直接或间接通过传感器控制时，应能避免产生任何危险运动。

**验证**：视检，功能检查和/或检查信息。

**4.4.8 保持-运转**

保持-运转应能持续激励直至工作完成。

**验证**：功能检查。

**4.4.9 数控系统**

数控系统应符合 GB 5226.1—2002 中第 11 章的规定及下列要求：

a) 满足预期的操作条件和环境影响；

b) 设置访问口令或钥匙开关，防止程序被有意或无意改动；

c) 有关安全的软件未经授权不允许改变。

**验证**：视检，功能检查和/或检查信息。

**4.4.10 控制系统故障**

控制系统出现故障时，不应导致危险产生，特别是：

a) 机床不应意外起动；

b) 运动部件速度变化不应失控；

c) 运动部件不应停不下来；

d) 运动部件或机床上工件、砂轮不应掉下或抛出，流体不应喷出；

e) 安全装置不应失效。

**验证**：检查图样和/或检查信息。

**4.5 安全防护装置**

**4.5.1 一般要求**

安全防护装置应符合 GB/T 8196、GB/T 18831 的规定和下列要求：

a) 性能可靠，能承受工件和零件或砂轮的甩出，切屑和冷却液的溅出等；

b) 不应引起附加危险和限制机床的功能，也不应过多地限制机床的操作、调整和维护；

c) 防护装置与机床危险部位间的安全距离应符合 GB 12265.1、GB 12265.2、GB 12265.3 的规定；

d) 防护罩、屏、栏的材料，以及采用网状结构、孔板结构和栏栅结构时的网眼或孔的最大尺寸和最小安全距离，应符合有关规定；

e) 防护装置的可移动部分应便于操作、移动灵活；

f) 经常拆卸用手搬动的防护装置应装拆方便，其质量不宜大于 16 kg。不便于用手搬动的防护装置，应设置吊装孔、吊环、吊钩等，并在防护装置本体或说明书中标明其质量值(kg)；

g) 观察机床运行的透明防护装置应便于观察。

**验证**：视检，实测和/或检查信息。

**4.5.2 防护装置**

**4.5.2.1 固定式防护装置**

应牢靠地固定或联接。可拆卸部分只能用工具拆卸。

验证：视检。

4.5.2.2 **活动式防护装置**

活动式防护装置应满足下列要求：

a) 采用重力、卡子、定位螺栓、铰链或导轨等固定；

b) 打开时应尽量与机床保持相对固定；

c) 采用联锁的活动式防护装置，防护装置关闭前机床不能起动，一旦打开防护装置时机床应中断工作循环，砂轮架须退回到安全位置(砂轮主轴可不停止运转)，调整状态除外；

d) 必要时可设置防护锁。

验证：视检，功能检查和/或检查信息。

4.5.2.3 **可调式防护装置**

可调式防护装置应调整方便，调整完毕后调整件应能保持固定。

验证：视检。

4.5.2.4 **砂轮防护装置**

砂轮防护罩应符合 JB 4029 的规定。在砂轮防护罩或其附近显著位置应标明砂轮的旋转方向和砂轮最高线速度。

验证：检查图样和视检。

4.5.3 **安全装置**

4.5.3.1 **联锁装置**

联锁装置的联锁保护应符合 GB 5226.1—2002 中 9.3 的规定。

验证：检查图样，功能检查。

4.5.3.2 **限位装置**

机床的限位装置应尽量安装到无振动、不受影响的合适位置上，动作应可靠。

验证：视检，功能检查。

4.6 **安全标志和安全色**

4.6.1 必要时应在机床危险部位或附近设置安全标志或涂安全色，以提醒操作、调整和维护人员注意危险的存在。使用安全标志应符合 GB 2894、GB 18209.2 的规定。使用的安全色应符合 GB 2893 的有关规定。

4.6.2 应在下列危险部位设置安全标志或涂安全色：

a) 砂轮罩上；

b) 电气箱体外表面；

c) 非全封闭工作台防护罩前面；

d) 不能安装安全防护罩的换向撞块部位；

e) 有蓄能器装置的显著位置。

验证：视检。

4.7 **异常温度**

4.7.1 经常接触的机床部件的温度应符合 GB/T 18153 的规定。

4.7.2 机床部件(电气元件、照明灯等)不应存在对人体灼伤、烫伤的危险。否则在其附近处应设置警示牌。

验证：视检和/或检查信息。

4.8 **噪声**

应采取措施降低机床的噪声。在空运转条件下，机床的噪声声压级应符合表 2 的规定。

**表 3　手轮、手柄的操纵力**

| 机床质量/t | ≤2 | >2～5 | >5～10 | >10 |
|---|---|---|---|---|
| 经常使用/N | ≤40 | ≤60 | ≤80 | ≤120 |
| 不经常使用/N | ≤60 | ≤100 | ≤120 | ≤160 |

注 1：每班使用次数大于 25 次的手轮、手柄为经常使用手轮、手柄。
注 2：用于换向、夹紧、锁紧、顶紧以及增加阻尼等特殊要求的手轮、手柄，其操纵力按设计规定。
注 3：极少使用的手轮、手柄，其操纵力按设计规定。

**验证：**视检，实测。

4.10.2.2.3　脚踏操作件应采取防护措施，以防止误操作。脚踏操作件的移动行程应为 45 mm～70 mm，移动力应为 20 N～200 N。

**验证：**视检，实测。

**4.10.2.3　操作高度**

4.10.2.3.1　手轮、手柄的安装高度(从地面或操作站台面至手轮、手柄的中间位置)应符合表 4 的规定。

**表 4　手轮、手柄的安装高度**　　单位为米

| 使用情况 | 安装高度 |
|---|---|
| 经常使用 | 0.5～1.7 |
| 不经常使用 | 0.3～1.9 |
| 仅调整时使用 | ≤2 |

注：需站在专用台板上操作的机床除外。

**验证：**实测。

4.10.2.3.2　按钮站的安装高度(从地面或操作站台面至按钮站的中间位置)应为 0.6 m～1.9 m。

**验证：**实测。

**4.10.3　信息显示装置**

信息显示装置应耐久、清晰、含义明确易于理解，并应符合 JB/T 5062 的有关规定。

**验证：**视检。

**4.10.3.1　指示器和显示器**

**4.10.3.1.1　位置**

指示器和显示器械应便于察看和识别。

**验证：**视检。

**4.10.3.1.2　安装高度**

a)　指示器的安装高度(从地面或操作站台面到指示器的中间位置)应符合表 5 的规定。

**表 5　指示器的安装高度**　　单位为米

| 观察情况 | 安装高度 |
|---|---|
| 经常观察 | 0.7～1.7 |
| 不经常观察 | 0.3～2.5 |

b)　显示器的视距应至少为 0.3 m，安装高度距地面或操作站台面应为 1.3 m～2 m。

**验证：**实测。

**4.10.3.2　报警装置**

机床的视觉、听觉和触觉警告信号应符合 GB/T 1251.1、GB/T 1251.2、GB/T 1251.3、GB 18209.2 的规定及下列要求：

a) 所表达的信息和含义明确易于理解；

b) 在信号接受区范围内应便于识别；

c) 定期检查信号的有效性。

**验证**：功能检查和/或检查信息。

## 4.11 照明

4.11.1 机床操作时因光线不足而对操作者产生危险，应提供确保机床安全工作的局部照明装置。

**验证**：视检。

4.11.2 照明装置的设计和安装应符合 GB 5226.1—2002 中第 16 章、GB/T 13379 的规定及下列要求：

a) 在工作区的照明应可靠；

b) 避免引起危险的频闪效应、刺激性的眩光和有碍操作的阴影区；

c) 灯和光的污染应尽可能少；

d) 维护方便；

e) 在工件中心高的位置上，靠近砂轮表面的照度至少为 300 勒克司(lx)。

**验证**：视检，实测和/或检查信息。

## 4.12 装配错误

应避免装配错误或重新装配错误造成的危险，否则应：

a) 在运动部件上或附近标明运行方向；

b) 在导管、导线、电缆、液、气管件和/或连接件上标明标记。

**验证**：视检和/或检查信息。

## 4.13 液压系统

液压系统应符合 GB/T 23572 的规定及下列要求：

a) 液压系统应设有防止超压的安全阀或调整压力变化的溢流阀。

b) 液压系统应能承受设计规定的最大工作压力。

c) 压力保险装置应调整到说明书的规定。

d) 液压系统的渗漏不应引起危险。

e) 动力源断开时，有蓄能装置的应能自动卸压或安全闭锁(特殊情况，断开时还需压力除外)。断开时若仍需保持压力，应在蓄能器上或附近的显眼位置示出安全信息，信息应包括“小心(或注意)压力容器”字样。

蓄能器上至少应标明下列标记：

1) 制造日期；

2) 容量(L)；

3) 额定压力；

4) 允许的温度(℃)。

**验证**：检查图样，视检，功能试验，检查信息。

## 4.14 气动系统

气动系统应符合 GB/T 7932 的有关规定及下列要求：

a) 气动系统应设有防止超压的安全阀或调整压力变化的限压阀；

b) 气动系统应能承受设计规定的最大工作压力；

c) 压力保险装置应调整到说明书的规定；

d) 气动系统的渗漏不应引起危险；

e) 机床与气源相连时，机床上应设有限压阀和压力表，并应说明最大允许接通压力。

**验证**：检查图样，视检，功能试验，检查信息。

## 4.15 润滑系统

润滑系统应符合 GB/T 6576 的规定及下列要求：

a) 油位指示器上的手动润滑点应设有标志，并便于操作；

b) 机床及附件上和手动润滑点应设有标志，并便于操作；

c) 只有当液压系统和润滑系统使用相同的油，才允许混合，但务必除去杂质。

**验证**：视检。

## 4.16 切削冷却系统

切削冷却系统应符合 4.9 的规定及下列要求：

a) 机床应尽可能容纳和有效回收冷却液；

b) 固定冷却液喷嘴的装置，应能方便、安全、可靠地固定在所需位置上；

c) 冷却液开关或流量控制器的位置应确保调整时操作者的安全。

**验证**：视检。

## 4.17 包装、储运

### 4.17.1 包装

机床的包装应符合下列要求：

a) 包装储运图示标志应符合 GB/T 191 的规定；

b) 机床的包装和包装箱应符合 JB/T 8356.1～8356.3 的规定。

**验证**：视检和/或检查信息。

### 4.17.2 储存

机床的储存应符合下列要求：

a) 确保有足够的稳定性；

b) 防止雨淋、潮湿、鼠害，并且通风良好；

c) 长期存放时，应定期检查存放地方的情况和包装状态；

d) 必要时，在说明书中说明机床储存的环境条件。

**验证**：视检和/或检查信息。

### 4.17.3 运输

机床的搬运和吊装应符合下列要求：

a) 确保安全可靠，不应出现意外的移动、倾斜和转动；

b) 对于质量大于 16 kg 的机床零、部件，必要时，应设置吊装孔、起吊环或吊装工具；

c) 当随机提供起吊装置或升降装置时，应在说明书中提供安全工作负荷等详细资料；在动力系统发生故障时，起吊装置和升降装置应能承受住重物；

d) 手动搬运的机床零、部件应易于用手搬运，必要时，应配备搬运把手（或手柄）；

e) 当机床零、部件因材料和形状造成危险时，应采取特别的搬运措施。

**验证**：视检和/或检查信息。

## 4.18 测量、调整、清理和维护

机床的测量、调整、清理和维护应符合下列要求：

a) 一般应在机床静止的状态下进行测量（自动测量除外）、调整、清理和维护工作。如在机床正常运转期间需要进入危险区，提示用户应采取安全防护措施；

b) 提供必要的专用工具，以便安全调整维护和使用机床。

**验证**：视检和/或检查信息。

## 5 使用信息

### 5.1 一般要求

5.1.1 使用信息应通知和警告操作者有关遗留风险。

5.1.2 使用信息(如各种信号、文字和警告标志等)可由机床自身、随机文件及其他方式给出。

5.1.3 随机文件应符合 GB 5226.1—2002 中第 18 章、GB/T 9969、GB/T 15706.2—2007 中 6.5 的规定。

5.1.4 使用信息和随机文件应使用规范简体汉字。

5.1.5 使用信息和随机文件的编写应准确、通俗易懂。

5.1.6 机床电气设备的标记应符合 GB 5226.1—2002 中第 17 章的规定。在机床上至少应提供下列清晰、耐久标记:

a) 制造厂商的名称;

b) 机床名称及机床型号;

c) 出厂日期和/或出厂编号;

d) 各种认证标志(如有)。

### 5.2 安全说明

5.2.1 制造者应为每台机床提供安全说明。

5.2.2 安全说明可单独编写,也可作为使用、维护等说明书的部分内容。

5.2.3 安全说明中的警告内容应用较大的字号或不同的字体表示或用特殊符号或颜色来强调。

5.2.4 安全说明至少应包括下列内容:

a) 机床的预定用途、安全性能、安全注意事项和要求、责任,包括:

1) 机床操作前;

2) 机床操作中;

3) 安装和储运;

4) 装配和拆卸;

5) 调整;

6) 测量;

7) 清理;

8) 维护(润滑、维修)。

b) 安全警告。必要时,给出:

1) 禁用信息;

2) 图解说明;

3) 培训要求。

### 5.3 警告信息

5.3.1 警告信息(如标志、符号、形象图、文字警告等)应符合 GB 2893、GB 2894、GB/T 15706.2—2007 中 6.4、GB 5226.1—2002 中 10.3、17.2 和 GB 18209.2 的规定。

5.3.2 警告信息的编写应考虑以下几点:

a) 内容和图解要简明扼要。

b) 安全警告按下列等级说明伤害的严重程度,必要时,说明原因:

1) "危险"表示对高度危险(死亡)要警惕;

2) "警告"表示对中度危险(一般不能恢复的伤害)要警惕;

3) "注意"表示对轻度危险要关注。

c) 对于如何正确操作,给予明确的指导。

d) 对于如何避免危险,给予明确的指导。

e) 如同时对安全、健康说明时，应优先对安全做说明。

f) 避免频繁重复和错误警告削弱警告效力。

5.3.3 对于中度、高度危险的警告标志，应可靠地固定在机床相应的显著位置上。

5.3.4 应在安全说明中指出安全警告标志的位置，以引起操作者的注意。

## 6 责任

### 6.1 制造者

6.1.1 制造者应对所提供的机床及随机供应的辅助设备在设计和结构上已消除和/或控制的危险负责。

6.1.2 制造者应对所提供的机床及随机供应的辅助设备的安全负责。

6.1.3 制造者应对提供给使用者的使用信息和建议负责。

### 6.2 使用者

6.2.1 使用者应通过安全操作机床培训，并熟悉和掌握安全操作机床的内容。

6.2.2 使用者应对自己增加的夹具、工装和辅助设备的安全和造成的危险负责，应对自己变换或修改原机床、工装和辅助设备后的安全和造成的危险负责。

6.2.3 使用者应对未按说明书的规定操作、调整、维护、安装和储运机床造成的危险负责。

e) 如同时对安全、健康说明时，应优先对安全做说明。

f) 避免频繁重复和错误警告削弱警告效力。

5.3.3 对于中度、高度危险的警告标志，应可靠地固定在机床相应的显著位置上。

5.3.4 应在安全说明中指出安全警告标志的位置，以引起操作者的注意。

# 6 责任

## 6.1 制造者

6.1.1 制造者应对所提供的机床及随机供应的辅助设备在设计和结构上已消除和/或控制的危险负责。

6.1.2 制造者应对所提供的机床及随机供应的辅助设备的安全负责。

6.1.3 制造者应对提供给使用者的使用信息和建议负责。

## 6.2 使用者

6.2.1 使用者应通过安全操作机床培训，并熟悉和掌握安全操作机床的内容。

6.2.2 使用者应对自己增加的夹具、工装和辅助设备的安全和造成的危险负责，应对自己变换或修改原机床、工装和辅助设备后的安全和造成的危险负责。

6.2.3 使用者应对未按说明书的规定操作、调整、维护、安装和储运机床造成的危险负责。

ICS 65.060.10
T 60

# 中华人民共和国国家标准

GB 24387—2009

# 农业和林业拖拉机燃油箱　安全要求

## Safety requirement for agriculture and forestry tractor fuel tank

2009-09-30 发布　　　　2010-07-01 实施

中华人民共和国国家质量监督检验检疫总局
中国国家标准化管理委员会　发布

# 前言

**本标准的全部技术内容为强制性。**

本标准某些内容采用了欧共体ECE-R34法规(Rev.1,2003年版)《关于机动车防火认证的统一规定》(英文版)。

本标准由中国机械工业联合会提出。

本标准由全国拖拉机标准化技术委员会归口。

本标准负责起草单位:国家拖拉机质量监督检验中心。

本标准参加起草单位:江苏常发集团。

本标准主要起草人:任越光、巴金良。

# 农业和林业拖拉机燃油箱　安全要求

## 1　范围

本标准规定了农业和林业拖拉机燃油箱的安全性能要求。

本标准适用于农业和林业拖拉机的金属燃油箱和塑料燃油箱，其他材质的燃油箱亦可参照执行。

## 2　规范性引用文件

下列文件中的条款通过本标准的引用而成为本标准的条款。凡是注日期的引用文件，其随后所有的修改单（不包括勘误的内容）或修订版均不适用于本标准，然而，鼓励根据本标准达成协议的各方研究是否可使用这些文件的最新版本。凡是不注日期的引用文件，其最新版本适用于本标准。

GB/T 23292—2009　拖拉机燃油箱　试验方法

## 3　安全性能要求

### 3.1　一般要求

3.1.1　燃油箱应具有耐腐蚀性。

3.1.2　燃油箱的螺栓、螺母的拧紧力矩应满足相关标准的要求。

3.1.3　燃油箱的额定容量应不大于燃油箱容积的95%。

3.1.4　燃油箱应有通气装置（如通气孔、安全阀等），通气装置应能对燃油箱内的压力自动进行补偿。通气孔应能防火。

3.1.5　燃油箱的安装位置应远离发动机排气管等高温部件，并避免燃油箱承受来自拖拉机前部或后部的撞击，造成燃油箱开裂损坏、燃油溢出。

3.1.6　燃油箱周围的零部件不允许有尖锐凸起物和锐边。

3.1.7　燃油箱的供油管路及加油口应安装在驾驶室或驾驶员安全空间的外部。

3.1.8　燃油箱盖和通气装置的总泄漏量应不大于30 g/min，试验按GB/T 23292—2009中2.1的规定进行。

3.1.9　安全阀开启压力应不大于50 kPa。当燃油箱内压力高于安全阀开启压力5 kPa时，安全阀应开启。试验按GB/T 23292—2009中2.2的规定进行。

### 3.2　金属燃油箱要求

#### 3.2.1　金属燃油箱的振动耐久性

金属燃油箱的振动耐久性按GB/T 23292—2009中2.4的规定进行试验，燃油箱应无燃油泄漏现象。

#### 3.2.2　金属燃油箱的耐压性能

金属燃油箱的耐压性能按GB/T 23292—2009中2.5的规定进行试验，燃油箱应无泄漏、开裂现象，允许有不影响燃油箱正常使用的永久变形。

### 3.3　塑料燃油箱要求

#### 3.3.1　塑料燃油箱振动耐久性

塑料燃油箱振动耐久性按GB/T 23292—2009中2.4的规定进行试验，燃油箱应无燃油泄漏现象。

#### 3.3.2　塑料燃油箱耐压性能

塑料燃油箱耐压性能按GB/T 23292—2009中2.6的规定进行试验，燃油箱应无泄漏、开裂现象，允许有不影响燃油箱正常使用的永久变形。

3.3.3 塑料燃油箱低温耐冲击性能

塑料燃油箱低温耐冲击性能按 GB/T 23292—2009 中 2.7 的规定进行试验,燃油箱应无泄漏现象。

3.3.4 塑料燃油箱耐热性能

塑料燃油箱耐热性能按 GB/T 23292—2009 中 2.8 的规定进行试验,燃油箱应无泄漏现象。

3.3.5 塑料燃油箱耐火性能

塑料燃油箱耐火性能按 GB/T 23292—2009 中 2.9 的规定进行试验,燃油箱应无泄漏现象和严重变形。